U0317800

提高重庆烟叶原料保障能力研究

刘建利　李旭华　张忠锋　侯小东　主编

中国农业出版社

图书在版编目（CIP）数据

提高重庆烟叶原料保障能力研究 / 刘建利等主编.
—北京：中国农业出版社，2016.4
ISBN 978-7-109-21612-9

Ⅰ. ①提…　Ⅱ. ①刘…　Ⅲ. ①烟叶—原料—研究—重庆市　Ⅳ.①TS42

中国版本图书馆CIP数据核字（2016）第082017号

中国农业出版社出版
（北京市朝阳区麦子店街18号楼）
（邮政编码 100125）
责任编辑　孙鸣凤

北京通州皇家印刷厂印刷　　新华书店北京发行所发行
2016年4月第1版　　2016年4月北京第1次印刷

开本：787mm × 1092mm　1/16　　印张：32.25
字数：790千字
定价：68.00元

编　委　会

主　编：刘建利　李旭华　张忠锋　侯小东

副主编：杨　庆　扈　强　吴树成　文　俊

参与编写人员：

刘新民　杜咏梅　付宪奎　付秋娟　张　东

张怀宝　申国明　窦玉青　刘艳华　高　林

任　杰　闫　宁　王爱华　王剑辉　林锐峰

叶为民　张延军　王玉胜　谢相国　关罗浩

许安定　徐　宸　谭　璋　杨　超　汪代斌

张永华　左万琦　王　勇　王　超　汪伯军

代先强　丁　伟　习向银

目　录

第一章　研究概况

[提高重庆烟叶原料保障能力研究]

>>> 第一节　研究背景

重庆是西南优质烟区的重要组成部分，是全国烤烟、白肋烟的最适宜种植区之一。全市耕地广袤，宜种烟面积达300万亩[①]，烟区多分布在无工业污染的武陵山区和三峡库区。烟区森林覆盖率达到45%以上，煤炭资源丰富。烟区属典型亚热带湿润季风气候，降水充沛，年降水量969.5 ~ 1 293.8mm；光照充足，烟叶生育期5—9月总日照时数平均666.9h，气候温和，5—9月平均气温23℃，全年无霜期200 ~ 350d，日均气温20℃以上的时间达133 ~ 170d，≥10℃的有效积温为5 205.3℃。土壤以黄壤、黄棕壤、紫色土为主，质地疏松，通透性和肥力较好，pH为5.5 ~ 7.0，有机质含量为15 ~ 35g/kg，富含多种微量元素。

重庆市烟叶种植历史悠久，烤烟种植有近70年历史，白肋烟种植有40多年历史，全市有13个区（县）、224个乡镇、1 286个村、62 480户农户种植烟叶，种植面积64.8万亩，收购量164.70万担[②]。其中烤烟种植面积61.48万亩，收购量153.7万担；白肋烟种植面积3.32万亩，收购量11万担。烟农年收入8亿元以上，实现烟叶税收近2.53亿元。目前全市烤烟生产收购量在20万担以上区（县）有2个，10万 ~ 20万担区（县）有4个，5万 ~ 10万担区（县）有3个，5万担以下区（县）有4个。重庆市在我国烟叶生产中具有重要地位，其中烤烟种植面积和收购量在全国23个种烟省份中位居第八，在8个种植白肋烟的省份中，白肋烟种植面积和收购量均位居第二。

重庆烟叶外观质量较好，颜色多为橘黄（深黄－金黄色域），烟叶成熟度一致，叶片结构较为疏松，油分充足，色度较浓，光泽较好。烟叶的物理特性较好，下部叶厚度为0.07 ~ 0.09mm，中部叶厚度为0.09 ~ 0.11m，上部叶厚度为0.11 ~ 0.13mm；下部、中部、上部的叶面密度分别为60 ~ 70g/m^2、70 ~ 80g/m^2、80 ~ 90g/m^2；平衡水分在12%以上，填充值为3.8 ~ 4.2cm^3/g，平均含梗率为30%左右，单叶重，叶片大小、拉力（抗张强度）、出丝率等均在合适范围内。下部烟叶烟碱含量为1.5% ~ 2.0%，中部烟叶烟碱含量为2.0% ~ 2.8%，上部烟叶烟碱含量小于4.0%，还原糖含量为18% ~ 22%，氮碱比在1左右，糖碱比为8 ~ 12，钾氯比大于4，淀粉含量在5%以下，整体化学成分较协调。烟叶的香气质好、香气量较多，杂气较少，烟气浓度较浓，刺激性较小，余味较舒适，配伍性好，可用性强。1987年国际著名烟草专家左天觉博士与中国著名专家朱尊权总工程师对重庆的主产烟区进行了考察，并评价道："黔江能出好烟，黔江烟叶属云贵型，实属优质烟区，很有发展前途。"在1989年1月兰州召开的全国烟草会议上，彭水烤烟经专家学者评吸：内在质量第

---

① 亩为非法定计量单位，1亩≈666.6m^2。下同。——编者注

② 担为非法定计量单位，1担=50kg。下同。——编者注

一，香气质、香气量均好。1999年2月3日，国家烟草专卖局倪益瑾局长到黔江考察，明确表示“把黔江作为全国优质烤烟基地加以扶持和建设”。1999年9月7日，国家烟草专卖局组织专家组对重庆主产烟区进行了全面考察，得出的结论是：“重庆烟区是生产优质烤烟的最适宜区，可以生产无污染、无公害烟叶。”

自2004年起，重庆市不断加强与卷烟工业企业的配合协作，加快工商联办烟叶基地建设步伐，取得显著成效，到2008年，重庆市与全国卷烟工业企业共建烟叶基地协议调拨量已达150多万担。重庆烟叶等级结构较好，化学成分协调，工业适用性较强，正常年份上等烟比例在30%以上，上中等烟比例在85%以上。烟叶市场以长江流域、黄淮流域内的卷烟工业企业为主，包括上海、湖南、广东、四川、重庆、江苏、安徽、河南等16家省（直辖市）级中烟工业公司。

重庆烟区是广东中烟骨干品牌重要的烤烟原料生产和供应基地，重庆烟叶感官评吸质量较好，中间香型特点比较明显，具有较好的“双喜”品牌配伍性。“双喜”品牌是广东中烟的龙头品牌，始创于1906年，是烟草行业为数不多的百年品牌。2004年，产销量仅有50万大箱，到2008年产销量已突破146万大箱，在全国所有卷烟品牌中居于前十，2010年“双喜”系列产品产销量达到200万大箱，2011年突破300万箱，实现税利214亿元，2012年“双喜”产销规模达319万箱，“双喜-红双喜”产销规模更是达到417万箱，实现商业销售收入850万箱，成为行业规模第一、价值第二的品牌。为贯彻落实国家烟草专卖局关于“两个十多个”的战略构想及“532”品牌发展战略的要求，实现“卷烟上水平”，广东中烟紧密结合企业和品牌发展实际，明确提出到2016年，把“双喜”培育成以一二类烟为重点、三类烟为基础，产销规模500万箱、工业实现税利500亿元、商业销售收入1 000亿元以上，定位清晰，风格特色突出的全国性知名品牌，并逐步发展成为国际性品牌。品牌战略的实施和发展，使广东中烟对重庆烟叶原料质量、数量及持续稳定性的供应能力也提出了更高的要求。

近几年，重庆烟区因烟粮争地矛盾突出，烤烟连作现象严重，加之长期大量施用化肥，土壤结构破坏严重，土壤有机质、速效磷、速效钾含量逐年下降，养分严重失衡，重庆部分产区烤烟出现青筋、青片、颜色浅淡、光滑，油分差、香气量低现象，烟碱含量特别是上部叶烟碱含量偏高（中部叶部分样品超过3.0%，上部叶部分样品超过3.5%），使烟叶刺激性偏高，香气质欠佳，无法满足“双喜”品牌对重庆烟叶的使用要求。为满足“双喜”品牌的发展需求，提高重庆烟区烟叶原料保障能力，2012年广东中烟工业有限责任公司立项开展“提高重庆烟区优质烟叶原料保障能力研究”。

>>> 第二节 植烟气象、土壤及烟叶基础数据的采集

一、植烟气象数据采集

气象数据由武隆县和彭水苗族土家族自治县气象局提供。数据采集的年限为2000—2012年，采集的气象数据主要包括：温度（日均气温、日最高气温、日最低气温、旬平均气温、月平均气温），降水量（日降水量、旬降水量、月降水量），日照（日日照数、旬日照数、月日照数）。

二、植烟土壤数据采集

（一）土壤定位监测点的确定

以植烟单元为监测点。每个定位监测点取一个2kg的混合土样，并对定位监测点进行GPS定位。原则：（1）取样范围为彭水润溪和武隆巷口两个基地单元所有的植烟单元；（2）在当年种烟的地块和轮作地块里根据地形地貌划分不同取样区域，地形地貌按平坝、半山区、山地来划分；（3）在按地形地貌划分的取样区域内，再按土壤类型确定定位监测点，土壤类型按红壤、黄壤、紫色土、水稻土来划分。

（二）土壤取样

1. 取样时间

2011年，烤烟移栽前。

2. 取样工具

取样工具包括：锄头、小土铲、管型土钻、取样袋、标签、记录本、铅笔、塑料布或盆以及一些常备习惯用具。

3. 取样方法

在确定的定位监测点区域内选取有代表性的某一农户的地块作为土样取样点，用GPS

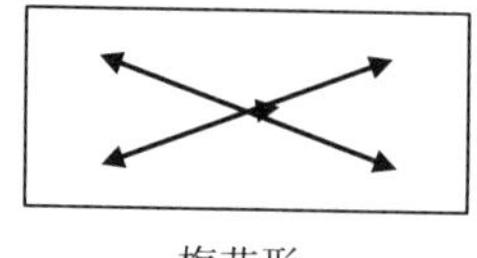

梅花形

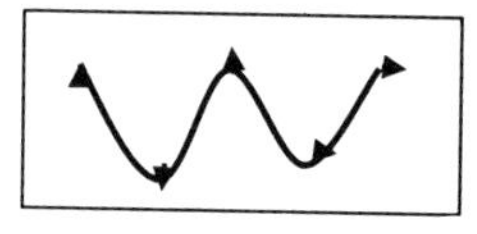

蛇形

图1-1 梅花形及蛇形方式布点取样法

进行定位，记录经纬度，在定位的田块上按采用梅花形或蛇形方式布点取样（图1-1），把各点采的土壤混合起来，采用四分法（图1-2）收集2kg的混合样品。

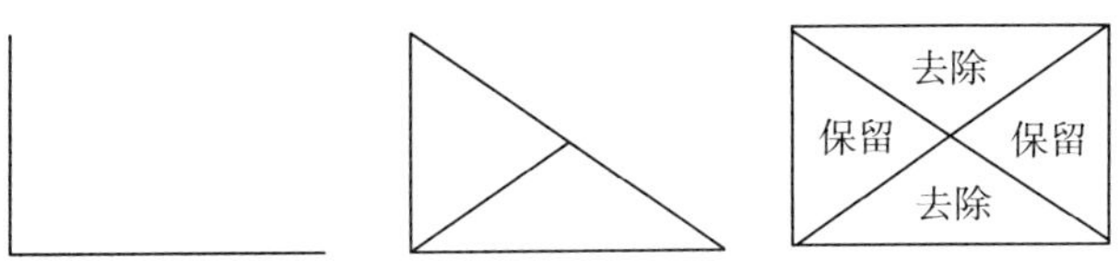

图1-2　四分法取样步骤

每个分样点去掉表层土2 ～ 4cm后，垂直挖耕层土（约20cm深）后取该剖面的土壤2kg，然后将5个分样土壤混合（约10kg）放在塑料盆里或塑料布上，用手捏碎摊平，用四分法对角取2份，其余可不要，如果样品仍大于2kg，按上述步骤继续四分，直至样品重量为2kg，放在布袋里，附上土样标签，并用铅笔填写相关信息。

4. 注意事项

取样时避免田边、路边、沟边和堆过肥料处等特殊地方。遇到有种植作物的取样田块，分样点在作物行间（即两株作物的中间）进行取样（严禁在作物的根际内取样）。

（三）土壤样品的收集、制备和保存

将所采集的土样放入样品布袋内，内外均附有取样标签，注明采样地点、采样浓度、采样时间、采样人等。标签用铅笔写清楚。取样时由专人记载取样点基本情况调查表。各县（市）区的样品汇总后，将土样散开置于阴凉干燥的室内风干，以免土样发霉变质，影响土样的分析测定；同时，风干过程中要注意避免污染。

（四）土壤取样结果及理化指标检测

土壤资料应用GPS定位检测的方法进行定点检测，土壤样品的分析项目、分析方法及检测依据如表1-1所示。

表1-1　土壤样品分析项目、分析方法及检测依据

分析项目	分析方法	检测依据
机械组成	比重计法	NY/T 1121.3—2006
pH	玻璃电极法	NY/T 1121.2—2006
有机质	重铬酸钾氧化法	NY/T 1121.6—2006
全氮	开氏定氮法	GB 7173—1987
全磷	钼锑抗比色法	GB 9837—1988
全钾	火焰光度法	GB 9836—1988
碱解氮	碱解扩散法	《土壤农化分析方法》（中国农业出版社2006年版）
速效磷	钼锑抗比色法	GB 12297—1990
速效钾	火焰光度法	NY/T 889—2004
有效钙	原子吸收分光光度法	NY/T 1121.13—2006
有效镁	原子吸收分光光度法	NY/T 1121.13—2006
有效硫	原子吸收分光光度法	NY/T 1121.14—2006

（续）

分析项目	分析方法	检测依据
有效铜	原子吸收分光光度法	NY/T 890—2004
有效锌	原子吸收分光光度法	NY/T 890—2004
有效铁	原子吸收分光光度法	NY/T 890—2004
有效锰	原子吸收分光光度法	NY/T 890—2004
有效钼	极谱法	NY/T 1121.9—2006
有效硼	甲亚胺比色法	NY/T 1121.8—2006
水溶性氯	硝酸银电位滴定法	NY/T 1121.17—2006

三、烟叶基础数据采集

（一）取样

2012—2014年，在土壤定位检测点上，选取当年种植烤烟代表部位的烤后烟叶样品（B_2F、C_3F）3kg，共计取样840份。

（二）检测

选取烟叶样品，由相关技术依托单位进行外观鉴定、物理指标测定、化学指标测定及感官质量评价。

1. 外观鉴定

外观鉴定由外观鉴定专家进行，其因素包括：颜色、成熟度、身份、结构、油分、色度、等级以及整体评价。在外观质量鉴定中，为更细致地描述各品质因素及特征，以每一因素的基本组成为中间值，设3个层次，大于中间值用符号“+”表示，小于中间值用符号“–”表示，如橘黄色烟叶，细分为“浅橘黄”“橘黄”“深橘黄”，分别以“橘–”“橘”“橘+”表示；又如，对于烟叶油分在“有”档次的烟叶，可细分为“有–”“有”“有+”；其他外观品质因素以此类推。

表1–2　烟叶外观品质因素及特征

成熟度	颜色	油分	身份	结构	色度
成熟+	橘+	多	厚	紧密	浓
成熟	橘	多–	厚–	稍密	浓–
成熟–	橘–	有+	稍厚	稍密–	强
	柠+	有	稍厚+	尚疏	强–
	柠	有–	稍厚–	尚疏–	中+
		稍有+	中等	疏松	中
		稍有	中等–		中–
		稍有–	稍薄+		
		少+	稍薄		
		少	薄		

2. 物理指标测定

物理指标包括长、宽、单叶重、含梗率、平衡水分、叶面密度、填充值。

（1）长、宽、单叶重测定：外观鉴定完成后，每份样品随机抽取30片叶片，量取每片叶片的长度（cm）、最大宽度（cm），以30片叶片的平均值作为样品长、宽测定结果；称取30片叶片的重量（g），计算平均值作为单叶重（g）测定结果。

（2）叶面密度的测定：30片烟叶长、宽、单叶重测定完成后，每片烟叶任取一个半叶，沿着半叶的叶尖、叶中及叶基部等距离取5个点，用圆形打孔器打5片直径（D）为1.5 ~ 2.0cm的圆形小片，将150片圆形小片放入水分盒中，在100 ℃条件下烘2h，冷却30min后称重（g），根据下列公式计算叶面密度。

$$\text{叶面密度}(\text{mg/cm}^2)=\frac{1\,000\times\text{烘后重量}(\text{g})}{150\times\pi\times(\frac{D}{2})^2}$$

（3）含梗率测定：30片叶片长、宽、单叶重测定及叶面密度测定完成后，将叶片去筋，称取30片叶片烟梗重量，计算平均含梗率。

（4）平衡水分测定：取40 ~ 50g烟丝，在温度为221℃、相对湿度为60条件下，进行水分平衡72h，称取10g，放入水分盒中，100℃烘2h，称重，计算平衡水分含量，3次重复。

$$\text{平衡水分}(\%)=\frac{10-\text{烘后重量}(\text{g})}{10}\times100$$

（5）填充值测定：根据行业标准（YC/T 152—2001　卷烟　烟丝填充值的测定）进行。

3. 化学指标测定

化学指标包括总糖、还原糖、淀粉、总氮、总钾、烟碱、氯、石油醚提取物总量（以下简称醚提物）、多酚、挥发碱总量、铜、锌、铁、钙、硫、锰、镁等。

表1-3　烟叶化学检测指标及方法标准

分析项目	分析方法	检测依据
总糖	芒森·沃克法	YC/T 32—1996
还原糖	芒森·沃克法	YC/T 32—1996
总氮	克达尔法	YC/T 33—1996
总植物碱	光度法	YC/T 34—1996
淀粉	碘化钾比色法	YC/T 216—2007
钾	火焰光度法	YC/T 173—2003
钙	原子吸收分光光度法	YC/T 174—2003
镁	原子吸收分光光度法	YC/T 175—2003
硫	比浊法	《土壤农化分析方法》（中国农业出版社2006年版）
总挥发酸	蒸馏法	
总挥发碱	蒸馏法	YC/T 35—1996
石油醚提取物	重量法	YC/T 176—2003
多酚	色谱法	YC/T 202—2006

（续）

分析项目	分析方法	检测依据
铜	原子吸收分光光度法	《土壤农化分析方法》（中国农业出版社2006年版）
锌	原子吸收分光光度法	《土壤农化分析方法》（中国农业出版社2006年版）
铁	原子吸收分光光度法	《土壤农化分析方法》（中国农业出版社2006年版）
锰	原子吸收分光光度法	《土壤农化分析方法》（中国农业出版社2006年版）
氯	硝酸银电位滴定法	YC/T 153—2001
硼	比色法	《土壤农化分析方法》（中国农业出版社2006年版）
钼	极谱法	《土壤农化分析方法》（中国农业出版社2006年版）
砷	原子荧光法	
汞	原子荧光法	
铅	原子吸收分光光度法	
隔	原子吸收分光光度法	
铬	原子吸收分光光度法	

4. 感官质量评价

评价指标和赋分标准如下：

（1）浓度：浓5、较浓4、中等3、较淡2、淡1；

（2）劲头：大5、较大4、适中3、较小2、小1；

（3）成团性：好5、较好4、中等3、较差2、差1；

（4）干燥感：湿润5、较湿润4、中等3、较干燥2、干燥1；

（5）甜度：明显3、较明显2、不明显1；

（6）柔和性：柔和5、较柔和4、中等3、较硬朗2、硬朗1；

以上指标均为定性指标，不计入总分。

（7）香气质：好18、较好16、中等+14、中等12、中等-10、较差8、差6；

（8）香气量：足20、较足18、尚足+16、尚足14、尚足-12、较少10、少8；

（9）杂气：无15、较轻13、有-11、有9、有+7、较重5、重3；

（10）刺激性：无18、微有16、有-14、有12、有+10、较大8、大6；

（11）余味：舒适20、较舒适18、尚舒适+16、尚舒适14、尚舒适-12、不舒适10以下；

（12）燃烧性：强5、较强4、中等3、较差2、差1、熄火0；

（13）灰色：白色4、灰白3、灰2、黑灰1；

（14）质量档次赋分：好5、好-4.8、较好4、较好+4.5、较好-3.8、中等3、中等+3.5、中等-2.8、较差2、较差+2.5、较差-1.8、差1。

第二章　植烟单元土壤、烟叶信息档案

[提高重庆烟叶原料保障能力研究]

生态决定特色，两个基地单元气候及土壤特征是烟叶风格形成的基础。通过3年的调查取样分析，建立了彭水润溪基地单元和武隆巷口基地单元的植烟单元烟叶信息档案，共计 9 个乡镇38个村124个植烟单元，包括植烟土壤信息、烟叶质量风格和烟叶田间表现。

>>> 第一节　彭水润溪基地单元

一、靛水街道

（一）靛水街道洋藿村－熊大井

表2-1　植烟土壤信息

地块基本信息		土壤化学成分					
品种	云97	pH	5.26	碱解氮（mg/kg）	169.39	有效硫（mg/kg）	56.70
海拔（m）	1 383	有机质（%）	3.28	缓效钾（mg/kg）	440.00	有效铜（mg/kg）	2.82
单元	熊大井	全氮（g/kg）	2.20	铵态氮（mg/kg）	1.34	有效锌（mg/kg）	2.59
土型	黄壤	全磷（g/kg）	0.90	硝态氮（mg/kg）	13.08	有效铁（mg/kg）	128.14
地形	山地	全钾（g/kg）	19.90	土壤氯（mg/kg）	4.39	有效锰（mg/kg）	45.56
地貌	波状	有效磷（mg/kg）	19.46	交换钙（cmol/kg）	3.67	有效硼（mg/kg）	0.16
		速效钾（mg/kg）	392.00	交换镁（cmol/kg）	0.55	有效钼（mg/kg）	0.25

图2-1　烟叶田间表现

表2-2　烟叶质量风格

	指标	中部叶	上部叶		指标	中部叶	上部叶
外观质量	成熟度	成-	成-	烟叶化学成分	烟碱（%）	3.35	2.09
	颜色	橘--	橘		总糖（%）	20.41	31.92
	身份	稍薄	中+		还原糖（%）	19.80	29.89
	结构	疏松	尚疏+		总氮（%）	2.62	1.66
	油分	稍有	有-		总钾（%）	1.60	2.07
	色度	中--	中		总氯（%）	0.39	0.24
物理指标	填充值（cm^3/g）	2.741	3.24		糖碱比	5.91	14.30
	平衡水分	13.847	12.62		氮碱比	0.78	0.79
	叶长（cm）	65.83	61.80		淀粉（%）	5.69	
	叶宽（cm）	26.10	16.70		总挥发碱（%）	0.24	
	单叶重（g）	9.79	11.15		醚提物（%）	6.03	
	含梗率（%）	33.00	32.98		烟叶磷（%）	0.15	
	叶面密度（mg/cm^2）	3.62	5.90		烟叶硫（%）	0.28	
评吸质量	劲头	适中			烟叶钙（mg/kg）	23 593.78	
	浓度	中等+			烟叶镁（mg/kg）	995.05	
	香气质	11.40			烟叶硼（mg/kg）	14.00	
	香气量	16.30			烟叶锰（mg/kg）	432.00	
	余味	19.70			烟叶锌（mg/kg）	50.00	
	杂气	13.00			烟叶钼（mg/kg）	0.098	
	刺激性	9.00			烟叶铁（mg/kg）	173.00	
	燃烧性	3.00			烟叶镍（mg/kg）	1.10	
	灰分	3.00			烟叶铜（mg/kg）	9.77	
	得分	75.40					
	质量档次	3.92					

（二）靛水街道长岩村－长岩

表2-3　植烟土壤信息

地块基本信息		土壤化学成分					
品种	云烟97	pH	4.56	碱解氮（mg/kg）	181.04	有效硫（mg/kg）	85.70
海拔（m）	1 344	有机质（%）	4.84	缓效钾（mg/kg）	32.00	有效铜（mg/kg）	3.63
单元	长岩	全氮（g/kg）	1.53	铵态氮（mg/kg）	4.75	有效锌（mg/kg）	4.51
土型	黄壤	全磷（g/kg）	0.73	硝态氮（mg/kg）	15.16	有效铁（mg/kg）	194.51
地形	山地	全钾（g/kg）	19.51	土壤氯（mg/kg）	8.78	有效锰（mg/kg）	31.65
地貌	缓坡地	有效磷（mg/kg）	22.17	交换钙（cmol/kg）	2.13	有效硼（mg/kg）	0.14
		速效钾（mg/kg）	360.00	交换镁（cmol/kg）	0.21	有效钼（mg/kg）	0.22

图2-2　烟叶田间表现

表2-4　烟叶质量风格

	指标	中部叶	上部叶		指标	中部叶	上部叶
外观质量	成熟度	成－	成－	烟叶化学成分	烟碱（%）	1.91	2.82
	颜色	柠＋	橘		总糖（%）	27.83	30.80
	身份	稍薄－	中＋		还原糖（%）	26.44	27.63
	结构	疏松	尚疏		总氮（%）	1.72	1.82
	油分	稍有＋	有－		总钾（%）	2.34	1.42
	色度	中－	强－		总氯（%）	0.16	0.21
物理指标	填充值（cm^3/g）	2.95	2.92		糖碱比	13.84	9.80
	平衡水分	14.08	13.12		氮碱比	0.90	0.65
	叶长（cm）	59.05	59.25		淀粉（%）	4.92	
	叶宽（cm）	23.70	18.70		总挥发碱（%）	0.20	
	单叶重（g）	9.13	10.44		醚提物（%）	6.03	
	含梗率（%）	32.00	27.00		烟叶磷（%）	0.15	
	叶面密度（mg/cm^2）	3.98	6.50		烟叶硫（%）	0.31	
评吸质量	劲头	适中			烟叶钙（mg/kg）	25 528.58	
	浓度	中等＋			烟叶镁（mg/kg）	1 337.55	
	香气质	11.40			烟叶硼（mg/kg）	19.20	
	香气量	16.30			烟叶锰（mg/kg）	285.00	
	余味	19.50			烟叶锌（mg/kg）	41.60	
	杂气	12.80			烟叶钼（mg/kg）	0.174	
	刺激性	8.90			烟叶铁（mg/kg）	205.00	
	燃烧性	3.00			烟叶镍（mg/kg）	1.19	
	灰分	3.00			烟叶铜（mg/kg）	6.37	
	得分	74.90					
	质量档次	3.78					

（三）靛水街道长岩村–火石地

表2–5 植烟土壤信息

地块基本信息		土壤化学成分					
品种	云烟97	pH	5.46	碱解氮（mg/kg）	163.17	有效硫（mg/kg）	27.20
海拔（m）	1 154	有机质（%）	4.14	缓效钾（mg/kg）	346.00	有效铜（mg/kg）	2.28
单元	火石地	全氮（g/kg）	1.98	铵态氮（mg/kg）	1.82	有效锌（mg/kg）	3.46
土型	石灰土	全磷（g/kg）	0.64	硝态氮（mg/kg）	9.30	有效铁（mg/kg）	160.37
地形	山地	全钾（g/kg）	16.59	土壤氯（mg/kg）	3.29	有效锰（mg/kg）	33.55
地貌	缓坡地	有效磷（mg/kg）	79.21	交换钙（cmol/kg）	4.00	有效硼（mg/kg）	0.12
		速效钾（mg/kg）	366.00	交换镁（cmol/kg）	0.30	有效钼（mg/kg）	0.15

图2–3 烟叶田间表现

表2-6　烟叶质量风格

	指标	中部叶	上部叶
外观质量	成熟度	成-	成
	颜色	橘--	橘
	身份	稍薄-	稍厚-
	结构	疏松	尚疏
	油分	稍有	有
	色度	中--	强-
物理指标	填充值（cm^3/g）	2.95	2.72
	平衡水分	13.15	12.76
	叶长（cm）	60.78	59.65
	叶宽（cm）	22.55	18.30
	单叶重（g）	9.21	16.76
	含梗率（%）	33.77	20.00
	叶面密度（mg/cm^2）	3.66	7.14
评吸质量	劲头	适中	
	浓度	中等+	
	香气质	11.80	
	香气量	16.20	
	余味	20.10	
	杂气	13.30	
	刺激性	9.10	
	燃烧性	3.00	
	灰分	3.00	
	得分	76.50	
	质量档次	4.32	
烟叶化学成分	烟碱（%）	2.10	2.99
	总糖（%）	29.54	30.87
	还原糖（%）	27.26	28.64
	总氮（%）	1.84	2.17
	总钾（%）	2.28	1.54
	总氯（%）	0.14	0.27
	糖碱比	12.98	9.58
	氮碱比	0.88	0.73
	淀粉（%）	5.24	
	总挥发碱（%）	0.23	
	醚提物（%）	5.51	
	烟叶磷（%）	0.15	
	烟叶硫（%）	0.28	
	烟叶钙（mg/kg）	22 670.62	
	烟叶镁（mg/kg）	1 086.36	
	烟叶硼（mg/kg）	19.20	
	烟叶锰（mg/kg）	316.00	
	烟叶锌（mg/kg）	48.10	
	烟叶钼（mg/kg）	0.10	
	烟叶铁（mg/kg）	182.00	
	烟叶镍（mg/kg）	1.06	
	烟叶铜（mg/kg）	9.14	

(四)高谷镇群峰村－学校

表2-7 植烟土壤信息

地块基本信息		土壤化学成分					
品种	云烟97	pH	5.16	碱解氮(mg/kg)	121.99	有效硫(mg/kg)	20.20
海拔(m)	1 205	有机质(%)	2.44	缓效钾(mg/kg)	104.00	有效铜(mg/kg)	1.82
单元	学校	全氮(g/kg)	1.44	铵态氮(mg/kg)	6.99	有效锌(mg/kg)	2.24
土型	黄壤	全磷(g/kg)	0.54	硝态氮(mg/kg)	5.08	有效铁(mg/kg)	136.78
地形	山地	全钾(g/kg)	24.63	土壤氯(mg/kg)	8.78	有效锰(mg/kg)	43.41
地貌	平坦地	有效磷(mg/kg)	9.50	交换钙(cmol/kg)	1.84	有效硼(mg/kg)	0.11
		速效钾(mg/kg)	172.00	交换镁(cmol/kg)	1.75	有效钼(mg/kg)	0.17

图2-4 烟叶田间表现

表2-8　烟叶质量风格

	指标	中部叶	上部叶		指标	中部叶	上部叶
外观质量	成熟度	尚+	尚	烟叶化学成分	烟碱（%）	1.63	2.80
	颜色	柠	橘--		总糖（%）	33.05	28.62
	身份	稍厚+	中+		还原糖（%）	30.29	28.19
	结构	尚疏	尚疏+		总氮（%）	1.22	1.52
	油分	有	有		总钾（%）	1.44	1.36
	色度	中-	中-		总氯（%）	0.17	0.30
物理指标	填充值（cm^3/g）	2.75	2.63		糖碱比	18.58	10.07
	平衡水分	13.56	13.37		氮碱比	0.75	0.54
	叶长（cm）	57.45	62.90		淀粉（%）	9.25	
	叶宽（cm）	18.68	19.80		总挥发碱（%）	0.20	
	单叶重（g）	9.68	11.53		醚提物（%）	5.54	
	含梗率（%）	30.00	27.00		烟叶磷（%）	0.18	
	叶面密度（mg/cm^2）	4.85	5.80		烟叶硫（%）	0.24	
评吸质量	劲头	适中			烟叶钙（mg/kg）	18 604.87	
	浓度	中等+			烟叶镁（mg/kg）	5 008.75	
	香气质	11.50			烟叶硼（mg/kg）	14.30	
	香气量	16.20			烟叶锰（mg/kg）	92.40	
	余味	19.70			烟叶锌（mg/kg）	0.86	
	杂气	12.80			烟叶钼（mg/kg）	5.95	
	刺激性	9.10			烟叶铁（mg/kg）	40.50	
	燃烧性	3.00			烟叶镍（mg/kg）	0.05	
	灰分	3.00			烟叶铜（mg/kg）	0.59	
	得分	75.30					
	质量档次	4.02					

（五）高谷镇群峰村－塔力湾

表2-9　植烟土壤信息

地块基本信息		土壤化学成分					
品种	云烟97	pH	2.44	碱解氮（mg/kg）	121.99	有效硫（mg/kg）	20.20
海拔（m）	1 205	有机质（%）	1.44	缓效钾（mg/kg）	104.00	有效铜（mg/kg）	1.82
单元	塔力湾	全氮（g/kg）	0.54	铵态氮（mg/kg）	6.99	有效锌（mg/kg）	2.24
土型	黄壤	全磷（g/kg）	24.63	硝态氮（mg/kg）	5.08	有效铁（mg/kg）	136.78
地形	山地	全钾（g/kg）	9.50	土壤氯（mg/kg）	8.78	有效锰（mg/kg）	43.41
地貌	缓坡地	有效磷（mg/kg）	172.00	交换钙（cmol/kg）	1.84	有效硼（mg/kg）	0.11
		速效钾（mg/kg）	2.44	交换镁（cmol/kg）	1.75	有效钼（mg/kg）	0.14

图2-5　烟叶田间表现

表2-10　烟叶质量风格

	指标	中部叶	上部叶
外观质量	成熟度	尚+	尚
	颜色	柠	橘--
	身份	稍厚+	中+
	结构	尚疏	尚疏+
	油分	有	有
	色度	中-	中-
物理指标	填充值（cm^3/g）	2.75	2.63
	平衡水分	13.56	13.37
	叶长（cm）	57.45	62.90
	叶宽（cm）	18.68	19.80
	单叶重（g）	9.81	12.13
	含梗率（%）	30.00	27.00
	叶面密度（mg/cm^2）	4.85	5.80
评吸质量	劲头	适中	
	浓度	中等+	
	香气质	11.50	
	香气量	16.20	
	余味	19.70	
	杂气	12.80	
	刺激性	9.10	
	燃烧性	3.00	
	灰分	3.00	
	得分	75.30	
	质量档次	4.02	
烟叶化学成分	烟碱（%）	1.63	2.80
	总糖（%）	33.05	28.62
	还原糖（%）	30.29	28.19
	总氮（%）	1.22	1.52
	总钾（%）	1.44	1.36
	总氯（%）	0.17	0.30
	糖碱比	18.58	10.07
	氮碱比	0.75	0.54
	淀粉（%）	9.25	
	总挥发碱（%）	0.20	
	醚提物（%）	5.54	
	烟叶磷（%）	0.18	
	烟叶硫（%）	0.24	
	烟叶钙（mg/kg）	18 604.87	
	烟叶镁（mg/kg）	5 008.75	
	烟叶硼（mg/kg）	14.30	
	烟叶锰（mg/kg）	92.40	
	烟叶锌（mg/kg）	40.50	
	烟叶钼（mg/kg）	0.59	
	烟叶铁（mg/kg）	184.00	
	烟叶镍（mg/kg）	0.86	
	烟叶铜（mg/kg）	5.95	

（六）靛水街道大坨村–关路

表2–11 植烟土壤信息

地块基本信息		土壤化学成分					
品种	云烟97	pH	5.79	碱解氮（mg/kg）	115.00	有效硫（mg/kg）	37.70
海拔（m）	1 163	有机质（%）	2.48	缓效钾（mg/kg）	130.00	有效铜（mg/kg）	0.84
单元	关路	全氮（g/kg）	1.48	铵态氮（mg/kg）	2.19	有效锌（mg/kg）	0.68
土型	黄壤	全磷（g/kg）	0.33	硝态氮（mg/kg）	5.05	有效铁（mg/kg）	30.66
地形	山地	全钾（g/kg）	25.70	土壤氯（mg/kg）	4.39	有效锰（mg/kg）	25.86
地貌	波状	有效磷（mg/kg）	4.75	交换钙（cmol/kg）	5.48	有效硼（mg/kg）	0.07
		速效钾（mg/kg）	226.00	交换镁（cmol/kg）	1.69	有效钼（mg/kg）	0.13

图2–6　烟叶田间表现

表2-12　烟叶质量风格

	指标	中部叶	上部叶
外观质量	成熟度	成	成-
	颜色	橘	橘
	身份	中--	稍厚
	结构	疏松+	稍密
	油分	有-	有-
	色度	中	中
物理指标	填充值（cm^3/g）	3.11	3.37
	平衡水分	13.34	12.24
	叶长（cm）	60.85	60.40
	叶宽（cm）	17.80	16.50
	单叶重（g）	7.81	10.10
	含梗率（%）	32.00	31.00
	叶面密度（mg/cm^2）	4.25	6.18
评吸质量	劲头	适中	
	浓度	中等+	
	香气质	11.63	
	香气量	16.63	
	余味	20.00	
	杂气	13.13	
	刺激性	8.88	
	燃烧性	3.00	
	灰分	3.00	
	得分	76.30	
	质量档次	4.25	
烟叶化学成分	烟碱（%）	2.11	3.51
	总糖（%）	28.26	22.99
	还原糖（%）	26.72	23.01
	总氮（%）	2.04	2.04
	总钾（%）	2.27	1.96
	总氯（%）	0.29	0.36
	糖碱比	12.66	6.56
	氮碱比	0.97	0.58
	淀粉（%）	3.76	
	总挥发碱（%）	0.26	
	醚提物（%）	6.58	
	烟叶磷（%）	0.16	
	烟叶硫（%）	0.28	
	烟叶钙（mg/kg）	20 906.80	
	烟叶镁（mg/kg）	1 037.65	
	烟叶硼（mg/kg）	17.60	
	烟叶锰（mg/kg）	517.00	
	烟叶锌（mg/kg）	45.60	
	烟叶钼（mg/kg）	0.09	
	烟叶铁（mg/kg）	181.00	
	烟叶镍（mg/kg）	1.08	
	烟叶铜（mg/kg）	8.47	

（七）靛水街道大坨村－大坨

表2-13　植烟土壤信息

地块基本信息		土壤化学成分					
品种	云烟97	pH	6.02	碱解氮（mg/kg）	114.22	有效硫（mg/kg）	16.20
海拔（m）	898	有机质（%）	2.25	缓效钾（mg/kg）	39.00	有效铜（mg/kg）	1.13
单元	大坨	全氮（g/kg）	1.52	铵态氮（mg/kg）	3.15	有效锌（mg/kg）	2.41
土型	黄壤	全磷（g/kg）	0.48	硝态氮（mg/kg）	7.57	有效铁（mg/kg）	110.04
地形	丘陵	全钾（g/kg）	9.62	土壤氯（mg/kg）	4.39	有效锰（mg/kg）	38.46
地貌	波状	有效磷（mg/kg）	15.10	交换钙（cmol/kg）	5.57	有效硼（mg/kg）	0.13
		速效钾（mg/kg）	61.00	交换镁（cmol/kg）	0.71	有效钼（mg/kg）	0.66

图2-7　烟叶田间表现

表2-14　烟叶质量风格

	指标	中部叶	上部叶		指标	中部叶	上部叶
外观质量	成熟度	成-	成	烟叶化学成分	烟碱（%）	2.16	
	颜色	橘	橘		总糖（%）	30.66	
	身份	中	稍厚		还原糖（%）	29.40	
	结构	疏松+	尚疏		总氮（%）	1.79	
	油分	有	有		总钾（%）	1.89	
	色度	中	强		总氯（%）	0.22	
物理指标	填充值（cm^3/g）	2.63	2.85		糖碱比	13.61	
	平衡水分	12.88	13.26		氮碱比	0.83	
	叶长（cm）	65.35	63.50		淀粉（%）	7.23	
	叶宽（cm）	21.80	17.88		总挥发碱（%）	0.23	
	单叶重（g）	11.91	10.75		醚提物（%）	6.36	
	含梗率（%）	29.00	32.00		烟叶磷（%）	0.15	
	叶面密度（mg/cm^2）	5.14	5.39		烟叶硫（%）	0.35	
评吸质量	劲头	适中			烟叶钙（mg/kg）	17 864.85	
	浓度	中等+			烟叶镁（mg/kg）	3 078.44	
	香气质	11.25			烟叶硼（mg/kg）	20.30	
	香气量	16.25			烟叶锰（mg/kg）	131.00	
	余味	19.50			烟叶锌（mg/kg）	57.00	
	杂气	12.75			烟叶钼（mg/kg）	0.17	
	刺激性	8.75			烟叶铁（mg/kg）	188.00	
	燃烧性	3.00			烟叶镍（mg/kg）	0.99	
	灰分	3.00			烟叶铜（mg/kg）	18.30	
	得分	74.50					
	质量档次	3.63					

（八）靛水街道天井村－道窝

表2-15 植烟土壤信息

地块基本信息		土壤化学成分					
品种	云烟97	pH	6.70	碱解氮（mg/kg）	150.74	有效硫（mg/kg）	21.20
海拔（m）	1 033	有机质（%）	3.04	缓效钾（mg/kg）	109.00	有效铜（mg/kg）	0.82
单元	道窝	全氮（g/kg）	1.78	铵态氮（mg/kg）	0.27	有效锌（mg/kg）	1.32
土型	黄壤	全磷（g/kg）	0.42	硝态氮（mg/kg）	13.86	有效铁（mg/kg）	11.86
地形	丘陵	全钾（g/kg）	14.15	土壤氯（mg/kg）	4.39	有效锰（mg/kg）	11.60
地貌	平坦地	有效磷（mg/kg）	15.05	交换钙（cmol/kg）	6.93	有效硼（mg/kg）	0.13
		速效钾（mg/kg）	215.00	交换镁（cmol/kg）	5.49	有效钼（mg/kg）	0.07

图2-8 烟叶田间表现

表2-16　烟叶质量风格

	指标	中部叶	上部叶
外观质量	成熟度	成－	成－
	颜色	橘－	橘
	身份	稍厚	稍厚－
	结构	疏松－	稍密
	油分	稍有＋	有－－
	色度	中－	中－
物理指标	填充值（cm^3/g）	2.93	2.99
	平衡水分	13.49	13.12
	叶长（cm）	63.60	59.00
	叶宽（cm）	20.53	14.43
	单叶重（g）	8.25	7.70
	含梗率（%）	35.00	34.00
	叶面密度（mg/cm^2）	3.64	5.89
评吸质量	劲头	适中	
	浓度	中等＋	
	香气质	11.80	
	香气量	16.60	
	余味	20.40	
	杂气	13.60	
	刺激性	9.00	
	燃烧性	3.00	
	灰分	3.00	
	得分	77.40	
	质量档次	4.82	

	指标	中部叶	上部叶
烟叶化学成分	烟碱（%）	2.15	3.70
	总糖（%）	28.13	25.82
	还原糖（%）	26.04	25.15
	总氮（%）	1.86	1.85
	总钾（%）	2.69	1.70
	总氯（%）	0.22	0.28
	糖碱比	12.11	6.80
	氮碱比	0.87	0.50
	淀粉（%）	4.49	
	总挥发碱（%）	0.25	
	醚提物（%）	6.78	
	烟叶磷（%）	0.17	
	烟叶硫（%）	0.35	
	烟叶钙（mg/kg）	15 428.88	
	烟叶镁（mg/kg）	1 382.30	
	烟叶硼（mg/kg）	27.40	
	烟叶锰（mg/kg）	542.00	
	烟叶锌（mg/kg）	61.80	
	烟叶钼（mg/kg）	0.24	
	烟叶铁（mg/kg）	200.00	
	烟叶镍（mg/kg）	1.11	
	烟叶铜（mg/kg）	3.85	

（九）靛水街道天井村–田湾

表2–17　植烟土壤信息

地块基本信息		土壤化学成分					
品种	云烟97	pH	6.17	碱解氮（mg/kg）	101.01	有效硫（mg/kg）	18.70
海拔（m）	955	有机质（%）	2.84	缓效钾（mg/kg）	79.00	有效铜（mg/kg）	0.88
单元	田湾	全氮（g/kg）	1.53	铵态氮（mg/kg）	0.22	有效锌（mg/kg）	0.96
土型	黄壤	全磷（g/kg）	0.32	硝态氮（mg/kg）	4.83	有效铁（mg/kg）	27.10
地形	山地	全钾（g/kg）	12.32	土壤氯（mg/kg）	14.26	有效锰（mg/kg）	23.22
地貌	缓坡地	有效磷（mg/kg）	4.65	交换钙（cmol/kg）	4.48	有效硼（mg/kg）	0.09
		速效钾（mg/kg）	165.00	交换镁（cmol/kg）	1.27	有效钼（mg/kg）	0.04

图2–9　烟叶田间表现

表2–18　烟叶质量风格

	指标	中部叶	上部叶
外观质量	成熟度	成－	成－
	颜色	橘－	橘
	身份	中－－	稍厚－
	结构	疏松＋	稍密
	油分	有－	稍有＋
	色度	中－	中－－
物理指标	填充值（cm^3/g）	2.26	3.06
	平衡水分	13.70	12.74
	叶长（cm）	64.65	56.90
	叶宽（cm）	21.63	13.38
	单叶重（g）	12.03	7.00
	含梗率（%）	29.00	32.00
	叶面密度（mg/cm^2）	5.60	5.73
评吸质量	劲头	适中	
	浓度	中等＋	
	香气质	11.63	
	香气量	16.25	
	余味	20.00	
	杂气	13.13	
	刺激性	9.00	
	燃烧性	3.00	
	灰分	3.00	
	得分	76.00	
	质量档次	4.13	

	指标	中部叶	上部叶
烟叶化学成分	烟碱（%）	2.20	3.34
	总糖（%）	37.79	27.20
	还原糖（%）	35.09	25.77
	总氮（%）	1.94	1.93
	总钾（%）	2.04	1.61
	总氯（%）	0.43	0.36
	糖碱比	15.95	7.72
	氮碱比	0.88	0.58
	淀粉（%）	6.06	
	总挥发碱（%）	0.23	
	醚提物（%）	6.36	
	烟叶磷（%）	0.17	
	烟叶硫（%）	0.29	
	烟叶钙（mg/kg）	13 879.71	
	烟叶镁（mg/kg）	1 340.58	
	烟叶硼（mg/kg）	17.40	
	烟叶锰（mg/kg）	415.00	
	烟叶锌（mg/kg）	59.10	
	烟叶钼（mg/kg）	0.10	
	烟叶铁（mg/kg）	205.00	
	烟叶镍（mg/kg）	1.34	
	烟叶铜（mg/kg）	12.80	

（一〇）靛水街道火石村－友谊

表2-19　植烟土壤信息

地块基本信息		土壤化学成分					
品种	云烟97	pH	7.13	碱解氮（mg/kg）	91.69	有效硫（mg/kg）	13.20
海拔（m）	955	有机质（%）	2.82	缓效钾（mg/kg）	252.00	有效铜（mg/kg）	0.85
单元	友谊	全氮（g/kg）	2.25	铵态氮（mg/kg）	0.00	有效锌（mg/kg）	0.88
土型	石灰土	全磷（g/kg）	0.45	硝态氮（mg/kg）	9.91	有效铁（mg/kg）	5.58
地形	山地	全钾（g/kg）	16.51	土壤氯（mg/kg）	10.97	有效锰（mg/kg）	6.89
地貌	缓坡地	有效磷（mg/kg）	10.70	交换钙（cmol/kg）	26.47	有效硼（mg/kg）	0.06
		速效钾（mg/kg）	152.00	交换镁（cmol/kg）	0.92	有效钼（mg/kg）	0.03

图2-10　烟叶田间表现

表2-20　烟叶质量风格

	指标	中部叶	上部叶		指标	中部叶	上部叶
外观质量	成熟度	成-	成-	烟叶化学成分	烟碱（%）	2.15	2.59
	颜色	橘-	橘		总糖（%）	25.73	28.60
	身份	中-	稍厚-		还原糖（%）	24.50	26.06
	结构	疏松+	稍密-		总氮（%）	1.80	2.07
	油分	稍有+	有		总钾（%）	2.20	1.88
	色度	中	中		总氯（%）	0.23	0.22
物理指标	填充值（cm^3/g）	3.19	2.76		糖碱比	11.40	10.06
	平衡水分	12.77	13.66		氮碱比	0.84	0.80
	叶长（cm）	61.60	62.75		淀粉（%）	7.38	
	叶宽（cm）	20.08	17.05		总挥发碱（%）	0.25	
	单叶重（g）	8.93	9.84		醚提物（%）	6.73	
	含梗率（%）	30.00	31.00		烟叶磷（%）	0.17	
	叶面密度（mg/cm^2）	4.39	5.03		烟叶硫（%）	0.37	
评吸质量	劲头	适中			烟叶钙（mg/kg）	21 009.39	
	浓度	中等+			烟叶镁（mg/kg）	1 221.63	
	香气质	11.60			烟叶硼（mg/kg）	24.90	
	香气量	16.50			烟叶锰（mg/kg）	321.00	
	余味	20.00			烟叶锌（mg/kg）	77.10	
	杂气	12.90			烟叶钼（mg/kg）	0.11	
	刺激性	9.00			烟叶铁（mg/kg）	195.00	
	燃烧性	3.00			烟叶镍（mg/kg）	1.14	
	灰分	3.00			烟叶铜（mg/kg）	16.70	
	得分	76.00					
	质量档次	4.10					

二、润溪乡

（一）润溪乡樱桃村-苍铺长台台

表2-21　植烟土壤信息

地块基本信息		土壤化学成分					
品种	云烟97	pH	5.53	碱解氮（mg/kg）	183.37	有效硫（mg/kg）	30.70
海拔（m）	1 265	有机质（%）	4.80	缓效钾（mg/kg）	172.00	有效铜（mg/kg）	1.95
单元	苍铺	全氮（g/kg）	2.90	铵态氮（mg/kg）	3.10	有效锌（mg/kg）	2.02
土型	石灰性土	全磷（g/kg）	0.51	硝态氮（mg/kg）	11.44	有效铁（mg/kg）	130.34
地形	山地	全钾（g/kg）	11.68	土壤氯（mg/kg）	7.68	有效锰（mg/kg）	35.08
地貌	缓坡地	有效磷（mg/kg）	1.75	交换钙（cmol/kg）	5.99	有效硼（mg/kg）	0.11
		速效钾（mg/kg）	160.00	交换镁（cmol/kg）	1.48	有效钼（mg/kg）	0.22

图2-11　烟叶田间表现

表2-22 烟叶质量风格

	指标	中部叶	上部叶
外观质量	成熟度	尚熟+	成
	颜色	橘-	橘
	身份	稍薄+	稍厚
	结构	尚疏-	稍密
	油分	有-	有-
	色度	中-	中
物理指标	填充值（cm^3/g）	3.01	3.00
	平衡水分	13.54	13.25
	叶长（cm）	58.00	60.10
	叶宽（cm）	21.93	18.38
	单叶重（g）	9.70	12.08
	含梗率（%）	32.00	29.00
	叶面密度（mg/cm^2）	4.61	5.66
评吸质量	劲头	适中	
	浓度	中等+	
	香气质	12.00	
	香气量	16.40	
	余味	20.40	
	杂气	13.40	
	刺激性	9.10	
	燃烧性	3.00	
	灰分	3.00	
	得分	77.30	
	质量档次	4.72	

	指标	中部叶	上部叶
烟叶化学成分	烟碱（%）	2.20	3.23
	总糖（%）	29.45	23.05
	还原糖（%）	25.36	22.39
	总氮（%）	1.73	2.32
	总钾（%）	2.07	1.63
	总氯（%）	0.22	0.24
	糖碱比	11.53	6.93
	氮碱比	0.79	0.72
	淀粉（%）	4.15	
	总挥发碱（%）	0.28	
	醚提物（%）	6.12	
	烟叶磷（%）	0.15	
	烟叶硫（%）	0.27	
	烟叶钙（mg/kg）	24 746.79	
	烟叶镁（mg/kg）	1 626.61	
	烟叶硼（mg/kg）	18.30	
	烟叶锰（mg/kg）	295.00	
	烟叶锌（mg/kg）	47.20	
	烟叶钼（mg/kg）	0.093	
	烟叶铁（mg/kg）	273.00	
	烟叶镍（mg/kg）	1.28	
	烟叶铜（mg/kg）	8.69	

（二）润溪乡樱桃村－苍铺河沙坝

表2-23　植烟土壤信息

地块基本信息		土壤化学成分					
品种	云烟97	pH	4.24	碱解氮（mg/kg）	212.90	有效硫（mg/kg）	88.20
海拔（m）	1 226	有机质（%）	4.76	缓效钾（mg/kg）	130.00	有效铜（mg/kg）	2.35
单元	河沙坝	全氮（g/kg）	2.89	铵态氮（mg/kg）	7.58	有效锌（mg/kg）	3.68
土型	黄泥土	全磷（g/kg）	1.04	硝态氮（mg/kg）	25.86	有效铁（mg/kg）	182.35
地形	山地	全钾（g/kg）	9.95	土壤氯（mg/kg）	7.68	有效锰（mg/kg）	30.01
地貌	缓坡地	有效磷（mg/kg）	66.50	交换钙（cmol/kg）	0.43	有效硼（mg/kg）	0.17
		速效钾（mg/kg）	246.00	交换镁（cmol/kg）	0.31	有效钼（mg/kg）	0.14

图2-12　烟叶田间表现

表2-24　烟叶质量风格

	指标	中部叶	上部叶
外观质量	成熟度	尚熟	成－
	颜色	橘－－	橘
	身份	稍薄	稍厚－
	结构	尚疏	稍密－
	油分	有－－	有－
	色度	弱++	中
物理指标	填充值（cm^3/g）	2.99	2.91
	平衡水分	13.37	13.55
	叶长（cm）	61.85	59.50
	叶宽（cm）	22.35	17.85
	单叶重（g）	9.29	9.63
	含梗率（%）	36.60	29.00
	叶面密度（mg/cm^2）	3.77	5.90
评吸质量	劲头	适中	
	浓度	中等+	
	香气质	11.80	
	香气量	16.30	
	余味	20.10	
	杂气	13.20	
	刺激性	9.00	
	燃烧性	3.00	
	灰分	3.00	
	得分	76.40	
	质量档次	4.42	

	指标	中部叶	上部叶
烟叶化学成分	烟碱（%）	1.96	3.14
	总糖（%）	30.47	25.40
	还原糖（%）	26.84	24.69
	总氮（%）	1.60	2.22
	总钾（%）	2.07	1.64
	总氯（%）	0.20	0.56
	糖碱比	13.69	7.86
	氮碱比	0.82	0.71
	淀粉（%）	4.04	
	总挥发碱（%）	0.23	
	醚提物（%）	6.12	
	烟叶磷（%）	0.14	
	烟叶硫（%）	0.25	
	烟叶钙（mg/kg）	26 409.52	
	烟叶镁（mg/kg）	1 810.41	
	烟叶硼（mg/kg）	18.80	
	烟叶锰（mg/kg）	511.00	
	烟叶锌（mg/kg）	50.30	
	烟叶钼（mg/kg）	0.09	
	烟叶铁（mg/kg）	235.00	
	烟叶镍（mg/kg）	1.37	
	烟叶铜（mg/kg）	9.29	

（三）润溪乡樱桃村－坪上

表2-25　植烟土壤信息

地块基本信息		土壤化学成分					
品种	云烟97	pH	6.01	碱解氮（mg/kg）	116.55	有效硫（mg/kg）	12.70
海拔（m）	857	有机质（%）	2.35	缓效钾（mg/kg）	246.00	有效铜（mg/kg）	1.03
单元	坪上	全氮（g/kg）	1.54	铵态氮（mg/kg）	1.23	有效锌（mg/kg）	1.55
土型	黄壤	全磷（g/kg）	0.39	硝态氮（mg/kg）	4.68	有效铁（mg/kg）	25.87
地形	山地	全钾（g/kg）	12.08	土壤氯（mg/kg）	4.39	有效锰（mg/kg）	39.40
地貌	波状	有效磷（mg/kg）	3.35	交换钙（cmol/kg）	5.70	有效硼（mg/kg）	0.11
		速效钾（mg/kg）	158.00	交换镁（cmol/kg）	1.40	有效钼（mg/kg）	0.13

图2-13　烟叶田间表现

表2-26　烟叶质量风格

	指标	中部叶	上部叶		指标	中部叶	上部叶
外观质量	成熟度	成	成－	烟叶化学成分	烟碱（%）	2.33	3.80
	颜色	橘	橘		总糖（%）	30.19	20.59
	身份	稍薄	中＋		还原糖（%）	29.17	20.44
	结构	疏松	尚疏		总氮（%）	1.45	2.51
	油分	稍有＋	有－		总钾（%）	1.33	2.26
	色度	中	中		总氯（%）	0.23	0.13
物理指标	填充值（cm^3/g）	2.60	3.15		糖碱比	12.52	5.38
	平衡水分	13.87	13.06		氮碱比	0.62	0.66
	叶长（cm）	52.60	61.85		淀粉（%）	6.87	
	叶宽（cm）	20.18	18.98		总挥发碱（%）	0.25	
	单叶重（g）	7.09	12.17		醚提物（%）	5.79	
	含梗率（%）	31.00	32.00		烟叶磷（%）	0.16	
	叶面密度（mg/cm^2）	4.04	5.12		烟叶硫（%）	0.25	
评吸质量	劲头	适中			烟叶钙（mg/kg）	28 891.13	
	浓度	中等＋			烟叶镁（mg/kg）	1 729.48	
	香气质	11.30			烟叶硼（mg/kg）	19.90	
	香气量	16.40			烟叶锰（mg/kg）	228.00	
	余味	19.40			烟叶锌（mg/kg）	42.30	
	杂气	12.80			烟叶钼（mg/kg）	0.30	
	刺激性	8.70			烟叶铁（mg/kg）	217.00	
	燃烧性	3.00			烟叶镍（mg/kg）	1.30	
	灰分	3.00			烟叶铜（mg/kg）	3.97	
	得分	74.60					
	质量档次	3.46					

（四）润溪乡樱桃村－水井路

表2-27　植烟土壤信息

地块基本信息		土壤化学成分					
品种	云烟97	pH	5.01	碱解氮（mg/kg）	155.40	有效硫（mg/kg）	46.20
海拔（m）	1 202	有机质（%）	3.14	缓效钾（mg/kg）	290.00	有效铜（mg/kg）	2.73
单元	水井路	全氮（g/kg）	2.06	铵态氮（mg/kg）	3.95	有效锌（mg/kg）	2.10
土型	石灰土	全磷（g/kg）	0.94	硝态氮（mg/kg）	18.92	有效铁（mg/kg）	159.56
地形	山地	全钾（g/kg）	14.49	土壤氯（mg/kg）	9.87	有效锰（mg/kg）	54.00
地貌	缓坡地	有效磷（mg/kg）	41.75	交换钙（cmol/kg）	4.74	有效硼（mg/kg）	0.16
		速效钾（mg/kg）	262.00	交换镁（cmol/kg）	1.07	有效钼（mg/kg）	0.04

图2-14　烟叶田间表现

表2-28　烟叶质量风格

	指标	中部叶	上部叶		指标	中部叶	上部叶
外观质量	成熟度	尚熟+	成-	烟叶化学成分	烟碱（%）	1.80	3.47
	颜色	橘--	橘-		总糖（%）	29.00	26.37
	身份	稍薄+	中+		还原糖（%）	25.01	25.63
	结构	尚疏-	尚疏		总氮（%）	1.62	2.17
	油分	有-	有-		总钾（%）	2.22	1.67
	色度	中-	中		总氯（%）	0.24	0.36
物理指标	填充值（cm^3/g）	3.23	3.12		糖碱比	13.89	7.39
	平衡水分	13.19	11.94		氮碱比	0.90	0.63
	叶长（cm）	59.15	58.60		淀粉（%）	4.94	
	叶宽（cm）	23.25	18.35		总挥发碱（%）	0.21	
	单叶重（g）	8.91	10.75		醚提物（%）	5.67	
	含梗率（%）	32.00	26.00		烟叶磷（%）	0.12	
	叶面密度（mg/cm^2）	4.01	6.13		烟叶硫（%）	0.24	
评吸质量	劲头	适中			烟叶钙（mg/kg）	25 853.95	
	浓度	中等+			烟叶镁（mg/kg）	1 885.43	
	香气质	11.70			烟叶硼（mg/kg）	17.80	
	香气量	16.40			烟叶锰（mg/kg）	546.00	
	余味	20.10			烟叶锌（mg/kg）	60.50	
	杂气	13.10			烟叶钼（mg/kg）	0.10	
	刺激性	9.10			烟叶铁（mg/kg）	364.00	
	燃烧性	3.00			烟叶镍（mg/kg）	1.56	
	灰分	3.00			烟叶铜（mg/kg）	5.81	
	得分	76.40					
	质量档次	4.18					

（五）润溪乡樱桃村－烧鸡

表2-29　植烟土壤信息

地块基本信息		土壤化学成分					
品种	云烟97	pH	5.08	碱解氮（mg/kg）	138.31	有效硫（mg/kg）	41.70
海拔（m）	1 309	有机质（%）	2.67	缓效钾（mg/kg）	120.00	有效铜（mg/kg）	1.61
单元	烧鸡	全氮（g/kg）	1.41	铵态氮（mg/kg）	0.64	有效锌（mg/kg）	1.67
土型	黄壤	全磷（g/kg）	0.53	硝态氮（mg/kg）	5.97	有效铁（mg/kg）	120.26
地形	山地	全钾（g/kg）	11.96	土壤氯（mg/kg）	12.07	有效锰（mg/kg）	24.68
地貌	缓坡地	有效磷（mg/kg）	6.70	交换钙（cmol/kg）	2.02	有效硼（mg/kg）	0.08
		速效钾（mg/kg）	104.00	交换镁（cmol/kg）	0.51	有效钼（mg/kg）	0.08

图2-15　烟叶田间表现

表2-30　烟叶质量风格

	指标	中部叶	上部叶		指标	中部叶	上部叶
外观质量	成熟度	成-	成-	烟叶化学成分	烟碱（%）	1.58	3.46
	颜色	橘--	橘-		总糖（%）	28.82	27.07
	身份	稍薄+	稍厚-		还原糖（%）	25.13	25.83
	结构	疏松	稍密-		总氮（%）	1.65	2.16
	油分	稍有	有-		总钾（%）	2.51	1.76
	色度	中--	中-		总氯（%）	0.33	0.26
物理指标	填充值（cm^3/g）	3.00	3.00		糖碱比	15.91	7.47
	平衡水分	13.56	12.44		氮碱比	1.04	0.62
	叶长（cm）	58.15	63.55		淀粉（%）	4.19	
	叶宽（cm）	26.35	19.23		总挥发碱（%）	0.19	
	单叶重（g）	8.81	10.70		醚提物（%）	5.80	
	含梗率（%）	32.00	28.00		烟叶磷（%）	0.14	
	叶面密度（mg/cm^2）	3.58	5.86		烟叶硫（%）	0.22	
评吸质量	劲头	适中			烟叶钙（mg/kg）	29 558.74	
	浓度	中等+			烟叶镁（mg/kg）	2 316.66	
	香气质	11.70			烟叶硼（mg/kg）	16.39	
	香气量	16.10			烟叶锰（mg/kg）	451.02	
	余味	19.80			烟叶锌（mg/kg）	58.52	
	杂气	13.00			烟叶钼（mg/kg）	0.13	
	刺激性	9.20			烟叶铁（mg/kg）	486.14	
	燃烧性	3.00			烟叶镍（mg/kg）	1.67	
	灰分	3.00			烟叶铜（mg/kg）	1.58	
	得分	75.80					
	质量档次	4.08					

（六）润溪乡樱桃村–樱桃

表2–31　植烟土壤信息

地块基本信息		土壤化学成分					
品种	云烟97	pH	5.79	碱解氮（mg/kg）	135.20	有效硫（mg/kg）	15.70
海拔（m）	1 218	有机质（%）	3.15	缓效钾（mg/kg）	324.00	有效铜（mg/kg）	2.21
单元	樱桃	全氮（g/kg）	2.06	铵态氮（mg/kg）	0.11	有效锌（mg/kg）	1.38
土型	黄壤	全磷（g/kg）	0.76	硝态氮（mg/kg）	12.29	有效铁（mg/kg）	48.50
地形	山地	全钾（g/kg）	17.07	土壤氯（mg/kg）	6.58	有效锰（mg/kg）	36.78
地貌	缓坡地	有效磷（mg/kg）	17.20	交换钙（cmol/kg）	8.04	有效硼（mg/kg）	0.13
		速效钾（mg/kg）	208.00	交换镁（cmol/kg）	1.34	有效钼（mg/kg）	0.09

图2–16　烟叶田间表现

表2-32　烟叶质量风格

	指标	中部叶	上部叶
外观质量	成熟度	成－	成－－
	颜色	橘－－	橘
	身份	稍薄	稍厚
	结构	疏松＋	稍密
	油分	稍有＋	有－－
	色度	中－	中－－
物理指标	填充值（cm^3/g）	3.26	3.11
	平衡水分	13.32	13.14
	叶长（cm）	61.10	57.15
	叶宽（cm）	24.38	16.15
	单叶重（g）	9.55	13.06
	含梗率（%）	33.00	30.00
	叶面密度（mg/cm^2）	3.89	5.89
评吸质量	劲头	适中	
	浓度	中等＋	
	香气质	11.60	
	香气量	16.40	
	余味	19.90	
	杂气	13.00	
	刺激性	9.10	
	燃烧性	3.00	
	灰分	3.00	
	得分	76.00	
	质量档次	4.10	

	指标	中部叶	上部叶
烟叶化学成分	烟碱（%）	2.27	3.54
	总糖（%）	28.15	20.52
	还原糖（%）	25.84	20.58
	总氮（%）	1.71	2.50
	总钾（%）	2.14	1.44
	总氯（%）	0.15	0.31
	糖碱比	11.38	5.81
	氮碱比	0.75	0.71
	淀粉（%）	3.26	
	总挥发碱（%）	0.26	
	醚提物（%）	6.08	
	烟叶磷（%）	0.13	
	烟叶硫（%）	0.24	
	烟叶钙（mg/kg）	29 518.54	
	烟叶镁（mg/kg）	1 952.40	
	烟叶硼（mg/kg）	18.08	
	烟叶锰（mg/kg）	413.33	
	烟叶锌（mg/kg）	45.25	
	烟叶钼（mg/kg）	0.07	
	烟叶铁（mg/kg）	303.75	
	烟叶镍（mg/kg）	1.39	
	烟叶铜（mg/kg）	5.95	

（七）润溪乡莲花村-大坡坡

表2-33　植烟土壤信息

地块基本信息		土壤化学成分					
品种	云烟97	pH	5.88	碱解氮（mg/kg）	107.23	有效硫（mg/kg）	24.70
海拔（m）	699	有机质（%）	2.48	缓效钾（mg/kg）	143.00	有效铜（mg/kg）	2.54
单元	大坡坡	全氮（g/kg）	1.59	铵态氮（mg/kg）	0.22	有效锌（mg/kg）	3.14
土型	石灰土	全磷（g/kg）	0.45	硝态氮（mg/kg）	6.46	有效铁（mg/kg）	24.54
地形	山地	全钾（g/kg）	14.93	土壤氯（mg/kg）	5.48	有效锰（mg/kg）	13.23
地貌	缓坡地	有效磷（mg/kg）	4.55	交换钙（cmol/kg）	5.78	有效硼（mg/kg）	0.09
		速效钾（mg/kg）	89.00	交换镁（cmol/kg）	1.85	有效钼（mg/kg）	0.20

图2-17　烟叶田间表现

表2-34　烟叶质量风格

	指标	中部叶	上部叶		指标	中部叶	上部叶
外观质量	成熟度	尚熟+	成	烟叶化学成分	烟碱（%）	1.71	3.20
	颜色	橘-	橘-		总糖（%）	29.25	27.82
	身份	稍薄+	中等+		还原糖（%）	24.89	26.42
	结构	尚疏	尚疏+		总氮（%）	1.59	2.01
	油分	有--	有-		总钾（%）	2.30	1.75
	色度	中--	中+		总氯（%）	0.27	0.31
物理指标	填充值（cm^3/g）	3.18	2.65		糖碱比	14.56	8.26
	平衡水分	13.21	13.21		氮碱比	0.93	0.63
	叶长（cm）	61.35	59.00		淀粉（%）	4.56	
	叶宽（cm）	23.90	20.25		总挥发碱（%）	0.20	
	单叶重（g）	9.85	9.68		醚提物（%）	5.84	
	含梗率（%）	34.00	28.00		烟叶磷（%）	0.13	
	叶面密度（mg/cm^2）	3.62	5.72		烟叶硫（%）	0.23	
评吸质量	劲头	适中			烟叶钙（mg/kg）	28 517.60	
	浓度	中等+			烟叶镁（mg/kg）	2 124.11	
	香气质	11.30			烟叶硼（mg/kg）	18.60	
	香气量	16.20			烟叶锰（mg/kg）	508.00	
	余味	19.60			烟叶锌（mg/kg）	57.90	
	杂气	12.80			烟叶钼（mg/kg）	0.09	
	刺激性	9.10			烟叶铁（mg/kg）	412.00	
	燃烧性	3.00			烟叶镍（mg/kg）	1.66	
	灰分	3.00			烟叶铜（mg/kg）	5.65	
	得分	75.00					
	质量档次	3.72					

（八）润溪乡凉水村－后湾塘

表2-35　植烟土壤信息

地块基本信息		土壤化学成分					
品种	云烟97	pH	6.21	碱解氮（mg/kg）	102.56	有效硫（mg/kg）	11.70
海拔（m）	774	有机质（%）	2.19	缓效钾（mg/kg）	152.00	有效铜（mg/kg）	1.49
单元	后湾塘	全氮（g/kg）	1.40	铵态氮（mg/kg）	1.34	有效锌（mg/kg）	1.04
土型	黄壤	全磷（g/kg）	0.35	硝态氮（mg/kg）	7.47	有效铁（mg/kg）	24.36
地形	山地	全钾（g/kg）	9.35	土壤氯（mg/kg）	8.78	有效锰（mg/kg）	40.22
地貌	缓坡地	有效磷（mg/kg）	4.80	交换钙（cmol/kg）	9.48	有效硼（mg/kg）	0.10
		速效钾（mg/kg）	48.00	交换镁（cmol/kg）	1.56	有效钼（mg/kg）	0.11

图2-18　烟叶田间表现

表2-36　烟叶质量风格

	指标	中部叶	上部叶		指标	中部叶	上部叶
外观质量	成熟度	成	成	烟叶化学成分	烟碱（%）	1.99	3.54
	颜色	橘	橘		总糖（%）	26.40	20.52
	身份	稍薄	稍厚-		还原糖（%）	24.56	20.58
	结构	疏松	尚疏		总氮（%）	2.26	2.50
	油分	稍有+	有-		总钾（%）	3.02	1.44
	色度	中+	强-		总氯（%）	0.16	0.31
物理指标	填充值（cm^3/g）	2.66	3.38		糖碱比	12.34	5.81
	平衡水分	13.01	12.10		氮碱比	1.14	0.71
	叶长（cm）	59.80	61.20		淀粉（%）	2.90	
	叶宽（cm）	19.98	15.88		总挥发碱（%）	0.24	
	单叶重（g）	7.84	11.23		醚提物（%）	6.74	
	含梗率（%）	34.00	30.00		烟叶磷（%）	0.18	
	叶面密度（mg/cm^2）	3.87	5.28		烟叶硫（%）	0.54	
评吸质量	劲头	适中			烟叶钙（mg/kg）	14 709.17	
	浓度	中等+			烟叶镁（mg/kg）	1 597.51	
	香气质	11.80			烟叶硼（mg/kg）	32.20	
	香气量	16.40			烟叶锰（mg/kg）	375.00	
	余味	20.30			烟叶锌（mg/kg）	111.00	
	杂气	13.30			烟叶钼（mg/kg）	0.31	
	刺激性	9.00			烟叶铁（mg/kg）	226.00	
	燃烧性	3.00			烟叶镍（mg/kg）	1.50	
	灰分	3.00			烟叶铜（mg/kg）	6.30	
	得分	76.80					
	质量档次	4.52					

（九）润溪乡凉水村－张水塘

表2-37　植烟土壤信息

地块基本信息		土壤化学成分					
品种	云烟97	pH	4.57	碱解氮（mg/kg）	119.66	有效硫（mg/kg）	44.20
海拔（m）	773	有机质（%）	2.40	缓效钾（mg/kg）	32.00	有效铜（mg/kg）	1.82
单元	张水塘	全氮（g/kg）	1.50	铵态氮（mg/kg）	6.35	有效锌（mg/kg）	1.56
土型	黄壤	全磷（g/kg）	0.31	硝态氮（mg/kg）	14.01	有效铁（mg/kg）	137.26
地形	山地	全钾（g/kg）	4.81	土壤氯（mg/kg）	7.68	有效锰（mg/kg）	35.34
地貌	缓坡地	有效磷（mg/kg）	10.30	交换钙（cmol/kg）	1.10	有效硼（mg/kg）	0.11
		速效钾（mg/kg）	152.00	交换镁（cmol/kg）	1.25	有效钼（mg/kg）	0.34

图2-19　烟叶田间表现

表2-38　烟叶质量风格

	指标	中部叶	上部叶		指标	中部叶	上部叶
外观质量	成熟度	成--	成-	烟叶化学成分	烟碱（%）	1.80	3.38
	颜色	橘--	橘-		总糖（%）	27.03	22.97
	身份	稍薄	稍厚-		还原糖（%）	24.20	23.00
	结构	疏松+	尚疏+		总氮（%）	1.66	2.31
	油分	稍有	有-		总钾（%）	2.54	1.69
	色度	中-	中		总氯（%）	0.32	0.33
物理指标	填充值（cm^3/g）	3.30	3.18		糖碱比	13.44	6.80
	平衡水分	14.44	11.91		氮碱比	0.92	0.68
	叶长（cm）	58.55	58.95		淀粉（%）	3.97	
	叶宽（cm）	23.83	17.80		总挥发碱（%）	0.22	
	单叶重（g）	9.21	9.79		醚提物（%）	5.23	
	含梗率（%）	32.00	28.00		烟叶磷（%）	0.13	
	叶面密度（mg/cm^2）	3.59	5.76		烟叶硫（%）	0.24	
评吸质量	劲头	适中			烟叶钙（mg/kg）	28 484.80	
	浓度	中等			烟叶镁（mg/kg）	2 208.51	
	香气质	11.20			烟叶硼（mg/kg）	19.04	
	香气量	16.20			烟叶锰（mg/kg）	490.34	
	余味	19.50			烟叶锌（mg/kg）	57.05	
	杂气	12.70			烟叶钼（mg/kg）	0.08	
	刺激性	9.00			烟叶铁（mg/kg）	413.39	
	燃烧性	3.00			烟叶镍（mg/kg）	1.64	
	灰分	3.00			烟叶铜（mg/kg）	5.91	
	得分	74.00					
	质量档次	3.78					

（一〇）润溪乡白果坪村－熊家屯

表2-39　植烟土壤信息

地块基本信息		土壤化学成分					
品种	云烟97	pH	4.84	碱解氮（mg/kg）	175.60	有效硫（mg/kg）	48.20
海拔（m）	1 255	有机质（%）	4.26	缓效钾（mg/kg）	152.00	有效铜（mg/kg）	1.62
单元	熊家屯	全氮（g/kg）	2.40	铵态氮（mg/kg）	1.98	有效锌（mg/kg）	5.58
土型	黄壤	全磷（g/kg）	0.73	硝态氮（mg/kg）	7.65	有效铁（mg/kg）	194.87
地形	山地	全钾（g/kg）	9.76	土壤氯（mg/kg）	3.84	有效锰（mg/kg）	29.85
地貌	缓坡地	有效磷（mg/kg）	27.65	交换钙（cmol/kg）	1.61	有效硼（mg/kg）	0.14
		速效钾（mg/kg）	228.00	交换镁（cmol/kg）	0.76	有效钼（mg/kg）	0.06

图2-20　烟叶田间表现

表2-40　烟叶质量风格

	指标	中部叶	上部叶		指标	中部叶	上部叶
外观质量	成熟度	成－	成－	烟叶化学成分	烟碱（%）	1.75	3.02
	颜色	橘－	橘		总糖（%）	28.68	27.95
	身份	稍薄	稍厚－		还原糖（%）	24.55	27.10
	结构	疏松	尚疏＋		总氮（%）	1.71	1.93
	油分	稍有＋	有		总钾（%）	2.62	1.61
	色度	中－	中		总氯（%）	0.34	0.25
物理指标	填充值（cm^3/g）	2.85	2.98		糖碱比	14.03	8.97
	平衡水分	13.96	12.50		氮碱比	0.98	0.64
	叶长（cm）	61.50	60.30		淀粉（%）	4.29	
	叶宽（cm）	25.15	20.38		总挥发碱（%）	0.20	
	单叶重（g）	9.63	11.20		醚提物（%）	5.66	
	含梗率（%）	32.00	27.00		烟叶磷（%）	0.12	
	叶面密度（mg/cm^2）	3.81	5.86		烟叶硫（%）	0.22	
评吸质量	劲头	适中			烟叶钙（mg/kg）	28 168.38	
	浓度	中等＋			烟叶镁（mg/kg）	2 106.09	
	香气质	11.50			烟叶硼（mg/kg）	19.48	
	香气量	16.60			烟叶锰（mg/kg）	503.77	
	余味	19.80			烟叶锌（mg/kg）	56.15	
	杂气	13.00			烟叶钼（mg/kg）	0.09	
	刺激性	9.00			烟叶铁（mg/kg）	406.85	
	燃烧性	3.00			烟叶镍（mg/kg）	1.53	
	灰分	3.00			烟叶铜（mg/kg）	5.40	
	得分	75.90					
	质量档次	4.12					

三、大垭乡

（一）大垭乡木蜡村－兔子函

表2－41　植烟土壤信息

地块基本信息		土壤化学成分					
品种	云烟97	pH	5.42	碱解氮（mg/kg）	142.97	有效硫（mg/kg）	32.20
海拔（m）	994	有机质（%）	3.00	缓效钾（mg/kg）	180.00	有效铜（mg/kg）	0.81
单元	兔子函	全氮（g/kg）	1.92	铵态氮（mg/kg）	3.42	有效锌（mg/kg）	1.50
土型	黄壤	全磷（g/kg）	0.32	硝态氮（mg/kg）	8.36	有效铁（mg/kg）	42.23
地形	山地	全钾（g/kg）	12.38	土壤氯（mg/kg）	7.68	有效锰（mg/kg）	40.21
地貌	缓坡地	有效磷（mg/kg）	11.75	交换钙（cmol/kg）	3.52	有效硼（mg/kg）	0.09
		速效钾（mg/kg）	176.00	交换镁（cmol/kg）	1.23	有效钼（mg/kg）	0.08

图2－21　烟叶田间表现

表2-42　烟叶质量风格

	指标	中部叶	上部叶
外观质量	成熟度	成	成－
	颜色	橘	橘
	身份	稍厚+	中+
	结构	疏松	尚疏+
	油分	稍有++	有－
	色度	中	中－－
物理指标	填充值（cm^3/g）	2.75	3.02
	平衡水分	13.71	12.96
	叶长（cm）	63.10	59.65
	叶宽（cm）	21.75	19.48
	单叶重（g）	9.58	11.46
	含梗率（%）	32.00	31.00
	叶面密度（mg/cm^2）	4.94	5.25
评吸质量	劲头	适中	
	浓度	中等+	
	香气质	11.50	
	香气量	16.40	
	余味	19.80	
	杂气	13.00	
	刺激性	9.00	
	燃烧性	3.00	
	灰分	3.00	
	得分	75.70	
	质量档次	3.96	

	指标	中部叶	上部叶
烟叶化学成分	烟碱（%）	1.93	3.94
	总糖（%）	28.37	19.47
	还原糖（%）	26.96	19.23
	总氮（%）	2.15	2.58
	总钾（%）	2.67	2.28
	总氯（%）	0.11	0.13
	糖碱比	13.97	4.88
	氮碱比	1.11	0.65
	淀粉（%）	1.89	
	总挥发碱（%）	0.23	
	醚提物（%）	5.51	
	烟叶磷（%）	0.18	
	烟叶硫（%）	0.50	
	烟叶钙（mg/kg）	16 725.31	
	烟叶镁（mg/kg）	1 729.84	
	烟叶硼（mg/kg）	30.30	
	烟叶锰（mg/kg）	319.00	
	烟叶锌（mg/kg）	88.70	
	烟叶钼（mg/kg）	0.32	
	烟叶铁（mg/kg）	265.00	
	烟叶镍（mg/kg）	1.58	
	烟叶铜（mg/kg）	6.01	

（二）大垭乡木蜡村–牛泊湾

表2–43　植烟土壤信息

地块基本信息		土壤化学成分					
品种	云烟97	pH	5.29	碱解氮（mg/kg）	119.66	有效硫（mg/kg）	16.70
海拔（m）	981	有机质（%）	2.18	缓效钾（mg/kg）	267.00	有效铜（mg/kg）	1.75
单元	牛泊湾	全氮（g/kg）	1.53	铵态氮（mg/kg）	2.24	有效锌（mg/kg）	2.56
土型	黄壤	全磷（g/kg）	0.51	硝态氮（mg/kg）	4.51	有效铁（mg/kg）	117.66
地形	山地	全钾（g/kg）	12.08	土壤氯（mg/kg）	2.19	有效锰（mg/kg）	57.03
地貌	波状	有效磷（mg/kg）	13.95	交换钙（cmol/kg）	2.91	有效硼（mg/kg）	0.11
		速效钾（mg/kg）	133.00	交换镁（cmol/kg）	0.70	有效钼（mg/kg）	0.33

图2–22　烟叶田间表现

表2-44　烟叶质量风格

	指标	中部叶	上部叶
外观质量	成熟度	成--	成-
	颜色	橘-	橘
	身份	稍厚	中+
	结构	尚疏-	尚疏+
	油分	稍有	有-
	色度	中--	中
物理指标	填充值（cm^3/g）	3.17	3.52
	平衡水分	13.41	12.52
	叶长（cm）	57.25	63.30
	叶宽（cm）	21.80	19.53
	单叶重（g）	8.45	11.16
	含梗率	29.00	32.00
	叶面密度（mg/cm^2）	4.55	4.92
评吸质量	劲头	适中	
	浓度	中等+	
	香气质	11.30	
	香气量	16.30	
	余味	19.70	
	杂气	12.90	
	刺激性	9.00	
	燃烧性	3.00	
	灰分	3.00	
	得分	75.20	
	质量档次	3.82	

	指标	中部叶	上部叶
烟叶化学成分	烟碱（%）	2.39	4.02
	总糖（%）	27.36	20.38
	还原糖（%）	25.93	19.91
	总氮（%）	1.67	2.52
	总钾（%）	1.59	2.22
	总氯（%）	0.74	0.27
	糖碱比	10.85	4.95
	氮碱比	0.70	0.63
	淀粉（%）	8.33	
	总挥发碱（%）	0.26	
	醚提物（%）	6.26	
	烟叶磷（%）	0.15	
	烟叶硫（%）	0.28	
	烟叶钙（mg/kg）	24 799.55	
	烟叶镁（mg/kg）	2 193.92	
	烟叶硼（mg/kg）	21.00	
	烟叶锰（mg/kg）	371.00	
	烟叶锌（mg/kg）	53.60	
	烟叶钼（mg/kg）	0.26	
	烟叶铁（mg/kg）	203.00	
	烟叶镍（mg/kg）	1.24	
	烟叶铜（mg/kg）	6.41	

（三）大垭乡木蜡村-青岩

表2-45　植烟土壤信息

地块基本信息		土壤化学成分					
品种	云烟97	pH	4.93	碱解氮（mg/kg）	136.75	有效硫（mg/kg）	24.70
海拔（m）	1 081	有机质（%）	2.48	缓效钾（mg/kg）	218.00	有效铜（mg/kg）	2.75
单元	青岩	全氮（g/kg）	1.68	铵态氮（mg/kg）	2.08	有效锌（mg/kg）	3.35
土型	黄壤	全磷（g/kg）	0.84	硝态氮（mg/kg）	6.67	有效铁（mg/kg）	161.26
地形	山地	全钾（g/kg）	17.33	土壤氯（mg/kg）	8.78	有效锰（mg/kg）	66.89
地貌	缓坡地	有效磷（mg/kg）	21.05	交换钙（cmol/kg）	2.16	有效硼（mg/kg）	0.12
		速效钾（mg/kg）	138.00	交换镁（cmol/kg）	0.44	有效钼（mg/kg）	0.24

图2-23　烟叶田间表现

表2-46　烟叶质量风格

	指标	中部叶	上部叶		指标	中部叶	上部叶
外观质量	成熟度	成－	成－－	烟叶化学成分	烟碱（%）	2.32	3.38
	颜色	橘－	橘		总糖（%）	25.13	27.47
	身份	稍薄＋	稍厚＋		还原糖（%）	23.85	25.52
	结构	疏松＋	稍密＋		总氮（%）	1.85	1.84
	油分	稍有＋	有－－		总钾（%）	1.95	1.70
	色度	中－	中－		总氯（%）	0.57	0.17
物理指标	填充值（cm^3/g）	3.31	2.88		糖碱比	10.28	7.55
	平衡水分	12.02	12.44		氮碱比	0.80	0.54
	叶长（cm）	60.40	60.80		淀粉（%）	7.14	
	叶宽（cm）	21.53	18.25		总挥发碱（%）	0.26	
	单叶重（g）	8.15	12.53		醚提物（%）	5.87	
	含梗率（%）	29.00	31.00		烟叶磷（%）	0.19	
	叶面密度（mg/cm^2）	4.04	6.03		烟叶硫（%）	0.27	
评吸质量	劲头	适中			烟叶钙（mg/kg）	29 774.53	
	浓度	中等＋			烟叶镁（mg/kg）	2 002.23	
	香气质	11.10			烟叶硼（mg/kg）	21.60	
	香气量	16.30			烟叶锰（mg/kg）	308.00	
	余味	19.60			烟叶锌（mg/kg）	52.20	
	杂气	12.80			烟叶钼（mg/kg）	0.32	
	刺激性	9.00			烟叶铁（mg/kg）	194.00	
	燃烧性	3.00			烟叶镍（mg/kg）	1.30	
	灰分	3.00			烟叶铜（mg/kg）	7.36	
	得分	74.80					
	质量档次	3.80					

（四）大垭乡木蜡村–对叉丫

表2–47　植烟土壤信息

地块基本信息		土壤化学成分					
品种	云烟97	pH	4.96	碱解氮（mg/kg）	98.68	有效硫（mg/kg）	27.20
海拔（m）	1 070	有机质（%）	2.07	缓效钾（mg/kg）	170.00	有效铜（mg/kg）	0.73
单元	对叉丫	全氮（g/kg）	1.92	铵态氮（mg/kg）	1.12	有效锌（mg/kg）	1.71
土型		全磷（g/kg）	0.23	硝态氮（mg/kg）	2.91	有效铁（mg/kg）	95.79
地形	山地	全钾（g/kg）	16.43	土壤氯（mg/kg）	3.29	有效锰（mg/kg）	22.41
地貌	波状	有效磷（mg/kg）	2.00	交换钙（cmol/kg）	2.11	有效硼（mg/kg）	0.10
		速效钾（mg/kg）	102.00	交换镁（cmol/kg）	0.50	有效钼（mg/kg）	0.11

图2–24　烟叶田间表现

表2-48　烟叶质量风格

	指标	中部叶	上部叶
外观质量	成熟度	成--	成-
	颜色	橘-	橘
	身份	稍薄	稍厚
	结构	疏松+	稍密
	油分	稍有	有--
	色度	中-	中--
物理指标	填充值（cm^3/g）	3.13	3.01
	平衡水分	13.07	13.48
	叶长（cm）	58.75	60.15
	叶宽（cm）	20.53	17.38
	单叶重（g）	8.43	10.12
	含梗率（%）	33.00	30.00
	叶面密度（mg/cm^2）	4.33	5.48
评吸质量	劲头	适中	
	浓度	中等+	
	香气质	11.40	
	香气量	16.30	
	余味	19.90	
	杂气	13.10	
	刺激性	9.00	
	燃烧性	3.00	
	灰分	3.00	
	得分	75.70	
	质量档次	3.92	

	指标	中部叶	上部叶
烟叶化学成分	烟碱（%）	2.31	4.03
	总糖（%）	25.46	20.07
	还原糖（%）	23.33	18.11
	总氮（%）	1.86	2.64
	总钾（%）	1.94	2.43
	总氯（%）	0.46	0.30
	糖碱比	10.10	4.49
	氮碱比	0.81	0.66
	淀粉（%）	6.55	
	总挥发碱（%）	0.34	
	醚提物（%）	6.61	
	烟叶磷（%）	0.16	
	烟叶硫（%）	0.27	
	烟叶钙（mg/kg）	28 235.88	
	烟叶镁（mg/kg）	2 170.26	
	烟叶硼（mg/kg）	23.80	
	烟叶锰（mg/kg）	355.00	
	烟叶锌（mg/kg）	58.30	
	烟叶钼（mg/kg）	0.35	
	烟叶铁（mg/kg）	200.00	
	烟叶镍（mg/kg）	1.40	
	烟叶铜（mg/kg）	8.17	

（五）大垭乡木蜡村-袁家湾

表2-49　植烟土壤信息

地块基本信息		土壤化学成分					
品种	云烟97	pH	5.50	碱解氮（mg/kg）	109.56	有效硫（mg/kg）	10.20
海拔（m）	805	有机质（%）	2.62	缓效钾（mg/kg）	429.00	有效铜（mg/kg）	1.87
单元	袁家湾	全氮（g/kg）	1.95	铵态氮（mg/kg）	3.15	有效锌（mg/kg）	1.16
土型	黄壤	全磷（g/kg）	0.62	硝态氮（mg/kg）	11.07	有效铁（mg/kg）	57.06
地形	山地	全钾（g/kg）	29.85	土壤氯（mg/kg）	9.87	有效锰（mg/kg）	48.61
地貌	波状	有效磷（mg/kg）	8.95	交换钙（cmol/kg）	6.07	有效硼（mg/kg）	0.10
		速效钾（mg/kg）	183.00	交换镁（cmol/kg）	1.64	有效钼（mg/kg）	0.11

图2-25　烟叶田间表现

表2-50 烟叶质量风格

	指标	中部叶	上部叶		指标	中部叶	上部叶
外观质量	成熟度	成--	成-	烟叶化学成分	烟碱（%）	2.46	4.19
	颜色	橘-	橘		总糖（%）	30.24	16.09
	身份	稍薄	稍厚		还原糖（%）	28.57	15.15
	结构	疏松+	稍密		总氮（%）	1.37	2.79
	油分	稍有	有-		总钾（%）	1.40	2.54
	色度	中--	中-		总氯（%）	0.23	0.18
物理指标	填充值（cm^3/g）	2.54	3.65		糖碱比	11.61	3.62
	平衡水分	14.16	12.75		氮碱比	0.56	0.67
	叶长（cm）	53.95	64.05		淀粉（%）	9.83	
	叶宽（cm）	20.58	19.15		总挥发碱（%）	0.27	
	单叶重（g）	7.92	11.00		醚提物（%）	6.23	
	含梗率（%）	29.00	36.00		烟叶磷（%）	0.15	
	叶面密度（mg/cm^2）	4.49	4.73		烟叶硫（%）	0.27	
评吸质量	劲头	适中			烟叶钙（mg/kg）	23 413.16	
	浓度	中等+			烟叶镁（mg/kg）	1 627.05	
	香气质	11.60			烟叶硼（mg/kg）	22.20	
	香气量	16.50			烟叶锰（mg/kg）	274.00	
	余味	19.80			烟叶锌（mg/kg）	47.40	
	杂气	12.80			烟叶钼（mg/kg）	0.22	
	刺激性	9.00			烟叶铁（mg/kg）	203.00	
	燃烧性	3.00			烟叶镍（mg/kg）	1.21	
	灰分	3.00			烟叶铜（mg/kg）	4.16	
	得分	75.70					
	质量档次	4.06					

（六）大垭乡龙龟村–核桃湾

表2–51 植烟土壤信息

地块基本信息		土壤化学成分					
品种	云烟97	pH	5.29	碱解氮（mg/kg）	82.36	有效硫（mg/kg）	19.20
海拔（m）	862	有机质（%）	1.89	缓效钾（mg/kg）	188.00	有效铜（mg/kg）	0.66
单元	核桃湾	全氮（g/kg）	1.03	铵态氮（mg/kg）	2.19	有效锌（mg/kg）	1.17
土型	黄壤	全磷（g/kg）	1.03	硝态氮（mg/kg）	2.66	有效铁（mg/kg）	49.47
地形	山地	全钾（g/kg）	16.75	土壤氯（mg/kg）	7.68	有效锰（mg/kg）	39.40
地貌	波状	有效磷（mg/kg）	17.95	交换钙（cmol/kg）	4.20	有效硼（mg/kg）	0.08
		速效钾（mg/kg）	104.00	交换镁（cmol/kg）	2.07	有效钼（mg/kg）	0.03

图2–26 烟叶田间表现

表2-52　烟叶质量风格

	指标	中部叶	上部叶
外观质量	成熟度	成	成-
	颜色	橘	橘-
	身份	稍厚	稍厚
	结构	疏松	稍密
	油分	稍有++	有-
	色度	中	中--
物理指标	填充值（cm^3/g）	2.76	2.79
	平衡水分	13.47	12.86
	叶长（cm）	64.25	64.43
	叶宽（cm）	22.10	17.98
	单叶重（g）	9.31	12.77
	含梗率（%）	35.00	27.00
	叶面密度（mg/cm^2）	4.61	6.95
评吸质量	劲头	适中	
	浓度	中等+	
	香气质	11.50	
	香气量	16.40	
	余味	19.80	
	杂气	12.70	
	刺激性	8.90	
	燃烧性	3.00	
	灰分	3.00	
	得分	75.30	
	质量档次	3.90	

	指标	中部叶	上部叶
烟叶化学成分	烟碱（%）	2.07	3.41
	总糖（%）	28.58	26.23
	还原糖（%）	27.10	26.11
	总氮（%）	2.14	1.83
	总钾（%）	2.63	1.66
	总氯（%）	0.14	0.30
	糖碱比	13.09	7.66
	氮碱比	1.03	0.54
	淀粉（%）	5.79	
	总挥发碱（%）	0.26	
	醚提物（%）	6.30	
	烟叶磷（%）	0.20	
	烟叶硫（%）	0.52	
	烟叶钙（mg/kg）	16 237.70	
	烟叶镁（mg/kg）	1 218.38	
	烟叶硼（mg/kg）	32.10	
	烟叶锰（mg/kg）	334.00	
	烟叶锌（mg/kg）	91.30	
	烟叶钼（mg/kg）	0.43	
	烟叶铁（mg/kg）	196.00	
	烟叶镍（mg/kg）	1.29	
	烟叶铜（mg/kg）	13.10	

（七）大垭乡龙龟村－垭口

表2-53 植烟土壤信息

地块基本信息		土壤化学成分					
品种	云烟97	pH	4.74	碱解氮（mg/kg）	94.79	有效硫（mg/kg）	63.70
海拔（m）	836	有机质（%）	2.02	缓效钾（mg/kg）	52.00	有效铜（mg/kg）	0.69
单元	垭口	全氮（g/kg）	1.50	铵态氮（mg/kg）	0.96	有效锌（mg/kg）	0.97
土型	黄壤	全磷（g/kg）	0.40	硝态氮（mg/kg）	3.48	有效铁（mg/kg）	51.66
地形	山地	全钾（g/kg）	18.69	土壤氯（mg/kg）	5.48	有效锰（mg/kg）	38.86
地貌	波状	有效磷（mg/kg）	6.85	交换钙（cmol/kg）	1.07	有效硼（mg/kg）	0.06
		速效钾（mg/kg）	204.00	交换镁（cmol/kg）	0.84	有效钼（mg/kg）	0.07

图2-27 烟叶田间表现

表2-54　烟叶质量风格

	指标	中部叶	上部叶		指标	中部叶	上部叶
外观质量	成熟度	成-	尚熟+	烟叶化学成分	烟碱（%）	2.28	3.03
	颜色	橘-	橘--		总糖（%）	30.99	24.35
	身份	稍薄+	稍厚		还原糖（%）	29.06	24.11
	结构	疏松	稍密		总氮（%）	1.40	1.93
	油分	稍有+	有--		总钾（%）	1.40	1.95
	色度	中	弱+		总氯（%）	0.20	0.34
物理指标	填充值（cm^3/g）	2.72	3.11		糖碱比	5.44	7.96
	平衡水分	13.65	12.79		氮碱比	0.94	0.64
	叶长（cm）	55.90	61.95		淀粉（%）	7.42	
	叶宽（cm）	21.18	19.05		总挥发碱（%）	0.25	
	单叶重（g）	8.21	11.85		醚提物（%）	5.68	
	含梗率（%）	29.00	29.00		烟叶磷（%）	0.16	
	叶面密度（mg/cm^2）	4.23	6.05		烟叶硫（%）	0.30	
评吸质量	劲头	适中			烟叶钙（mg/kg）	24 335.82	
	浓度	中等+			烟叶镁（mg/kg）	1 862.76	
	香气质	11.40			烟叶硼（mg/kg）	21.80	
	香气量	16.20			烟叶锰（mg/kg）	254.00	
	余味	19.90			烟叶锌（mg/kg）	1.32	
	杂气	13.10			烟叶钼（mg/kg）	4.23	
	刺激性	9.00			烟叶铁（mg/kg）	48.40	
	燃烧性	3.00			烟叶镍（mg/kg）	0.29	
	灰分	3.00			烟叶铜（mg/kg）	0.20	
	得分	75.60					
	质量档次	3.86					

（八）大垭乡冬瓜村－塘口

表2–55　植烟土壤信息

地块基本信息		土壤化学成分					
品种	云烟97	pH	6.05	碱解氮（mg/kg）	72.26	有效硫（mg/kg）	19.70
海拔（m）	778	有机质（%）	1.22	缓效钾（mg/kg）	278.00	有效铜（mg/kg）	0.82
单元	塘口	全氮（g/kg）	1.27	铵态氮（mg/kg）	2.40	有效锌（mg/kg）	1.20
土型	黄壤	全磷（g/kg）	0.76	硝态氮（mg/kg）	3.48	有效铁（mg/kg）	31.18
地形	山地	全钾（g/kg）	19.05	土壤氯（mg/kg）	8.23	有效锰（mg/kg）	60.34
地貌	缓坡	有效磷（mg/kg）	14.45	交换钙（cmol/kg）	5.87	有效硼（mg/kg）	0.11
		速效钾（mg/kg）	174.00	交换镁（cmol/kg）	1.78	有效钼（mg/kg）	0.02

图2–28　烟叶田间表现

表2-56　烟叶质量风格

	指标	中部叶	上部叶		指标	中部叶	上部叶
外观质量	成熟度	成--	成	烟叶化学成分	烟碱（%）	2.40	3.50
	颜色	橘--	橘		总糖（%）	29.80	25.38
	身份	稍厚+	稍厚		还原糖（%）	28.95	25.20
	结构	尚疏-	尚疏+		总氮（%）	1.34	2.07
	油分	稍有	有		总钾（%）	1.10	1.86
	色度	中--	中+		总氯（%）	0.26	0.34
物理指标	填充值（cm^3/g）	3.05	2.87		糖碱比	12.06	7.20
	平衡水分	11.51	13.61		氮碱比	0.56	0.59
	叶长（cm）	56.40	69.95		淀粉（%）	7.56	
	叶宽（cm）	21.38	18.50		总挥发碱（%）	0.28	
	单叶重（g）	7.78	15.16		醚提物（%）	5.66	
	含梗率（%）	31.00	29.00		烟叶磷（%）	0.17	
	叶面密度（mg/cm^2）	4.32	6.17		烟叶硫（%）	0.28	
评吸质量	劲头	适中			烟叶钙（mg/kg）	28 437.90	
	浓度	中等+			烟叶镁（mg/kg）	1 638.57	
	香气质	11.40			烟叶硼（mg/kg）	22.70	
	香气量	16.40			烟叶锰（mg/kg）	170.00	
	余味	20.00			烟叶锌（mg/kg）	40.80	
	杂气	12.80			烟叶钼（mg/kg）	0.29	
	刺激性	9.00			烟叶铁（mg/kg）	223.00	
	燃烧性	3.00			烟叶镍（mg/kg）	1.29	
	灰分	3.00			烟叶铜（mg/kg）	3.56	
	得分	75.60					
	质量档次	3.96					

（九）大垭乡冬瓜村－毛家山

表2-57　植烟土壤信息

地块基本信息		土壤化学成分					
品种	云烟97	pH	6.53	碱解氮（mg/kg）	110.33	有效硫（mg/kg）	18.70
海拔（m）	1 205	有机质（%）	2.59	缓效钾（mg/kg）	389.00	有效铜（mg/kg）	1.52
单元	毛家山	全氮（g/kg）	1.76	铵态氮（mg/kg）	0.32	有效锌（mg/kg）	0.66
土型	黄壤	全磷（g/kg）	0.75	硝态氮（mg/kg）	2.17	有效铁（mg/kg）	18.74
地形	山地	全钾（g/kg）	16.51	土壤氯（mg/kg）	3.84	有效锰（mg/kg）	12.67
地貌	波状	有效磷（mg/kg）	3.60	交换钙（cmol/kg）	10.68	有效硼（mg/kg）	0.08
		速效钾（mg/kg）	175.00	交换镁（cmol/kg）	1.34	有效钼（mg/kg）	0.25

图2-29　烟叶田间表现

表2-58　烟叶质量风格

类别	指标	中部叶	上部叶
外观质量	成熟度	成－	尚熟＋
	颜色	橘	橘－
	身份	稍厚	稍厚
	结构	疏松＋	稍密－
	油分	稍有	有－
	色度	中－	弱＋
物理指标	填充值（cm^3/g）	2.61	3.61
	平衡水分	11.93	12.51
	叶长（cm）	59.15	61.95
	叶宽（cm）	20.63	17.83
	单叶重（g）	8.65	16.13
	含梗率（%）	33.00	26.00
	叶面密度（mg/cm^2）	4.51	5.72
评吸质量	劲头	适中	
	浓度	中等＋	
	香气质	11.20	
	香气量	16.20	
	余味	19.70	
	杂气	12.60	
	刺激性	9.00	
	燃烧性	3.00	
	灰分	3.00	
	得分	74.70	
	质量档次	3.58	
烟叶化学成分	烟碱（%）	1.93	3.30
	总糖（%）	27.40	21.72
	还原糖（%）	26.89	22.10
	总氮（%）	2.11	2.19
	总钾（%）	2.80	1.95
	总氯（%）	0.15	0.19
	糖碱比	13.93	6.70
	氮碱比	1.09	0.06
	淀粉（%）	5.62	
	总挥发碱（%）	0.24	
	醚提物（%）	6.10	
	烟叶磷（%）	0.20	
	烟叶硫（%）	0.55	
	烟叶钙（mg/kg）	15 121.63	
	烟叶镁（mg/kg）	1 351.17	
	烟叶硼（mg/kg）	32.30	
	烟叶锰（mg/kg）	288.00	
	烟叶锌（mg/kg）	95.10	
	烟叶钼（mg/kg）	0.45	
	烟叶铁（mg/kg）	206.00	
	烟叶镍（mg/kg）	1.50	
	烟叶铜（mg/kg）	1.93	

（一〇）大垭乡冬瓜村-半岩湾

表2-59　植烟土壤信息

地块基本信息		土壤化学成分					
品种	云烟97	pH	6.05	碱解氮（mg/kg）	72.26	有效硫（mg/kg）	19.70
海拔（m）	778	有机质（%）	1.22	缓效钾（mg/kg）	278.00	有效铜（mg/kg）	0.82
单元	半岩湾	全氮（g/kg）	1.27	铵态氮（mg/kg）	2.40	有效锌（mg/kg）	1.20
土型	黄壤	全磷（g/kg）	0.76	硝态氮（mg/kg）	3.48	有效铁（mg/kg）	31.18
地形	山地	全钾（g/kg）	19.05	土壤氯（mg/kg）	8.23	有效锰（mg/kg）	60.34
地貌	缓坡	有效磷（mg/kg）	14.45	交换钙（cmol/kg）	5.87	有效硼（mg/kg）	0.11
		速效钾（mg/kg）	174.00	交换镁（cmol/kg）	1.78	有效钼（mg/kg）	0.02

图2-30　烟叶田间表现

表2-60　烟叶质量风格

	指标	中部叶	上部叶
外观质量	成熟度	成--	成
	颜色	橘--	橘
	身份	稍厚+	稍厚
	结构	尚疏-	尚疏+
	油分	稍有	有
	色度	中--	中+
物理指标	填充值（cm^3/g）	3.05	2.87
	平衡水分	11.51	13.61
	叶长（cm）	56.40	69.95
	叶宽（cm）	21.38	18.50
	单叶重（g）	7.78	15.16
	含梗率（%）	31.00	29.00
	叶面密度（mg/cm^2）	4.32	6.17
评吸质量	劲头	适中	
	浓度	中等+	
	香气质	11.40	
	香气量	16.40	
	余味	20.00	
	杂气	12.80	
	刺激性	9.00	
	燃烧性	3.00	
	灰分	3.00	
	得分	75.60	
	质量档次	3.96	

	指标	中部叶	上部叶
烟叶化学成分	烟碱（%）	2.40	3.50
	总糖（%）	29.80	25.38
	还原糖（%）	28.95	25.20
	总氮（%）	1.34	2.07
	总钾（%）	1.10	1.86
	总氯（%）	0.26	0.34
	糖碱比	12.06	7.20
	氮碱比	0.56	0.59
	淀粉（%）	7.56	
	总挥发碱（%）	0.28	
	醚提物（%）	5.66	
	烟叶磷（%）	0.17	
	烟叶硫（%）	0.28	
	烟叶钙（mg/kg）	28 437.90	
	烟叶镁（mg/kg）	1 638.57	
	烟叶硼（mg/kg）	22.70	
	烟叶锰（mg/kg）	170.00	
	烟叶锌（mg/kg）	40.80	
	烟叶钼（mg/kg）	0.29	
	烟叶铁（mg/kg）	223.00	
	烟叶镍（mg/kg）	1.29	
	烟叶铜（mg/kg）	3.56	

(一一)大垭乡冬瓜村-背脊湾

表2-61 植烟土壤信息

地块基本信息		土壤化学成分					
品种	云烟97	pH	6.43	碱解氮(mg/kg)	69.15	有效硫(mg/kg)	18.70
海拔(m)	973	有机质(%)	2.71	缓效钾(mg/kg)	95.00	有效铜(mg/kg)	0.98
单元	背脊湾	全氮(g/kg)	1.68	铵态氮(mg/kg)	1.50	有效锌(mg/kg)	1.40
土型	黄壤	全磷(g/kg)	0.37	硝态氮(mg/kg)	8.53	有效铁(mg/kg)	21.94
地形	山地	全钾(g/kg)	7.43	土壤氯(mg/kg)	4.39	有效锰(mg/kg)	16.78
地貌	梯田	有效磷(mg/kg)	14.45	交换钙(cmol/kg)	1.97	有效硼(mg/kg)	0.20
		速效钾(mg/kg)	237.00	交换镁(cmol/kg)	0.25	有效钼(mg/kg)	0.21

图2-31 烟叶田间表现

表2-62　烟叶质量风格

	指标	中部叶	上部叶
外观质量	成熟度	成	成--
	颜色	橘	橘
	身份	稍厚	中等+
	结构	疏松	尚疏-
	油分	有+	有
	色度	中-	中-
物理指标	填充值（cm^3/g）	2.51	3.27
	平衡水分	13.12	13.42
	叶长（cm）	60.00	61.75
	叶宽（cm）	21.48	20.33
	单叶重（g）	8.56	11.34
	含梗率（%）	34.00	31.00
	叶面密度（mg/cm^2）	4.14	5.07
评吸质量	劲头	适中	
	浓度	中等+	
	香气质	11.00	
	香气量	16.10	
	余味	19.00	
	杂气	12.10	
	刺激性	8.80	
	燃烧性	3.00	
	灰分	3.00	
	得分	73.00	
	质量档次	3.20	
烟叶化学成分	烟碱（%）	2.18	4.06
	总糖（%）	27.98	21.04
	还原糖（%）	27.19	20.77
	总氮（%）	2.18	2.63
	总钾（%）	2.75	2.25
	总氯（%）	0.11	0.30
	糖碱比	12.47	5.12
	氮碱比	1.00	0.65
	淀粉（%）	3.84	
	总挥发碱（%）	0.26	
	醚提物（%）	6.47	
	烟叶磷（%）	0.19	
	烟叶硫（%）	0.55	
	烟叶钙（mg/kg）	16 439.36	
	烟叶镁（mg/kg）	1 740.97	
	烟叶硼（mg/kg）	30.60	
	烟叶锰（mg/kg）	335.00	
	烟叶锌（mg/kg）	103.00	
	烟叶钼（mg/kg）	0.39	
	烟叶铁（mg/kg）	188.00	
	烟叶镍（mg/kg）	1.47	
	烟叶铜（mg/kg）	8.32	

（一二）大垭乡大垭村－长垭口

表2-63 植烟土壤信息

地块基本信息		土壤化学成分					
品种	云烟97	pH	4.87	碱解氮（mg/kg）	69.15	有效硫（mg/kg）	36.70
海拔（m）	829	有机质（%）	1.22	缓效钾（mg/kg）	95.00	有效铜（mg/kg）	0.59
单元	长垭口	全氮（g/kg）	0.93	铵态氮（mg/kg）	1.50	有效锌（mg/kg）	0.61
土型	黄壤	全磷（g/kg）	0.61	硝态氮（mg/kg）	8.53	有效铁（mg/kg）	42.98
地形	山地	全钾（g/kg）	28.04	土壤氯（mg/kg）	4.39	有效锰（mg/kg）	29.17
地貌	缓坡	有效磷（mg/kg）	16.15	交换钙（cmol/kg）	1.97	有效硼（mg/kg）	0.07
		速效钾（mg/kg）	85.00	交换镁（cmol/kg）	0.25	有效钼（mg/kg）	0.28

图2-32 烟叶田间表现

表2-64 烟叶质量风格

	指标	中部叶	上部叶		指标	中部叶	上部叶
外观质量	成熟度	成--	尚熟+	烟叶化学成分	烟碱（%）	2.38	2.89
	颜色	橘--	橘-		总糖（%）	29.11	25.32
	身份	稍薄+	中		还原糖（%）	27.32	24.85
	结构	尚疏-	尚疏+		总氮（%）	1.44	1.87
	油分	稍有	有-		总钾（%）	1.26	2.00
	色度	中--	中-		总氯（%）	0.18	0.14
物理指标	填充值（cm^3/g）	2.70	3.01		糖碱比	11.48	8.60
	平衡水分	14.23	12.63		氮碱比	0.61	0.65
	叶长（cm）	56.90	61.85		淀粉（%）	7.43	
	叶宽（cm）	22.15	18.00		总挥发碱（%）	0.26	
	单叶重（g）	8.54	9.18		醚提物（%）	5.98	
	含梗率（%）	28.00	33.00		烟叶磷（%）	0.16	
	叶面密度（mg/cm^2）	4.76	4.87		烟叶硫（%）	0.28	
评吸质量	劲头	适中			烟叶钙（mg/kg）	27 220.83	
	浓度	中等+			烟叶镁（mg/kg）	1 721.76	
	香气质	11.40			烟叶硼（mg/kg）	21.70	
	香气量	16.30			烟叶锰（mg/kg）	177.00	
	余味	19.90			烟叶锌（mg/kg）	44.70	
	杂气	12.80			烟叶钼（mg/kg）	0.28	
	刺激性	9.00			烟叶铁（mg/kg）	230.00	
	燃烧性	3.00			烟叶镍（mg/kg）	1.27	
	灰分	3.00			烟叶铜（mg/kg）	4.15	
	得分	75.40					
	质量档次	3.92					

四、郎溪乡

（一）郎溪乡田湾村–码头

表2-65　植烟土壤信息

地块基本信息		土壤化学成分					
品种	云烟97	pH	7.13	碱解氮（mg/kg）	93.24	有效硫（mg/kg）	4.70
海拔（m）	871	有机质（%）	2.20	缓效钾（mg/kg）	229.00	有效铜（mg/kg）	2.19
单元	码头	全氮（g/kg）	1.55	铵态氮（mg/kg）	1.66	有效锌（mg/kg）	2.66
土型	黄壤	全磷（g/kg）	0.58	硝态氮（mg/kg）	5.78	有效铁（mg/kg）	120.65
地形	山地	全钾（g/kg）	26.70	土壤氯（mg/kg）	3.29	有效锰（mg/kg）	8.41
地貌	波状	有效磷（mg/kg）	10.65	交换钙（cmol/kg）	7.79	有效硼（mg/kg）	0.10
		速效钾（mg/kg）	83.00	交换镁（cmol/kg）	4.35	有效钼（mg/kg）	0.08

图2-33　烟叶田间表现

表2-66　烟叶质量风格

	指标	中部叶	上部叶
外观质量	成熟度	成	成－
	颜色	橘	橘
	身份	稍薄＋	稍厚
	结构	疏松＋	稍密
	油分	稍有＋	有－
	色度	中＋	中－
物理指标	填充值（cm^3/g）	3.00	2.93
	平衡水分	12.33	13.05
	叶长（cm）	61.65	56.25
	叶宽（cm）	18.35	15.03
	单叶重（g）	8.73	9.13
	含梗率（%）	31.00	29.00
	叶面密度（mg/cm^2）	4.80	6.40
评吸质量	劲头	适中＋	
	浓度	较浓－	
	香气质	13.21	
	香气量	16.50	
	余味	19.00	
	杂气	12.15	
	刺激性	8.00	
	燃烧性	3.00	
	灰分	3.00	
	得分	74.86	
	质量档次	3.65	

	指标	中部叶	上部叶
烟叶化学成分	烟碱（%）	2.13	2.94
	总糖（%）	28.93	26.51
	还原糖（%）	26.69	26.85
	总氮（%）	1.89	1.61
	总钾（%）	2.28	1.83
	总氯（%）	0.23	0.23
	糖碱比	12.53	9.13
	氮碱比	0.89	0.55
	淀粉（%）	4.99	
	总挥发碱（%）	0.26	
	醚提物（%）	7.51	
	烟叶磷（%）	0.16	
	烟叶硫（%）	0.31	
	烟叶钙（mg/kg）	18 837.32	
	烟叶镁（mg/kg）	965.14	
	烟叶硼（mg/kg）	18.50	
	烟叶锰（mg/kg）	595.00	
	烟叶锌（mg/kg）	51.90	
	烟叶钼（mg/kg）	0.07	
	烟叶铁（mg/kg）	174.00	
	烟叶镍（mg/kg）	1.14	
	烟叶铜（mg/kg）	9.34	

（二）郎溪乡田湾村–杀人垭

表2–67　植烟土壤信息

地块基本信息		土壤化学成分					
品种	云烟97	pH	7.13	碱解氮（mg/kg）	93.24	有效硫（mg/kg）	4.70
海拔（m）	871	有机质（%）	2.20	缓效钾（mg/kg）	229.00	有效铜（mg/kg）	2.19
单元	杀人垭	全氮（g/kg）	1.55	铵态氮（mg/kg）	1.66	有效锌（mg/kg）	2.66
土型	黄壤	全磷（g/kg）	0.58	硝态氮（mg/kg）	5.78	有效铁（mg/kg）	120.65
地形	山地	全钾（g/kg）	26.70	土壤氯（mg/kg）	3.29	有效锰（mg/kg）	8.41
地貌	波状	有效磷（mg/kg）	10.65	交换钙（cmol/kg）	7.79	有效硼（mg/kg）	0.10
		速效钾（mg/kg）	83.00	交换镁（cmol/kg）	4.35	有效钼（mg/kg）	0.08

图2–34　烟叶田间表现

表2-68　烟叶质量风格

	指标	中部叶	上部叶		指标	中部叶	上部叶
外观质量	成熟度	成	成-	烟叶化学成分	烟碱（%）	2.13	3.92
	颜色	橘	橘		总糖（%）	28.93	24.77
	身份	稍薄+	稍厚		还原糖（%）	26.69	24.50
	结构	疏松+	稍密		总氮（%）	1.89	2.04
	油分	稍有+	有-		总钾（%）	2.28	1.75
	色度	中+	中-		总氯（%）	0.23	0.28
物理指标	填充值（cm^3/g）	3.02	2.93		糖碱比	12.53	6.25
	平衡水分	12.66	13.05		氮碱比	0.89	0.52
	叶长（cm）	64.50	56.25		淀粉（%）	4.99	
	叶宽（cm）	19.30	15.03		总挥发碱（%）	0.26	
	单叶重（g）	9.53	15.80		醚提物（%）	7.51	
	含梗率（%）	31.00	29.00		烟叶磷（%）	0.16	
	叶面密度（mg/cm^2）	4.52	6.40		烟叶硫（%）	0.31	
评吸质量	劲头	适中+			烟叶钙（mg/kg）	18 837.32	
	浓度	较浓-			烟叶镁（mg/kg）	965.14	
	香气质	11.13			烟叶硼（mg/kg）	18.50	
	香气量	16.25			烟叶锰（mg/kg）	595.00	
	余味	19.50			烟叶锌（mg/kg）	51.90	
	杂气	12.75			烟叶钼（mg/kg）	0.07	
	刺激性	8.63			烟叶铁（mg/kg）	174.00	
	燃烧性	3.00			烟叶镍（mg/kg）	1.14	
	灰分	3.00			烟叶铜（mg/kg）	9.34	
	得分	74.30					
	质量档次	3.50					

（三）郎溪乡郎溪村–郎溪

表2–69　植烟土壤信息

地块基本信息		土壤化学成分					
品种	云烟97	pH	4.98	碱解氮（mg/kg）	103.34	有效硫（mg/kg）	34.20
海拔（m）	677	有机质（%）	1.99	缓效钾（mg/kg）	221.00	有效铜（mg/kg）	1.20
单元	郎溪	全氮（g/kg）	1.51	铵态氮（mg/kg）	3.95	有效锌（mg/kg）	1.05
土型	黄壤	全磷（g/kg）	0.42	硝态氮（mg/kg）	9.33	有效铁（mg/kg）	15.56
地形	山地	全钾（g/kg）	18.78	土壤氯（mg/kg）	10.97	有效锰（mg/kg）	12.11
地貌	平坦地	有效磷（mg/kg）	11.15	交换钙（cmol/kg）	3.99	有效硼（mg/kg）	0.08
		速效钾（mg/kg）	63.00	交换镁（cmol/kg）	0.65	有效钼（mg/kg）	0.06

图2–35　烟叶田间表现

表2-70　烟叶质量风格

	指标	中部叶	上部叶		指标	中部叶	上部叶
外观质量	成熟度	成	成-	烟叶化学成分	烟碱（%）	2.97	3.92
	颜色	橘	橘-		总糖（%）	24.00	24.77
	身份	中-	中		还原糖（%）	23.04	24.50
	结构	疏松	尚疏+		总氮（%）	2.29	2.04
	油分	有	有--		总钾（%）	2.10	1.75
	色度	中+	弱++		总氯（%）	0.21	0.28
物理指标	填充值（cm^3/g）	3.02	2.77		糖碱比	7.76	6.25
	平衡水分	12.66	13.28		氮碱比	0.77	0.52
	叶长（cm）	64.50	59.85		淀粉（%）	5.63	
	叶宽（cm）	19.30	17.30		总挥发碱（%）	0.31	
	单叶重（g）	9.53	9.00		醚提物（%）	5.58	
	含梗率（%）	31.00	37.00		烟叶磷（%）	0.17	
	叶面密度（mg/cm^2）	4.52	5.21		烟叶硫（%）	0.39	
评吸质量	劲头	适中+			烟叶钙（mg/kg）	18 364.62	
	浓度	较浓-			烟叶镁（mg/kg）	1 541.10	
	香气质	11.13			烟叶硼（mg/kg）	22.90	
	香气量	16.25			烟叶锰（mg/kg）	595.00	
	余味	19.50			烟叶锌（mg/kg）	62.90	
	杂气	12.75			烟叶钼（mg/kg）	0.16	
	刺激性	8.63			烟叶铁（mg/kg）	193.00	
	燃烧性	3.00			烟叶镍（mg/kg）	1.11	
	灰分	3.00			烟叶铜（mg/kg）	11.50	
	得分	74.30					
	质量档次	3.50					

五、龙塘乡

（一）龙塘乡石院村–石院

表2–71　植烟土壤信息

地块基本信息		土壤化学成分					
品种	云烟97	pH	5.29	碱解氮（mg/kg）	84.69	有效硫（mg/kg）	26.70
海拔（m）	793	有机质（%）	1.71	缓效钾（mg/kg）	150.00	有效铜（mg/kg）	1.09
单元	石院	全氮（g/kg）	1.29	铵态氮（mg/kg）	4.86	有效锌（mg/kg）	0.91
土型	黄壤	全磷（g/kg）	0.31	硝态氮（mg/kg）	3.24	有效铁（mg/kg）	24.98
地形	山地	全钾（g/kg）	14.15	土壤氯（mg/kg）	8.23	有效锰（mg/kg）	13.89
地貌	缓坡地	有效磷（mg/kg）	1.25	交换钙（cmol/kg）	1.93	有效硼（mg/kg）	0.07
		速效钾（mg/kg）	70.00	交换镁（cmol/kg）	0.45	有效钼（mg/kg）	0.08

图2–36　烟叶田间表现

表2-72　烟叶质量风格

	指标	中部叶	上部叶		指标	中部叶	上部叶
外观质量	成熟度	成	成	烟叶化学成分	烟碱（%）	1.44	3.19
	颜色	橘－	橘＋		总糖（%）	28.69	23.81
	身份	稍薄	稍厚－		还原糖（%）	26.20	23.26
	结构	疏松	尚疏＋		总氮（%）	1.63	2.20
	油分	稍有	有		总钾（%）	2.57	1.62
	色度	中	中＋		总氯（%）	0.22	0.34
物理指标	填充值（cm^3/g）	2.74	3.05		糖碱比	18.19	7.29
	平衡水分	12.83	12.91		氮碱比	1.13	0.69
	叶长（cm）	59.95	61.50		淀粉（%）	6.77	
	叶宽（cm）	19.88	20.25		总挥发碱（%）	0.18	
	单叶重（g）	7.80	7.55		醚提物（%）	5.48	
	含梗率（%）	34.00	29.00		烟叶磷（%）	0.16	
	叶面密度（mg/cm^2）	4.07	5.85		烟叶硫（%）	0.32	
评吸质量	劲头	适中			烟叶钙（mg/kg）	19 039.76	
	浓度	中等＋			烟叶镁（mg/kg）	995.83	
	香气质	11.90			烟叶硼（mg/kg）	19.50	
	香气量	16.20			烟叶锰（mg/kg）	335.00	
	余味	20.20			烟叶锌（mg/kg）	44.60	
	杂气	13.50			烟叶钼（mg/kg）	0.10	
	刺激性	9.00			烟叶铁（mg/kg）	245.00	
	燃烧性	3.00			烟叶镍（mg/kg）	1.13	
	灰分	3.00			烟叶铜（mg/kg）	6.97	
	得分	76.80					
	质量档次	4.36					

（二）龙塘乡黄金村-丁木

表2-73　植烟土壤信息

地块基本信息		土壤化学成分					
品种	云烟97	pH	6.36	碱解氮（mg/kg）	150.74	有效硫（mg/kg）	17.20
海拔（m）	1 279	有机质（%）	3.19	缓效钾（mg/kg）	321.00	有效铜（mg/kg）	1.35
单元	丁木	全氮（g/kg）	2.31	铵态氮（mg/kg）	2.72	有效锌（mg/kg）	0.89
土型	黄壤	全磷（g/kg）	0.57	硝态氮（mg/kg）	14.16	有效铁（mg/kg）	33.79
地形	山地	全钾（g/kg）	22.17	土壤氯（mg/kg）	5.48	有效锰（mg/kg）	14.56
地貌	平坦地	有效磷（mg/kg）	2.95	交换钙（cmol/kg）	8.13	有效硼（mg/kg）	0.10
		速效钾（mg/kg）	223.00	交换镁（cmol/kg）	0.85	有效钼（mg/kg）	0.17

图2-37　烟叶田间表现

表2-74　烟叶质量风格

	指标	中部叶	上部叶
外观质量	成熟度	成-	成-
	颜色	橘--	橘
	身份	稍薄	稍厚--
	结构	疏松+	尚疏+
	油分	稍有	有-
	色度	中-	强--
物理指标	填充值（cm^3/g）	2.74	3.17
	平衡水分	13.48	12.44
	叶长（cm）	63.55	65.85
	叶宽（cm）	21.78	20.58
	单叶重（g）	9.99	18.54
	含梗率（%）	35.00	27.00
	叶面密度（mg/cm^2）	4.74	6.56
评吸质量	劲头	适中	
	浓度	中等+	
	香气质	11.40	
	香气量	16.50	
	余味	20.20	
	杂气	13.30	
	刺激性	9.10	
	燃烧性	3.00	
	灰分	3.00	
	得分	76.50	
	质量档次	4.00	

	指标	中部叶	上部叶
烟叶化学成分	烟碱（%）	2.20	3.35
	总糖（%）	28.97	23.53
	还原糖（%）	26.62	23.94
	总氮（%）	1.93	2.23
	总钾（%）	2.06	1.81
	总氯（%）	0.15	0.27
	糖碱比	12.10	7.15
	氮碱比	0.88	0.67
	淀粉（%）	5.26	
	总挥发碱（%）	0.26	
	醚提物（%）	6.03	
	烟叶磷（%）	0.16	
	烟叶硫（%）	0.32	
	烟叶钙（mg/kg）	21 287.85	
	烟叶镁（mg/kg）	1 515.07	
	烟叶硼（mg/kg）	18.60	
	烟叶锰（mg/kg）	304.00	
	烟叶锌（mg/kg）	53.10	
	烟叶钼（mg/kg）	0.11	
	烟叶铁（mg/kg）	194.00	
	烟叶镍（mg/kg）	1.17	
	烟叶铜（mg/kg）	7.83	

（三）龙塘乡黄金村–彭家堡

表2–75　植烟土壤信息

地块基本信息		土壤化学成分					
品种	云烟97	pH	6.36	碱解氮（mg/kg）	150.74	有效硫（mg/kg）	17.20
海拔（m）	1 268	有机质（%）	3.19	缓效钾（mg/kg）	321.00	有效铜（mg/kg）	1.35
单元	彭家堡	全氮（g/kg）	2.31	铵态氮（mg/kg）	2.72	有效锌（mg/kg）	0.89
土型	黄壤	全磷（g/kg）	0.57	硝态氮（mg/kg）	14.16	有效铁（mg/kg）	33.79
地形	山地	全钾（g/kg）	22.17	土壤氯（mg/kg）	5.48	有效锰（mg/kg）	14.56
地貌	平坦地	有效磷（mg/kg）	2.95	交换钙（cmol/kg）	8.13	有效硼（mg/kg）	0.10
		速效钾（mg/kg）	223.00	交换镁（cmol/kg）	0.85	有效钼（mg/kg）	0.17

图2–38　烟叶田间表现

表2-76 烟叶质量风格

	指标	中部叶	上部叶		指标	中部叶	上部叶
外观质量	成熟度	成-	成--	烟叶化学成分	烟碱（%）	2.94	3.14
	颜色	橘	橘-		总糖（%）	24.36	24.77
	身份	中	稍厚-		还原糖（%）	24.08	23.92
	结构	尚疏-	稍密		总氮（%）	2.00	1.86
	油分	稍有	有--		总钾（%）	2.17	1.89
	色度	中	中-		总氯（%）	0.25	0.33
物理指标	填充值（cm^3/g）	3.03	3.35		糖碱比	8.19	7.62
	平衡水分	13.10	12.58		氮碱比	0.68	0.59
	叶长（cm）	59.63	61.65		淀粉（%）	5.28	
	叶宽（cm）	18.13	15.80		总挥发碱（%）	0.35	
	单叶重（g）	9.09	13.97		醚提物（%）	7.92	
	含梗率（%）	32.00	31.00		烟叶磷（%）	0.15	
	叶面密度（mg/cm^2）	5.31	6.16		烟叶硫（%）	0.50	
评吸质量	劲头	适中			烟叶钙（mg/kg）	22 048.36	
	浓度	中等+			烟叶镁（mg/kg）	1 281.11	
	香气质	11.10			烟叶硼（mg/kg）	32.49	
	香气量	16.40			烟叶锰（mg/kg）	377.41	
	余味	19.20			烟叶锌（mg/kg）	52.26	
	杂气	12.40			烟叶钼（mg/kg）	0.45	
	刺激性	8.90			烟叶铁（mg/kg）	178.55	
	燃烧性	3.00			烟叶镍（mg/kg）	1.25	
	灰分	3.00			烟叶铜（mg/kg）	17.50	
	得分	74.00					
	质量档次	3.36					

（四）龙塘乡桃子村-李子朝

表2-77　植烟土壤信息

地块基本信息		土壤化学成分					
品种	云烟97	pH	5.35	碱解氮（mg/kg）	133.64	有效硫（mg/kg）	28.20
海拔（m）	1 256	有机质（%）	2.74	缓效钾（mg/kg）	377.00	有效铜（mg/kg）	2.39
单元	李子朝	全氮（g/kg）	1.91	铵态氮（mg/kg）	0.22	有效锌（mg/kg）	2.94
土型	黄壤	全磷（g/kg）	0.68	硝态氮（mg/kg）	8.63	有效铁（mg/kg）	144.26
地形	山地	全钾（g/kg）	33.82	土壤氯（mg/kg）	5.48	有效锰（mg/kg）	37.67
地貌	平坦地	有效磷（mg/kg）	13.15	交换钙（cmol/kg）	4.39	有效硼（mg/kg）	0.10
		速效钾（mg/kg）	275.00	交换镁（cmol/kg）	0.79	有效钼（mg/kg）	0.11

图2-39　烟叶田间表现

表2-78　烟叶质量风格

	指标	中部叶	上部叶
外观质量	成熟度	成	成
	颜色	橘	橘+
	身份	中-	稍厚
	结构	疏松	尚疏+
	油分	有	有
	色度	中+	强-
物理指标	填充值（cm^3/g）	2.65	3.35
	平衡水分	12.97	12.01
	叶长（cm）	63.60	60.88
	叶宽（cm）	23.55	20.55
	单叶重（g）	12.73	10.47
	含梗率（%）	29.00	33.00
	叶面密度（mg/cm^2）	5.70	6.43
评吸质量	劲头	适中	
	浓度	较浓-	
	香气质	11.25	
	香气量	16.25	
	余味	19.38	
	杂气	12.63	
	刺激性	8.88	
	燃烧性	3.00	
	灰分	3.00	
	得分	74.40	
	质量档次	3.53	

	指标	中部叶	上部叶
烟叶化学成分	烟碱（%）	2.64	3.34
	总糖（%）	29.72	23.01
	还原糖（%）	29.27	23.54
	总氮（%）	1.88	2.16
	总钾（%）	2.06	1.88
	总氯（%）	0.21	0.38
	糖碱比	11.09	7.05
	氮碱比	0.71	0.65
	淀粉（%）	5.91	
	总挥发碱（%）	0.32	
	醚提物（%）	7.09	
	烟叶磷（%）	0.16	
	烟叶硫（%）	0.34	
	烟叶钙（mg/kg）	18 265.22	
	烟叶镁（mg/kg）	1 125.63	
	烟叶硼（mg/kg）	31.53	
	烟叶锰（mg/kg）	188.75	
	烟叶锌（mg/kg）	55.86	
	烟叶钼（mg/kg）	0.62	
	烟叶铁（mg/kg）	156.96	
	烟叶镍（mg/kg）	0.91	
	烟叶铜（mg/kg）	14.39	

（五）龙塘乡桃子村－闹龙墩

表2-79　植烟土壤信息

地块基本信息		土壤化学成分					
品种	云烟97	pH	4.74	碱解氮（mg/kg）	170.94	有效硫（mg/kg）	37.20
海拔（m）	1 294	有机质（%）	3.44	缓效钾（mg/kg）	270.00	有效铜（mg/kg）	2.31
单元	闹龙墩	全氮（g/kg）	2.41	铵态氮（mg/kg）	0.80	有效锌（mg/kg）	3.47
土型	黄壤	全磷（g/kg）	0.75	硝态氮（mg/kg）	12.14	有效铁（mg/kg）	134.91
地形	山地	全钾（g/kg）	23.47	土壤氯（mg/kg）	8.78	有效锰（mg/kg）	69.19
地貌	平坦地	有效磷（mg/kg）	16.35	交换钙（cmol/kg）	2.11	有效硼（mg/kg）	0.09
		速效钾（mg/kg）	154.00	交换镁（cmol/kg）	0.47	有效钼（mg/kg）	0.12

图2-40　烟叶田间表现

表2-80 烟叶质量风格

	指标	中部叶	上部叶		指标	中部叶	上部叶
外观质量	成熟度	成	成	烟叶化学成分	烟碱（%）	3.27	3.34
	颜色	橘	橘+		总糖（%）	24.21	23.01
	身份	中–	稍厚		还原糖（%）	23.69	23.54
	结构	疏松+	尚疏+		总氮（%）	1.96	2.16
	油分	有–	有		总钾（%）	2.31	1.88
	色度	中	强–		总氯（%）	0.24	0.38
物理指标	填充值（cm^3/g）	2.81	3.35		糖碱比	7.24	7.05
	平衡水分	12.91	12.01		氮碱比	0.60	0.65
	叶长（cm）	61.70	60.88		淀粉（%）	2.19	
	叶宽（cm）	19.83	20.55		总挥发碱（%）	0.36	
	单叶重（g）	11.54	10.47		醚提物（%）	7.61	
	含梗率（%）	35.00	33.00		烟叶磷（%）	0.15	
	叶面密度（mg/cm^2）	4.93	6.43		烟叶硫（%）	0.36	
评吸质量	劲头	适中+			烟叶钙（mg/kg）	23 292.00	
	浓度	较浓–			烟叶镁（mg/kg）	1 337.42	
	香气质	11.00			烟叶硼（mg/kg）	35.70	
	香气量	16.25			烟叶锰（mg/kg）	678.00	
	余味	19.25			烟叶锌（mg/kg）	67.60	
	杂气	12.38			烟叶钼（mg/kg）	1.81	
	刺激性	8.50			烟叶铁（mg/kg）	198.00	
	燃烧性	3.00			烟叶镍（mg/kg）	1.24	
	灰分	3.00			烟叶铜（mg/kg）	17.80	
	得分	73.40					
	质量档次	3.25					

（六）龙塘乡桃园村-小湾

表2-81 植烟土壤信息

地块基本信息		土壤化学成分					
品种	云烟97	pH	6.07	碱解氮（mg/kg）	148.41	有效硫（mg/kg）	19.20
海拔（m）	899	有机质（%）	3.39	缓效钾（mg/kg）	308.00	有效铜（mg/kg）	1.98
单元	小湾	全氮（g/kg）	2.30	铵态氮（mg/kg）	3.04	有效锌（mg/kg）	0.90
土型	黄壤	全磷（g/kg）	0.61	硝态氮（mg/kg）	8.46	有效铁（mg/kg）	14.51
地形	山地	全钾（g/kg）	24.27	土壤氯（mg/kg）	4.39	有效锰（mg/kg）	12.15
地貌	平坦地	有效磷（mg/kg）	6.90	交换钙（cmol/kg）	8.44	有效硼（mg/kg）	0.16
		速效钾（mg/kg）	160.00	交换镁（cmol/kg）	1.14	有效钼（mg/kg）	0.07

图2-41 烟叶田间表现

表2-82　烟叶质量风格

	指标	中部叶	上部叶		指标	中部叶	上部叶
外观质量	成熟度	成--	成-	烟叶化学成分	烟碱（%）	1.93	2.94
	颜色	橘-	橘		总糖（%）	31.95	26.51
	身份	稍薄+	稍厚		还原糖（%）	29.25	26.85
	结构	疏松+	稍密		总氮（%）	1.61	1.61
	油分	稍有	有-		总钾（%）	2.04	1.83
	色度	中-	中-		总氯（%）	0.19	0.23
物理指标	填充值（cm^3/g）	2.62	2.93		糖碱比	15.16	9.13
	平衡水分	13.09	13.05		氮碱比	0.83	0.55
	叶长（cm）	58.85	56.25		淀粉（%）	6.42	
	叶宽（cm）	18.85	15.03		总挥发碱（%）	0.28	
	单叶重（g）	8.06	9.13		醚提物（%）	5.87	
	含梗率（%）	33.00	29.00		烟叶磷（%）	0.14	
	叶面密度（mg/cm^2）	3.99	6.40		烟叶硫（%）	0.31	
评吸质量	劲头	适中			烟叶钙（mg/kg）	16 917.01	
	浓度	中等+			烟叶镁（mg/kg）	1 154.08	
	香气质	11.90			烟叶硼（mg/kg）	18.40	
	香气量	16.50			烟叶锰（mg/kg）	327.00	
	余味	20.30			烟叶锌（mg/kg）	45.10	
	杂气	13.20			烟叶钼（mg/kg）	0.07	
	刺激性	9.00			烟叶铁（mg/kg）	194.00	
	燃烧性	3.00			烟叶镍（mg/kg）	0.93	
	灰分	3.00			烟叶铜（mg/kg）	7.13	
	得分	76.90					
	质量档次	4.40					

（七）龙塘乡桃园村－深坑

表2-83　植烟土壤信息

地块基本信息		土壤化学成分					
品种	云烟97	pH	5.35	碱解氮（mg/kg）	133.64	有效硫（mg/kg）	28.20
海拔（m）	901	有机质（%）	2.74	缓效钾（mg/kg）	377.00	有效铜（mg/kg）	2.39
单元	深坑	全氮（g/kg）	1.91	铵态氮（mg/kg）	0.22	有效锌（mg/kg）	2.94
土型	黄壤	全磷（g/kg）	0.68	硝态氮（mg/kg）	8.63	有效铁（mg/kg）	144.26
地形	山地	全钾（g/kg）	33.82	土壤氯(mg/kg）	5.48	有效锰（mg/kg）	37.67
地貌	梯田	有效磷（mg/kg）	13.15	交换钙（cmol/kg）	4.39	有效硼（mg/kg）	0.10
		速效钾（mg/kg）	275.00	交换镁（cmol/kg）	0.79	有效钼（mg/kg）	0.11

图2-42　烟叶田间表现

表2-84　烟叶质量风格

	指标	中部叶	上部叶		指标	中部叶	上部叶
外观质量	成熟度	成-	成-	烟叶化学成分	烟碱（%）	1.98	3.28
	颜色	橘-	橘-		总糖（%）	25.92	26.32
	身份	稍薄+	中+		还原糖（%）	24.59	25.73
	结构	疏松+	尚疏+		总氮（%）	1.78	1.79
	油分	稍有	有-		总钾（%）	2.85	1.74
	色度	中--	中		总氯（%）	0.28	0.34
物理指标	填充值（cm^3/g）	2.82	2.69		糖碱比	12.42	7.84
	平衡水分	12.81	13.18		氮碱比	0.90	0.55
	叶长（cm）	58.65	61.75		淀粉（%）	4.90	
	叶宽（cm）	18.20	14.95		总挥发碱（%）	0.23	
	单叶重（g）	6.58	9.05		醚提物（%）	6.23	
	含梗率（%）	32.00	29.00		烟叶磷（%）	0.14	
	叶面密度（mg/cm^2）	4.13	6.77		烟叶硫（%）	0.38	
评吸质量	劲头	适中			烟叶钙（mg/kg）	20 199.37	
	浓度	中等+			烟叶镁（mg/kg）	971.12	
	香气质	11.20			烟叶硼（mg/kg）	21.80	
	香气量	16.10			烟叶锰（mg/kg）	328.00	
	余味	19.30			烟叶锌（mg/kg）	49.70	
	杂气	12.50			烟叶钼（mg/kg）	0.10	
	刺激性	8.90			烟叶铁（mg/kg）	227.00	
	燃烧性	3.00			烟叶镍（mg/kg）	1.23	
	灰分	3.00			烟叶铜（mg/kg）	10.20	
	得分	74.00					
	质量档次	3.48					

（八）龙塘乡桃园村－田石林

表2-85 植烟土壤信息

地块基本信息		土壤化学成分					
品种	云烟97	pH	6.07	碱解氮（mg/kg）	121.21	有效硫（mg/kg）	23.70
海拔（m）	1 104	有机质（%）	2.59	缓效钾（mg/kg）	275.00	有效铜（mg/kg）	1.51
单元	田石林	全氮（g/kg）	1.81	铵态氮（mg/kg）	2.24	有效锌（mg/kg）	1.15
土型	黄壤	全磷（g/kg）	0.45	硝态氮（mg/kg）	4.96	有效铁（mg/kg）	68.67
地形	山地	全钾（g/kg）	23.70	土壤氯（mg/kg）	6.58	有效锰（mg/kg）	17.19
地貌	坡地	有效磷（mg/kg）	0.30	交换钙（cmol/kg）	7.11	有效硼（mg/kg）	0.11
		速效钾（mg/kg）	137.00	交换镁（cmol/kg）	0.94	有效钼（mg/kg）	0.09

图2-43 烟叶田间表现

表2-86 烟叶质量风格

	指标	中部叶	上部叶
外观质量	成熟度	成--	尚-
	颜色	柠+	橘-
	身份	稍薄	中+
	结构	疏松+	稍密-
	油分	稍有	稍有+
	色度	中--	中-
物理指标	填充值（cm^3/g）	2.87	3.02
	平衡水分	13.35	13.50
	叶长（cm）	55.95	58.85
	叶宽（cm）	17.55	15.75
	单叶重（g）	6.71	7.89
	含梗率（%）	35.00	35.00
	叶面密度（mg/cm^2）	3.99	5.33
评吸质量	劲头	适中	
	浓度	中等+	
	香气质	11.40	
	香气量	16.20	
	余味	19.90	
	杂气	10.90	
	刺激性	9.00	
	燃烧性	3.00	
	灰分	3.00	
	得分	73.40	
	质量档次	3.88	
烟叶化学成分	烟碱（%）	1.33	2.81
	总糖（%）	29.53	26.30
	还原糖（%）	26.86	24.97
	总氮（%）	1.46	1.93
	总钾（%）	2.73	1.83
	总氯（%）	0.26	0.35
	糖碱比	20.20	8.89
	氮碱比	1.10	0.69
	淀粉（%）	7.47	
	总挥发碱（%）	0.18	
	醚提物（%）	6.23	
	烟叶磷（%）	0.12	
	烟叶硫（%）	0.25	
	烟叶钙（mg/kg）	19 949.11	
	烟叶镁（mg/kg）	947.03	
	烟叶硼（mg/kg）	19.70	
	烟叶锰（mg/kg）	307.00	
	烟叶锌（mg/kg）	41.20	
	烟叶钼（mg/kg）	0.08	
	烟叶铁（mg/kg）	216.00	
	烟叶镍（mg/kg）	1.09	
	烟叶铜（mg/kg）	7.60	

（九）龙塘乡桃园村-湾的

表2-87　植烟土壤信息

地块基本信息		土壤化学成分					
品种	云烟97	pH	6.07	碱解氮（mg/kg）	148.41	有效硫（mg/kg）	19.20
海拔（m）	995	有机质（%）	3.39	缓效钾（mg/kg）	308.00	有效铜（mg/kg）	1.98
单元	湾的	全氮（g/kg）	2.30	铵态氮（mg/kg）	3.04	有效锌（mg/kg）	0.90
土型	黄壤	全磷（g/kg）	0.61	硝态氮（mg/kg）	8.46	有效铁（mg/kg）	14.51
地形	山地	全钾（g/kg）	24.27	土壤氯（mg/kg）	4.39	有效锰（mg/kg）	12.15
地貌	坡地	有效磷（mg/kg）	6.90	交换钙（cmol/kg）	8.44	有效硼（mg/kg）	0.16
		速效钾（mg/kg）	160.00	交换镁（cmol/kg）	1.14	有效钼（mg/kg）	0.07

图2-44　烟叶田间表现

表2-88　烟叶质量风格

	指标	中部叶	上部叶
外观质量	成熟度	成－	成－
	颜色	橘－	橘－
	身份	中－	中＋
	结构	疏松＋	尚疏＋
	油分	有	有－
	色度	中－	中
物理指标	填充值（cm^3/g）	2.69	3.12
	平衡水分	13.27	12.74
	叶长（cm）	64.03	59.00
	叶宽（cm）	25.28	14.25
	单叶重（g）	11.52	8.82
	含梗率（%）	29.00	33.00
	叶面密度（mg/cm^2）	4.91	5.42
评吸质量	劲头	适中	
	浓度	中等	
	香气质	11.50	
	香气量	16.13	
	余味	20.00	
	杂气	12.88	
	刺激性	9.13	
	燃烧性	3.00	
	灰分	3.00	
	得分	75.60	
	质量档次	4.00	

	指标	中部叶	上部叶
烟叶化学成分	烟碱（%）	2.01	3.15
	总糖（%）	33.02	25.82
	还原糖（%）	30.08	25.81
	总氮（%）	1.74	1.81
	总钾（%）	1.98	1.88
	总氯（%）	0.21	0.30
	糖碱比	14.97	8.19
	氮碱比	0.87	0.57
	淀粉（%）	5.63	
	总挥发碱（%）	0.23	
	醚提物（%）	5.43	
	烟叶磷（%）	0.16	
	烟叶硫（%）	0.27	
	烟叶钙（mg/kg）	19 658.08	
	烟叶镁（mg/kg）	2 404.63	
	烟叶硼（mg/kg）	17.50	
	烟叶锰（mg/kg）	185.00	
	烟叶锌（mg/kg）	44.80	
	烟叶钼（mg/kg）	0.08	
	烟叶铁（mg/kg）	203.00	
	烟叶镍（mg/kg）	1.10	
	烟叶铜（mg/kg）	8.72	

（一〇）龙塘乡桃园村－田石湾

表2-89　植烟土壤信息

地块基本信息		土壤化学成分					
品种	云烟97	pH	6.72	碱解氮（mg/kg）	102.56	有效硫（mg/kg）	13.20
海拔（m）	981	有机质（%）	2.34	缓效钾（mg/kg）	251.00	有效铜（mg/kg）	1.11
单元	田石湾	全氮（g/kg）	1.69	铵态氮（mg/kg）	1.92	有效锌（mg/kg）	0.91
土型	黄壤	全磷（g/kg）	0.45	硝态氮（mg/kg）	7.67	有效铁（mg/kg）	12.83
地形	山地	全钾（g/kg）	23.70	土壤氯（mg/kg）	13.16	有效锰（mg/kg）	16.42
地貌	平坦地	有效磷（mg/kg）	5.05	交换钙（cmol/kg）	7.99	有效硼（mg/kg）	0.09
		速效钾（mg/kg）	157.00	交换镁（cmol/kg）	3.70	有效钼（mg/kg）	0.07

图2-45　烟叶田间表现

表2-90　烟叶质量风格

	指标	中部叶	上部叶
外观质量	成熟度	成－	成－－
	颜色	橘－－	橘－
	身份	稍薄－	稍厚
	结构	疏松	稍密
	油分	稍有	有－
	色度	中－－	中－－
物理指标	填充值（cm^3/g）	3.12	3.02
	平衡水分	12.64	12.73
	叶长（cm）	55.83	58.65
	叶宽（cm）	18.65	16.75
	单叶重（g）	6.43	15.25
	含梗率（%）	37.00	35.00
	叶面密度（mg/cm^2）	3.06	5.82
评吸质量	劲头	适中	
	浓度	中等+	
	香气质	11.60	
	香气量	16.30	
	余味	19.90	
	杂气	12.90	
	刺激性	9.00	
	燃烧性	3.00	
	灰分	3.00	
	得分	75.70	
	质量档次	3.88	

	指标	中部叶	上部叶
烟叶化学成分	烟碱（%）	1.29	3.02
	总糖（%）	26.69	25.76
	还原糖（%）	24.58	25.13
	总氮（%）	1.59	1.93
	总钾（%）	3.07	1.75
	总氯（%）	0.29	0.32
	糖碱比	19.05	8.32
	氮碱比	1.23	0.64
	淀粉（%）	3.87	
	总挥发碱（%）	0.26	
	醚提物（%）	6.53	
	烟叶磷（%）	0.14	
	烟叶硫（%）	0.28	
	烟叶钙（mg/kg）	24 731.02	
	烟叶镁（mg/kg）	956.28	
	烟叶硼（mg/kg）	21.09	
	烟叶锰（mg/kg）	199.23	
	烟叶锌（mg/kg）	47.36	
	烟叶钼（mg/kg）	0.09	
	烟叶铁（mg/kg）	292.42	
	烟叶镍（mg/kg）	1.40	
	烟叶铜（mg/kg）	8.38	

（一一）龙塘乡双龙村－曾家堡

表2-91 植烟土壤信息

地块基本信息		土壤化学成分					
品种	云烟97	pH	6.94	碱解氮（mg/kg）	130.54	有效硫（mg/kg）	7.20
海拔（m）	899	有机质（%）	2.93	缓效钾（mg/kg）	419.00	有效铜（mg/kg）	0.95
单元	曾家堡	全氮（g/kg）	2.10	铵态氮（mg/kg）	0.43	有效锌（mg/kg）	0.77
土型	黄壤	全磷（g/kg）	0.64	硝态氮（mg/kg）	9.92	有效铁（mg/kg）	35.30
地形	山地	全钾（g/kg）	11.90	土壤氯（mg/kg）	7.68	有效锰（mg/kg）	34.33
地貌	梯田	有效磷（mg/kg）	2.65	交换钙（cmol/kg）	20.90	有效硼（mg/kg）	0.13
		速效钾（mg/kg）	125.00	交换镁（cmol/kg）	1.94	有效钼（mg/kg）	0.22

图2-46 烟叶田间表现

表2-92　烟叶质量风格

	指标	中部叶	上部叶		指标	中部叶	上部叶
外观质量	成熟度	成-	成--	烟叶化学成分	烟碱（%）	1.85	3.18
	颜色	橘-	橘-		总糖（%）	27.37	24.56
	身份	稍薄-	稍厚		还原糖（%）	24.30	24.65
	结构	疏松	稍密-		总氮（%）	1.78	2.03
	油分	稍有	有		总钾（%）	2.84	1.63
	色度	中-	中-		总氯（%）	0.25	0.49
物理指标	填充值（cm^3/g）	2.87	2.98		糖碱比	13.14	7.75
	平衡水分	12.56	13.19		氮碱比	0.96	0.64
	叶长（cm）	59.35	60.05		淀粉（%）	4.94	
	叶宽（cm）	21.85	19.25		总挥发碱（%）	0.23	
	单叶重（g）	7.94	7.57		醚提物（%）	6.83	
	含梗率（%）	37.00	32.00		烟叶磷（%）	0.14	
	叶面密度（mg/cm^2）	3.60	5.53		烟叶硫（%）	0.31	
评吸质量	劲头	适中			烟叶钙（mg/kg）	21 570.12	
	浓度	中等+			烟叶镁（mg/kg）	980.20	
	香气质	11.30			烟叶硼（mg/kg）	18.50	
	香气量	16.50			烟叶锰（mg/kg）	347.00	
	余味	19.60			烟叶锌（mg/kg）	47.20	
	杂气	12.40			烟叶钼（mg/kg）	0.09	
	刺激性	8.90			烟叶铁（mg/kg）	252.00	
	燃烧性	3.00			烟叶镍（mg/kg）	1.21	
	灰分	3.00			烟叶铜（mg/kg）	7.53	
	得分	74.70					
	质量档次	3.72					

>>> 第二节　武隆巷口基地单元

一、双河乡

（一）双河乡坨田村-坨田

表2-93　植烟土壤信息

地块基本信息		土壤化学成分					
品种	云烟97	pH	5.74	碱解氮（mg/kg）	136.75	有效磷（mg/kg）	44.46
海拔（m）	1 400	有机质（%）	3.14	土壤氯（mg/kg）	12.79	有效铜（mg/kg）	1.76
种植单元	坨田	全氮（g/kg）	2.02	交换钙（cmol/kg）	9.43	有效锌（mg/kg）	4.06
土壤类型	黄壤	全磷（g/kg）	0.62	交换镁（cmol/kg）	1.98	有效铁（mg/kg）	29.53
地形	山地	全钾（g/kg）	12.32	有效硫（mg/kg）	56.50	有效锰（mg/kg）	70.96
地貌	缓坡地	速效钾（mg/kg）	230.00	铵态氮（mg/kg）	10.31	有效硼（mg/kg）	0.23
		缓效钾（mg/kg）	666.00	硝态氮（mg/kg）	17.75	有效钼（mg/kg）	0.05

图2-47　烟叶田间表现

表2-94　烟叶质量风格

	指标	中部叶	上部叶
外观质量	成熟度	成	成--
	颜色	橘	橘
	身份	中	稍厚
	结构	疏	稍密
	油分	有	有--
	色度	中+	中-
物理指标	填充值（cm^3/g）	2.73	3.19
	平衡水分	11.68	13.57
	叶长（cm）	66.13	56.15
	叶宽（cm）	23.33	14.26
	单叶重（g）	14.48	9.21
	含梗率（%）	33.00	31.00
	叶面密度（mg/cm^2）	5.71	6.57
评吸质量	劲头	适中	
	浓度	中等+	
	香气质	11.38	
	香气量	16.38	
	余味	19.38	
	杂气	12.75	
	刺激性	8.88	
	燃烧性	3.00	
	灰分	3.00	
	得分	74.75	
	质量档次	3.53	

	指标	中部叶	上部叶
烟叶化学成分	烟碱（%）	2.78	3.56
	总糖（%）	29.96	23.93
	还原糖（%）	29.07	23.42
	总氮（%）	2.12	2.59
	总钾（%）	1.66	1.35
	总氯（%）	0.26	0.34
	糖碱比	10.46	6.58
	两糖比	0.97	0.98
	淀粉（%）	4.04	
	挥发碱（%）	0.34	
	醚提物（%）	5.66	
	烟叶磷（%）	0.19	
	烟叶硫（%）	0.34	
	烟叶钙（mg/kg）	26 657.18	
	烟叶镁（mg/kg）	1 534.87	
	烟叶硼（mg/kg）	26.11	
	烟叶锰（mg/kg）	98.39	
	烟叶锌（mg/kg）	37.75	
	烟叶钼（mg/kg）	0.30	
	烟叶铁（mg/kg）	228.84	
	烟叶镍（mg/kg）	1.19	
	烟叶铜（mg/kg）	10.87	

（二）双河乡坨田村-庙娅

表2-95 植烟土壤信息

地块基本信息		土壤化学成分					
品种	云烟97	pH	6.14	碱解氮（mg/kg）	132.09	有效磷（mg/kg）	43.76
海拔（m）	1 400	有机质（%）	2.96	土壤氯（mg/kg）	15.70	有效铜（mg/kg）	1.44
种植单元	庙娅	全氮（g/kg）	1.73	交换钙（cmol/kg）	8.90	有效锌（mg/kg）	0.94
土壤类型	黄壤	全磷（g/kg）	1.55	交换镁（cmol/kg）	1.51	有效铁（mg/kg）	26.59
地形	山地	全钾（g/kg）	12.50	有效硫（mg/kg）	52.50	有效锰（mg/kg）	55.88
地貌	缓坡地	速效钾（mg/kg）	324.00	铵态氮（mg/kg）	21.54	有效硼（mg/kg）	0.19
		缓效钾（mg/kg）	652.00	硝态氮（mg/kg）	21.59	有效钼（mg/kg）	0.02

图2-48 烟叶田间表现

表2-96 烟叶质量风格

	指标	中部叶	上部叶		指标	中部叶	上部叶
外观质量	成熟度	成--	成	烟叶化学成分	烟碱（%）	3.59	3.91
	颜色	橘	橘+		总糖（%）	24.70	14.09
	身份	中-	稍厚-		还原糖（%）	23.45	13.07
	结构	尚疏-	尚疏		总氮（%）	2.80	3.80
	油分	稍有+	有-		总钾（%）	1.43	1.97
	色度	中	强+		总氯（%）	0.47	0.77
物理指标	填充值（cm^3/g）	3.25	3.64		糖碱比	6.53	3.34
	平衡水分	13.19	12.18		两糖比	0.78	0.93
	叶长（cm）	63.60	65.60		淀粉（%）	4.08	
	叶宽（cm）	18.85	17.95		挥发碱（%）	0.41	
	单叶重（g）	9.78	11.14		醚提物（%）	6.77	
	含梗率（%）	31.00	33.00		烟叶磷（%）	0.20	
	叶面密度（mg/cm^2）	6.00	6.05		烟叶硫（%）	0.57	
评吸质量	劲头	适中+			烟叶钙（mg/kg）	24 722.85	
	浓度	中等+			烟叶镁（mg/kg）	1 715.32	
	香气质	10.75			烟叶硼（mg/kg）	28.80	
	香气量	15.88			烟叶锰（mg/kg）	344.00	
	余味	18.88			烟叶锌（mg/kg）	35.70	
	杂气	11.75			烟叶钼（mg/kg）	0.229	
	刺激性	8.50			烟叶铁（mg/kg）	207.00	
	燃烧性	3.00			烟叶镍（mg/kg）	1.10	
	灰分	3.00			烟叶铜（mg/kg）	9.58	
	得分	71.80					
	质量档次	2.60					

（三）双河乡坨田村–竹林

表2–97　植烟土壤信息

地块基本信息		土壤化学成分					
品种	云烟97	pH	6.07	碱解氮（mg/kg）	114.22	有效磷（mg/kg）	22.71
海拔（m）	1 400	有机质（%）	2.14	土壤氯（mg/kg）	11.05	有效铜（mg/kg）	1.69
种植单元	竹林	全氮（g/kg）	1.43	交换钙（cmol/kg）	9.18	有效锌（mg/kg）	1.80
土壤类型	黄壤	全磷（g/kg）	1.00	交换镁（cmol/kg）	1.71	有效铁（mg/kg）	84.72
地形	山地	全钾（g/kg）	13.95	有效硫（mg/kg）	37.00	有效锰（mg/kg）	103.73
地貌	缓坡地	速效钾（mg/kg）	308.00	铵态氮（mg/kg）	7.80	有效硼（mg/kg）	0.28
		缓效钾（mg/kg）	604.00	硝态氮（mg/kg）	15.14	有效钼（mg/kg）	0.09

图2–49　烟叶田间表现

表2-98　烟叶质量风格

	指标	中部叶	上部叶		指标	中部叶	上部叶
外观质量	成熟度	成	成	烟叶化学成分	烟碱（%）	3.59	3.79
	颜色	橘	橘		总糖（%）	21.58	18.37
	身份	中	稍厚-		还原糖（%）	21.80	18.94
	结构	疏+	尚疏		总氮（%）	2.70	2.98
	油分	有	有-		总钾（%）	1.67	1.82
	色度	中+	强-		总氯（%）	0.48	0.46
物理指标	填充值（cm^3/g）	3.14	3.60		糖碱比	6.07	5.00
	平衡水分	12.73	12.44		两糖比	1.01	1.03
	叶长（cm）	63.68	60.45		淀粉（%）	4.93	
	叶宽（cm）	20.63	18.70		挥发碱（%）	0.33	
	单叶重（g）	12.25	12.09		醚提物（%）	6.54	
	含梗率（%）	32.00	29.00		烟叶磷（%）	0.18	
	叶面密度（mg/cm^2）	5.77	6.63		烟叶硫（%）	0.54	
评吸质量	劲头	适中			烟叶钙（mg/kg）	20 451.19	
	浓度	较浓-			烟叶镁（mg/kg）	1 516.73	
	香气质	11.00			烟叶硼（mg/kg）	35.40	
	香气量	16.25			烟叶锰（mg/kg）	199.00	
	余味	18.88			烟叶锌（mg/kg）	42.50	
	杂气	12.25			烟叶钼（mg/kg）	0.09	
	刺激性	8.63			烟叶铁（mg/kg）	166.00	
	燃烧性	3.00			烟叶镍（mg/kg）	1.03	
	灰分	3.00			烟叶铜（mg/kg）	12.40	
	得分	73.00					
	质量档次	2.75					

（四）双河乡坨田村–柏杨

表2–99　植烟土壤信息

地块基本信息		土壤化学成分					
品种	云烟97	pH	5.26	碱解氮（mg/kg）	141.41	有效磷（mg/kg）	45.46
海拔（m）	1 400	有机质（%）	2.38	土壤氯（mg/kg）	9.30	有效铜（mg/kg）	0.76
种植单元	柏杨	全氮（g/kg）	1.40	交换钙（cmol/kg）	1.28	有效锌（mg/kg）	0.81
土壤类型	黄壤	全磷（g/kg）	0.79	交换镁（cmol/kg）	1.52	有效铁（mg/kg）	37.80
地形	山地	全钾（g/kg）	14.29	有效硫（mg/kg）	244.50	有效锰（mg/kg）	63.13
地貌	缓坡地	速效钾（mg/kg）	299.00	铵态氮（mg/kg）	17.78	有效硼（mg/kg）	0.17
		缓效钾（mg/kg）	393.00	硝态氮（mg/kg）	27.61	有效钼（mg/kg）	0.07

图2–50　烟叶田间表现

表2-100　烟叶质量风格

	指标	中部叶	上部叶		指标	中部叶	上部叶
外观质量	成熟度	成	成-	烟叶化学成分	烟碱（%）	2.32	2.96
	颜色	橘	橘		总糖（%）	33.47	24.27
	身份	中	稍厚		还原糖（%）	31.15	22.59
	结构	疏+	尚疏+		总氮（%）	1.83	2.56
	油分	有+	有		总钾（%）	1.36	1.77
	色度	中+	强-		总氯（%）	0.29	0.37
物理指标	填充值（cm^3/g）	2.77	3.31		糖碱比	13.43	7.63
	平衡水分	13.68	12.70		两糖比	0.93	0.93
	叶长（cm）	74.68	66.18		淀粉（%）	5.69	
	叶宽（cm）	27.40	20.20		挥发碱（%）	0.28	
	单叶重（g）	19.28	14.41		醚提物（%）	5.70	
	含梗率（%）	26.00	30.00		烟叶磷（%）	0.17	
	叶面密度（mg/cm^2）	6.23	6.51		烟叶硫（%）	0.39	
评吸质量	劲头	适中			烟叶钙（mg/kg）	21 622.47	
	浓度	较浓-			烟叶镁（mg/kg）	2 258.23	
	香气质	11.00			烟叶硼（mg/kg）	19.30	
	香气量	16.25			烟叶锰（mg/kg）	180.00	
	余味	18.88			烟叶锌（mg/kg）	44.20	
	杂气	12.25			烟叶钼（mg/kg）	0.11	
	刺激性	8.63			烟叶铁（mg/kg）	209.00	
	燃烧性	3.00			烟叶镍（mg/kg）	1.11	
	灰分	3.00			烟叶铜（mg/kg）	10.50	
	得分	73.00					
	质量档次	2.75					

（五）双河乡坨田村-拍水

表2-101　植烟土壤信息

地块基本信息		土壤化学成分					
品种	云烟97	pH	5.60	碱解氮（mg/kg）	115.77	有效磷（mg/kg）	19.92
海拔（m）	1 400	有机质（%）	1.61	土壤氯（mg/kg）	7.56	有效铜（mg/kg）	2.42
种植单元	拍水	全氮（g/kg）	3.05	交换钙（cmol/kg）	5.35	有效锌（mg/kg）	1.18
土壤类型	黄壤	全磷（g/kg）	0.90	交换镁（cmol/kg）	1.66	有效铁（mg/kg）	58.25
地形	山地	全钾（g/kg）	11.85	有效硫（mg/kg）	110.50	有效锰（mg/kg）	96.29
地貌	平坦地	速效钾（mg/kg）	296.00	铵态氮（mg/kg）	7.17	有效硼（mg/kg）	0.24
		缓效钾（mg/kg）	388.00	硝态氮（mg/kg）	15.82	有效钼（mg/kg）	1.18

图2-51　烟叶田间表现

表2-102　烟叶质量风格

	指标	中部叶	上部叶		指标	中部叶	上部叶
外观质量	成熟度	成--	成-	烟叶化学成分	烟碱（%）	1.87	3.66
	颜色	柠++	橘-		总糖（%）	30.69	23.65
	身份	稍薄-	稍厚-		还原糖（%）	28.33	22.16
	结构	疏+	尚疏		总氮（%）	1.79	2.41
	油分	有--	有		总钾（%）	1.94	1.58
	色度	中-	强-		总氯（%）	0.19	0.34
物理指标	填充值（cm^3/g）	2.87	3.07		糖碱比	15.15	6.05
	平衡水分	13.38	13.72		两糖比	0.92	0.94
	叶长（cm）	60.91	64.90		淀粉（%）	5.83	
	叶宽（cm）	22.99	22.07		挥发碱（%）	0.22	
	单叶重（g）	9.11	14.33		醚提物（%）	5.51	
	含梗率（%）	36.00	30.00		烟叶磷（%）	0.19	
	叶面密度（mg/cm^2）	4.19	6.51		烟叶硫（%）	0.28	
评吸质量	劲头	适中			烟叶钙（mg/kg）	24 501.76	
	浓度	中等+			烟叶镁（mg/kg）	1 118.83	
	香气质	11.75			烟叶硼（mg/kg）	23.5 0	
	香气量	16.38			烟叶锰（mg/kg）	77.5 0	
	余味	20.00			烟叶锌（mg/kg）	24.1 0	
	杂气	13.25			烟叶钼（mg/kg）	0.907	
	刺激性	9.13			烟叶铁（mg/kg）	175.00	
	燃烧性	3.00			烟叶镍（mg/kg）	0.971	
	灰分	3.00			烟叶铜（mg/kg）	3.38	
	得分	76.50					
	质量档次	4.20					

（六）双河乡坨田村–双地

表2–103　植烟土壤信息

地块基本信息		土壤化学成分					
品种	云烟97	pH	5.48	碱解氮（mg/kg）	127.43	有效磷（mg/kg）	40.51
海拔（m）	1 400	有机质（%）	2.38	土壤氯（mg/kg）	9.88	有效铜（mg/kg）	2.43
种植单元	双地	全氮（g/kg）	0.99	交换钙（cmol/kg）	6.14	有效锌（mg/kg）	1.86
土壤类型	黄壤	全磷（g/kg）	0.73	交换镁（cmol/kg）	2.01	有效铁（mg/kg）	112.14
地形	山地	全钾（g/kg）	14.08	有效硫（mg/kg）	63.50	有效锰（mg/kg）	98.49
地貌	坡型地	速效钾（mg/kg）	292.00	铵态氮（mg/kg）	16.35	有效硼（mg/kg）	0.26
		缓效钾（mg/kg）	388.00	硝态氮（mg/kg）	13.92	有效钼（mg/kg）	0.09

图2–52　烟叶田间表现

表2-104 烟叶质量风格

	指标	中部叶	上部叶		指标	中部叶	上部叶
外观质量	成熟度	成-	成-	烟叶化学成分	烟碱（%）	3.27	3.83
	颜色	橘-	橘-		总糖（%）	26.70	19.36
	身份	中	稍厚-		还原糖（%）	26.12	18.74
	结构	疏+	稍密		总氮（%）	2.42	2.62
	油分	有	有--		总钾（%）	1.53	1.56
	色度	中	中		总氯（%）	0.25	0.54
物理指标	填充值（cm^3/g）	3.06	3.42		糖碱比	7.99	4.89
	平衡水分	13.38	11.28		两糖比	0.98	0.97
	叶长（cm）	66.03	59.58		淀粉（%）	4.13	
	叶宽（cm）	21.85	17.50		挥发碱（%）	0.39	
	单叶重（g）	12.43	10.39		醚提物（%）	6.22	
	含梗率（%）	31.00	32.00		烟叶磷（%）	0.18	
	叶面密度（mg/cm^2）	5.54	6.48		烟叶硫（%）	0.45	
评吸质量	劲头	适中			烟叶钙（mg/kg）	23 355.62	
	浓度	中等+			烟叶镁（mg/kg）	2 081.49	
	香气质	11.13			烟叶硼（mg/kg）	29.90	
	香气量	16.50			烟叶锰（mg/kg）	314.00	
	余味	19.25			烟叶锌（mg/kg）	41.50	
	杂气	12.75			烟叶钼（mg/kg）	0.159	
	刺激性	8.88			烟叶铁（mg/kg）	197.00	
	燃烧性	3.00			烟叶镍（mg/kg）	1.40	
	灰分	3.00			烟叶铜（mg/kg）	13.50	
	得分	74.50					
	质量档次	3.65					

（七）双河乡坨田村-双山

表2-105　植烟土壤信息

地块基本信息		土壤化学成分					
品种	云烟97	pH	4.99	碱解氮（mg/kg）	130.54	有效磷（mg/kg）	47.94
海拔（m）	1 300	有机质（%）	2.22	土壤氯（mg/kg）	10.46	有效铜（mg/kg）	2.04
种植单元	双山	全氮（g/kg）	1.50	交换钙（cmol/kg）	1.67	有效锌（mg/kg）	1.42
土壤类型	黄壤	全磷（g/kg）	0.75	交换镁（cmol/kg）	1.15	有效铁（mg/kg）	73.61
地形	山地	全钾（g/kg）	14.02	有效硫（mg/kg）	76.00	有效锰（mg/kg）	128.50
地貌	平坦地	速效钾（mg/kg）	199.00	铵态氮（mg/kg）	16.01	有效硼（mg/kg）	0.16
		缓效钾（mg/kg）	233.00	硝态氮（mg/kg）	19.46	有效钼（mg/kg）	0.06

图2-53　烟叶田间表现

表2-106　烟叶质量风格

	指标	中部叶	上部叶
外观质量	成熟度	成－	成－－
	颜色	橘－	橘－
	身份	中－	稍厚－
	结构	疏＋	稍密－
	油分	有－	有－
	色度	中	中＋
物理指标	填充值（cm^3/g）	2.69	3.08
	平衡水分	13.31	13.24
	叶长（cm）	63.08	66.20
	叶宽（cm）	22.26	18.03
	单叶重（g）	12.42	12.39
	含梗率（%）	35.00	36.00
	叶面密度（mg/cm^2）	5.41	5.95
评吸质量	劲头	适中	
	浓度	中等＋	
	香气质	11.00	
	香气量	16.25	
	余味	19.25	
	杂气	12.50	
	刺激性	8.75	
	燃烧性	3.00	
	灰分	3.00	
	得分	73.80	
	质量档次	3.58	

	指标	中部叶	上部叶
烟叶化学成分	烟碱（%）	2.79	3.42
	总糖（%）	30.83	22.22
	还原糖（%）	28.74	21.02
	总氮（%）	2.03	2.94
	总钾（%）	1.74	1.69
	总氯（%）	0.15	0.52
	糖碱比	10.30	6.15
	两糖比	0.93	0.95
	淀粉（%）	4.67	
	挥发碱（%）	0.32	
	醚提物（%）	6.10	
	烟叶磷（%）	0.18	
	烟叶硫（%）	0.39	
	烟叶钙（mg/kg）	23 696.15	
	烟叶镁（mg/kg）	1 781.97	
	烟叶硼（mg/kg）	26.40	
	烟叶锰（mg/kg）	405.00	
	烟叶锌（mg/kg）	46.0 0	
	烟叶钼（mg/kg）	0.251	
	烟叶铁（mg/kg）	183.00	
	烟叶镍（mg/kg）	1.35	
	烟叶铜（mg/kg）	11.50	

(八)双河乡团兴村-塘湾

表2-107　植烟土壤信息

地块基本信息		土壤化学成分					
品种	云烟97	pH	4.89	碱解氮(mg/kg)	115.77	有效磷(mg/kg)	19.23
海拔(m)	1 300	有机质(%)	1.99	土壤氯(mg/kg)	18.60	有效铜(mg/kg)	2.02
种植单元	塘湾	全氮(g/kg)	1.36	交换钙(cmol/kg)	0.30	有效锌(mg/kg)	2.40
土壤类型	黄壤	全磷(g/kg)	0.84	交换镁(cmol/kg)	1.65	有效铁(mg/kg)	84.45
地形	山地	全钾(g/kg)	9.62	有效硫(mg/kg)	173.50	有效锰(mg/kg)	118.66
地貌	平坦地	速效钾(mg/kg)	282.00	铵态氮(mg/kg)	18.86	有效硼(mg/kg)	0.27
		缓效钾(mg/kg)	334.00	硝态氮(mg/kg)	22.89	有效钼(mg/kg)	0.09

图2-54　烟叶田间表现

表2-108　烟叶质量风格

	指标	中部叶	上部叶		指标	中部叶	上部叶
外观质量	成熟度	成－	成－－	烟叶化学成分	烟碱（%）	2.61	3.19
	颜色	橘－	橘－		总糖（%）	30.96	26.22
	身份	中	稍厚－		还原糖（%）	29.49	24.94
	结构	疏＋	尚疏＋		总氮（%）	2.00	2.46
	油分	有	有－		总钾（%）	1.73	1.30
	色度	中	中		总氯（%）	0.35	0.19
物理指标	填充值（cm^3/g）	2.82	3.14		糖碱比	11.30	7.82
	平衡水分	13.68	12.87		两糖比	0.95	0.95
	叶长（cm）	70.43	69.05		淀粉（%）	4.74	
	叶宽（cm）	24.30	22.65		挥发碱（%）	0.32	
	单叶重（g）	13.90	15.00		醚提物（%）	5.75	
	含梗率（%）	32.00	30.00		烟叶磷（%）	0.16	
	叶面密度（mg/cm^2）	5.05	5.97		烟叶硫（%）	0.35	
评吸质量	劲头	适中			烟叶钙（mg/kg）	24 678.50	
	浓度	中等			烟叶镁（mg/kg）	2 809.56	
	香气质	11.50			烟叶硼（mg/kg）	23.40	
	香气量	16.50			烟叶锰（mg/kg）	307.00	
	余味	19.63			烟叶锌（mg/kg）	36.90	
	杂气	13.00			烟叶钼（mg/kg）	0.247	
	刺激性	8.88			烟叶铁（mg/kg）	225.00	
	燃烧性	3.00			烟叶镍（mg/kg）	1.20	
	灰分	3.00			烟叶铜（mg/kg）	8.03	
	得分	75.50					
	质量档次	3.95					

（九）双河乡团兴村－团兴

表2-109　植烟土壤信息

地块基本信息		土壤化学成分					
品种	云烟97	pH	4.84	碱解氮（mg/kg）	135.20	有效磷（mg/kg）	41.05
海拔（m）	1 300	有机质（%）	2.10	土壤氯（mg/kg）	12.79	有效铜（mg/kg）	1.03
种植单元	团兴	全氮（g/kg）	1.65	交换钙（cmol/kg）	5.79	有效锌（mg/kg）	1.39
土壤类型	黄壤	全磷（g/kg）	1.02	交换镁（cmol/kg）	2.39	有效铁（mg/kg）	19.43
地形	山地	全钾（g/kg）	17.07	有效硫（mg/kg）	155.50	有效锰（mg/kg）	23.91
地貌	坡型地	速效钾（mg/kg）	379.00	铵态氮（mg/kg）	13.96	有效硼（mg/kg）	0.39
		缓效钾（mg/kg）	433.00	硝态氮（mg/kg）	33.29	有效钼（mg/kg）	0.14

图2-55　烟叶田间表现

表2-110　烟叶质量风格

	指标	中部叶	上部叶		指标	中部叶	上部叶
外观质量	成熟度	成－	成－－	烟叶化学成分	烟碱（%）	2.14	3.17
	颜色	橘－	橘－		总糖（%）	34.57	24.83
	身份	中－	稍厚		还原糖（%）	28.84	23.63
	结构	疏＋	稍密		总氮（%）	1.78	2.60
	油分	有	有－		总钾（%）	1.79	1.28
	色度	中	中		总氯（%）	0.15	0.33
物理指标	填充值（cm^3/g）	2.65	3.23		糖碱比	13.48	7.45
	平衡水分	13.27	12.28		两糖比	0.83	0.95
	叶长（cm）	63.03	64.36		淀粉（%）	5.93	
	叶宽（cm）	21.76	20.70		挥发碱（%）	0.21	
	单叶重（g）	11.41	13.35		醚提物（%）	5.47	
	含梗率（%）	35.00	34.00		烟叶磷（%）	0.18	
	叶面密度（mg/cm^2）	5.24	6.19		烟叶硫（%）	0.30	
评吸质量	劲头	适中			烟叶钙（mg/kg）	21 204.60	
	浓度	中等			烟叶镁（mg/kg）	1 216.42	
	香气质	11.63			烟叶硼（mg/kg）	25.70	
	香气量	16.50			烟叶锰（mg/kg）	102.00	
	余味	20.13			烟叶锌（mg/kg）	26.40	
	杂气	13.50			烟叶钼（mg/kg）	0.49	
	刺激性	9.13			烟叶铁（mg/kg）	185.00	
	燃烧性	3.00			烟叶镍（mg/kg）	0.86	
	灰分	3.00			烟叶铜（mg/kg）	3.09	
	得分	76.90					
	质量档次	4.50					

（一〇）双河乡团兴村-红木

表2-111　植烟土壤信息

地块基本信息		土壤化学成分					
品种	云烟97	pH	6.51	碱解氮（mg/kg）	106.45	有效磷（mg/kg）	33.00
海拔（m）	1 300	有机质（%）	2.16	土壤氯（mg/kg）	2.33	有效铜（mg/kg）	1.67
种植单元	红木	全氮（g/kg）	1.35	交换钙（cmol/kg）	7.60	有效锌（mg/kg）	1.92
土壤类型	石灰土	全磷（g/kg）	0.89	交换镁（cmol/kg）	5.87	有效铁（mg/kg）	76.39
地形	山地	全钾（g/kg）	14.78	有效硫（mg/kg）	199.50	有效锰（mg/kg）	118.09
地貌	坡型地	速效钾（mg/kg）	361.00	铵态氮（mg/kg）	15.90	有效硼（mg/kg）	0.26
		缓效钾（mg/kg）	403.00	硝态氮（mg/kg）	11.40	有效钼（mg/kg）	0.11

图2-56　烟叶田间表现

表2-112　烟叶质量风格

	指标	中部叶	上部叶		指标	中部叶	上部叶
外观质量	成熟度	成-	成	烟叶化学成分	烟碱（%）	2.04	3.41
	颜色	橘-	橘		总糖（%）	33.49	22.02
	身份	中-	稍厚		还原糖（%）	28.98	22.04
	结构	疏+	尚疏		总氮（%）	1.75	2.62
	油分	有-	有		总钾（%）	1.77	1.72
	色度	中-	强		总氯（%）	0.19	0.28
物理指标	填充值（cm^3/g）	2.95	3.36		糖碱比	14.21	6.46
	平衡水分	13.00	12.70		两糖比	0.87	1.00
	叶长（cm）	62.10	63.40		淀粉（%）	5.66	
	叶宽（cm）	21.53	21.90		挥发碱（%）	0.23	
	单叶重（g）	10.48	8.62		醚提物（%）	5.22	
	含梗率（%）	37.00	30.00		烟叶磷（%）	0.17	
	叶面密度（mg/cm^2）	4.85	6.17		烟叶硫（%）	0.24	
评吸质量	劲头	—			烟叶钙（mg/kg）	22 337.34	
	浓度	—			烟叶镁（mg/kg）	1 285.03	
	香气质	—			烟叶硼（mg/kg）	25.10	
	香气量	—			烟叶锰（mg/kg）	124.00	
	余味	—			烟叶锌（mg/kg）	28.30	
	杂气	—			烟叶钼（mg/kg）	0.479	
	刺激性	—			烟叶铁（mg/kg）	189.00	
	燃烧性	—			烟叶镍（mg/kg）	0.887	
	灰分	—			烟叶铜（mg/kg）	3.15	
	得分	—					
	质量档次	—					

（一一）双河乡团兴村–当坎

表2–113　植烟土壤信息

地块基本信息		土壤化学成分					
品种	云烟97	pH	4.93	碱解氮（mg/kg）	111.11	有效磷（mg/kg）	30.45
海拔（m）	1 300	有机质（%）	1.78	土壤氯（mg/kg）	3.49	有效铜（mg/kg）	1.14
种植单元	当坎	全氮（g/kg）	1.28	交换钙（cmol/kg）	3.72	有效锌（mg/kg）	1.36
土壤类型	黄壤	全磷（g/kg）	0.74	交换镁（cmol/kg）	1.79	有效铁（mg/kg）	73.97
地形	山地	全钾（g/kg）	17.16	有效硫（mg/kg）	96.50	有效锰（mg/kg）	103.50
地貌	平坦地	速效钾（mg/kg）	197.00	铵态氮（mg/kg）	10.02	有效硼（mg/kg）	0.16
		缓效钾（mg/kg）	307.00	硝态氮（mg/kg）	11.12	有效钼（mg/kg）	0.20

图2–57　烟叶田间表现

表2-114　烟叶质量风格

	指标	中部叶	上部叶		指标	中部叶	上部叶
外观质量	成熟度	成−	成−	烟叶化学成分	烟碱（%）	2.18	3.86
	颜色	橘−	橘+		总糖（%）	35.21	12.82
	身份	中−	稍厚		还原糖（%）	31.30	12.14
	结构	疏+	尚疏+		总氮（%）	1.87	3.19
	油分	有	有		总钾（%）	1.89	2.19
	色度	中	强−		总氯（%）	0.13	0.54
物理指标	填充值（cm^3/g）	4.13	2.61		糖碱比	14.36	3.15
	平衡水分	12.45	13.76		两糖比	0.89	0.95
	叶长（cm）	65.00	67.45		淀粉（%）	5.51	
	叶宽（cm）	22.40	22.45		挥发碱（%）	0.25	
	单叶重（g）	11.74	15.88		醚提物（%）	5.16	
	含梗率（%）	33.00	32.00		烟叶磷（%）	0.17	
	叶面密度（mg/cm^2）	4.75	5.68		烟叶硫（%）	0.25	
评吸质量	劲头	适中			烟叶钙（mg/kg）	19 141.17	
	浓度	中等+			烟叶镁（mg/kg）	1 146.82	
	香气质	11.50			烟叶硼（mg/kg）	25.00	
	香气量	16.05			烟叶锰（mg/kg）	137.00	
	余味	19.50			烟叶锌（mg/kg）	29.10	
	杂气	12.60			烟叶钼（mg/kg）	0.610	
	刺激性	9.00			烟叶铁（mg/kg）	186.00	
	燃烧性	3.00			烟叶镍（mg/kg）	0.873	
	灰分	3.00			烟叶铜（mg/kg）	3.22	
	得分	74.65					
	质量档次	3.66					

（一二）双河乡团兴村-双槽

表2-115　植烟土壤信息

地块基本信息		土壤化学成分					
品种	云烟97	pH	5.02	碱解氮（mg/kg）	101.01	有效磷（mg/kg）	45.54
海拔（m）	1 300	有机质（%）	1.81	土壤氯（mg/kg）	11.63	有效铜（mg/kg）	1.68
种植单元	双槽	全氮（g/kg）	1.78	交换钙（cmol/kg）	6.26	有效锌（mg/kg）	2.06
土壤类型	黄壤	全磷（g/kg）	0.92	交换镁（cmol/kg）	1.95	有效铁（mg/kg）	62.64
地形	山地	全钾（g/kg）	12.14	有效硫（mg/kg）	198.00	有效锰（mg/kg）	174.37
地貌	平坦地	速效钾（mg/kg）	173.00	铵态氮（mg/kg）	13.10	有效硼（mg/kg）	0.24
		缓效钾（mg/kg）	259.00	硝态氮（mg/kg）	15.24	有效钼（mg/kg）	0.06

图2-58　烟叶田间表现

表2-116　烟叶质量风格

	指标	中部叶	上部叶		指标	中部叶	上部叶
外观质量	成熟度	成－	成	烟叶化学成分	烟碱（%）	2.70	3.64
	颜色	橘－	橘		总糖（%）	29.73	23.33
	身份	中－	稍厚－		还原糖（%）	28.55	23.24
	结构	疏＋	尚疏－		总氮（%）	2.05	2.95
	油分	有－	有		总钾（%）	1.87	1.71
	色度	中－	强－		总氯（%）	0.19	0.59
物理指标	填充值（cm^3/g）	3.18	2.71		糖碱比	10.57	6.38
	平衡水分	13.15	12.83		两糖比	0.96	1.00
	叶长（cm）	57.48	72.20		淀粉（%）	4.13	
	叶宽（cm）	25.98	22.90		挥发碱（%）	0.32	
	单叶重（g）	11.54	16.35		醚提物（%）	5.55	
	含梗率（%）	21.00	30.00		烟叶磷（%）	0.18	
	叶面密度（mg/cm^2）	4.81	6.12		烟叶硫（%）	0.24	
评吸质量	劲头	适中			烟叶钙（mg/kg）	27 347.98	
	浓度	中等＋			烟叶镁（mg/kg）	1 904.56	
	香气质	11.50			烟叶硼（mg/kg）	16.40	
	香气量	16.25			烟叶锰（mg/kg）	196.00	
	余味	19.88			烟叶锌（mg/kg）	27.70	
	杂气	12.88			烟叶钼（mg/kg）	0.171	
	刺激性	9.00			烟叶铁（mg/kg）	220.00	
	燃烧性	3.00			烟叶镍（mg/kg）	1.06	
	灰分	3.00			烟叶铜（mg/kg）	5.09	
	得分	75.50					
	质量档次	4.00					

（一三）双河乡团兴村–黄角轩

表2–117　植烟土壤信息

地块基本信息		土壤化学成分					
品种	云烟97	pH	4.88	碱解氮（mg/kg）	111.89	有效磷（mg/kg）	31.69
海拔（m）	1 500	有机质（%）	2.03	土壤氯（mg/kg）	13.95	有效铜（mg/kg）	2.53
种植单元	黄角轩	全氮（g/kg）	1.53	交换钙（cmol/kg）	4.55	有效锌（mg/kg）	0.80
土壤类型	黄壤	全磷（g/kg）	1.01	交换镁（cmol/kg）	1.86	有效铁（mg/kg）	47.31
地形	山地	全钾（g/kg）	11.74	有效硫（mg/kg）	160.50	有效锰（mg/kg）	41.35
地貌	坡型地	速效钾（mg/kg）	332.00	铵态氮（mg/kg）	16.81	有效硼（mg/kg）	0.15
		缓效钾（mg/kg）	332.00	硝态氮（mg/kg）	23.74	有效钼（mg/kg）	0.03

图2–59　烟叶田间表现

表2-118　烟叶质量风格

	指标	中部叶	上部叶
外观质量	成熟度	成-	成-
	颜色	橘	橘
	身份	中	稍厚-
	结构	疏+	尚疏+
	油分	有	有-
	色度	中-	强-
物理指标	填充值（cm^3/g）	3.26	2.99
	平衡水分	12.18	13.49
	叶长（cm）	72.28	67.78
	叶宽（cm）	26.30	22.88
	单叶重（g）	14.54	15.33
	含梗率（%）	31.00	30.00
	叶面密度（mg/cm^2）	4.65	5.91
评吸质量	劲头	适中	
	浓度	中等+	
	香气质	11.50	
	香气量	16.25	
	余味	19.63	
	杂气	12.63	
	刺激性	8.88	
	燃烧性	3.00	
	灰分	3.00	
	得分	74.90	
	质量档次	3.70	

	指标	中部叶	上部叶
烟叶化学成分	烟碱（%）	2.96	3.55
	总糖（%）	28.59	22.86
	还原糖（%）	27.39	22.74
	总氮（%）	2.17	2.95
	总钾（%）	1.97	1.47
	总氯（%）	0.62	0.42
	糖碱比	9.25	6.41
	两糖比	0.96	0.99
	淀粉（%）	3.68	
	挥发碱（%）	0.34	
	醚提物（%）	5.54	
	烟叶磷（%）	0.16	
	烟叶硫（%）	0.29	
	烟叶钙（mg/kg）	26 025.07	
	烟叶镁（mg/kg）	1 708.70	
	烟叶硼（mg/kg）	24.20	
	烟叶锰（mg/kg	653.00	
	烟叶锌（mg/kg）	44.10	
	烟叶钼（mg/kg	0.17	
	烟叶铁（mg/kg）	244.00	
	烟叶镍（mg/kg）	1.28	
	烟叶铜（mg/kg）	8.74	

（一四）双河乡团兴村－田坎

表2-119　植烟土壤信息

地块基本信息		土壤化学成分					
品种	云烟97	pH	5.68	碱解氮（mg/kg）	128.98	有效磷（mg/kg）	31.76
海拔（m）	1 400	有机质（%）	2.76	土壤氯（mg/kg）	8.08	有效铜（mg/kg）	1.22
种植单元	田坎	全氮（g/kg）	1.89	交换钙（cmol/kg）	8.91	有效锌（mg/kg）	0.62
土壤类型	黄壤	全磷（g/kg）	0.96	交换镁（cmol/kg）	2.10	有效铁（mg/kg）	7.17
地形	山地	全钾（g/kg）	12.02	有效硫（mg/kg）	51.50	有效锰（mg/kg）	25.05
地貌	平坦地	速效钾（mg/kg）	63.00	铵态氮（mg/kg）	6.83	有效硼（mg/kg）	0.10
		缓效钾（mg/kg）	161.00	硝态氮（mg/kg）	13.28	有效钼（mg/kg）	0.14

图2-60　烟叶田间表现

表2-120　烟叶质量风格

	指标	中部叶	上部叶		指标	中部叶	上部叶
外观质量	成熟度	成	成－	烟叶化学成分	烟碱（%）	2.05	3.83
	颜色	橘	橘－		总糖（%）	37.55	17.04
	身份	稍厚	中－		还原糖（%）	35.56	16.29
	结构	尚疏	疏		总氮（%）	1.95	3.15
	油分	有	有－		总钾（%）	1.82	1.87
	色度	强－	中－		总氯（%）	0.26	0.48
物理指标	填充值（cm^3/g）	4.31	2.93		糖碱比	17.35	4.25
	平衡水分	10.78	13.55		两糖比	0.95	0.96
	叶长（cm）	68.38	72.15		淀粉（%）	4.30	
	叶宽（cm）	23.90	21.70		挥发碱（%）	0.22	
	单叶重（g）	13.84	15.17		醚提物（%）	4.58	
	含梗率（%）	28.00	32.00		烟叶磷（%）	0.15	
	叶面密度（mg/cm^2）	5.52	6.09		烟叶硫（%）	0.24	
评吸质量	劲头	适中			烟叶钙（mg/kg）	17 886.20	
	浓度	中等			烟叶镁（mg/kg）	1 679.63	
	香气质	11.50			烟叶硼（mg/kg）	22.00	
	香气量	16.00			烟叶锰（mg/kg）	354.00	
	余味	19.75			烟叶锌（mg/kg）	48.30	
	杂气	13.50			烟叶钼（mg/kg）	0.112	
	刺激性	9.13			烟叶铁（mg/kg）	211.00	
	燃烧性	3.00			烟叶镍（mg/kg）	1.03	
	灰分	3.00			烟叶铜（mg/kg）	11.60	
	得分	75.90					
	质量档次	3.95					

（一五）双河乡石坎村–石坎

表2–121　植烟土壤信息

地块基本信息		土壤化学成分					
品种	云烟97	pH	7.01	碱解氮（mg/kg）	76.92	有效磷（mg/kg）	17.52
海拔（m）	1 300	有机质（%）	2.01	土壤氯（mg/kg）	6.98	有效铜（mg/kg）	1.20
种植单元	石坎	全氮（g/kg）	1.53	交换钙（cmol/kg）	16.59	有效锌（mg/kg）	1.53
土壤类型	黄壤	全磷（g/kg）	0.67	交换镁（cmol/kg）	1.69	有效铁（mg/kg）	70.88
地形	山地	全钾（g/kg）	9.57	有效硫（mg/kg）	24.00	有效锰（mg/kg）	57.18
地貌	坡型地	速效钾（mg/kg）	139.00	铵态氮（mg/kg）	10.37	有效硼（mg/kg）	0.28
		缓效钾（mg/kg）	745.00	硝态氮（mg/kg）	17.45	有效钼（mg/kg）	0.09

图2–61　烟叶田间表现

表2-122　烟叶质量风格

	指标	中部叶	上部叶		指标	中部叶	上部叶
外观质量	成熟度	尚熟+	成	烟叶化学成分	烟碱（%）	1.77	3.52
	颜色	橘--	橘		总糖（%）	29.15	19.99
	身份	稍薄	稍厚-		还原糖（%）	26.89	19.37
	结构	疏++	尚疏+		总氮（%）	1.73	3.44
	油分	有-	有-		总钾（%）	2.07	1.68
	色度	中--	强-		总氯（%）	0.31	0.64
物理指标	填充值（cm^3/g）	3.61	2.55		糖碱比	15.19	5.50
	平衡水分	12.69	13.86		两糖比	0.92	0.97
	叶长（cm）	62.40	65.48		淀粉（%）	4.60	
	叶宽（cm）	22.79	18.56		挥发碱（%）	0.21	
	单叶重（g）	8.43	12.35		醚提物（%）	5.51	
	含梗率（%）	38.00	33.00		烟叶磷（%）	0.18	
	叶面密度（mg/cm^2）	3.73	6.47		烟叶硫（%）	0.27	
评吸质量	劲头	适中			烟叶钙（mg/kg）	27 970.38	
	浓度	中等+			烟叶镁（mg/kg）	1 397.83	
	香气质	11.70			烟叶硼（mg/kg）	22.80	
	香气量	16.40			烟叶锰（mg/kg）	140.00	
	余味	20.10			烟叶锌（mg/kg）	28.00	
	杂气	13.20			烟叶钼（mg/kg）	0.716	
	刺激性	9.00			烟叶铁（mg/kg）	210.00	
	燃烧性	3.00			烟叶镍（mg/kg）	1.24	
	灰分	3.00			烟叶铜（mg/kg）	3.09	
	得分	76.40					
	质量档次	4.30					

（一六）双河乡荞子村－偏元

表2-123　植烟土壤信息

地块基本信息		土壤化学成分					
品种	云烟97	pH	6.81	碱解氮（mg/kg）	97.78	有效磷（mg/kg）	18.97
海拔（m）	1 300	有机质（%）	2.31	土壤氯（mg/kg）	12.32	有效铜（mg/kg）	—
种植单元	偏元	全氮（g/kg）	1.59	交换钙（cmol/kg）	9.14	有效锌（mg/kg）	—
土壤类型	黄壤	全磷（g/kg）	0.86	交换镁（cmol/kg）	0.80	有效铁（mg/kg）	—
地形	山地	全钾（g/kg）	12.25	有效硫（mg/kg）	12.50	有效锰（mg/kg）	—
地貌	坡型地	速效钾（mg/kg）	222 .00	铵态氮（mg/kg）	2.24	有效硼（mg/kg）	—
		缓效钾（mg/kg）	398 .00	硝态氮（mg/kg）	29.64	有效钼（mg/kg）	—

图2-62　烟叶田间表现

表2–124　烟叶质量风格

	指标	中部叶	上部叶		指标	中部叶	上部叶
外观质量	成熟度	成--	成-	烟叶化学成分	烟碱（%）	2.71	3.64
	颜色	橘	橘		总糖（%）	24.80	22.20
	身份	中	稍厚		还原糖（%）	21.96	21.22
	结构	疏++	稍密		总氮（%）	2.41	2.71
	油分	稍有+	有-		总钾（%）	1.57	1.52
	色度	中	中		总氯（%）	0.37	0.41
物理指标	填充值（cm^3/g）	3.22	2.79		糖碱比	8.10	5.83
	平衡水分	13.46	13.26		两糖比	0.89	0.96
	叶长（cm）	66.60	69.55		淀粉（%）	3.49	
	叶宽（cm）	22.40	20.70		挥发碱（%）	0.34	
	单叶重（g）	11.77	14.72		醚提物（%）	6.81	
	含梗率（%）	34.00	32.00		烟叶磷（%）	0.20	
	叶面密度（mg/cm^2）	5.02	7.83		烟叶硫（%）	0.55	
评吸质量	劲头	适中+			烟叶钙（mg/kg）	25 430.89	
	浓度	中等+			烟叶镁（mg/kg）	2 194.63	
	香气质	11.10			烟叶硼（mg/kg）	29.00	
	香气量	16.30			烟叶锰（mg/kg）	465.00	
	余味	19.30			烟叶锌（mg/kg）	46.60	
	杂气	12.30			烟叶钼（mg/kg）	0.132	
	刺激性	8.80			烟叶铁（mg/kg）	287.00	
	燃烧性	3.00			烟叶镍（mg/kg）	1.34	
	灰分	3.00			烟叶铜（mg/kg）	10.10	
	得分	73.80					
	质量档次	3.36					

（一七）双河乡荞子村－林场

表2-125　植烟土壤信息

地块基本信息		土壤化学成分					
品种	云烟97	pH	6.60	碱解氮（mg/kg）	58.28	有效磷（mg/kg）	58.54
海拔（m）	1 200	有机质（%）	1.10	土壤氯（mg/kg）	27.91	有效铜（mg/kg）	1.21
种植单元	林场	全氮（g/kg）	1.15	交换钙（cmol/kg）	22.09	有效锌（mg/kg）	1.43
土壤类型	黄壤	全磷（g/kg）	1.18	交换镁（cmol/kg）	1.95	有效铁（mg/kg）	12.04
地形	山地	全钾（g/kg）	9.66	有效硫（mg/kg）	610.50	有效锰（mg/kg）	31.05
地貌	坡型地	速效钾（mg/kg）	479.00	铵态氮（mg/kg）	8.77	有效硼（mg/kg）	0.14
		缓效钾（mg/kg）	729.00	硝态氮（mg/kg）	77.74	有效钼（mg/kg）	0.13

图2-63　烟叶田间表现

表2-126　烟叶质量风格

	指标	中部叶	上部叶
外观质量	成熟度	成	成--
	颜色	橘	橘
	身份	中-	稍厚
	结构	疏+	尚疏+
	油分	有-	有-
	色度	中+	强-
物理指标	填充值（cm^3/g）	4.10	3.53
	平衡水分	11.27	11.92
	叶长（cm）	68.90	70.05
	叶宽（cm）	21.70	22.35
	单叶重（g）	11.73	16.89
	含梗率（%）	37.00	30.00
	叶面密度（mg/cm^2）	4.76	6.01
评吸质量	劲头	适中	
	浓度	中等+	
	香气质	11.33	
	香气量	16.17	
	余味	19.83	
	杂气	13.00	
	刺激性	9.00	
	燃烧性	3.00	
	灰分	3.00	
	得分	75.30	
	质量档次	3.77	

	指标	中部叶	上部叶
烟叶化学成分	烟碱（%）	2.81	3.60
	总糖（%）	24.22	21.16
	还原糖（%）	23.41	20.89
	总氮（%）	2.52	2.97
	总钾（%）	1.52	1.58
	总氯（%）	0.40	0.39
	糖碱比	8.33	5.80
	两糖比	0.97	0.99
	淀粉（%）	2.84	
	挥发碱（%）	0.32	
	醚提物（%）	6.19	
	烟叶磷（%）	0.21	
	烟叶硫（%）	0.53	
	烟叶钙（mg/kg）	24 867.04	
	烟叶镁（mg/kg）	2 575.11	
	烟叶硼（mg/kg）	28.80	
	烟叶锰（mg/kg）	493.00	
	烟叶锌(mg/kg）	45.20	
	烟叶钼（mg/kg）	0.113	
	烟叶铁（mg/kg）	194.00	
	烟叶镍（mg/kg）	1.31	
	烟叶铜（mg/kg）	9.86	

（一八）双河乡荞子村－荞上

表2-127　植烟土壤信息

地块基本信息		土壤化学成分					
品种	云烟97	pH	6.81	碱解氮（mg/kg）	121.21	有效磷（mg/kg）	42.99
海拔（m）	1 200	有机质（%）	2.60	土壤氯（mg/kg）	12.21	有效铜（mg/kg）	1.14
种植单元	荞上	全氮（g/kg）	1.74	交换钙（cmol/kg）	14.54	有效锌（mg/kg）	1.11
土壤类型	黄壤	全磷（g/kg）	0.71	交换镁（cmol/kg）	2.13	有效铁（mg/kg）	21.73
地形	山地	全钾（g/kg）	9.48	有效硫（mg/kg）	265.50	有效锰（mg/kg）	45.06
地貌	坡型地	速效钾（mg/kg）	179.00	铵态氮（mg/kg）	7.52	有效硼（mg/kg）	0.20
		缓效钾（mg/kg）	429.00	硝态氮（mg/kg）	42.43	有效钼（mg/kg）	0.07

图2-64　烟叶田间表现

表2-128　烟叶质量风格

	指标	中部叶	上部叶		指标	中部叶	上部叶
外观质量	成熟度	成－	成－	烟叶化学成分	烟碱（%）	3.01	3.73
	颜色	橘	橘		总糖（%）	22.98	18.65
	身份	中	稍厚－		还原糖（%）	20.94	18.22
	结构	疏＋	稍密－		总氮（%）	2.58	3.53
	油分	有－	有－		总钾（%）	1.56	1.77
	色度	中＋	中＋		总氯（%）	0.35	0.55
物理指标	填充值（cm^3/g）	3.25	3.44		糖碱比	6.96	4.88
	平衡水分	13.03	12.81		两糖比	0.91	0.98
	叶长（cm）	67.45	66.80		淀粉（%）	2.96	
	叶宽（cm）	22.38	18.04		挥发碱（%）	0.42	
	单叶重（g）	12.53	12.04		醚提物（%）	6.13	
	含梗率（%）	35.00	33.00		烟叶磷（%）	0.22	
	叶面密度（mg/cm^2）	5.01	6.17		烟叶硫（%）	0.54	
评吸质量	劲头	适中			烟叶钙（mg/kg）	25 346.38	
	浓度	较浓－			烟叶镁（mg/kg）	2 606.73	
	香气质	11.17			烟叶硼（mg/kg）	30.10	
	香气量	16.17			烟叶锰（mg/kg）	331.90	
	余味	18.83			烟叶锌（mg/kg）	42.70	
	杂气	12.50			烟叶钼（mg/kg）	0.10	
	刺激性	9.00			烟叶铁（mg/kg）	192.40	
	燃烧性	3.00			烟叶镍（mg/kg）	1.30	
	灰分	3.00			烟叶铜（mg/kg）	10.10	
	得分	73.70					
	质量档次	3.00					

（一九）双河乡荞子村－茶园

表2-129　植烟土壤信息

地块基本信息		土壤化学成分					
品种	云烟97	pH	6.87	碱解氮（mg/kg）	132.09	有效磷（mg/kg）	22.94
海拔（m）	1 200	有机质（%）	2.63	土壤氯（mg/kg）	11.63	有效铜（mg/kg）	1.39
种植单元	茶园	全氮（g/kg）	1.86	交换钙（cmol/kg）	8.73	有效锌（mg/kg）	1.39
土壤类型	黄壤	全磷（g/kg）	0.95	交换镁（cmol/kg）	1.51	有效铁（mg/kg）	72.96
地形	山地	全钾（g/kg）	10.00	有效硫（mg/kg）	54.00	有效锰（mg/kg）	54.15
地貌	坡型地	速效钾（mg/kg）	209.00	铵态氮（mg/kg）	8.88	有效硼（mg/kg）	0.28
		缓效钾（mg/kg）	391.00	硝态氮（mg/kg）	26.88	有效钼（mg/kg）	0.12

图2-65　烟叶田间表现

表2-130　烟叶质量风格

	指标	中部叶	上部叶
外观质量	成熟度	成--	成-
	颜色	柠++	橘
	身份	稍薄	稍厚
	结构	疏+	尚疏+
	油分	稍有	有-
	色度	中--	强--
物理指标	填充值（cm^3/g）	3.16	3.33
	平衡水分	13.06	13.30
	叶长（cm）	66.03	64.85
	叶宽（cm）	23.33	19.80
	单叶重（g）	9.67	12.59
	含梗率（%）	33.00	30.00
	叶面密度（mg/cm^2）	4.23	6.19
评吸质量	劲头	适中	
	浓度	中等+	
	香气质	11.70	
	香气量	16.40	
	余味	20.20	
	杂气	13.20	
	刺激性	9.00	
	燃烧性	3.00	
	灰分	3.00	
	得分	76.50	
	质量档次	4.36	

	指标	中部叶	上部叶
烟叶化学成分	烟碱（%）	1.99	3.39
	总糖（%）	31.23	21.79
	还原糖（%）	28.03	21.02
	总氮（%）	1.75	2.99
	总钾（%）	2.00	1.71
	总氯（%）	0.15	0.45
	糖碱比	14.09	6.20
	两糖比	0.90	0.96
	淀粉（%）	4.50	
	挥发碱（%）	0.27	
	醚提物（%）	5.54	
	烟叶磷（%）	0.17	
	烟叶硫（%）	0.26	
	烟叶钙（mg/kg）	24 102.91	
	烟叶镁（mg/kg）	1 439.56	
	烟叶硼（mg/kg）	23.20	
	烟叶锰（mg/kg）	159.00	
	烟叶锌（mg/kg）	29.90	
	烟叶钼（mg/kg）	0.582	
	烟叶铁（mg/kg）	195.00	
	烟叶镍（mg/kg）	1.08	
	烟叶铜（mg/kg）	2.82	

(二〇)双河乡荞子村-青杠堡

表2-131 植烟土壤信息

地块基本信息		土壤化学成分					
品种	云烟97	pH	5.90	碱解氮(mg/kg)	140.64	有效磷(mg/kg)	28.51
海拔(m)	1 200	有机质(%)	2.76	土壤氯(mg/kg)	29.07	有效铜(mg/kg)	1.31
种植单元	青杠堡	全氮(g/kg)	2.03	交换钙(cmol/kg)	9.39	有效锌(mg/kg)	2.65
土壤类型	石灰土	全磷(g/kg)	0.84	交换镁(cmol/kg)	1.29	有效铁(mg/kg)	17.96
地形	山地	全钾(g/kg)	11.96	有效硫(mg/kg)	144.50	有效锰(mg/kg)	24.78
地貌	坡型地	速效钾(mg/kg)	406.00	铵态氮(mg/kg)	13.33	有效硼(mg/kg)	0.33
		缓效钾(mg/kg)	358.00	硝态氮(mg/kg)	75.84	有效钼(mg/kg)	0.17

图2-66 烟叶田间表现

表2-132　烟叶质量风格

	指标	中部叶	上部叶		指标	中部叶	上部叶
外观质量	成熟度	成-	成-	烟叶化学成分	烟碱（%）	3.04	3.58
	颜色	橘	橘		总糖（%）	22.53	19.69
	身份	中	中		还原糖（%）	21.53	19.26
	结构	疏-	疏-		总氮（%）	2.53	3.46
	油分	有-	有-		总钾（%）	1.57	1.70
	色度	中	中		总氯（%）	0.37	0.66
物理指标	填充值（cm^3/g）	3.39	3.24		糖碱比	7.08	5.38
	平衡水分	13.74	12.34		两糖比	0.96	0.98
	叶长（cm）	64.88	63.27		淀粉（%）	3.21	
	叶宽（cm）	21.26	18.37		挥发碱（%）	0.41	
	单叶重（g）	12.34	11.26		醚提物（%）	6.23	
	含梗率（%）	39.00	35.00		烟叶磷（%）	0.22	
	叶面密度（mg/cm^2）	5.03	6.04		烟叶硫（%）	0.55	
评吸质量	劲头	适中			烟叶钙（mg/kg）	26 469.51	
	浓度	中等+			烟叶镁（mg/kg）	2 611.27	
	香气质	11.17			烟叶硼（mg/kg）	28.10	
	香气量	16.17			烟叶锰（mg/kg）	462.00	
	余味	19.33			烟叶锌（mg/kg）	48.00	
	杂气	12.83			烟叶钼（mg/kg）	0.119	
	刺激性	9.00			烟叶铁（mg/kg）	196.00	
	燃烧性	3.00			烟叶镍（mg/kg）	1.33	
	灰分	3.00			烟叶铜（mg/kg）	10.00	
	得分	74.50					
	质量档次	3.33					

（二一）双河乡梅子村-下坎

表2-133 植烟土壤信息

地块基本信息		土壤化学成分					
品种	云烟97	pH	6.87	碱解氮（mg/kg）	163.98	有效磷（mg/kg）	52.39
海拔（m）	1 100	有机质（%）	5.02	土壤氯（mg/kg）	13.37	有效铜（mg/kg）	—
种植单元	下坎	全氮（g/kg）	1.65	交换钙（cmol/kg）	11.21	有效锌（mg/kg）	—
土壤类型	黄壤	全磷（g/kg）	1.35	交换镁（cmol/kg）	1.00	有效铁（mg/kg）	—
地形	山地	全钾（g/kg）	14.71	有效硫（mg/kg）	42.50	有效锰（mg/kg）	—
地貌	坡型地	速效钾（mg/kg）	172.00	铵态氮（mg/kg）	1.81	有效硼（mg/kg）	—
		缓效钾（mg/kg）	276.00	硝态氮（mg/kg）	30.03	有效钼（mg/kg）	—

图2-67 烟叶田间表现

表2-134　烟叶质量风格

	指标	中部叶	上部叶		指标	中部叶	上部叶
外观质量	成熟度	尚熟	成－	烟叶化学成分	烟碱（%）	2.06	3.83
	颜色	橘－	橘		总糖（%）	32.55	15.21
	身份	稍薄－	稍厚－		还原糖（%）	29.55	15.61
	结构	尚疏＋	疏		总氮（%）	1.80	3.12
	油分	有－	有		总钾（%）	2.06	1.81
	色度	中－	强		总氯（%）	0.13	0.39
物理指标	填充值（cm^3/g）	2.72	3.62		糖碱比	14.34	4.08
	平衡水分	13.45	12.55		两糖比	0.91	1.03
	叶长（cm）	66.21	69.60		淀粉（%）	3.46	
	叶宽（cm）	23.20	22.16		挥发碱（%）	0.27	
	单叶重（g）	10.53	15.31		醚提物（%）	5.67	
	含梗率（%）	34.00	34.00		烟叶磷（%）	0.18	
	叶面密度（mg/cm^2）	4.82	7.32		烟叶硫（%）	0.31	
评吸质量	劲头	适中			烟叶钙（mg/kg）	20 739.24	
	浓度	中等＋			烟叶镁（mg/kg）	1 056.68	
	香气质	11.80			烟叶硼（mg/kg）	25.10	
	香气量	16.50			烟叶锰（mg/kg）	184.00	
	余味	20.10			烟叶锌（mg/kg）	30.20	
	杂气	13.60			烟叶钼（mg/kg）	0.431	
	刺激性	9.00			烟叶铁（mg/kg）	185.00	
	燃烧性	3.00			烟叶镍（mg/kg）	0.91	
	灰分	3.00			烟叶铜（mg/kg）	4.07	
	得分	77.00					
	质量档次	4.60					

（二二）双河乡梅子村-堡上

表2-135 植烟土壤信息

地块基本信息		土壤化学成分					
品种	云烟97	pH	6.81	碱解氮（mg/kg）	212.90	有效磷（mg/kg）	21.78
海拔（m）	1 200	有机质（%）	5.04	土壤氯（mg/kg）	8.14	有效铜（mg/kg）	1.96
种植单元	堡上	全氮（g/kg）	3.24	交换钙（cmol/kg）	12.23	有效锌（mg/kg）	2.41
土壤类型	黄壤	全磷（g/kg）	1.74	交换镁（cmol/kg）	1.87	有效铁（mg/kg）	57.50
地形	山地	全钾（g/kg）	7.35	有效硫（mg/kg）	104.00	有效锰（mg/kg）	68.21
地貌	坡型地	速效钾（mg/kg）	266.00	铵态氮（mg/kg）	11.11	有效硼（mg/kg）	0.20
		缓效钾（mg/kg）	554.00	硝态氮（mg/kg）	21.48	有效钼（mg/kg）	0.20

图2-68 烟叶田间表现

表2-136　烟叶质量风格

	指标	中部叶	上部叶		指标	中部叶	上部叶
外观质量	成熟度	成-	成	烟叶化学成分	烟碱（%）	2.14	3.74
	颜色	橘-	橘		总糖（%）	34.03	14.58
	身份	中-	稍厚-		还原糖（%）	30.01	13.86
	结构	疏+	尚疏-		总氮（%）	1.80	3.32
	油分	有	有		总钾（%）	1.85	1.80
	色度	中-	强		总氯（%）	0.18	0.42
物理指标	填充值（cm^3/g）	2.63	3.46		糖碱比	14.02	3.71
	平衡水分	13.29	12.46		两糖比	0.88	0.95
	叶长（cm）	65.13	70.93		淀粉（%）	5.11	
	叶宽（cm）	21.94	24.83		挥发碱（%）	0.24	
	单叶重（g）	11.06	15.90		醚提物（%）	5.22	
	含梗率（%）	35.00	30.00		烟叶磷（%）	0.18	
	叶面密度（mg/cm^2）	5.38	5.56		烟叶硫（%）	0.31	
评吸质量	劲头	适中			烟叶钙（mg/kg）	20 418.68	
	浓度	中等			烟叶镁（mg/kg）	1 388.33	
	香气质	11.83			烟叶硼（mg/kg）	28.00	
	香气量	16.33			烟叶锰（mg/kg）	149.00	
	余味	20.17			烟叶锌(mg/kg）	34.70	
	杂气	13.17			烟叶钼（mg/kg）	0.332	
	刺激性	9.17			烟叶铁（mg/kg）	184.00	
	燃烧性	3.00			烟叶镍（mg/kg）	0.95	
	灰分	3.00			烟叶铜（mg/kg）	3.92	
	得分	76.70					
	质量档次	4.50					

（二三）双河乡梅子村－大树林

表2-137　植烟土壤信息

地块基本信息		土壤化学成分					
品种	云烟97	pH	4.66	碱解氮（mg/kg）	161.48	有效磷（mg/kg）	27.27
海拔（m）	1 200	有机质（%）	3.31	土壤氯（mg/kg）	8.21	有效铜（mg/kg）	—
种植单元	大树林	全氮（g/kg）	2.08	交换钙（cmol/kg）	2.81	有效锌（mg/kg）	—
土壤类型	石灰土	全磷（g/kg）	1.48	交换镁（cmol/kg）	0.33	有效铁（mg/kg）	—
地形	山地	全钾（g/kg）	17.50	有效硫（mg/kg）	28.00	有效锰（mg/kg）	—
地貌	坡型地	速效钾（mg/kg）	111.00	铵态氮（mg/kg）	6.96	有效硼（mg/kg）	—
		缓效钾（mg/kg）	161.00	硝态氮（mg/kg）	7.54	有效钼（mg/kg）	—

图2-69　烟叶田间表现

表2–138　烟叶质量风格

	指标	中部叶	上部叶		指标	中部叶	上部叶
外观质量	成熟度	成–	成	烟叶化学成分	烟碱（%）	2.22	3.36
	颜色	橘–	橘		总糖（%）	32.26	21.13
	身份	稍薄+	中+		还原糖（%）	29.75	21.22
	结构	疏+	尚疏–		总氮（%）	1.69	2.76
	油分	稍有+	有		总钾（%）	1.81	1.77
	色度	中–	强–		总氯（%）	0.19	0.30
物理指标	填充值（cm^3/g）	2.79	3.52		糖碱比	13.40	6.32
	平衡水分	13.65	12.61		两糖比	0.92	1.00
	叶长（cm）	66.38	70.43		淀粉（%）	6.46	
	叶宽（cm）	20.78	21.43		挥发碱（%）	0.23	
	单叶重（g）	10.95	14.96		醚提物（%）	5.07	
	含梗率（%）	34.00	22.00		烟叶磷（%）	0.17	
	叶面密度（mg/cm^2）	4.63	5.50		烟叶硫（%）	0.29	
评吸质量	劲头	适中			烟叶钙（mg/kg）	22 781.54	
	浓度	中等+			烟叶镁（mg/kg）	1 184.45	
	香气质	11.50			烟叶硼（mg/kg）	26.50	
	香气量	16.30			烟叶锰（mg/kg）	132.00	
	余味	20.00			烟叶锌（mg/kg）	28.00	
	杂气	12.80			烟叶钼（mg/kg）	0.387	
	刺激性	9.00			烟叶铁（mg/kg）	170.00	
	燃烧性	3.00			烟叶镍（mg/kg）	0.99	
	灰分	3.00			烟叶铜（mg/kg）	3.12	
	得分	75.60					
	质量档次	4.00					

二、土坎乡

（一）土坎乡清水村–清水

表2–139　植烟土壤信息

地块基本信息		土壤化学成分					
品种	云烟97	pH	4.75	碱解氮（mg/kg）	130.37	有效磷（mg/kg）	39.07
海拔（m）	925	有机质（%）	2.32	土壤氯（mg/kg）	8.21	有效铜（mg/kg）	—
种植单元	清水	全氮（g/kg）	1.56	交换钙（cmol/kg）	3.27	有效锌（mg/kg）	—
土壤类型	黄壤	全磷（g/kg）	0.60	交换镁（cmol/kg）	0.87	有效铁（mg/kg）	—
地形	山地	全钾（g/kg）	9.95	有效硫（mg/kg）	34.00	有效锰（mg/kg）	—
地貌	坡型地	速效钾（mg/kg）	205.00	铵态氮（mg/kg）	8.15	有效硼（mg/kg）	—
		缓效钾（mg/kg）	283.00	硝态氮（mg/kg）	18.24	有效钼（mg/kg）	—

图2–70　烟叶田间表现

表2-140　烟叶质量风格

	指标	中部叶	上部叶		指标	中部叶	上部叶
外观质量	成熟度	成–	成–	烟叶化学成分	烟碱（%）	2.60	3.31
	颜色	橘++	橘–		总糖（%）	30.68	23.11
	身份	稍薄+	稍厚–		还原糖（%）	28.78	22.56
	结构	疏松+	尚疏		总氮（%）	1.88	2.56
	油分	有	有		总钾（%）	1.67	1.52
	色度	中+	中+		总氯（%）	0.21	0.29
物理指标	填充值（cm^3/g）	2.64	3.23		糖碱比	11.07	6.82
	平衡水分	14.47	13.41		两糖比	0.94	0.98
	叶长（cm）	66.58	65.90		淀粉（%）	5.68	
	叶宽（cm）	23.70	20.60		挥发碱（%）	0.24	
	单叶重（g）	12.21	12.24		醚提物（%）	5.33	
	含梗率（%）	32.00	33.00		烟叶磷（%）	0.18	
	叶面密度（mg/cm^2）	5.06	5.79		烟叶硫（%）	0.32	
评吸质量	劲头	适中			烟叶钙（mg/kg）	24 190.01	
	浓度	中等+			烟叶镁（mg/kg）	2 023.69	
	香气质	11.75			烟叶硼（mg/kg）	25.40	
	香气量	16.50			烟叶锰（mg/kg）	181.00	
	余味	20.25			烟叶锌（mg/kg）	33.70	
	杂气	13.13			烟叶钼（mg/kg）	0.309	
	刺激性	9.00			烟叶铁（mg/kg）	184.00	
	燃烧性	3.00			烟叶镍（mg/kg）	1.15	
	灰分	3.00			烟叶铜（mg/kg）	6.14	
	得分	76.60					
	质量档次	4.25					

三、巷口镇

（一）巷口镇芦红村－活云堡

表2-141 植烟土壤信息

地块基本信息		土壤化学成分					
品种	云烟97	pH	5.88	碱解氮（mg/kg）	118.10	有效磷（mg/kg）	45.54
海拔（m）	1 004	有机质（%）	1.96	土壤氯（mg/kg）	8.14	有效铜（mg/kg）	2.12
种植单元	活云堡	全氮（g/kg）	1.46	交换钙（cmol/kg）	12.59	有效锌（mg/kg）	2.81
土壤类型	黄壤	全磷（g/kg）	0.88	交换镁（cmol/kg）	1.90	有效铁（mg/kg）	28.02
地形	山地	全钾（g/kg）	9.80	有效硫（mg/kg）	19.50	有效锰（mg/kg）	57.92
地貌	平坦地	速效钾（mg/kg）	105.00	铵态氮（mg/kg）	2.92	有效硼（mg/kg）	0.22
		缓效钾（mg/kg）	315.00	硝态氮（mg/kg）	17.22	有效钼（mg/kg）	0.01

图2-71 烟叶田间表现

表2-142　烟叶质量风格

	指标	中部叶	上部叶		指标	中部叶	上部叶
外观质量	成熟度	尚熟+	成−	烟叶化学成分	烟碱（%）	2.72	4.17
	颜色	橘−	橘		总糖（%）	31.47	25.51
	身份	稍薄+	稍厚		还原糖（%）	25.45	23.88
	结构	疏松+	稍密−		总氮（%）	1.93	2.39
	油分	有−	有		总钾（%）	1.97	1.68
	色度	中−	中		总氯（%）	0.12	0.23
物理指标	填充值（cm^3/g）	2.62	2.74		糖碱比	9.36	5.73
	平衡水分	13.60	12.53		两糖比	0.81	0.94
	叶长（cm）	74.55	69.25		淀粉（%）	6.96	
	叶宽（cm）	24.18	24.95		挥发碱（%）	0.29	
	单叶重（g）	14.39	18.92		醚提物（%）	6.22	
	含梗率（%）	35.00	30.00		烟叶磷（%）	0.09	
	叶面密度（mg/cm^2）	4.83	6.39		烟叶硫（%）	0.22	
评吸质量	劲头	适中			烟叶钙（mg/kg）	17 213.93	
	浓度	中等+			烟叶镁（mg/kg）	1 334.86	
	香气质	11.50			烟叶硼（mg/kg）	25.40	
	香气量	16.30			烟叶锰（mg/kg）	181.00	
	余味	19.60			烟叶锌（mg/kg	33.70	
	杂气	12.90			烟叶钼（mg/kg）	0.309	
	刺激性	8.90			烟叶铁（mg/kg）	184.00	
	燃烧性	3.00			烟叶镍（mg/kg）	1.15	
	灰分	3.00			烟叶铜（mg/kg）	6.14	
	得分	75.20					
	质量档次	3.92					

（二）巷口镇芦红村－核桃坝

表2-143　植烟土壤信息

地块基本信息		土壤化学成分					
品种	云烟97	pH	5.48	碱解氮（mg/kg）	128.21	有效磷（mg/kg）	42.00
海拔（m）	985	有机质（%）	1.95	土壤氯（mg/kg）	13.95	有效铜（mg/kg）	4.01
种植单元	核桃坝	全氮（g/kg）	1.46	交换钙（cmol/kg）	8.26	有效锌（mg/kg）	2.28
土壤类型	黄壤	全磷（g/kg）	0.73	交换镁（cmol/kg）	1.22	有效铁（mg/kg）	51.23
地形	山地	全钾（g/kg）	21.95	有效硫（mg/kg）	120.00	有效锰（mg/kg）	120.00
地貌	坡型地	速效钾（mg/kg）	227.00	铵态氮（mg/kg）	28.40	有效硼（mg/kg）	0.15
		缓效钾（mg/kg）	477.00	硝态氮（mg/kg）	50.39	有效钼（mg/kg）	0.04

图2-72　烟叶田间表现

表2-144　烟叶质量风格

	指标	中部叶	上部叶		指标	中部叶	上部叶
外观质量	成熟度	成-	成--	烟叶化学成分	烟碱（%）	3.20	3.74
	颜色	橘-	橘-		总糖（%）	31.14	25.94
	身份	中+	稍厚+		还原糖（%）	27.68	22.02
	结构	尚疏-	稍密+		总氮（%）	2.11	2.66
	油分	有-	有		总钾（%）	1.39	1.64
	色度	中-	中-		总氯（%）	0.18	0.36
物理指标	填充值（cm^3/g）	2.65	2.95		糖碱比	8.65	5.89
	平衡水分	13.65	12.71		两糖比	0.89	0.85
	叶长（cm）	72.10	66.00		淀粉（%）	3.93	
	叶宽（cm）	26.25	22.53		挥发碱（%）	0.36	
	单叶重（g）	20.29	16.94		醚提物（%）	6.80	
	含梗率（%）	31.00	30.00		烟叶磷（%）	0.12	
	叶面密度（mg/cm^2）	6.24	6.48		烟叶硫（%）	0.33	
评吸质量	劲头	适中			烟叶钙（mg/kg）	20 318.27	
	浓度	中等+			烟叶镁（mg/kg）	1 905.70	
	香气质	11.30			烟叶硼（mg/kg）	42.80	
	香气量	16.20			烟叶锰（mg/kg）	189.00	
	余味	19.60			烟叶锌（mg/kg）	32.90	
	杂气	12.50			烟叶钼（mg/kg）	0.148	
	刺激性	9.00			烟叶铁（mg/kg）	166.00	
	燃烧性	3.00			烟叶镍（mg/kg）	0.95	
	灰分	3.00			烟叶铜（mg/kg）	9.11	
	得分	74.60					
	质量档次	3.68					

（三）巷口镇芦红村－生土药

表2-145　植烟土壤信息

地块基本信息		土壤化学成分					
品种	云烟97	pH	6.19	碱解氮（mg/kg）	141.41	有效磷（mg/kg）	40.00
海拔（m）	985	有机质（%）	2.95	土壤氯（mg/kg）	5.81	有效铜（mg/kg）	2.31
种植单元	生土药	全氮（g/kg）	2.14	交换钙（cmol/kg）	9.39	有效锌（mg/kg）	1.81
土壤类型	黄壤	全磷（g/kg）	0.88	交换镁（cmol/kg）	1.00	有效铁（mg/kg）	36.42
地形	山地	全钾（g/kg）	13.89	有效硫（mg/kg）	30.50	有效锰（mg/kg）	64.41
地貌	平坦地	速效钾（mg/kg）	302.00	铵态氮（mg/kg）	154.82	有效硼（mg/kg）	0.18
		缓效钾（mg/kg）	330.00	硝态氮（mg/kg）	14.18	有效钼（mg/kg）	0.42

图2-73　烟叶田间表现

表2-146　烟叶质量风格

	指标	中部叶	上部叶		指标	中部叶	上部叶
外观质量	成熟度	尚熟	尚熟	烟叶化学成分	烟碱（%）	2.54	4.56
	颜色	柠+	橘		总糖（%）	30.97	24.28
	身份	稍薄+	稍厚+		还原糖（%）	23.31	20.65
	结构	尚疏−	稍密++		总氮（%）	1.65	2.51
	油分	有	有−		总钾（%）	1.78	1.37
	色度	中−	中		总氯（%）	0.15	0.21
物理指标	填充值（cm^3/g）	3.04	2.81		糖碱比	9.18	4.53
	平衡水分	13.12	13.50		两糖比	0.75	0.85
	叶长（cm）	68.20	68.53		淀粉（%）	6.24	
	叶宽（cm）	26.75	23.85		挥发碱（%）	0.27	
	单叶重（g）	12.59	19.80		醚提物（%）	6.13	
	含梗率（%）	38.00	31.00		烟叶磷（%）	0.16	
	叶面密度（mg/cm^2）	3.76	7.21		烟叶硫（%）	0.24	
评吸质量	劲头	适中			烟叶钙（mg/kg）	28 123.38	
	浓度	中等+			烟叶镁（mg/kg）	1 155.36	
	香气质	11.90			烟叶硼（mg/kg）	21.50	
	香气量	16.40			烟叶锰（mg/kg）	75.10	
	余味	20.20			烟叶锌（mg/kg）	31.90	
	杂气	13.10			烟叶钼（mg/kg）	0.278	
	刺激性	9.00			烟叶铁（mg/kg）	194.00	
	燃烧性	3.00			烟叶镍（mg/kg）	1.19	
	灰分	3.00			烟叶铜（mg/kg）	7.47	
	得分	76.60					
	质量档次	4.36					

（四）巷口镇芦红村–红坪

表2–147　植烟土壤信息

地块基本信息		土壤化学成分					
品种	云烟97	pH	6.58	碱解氮（mg/kg）	133.64	有效磷（mg/kg）	50.00
海拔（m）	982	有机质（%）	2.57	土壤氯（mg/kg）	9.30	有效铜（mg/kg）	3.54
种植单元	红坪	全氮（g/kg）	1.56	交换钙（cmol/kg）	12.03	有效锌（mg/kg）	2.77
土壤类型	黄壤	全磷（g/kg）	1.00	交换镁（cmol/kg）	1.01	有效铁（mg/kg）	33.57
地形	山地	全钾（g/kg）	16.75	有效硫（mg/kg）	36.50	有效锰（mg/kg）	65.63
地貌	坡型地	速效钾（mg/kg）	399.00	铵态氮（mg/kg）	3.41	有效硼（mg/kg）	0.21
		缓效钾（mg/kg）	433.00	硝态氮（mg/kg）	15.43	有效钼（mg/kg）	0.22

图2–74　烟叶田间表现

表2-148 烟叶质量风格

	指标	中部叶	上部叶
外观质量	成熟度	成	成-
	颜色	橘	橘
	身份	中--	稍厚-
	结构	疏松	稍密-
	油分	有--	有--
	色度	中	中
物理指标	填充值（cm^3/g）	3.33	3.22
	平衡水分	13.05	12.63
	叶长（cm）	64.05	57.80
	叶宽（cm）	22.15	17.55
	单叶重（g）	11.41	8.93
	含梗率（%）	33.00	32.00
	叶面密度（mg/cm^2）	4.80	5.62
评吸质量	劲头	适中	
	浓度	中等+	
	香气质	11.33	
	香气量	16.33	
	余味	19.33	
	杂气	12.83	
	刺激性	8.83	
	燃烧性	3.00	
	灰分	3.00	
	得分	74.70	
	质量档次	3.77	

	指标	中部叶	上部叶
烟叶化学成分	烟碱（%）	2.45	2.91
	总糖（%）	26.22	25.90
	还原糖（%）	23.18	24.34
	总氮（%）	2.32	2.44
	总钾（%）	1.89	1.39
	总氯（%）	0.19	0.33
	糖碱比	9.46	8.36
	两糖比	0.88	0.94
	淀粉（%）	3.28	
	挥发碱（%）	0.27	
	醚提物（%）	6.52	
	烟叶磷（%）	0.14	
	烟叶硫（%）	0.24	
	烟叶钙（mg/kg）	22 010.36	
	烟叶镁（mg/kg）	2 231.56	
	烟叶硼（mg/kg）	23.80	
	烟叶锰（mg/kg）	433.00	
	烟叶锌(mg/kg)	52.40	
	烟叶钼（mg/kg）	0.224	
	烟叶铁（mg/kg）	182.00	
	烟叶镍（mg/kg）	1.16	
	烟叶铜（mg/kg）	5.12	

（五）巷口镇芦红村–李永湾

表2–149　植烟土壤信息

地块基本信息		土壤化学成分					
品种	云烟97	pH	6.18	碱解氮（mg/kg）	177.93	有效磷（mg/kg）	68.50
海拔（m）	982	有机质（%）	3.45	土壤氯（mg/kg）	14.53	有效铜（mg/kg）	3.22
种植单元	李永湾	全氮（g/kg）	2.09	交换钙（cmol/kg）	7.37	有效锌（mg/kg）	5.24
土壤类型	黄壤	全磷（g/kg）	1.18	交换镁（cmol/kg）	1.70	有效铁（mg/kg）	100.42
地形	山地	全钾（g/kg）	12.32	有效硫（mg/kg）	22.00	有效锰（mg/kg）	76.14
地貌	坡型地	速效钾（mg/kg）	304.00	铵态氮（mg/kg）	2.56	有效硼（mg/kg）	0.36
		缓效钾（mg/kg）	600.00	硝态氮（mg/kg）	12.51	有效钼（mg/kg）	0.10

图2–75　烟叶田间表现

表2-150　烟叶质量风格

	指标	中部叶	上部叶		指标	中部叶	上部叶
外观质量	成熟度	成-	成-	烟叶化学成分	烟碱（%）	3.33	4.38
	颜色	橘-	橘		总糖（%）	23.92	19.28
	身份	中-	稍厚		还原糖（%）	22.23	19.79
	结构	疏松+	尚疏+		总氮（%）	2.33	2.67
	油分	有	有		总钾（%）	2.14	1.83
	色度	中	强-		总氯（%）	0.21	0.28
物理指标	填充值（cm^3/g）	3.21	3.36		糖碱比	6.68	4.52
	平衡水分	12.61	12.29		两糖比	0.93	1.03
	叶长（cm）	70.15	68.00		淀粉（%）	3.30	
	叶宽（cm）	27.50	24.63		挥发碱（%）	0.36	
	单叶重（g）	14.51	18.52		醚提物（%）	6.62	
	含梗率（%）	27.00	32.00		烟叶磷（%）	0.15	
	叶面密度（mg/cm^2）	4.33	6.11		烟叶硫（%）	0.32	
评吸质量	劲头	适中			烟叶钙（mg/kg）	27 430.98	
	浓度	中等+			烟叶镁（mg/kg）	2 573.97	
	香气质	11.50			烟叶硼（mg/kg）	22.20	
	香气量	16.33			烟叶锰（mg/kg）	188.00	
	余味	19.83			烟叶锌（mg/kg）	46.50	
	杂气	13.00			烟叶钼（mg/kg）	0.173	
	刺激性	8.83			烟叶铁（mg/kg	202.00	
	燃烧性	3.00			烟叶镍（mg/kg）	1.13	
	灰分	3.00			烟叶铜（mg/kg）	11.00	
	得分	75.50					
	质量档次	4.00					

（六）巷口镇芦红村－茶庄

表2－151　植烟土壤信息

地块基本信息		土壤化学成分					
品种	云烟97	pH	5.80	碱解氮（mg/kg）	112.67	有效磷（mg/kg）	16.50
海拔（m）	1 115	有机质（%）	1.77	土壤氯（mg/kg）	3.49	有效铜（mg/kg）	1.51
种植单元	茶庄	全氮（g/kg）	1.22	交换钙（cmol/kg）	3.86	有效锌（mg/kg）	2.18
土壤类型	黄壤	全磷（g/kg）	0.48	交换镁（cmol/kg）	1.34	有效铁（mg/kg）	62.86
地形	山地	全钾（g/kg）	14.29	有效硫（mg/kg）	27.50	有效锰（mg/kg）	82.94
地貌	坡型地	速效钾（mg/kg）	286.00	铵态氮（mg/kg）	7.53	有效硼（mg/kg）	0.19
		缓效钾（mg/kg）	394.00	硝态氮（mg/kg）	8.26	有效钼（mg/kg）	0.17

图2－76　烟叶田间表现

表2-152　烟叶质量风格

	指标	中部叶	上部叶		指标	中部叶	上部叶
外观质量	成熟度	尚熟+	尚熟	烟叶化学成分	烟碱（%）	2.12	2.61
	颜色	柠+	橘		总糖（%）	30.31	30.57
	身份	稍薄	稍厚-		还原糖（%）	25.32	27.97
	结构	尚疏-	稍密-		总氮（%）	1.64	1.71
	油分	有--	有-		总钾（%）	2.09	1.62
	色度	中--	弱+		总氯（%）	0.25	0.30
物理指标	填充值（cm^3/g）	2.67	2.58		糖碱比	11.94	10.72
	平衡水分	12.73	12.56		两糖比	0.84	0.91
	叶长（cm）	64.53	64.43		淀粉（%）	6.51	
	叶宽（cm）	22.13	20.25		挥发碱（%）	0.26	
	单叶重（g）	9.56	13.74		醚提物（%）	5.42	
	含梗率（%）	34.00	29.00		烟叶磷（%）	0.16	
	叶面密度（mg/cm^2）	4.19	6.49		烟叶硫（%）	0.32	
评吸质量	劲头	适中			烟叶钙（mg/kg）	18 596.89	
	浓度	中等+			烟叶镁（mg/kg）	2 151.40	
	香气质	11.30			烟叶硼（mg/kg）	33.10	
	香气量	16.10			烟叶锰（mg/kg）	338.00	
	余味	19.80			烟叶锌（mg/kg）	56.80	
	杂气	12.90			烟叶钼（mg/kg）	0.325	
	刺激性	9.00			烟叶铁（mg/kg）	185.00	
	燃烧性	3.00			烟叶镍（mg/kg）	1.01	
	灰分	3.00			烟叶铜（mg/kg）	7.59	
	得分	75.10					
	质量档次	3.86					

（七）巷口镇芦红村-大沱弯

表2-153　植烟土壤信息

地块基本信息		土壤化学成分					
品种	云烟97	pH	4.97	碱解氮（mg/kg）	223.78	有效磷（mg/kg）	41.00
海拔（m）	1 226	有机质（%）	3.84	土壤氯（mg/kg）	14.53	有效铜（mg/kg）	2.23
种植单元	大沱湾	全氮（g/kg）	2.11	交换钙（cmol/kg）	4.16	有效锌（mg/kg）	4.58
土壤类型	黄壤	全磷（g/kg）	0.94	交换镁（cmol/kg）	0.61	有效铁（mg/kg）	142.17
地形	山地	全钾（g/kg）	14.42	有效硫（mg/kg）	92.50	有效锰（mg/kg）	139.82
地貌	坡型地	速效钾（mg/kg）	196.00	铵态氮（mg/kg）	11.78	有效硼（mg/kg）	0.29
		缓效钾（mg/kg）	436.00	硝态氮（mg/kg）	24.41	有效钼（mg/kg）	0.14

图2-77　烟叶田间表现

表2-154　烟叶质量风格

	指标	中部叶	上部叶		指标	中部叶	上部叶
外观质量	成熟度	尚熟	尚熟	烟叶化学成分	烟碱（%）	2.64	2.87
	颜色	橘－	橘－		总糖（%）	34.02	33.92
	身份	中	中＋		还原糖（%）	28.63	27.36
	结构	尚疏	稍密－		总氮（%）	1.58	1.76
	油分	有－	有－－		总钾（%）	1.43	1.36
	色度	中－	中－		总氯（%）	0.12	0.09
物理指标	填充值（cm^3/g）	2.63	2.65		糖碱比	10.84	9.53
	平衡水分	13.78	13.09		两糖比	0.84	0.81
	叶长（cm）	65.73	67.30		淀粉（%）	5.48	
	叶宽（cm）	20.70	20.08		挥发碱（%）	0.27	
	单叶重（g）	11.68	13.51		醚提物（%）	5.99	
	含梗率（%）	34.00	30.00		烟叶磷（%）	0.17	
	叶面密度（mg/cm^2）	5.39	6.20		烟叶硫（%）	0.30	
评吸质量	劲头	适中			烟叶钙（mg/kg）	21 436.81	
	浓度	中等＋			烟叶镁（mg/kg）	1 484.26	
	香气质	12.10			烟叶硼（mg/kg）	29.80	
	香气量	16.50			烟叶锰（mg/kg）	114.00	
	余味	20.40			烟叶锌（mg/kg）	44.40	
	杂气	13.40			烟叶钼（mg/kg）	0.395	
	刺激性	9.00			烟叶铁（mg/kg）	165.00	
	燃烧性	3.00			烟叶镍（mg/kg）	0.835	
	灰分	3.00			烟叶铜（mg/kg）	6.13	
	得分	77.40					
	质量档次	4.78					

（八）巷口镇芦红村－长岩

表2-155　植烟土壤信息

地块基本信息		土壤化学成分					
品种	云烟97	pH	5.90	碱解氮（mg/kg）	147.63	有效磷（mg/kg）	44.50
海拔（m）	1 274	有机质（%）	2.68	土壤氯（mg/kg）	14.53	有效铜（mg/kg）	1.48
种植单元	长岩	全氮（g/kg）	2.14	交换钙（cmol/kg）	6.71	有效锌（mg/kg）	2.91
土壤类型	石灰土	全磷（g/kg）	0.85	交换镁（cmol/kg）	0.93	有效铁（mg/kg）	67.76
地形	山地	全钾（g/kg）	7.28	有效硫（mg/kg）	10.50	有效锰（mg/kg）	34.38
地貌	坡型地	速效钾（mg/kg）	235.00	铵态氮（mg/kg）	7.23	有效硼（mg/kg）	0.37
		缓效钾（mg/kg）	225.00	硝态氮（mg/kg）	7.27	有效钼（mg/kg）	0.05

图2-78　烟叶田间表现

表2-156　烟叶质量风格

	指标	中部叶	上部叶		指标	中部叶	上部叶
外观质量	成熟度	尚熟-	成--	烟叶化学成分	烟碱（%）	2.67	3.43
	颜色	柠+	橘-		总糖（%）	28.12	21.64
	身份	稍薄	稍厚		还原糖（%）	23.43	21.48
	结构	尚疏+	稍密		总氮（%）	1.70	2.07
	油分	稍有	有--		总钾（%）	1.74	1.55
	色度	中--	中		总氯（%）	0.24	0.32
物理指标	填充值（cm^3/g）	3.18	3.22		糖碱比	8.78	6.26
	平衡水分	13.02	12.60		两糖比	0.83	0.99
	叶长（cm）	60.20	57.85		淀粉（%）	5.63	
	叶宽（cm）	21.08	19.45		挥发碱（%）	0.29	
	单叶重（g）	8.69	9.81		醚提物（%）	6.49	
	含梗率（%）	36.00	30.00		烟叶磷（%）	0.19	
	叶面密度（mg/cm^2）	4.26	4.83		烟叶硫（%）	0.43	
评吸质量	劲头	适中			烟叶钙（mg/kg）	26 059.74	
	浓度	中等+			烟叶镁（mg/kg）	1 900.32	
	香气质	11.70			烟叶硼（mg/kg）	24.20	
	香气量	16.30			烟叶锰（mg/kg）	133.00	
	余味	20.20			烟叶锌（mg/kg）	39.30	
	杂气	13.30			烟叶钼（mg/kg）	0.539	
	刺激性	9.10			烟叶铁（mg/kg）	240.00	
	燃烧性	3.00			烟叶镍（mg/kg）	1.16	
	灰分	3.00			烟叶铜（mg/kg）	7.04	
	得分	76.60					
	质量档次	4.36					

（九）巷口镇芦红村–火秋场

表2–157 植烟土壤信息

地块基本信息		土壤化学成分					
品种	云烟97	pH	4.56	碱解氮（mg/kg）	0.00	有效磷（mg/kg）	81.00
海拔（m）	1 208	有机质（%）	2.76	土壤氯（mg/kg）	10.46	有效铜（mg/kg）	2.40
种植单元	火秋场	全氮（g/kg）	1.64	交换钙（cmol/kg）	0.90	有效锌（mg/kg）	3.96
土壤类型	石灰土	全磷（g/kg）	0.89	交换镁（cmol/kg）	0.35	有效铁（mg/kg）	163.55
地形	山地	全钾（g/kg）	9.57	有效硫（mg/kg）	86.50	有效锰（mg/kg）	67.62
地貌	坡型地	速效钾（mg/kg）	277.00	铵态氮（mg/kg）	13.90	有效硼（mg/kg）	0.32
		缓效钾（mg/kg）	279.00	硝态氮（mg/kg）	9.11	有效钼（mg/kg）	0.15

图2–79 烟叶田间表现

表2-158　烟叶质量风格

	指标	中部叶	上部叶		指标	中部叶	上部叶
外观质量	成熟度	尚熟	成－	烟叶化学成分	烟碱（%）	2.86	3.52
	颜色	柠＋	橘－		总糖（%）	27.16	19.94
	身份	稍薄	稍厚		还原糖（%）	23.65	19.95
	结构	尚疏	稍密＋		总氮（%）	1.76	2.25
	油分	有－－	有－－		总钾（%）	1.95	1.41
	色度	中－－	中－		总氯（%）	0.25	0.46
物理指标	填充值（cm^3/g）	3.26	3.18		糖碱比	8.27	5.67
	平衡水分	12.72	12.54		两糖比	0.87	1.00
	叶长（cm）	58.03	57.85		淀粉（%）	6.30	
	叶宽（cm）	21.53	19.08		挥发碱（%）	0.31	
	单叶重（g）	8.57	11.40		醚提物（%）	6.58	
	含梗率（%）	37.00	28.00		烟叶磷（%）	0.19	
	叶面密度（mg/cm^2）	4.07	6.53		烟叶硫（%）	0.44	
评吸质量	劲头	适中			烟叶钙（mg/kg）	25 223.52	
	浓度	中等＋			烟叶镁（mg/kg）	2 057.54	
	香气质	11.70			烟叶硼（mg/kg）	24.50	
	香气量	16.20			烟叶锰（mg/kg）	153.00	
	余味	20.10			烟叶锌（mg/kg）	40.40	
	杂气	13.20			烟叶钼（mg/kg）	0.572	
	刺激性	8.90			烟叶铁（mg/kg）	230.00	
	燃烧性	3.00			烟叶镍（mg/kg）	1.17	
	灰分	3.00			烟叶铜（mg/kg）	8.86	
	得分	76.10					
	质量档次	4.22					

（一〇）巷口镇广坪村－代家坝

表2-159　植烟土壤信息

地块基本信息		土壤化学成分					
品种	云烟97	pH	4.65	碱解氮（mg/kg）	114.07	有效磷（mg/kg）	32.37
海拔（m）	762.00	有机质（%）	2.21	土壤氯（mg/kg）	8.96	有效铜（mg/kg）	—
种植单元	代家坝	全氮（g/kg）	1.75	交换钙（cmol/kg）	4.45	有效锌（mg/kg）	—
土壤类型	黄壤	全磷（g/kg）	0.69	交换镁（cmol/kg）	0.98	有效铁（mg/kg）	—
地形	山地	全钾（g/kg）	19.14	有效硫（mg/kg）	29.50	有效锰（mg/kg）	—
地貌	坡地	速效钾（mg/kg）	227.00	铵态氮（mg/kg）	3.61	有效硼（mg/kg）	—
		缓效钾（mg/kg）	241.00	硝态氮（mg/kg）	15.74	有效钼（mg/kg）	—

图2-80　烟叶田间表现

表2-160　烟叶质量风格

	指标	中部叶	上部叶
外观质量	成熟度	尚熟	成－
	颜色	柠++	橘
	身份	稍薄+	稍厚
	结构	尚疏－	尚疏++
	油分	有－	有－
	色度	中－	强
物理指标	填充值（cm^3/g）	2.70	3.83
	平衡水分	12.02	12.48
	叶长（cm）	61.35	65.38
	叶宽（cm）	20.48	21.83
	单叶重（g）	10.42	14.77
	含梗率（%）	34.00	39.00
	叶面密度（mg/cm^2）	4.64	4.72
评吸质量	劲头	适中	
	浓度	中等+	
	香气质	11.80	
	香气量	16.50	
	余味	20.10	
	杂气	12.90	
	刺激性	9.00	
	燃烧性	3.00	
	灰分	3.00	
	得分	76.30	
	质量档次	4.40	

	指标	中部叶	上部叶
烟叶化学成分	烟碱（%）	2.25	4.89
	总糖（%）	35.05	10.94
	还原糖（%）	30.11	10.84
	总氮（%）	1.31	3.30
	总钾（%）	1.78	1.94
	总氯（%）	0.08	0.37
	糖碱比	13.38	2.22
	两糖比	0.86	0.99
	淀粉（%）	7.46	
	挥发碱（%）	0.25	
	醚提物（%）	5.67	
	烟叶磷（%）	0.13	
	烟叶硫（%）	0.26	
	烟叶钙（mg/kg）	18 609.98	
	烟叶镁（mg/kg）	2 061.73	
	烟叶硼（mg/kg）	20.98	
	烟叶锰（mg/kg）	174.17	
	烟叶锌（mg/kg）	36.07	
	烟叶钼（mg/kg）	0.15	
	烟叶铁（mg/kg）	366.68	
	烟叶镍（mg/kg）	1.25	
	烟叶铜（mg/kg）	3.25	

（一一）巷口镇广坪村－当坝

表2-161　植烟土壤信息

地块基本信息		土壤化学成分					
品种	云烟97	pH	4.55	碱解氮（mg/kg）	158.51	有效磷（mg/kg）	77.00
海拔（m）	1 283	有机质（%）	2.06	土壤氯（mg/kg）	2.33	有效铜（mg/kg）	1.59
种植单元	当坝	全氮（g/kg）	1.56	交换钙（cmol/kg）	2.35	有效锌（mg/kg）	3.75
土壤类型	黄壤	全磷（g/kg）	1.47	交换镁（cmol/kg）	1.03	有效铁（mg/kg）	143.10
地形	山地	全钾（g/kg）	17.16	有效硫（mg/kg）	137.50	有效锰（mg/kg）	93.98
地貌	坡型地	速效钾（mg/kg）	229.00	铵态氮（mg/kg）	12.87	有效硼（mg/kg）	0.42
		缓效钾（mg/kg）	355.00	硝态氮（mg/kg）	14.83	有效钼（mg/kg）	0.06

图2-81　烟叶田间表现

表2-162　烟叶质量风格

	指标	中部叶	上部叶
外观质量	成熟度	尚熟	成--
	颜色	橘+	橘
	身份	稍薄+	中+
	结构	尚疏+	稍疏+
	油分	有--	有-
	色度	中--	中-
物理指标	填充值（cm^3/g）	3.02	2.80
	平衡水分	12.89	13.30
	叶长（cm）	62.05	57.90
	叶宽（cm）	21.58	18.70
	单叶重（g）	10.34	9.25
	含梗率（%）	36.00	29.00
	叶面密度（mg/cm^2）	4.20	5.29
评吸质量	劲头	适中	
	浓度	中等+	
	香气质	11.40	
	香气量	16.40	
	余味	19.80	
	杂气	13.00	
	刺激性	9.00	
	燃烧性	3.00	
	灰分	3.00	
	得分	75.60	
	质量档次	4.10	

	指标	中部叶	上部叶
烟叶化学成分	烟碱（%）	2.56	2.70
	总糖（%）	27.78	27.82
	还原糖（%）	23.58	25.98
	总氮（%）	2.01	2.13
	总钾（%）	1.82	1.43
	总氯（%）	0.19	0.27
	糖碱比	9.21	9.62
	两糖比	0.85	0.93
	淀粉（%）	5.13	
	挥发碱（%）	0.31	
	醚提物（%）	5.95	
	烟叶磷（%）	0.16	
	烟叶硫（%）	0.35	
	烟叶钙（mg/kg）	24 155.83	
	烟叶镁（mg/kg）	2 211.73	
	烟叶硼（mg/kg）	23.35	
	烟叶锰（mg/kg）	210.01	
	烟叶锌（mg/kg）	44.92	
	烟叶钼（mg/kg	0.40	
	烟叶铁（mg/kg）	201.18	
	烟叶镍（mg/kg）	1.14	
	烟叶铜（mg/kg）	5.78	

（一二）巷口镇广坪村–火石坝

表2–163　植烟土壤信息

地块基本信息		土壤化学成分					
品种	云烟97	pH	5.01	碱解氮（mg/kg）	116.55	有效磷（mg/kg）	44.50
海拔（m）	1 259	有机质（%）	1.81	土壤氯（mg/kg）	3.49	有效铜（mg/kg）	2.35
种植单元	火石坝	全氮（g/kg）	1.30	交换钙（cmol/kg）	2.57	有效锌（mg/kg）	2.86
土壤类型	黄壤	全磷（g/kg）	0.99	交换镁（cmol/kg）	0.70	有效铁（mg/kg）	106.09
地形	山地	全钾（g/kg）	12.02	有效硫（mg/kg）	20.00	有效锰（mg/kg）	104.23
地貌	平坦地	速效钾（mg/kg）	270.00	铵态氮（mg/kg）	4.20	有效硼（mg/kg）	0.16
		缓效钾（mg/kg）	278.00	硝态氮（mg/kg）	3.23	有效钼（mg/kg）	0.73

图2–82　烟叶田间表现

表2-164　烟叶质量风格

	指标	中部叶	上部叶		指标	中部叶	上部叶
外观质量	成熟度	成-	尚熟	烟叶化学成分	烟碱（%）	3.51	3.88
	颜色	橘-	橘		总糖（%）	26.40	19.89
	身份	中	稍厚-		还原糖（%）	24.63	20.37
	结构	疏++	稍密		总氮（%）	2.03	3.05
	油分	稍有++	有--		总钾（%）	1.60	1.61
	色度	中-	弱+		总氯（%）	0.21	0.37
物理指标	填充值（cm^3/g）	2.74	3.30		糖碱比	7.02	5.25
	平衡水分	13.36	12.18		两糖比	0.93	1.02
	叶长（cm）	58.33	61.45		淀粉（%）	4.95	
	叶宽（cm）	20.18	16.10		挥发碱（%）	0.38	
	单叶重（g）	10.36	9.54		醚提物（%）	8.06	
	含梗率（%）	33.00	33.00		烟叶磷（%）	0.15	
	叶面密度（mg/cm^2）	4.73	5.45		烟叶硫（%）	0.30	
评吸质量	劲头	适中			烟叶钙（mg/kg）	17 265.14	
	浓度	中等+			烟叶镁（mg/kg）	1 909.04	
	香气质	11.00			烟叶硼（mg/kg）	40.69	
	香气量	16.30			烟叶锰（mg/kg）	189.31	
	余味	19.20			烟叶锌(mg/kg	42.45	
	杂气	12.10			烟叶钼（mg/kg）	0.64	
	刺激性	8.90			烟叶铁（mg/kg）	166.52	
	燃烧性	3.00			烟叶镍（mg/kg）	1.05	
	灰分	3.00			烟叶铜（mg/kg）	6.35	
	得分	73.50					
	质量档次	3.10					

（一三）巷口镇杨家村－杨家槽

表2-165　植烟土壤信息

地块基本信息		土壤化学成分					
品种	云烟97	pH	5.00	碱解氮（mg/kg）	153.85	有效磷（mg/kg）	31.00
海拔（m）	1 107	有机质（%）	2.52	土壤氯（mg/kg）	13.37	有效铜（mg/kg）	1.93
种植单元	杨家槽	全氮（g/kg）	1.06	交换钙（cmol/kg）	3.23	有效锌（mg/kg）	3.76
土壤类型	黄壤	全磷（g/kg）	0.63	交换镁（cmol/kg）	0.80	有效铁（mg/kg）	112.73
地形	山地	全钾（g/kg）	17.50	有效硫（mg/kg）	31.50	有效锰（mg/kg）	101.08
地貌	坡型地	速效钾（mg/kg）	375.00	铵态氮（mg/kg）	10.63	有效硼（mg/kg）	0.26
		缓效钾（mg/kg）	241.00	硝态氮（mg/kg）	11.10	有效钼（mg/kg）	0.39

图2-83　烟叶田间表现

表2-166　烟叶质量风格

	指标	中部叶	上部叶		指标	中部叶	上部叶
外观质量	成熟度	尚熟	成–	烟叶化学成分	烟碱（%）	2.38	3.15
	颜色	柠+	橘–		总糖（%）	29.79	22.75
	身份	稍薄+	稍厚		还原糖（%）	24.90	21.22
	结构	尚疏	尚疏		总氮（%）	1.64	2.32
	油分	有–	有		总钾（%）	1.66	1.04
	色度	中--	强--		总氯（%）	0.15	0.39
物理指标	填充值（cm^3/g）	2.97	3.17		糖碱比	10.46	6.74
	平衡水分	13.85	13.15		两糖比	0.84	0.93
	叶长（cm）	60.20	59.23		淀粉（%）	7.21	
	叶宽（cm）	21.60	22.00		挥发碱（%）	0.26	
	单叶重（g）	9.80	13.49		醚提物（%）	5.82	
	含梗率（%）	34.00	28.00		烟叶磷（%）	0.18	
	叶面密度（mg/cm^2）	4.52	6.45		烟叶硫（%）	0.42	
评吸质量	劲头	适中			烟叶钙（mg/kg）	21 928.12	
	浓度	中等+			烟叶镁（mg/kg）	1 977.91	
	香气质	11.30			烟叶硼（mg/kg）	22.79	
	香气量	16.20			烟叶锰（mg/kg）	132.69	
	余味	19.50			烟叶锌（mg/kg）	37.09	
	杂气	12.70			烟叶钼（mg/kg）	0.48	
	刺激性	8.90			烟叶铁（mg/kg）	215.97	
	燃烧性	3.00			烟叶镍（mg/kg）	1.02	
	灰分	3.00			烟叶铜（mg/kg）	7.44	
	得分	74.60					
	质量档次	3.80					

（一四）巷口镇杨家村-老杨

表2-167　植烟土壤信息

地块基本信息		土壤化学成分					
品种	云烟97	pH	5.91	碱解氮（mg/kg）	163.95	有效磷（mg/kg）	54.00
海拔（m）	1 030	有机质（%）	3.53	土壤氯（mg/kg）	8.72	有效铜（mg/kg）	2.80
种植单元	老杨	全氮（g/kg）	2.11	交换钙（cmol/kg）	9.57	有效锌（mg/kg）	3.03
土壤类型	黄壤	全磷（g/kg）	1.03	交换镁（cmol/kg）	0.87	有效铁（mg/kg）	67.22
地形	山地	全钾（g/kg）	12.25	有效硫（mg/kg）	57.00	有效锰（mg/kg）	73.65
地貌	坡型地	速效钾（mg/kg）	284.00	铵态氮（mg/kg）	5.23	有效硼（mg/kg）	0.26
		缓效钾（mg/kg）	360.00	硝态氮（mg/kg）	16.57	有效钼（mg/kg）	0.12

图2-84　烟叶田间表现

表2-168　烟叶质量风格

	指标	中部叶	上部叶
外观质量	成熟度	尚熟	成-
	颜色	橘-	橘
	身份	中	稍厚
	结构	尚疏	尚疏+
	油分	有-	有
	色度	中-	强-
物理指标	填充值（cm^3/g）	3.03	3.71
	平衡水分	12.53	11.20
	叶长（cm）	58.88	57.33
	叶宽（cm）	20.63	20.33
	单叶重（g）	9.47	11.55
	含梗率（%）	33.00	28.00
	叶面密度（mg/cm^2）	4.55	5.87
评吸质量	劲头	适中	
	浓度	中等+	
	香气质	11.80	
	香气量	16.50	
	余味	20.20	
	杂气	13.30	
	刺激性	9.00	
	燃烧性	3.00	
	灰分	3.00	
	得分	76.80	
	质量档次	4.30	

	指标	中部叶	上部叶
烟叶化学成分	烟碱（%）	2.68	3.41
	总糖（%）	29.19	20.56
	还原糖（%）	25.04	19.41
	总氮（%）	1.61	2.47
	总钾（%）	1.68	1.25
	总氯（%）	0.21	0.39
	糖碱比	9.34	5.69
	两糖比	0.86	0.94
	淀粉（%）	7.43	
	挥发碱（%）	0.35	
	醚提物（%）	5.66	
	烟叶磷（%）	0.18	
	烟叶硫（%）	0.39	
	烟叶钙（mg/kg）	21 084.46	
	烟叶镁（mg/kg）	2 032.31	
	烟叶硼（mg/kg）	25.08	
	烟叶锰（mg/kg）	121.44	
	烟叶锌（mg/kg）	39.23	
	烟叶钼（mg/kg）	0.54	
	烟叶铁（mg/kg）	191.73	
	烟叶镍（mg/kg）	0.91	
	烟叶铜（mg/kg）	7.45	

（一五）巷口镇杨家村-独台树

表2-169 植烟土壤信息

地块基本信息		土壤化学成分					
品种	云烟97	pH	5.50	碱解氮（mg/kg）	163.17	有效磷（mg/kg）	52.00
海拔（m）	1 070	有机质（%）	2.75	土壤氯（mg/kg）	10.46	有效铜（mg/kg）	1.71
种植单元	独台树	全氮（g/kg）	2.02	交换钙（cmol/kg）	6.27	有效锌（mg/kg）	2.56
土壤类型	黄壤	全磷（g/kg）	0.64	交换镁（cmol/kg）	0.82	有效铁（mg/kg）	61.25
地形	山地	全钾（g/kg）	18.96	有效硫（mg/kg）	50.00	有效锰（mg/kg）	89.75
地貌	坡型地	速效钾（mg/kg）	336.00	铵态氮（mg/kg）	7.23	有效硼（mg/kg）	0.23
		缓效钾（mg/kg）	436.00	硝态氮（mg/kg）	33.71	有效钼（mg/kg）	0.26

图2-85 烟叶田间表现

表2-170　烟叶质量风格

	指标	中部叶	上部叶
外观质量	成熟度	尚熟+	成--
	颜色	柠+	橘-
	身份	中-	稍厚
	结构	尚疏	稍密+
	油分	有-	有-
	色度	中--	中-
物理指标	填充值（cm^3/g）	2.86	3.22
	平衡水分	12.62	12.35
	叶长（cm）	61.58	57.68
	叶宽（cm）	20.53	20.85
	单叶重（g）	8.35	12.10
	含梗率（%）	40.00	27.00
	叶面密度（mg/cm^2）	4.06	5.95
评吸质量	劲头	适中	
	浓度	中等	
	香气质	11.70	
	香气量	16.20	
	余味	20.30	
	杂气	13.20	
	刺激性	9.20	
	燃烧性	3.00	
	灰分	3.00	
	得分	76.50	
	质量档次	4.30	

	指标	中部叶	上部叶
烟叶化学成分	烟碱（%）	2.71	3.13
	总糖（%）	29.67	25.40
	还原糖（%）	26.20	25.41
	总氮（%）	1.68	1.86
	总钾（%）	1.74	1.25
	总氯（%）	0.20	0.34
	糖碱比	9.67	8.12
	两糖比	0.88	1.00
	淀粉（%）	6.85	
	挥发碱（%）	0.29	
	醚提物（%）	5.97	
	烟叶磷（%）	0.17	
	烟叶硫（%）	0.37	
	烟叶钙（mg/kg）	22 606.04	
	烟叶镁（mg/kg）	2 180.81	
	烟叶硼（mg/kg）	20.62	
	烟叶锰（mg/kg）	139.23	
	烟叶锌(mg/kg）	37.77	
	烟叶钼（mg/kg）	0.55	
	烟叶铁（mg/kg）	187.28	
	烟叶镍（mg/kg）	1.02	
	烟叶铜（mg/kg）	7.18	

（一六）巷口镇杨家村–梯子凹

表2–171　植烟土壤信息

地块基本信息		土壤化学成分					
品种	云烟97	pH	5.91	碱解氮（mg/kg）	139.08	有效磷（mg/kg）	47.00
海拔（m）	961	有机质（%）	2.62	土壤氯（mg/kg）	9.30	有效铜（mg/kg）	3.21
种植单元	梯子凹	全氮（g/kg）	1.21	交换钙（cmol/kg）	10.24	有效锌（mg/kg）	2.63
土壤类型	黄壤	全磷（g/kg）	0.91	交换镁（cmol/kg）	2.32	有效铁（mg/kg）	51.54
地形	山地	全钾（g/kg）	26.44	有效硫（mg/kg）	25.50	有效锰（mg/kg）	91.65
地貌	坡型地	速效钾（mg/kg）	545.00	铵态氮（mg/kg）	4.01	有效硼（mg/kg）	0.26
		缓效钾（mg/kg）	323.00	硝态氮（mg/kg）	11.74	有效钼（mg/kg）	0.20

图2–86　烟叶田间表现

表2-172　烟叶质量风格

	指标	中部叶	上部叶		指标	中部叶	上部叶
外观质量	成熟度	尚熟	成--	烟叶化学成分	烟碱（%）	2.81	3.51
	颜色	柠	橘--		总糖（%）	27.87	21.43
	身份	稍薄	稍厚		还原糖（%）	23.33	21.27
	结构	尚疏+	稍密		总氮（%）	1.72	2.09
	油分	有--	有-		总钾（%）	1.55	1.27
	色度	中-	中-		总氯（%）	0.15	0.32
物理指标	填充值（cm^3/g）	3.12	3.50		糖碱比	8.30	6.06
	平衡水分	12.91	11.76		两糖比	0.84	0.99
	叶长（cm）	56.40	58.38		淀粉（%）	6.43	
	叶宽（cm）	20.70	21.80		挥发碱（%）	0.30	
	单叶重（g）	8.37	12.28		醚提物（%）	5.64	
	含梗率（%）	35.00	28.00		烟叶磷（%）	0.19	
	叶面密度（mg/cm^2）	4.41	6.00		烟叶硫（%）	0.44	
评吸质量	劲头	适中			烟叶钙（mg/kg）	24 708.22	
	浓度	中等+			烟叶镁（mg/kg）	1 961.33	
	香气质	11.30			烟叶硼（mg/kg）	24.14	
	香气量	16.30			烟叶锰（mg/kg）	149.91	
	余味	19.50			烟叶锌（mg/kg）	39.45	
	杂气	12.80			烟叶钼（mg/kg）	0.64	
	刺激性	8.80			烟叶铁（mg/kg）	211.39	
	燃烧性	3.00			烟叶镍（mg/kg）	1.18	
	灰分	3.00			烟叶铜（mg/kg）	7.56	
	得分	74.80					
	质量档次	3.50					

（一七）巷口镇杨家村-荆竹林

表2-173　植烟土壤信息

地块基本信息		土壤化学成分					
品种	云烟97	pH	5.44	碱解氮（mg/kg）	140.00	有效磷（mg/kg）	24.29
海拔（m）	894	有机质（%）	2.59	土壤氯（mg/kg）	11.20	有效铜（mg/kg）	—
种植单元	荆竹林	全氮（g/kg）	2.07	交换钙（cmol/kg）	5.34	有效锌（mg/kg）	—
土壤类型	黄壤	全磷（g/kg）	0.85	交换镁（cmol/kg）	1.40	有效铁（mg/kg）	—
地形	山地	全钾（g/kg）	12.44	有效硫（mg/kg）	15.00	有效锰（mg/kg）	—
地貌	坡型地	速效钾（mg/kg）	294.00	铵态氮（mg/kg）	2.31	有效硼（mg/kg）	—
		缓效钾（mg/kg）	382.00	硝态氮（mg/kg）	13.14	有效钼（mg/kg）	—

图2-87　烟叶田间表现

表2-174　烟叶质量风格

	指标	中部叶	上部叶		指标	中部叶	上部叶
外观质量	成熟度	尚熟	成－	烟叶化学成分	烟碱（%）	2.54	3.60
	颜色	橘－	橘		总糖（%）	29.21	21.59
	身份	中－	稍厚		还原糖（%）	24.61	20.84
	结构	尚疏	稍密		总氮（%）	1.62	2.20
	油分	有－	有－		总钾（%）	1.68	1.42
	色度	中－－	中－		总氯（%）	0.21	0.28
物理指标	填充值（cm^3/g）	3.02	3.35		糖碱比	9.69	5.79
	平衡水分	11.42	11.94		两糖比	0.84	0.97
	叶长（cm）	58.00	56.50		淀粉（%）	7.34	
	叶宽（cm）	21.85	20.08		挥发碱（%）	0.26	
	单叶重（g）	9.19	10.73		醚提物（%）	6.17	
	含梗率（%）	34.00	29.00		烟叶磷（%）	0.18	
	叶面密度（mg/cm^2）	4.48	6.01		烟叶硫（%）	0.42	
评吸质量	劲头	适中			烟叶钙（mg/kg）	24 447.10	
	浓度	中等+			烟叶镁（mg/kg）	1 848.98	
	香气质	11.70			烟叶硼（mg/kg）	22.74	
	香气量	16.70			烟叶锰（mg/kg）	114.57	
	余味	20.30			烟叶锌（mg/kg）	40.10	
	杂气	13.00			烟叶钼（mg/kg）	0.65	
	刺激性	9.20			烟叶铁（mg/kg）	192.52	
	燃烧性	3.00			烟叶镍（mg/kg）	1.11	
	灰分	3.00			烟叶铜（mg/kg）	7.57	
	得分	76.80					
	质量档次	4.30					

（一八）巷口镇杨家村–地橘

表2–175　植烟土壤信息

地块基本信息		土壤化学成分					
品种	云烟97	pH	5.97	碱解氮（mg/kg）	130.54	有效磷（mg/kg）	38.11
海拔（m）	845	有机质（%）	—	土壤氯（mg/kg）	18.60	有效铜（mg/kg）	1.07
种植单元	地橘	全氮（g/kg）	—	交换钙（cmol/kg）	8.07	有效锌（mg/kg）	1.04
土壤类型	黄壤	全磷（g/kg）	—	交换镁（cmol/kg）	1.94	有效铁（mg/kg）	23.83
地形	山地	全钾（g/kg）	—	有效硫（mg/kg）	56.50	有效锰（mg/kg）	49.50
地貌	坡型地	速效钾（mg/kg）	176.00	铵态氮（mg/kg）	13.22	有效硼（mg/kg）	0.13
		缓效钾（mg/kg）	532.00	硝态氮（mg/kg）	16.27	有效钼（mg/kg）	0.03

图2–88　烟叶田间表现

表2–176 烟叶质量风格

	指标	中部叶	上部叶		指标	中部叶	上部叶
外观质量	成熟度	尚熟	成–	烟叶化学成分	烟碱（%）	2.73	3.58
	颜色	柠+	橘		总糖（%）	29.51	20.05
	身份	稍薄+	稍厚		还原糖（%）	24.85	19.75
	结构	尚疏–	稍密		总氮（%）	1.74	2.58
	油分	有–	有–		总钾（%）	1.73	1.30
	色度	中––	中		总氯（%）	0.20	0.58
物理指标	填充值（cm^3/g）	3.08	3.30		糖碱比	9.10	5.52
	平衡水分	12.28	11.94		两糖比	0.84	0.99
	叶长（cm）	58.38	57.50		淀粉（%）	6.00	
	叶宽（cm）	20.78	21.48		挥发碱（%）	0.29	
	单叶重（g）	8.95	12.22		醚提物（%）	6.31	
	含梗率（%）	34.00	29.00		烟叶磷（%）	0.18	
	叶面密度（mg/cm^2）	4.46	6.06		烟叶硫（%）	0.46	
评吸质量	劲头	适中			烟叶钙（mg/kg）	23 563.20	
	浓度	中等+			烟叶镁（mg/kg）	2 006.20	
	香气质	11.60			烟叶硼（mg/kg）	26.10	
	香气量	16.40			烟叶锰（mg/kg）	145.01	
	余味	20.00			烟叶锌（mg/kg）	40.51	
	杂气	13.10			烟叶钼（mg/kg）	0.53	
	刺激性	9.00			烟叶铁（mg/kg）	211.91	
	燃烧性	3.00			烟叶镍（mg/kg）	1.19	
	灰分	3.00			烟叶铜（mg/kg）	7.24	
	得分	76.10					
	质量档次	4.10					

（一九）巷口镇杨家村-罗定堡

表2-177　植烟土壤信息

地块基本信息		土壤化学成分					
品种	云烟97	pH	6.12	碱解氮（mg/kg）	152.29	有效磷（mg/kg）	15.50
海拔（m）	861	有机质（%）	2.87	土壤氯（mg/kg）	10.46	有效铜（mg/kg）	2.49
种植单元	罗定堡	全氮（g/kg）	1.49	交换钙（cmol/kg）	8.13	有效锌（mg/kg）	3.65
土壤类型	黄壤	全磷（g/kg）	0.69	交换镁（cmol/kg）	1.14	有效铁（mg/kg）	57.95
地形	山地	全钾（g/kg）	29.56	有效硫（mg/kg）	11.00	有效锰（mg/kg）	142.67
地貌	坡型地	速效钾（mg/kg）	253.00	铵态氮（mg/kg）	3.23	有效硼（mg/kg）	0.22
		缓效钾（mg/kg）	419.00	硝态氮（mg/kg）	9.34	有效钼（mg/kg）	0.07

图2-89　烟叶田间表现

表2-178 烟叶质量风格

	指标	中部叶	上部叶		指标	中部叶	上部叶
外观质量	成熟度	成－	成－－	烟叶化学成分	烟碱（%）	3.75	3.56
	颜色	橘－	橘－		总糖（%）	25.84	25.52
	身份	中	稍厚		还原糖（%）	25.04	24.80
	结构	疏松＋＋	稍密－		总氮（%）	1.85	2.58
	油分	有＋	有		总钾（%）	0.89	1.55
	色度	中	中		总氯（%）	0.29	0.33
物理指标	填充值（cm^3/g）	3.04	3.10		糖碱比	6.68	6.97
	平衡水分	13.35	12.40		两糖比	0.97	0.97
	叶长（cm）	69.60	66.75		淀粉（%）	5.46	
	叶宽（cm）	25.15	25.95		挥发碱（%）	0.37	
	单叶重（g）	16.39	19.14		醚提物（%）	7.12	
	含梗率（%）	30.00	27.00		烟叶磷（%）	0.13	
	叶面密度（mg/cm^2）	5.38	7.49		烟叶硫（%）	0.34	
评吸质量	劲头	适中＋			烟叶钙（mg/kg）	28 454.32	
	浓度	较浓－			烟叶镁（mg/kg）	5 850.17	
	香气质	11.20			烟叶硼（mg/kg）	28.77	
	香气量	16.20			烟叶锰（mg/kg）	96.72	
	余味	19.50			烟叶锌（mg/kg）	30.33	
	杂气	12.70			烟叶钼（mg/kg）	0.37	
	刺激性	8.50			烟叶铁（mg/kg）	179.00	
	燃烧性	3.00			烟叶镍（mg/kg）	1.02	
	灰分	3.00			烟叶铜（mg/kg）	3.25	
	得分	74.00					
	质量档次	3.30					

（二〇）巷口镇杨家村–犁坪社

表2–179　植烟土壤信息

地块基本信息		土壤化学成分					
品种	云烟97	pH	5.39	碱解氮（mg/kg）	307.69	有效磷（mg/kg）	46.00
海拔（m）	808	有机质（%）	2.67	土壤氯（mg/kg）	9.30	有效铜（mg/kg）	1.64
种植单元	犁坪社	全氮（g/kg）	2.12	交换钙（cmol/kg）	1.87	有效锌（mg/kg）	1.43
土壤类型	黄壤	全磷（g/kg）	0.86	交换镁（cmol/kg）	1.18	有效铁（mg/kg）	71.02
地形	山地	全钾（g/kg）	21.03	有效硫（mg/kg）	113.00	有效锰（mg/kg）	144.99
地貌	坡型地	速效钾（mg/kg）	158.00	铵态氮（mg/kg）	76.63	有效硼（mg/kg）	0.22
		缓效钾（mg/kg）	454.00	硝态氮（mg/kg）	23.85	有效钼（mg/kg）	0.10

图2–90　烟叶田间表现

表2-180　烟叶质量风格

	指标	中部叶	上部叶		指标	中部叶	上部叶
外观质量	成熟度	尚熟-	成-	烟叶化学成分	烟碱（%）	2.52	3.10
	颜色	柠+	橘		总糖（%）	32.11	22.28
	身份	中	稍厚+		还原糖（%）	26.52	20.65
	结构	稍密-	稍密		总氮（%）	1.39	2.36
	油分	有-	有-		总钾（%）	1.74	1.10
	色度	中-	中		总氯（%）	0.32	0.39
物理指标	填充值（cm^3/g）	2.75	3.03		糖碱比	10.52	6.66
	平衡水分	13.20	12.66		两糖比	0.83	0.93
	叶长（cm）	58.03	55.80		淀粉（%）	8.12	
	叶宽（cm）	20.85	21.05		挥发碱（%）	0.27	
	单叶重（g）	9.49	12.24		醚提物（%）	6.62	
	含梗率（%）	32.00	30.00		烟叶磷（%）	0.17	
	叶面密度（mg/cm^2）	4.89	6.68		烟叶硫（%）	0.31	
评吸质量	劲头	适中			烟叶钙（mg/kg）	16 042.91	
	浓度	中等+			烟叶镁（mg/kg）	1 256.08	
	香气质	12.00			烟叶硼（mg/kg）	28.57	
	香气量	16.70			烟叶锰（mg/kg）	195.55	
	余味	20.50			烟叶锌（mg/kg）	54.36	
	杂气	13.50			烟叶钼（mg/kg）	0.34	
	刺激性	9.20			烟叶铁（mg/kg）	147.95	
	燃烧性	3.00			烟叶镍（mg/kg）	1.14	
	灰分	3.00			烟叶铜（mg/kg）	12.64	
	得分	77.80					
	质量档次	5.00					

（二一）巷口镇杨家村–石河炉土

表2–181　植烟土壤信息

地块基本信息		土壤化学成分					
品种	云烟97	pH	6.27	碱解氮（mg/kg）	104.12	有效磷（mg/kg）	40.50
海拔（m）	757	有机质（%）	1.75	土壤氯（mg/kg）	4.65	有效铜（mg/kg）	1.38
种植单元	石河炉土	全氮（g/kg）	1.50	交换钙（cmol/kg）	9.38	有效锌（mg/kg）	2.05
土壤类型	黄壤	全磷（g/kg）	0.56	交换镁（cmol/kg）	1.57	有效铁（mg/kg）	25.34
地形	山地	全钾（g/kg）	21.03	有效硫（mg/kg）	32.00	有效锰（mg/kg）	68.22
地貌	坡型地	速效钾（mg/kg）	162.00	铵态氮（mg/kg）	0.00	有效硼（mg/kg）	0.15
		缓效钾（mg/kg）	442.00	硝态氮（mg/kg）	1.90	有效钼（mg/kg）	0.10

图2–91　烟叶田间表现

表2-182　烟叶质量风格

	指标	中部叶	上部叶		指标	中部叶	上部叶
外观质量	成熟度	成−	成−	烟叶化学成分	烟碱（%）	2.98	4.17
	颜色	橘−	橘+		总糖（%）	25.23	23.34
	身份	稍薄+	稍厚		还原糖（%）	22.09	21.98
	结构	疏松+	稍密		总氮（%）	1.93	2.50
	油分	有−	有		总钾（%）	2.01	1.65
	色度	中−	中		总氯（%）	0.20	0.35
物理指标	填充值（cm^3/g）	3.10	2.94		糖碱比	7.41	5.27
	平衡水分	13.59	12.54		两糖比	0.88	0.94
	叶长（cm）	63.65	67.75		淀粉（%）	5.55	
	叶宽（cm）	25.70	25.70		挥发碱（%）	0.31	
	单叶重（g）	11.15	18.90		醚提物（%）	6.42	
	含梗率（%）	37.00	34.00		烟叶磷（%）	0.13	
	叶面密度（mg/cm^2）	4.48	6.01		烟叶硫（%）	0.28	
评吸质量	劲头	适中			烟叶钙（mg/kg）	24 235.78	
	浓度	较浓−			烟叶镁（mg/kg）	1 989.53	
	香气质	11.50			烟叶硼（mg/kg）	29.85	
	香气量	16.40			烟叶锰（mg/kg）	386.06	
	余味	19.80			烟叶锌（mg/kg）	47.22	
	杂气	13.00			烟叶钼（mg/kg）	0.20	
	刺激性	9.00			烟叶铁（mg/kg）	254.69	
	燃烧性	3.00			烟叶镍（mg/kg）	1.10	
	灰分	3.00			烟叶铜（mg/kg）	6.90	
	得分	75.70					
	质量档次	3.90					

（二二）巷口镇出水村-长涯坎

表2-183　植烟土壤信息

地块基本信息		土壤化学成分					
品种	云烟97	pH	6.36	碱解氮（mg/kg）	111.89	有效磷（mg/kg）	34.00
海拔（m）	630	有机质（%）	1.74	土壤氯（mg/kg）	14.53	有效铜（mg/kg）	1.96
种植单元	长涯坎	全氮（g/kg）	1.30	交换钙（cmol/kg）	8.15	有效锌（mg/kg）	2.29
土壤类型	黄壤	全磷（g/kg）	0.82	交换镁（cmol/kg）	1.31	有效铁（mg/kg）	41.91
地形	山地	全钾（g/kg）	25.82	有效硫（mg/kg）	19.00	有效锰（mg/kg）	94.00
地貌	坡型地	速效钾（mg/kg）	221.00	铵态氮（mg/kg）	3.04	有效硼（mg/kg）	0.17
		缓效钾（mg/kg）	503.00	硝态氮（mg/kg）	6.58	有效钼（mg/kg）	0.08

图2-92　烟叶田间表现

表2-184　烟叶质量风格

	指标	中部叶	上部叶
外观质量	成熟度	成－	尚熟＋
	颜色	橘－－	橘－
	身份	稍薄＋	稍厚－
	结构	疏＋	稍密
	油分	稍有＋＋	有
	色度	中－	中－－
物理指标	填充值（cm^3/g）	2.92	2.58
	平衡水分	13.86	13.59
	叶长（cm）	64.35	62.10
	叶宽（cm）	22.95	22.88
	单叶重（g）	10.45	16.12
	含梗率（%）	36.00	26.00
	叶面密度（mg/cm^2）	4.50	8.19
评吸质量	劲头	适中	
	浓度	中等＋	
	香气质	11.50	
	香气量	16.30	
	余味	19.70	
	杂气	12.90	
	刺激性	9.00	
	燃烧性	3.00	
	灰分	3.00	
	得分	75.40	
	质量档次	3.90	

	指标	中部叶	上部叶
烟叶化学成分	烟碱（%）	2.25	2.78
	总糖（%）	31.29	29.90
	还原糖（%）	27.76	29.01
	总氮（%）	1.63	1.61
	总钾（%）	1.57	1.26
	总氯（%）	0.23	0.30
	糖碱比	12.34	10.44
	两糖比	0.89	0.97
	淀粉（%）	5.54	
	挥发碱（%）	0.26	
	醚提物（%）	5.79	
	烟叶磷（%）	0.14	
	烟叶硫（%）	0.28	
	烟叶钙（mg/kg）	22 952.75	
	烟叶镁（mg/kg）	4 335.63	
	烟叶硼（mg/kg）	20.08	
	烟叶锰（mg/kg）	131.20	
	烟叶锌（mg/kg）	43.60	
	烟叶钼（mg/kg）	0.25	
	烟叶铁（mg/kg）	248.07	
	烟叶镍（mg/kg）	1.21	
	烟叶铜（mg/kg）	4.32	

（二三）巷口镇出水村-庆口

表2-185　植烟土壤信息

地块基本信息		土壤化学成分					
品种	云烟97	pH	6.36	碱解氮（mg/kg）	136.75	有效磷（mg/kg）	18.50
海拔（m）	759	有机质（%）	2.93	土壤氯（mg/kg）	12.79	有效铜（mg/kg）	1.88
种植单元	庆口	全氮（g/kg）	2.03	交换钙（cmol/kg）	12.07	有效锌（mg/kg）	2.91
土壤类型	黄壤	全磷（g/kg）	0.64	交换镁（cmol/kg）	1.80	有效铁（mg/kg）	33.62
地形	山地	全钾（g/kg）	23.81	有效硫（mg/kg）	34.00	有效锰（mg/kg）	109.49
地貌	坡型地	速效钾（mg/kg）	227.00	铵态氮（mg/kg）	0.00	有效硼（mg/kg）	0.16
		缓效钾（mg/kg）	609.00	硝态氮（mg/kg）	10.81	有效钼（mg/kg）	0.05

图2-93　烟叶田间表现

表2-186　烟叶质量风格

	指标	中部叶	上部叶		指标	中部叶	上部叶
外观质量	成熟度	尚熟	成－	烟叶化学成分	烟碱（%）	2.40	4.40
	颜色	橘－－	橘－		总糖（%）	29.71	23.02
	身份	稍薄＋	稍厚		还原糖（%）	23.03	21.37
	结构	尚疏	稍密－		总氮（%）	1.77	2.49
	油分	有－	有		总钾（%）	1.82	1.50
	色度	中－－	中＋		总氯（%）	0.16	0.26
物理指标	填充值（cm^3/g）	3.01	2.95		糖碱比	9.60	4.86
	平衡水分	12.61	13.18		两糖比	0.78	0.93
	叶长（cm）	61.63	66.80		淀粉（%）	4.27	
	叶宽（cm）	21.43	22.50		挥发碱（%）	0.27	
	单叶重（g）	10.04	19.35		醚提物（%）	5.96	
	含梗率（%）	36.00	32.00		烟叶磷（%）	0.12	
	叶面密度（mg/cm^2）	4.28	6.54		烟叶硫（%）	0.27	
评吸质量	劲头	适中			烟叶钙（mg/kg）	24 407.59	
	浓度	中等＋			烟叶镁（mg/kg）	1 769.58	
	香气质	11.70			烟叶硼（mg/kg）	25.48	
	香气量	16.40			烟叶锰（mg/kg）	325.06	
	余味	20.20			烟叶锌（mg/kg）	43.59	
	杂气	13.20			烟叶钼（mg/kg）	0.23	
	刺激性	9.10			烟叶铁（mg/kg）	329.98	
	燃烧性	3.00			烟叶镍（mg/kg）	1.42	
	灰分	3.00			烟叶铜（mg/kg）	5.75	
	得分	76.60					
	质量档次	4.50					

（二四）巷口镇出水村－葱子塘

表2-187　植烟土壤信息

地块基本信息		土壤化学成分					
品种	云烟97	pH	5.58	碱解氮（mg/kg）	138.31	有效磷（mg/kg）	25.50
海拔（m）	952	有机质（%）	2.83	土壤氯（mg/kg）	4.65	有效铜（mg/kg）	2.21
种植单元	葱子塘	全氮（g/kg）	1.80	交换钙（cmol/kg）	6.04	有效锌（mg/kg）	2.35
土壤类型	黄壤	全磷（g/kg）	0.79	交换镁（cmol/kg）	1.28	有效铁（mg/kg）	77.39
地形	山地	全钾（g/kg）	19.80	有效硫（mg/kg）	44.00	有效锰（mg/kg）	110.63
地貌	坡型地	速效钾（mg/kg）	232.00	铵态氮（mg/kg）	2.19	有效硼（mg/kg）	0.14
		缓效钾（mg/kg）	512.00	硝态氮（mg/kg）	8.30	有效钼（mg/kg）	0.07

图2-94　烟叶田间表现

表2–188　烟叶质量风格

	指标	中部叶	上部叶		指标	中部叶	上部叶
外观质量	成熟度	成–	成–	烟叶化学成分	烟碱（%）	2.65	3.73
	颜色	橘–	橘		总糖（%）	28.70	26.04
	身份	中–	稍厚		还原糖（%）	26.80	25.41
	结构	疏+	稍密		总氮（%）	1.77	2.32
	油分	有	有		总钾（%）	1.69	1.64
	色度	中–	中		总氯（%）	0.20	0.29
物理指标	填充值（cm^3/g）	2.83	2.81		糖碱比	10.11	6.81
	平衡水分	12.15	12.63		两糖比	0.93	0.98
	叶长（cm）	59.58	64.75		淀粉（%）	8.12	
	叶宽（cm）	26.55	23.48		挥发碱（%）	0.31	
	单叶重（g）	11.51	16.18		醚提物（%）	6.01	
	含梗率（%）	31.00	29.00		烟叶磷（%）	0.14	
	叶面密度（mg/cm^2）	4.51	6.85		烟叶硫（%）	0.34	
评吸质量	劲头	适中			烟叶钙（mg/kg）	20 957.37	
	浓度	中等			烟叶镁（mg/kg）	1 624.71	
	香气质	11.30			烟叶硼（mg/kg）	26.64	
	香气量	16.20			烟叶锰（mg/kg）	184.11	
	余味	19.50			烟叶锌（mg/kg）	41.17	
	杂气	12.50			烟叶钼（mg/kg）	0.20	
	刺激性	9.00			烟叶铁（mg/kg）	275.17	
	燃烧性	3.00			烟叶镍（mg/kg）	1.21	
	灰分	3.00			烟叶铜（mg/kg）	11.30	
	得分	74.50					
	质量档次	3.40					

（二五）巷口镇出水村－碾花坝

表2–189　植烟土壤信息

地块基本信息		土壤化学成分					
品种	云烟97	pH	5.50	碱解氮（mg/kg）	130.54	有效磷（mg/kg）	52.50
海拔（m）	1 000	有机质（%）	2.33	土壤氯（mg/kg）	4.65	有效铜（mg/kg）	5.30
种植单元	碾花坝	全氮（g/kg）	1.66	交换钙（cmol/kg）	5.07	有效锌（mg/kg）	2.96
土壤类型	黄壤	全磷（g/kg）	0.95	交换镁（cmol/kg）	0.65	有效铁（mg/kg）	94.27
地形	山地	全钾（g/kg）	14.63	有效硫（mg/kg）	43.00	有效锰（mg/kg）	141.82
地貌	坡型地	速效钾（mg/kg）	239.00	铵态氮（mg/kg）	2.86	有效硼（mg/kg）	0.18
		缓效钾（mg/kg）	421.00	硝态氮（mg/kg）	16.35	有效钼（mg/kg）	0.03

图2–95　烟叶田间表现

表2-190　烟叶质量风格

	指标	中部叶	上部叶
外观质量	成熟度	成--	尚熟-
	颜色	柠++	橘-
	身份	稍薄	稍厚+
	结构	疏+	稍密+
	油分	有-	有--
	色度	中	中--
物理指标	填充值（cm^3/g）	2.85	2.81
	平衡水分	24.03	13.59
	叶长（cm）	61.13	63.38
	叶宽（cm）	22.73	20.65
	单叶重（g）	9.79	17.16
	含梗率（%）	35.00	29.00
	叶面密度（mg/cm^2）	4.27	7.98
评吸质量	劲头	适中	
	浓度	中等+	
	香气质	12.00	
	香气量	16.50	
	余味	20.40	
	杂气	13.30	
	刺激性	9.00	
	燃烧性	3.00	
	灰分	3.00	
	得分	77.10	
	质量档次	4.70	

	指标	中部叶	上部叶
烟叶化学成分	烟碱（%）	2.46	3.81
	总糖（%）	30.72	27.90
	还原糖（%）	25.21	21.12
	总氮（%）	1.81	2.35
	总钾（%）	2.05	1.52
	总氯（%）	0.31	0.25
	糖碱比	10.25	5.54
	两糖比	0.82	0.76
	淀粉（%）	5.09	
	挥发碱（%）	0.33	
	醚提物（%）	5.77	
	烟叶磷（%）	0.14	
	烟叶硫（%）	0.26	
	烟叶钙（mg/kg）	24 633.76	
	烟叶镁（mg/kg）	2 103.08	
	烟叶硼（mg/kg）	23.30	
	烟叶锰（mg/kg）	196.98	
	烟叶锌（mg/kg）	45.25	
	烟叶钼（mg/kg）	0.21	
	烟叶铁（mg/kg）	261.05	
	烟叶镍（mg/kg）	1.25	
	烟叶铜（mg/kg）	5.95	

（二六）巷口镇出水村–夏家坝子

表2–191　植烟土壤信息

地块基本信息		土壤化学成分					
品种	云烟97	pH	5.13	碱解氮（mg/kg）	142.22	有效磷（mg/kg）	27.80
海拔（m）	1 021	有机质（%）	2.69	土壤氯（mg/kg）	11.57	有效铜（mg/kg）	—
种植单元	夏家坝子	全氮（g/kg）	1.94	交换钙（cmol/kg）	5.06	有效锌（mg/kg）	—
土壤类型	黄壤	全磷（g/kg）	0.49	交换镁（cmol/kg）	1.10	有效铁（mg/kg）	—
地形	山地	全钾（g/kg）	12.25	有效硫（mg/kg）	11.50	有效锰（mg/kg）	—
地貌	坡型地	速效钾（mg/kg）	223.00	铵态氮（mg/kg）	2.94	有效硼（mg/kg）	—
		缓效钾（mg/kg）	297.00	硝态氮（mg/kg）	16.55	有效钼（mg/kg）	—

图2–96　烟叶田间表现

表2-192　烟叶质量风格

	指标	中部叶	上部叶
外观质量	成熟度	成−	成−−
	颜色	橘	橘−
	身份	中	稍厚+
	结构	疏+	稍密+
	油分	有	有−−
	色度	中	中
物理指标	填充值（cm^3/g）	3.11	2.84
	平衡水分	13.26	13.85
	叶长（cm）	71.08	65.60
	叶宽（cm）	22.15	20.80
	单叶重（g）	13.51	15.25
	含梗率（%）	36.00	32.00
	叶面密度（mg/cm^2）	5.14	7.12
评吸质量	劲头	适中	
	浓度	中等	
	香气质	11.50	
	香气量	16.20	
	余味	19.80	
	杂气	13.00	
	刺激性	9.20	
	燃烧性	3.00	
	灰分	3.00	
	得分	75.70	
	质量档次	4.00	

	指标	中部叶	上部叶
烟叶化学成分	烟碱（%）	2.96	4.06
	总糖（%）	28.16	25.56
	还原糖（%）	22.46	18.91
	总氮（%）	2.16	2.64
	总钾（%）	1.78	1.79
	总氯（%）	0.17	0.19
	糖碱比	7.59	4.66
	两糖比	0.80	0.74
	淀粉（%）	4.70	
	挥发碱（%）	0.33	
	醚提物（%）	7.86	
	烟叶磷（%）	0.15	
	烟叶硫（%）	0.35	
	烟叶钙（mg/kg）	21 894.49	
	烟叶镁（mg/kg）	1 541.80	
	烟叶硼（mg/kg）	33.77	
	烟叶锰（mg/kg）	204.24	
	烟叶锌（mg/kg）	50.45	
	烟叶钼（mg/kg）	0.24	
	烟叶铁（mg/kg）	256.32	
	烟叶镍（mg/kg）	1.10	
	烟叶铜（mg/kg）	10.77	

（二七）巷口镇出水村－蒋家坨

表2-193　植烟土壤信息

地块基本信息		土壤化学成分					
品种	云烟97	pH	4.91	碱解氮（mg/kg）	120.44	有效磷（mg/kg）	39.00
海拔（m）	1 100	有机质（%）	2.06	土壤氯（mg/kg）	10.46	有效铜（mg/kg）	3.18
种植单元	蒋家坨	全氮（g/kg）	1.63	交换钙（cmol/kg）	6.98	有效锌（mg/kg）	2.58
土壤类型	黄壤	全磷（g/kg）	1.03	交换镁（cmol/kg）	1.08	有效铁（mg/kg）	101.16
地形	山地	全钾（g/kg）	16.43	有效硫（mg/kg）	39.00	有效锰（mg/kg）	114.97
地貌	平坦地	速效钾（mg/kg）	214.00	铵态氮（mg/kg）	1.34	有效硼（mg/kg）	0.14
		缓效钾（mg/kg）	350.00	硝态氮（mg/kg）	15.18	有效钼（mg/kg）	0.13

图2-97　烟叶田间表现

表2–194　烟叶质量风格

	指标	中部叶	上部叶		指标	中部叶	上部叶
外观质量	成熟度	成–	成––	烟叶化学成分	烟碱（%）	3.38	3.69
	颜色	橘–	橘		总糖（%）	25.85	25.49
	身份	中	稍厚		还原糖（%）	23.92	24.16
	结构	疏+	稍密		总氮（%）	2.13	2.38
	油分	有	有–		总钾（%）	1.69	1.44
	色度	中–	中–		总氯（%）	0.14	0.25
物理指标	填充值（cm^3/g）	3.07	2.88		糖碱比	7.08	6.55
	平衡水分	12.16	13.58		两糖比	0.93	0.95
	叶长（cm）	64.40	61.30		淀粉（%）	5.65	
	叶宽（cm）	25.30	22.15		挥发碱（%）	0.35	
	单叶重（g）	13.70	15.73		醚提物（%）	8.29	
	含梗率（%）	34.00	30.00		烟叶磷（%）	0.13	
	叶面密度（mg/cm^2）	4.75	6.75		烟叶硫（%）	0.35	
评吸质量	劲头	适中			烟叶钙（mg/kg）	20 255.83	
	浓度	中等+			烟叶镁（mg/kg）	1 991.79	
	香气质	11.50			烟叶硼（mg/kg）	32.52	
	香气量	16.50			烟叶锰（mg/kg）	482.34	
	余味	19.40			烟叶锌（mg/kg）	39.26	
	杂气	12.78			烟叶钼（mg/kg）	0.13	
	刺激性	9.00			烟叶铁（mg/kg）	188.17	
	燃烧性	3.00			烟叶镍（mg/kg）	1.04	
	灰分	3.00			烟叶铜（mg/kg）	10.32	
	得分	75.18					
	质量档次	3.8					

（二八）巷口镇出水村–庙良湾

表2–195　植烟土壤信息

地块基本信息		土壤化学成分					
品种	云烟97	pH	6.14	碱解氮（mg/kg）	149.18	有效磷（mg/kg）	21.50
海拔（m）	1 100	有机质（%）	2.64	土壤氯（mg/kg）	3.49	有效铜（mg/kg）	1.78
种植单元	庙良湾	全氮（g/kg）	1.75	交换钙（cmol/kg）	9.52	有效锌（mg/kg）	2.37
土壤类型	黄壤	全磷（g/kg）	0.69	交换镁（cmol/kg）	1.22	有效铁（mg/kg）	52.07
地形	山地	全钾（g/kg）	12.32	有效硫（mg/kg）	7.50	有效锰（mg/kg）	106.26
地貌	平坦地	速效钾（mg/kg）	369.00	铵态氮（mg/kg）	1.16	有效硼（mg/kg）	0.10
		缓效钾（mg/kg）	247.00	硝态氮（mg/kg）	5.93	有效钼（mg/kg）	0.03

图2–98　烟叶田间表现

表2-196　烟叶质量风格

	指标	中部叶	上部叶		指标	中部叶	上部叶
外观质量	成熟度	尚熟−	成	烟叶化学成分	烟碱（%）	1.73	4.02
	颜色	柠++	橘		总糖（%）	27.22	24.02
	身份	稍薄−	稍薄−		还原糖（%）	23.61	24.03
	结构	尚疏	尚疏		总氮（%）	1.66	2.46
	油分	有−−	有+		总钾（%）	2.57	1.86
	色度	弱+	强−		总氯（%）	0.23	0.38
物理指标	填充值（cm^3/g）	3.13	2.91		糖碱比	13.65	5.98
	平衡水分	13.28	12.25		两糖比	0.87	1.00
	叶长（cm）	68.05	68.85		淀粉（%）	5.87	
	叶宽（cm）	24.60	25.13		挥发碱（%）	0.21	
	单叶重（g）	10.19	18.83		醚提物（%）	6.20	
	含梗率（%）	38.00	33.00		烟叶磷（%）	0.14	
	叶面密度（mg/cm^2）	3.21	6.15		烟叶硫（%）	0.43	
评吸质量	劲头	适中			烟叶钙（mg/kg）	25 676.94	
	浓度	中等+			烟叶镁（mg/kg）	2 323.82	
	香气质	11.60			烟叶硼（mg/kg）	22.22	
	香气量	16.30			烟叶锰（mg/kg）	198.43	
	余味	19.70			烟叶锌（mg/kg）	43.10	
	杂气	13.00			烟叶钼（mg/kg）	0.44	
	刺激性	9.00			烟叶铁（mg/kg）	253.53	
	燃烧性	3.00			烟叶镍（mg/kg）	1.50	
	灰分	3.00			烟叶铜（mg/kg）	5.96	
	得分	75.60					
	质量档次	4.20					

（二九）巷口镇东山村–独树子

表2–197　植烟土壤信息

地块基本信息		土壤化学成分					
品种	云烟97	pH	5.02	碱解氮（mg/kg）	110.33	有效磷（mg/kg）	3.50
海拔（m）	980	有机质（%）	1.30	土壤氯（mg/kg）	10.46	有效铜（mg/kg）	0.98
种植单元	独树子	全氮（g/kg）	1.00	交换钙（cmol/kg）	4.02	有效锌（mg/kg）	1.15
土壤类型	黄壤	全磷（g/kg）	0.32	交换镁（cmol/kg）	1.05	有效铁（mg/kg）	49.34
地形	山地	全钾（g/kg）	19.51	有效硫（mg/kg）	149.50	有效锰（mg/kg）	139.33
地貌	平坦地	速效钾（mg/kg）	229.00	铵态氮（mg/kg）	1.22	有效硼（mg/kg）	0.16
		缓效钾（mg/kg）	227.00	硝态氮（mg/kg）	11.09	有效钼（mg/kg）	0.09

图2–99　烟叶田间表现

表2-198　烟叶质量风格

	指标	中部叶	上部叶		指标	中部叶	上部叶
外观质量	成熟度	成－	成	烟叶化学成分	烟碱（%）	3.43	4.14
	颜色	橘	橘－		总糖（%）	24.20	20.44
	身份	中	稍厚－		还原糖（%）	23.13	20.80
	结构	疏松＋	尚疏－		总氮（%）	2.35	2.57
	油分	有	有		总钾（%）	1.93	1.50
	色度	中	强		总氯（%）	0.29	0.23
物理指标	填充值（cm^3/g）	3.04	3.42		糖碱比	6.74	5.02
	平衡水分	12.91	12.34		两糖比	0.96	1.02
	叶长（cm）	74.95	68.50		淀粉（%）	2.66	
	叶宽（cm）	27.70	25.65		挥发碱（%）	0.36	
	单叶重（g）	17.55	17.19		醚提物（%）	7.68	
	含梗率（%）	37.00	31.00		烟叶磷（%）	0.14	
	叶面密度（mg/cm^2）	4.58	5.78		烟叶硫（%）	0.29	
评吸质量	劲头	适中			烟叶钙（mg/kg）	26 622.41	
	浓度	中等＋			烟叶镁（mg/kg）	1 882.11	
	香气质	11.00			烟叶硼（mg/kg）	21.99	
	香气量	16.00			烟叶锰（mg/kg）	196.70	
	余味	18.90			烟叶锌（mg/kg）	42.91	
	杂气	12.40			烟叶钼（mg/kg）	0.41	
	刺激性	8.80			烟叶铁（mg/kg）	185.57	
	燃烧性	3.00			烟叶镍（mg/kg）	1.54	
	灰分	3.00			烟叶铜（mg/kg）	6.05	
	得分	73.00					
	质量档次	3.00					

（三〇）巷口镇东山村–天池

表2–199　植烟土壤信息

地块基本信息		土壤化学成分					
品种	云烟97	pH	5.62	碱解氮（mg/kg）	130.54	有效磷（mg/kg）	17.50
海拔（m）	1 200	有机质（%）	2.52	土壤氯（mg/kg）	7.56	有效铜（mg/kg）	1.45
种植单元	天池	全氮（g/kg）	1.50	交换钙（cmol/kg）	5.70	有效锌（mg/kg）	2.38
土壤类型	黄壤	全磷（g/kg）	0.64	交换镁（cmol/kg）	1.02	有效铁（mg/kg）	69.26
地形	山地	全钾（g/kg）	16.51	有效硫（mg/kg）	28.00	有效锰（mg/kg）	79.26
地貌	坡型地	速效钾（mg/kg）	173.00	铵态氮（mg/kg）	1.59	有效硼（mg/kg）	0.10
		缓效钾（mg/kg）	363.00	硝态氮（mg/kg）	5.17	有效钼（mg/kg）	0.05

图2–100　烟叶田间表现

表2-200　烟叶质量风格

	指标	中部叶	上部叶		指标	中部叶	上部叶
外观质量	成熟度	尚熟+	成--	烟叶化学成分	烟碱（%）	3.23	3.54
	颜色	橘-	橘		总糖（%）	31.90	27.23
	身份	中+	稍厚+		还原糖（%）	28.22	22.83
	结构	尚疏+	稍密+		总氮（%）	2.09	2.52
	油分	有	有-		总钾（%）	1.60	1.44
	色度	中	中		总氯（%）	0.20	0.29
物理指标	填充值（cm^3/g）	2.53	2.87		糖碱比	8.74	6.45
	平衡水分	14.32	13.01		两糖比	0.88	0.84
	叶长（cm）	75.60	64.90		淀粉（%）	5.28	
	叶宽（cm）	27.50	22.38		挥发碱（%）	0.33	
	单叶重（g）	21.03	15.74		醚提物（%）	7.42	
	含梗率（%）	31.00	29.00		烟叶磷（%）	0.12	
	叶面密度（mg/cm^2）	6.58	7.02		烟叶硫（%）	0.28	
评吸质量	劲头	适中			烟叶钙（mg/kg）	19 143.12	
	浓度	中等+			烟叶镁（mg/kg）	1 874.04	
	香气质	11.50			烟叶硼（mg/kg）	41.92	
	香气量	16.50			烟叶锰（mg/kg）	191.37	
	余味	20.00			烟叶锌（mg/kg）	35.22	
	杂气	13.50			烟叶钼（mg/kg）	0.14	
	刺激性	9.10			烟叶铁（mg/kg）	160.54	
	燃烧性	3.00			烟叶镍（mg/kg）	0.98	
	灰分	3.00			烟叶铜（mg/kg）	8.43	
	得分	76.60					
	质量档次	4.40					

（三一）巷口镇东山村-老良子

表2-201　植烟土壤信息

地块基本信息		土壤化学成分					
品种	云烟97	pH	4.99	碱解氮（mg/kg）	160.06	有效磷（mg/kg）	22.00
海拔（m）	1 100	有机质（%）	2.45	土壤氯（mg/kg）	10.46	有效铜（mg/kg）	3.82
种植单元	老良子	全氮（g/kg）	1.56	交换钙（cmol/kg）	5.45	有效锌（mg/kg）	3.12
土壤类型	黄壤	全磷（g/kg）	0.96	交换镁（cmol/kg）	1.24	有效铁（mg/kg）	99.29
地形	山地	全钾（g/kg）	14.02	有效硫（mg/kg）	50.50	有效锰（mg/kg）	117.92
地貌	坡型地	速效钾（mg/kg）	91.00	铵态氮（mg/kg）	1.47	有效硼（mg/kg）	0.18
		缓效钾（mg/kg）	365.00	硝态氮（mg/kg）	16.48	有效钼（mg/kg）	0.13

图2-101　烟叶田间表现

表2-202　烟叶质量风格

	指标	中部叶	上部叶		指标	中部叶	上部叶
外观质量	成熟度	成-	成-	烟叶化学成分	烟碱（%）	2.81	3.74
	颜色	橘-	橘		总糖（%）	27.37	27.12
	身份	中-	稍厚		还原糖（%）	25.92	25.42
	结构	疏松+	尚疏+		总氮（%）	1.97	2.14
	油分	有	有		总钾（%）	1.91	1.67
	色度	中-	中		总氯（%）	0.18	0.23
物理指标	填充值（cm^3/g）	3.12	2.78		糖碱比	9.22	6.80
	平衡水分	12.92	13.51		两糖比	0.95	0.94
	叶长（cm）	64.40	64.68		淀粉（%）	8.02	
	叶宽（cm）	25.18	24.10		挥发碱（%）	0.30	
	单叶重（g）	13.00	17.20		醚提物（%）	7.30	
	含梗率（%）	32.00	28.00		烟叶磷（%）	0.14	
	叶面密度（mg/cm^2）	5.04	7.01		烟叶硫（%）	0.36	
评吸质量	劲头	适中			烟叶钙（mg/kg）	21 016.38	
	浓度	中等			烟叶镁（mg/kg）	1 644.31	
	香气质	11.30			烟叶硼（mg/kg）	25.48	
	香气量	16.10			烟叶锰（mg/kg）	220.42	
	余味	19.40			烟叶锌（mg/kg）	37.99	
	杂气	12.60			烟叶钼（mg/kg）	0.22	
	刺激性	9.10			烟叶铁（mg/kg）	291.88	
	燃烧性	3.00			烟叶镍（mg/kg）	1.11	
	灰分	3.00			烟叶铜（mg/kg）	9.74	
	得分	74.50					
	质量档次	3.60					

（三二）巷口镇东山村-张家湾

表2-203　植烟土壤信息

地块基本信息		土壤化学成分					
品种	云烟97	pH	4.69	碱解氮（mg/kg）	106.74	有效磷（mg/kg）	13.11
海拔（m）	1 100	有机质（%）	2.26	土壤氯（mg/kg）	14.01	有效铜（mg/kg）	—
种植单元	张家湾	全氮（g/kg）	2.69	交换钙（cmol/kg）	4.80	有效锌（mg/kg）	—
土壤类型	黄壤	全磷（g/kg）	1.00	交换镁（cmol/kg）	1.93	有效铁（mg/kg）	—
地形	山地	全钾（g/kg）	19.42	有效硫（mg/kg）	119.00	有效锰（mg/kg）	—
地貌	坡型地	速效钾（mg/kg）	283.00	铵态氮（mg/kg）	1.43	有效硼（mg/kg）	—
		缓效钾（mg/kg）	345.00	硝态氮（mg/kg）	31.70	有效钼（mg/kg）	—

图2-102　烟叶田间表现

表2-204　烟叶质量风格

	指标	中部叶	上部叶		指标	中部叶	上部叶
外观质量	成熟度	成-	成--	烟叶化学成分	烟碱（%）	2.43	2.65
	颜色	柠+	橘		总糖（%）	30.20	30.86
	身份	稍薄+	中+		还原糖（%）	24.01	28.13
	结构	疏松+	尚疏+		总氮（%）	1.68	1.71
	油分	有	有		总钾（%）	2.15	1.65
	色度	中	中-		总氯（%）	0.26	0.19
物理指标	填充值（cm^3/g）	2.83	2.61		糖碱比	9.88	10.62
	平衡水分	13.07	12.99		两糖比	0.80	0.91
	叶长（cm）	68.70	65.98		淀粉（%）	6.69	
	叶宽（cm）	25.15	21.05		挥发碱（%）	0.35	
	单叶重（g）	12.29	15.59		醚提物（%）	6.62	
	含梗率（%）	35.00	28.00		烟叶磷（%）	0.15	
	叶面密度（mg/cm^2）	4.17	6.87		烟叶硫（%）	0.30	
评吸质量	劲头	适中			烟叶钙（mg/kg）	21 913.53	
	浓度	中等+			烟叶镁（mg/kg）	1 444.33	
	香气质	11.40			烟叶硼（mg/kg）	32.09	
	香气量	16.30			烟叶锰（mg/kg）	220.65	
	余味	19.90			烟叶锌（mg/kg）	52.50	
	杂气	12.90			烟叶钼（mg/kg）	0.27	
	刺激性	9.00			烟叶铁（mg/kg）	174.34	
	燃烧性	3.00			烟叶镍（mg/kg）	1.24	
	灰分	3.00			烟叶铜（mg/kg）	9.30	
	得分	75.40					
	质量档次	3.80					

（三三）巷口镇东山村－陈家湾

表2-205　植烟土壤信息

地块基本信息		土壤化学成分					
品种	云烟97	pH	5.87	碱解氮（mg/kg）	159.29	有效磷（mg/kg）	16.98
海拔（m）	1 000	有机质（%）	1.84	土壤氯（mg/kg）	40.70	有效铜（mg/kg）	1.64
种植单元	陈家湾	全氮（g/kg）	1.60	交换钙（cmol/kg）	8.57	有效锌（mg/kg）	0.86
土壤类型	黄壤	全磷（g/kg）	1.01	交换镁（cmol/kg）	2.19	有效铁（mg/kg）	22.93
地形	山地	全钾（g/kg）	19.32	有效硫（mg/kg）	84.50	有效锰（mg/kg）	68.84
地貌	平坦地	速效钾（mg/kg）	248.00	铵态氮（mg/kg）	31.40	有效硼（mg/kg）	0.15
		缓效钾（mg/kg）	372.00	硝态氮（mg/kg）	12.32	有效钼（mg/kg）	0.03

图2-103　烟叶田间表现

表2-206　烟叶质量风格

	指标	中部叶	上部叶		指标	中部叶	上部叶
外观质量	成熟度	尚熟	尚熟	烟叶化学成分	烟碱（%）	2.39	2.70
	颜色	橘–	橘		总糖（%）	30.73	29.84
	身份	中	稍厚–		还原糖（%）	24.68	27.16
	结构	尚疏	稍密		总氮（%）	1.64	1.81
	油分	有	有		总钾（%）	1.99	1.65
	色度	中–	中–		总氯（%）	0.23	0.27
物理指标	填充值（cm^3/g）	2.63	2.46		糖碱比	10.33	10.06
	平衡水分	13.45	13.52		两糖比	0.80	0.91
	叶长（cm）	62.00	67.95		淀粉（%）	5.69	
	叶宽（cm）	21.05	21.55		挥发碱（%）	0.25	
	单叶重（g）	10.99	13.62		醚提物（%）	6.42	
	含梗率（%）	33.00	30.00		烟叶磷（%）	0.14	
	叶面密度（mg/cm^2）	4.75	6.30		烟叶硫（%）	0.30	
评吸质量	劲头	适中			烟叶钙（mg/kg）	15 772.41	
	浓度	中等+			烟叶镁（mg/kg）	1 711.17	
	香气质	11.60			烟叶硼（mg/kg）	35.28	
	香气量	16.20			烟叶锰（mg/kg）	439.59	
	余味	20.00			烟叶锌（mg/kg）	59.43	
	杂气	13.10			烟叶钼（mg/kg）	0.19	
	刺激性	9.00			烟叶铁（mg/kg）	162.46	
	燃烧性	3.00			烟叶镍（mg/kg）	1.12	
	灰分	3.00			烟叶铜（mg/kg）	8.08	
	得分	75.90					
	质量档次	4.20					

四、仙女山镇

（一）仙女山镇荆竹村–红椿陀

表2–207　植烟土壤信息

地块基本信息		土壤化学成分					
品种	云烟97	pH	4.53	碱解氮（mg/kg）	131.31	有效磷（mg/kg）	18.84
海拔（m）	1 100	有机质（%）	2.29	土壤氯（mg/kg）	3.49	有效铜（mg/kg）	2.13
种植单元	红椿陀	全氮（g/kg）	1.49	交换钙（cmol/kg）	2.92	有效锌（mg/kg）	1.23
土壤类型	黄壤	全磷（g/kg）	0.98	交换镁（cmol/kg）	2.85	有效铁（mg/kg）	81.22
地形	山地	全钾（g/kg）	27.91	有效硫（mg/kg）	72.00	有效锰（mg/kg）	57.94
地貌	坡型地	速效钾（mg/kg）	248.00	铵态氮（mg/kg）	26.61	有效硼（mg/kg）	0.23
		缓效钾（mg/kg）	332.00	硝态氮（mg/kg）	12.57	有效钼（mg/kg）	0.07

图2–104　烟叶田间表现

表2-208　烟叶质量风格

	指标	中部叶	上部叶		指标	中部叶	上部叶
外观质量	成熟度	成--	成-	烟叶化学成分	烟碱（%）	3.40	3.89
	颜色	橘-	橘		总糖（%）	27.64	19.83
	身份	稍厚-	稍厚-		还原糖（%）	25.72	19.90
	结构	稍密-	稍密		总氮（%）	2.16	2.62
	油分	有-	有-		总钾（%）	1.84	1.69
	色度	中	中		总氯（%）	0.29	0.31
物理指标	填充值（cm^3/g）	2.89	3.27		糖碱比	7.56	5.12
	平衡水分	11.55	12.63		两糖比	0.93	1.00
	叶长（cm）	67.65	61.08		淀粉（%）	3.91	
	叶宽（cm）	22.95	18.43		挥发碱（%）	0.36	
	单叶重（g）	15.12	13.07		醚提物（%）	7.55	
	含梗率（%）	27.00	32.00		烟叶磷（%）	0.12	
	叶面密度（mg/cm^2）	6.74	6.73		烟叶硫（%）	0.49	
评吸质量	劲头	适中+			烟叶钙（mg/kg）	16 609.13	
	浓度	较浓-			烟叶镁（mg/kg）	1 309.45	
	香气质	10.90			烟叶硼（mg/kg）	38.30	
	香气量	16.10			烟叶锰（mg/kg）	468.60	
	余味	19.10			烟叶锌（mg/kg）	42.94	
	杂气	12.60			烟叶钼（mg/kg）	0.29	
	刺激性	8.60			烟叶铁（mg/kg）	190.04	
	燃烧性	3.00			烟叶镍（mg/kg）	1.09	
	灰分	3.00			烟叶铜（mg/kg）	9.77	
	得分	73.40					
	质量档次	2.80					

（二）仙女山镇荆竹村–杞树坳

表2–209　植烟土壤信息

地块基本信息		土壤化学成分					
品种	云烟97	pH	4.35	碱解氮（mg/kg）	151.52	有效磷（mg/kg）	50.42
海拔（m）	1 200	有机质（%）	2.38	土壤氯（mg/kg）	6.98	有效铜（mg/kg）	2.39
种植单元	杞树坳	全氮（g/kg）	1.73	交换钙（cmol/kg）	1.75	有效锌（mg/kg）	3.57
土壤类型	山地	全磷（g/kg）	1.15	交换镁（cmol/kg）	1.53	有效铁（mg/kg）	86.03
地形	山地	全钾（g/kg）	11.74	有效硫（mg/kg）	116.50	有效锰（mg/kg）	124.33
地貌	坡型地	速效钾（mg/kg）	450.00	铵态氮（mg/kg）	17.78	有效硼（mg/kg）	0.21
		缓效钾（mg/kg）	422.00	硝态氮（mg/kg）	17.20	有效钼（mg/kg）	0.13

图2–105　烟叶田间表现

表2-210 烟叶质量风格

	指标	中部叶	上部叶
外观质量	成熟度	成-	成
	颜色	橘-	橘
	身份	中	稍厚
	结构	疏松+	尚疏+
	油分	有	有
	色度	中	强
物理指标	填充值（cm^3/g）	2.86	3.58
	平衡水分	13.40	12.14
	叶长（cm）	66.75	65.88
	叶宽（cm）	22.53	21.15
	单叶重（g）	12.23	13.97
	含梗率（%）	30.00	30.00
	叶面密度（mg/cm^2）	5.62	5.85
评吸质量	劲头	适中	
	浓度	中等+	
	香气质	11.40	
	香气量	16.30	
	余味	19.90	
	杂气	12.90	
	刺激性	9.00	
	燃烧性	3.00	
	灰分	3.00	
	得分	75.40	
	质量档次	3.90	

	指标	中部叶	上部叶
烟叶化学成分	烟碱（%）	2.93	3.49
	总糖（%）	29.11	16.74
	还原糖（%）	27.44	16.14
	总氮（%）	2.05	2.80
	总钾（%）	1.98	1.94
	总氯（%）	0.22	0.41
	糖碱比	9.37	4.62
	两糖比	0.94	0.96
	淀粉（%）	2.94	
	挥发碱（%）	0.31	
	醚提物（%）	6.38	
	烟叶磷（%）	0.20	
	烟叶硫（%）	0.68	
	烟叶钙（mg/kg）	22 453.86	
	烟叶镁（mg/kg）	2 476.64	
	烟叶硼（mg/kg）	16.74	
	烟叶锰（mg/kg）	709.36	
	烟叶锌（mg/kg）	66.80	
	烟叶钼（mg/kg）	0.05	
	烟叶铁（mg/kg）	178.42	
	烟叶镍（mg/kg）	1.79	
	烟叶铜（mg/kg）	20.00	

（三）仙女山镇荆竹村–使家陀

表2–211　植烟土壤信息

地块基本信息		土壤化学成分					
品种	云烟97	pH	4.79	碱解氮（mg/kg）	150.74	有效磷（mg/kg）	34.47
海拔（m）	1 200	有机质（%）	2.72	土壤氯（mg/kg）	5.81	有效铜（mg/kg）	1.84
种植单元	使家陀	全氮（g/kg）	1.79	交换钙（cmol/kg）	0.00	有效锌（mg/kg）	1.80
土壤类型	黄壤	全磷（g/kg）	0.86	交换镁（cmol/kg）	1.63	有效铁（mg/kg）	92.71
地形	山地	全钾（g/kg）	11.68	有效硫（mg/kg）	73.50	有效锰（mg/kg）	87.19
地貌	平坦地	速效钾（mg/kg）	379.00	铵态氮（mg/kg）	10.02	有效硼（mg/kg）	0.37
		缓效钾（mg/kg）	385.00	硝态氮（mg/kg）	13.64	有效钼（mg/kg）	0.10

图2–106　烟叶田间表现

表2-212 烟叶质量风格

	指标	中部叶	上部叶		指标	中部叶	上部叶
外观质量	成熟度	尚+	成-	烟叶化学成分	烟碱（%）	2.32	3.80
	颜色	柠++	橘		总糖（%）	31.28	19.07
	身份	稍薄+	稍厚-		还原糖（%）	30.27	19.29
	结构	疏松+	尚疏+		总氮（%）	1.43	2.96
	油分	有	有-		总钾（%）	1.86	2.10
	色度	中	强--		总氯（%）	0.19	0.33
物理指标	填充值（cm^3/g）	2.64	3.23		糖碱比	13.05	5.08
	平衡水分	13.12	11.73		两糖比	0.97	1.01
	叶长（cm）	68.70	69.43		淀粉（%）	3.91	
	叶宽（cm）	25.43	23.13		挥发碱（%）	0.26	
	单叶重（g）	12.79	15.18		醚提物（%）	4.85	
	含梗率（%）	31.00	31.00		烟叶磷（%）	0.17	
	叶面密度（mg/cm^2）	4.77	5.92		烟叶硫（%）	0.23	
评吸质量	劲头	适中			烟叶钙（mg/kg）	18 419.05	
	浓度	中等+			烟叶镁（mg/kg）	3 911.87	
	香气质	11.60			烟叶硼（mg/kg）	26.92	
	香气量	16.50			烟叶锰（mg/kg）	175.77	
	余味	20.30			烟叶锌（mg/kg）	37.10	
	杂气	13.00			烟叶钼（mg/kg）	0.23	
	刺激性	8.90			烟叶铁（mg/kg）	196.75	
	燃烧性	3.00			烟叶镍（mg/kg）	1.65	
	灰分	3.00			烟叶铜（mg/kg）	7.69	
	得分	76.30					
	质量档次	4.30					

（四）仙女山镇荆竹村－春树坎

表2-213　植烟土壤信息

地块基本信息		土壤化学成分					
品种	云烟97	pH	4.82	碱解氮（mg/kg）	135.20	有效磷（mg/kg）	35.48
海拔（m）	1 200	有机质（%）	2.12	土壤氯（mg/kg）	5.48	有效铜（mg/kg）	1.85
种植单元	春树坎	全氮（g/kg）	1.41	交换钙（cmol/kg）	1.25	有效锌（mg/kg）	2.11
土壤类型	黄壤	全磷（g/kg）	0.92	交换镁（cmol/kg）	1.40	有效铁（mg/kg）	76.50
地形	山地	全钾（g/kg）	12.44	有效硫（mg/kg）	103.50	有效锰（mg/kg）	109.00
地貌	坡型地	速效钾（mg/kg）	355.00	铵态氮（mg/kg）	14.58	有效硼（mg/kg）	0.23
		缓效钾（mg/kg）	445.00	硝态氮（mg/kg）	11.34	有效钼（mg/kg）	0.11

图2-107　烟叶田间表现

表2-214　烟叶质量风格

	指标	中部叶	上部叶		指标	中部叶	上部叶
外观质量	成熟度	尚	尚－	烟叶化学成分	烟碱（%）	1.84	2.44
	颜色	柠	橘－		总糖（%）	32.32	31.32
	身份	稍厚	稍厚		还原糖（%）	29.61	29.48
	结构	尚疏	稍密		总氮（%）	1.38	1.94
	油分	有--	有		总钾（%）	1.97	1.68
	色度	弱＋	中－		总氯（%）	0.43	0.35
物理指标	填充值（cm^3/g）	2.64	3.19		糖碱比	16.09	12.08
	平衡水分	13.77	11.57		两糖比	0.92	0.94
	叶长（cm）	63.70	64.43		淀粉（%）	4.47	
	叶宽（cm）	23.65	20.28		挥发碱（%）	0.21	
	单叶重（g）	10.88	13.79		醚提物（%）	6.04	
	含梗率（%）	32.00	23.00		烟叶磷（%）	0.15	
	叶面密度（mg/cm^2）	4.54	7.54		烟叶硫（%）	0.30	
评吸质量	劲头	适中			烟叶钙（mg/kg）	18 793.80	
	浓度	中等＋			烟叶镁（mg/kg）	2 634.45	
	香气质	11.60			烟叶硼（mg/kg）	22.11	
	香气量	16.40			烟叶锰（mg/kg）	211.78	
	余味	20.30			烟叶锌（mg/kg）	41.46	
	杂气	13.20			烟叶钼（mg/kg）	0.44	
	刺激性	9.10			烟叶铁（mg/kg）	293.82	
	燃烧性	3.00			烟叶镍（mg/kg）	1.55	
	灰分	3.00			烟叶铜（mg/kg）	6.53	
	得分	76.60					
	质量档次	4.40					

（五）仙女山镇荆竹村－朝义

表2–215　植烟土壤信息

地块基本信息		土壤化学成分					
品种	云烟97	pH	5.69	碱解氮（mg/kg）	142.97	有效磷（mg/kg）	41.44
海拔（m）	1 200	有机质（%）	2.78	土壤氯（mg/kg）	8.54	有效铜（mg/kg）	2.33
种植单元	朝义	全氮（g/kg）	1.76	交换钙（cmol/kg）	3.74	有效锌（mg/kg）	2.65
土壤类型	黄壤	全磷（g/kg）	1.13	交换镁（cmol/kg）	1.62	有效铁（mg/kg）	51.71
地形	山地	全钾（g/kg）	14.42	有效硫（mg/kg）	58.50	有效锰（mg/kg）	80.89
地貌	平坦地	速效钾（mg/kg）	484.00	铵态氮（mg/kg）	6.49	有效硼（mg/kg）	0.34
		缓效钾（mg/kg）	584.00	硝态氮（mg/kg）	16.09	有效钼（mg/kg）	0.18

图2-108　烟叶田间表现

表2-216 烟叶质量风格

	指标	中部叶	上部叶		指标	中部叶	上部叶
外观质量	成熟度	成–	成+	烟叶化学成分	烟碱（%）	3.92	4.09
	颜色	橘–	橘		总糖（%）	24.09	7.91
	身份	中	稍厚–		还原糖（%）	24.37	7.23
	结构	疏松++	尚疏		总氮（%）	2.51	3.45
	油分	有	有–		总钾（%）	2.01	2.57
	色度	中	强		总氯（%）	0.33	0.58
物理指标	填充值（cm^3/g）	2.95	4.24		糖碱比	6.22	1.77
	平衡水分	12.45	12.20		两糖比	1.01	0.91
	叶长（cm）	67.93	68.65		淀粉（%）	2.17	
	叶宽（cm）	22.13	20.53		挥发碱（%）	0.43	
	单叶重（g）	13.11	15.72		醚提物（%）	6.81	
	含梗率（%）	30.00	35.00		烟叶磷（%）	0.15	
	叶面密度（mg/cm^2）	5.74	4.89		烟叶硫（%）	0.66	
评吸质量	劲头	适中+			烟叶钙（mg/kg）	21 731.57	
	浓度	较浓–			烟叶镁（mg/kg）	1 875.26	
	香气质	11.10			烟叶硼（mg/kg）	37.10	
	香气量	16.40			烟叶锰（mg/kg）	364.49	
	余味	19.30			烟叶锌（mg/kg）	57.31	
	杂气	12.50			烟叶钼（mg/kg）	0.19	
	刺激性	8.90			烟叶铁（mg/kg）	216.50	
	燃烧性	3.00			烟叶镍（mg/kg）	1.46	
	灰分	3.00			烟叶铜（mg/kg）	16.50	
	得分	74.10					
	质量档次	3.40					

（六）仙女山镇荆竹村–阔场坝

表2–217　植烟土壤信息

地块基本信息		土壤化学成分					
品种	云烟97	pH	4.72	碱解氮（mg/kg）	135.98	有效磷（mg/kg）	36.64
海拔（m）	1 200	有机质（%）	2.04	土壤氯（mg/kg）	9.30	有效铜（mg/kg）	1.87
种植单元	阔场坝	全氮（g/kg）	1.38	交换钙（cmol/kg）	3.89	有效锌（mg/kg）	1.75
土壤类型	黄壤	全磷（g/kg）	0.90	交换镁（cmol/kg）	2.40	有效铁（mg/kg）	72.77
地形	山地	全钾（g/kg）	12.50	有效硫（mg/kg）	171.50	有效锰（mg/kg）	115.21
地貌	坡型地	速效钾（mg/kg）	435.00	铵态氮（mg/kg）	12.48	有效硼（mg/kg）	0.21
		缓效钾（mg/kg）	481.00	硝态氮（mg/kg）	22.59	有效钼（mg/kg）	0.16

图2–109　烟叶田间表现

表2-218　烟叶质量风格

	指标	中部叶	上部叶		指标	中部叶	上部叶
外观质量	成熟度	成－	成－	烟叶化学成分	烟碱（%）	3.70	4.32
	颜色	橘－	橘＋		总糖（%）	23.94	8.41
	身份	中＋	稍厚		还原糖（%）	24.35	9.06
	结构	尚疏－	尚疏＋		总氮（%）	2.38	3.35
	油分	有	有－		总钾（%）	1.77	2.69
	色度	中＋	中		总氯（%）	0.37	0.61
物理指标	填充值（cm^3/g）	3.05	4.30		糖碱比	6.58	2.10
	平衡水分	12.76	11.79		两糖比	1.02	1.08
	叶长（cm）	78.43	70.05		淀粉（%）	4.31	
	叶宽（cm）	24.18	21.13		挥发碱（%）	0.37	
	单叶重（g）	18.08	14.79		醚提物（%）	8.13	
	含梗率（%）	31.00	34.00		烟叶磷（%）	0.14	
	叶面密度（mg/cm^2）	5.60	4.93		烟叶硫（%）	0.45	
评吸质量	劲头	适中＋			烟叶钙（mg/kg）	20 136.34	
	浓度	中等＋			烟叶镁（mg/kg）	2 040.64	
	香气质	10.90			烟叶硼（mg/kg）	42.73	
	香气量	16.00			烟叶锰（mg/kg）	368.73	
	余味	18.80			烟叶锌（mg/kg）	49.23	
	杂气	12.10			烟叶钼（mg/kg）	0.13	
	刺激性	8.80			烟叶铁（mg/kg）	183.95	
	燃烧性	3.00			烟叶镍（mg/kg）	1.37	
	灰分	3.00			烟叶铜（mg/kg）	12.49	
	得分	72.50					
	质量档次	2.80					

（七）仙女山镇荆竹村－荆竹坪

表2-219　植烟土壤信息

地块基本信息		土壤化学成分					
品种	云烟97	pH	5.18	碱解氮（mg/kg）	134.42	有效磷（mg/kg）	31.61
海拔（m）	1 300	有机质（%）	2.64	土壤氯（mg/kg）	16.28	有效铜（mg/kg）	2.71
种植单元	荆竹坪	全氮（g/kg）	1.75	交换钙（cmol/kg）	6.20	有效锌（mg/kg）	1.60
土壤类型	黄壤	全磷（g/kg）	1.15	交换镁（cmol/kg）	2.35	有效铁（mg/kg）	74.55
地形	山地	全钾（g/kg）	12.25	有效硫（mg/kg）	74.50	有效锰（mg/kg）	61.11
地貌	坡型地	速效钾（mg/kg）	377.00	铵态氮（mg/kg）	4.44	有效硼（mg/kg）	0.19
		缓效钾（mg/kg）	463.00	硝态氮（mg/kg）	9.56	有效钼（mg/kg）	0.04

图2-110　烟叶田间表现

表2-220　烟叶质量风格

	指标	中部叶	上部叶		指标	中部叶	上部叶
外观质量	成熟度	成--	成-	烟叶化学成分	烟碱（%）	2.13	3.70
	颜色	橘-	橘		总糖（%）	32.31	23.69
	身份	稍薄+	稍厚-		还原糖（%）	28.03	22.10
	结构	疏松+	尚疏++		总氮（%）	1.90	2.60
	油分	稍有+	有		总钾（%）	1.91	1.76
	色度	中-	强-		总氯（%）	0.19	0.42
物理指标	填充值（cm^3/g）	2.79	3.07		糖碱比	13.16	5.97
	平衡水分	13.07	12.92		两糖比	0.87	0.93
	叶长（cm）	63.55	69.28		淀粉（%）	6.15	
	叶宽（cm）	22.95	22.75		挥发碱（%）	0.24	
	单叶重（g）	10.49	16.53		醚提物（%）	5.18	
	含梗率（%）	35.00	32.00		烟叶磷（%）	0.17	
	叶面密度（mg/cm^2）	4.40	5.81		烟叶硫（%）	0.34	
评吸质量	劲头	适中			烟叶钙（mg/kg）	21 221.71	
	浓度	中等+			烟叶镁（mg/kg）	1 403.74	
	香气质	11.80			烟叶硼（mg/kg）	27.30	
	香气量	16.40			烟叶锰（mg/kg）	288.42	
	余味	20.20			烟叶锌（mg/kg）	36.61	
	杂气	13.20			烟叶钼（mg/kg）	0.44	
	刺激性	9.00			烟叶铁（mg/kg）	187.97	
	燃烧性	3.00			烟叶镍（mg/kg）	1.09	
	灰分	3.00			烟叶铜（mg/kg）	4.62	
	得分	76.60					
	质量档次	4.40					

（八）仙女山镇荆竹村-云里头

表2-221　植烟土壤信息

地块基本信息		土壤化学成分					
品种	云烟97	pH	5.02	碱解氮（mg/kg）	145.30	有效磷（mg/kg）	19.92
海拔（m）	1 300	有机质（%）	2.83	土壤氯（mg/kg）	10.97	有效铜（mg/kg）	2.79
种植单元	云里头	全氮（g/kg）	1.94	交换钙（cmol/kg）	5.85	有效锌（mg/kg）	1.50
土壤类型	黄壤	全磷（g/kg）	1.23	交换镁（cmol/kg）	3.21	有效铁（mg/kg）	68.47
地形	山地	全钾（g/kg）	16.83	有效硫（mg/kg）	117.00	有效锰（mg/kg）	83.15
地貌	平坦地	速效钾（mg/kg）	453.00	铵态氮（mg/kg）	25.42	有效硼（mg/kg）	0.19
		缓效钾（mg/kg）	487.00	硝态氮（mg/kg）	14.81	有效钼（mg/kg）	0.05

图2-111　烟叶田间表现

表2-222　烟叶质量风格

	指标	中部叶	上部叶		指标	中部叶	上部叶
外观质量	成熟度	成	成	烟叶化学成分	烟碱（%）	3.88	3.76
	颜色	橘	橘		总糖（%）	25.72	16.12
	身份	中+	稍厚		还原糖（%）	26.20	16.78
	结构	疏松+	尚疏+		总氮（%）	2.60	2.98
	油分	有	有		总钾（%）	1.84	2.18
	色度	中+	强-		总氯（%）	0.32	0.51
物理指标	填充值（cm^3/g）	2.81	3.87		糖碱比	6.75	4.46
	平衡水分	13.28	12.05		两糖比	1.02	1.04
	叶长（cm）	75.68	71.00		淀粉（%）	3.55	
	叶宽（cm）	25.70	23.50		挥发碱（%）	0.39	
	单叶重（g）	19.07	16.47		醚提物（%）	8.43	
	含梗率（%）	30.00	32.00		烟叶磷（%）	0.14	
	叶面密度（mg/cm^2）	6.17	5.72		烟叶硫（%）	0.54	
评吸质量	劲头	适中			烟叶钙（mg/kg）	22 223.21	
	浓度	中等+			烟叶镁（mg/kg）	2 255.70	
	香气质	11.10			烟叶硼（mg/kg）	37.30	
	香气量	16.40			烟叶锰（mg/kg）	325.33	
	余味	19.50			烟叶锌（mg/kg）	42.41	
	杂气	12.60			烟叶钼（mg/kg）	0.20	
	刺激性	9.00			烟叶铁（mg/kg）	201.52	
	燃烧性	3.00			烟叶镍（mg/kg）	1.22	
	灰分	3.00			烟叶铜（mg/kg）	13.62	
	得分	74.60					
	质量档次	3.50					

（九）仙女山镇荆竹村–黄家大院

表2–223　植烟土壤信息

地块基本信息		土壤化学成分					
品种	云烟97	pH	4.83	碱解氮（mg/kg）	167.06	有效磷（mg/kg）	38.03
海拔（m）	1 300	有机质（%）	3.47	土壤氯（mg/kg）	13.37	有效铜（mg/kg）	2.96
种植单元	黄家大院	全氮（g/kg）	2.15	交换钙（cmol/kg）	4.14	有效锌（mg/kg）	2.32
土壤类型	黄壤	全磷（g/kg）	1.34	交换镁（cmol/kg）	2.44	有效铁（mg/kg）	88.94
地形	山地	全钾（g/kg）	16.75	有效硫（mg/kg）	141.50	有效锰（mg/kg）	87.74
地貌	坡型地	速效钾（mg/kg）	450.00	铵态氮（mg/kg）	7.57	有效硼（mg/kg）	0.32
		缓效钾（mg/kg）	518.00	硝态氮（mg/kg）	34.45	有效钼（mg/kg）	0.15

图2–112　烟叶田间表现

表2-224　烟叶质量风格

	指标	中部叶	上部叶		指标	中部叶	上部叶
外观质量	成熟度	成-	成	烟叶化学成分	烟碱（%）	3.31	3.63
	颜色	橘	橘		总糖（%）	29.44	21.91
	身份	中+	中+		还原糖（%）	29.88	21.41
	结构	尚疏-	尚疏		总氮（%）	1.97	2.53
	油分	有	有		总钾（%）	1.49	1.66
	色度	中	强-		总氯（%）	0.24	0.49
物理指标	填充值（cm^3/g）	2.84	3.50		糖碱比	9.03	5.90
	平衡水分	12.79	12.83		两糖比	1.01	0.98
	叶长（cm）	68.80	66.83		淀粉（%）	5.74	
	叶宽（cm）	20.28	18.78		挥发碱（%）	0.33	
	单叶重（g）	13.70	11.96		醚提物（%）	6.80	
	含梗率（%）	29.00	30.00		烟叶磷（%）	0.18	
	叶面密度（mg/cm^2）	5.70	5.50		烟叶硫（%）	0.48	
评吸质量	劲头	适中			烟叶钙（mg/kg）	25 815.70	
	浓度	中等			烟叶镁（mg/kg）	1 283.37	
	香气质	11.60			烟叶硼（mg/kg）	26.53	
	香气量	16.00			烟叶锰（mg/kg）	294.88	
	余味	19.90			烟叶锌（mg/kg）	55.55	
	杂气	13.00			烟叶钼（mg/kg）	0.19	
	刺激性	9.00			烟叶铁（mg/kg）	197.44	
	燃烧性	3.00			烟叶镍（mg/kg）	1.35	
	灰分	3.00			烟叶铜（mg/kg）	21.12	
	得分	75.50					
	质量档次	4.00					

（一〇）仙女山镇石梁子村–石丁

表2–225　植烟土壤信息

地块基本信息		土壤化学成分					
品种	云烟97	pH	4.57	碱解氮（mg/kg）	226.11	有效磷（mg/kg）	39.81
海拔（m）	1 300	有机质（%）	4.73	土壤氯（mg/kg）	7.50	有效铜（mg/kg）	2.95
种植单元	石丁	全氮（g/kg）	2.86	交换钙（cmol/kg）	3.78	有效锌（mg/kg）	4.24
土壤类型	黄壤	全磷（g/kg）	1.26	交换镁（cmol/kg）	0.76	有效铁（mg/kg）	129.28
地形	山地	全钾（g/kg）	11.63	有效硫（mg/kg）	167.50	有效锰（mg/kg）	53.47
地貌	坡型地	速效钾（mg/kg）	342.00	铵态氮（mg/kg）	9.51	有效硼（mg/kg）	0.28
		缓效钾（mg/kg）	386.00	硝态氮（mg/kg）	19.34	有效钼（mg/kg）	0.15

图2–113　烟叶田间表现

表2-226　烟叶质量风格

	指标	中部叶	上部叶		指标	中部叶	上部叶
外观质量	成熟度	成－	成－	烟叶化学成分	烟碱（%）	3.58	4.43
	颜色	橘－	橘		总糖（%）	26.18	17.24
	身份	中	稍厚－		还原糖（%）	25.20	16.40
	结构	疏松	尚疏		总氮（%）	2.37	3.40
	油分	有＋	有		总钾（%）	2.06	2.09
	色度	中	强		总氯（%）	0.45	0.57
物理指标	填充值（cm^3/g）	3.02	3.35		糖碱比	7.04	3.70
	平衡水分	14.08	12.01		两糖比	0.96	0.95
	叶长（cm）	74.58	72.65		淀粉（%）	1.44	
	叶宽（cm）	26.33	21.70		挥发碱（%）	0.35	
	单叶重（g）	16.16	13.09		醚提物（%）	6.56	
	含梗率（%）	35.00	37.00		烟叶磷（%）	0.14	
	叶面密度（mg/cm^2）	4.67	4.81		烟叶硫（%）	0.44	
评吸质量	劲头	适中			烟叶钙（mg/kg）	24 242.38	
	浓度	中等＋			烟叶镁（mg/kg）	2 201.51	
	香气质	11.10			烟叶硼（mg/kg）	30.26	
	香气量	16.10			烟叶锰（mg/kg）	322.71	
	余味	19.40			烟叶锌（mg/kg）	68.96	
	杂气	12.50			烟叶钼（mg/kg）	0.43	
	刺激性	8.90			烟叶铁（mg/kg）	165.84	
	燃烧性	3.00			烟叶镍（mg/kg）	1.31	
	灰分	3.00			烟叶铜（mg/kg）	20.14	
	得分	74.00					
	质量档次	3.40					

（一一）仙女山镇荆竹村-长干

表2-227　植烟土壤信息

地块基本信息		土壤化学成分					
品种	云烟97	pH	4.65	碱解氮（mg/kg）	207.46	有效磷（mg/kg）	22.09
海拔（m）	1 200	有机质（%）	2.37	土壤氯（mg/kg）	9.87	有效铜（mg/kg）	1.16
种植单元	长干	全氮（g/kg）	1.45	交换钙（cmol/kg）	3.44	有效锌（mg/kg）	1.09
土壤类型	黄壤	全磷（g/kg）	0.74	交换镁（cmol/kg）	1.27	有效铁（mg/kg）	74.10
地形	山地	全钾（g/kg）	9.30	有效硫（mg/kg）	94.00	有效锰（mg/kg）	98.96
地貌	坡型地	速效钾（mg/kg）	180.00	铵态氮（mg/kg）	23.53	有效硼（mg/kg）	0.17
		缓效钾（mg/kg）	248.00	硝态氮（mg/kg）	14.76	有效钼（mg/kg）	0.26

图2-114　烟叶田间表现

表2-228　烟叶质量风格

	指标	中部叶	上部叶		指标	中部叶	上部叶
外观质量	成熟度	尚	成－	烟叶化学成分	烟碱（%）	2.66	3.71
	颜色	橘－－	橘		总糖（%）	32.13	18.35
	身份	中＋	稍厚－		还原糖（%）	28.16	18.36
	结构	尚疏＋	尚疏		总氮（%）	1.55	2.93
	油分	有	有		总钾（%）	1.59	2.22
	色度	中－	强－		总氯（%）	0.07	0.31
物理指标	填充值（cm^3/g）	2.54	3.23		糖碱比	10.59	4.95
	平衡水分	13.51	12.52		两糖比	0.88	1.00
	叶长（cm）	65.10	69.80		淀粉（%）	10.58	
	叶宽（cm）	19.90	22.78		挥发碱（%）	0.28	
	单叶重（g）	14.04	13.58		醚提物（%）	6.45	
	含梗率（%）	26.00	33.00		烟叶磷（%）	0.14	
	叶面密度（mg/cm^2）	7.03	5.79		烟叶硫（%）	0.45	
评吸质量	劲头	适中			烟叶钙（mg/kg）	16 572.72	
	浓度	中等＋			烟叶镁（mg/kg）	1 247.45	
	香气质	12.00			烟叶硼（mg/kg）	32.55	
	香气量	16.50			烟叶锰（mg/kg）	453.59	
	余味	20.40			烟叶锌（mg/kg）	48.01	
	杂气	13.60			烟叶钼（mg/kg）	0.33	
	刺激性	9.00			烟叶铁（mg/kg）	191.60	
	燃烧性	3.00			烟叶镍（mg/kg）	1.13	
	灰分	3.00			烟叶铜（mg/kg）	11.36	
	得分	77.50					
	质量档次	4.80					

（一二）仙女山镇荆竹村–李子坎

表2–229　植烟土壤信息

地块基本信息		土壤化学成分					
品种	云烟97	pH	4.68	碱解氮（mg/kg）	144.52	有效磷（mg/kg）	34.39
海拔（m）	1 200	有机质（%）	2.56	土壤氯（mg/kg）	10.46	有效铜（mg/kg）	2.38
种植单元	李子坎	全氮（g/kg）	1.60	交换钙（cmol/kg）	0.22	有效锌（mg/kg）	6.34
土壤类型	黄壤	全磷（g/kg）	0.99	交换镁（cmol/kg）	1.43	有效铁（mg/kg）	143.01
地形	山地	全钾（g/kg）	7.08	有效硫（mg/kg）	160.00	有效锰（mg/kg）	57.23
地貌	坡型地	速效钾（mg/kg）	430.00	铵态氮（mg/kg）	17.15	有效硼（mg/kg）	0.28
		缓效钾（mg/kg）	318.00	硝态氮（mg/kg）	16.52	有效钼（mg/kg）	0.30

图2–115　烟叶田间表现

表2-230　烟叶质量风格

	指标	中部叶	上部叶		指标	中部叶	上部叶
外观质量	成熟度	成－	成－	烟叶化学成分	烟碱（%）	4.80	3.50
	颜色	橘	橘－		总糖（%）	15.96	23.35
	身份	中	稍厚－		还原糖（%）	16.73	23.14
	结构	疏松＋	尚疏＋		总氮（%）	3.22	2.40
	油分	有	有－		总钾（%）	2.43	1.76
	色度	中	强－		总氯（%）	0.45	0.50
物理指标	填充值（cm^3/g）	3.78	3.00		糖碱比	3.49	6.61
	平衡水分	12.09	13.31		两糖比	1.05	0.99
	叶长（cm）	75.00	67.35		淀粉（%）	1.72	
	叶宽（cm）	24.58	21.00		挥发碱（%）	0.51	
	单叶重（g）	13.85	15.32		醚提物（%）	8.14	
	含梗率（%）	31.00	29.00		烟叶磷（%）	0.14	
	叶面密度（mg/cm^2）	4.99	7.22		烟叶硫（%）	0.61	
评吸质量	劲头	适中＋			烟叶钙（mg/kg）	29 139.29	
	浓度	中等＋			烟叶镁（mg/kg）	3 124.22	
	香气质	10.40			烟叶硼（mg/kg）	39.41	
	香气量	15.80			烟叶锰（mg/kg）	829.27	
	余味	18.60			烟叶锌（mg/kg）	58.44	
	杂气	12.00			烟叶钼（mg/kg）	0.16	
	刺激性	8.60			烟叶铁（mg/kg）	219.40	
	燃烧性	3.00			烟叶镍（mg/kg）	1.51	
	灰分	3.00			烟叶铜（mg/kg）	6.73	
	得分	71.40					
	质量档次	2.30					

（一三）仙女山镇荆竹村–坨田

表2–231　植烟土壤信息

地块基本信息		土壤化学成分					
品种	云烟97	pH	5.01	碱解氮（mg/kg）	163.17	有效磷（mg/kg）	26.50
海拔（m）	1 300	有机质（%）	2.71	土壤氯（mg/kg）	8.54	有效铜（mg/kg）	1.72
种植单元	坨田	全氮（g/kg）	1.77	交换钙（cmol/kg）	1.78	有效锌（mg/kg）	1.34
土壤类型	黄壤	全磷（g/kg）	0.89	交换镁（cmol/kg）	1.60	有效铁（mg/kg）	65.86
地形	山地	全钾（g/kg）	14.35	有效硫（mg/kg）	140.50	有效锰（mg/kg）	59.59
地貌	平坦地	速效钾（mg/kg）	380.00	铵态氮（mg/kg）	21.03	有效硼（mg/kg）	0.23
		缓效钾（mg/kg）	416.00	硝态氮（mg/kg）	14.27	有效钼（mg/kg）	0.04

图2–116　烟叶田间表现

表2-232　烟叶质量风格

	指标	中部叶	上部叶		指标	中部叶	上部叶
外观质量	成熟度	成–	成–	烟叶化学成分	烟碱（%）	3.40	3.15
	颜色	橘–	橘–		总糖（%）	26.67	29.21
	身份	中–	稍厚		还原糖（%）	25.85	27.37
	结构	疏松+	稍密		总氮（%）	2.61	2.15
	油分	有–	有–		总钾（%）	1.66	1.63
	色度	中	中+		总氯（%）	0.32	0.31
物理指标	填充值（cm^3/g）	2.82	2.74		糖碱比	7.60	8.69
	平衡水分	13.23	13.09		两糖比	0.97	0.94
	叶长（cm）	68.05	62.38		淀粉（%）	4.57	
	叶宽（cm）	23.13	20.90		挥发碱（%）	0.38	
	单叶重（g）	13.29	14.16		醚提物（%）	6.93	
	含梗率（%）	32.00	26.00		烟叶磷（%）	0.14	
	叶面密度（mg/cm^2）	5.05	7.31		烟叶硫（%）	0.46	
评吸质量	劲头	适中			烟叶钙（mg/kg）	21 777.60	
	浓度	中等+			烟叶镁（mg/kg）	2 526.89	
	香气质	11.50			烟叶硼（mg/kg）	30.82	
	香气量	16.30			烟叶锰（mg/kg）	435.00	
	余味	20.00			烟叶锌（mg/kg）	47.22	
	杂气	13.00			烟叶钼（mg/kg）	0.16	
	刺激性	9.00			烟叶铁（mg/kg）	225.64	
	燃烧性	3.00			烟叶镍（mg/kg）	1.33	
	灰分	3.00			烟叶铜（mg/kg）	10.72	
	得分	75.80					
	质量档次	4.00					

(一四)仙女山镇明星村－昌蒲水

表2-233　植烟土壤信息

地块基本信息		土壤化学成分					
品种	云烟97	pH	6.06	碱解氮(mg/kg)	177.16	有效磷(mg/kg)	23.56
海拔(m)	1 300	有机质(%)	2.84	土壤氯(mg/kg)	8.78	有效铜(mg/kg)	4.08
种植单元	昌蒲水	全氮(g/kg)	1.76	交换钙(cmol/kg)	5.07	有效锌(mg/kg)	1.04
土壤类型	黄壤	全磷(g/kg)	1.03	交换镁(cmol/kg)	1.74	有效铁(mg/kg)	56.04
地形	山地	全钾(g/kg)	9.57	有效硫(mg/kg)	22.00	有效锰(mg/kg)	59.98
地貌	平坦地	速效钾(mg/kg)	292.00	铵态氮(mg/kg)	20.74	有效硼(mg/kg)	0.19
		缓效钾(mg/kg)	332.00	硝态氮(mg/kg)	9.95	有效钼(mg/kg)	0.05

图2-117　烟叶田间表现

表2-234　烟叶质量风格

	指标	中部叶	上部叶		指标	中部叶	上部叶
外观质量	成熟度	成－	成	烟叶化学成分	烟碱（%）	3.06	4.34
	颜色	橘－	红棕		总糖（%）	27.47	9.29
	身份	中－	稍厚		还原糖（%）	26.35	9.36
	结构	疏松＋	稍密－		总氮（%）	2.43	3.83
	油分	有	有－		总钾（%）	2.08	2.40
	色度	中－	中＋		总氯（%）	0.21	0.72
物理指标	填充值（cm^3/g）	2.67	4.24		糖碱比	8.61	2.14
	平衡水分	14.34	11.96		两糖比	0.96	1.01
	叶长（cm）	65.68	67.23		淀粉（%）	3.83	
	叶宽（cm）	23.30	19.65		挥发碱（%）	0.33	
	单叶重（g）	11.28	14.05		醚提物（%）	6.52	
	含梗率（%）	33.00	33.00		烟叶磷（%）	0.13	
	叶面密度（mg/cm^2）	4.14	5.97		烟叶硫（%）	0.22	
评吸质量	劲头	适中			烟叶钙（mg/kg）	20 914.55	
	浓度	中等＋			烟叶镁（mg/kg）	2 751.50	
	香气质	11.25			烟叶硼（mg/kg）	23.70	
	香气量	16.25			烟叶锰（mg/kg）	452.00	
	余味	19.50			烟叶锌（mg/kg）	41.80	
	杂气	12.75			烟叶钼（mg/kg）	0.152	
	刺激性	8.75			烟叶铁（mg/kg）	192.00	
	燃烧性	3.00			烟叶镍（mg/kg）	1.13	
	灰分	3.00			烟叶铜（mg/kg）	7.75	
	得分	74.50					
	质量档次	3.45					

（一五）仙女山镇明星村-大石岭

表2-235　植烟土壤信息

地块基本信息		土壤化学成分					
品种	云烟97	pH	6.45	碱解氮（mg/kg）	104.90	有效磷（mg/kg）	21.16
海拔（m）	1 400	有机质（%）	1.98	土壤氯（mg/kg）	10.46	有效铜（mg/kg）	3.32
种植单元	大石岭	全氮（g/kg）	2.14	交换钙（cmol/kg）	18.44	有效锌（mg/kg）	3.28
土壤类型	黄壤	全磷（g/kg）	1.51	交换镁（cmol/kg）	1.20	有效铁（mg/kg）	111.11
地形	山地	全钾（g/kg）	9.90	有效硫（mg/kg）	55.50	有效锰（mg/kg）	90.32
地貌	坡型地	速效钾（mg/kg）	287.00	铵态氮（mg/kg）	19.66	有效硼（mg/kg）	0.32
		缓效钾（mg/kg）	385.00	硝态氮（mg/kg）	9.98	有效钼（mg/kg）	0.29

图2-118　烟叶田间表现

表2-236　烟叶质量风格

	指标	中部叶	上部叶
外观质量	成熟度	成−	成
	颜色	橘−	红棕
	身份	中−	稍厚
	结构	疏松+	稍密−
	油分	有	有−
	色度	中−	中+
物理指标	填充值（cm^3/g）	2.94	4.24
	平衡水分	13.08	11.96
	叶长（cm）	66.50	67.23
	叶宽（cm）	23.28	19.65
	单叶重（g）	12.62	14.05
	含梗率（%）	31.00	33.00
	叶面密度（mg/cm^2）	5.14	5.97
评吸质量	劲头	适中	
	浓度	中等+	
	香气质	11.50	
	香气量	16.40	
	余味	20.00	
	杂气	13.30	
	刺激性	9.00	
	燃烧性	3.00	
	灰分	3.00	
	得分	76.10	
	质量档次	4.00	

	指标	中部叶	上部叶
烟叶化学成分	烟碱（%）	2.96	4.34
	总糖（%）	27.87	9.29
	还原糖（%）	27.23	9.36
	总氮（%）	1.92	3.83
	总钾（%）	1.84	2.40
	总氯（%）	0.26	0.72
	糖碱比	9.20	2.16
	两糖比	0.98	1.01
	淀粉（%）	5.52	
	挥发碱（%）	0.27	
	醚提物（%）	7.55	
	烟叶磷（%）	0.15	
	烟叶硫（%）	0.32	
	烟叶钙（mg/kg）	19 537.03	
	烟叶镁（mg/kg）	1 355.87	
	烟叶硼（mg/kg）	29.85	
	烟叶锰（mg/kg）	305.45	
	烟叶锌（mg/kg）	50.77	
	烟叶钼（mg/kg）	0.12	
	烟叶铁（mg/kg）	180.52	
	烟叶镍（mg/kg）	1.03	
	烟叶铜（mg/kg）	9.41	

（一六）仙女山镇明星村－拗口

表2-237　植烟土壤信息

地块基本信息		土壤化学成分					
品种	云烟97	pH	4.68	碱解氮（mg/kg）	162.96	有效磷（mg/kg）	53.42
海拔（m）	1 300	有机质（%）	2.94	土壤氯（mg/kg）	7.47	有效铜（mg/kg）	—
种植单元	拗口	全氮（g/kg）	2.24	交换钙（cmol/kg）	2.03	有效锌（mg/kg）	—
土壤类型	黄壤	全磷（g/kg）	1.05	交换镁（cmol/kg）	0.58	有效铁（mg/kg）	—
地形	山地	全钾（g/kg）	12.50	有效硫（mg/kg）	46.00	有效锰（mg/kg）	—
地貌	坡型地	速效钾（mg/kg）	302.00	铵态氮（mg/kg）	5.88	有效硼（mg/kg）	—
		缓效钾（mg/kg）	314.00	硝态氮（mg/kg）	17.34	有效钼（mg/kg）	—

图2-119　烟叶田间表现

表2-238 烟叶质量风格

	指标	中部叶	上部叶
外观质量	成熟度	成	成-
	颜色	橘	橘
	身份	中	稍厚-
	结构	疏松+	尚疏-
	油分	有	有
	色度	中	强-
物理指标	填充值（cm^3/g）	2.96	3.13
	平衡水分	12.73	12.80
	叶长（cm）	66.15	66.25
	叶宽（cm）	23.80	23.98
	单叶重（g）	13.37	18.51
	含梗率（%）	32.00	27.00
	叶面密度（mg/cm^2）	5.14	6.35
评吸质量	劲头	适中	
	浓度	中等+	
	香气质	10.80	
	香气量	16.00	
	余味	19.30	
	杂气	12.40	
	刺激性	8.80	
	燃烧性	3.00	
	灰分	3.00	
	得分	73.10	
	质量档次	2.90	

	指标	中部叶	上部叶
烟叶化学成分	烟碱（%）	3.43	3.73
	总糖（%）	23.90	22.43
	还原糖（%）	23.02	22.50
	总氮（%）	2.65	2.45
	总钾（%）	1.59	1.56
	总氯（%）	0.34	0.54
	糖碱比	6.71	6.03
	两糖比	0.96	1.00
	淀粉（%）	3.72	
	挥发碱（%）	0.39	
	醚提物（%）	7.75	
	烟叶磷（%）	0.17	
	烟叶硫（%）	0.55	
	烟叶钙（mg/kg）	18 641.59	
	烟叶镁（mg/kg）	1 967.79	
	烟叶硼（mg/kg）	32.04	
	烟叶锰（mg/kg）	450.27	
	烟叶锌（mg/kg）	61.04	
	烟叶钼（mg/kg）	0.20	
	烟叶铁（mg/kg）	183.34	
	烟叶镍（mg/kg）	1.34	
	烟叶铜（mg/kg）	20.07	

（一七）仙女山镇明星村－王家槽

表2-239　植烟土壤信息

地块基本信息		土壤化学成分					
品种	云烟97	pH	5.36	碱解氮（mg/kg）	150.74	有效磷（mg/kg）	31.69
海拔（m）	1 300	有机质（%）	2.55	土壤氯（mg/kg）	2.33	有效铜（mg/kg）	2.30
种植单元	王家槽	全氮（g/kg）	1.87	交换钙（cmol/kg）	2.36	有效锌（mg/kg）	3.03
土壤类型	黄壤	全磷（g/kg）	0.96	交换镁（cmol/kg）	1.44	有效铁（mg/kg）	119.70
地形	山地	全钾（g/kg）	11.74	有效硫（mg/kg）	87.00	有效锰（mg/kg）	71.47
地貌	坡型地	速效钾（mg/kg）	215.00	铵态氮（mg/kg）	17.78	有效硼（mg/kg）	0.25
		缓效钾（mg/kg）	329.00	硝态氮（mg/kg）	9.88	有效钼（mg/kg）	0.15

图2-120　烟叶田间表现

表2-240　烟叶质量风格

	指标	中部叶	上部叶		指标	中部叶	上部叶
外观质量	成熟度	成--	成-	烟叶化学成分	烟碱（%）	3.17	3.78
	颜色	橘--	橘		总糖（%）	27.61	20.24
	身份	中	稍厚		还原糖（%）	26.91	20.37
	结构	疏松++	稍密-		总氮（%）	1.91	2.60
	油分	有	有		总钾（%）	1.97	1.58
	色度	中-	中		总氯（%）	0.29	0.46
物理指标	填充值（cm^3/g）	3.39	3.29		糖碱比	8.49	5.39
	平衡水分	11.27	12.24		两糖比	0.97	1.01
	叶长（cm）	67.65	62.93		淀粉（%）	6.50	
	叶宽（cm）	24.75	22.85		挥发碱（%）	0.34	
	单叶重（g）	11.86	16.67		醚提物（%）	7.63	
	含梗率（%）	36.00	28.00		烟叶磷（%）	0.14	
	叶面密度（mg/cm^2）	4.66	6.81		烟叶硫（%）	0.42	
评吸质量	劲头	适中			烟叶钙（mg/kg）	18 760.83	
	浓度	中等+			烟叶镁（mg/kg）	1 587.18	
	香气质	10.80			烟叶硼（mg/kg）	29.95	
	香气量	16.00			烟叶锰（mg/kg）	444.89	
	余味	19.30			烟叶锌（mg/kg）	50.85	
	杂气	12.40			烟叶钼（mg/kg）	0.10	
	刺激性	8.80			烟叶铁（mg/kg）	203.47	
	燃烧性	3.00			烟叶镍（mg/kg）	1.06	
	灰分	3.00			烟叶铜（mg/kg）	11.34	
	得分	73.10					
	质量档次	2.90					

（一八）仙女山镇桃园村－干沟

表2-241　植烟土壤信息

地块基本信息		土壤化学成分					
品种	云烟97	pH	5.83	碱解氮（mg/kg）	156.18	有效磷（mg/kg）	33.54
海拔（m）	1 300	有机质（%）	2.52	土壤氯（mg/kg）	10.46	有效铜（mg/kg）	2.29
种植单元	干沟	全氮（g/kg）	1.80	交换钙（cmol/kg）	11.08	有效锌（mg/kg）	1.46
土壤类型	黄壤	全磷（g/kg）	1.21	交换镁（cmol/kg）	2.27	有效铁（mg/kg）	56.88
地形	山地	全钾（g/kg）	9.85	有效硫（mg/kg）	81.00	有效锰（mg/kg）	44.87
地貌	坡型地	速效钾（mg/kg）	293.00	铵态氮（mg/kg）	6.26	有效硼（mg/kg）	0.23
		缓效钾（mg/kg）	563.00	硝态氮（mg/kg）	12.89	有效钼（mg/kg）	0.02

图2-121　烟叶田间表现

表2-242　烟叶质量风格

	指标	中部叶	上部叶		指标	中部叶	上部叶
外观质量	成熟度	成--	成-	烟叶化学成分	烟碱（%）	2.23	3.76
	颜色	柠++	橘+		总糖（%）	30.49	15.46
	身份	稍薄	稍厚-		还原糖（%）	29.20	15.77
	结构	疏松+	稍密-		总氮（%）	1.67	3.26
	油分	有-	有-		总钾（%）	2.14	1.82
	色度	中-	中-		总氯（%）	0.09	0.64
物理指标	填充值（cm^3/g）	2.80	3.71		糖碱比	13.09	4.19
	平衡水分	12.86	12.04		两糖比	0.96	1.02
	叶长（cm）	68.45	62.58		淀粉（%）	7.98	
	叶宽（cm）	23.60	19.38		挥发碱（%）	0.24	
	单叶重（g）	12.31	11.69		醚提物（%）	5.53	
	含梗率（%）	34.00	31.00		烟叶磷（%）	0.14	
	叶面密度（mg/cm^2）	3.91	6.17		烟叶硫（%）	0.35	
评吸质量	劲头	适中			烟叶钙（mg/kg）	21 109.87	
	浓度	中等+			烟叶镁（mg/kg）	1 106.97	
	香气质	11.50			烟叶硼（mg/kg）	21.57	
	香气量	16.30			烟叶锰（mg/kg）	544.49	
	余味	19.90			烟叶锌（mg/kg）	55.81	
	杂气	12.90			烟叶钼（mg/kg）	0.24	
	刺激性	9.00			烟叶铁（mg/kg）	180.60	
	燃烧性	3.00			烟叶镍（mg/kg）	1.21	
	灰分	3.00			烟叶铜（mg/kg）	5.72	
	得分	75.50					
	质量档次	3.90					

（一九）仙女山镇桃园村－大河

表2-243　植烟土壤信息

地块基本信息		土壤化学成分					
品种	云烟97	pH	5.52	碱解氮（mg/kg）	147.63	有效磷（mg/kg）	40.82
海拔（m）	1 300	有机质（%）	2.45	土壤氯（mg/kg）	10.46	有效铜（mg/kg）	1.08
种植单元	大河	全氮（g/kg）	1.89	交换钙（cmol/kg）	13.28	有效锌（mg/kg）	0.69
土壤类型	黄壤	全磷（g/kg）	1.22	交换镁（cmol/kg）	2.57	有效铁（mg/kg）	51.17
地形	山地	全钾（g/kg）	12.20	有效硫（mg/kg）	186.00	有效锰（mg/kg）	205.10
地貌	坡型地	速效钾（mg/kg）	396.00	铵态氮（mg/kg）	4.04	有效硼（mg/kg）	0.10
		缓效钾（mg/kg）	476.00	硝态氮（mg/kg）	7.96	有效钼（mg/kg）	0.03

图2-122　烟叶田间表现

表2-244　烟叶质量风格

	指标	中部叶	上部叶		指标	中部叶	上部叶
外观质量	成熟度	成－	成－	烟叶化学成分	烟碱（%）	3.84	4.15
	颜色	橘	橘＋		总糖（%）	12.11	11.02
	身份	稍厚－	稍厚		还原糖（%）	2.37	11.09
	结构	稍密	稍密－		总氮（%）	4.35	3.35
	油分	有－	有		总钾（%）	3.13	2.11
	色度	中	中		总氯（%）	0.42	0.62
物理指标	填充值（cm^3/g）	5.64	4.65		糖碱比	0.62	2.67
	平衡水分	7.83	11.54		两糖比	0.20	1.01
	叶长（cm）	68.90	64.18		淀粉（%）	1.10	
	叶宽（cm）	18.08	19.58		挥发碱（%）	0.53	
	单叶重（g）	10.12	12.16		醚提物（%）	7.59	
	含梗率（%）	39.00	32.00		烟叶磷（%）	0.25	
	叶面密度（mg/cm^2）	4.35	5.85		烟叶硫（%）	0.62	
评吸质量	劲头	较大－			烟叶钙（mg/kg）	30 650.74	
	浓度	较浓－			烟叶镁（mg/kg）	2 392.22	
	香气质	10.30			烟叶硼（mg/kg）	31.29	
	香气量	15.60			烟叶锰（mg/kg）	294.10	
	余味	17.80			烟叶锌（mg/kg）	67.55	
	杂气	11.60			烟叶钼（mg/kg）	0.23	
	刺激性	8.10			烟叶铁（mg/kg）	218.02	
	燃烧性	3.00			烟叶镍（mg/kg）	1.53	
	灰分	3.00			烟叶铜（mg/kg）	24.54	
	得分	69.40					
	质量档次	2.00					

（二〇）仙女山镇明星村－长岭

表2-245　植烟土壤信息

地块基本信息		土壤化学成分					
品种	云烟97	pH	5.86	碱解氮（mg/kg）	157.73	有效磷（mg/kg）	27.04
海拔（m）	1 200	有机质（%）	3.00	土壤氯（mg/kg）	9.88	有效铜（mg/kg）	1.68
种植单元	长岭	全氮（g/kg）	1.78	交换钙（cmol/kg）	7.95	有效锌（mg/kg）	1.17
土壤类型	黄壤	全磷（g/kg）	0.96	交换镁（cmol/kg）	2.61	有效铁（mg/kg）	57.26
地形	山地	全钾（g/kg）	21.53	有效硫（mg/kg）	25.00	有效锰（mg/kg）	55.02
地貌	坡型地	速效钾（mg/kg）	303.00	铵态氮（mg/kg）	18.29	有效硼（mg/kg）	0.24
		缓效钾（mg/kg）	545.00	硝态氮（mg/kg）	9.45	有效钼（mg/kg）	0.01

图2-123　烟叶田间表现

表2–246　烟叶质量风格

	指标	中部叶	上部叶		指标	中部叶	上部叶
外观质量	成熟度	尚+	成	烟叶化学成分	烟碱（%）	3.50	3.50
	颜色	橘–	橘++		总糖（%）	27.19	20.18
	身份	中	中+		还原糖（%）	26.40	19.61
	结构	尚疏–	尚疏–		总氮（%）	1.89	2.83
	油分	有	有		总钾（%）	1.64	1.96
	色度	中–	强–		总氯（%）	0.22	0.44
物理指标	填充值（cm^3/g）	2.89	3.25		糖碱比	7.54	5.60
	平衡水分	13.55	12.77		两糖比	0.97	0.97
	叶长（cm）	66.28	68.88		淀粉（%）	6.01	
	叶宽（cm）	22.98	21.63		挥发碱（%）	0.38	
	单叶重（g）	12.86	13.85		醚提物（%）	7.60	
	含梗率（%）	32.00	34.00		烟叶磷（%）	0.14	
	叶面密度（mg/cm^2）	4.79	5.10		烟叶硫（%）	0.38	
评吸质量	劲头	适中			烟叶钙（mg/kg）	18 580.09	
	浓度	中等+			烟叶镁（mg/kg）	1 494.53	
	香气质	11.40			烟叶硼（mg/kg）	34.16	
	香气量	16.40			烟叶锰（mg/kg）	461.39	
	余味	19.50			烟叶锌（mg/kg）	53.77	
	杂气	12.80			烟叶钼（mg/kg）	0.11	
	刺激性	8.70			烟叶铁（mg/kg）	177.41	
	燃烧性	3.00			烟叶镍（mg/kg）	1.12	
	灰分	3.00			烟叶铜（mg/kg）	13.73	
	得分	74.80					
	质量档次	3.80					

（二一）仙女山镇明星村－核桃坎

表2-247　植烟土壤信息

地块基本信息		土壤化学成分					
品种	云烟97	pH	4.65	碱解氮（mg/kg）	115.00	有效磷（mg/kg）	29.13
海拔（m）	819	有机质（%）	1.81	土壤氯（mg/kg）	29.07	有效铜（mg/kg）	1.78
种植单元	核桃坎	全氮（g/kg）	1.59	交换钙（cmol/kg）	1.54	有效锌（mg/kg）	1.47
土壤类型	黄壤	全磷（g/kg）	0.70	交换镁（cmol/kg）	1.31	有效铁（mg/kg）	104.74
地形	山地	全钾（g/kg）	12.14	有效硫（mg/kg）	31.00	有效锰（mg/kg）	117.59
地貌	坡型地	速效钾（mg/kg）	47.00	铵态氮（mg/kg）	23.36	有效硼（mg/kg）	0.25
		缓效钾（mg/kg）	237.00	硝态氮（mg/kg）	11.15	有效钼（mg/kg）	0.12

图2-124　烟叶田间表现

表2-248　烟叶质量风格

	指标	中部叶	上部叶
外观质量	成熟度	成−	成−
	颜色	橘−	橘++
	身份	中++	稍厚
	结构	尚疏−	稍密
	油分	有	有−
	色度	中	中−
物理指标	填充值（cm^3/g）	3.63	3.82
	平衡水分	11.65	12.27
	叶长（cm）	71.20	68.85
	叶宽（cm）	19.90	23.43
	单叶重（g）	15.38	13.39
	含梗率（%）	34.00	34.00
	叶面密度（mg/cm^2）	5.25	4.95
评吸质量	劲头	适中+	
	浓度	较浓−	
	香气质	11.30	
	香气量	16.30	
	余味	19.50	
	杂气	12.80	
	刺激性	8.90	
	燃烧性	3.00	
	灰分	3.00	
	得分	74.60	
	质量档次	3.90	

	指标	中部叶	上部叶
烟叶化学成分	烟碱（%）	3.50	3.87
	总糖（%）	23.06	14.80
	还原糖（%）	22.95	12.45
	总氮（%）	2.26	3.53
	总钾（%）	1.94	1.97
	总氯（%）	0.39	0.49
	糖碱比	6.56	3.22
	两糖比	1.00	0.84
	淀粉（%）	3.15	
	挥发碱（%）	0.37	
	醚提物（%）	6.82	
	烟叶磷（%）	0.18	
	烟叶硫（%）	0.49	
	烟叶钙（mg/kg）	28 205.36	
	烟叶镁（mg/kg）	1 869.50	
	烟叶硼（mg/kg）	36.22	
	烟叶锰（mg/kg）	330.92	
	烟叶锌（mg/kg）	53.18	
	烟叶钼（mg/kg）	0.49	
	烟叶铁（mg/kg）	175.43	
	烟叶镍（mg/kg）	1.29	
	烟叶铜（mg/kg）	13.26	

第三章　重庆烟叶质量风格特征

>>> 第一节 生态特点分析

烟草是对环境极为敏感的经济作物，生态因子是决定烟叶风格特色及质量高低、上中等烟比例的重要因素。众多研究表明，气候、土壤、地形地貌等生态因子对烟叶的农艺性状、物理特性、化学成分、病害率、香气物质含量以及评吸质量的影响高于品种、栽培等因素，且气候和土壤已经成为我国大部分地区烤烟烟叶质量的主要限制因子。因此，确定烟区气候、土壤等生态特性，对改善烟叶品质、提高烟叶质量至关重要。

一、气候特点分析

1. 温度

从表3-1中可以看出，彭水和武隆的年均温分别为17.5℃和17.3℃；从1月到8月，彭水和武隆的月均温逐渐升高，在8月达到最高，两地8月均温分别为28.4℃和27.2℃；从9月到12月，彭水和武隆的月均温逐渐降低，其中两地9月均温分别为23.5℃和23.2℃，两地12月均温分别为8.70℃和8.58℃。同时，彭水的年均温和月均温都略高于武隆（$P > 0.05$）。统计资料表明，在20 ~ 28℃的范围内，烟叶的内在质量有随着成熟期平均气温升高而提高的趋势。彭水和武隆7—9月均温都在20 ~ 28℃范围内，适宜的烟叶成熟期温度利于烟叶营养物质的合成，为优质烟叶生产提供了良好的温度条件。

表3-1 彭水和武隆的年均温和月均温（℃）

站名	年均温	1月	2月	3月	4月	5月	6月	7月	8月	9月	10月	11月	12月
彭水	17.5	6.97	8.48	12.2	17.7	21.4	24.4	27.3	27.4	23.5	18.2	13.4	8.70
武隆	17.3	6.91	8.52	12.2	17.5	21.2	24.2	27.1	27.2	23.2	17.9	13.2	8.58

从表3-2中可以看出，彭水和武隆的年积温分别为5 529℃和5 465℃；从1月到8月，彭水和武隆的月积温逐渐升高，在8月达到最高，两地8月积温分别为849℃和842℃；从9月到12月，彭水和武隆的月积温逐渐降低，两地9月积温分别为706℃和695℃，两地12月

表3-2 彭水和武隆的年积温和月积温（℃）

站名	年积温	1月	2月	3月	4月	5月	6月	7月	8月	9月	10月	11月	12月
彭水	5 529	216	239	377	530	663	733	846	849	706	565	403	270
武隆	5 465	214	241	377	525	656	726	841	842	695	555	397	266

积温分别为270℃和266℃。同时，彭水的年积温和月积温（2月、3月除外）都略高于武隆（$P > 0.05$）。彭水和武隆4—9月（重庆烟草生育期）积温分别为4 327℃和4 285℃（表3–2），足以满足烟草生长发育的需求。

2. 降水

从表3–3中可以看出，彭水和武隆的年均降水分别为1 212mm和1 036mm；从1月到6月，彭水和武隆的月均降水逐渐升高，在6月达到最高，两地6月均降水分别为192mm和173mm；从7月到12月，彭水和武隆的月均降水逐渐降低，两地7月均降水分别为190mm和159mm，两地12月均降水分别为21.2mm和17.0mm。同时，彭水的年均降水和月均降水都显著高于武隆（$P > 0.05$）。

表3–3　彭水和武隆的年均降水和月均降水（mm）

站名	年降水	1月	2月	3月	4月	5月	6月	7月	8月	9月	10月	11月	12月
彭水	1 212	21.7	30.1	47.7	110	175	192	190	157	104	109	55.0	21.2
武隆	1 036	16.3	22.2	41.9	101	155	173	159	127	85.4	90.0	48.0	17.0

3. 日照

从表3–4中可以看出，彭水和武隆的年均日照分别为911h和1 083h；从1月到8月，彭水和武隆的月均日照逐渐升高，在8月达到最高，两地8月年均日照分别为158h和189h；从9月到12月，彭水和武隆的月均日照逐渐降低，两地9月均日照分别为102h和120h，两地12月均日照分别为33.8h和39.8h。同时，彭水的年均日照和月均日照显著高于武隆（$P > 0.05$）。武隆烟草生育期日照时数在780 ~ 1 080h范围内，武隆烟区光照较适宜；而彭水烟草生育期日照时数并不在780 ~ 1 080h范围内，彭水烟区光照不足。

表3–4　彭水和武隆的年均日照和月均日照（h）

站名	年日照	1月	2月	3月	4月	5月	6月	7月	8月	9月	10月	11月	12月
彭水	911	29.9	28.9	43.4	77.6	95.5	94.0	139	158	102	62.9	45.9	33.8
武隆	1 083	34.6	34.7	52.4	94.0	114	113	169	189	120	70.5	52.6	39.8

二、海拔高度分析

从表3–5中可以看出，彭水种烟乡镇的海拔高度顺序依次为：靛水街道 > 龙塘乡 > 润溪乡 > 大垭乡 > 郎溪乡。其中，靛水街道海拔高度为853 ~ 1 344m，平均值为1 174m，标准差为155m；龙塘乡海拔高度为782 ~ 1 316m，平均值为1 126m，标准差为173m；润溪乡海拔高度为620 ~ 1 383m，平均值为1 076m，标准差为235m；大垭乡海拔高度为732 ~ 1 203m，平均值为929m，标准差为144m；郎溪乡海拔高度为677 ~ 883m，平均值为810m，标准差为116m。

从表3–5中可以看出，武隆种烟乡镇的海拔高度顺序依次为：双河乡 > 仙女山镇 > 巷口镇 > 土坎乡。其中，双河乡海拔高度为1 100 ~ 1 500m，平均值为1 296m，标准差为94.9m；仙女山镇海拔高度为819 ~ 1 400m，平均值为1 231m，标准差为101m；巷口镇海拔高度为630 ~ 1 283m，平均值为1 015m，标准差为162m；土坎乡海拔高度为925 ~ 1 100m，平均值为1 013m，标准差为101m。武隆和彭水烟草种植区域大多位于海拔高度800 ~ 1 300m范围内，适于生产优质烤烟。

表3-5 彭水和武隆不同乡镇的海拔高度（m）

海拔	彭水					武隆			
	大垭	靛水	郎溪	龙塘	润溪	双河	土坎	巷口	仙女山
平均值	929	1 174	810	1 126	1 076	1 296	1 013	1 015	1 231
标准差	144	155	116	173	235	94.9	101	162	101
最大值	1 203	1 344	883	1 316	1 383	1500	1 100	1 283	1 400
最小值	732	853	677	782	620	1100	925	630	819

三、土壤特点分析

1. 土壤pH

从表3-6中可以看出，彭水种烟乡镇的土壤pH顺序依次为：郎溪乡 > 龙塘乡 > 大垭乡 > 靛水街道 > 润溪乡。其中，郎溪乡土壤pH为4.98 ~ 7.13，平均值为6.28，标准差为1.14；龙塘乡土壤pH为5.29 ~ 6.94，平均值为6.01，标准差为0.62；大垭乡土壤pH为4.87 ~ 6.53，平均值为5.48，标准差为0.60；靛水街道土壤pH为4.51 ~ 7.13，平均值为5.37，标准差为0.49；润溪乡土壤pH为4.24 ~ 6.59，平均值为5.26，标准差为0.69。

表3-6 彭水和武隆不同乡镇的土壤pH

pH	彭水					武隆					彭水	武隆
	大垭	靛水	郎溪	龙塘	润溪	双河	土坎	巷口	仙女山		（%）	（%）
平均值	5.48	5.37	6.28	6.01	5.26	5.87	5.48	5.55	4.99	pH小于5.0的比重	38.6	35.5
标准差	0.60	0.49	1.14	0.62	0.69	0.78	1.03	0.62	0.45	pH5.0 ~ 5.5的比重	23.6	20.4
最大值	6.53	7.13	7.13	6.94	6.59	7.01	6.21	6.81	6.06	pH5.5 ~ 7.0的比重	34.6	43.0
最小值	4.87	4.51	4.98	5.29	4.24	4.66	4.75	4.55	4.35	pH大于7.0的比重	3.1	1.1

从表3-6中可以看出，武隆种烟乡镇的土壤pH顺序依次为：双河乡 > 巷口镇 > 土坎乡 > 仙女山镇。其中，双河乡土壤pH为4.66 ~ 7.01，平均值为5.87，标准差为0.78；巷口镇土壤pH为4.55 ~ 6.81，平均值为5.55，标准差为0.62；土炕乡土壤pH为4.75 ~ 6.21，平均值为5.48，标准差为1.03；仙女山镇土壤pH为4.35 ~ 6.06，平均值为4.99，标准差为0.45。

在彭水和武隆两个基地单元的9个乡镇中，5个乡镇土壤平均pH小于5.5，pH最低的地块为4.24。彭水润溪基地单元有38.58%的土壤pH小于5.0，62.20%的土壤pH小于5.5。武隆巷口基地单元有35.51%的土壤pH小于5.0，55.91%的土壤pH小于5.5，两个基地单元植烟土壤酸化严重。

2. 土壤有效磷含量

从表3-7中可以看出，彭水土壤有效磷含量依次为：靛水街道 > 润溪乡 > 大垭乡 > 郎溪乡 > 龙塘乡。其中，靛水街道土壤有效磷含量为4.65 ~ 79.2mg/kg，平均值为24.7mg/kg，标准差为17.00mg/kg；润溪乡土壤有效磷含量为1.75 ~ 73.9mg/kg，平均值为24.5mg/kg，标准差为20.97mg/kg；大垭乡土壤有效磷含量为2.00 ~ 47.5mg/kg，平均值为15.6mg/kg，标准差为12.0mg/kg；郎溪乡土壤有效磷含量为5.05 ~ 11.2mg/kg，平均值为8.95mg/kg，标准差为3.39mg/kg；龙塘乡土壤有效磷含量为0.30 ~ 13.2mg/kg，平均值为4.53mg/kg，标准差为4.79mg/kg。

表3-7 彭水和武隆不同乡镇的土壤有效磷含量

有效磷（mg/kg）	彭水					武隆					彭水（%）	武隆（%）
	大垭	靛水	郎溪	龙塘	润溪	双河	土坎	巷口	仙女山	有效磷小于10的比重	29.10	1.10
平均值	15.60	24.70	8.95	4.53	24.50	37.60	47.10	35.82	32.80	有效磷10 ~ 20的比重	29.90	12.90
标准差	12.00	17.00	3.39	4.79	20.97	16.70	11.40	17.50	9.89	有效磷20 ~ 40的比重	26.80	51.60
最大值	47.50	79.20	11.20	13.20	73.90	95.60	55.20	81.00	58.90	有效磷40 ~ 80的比重	14.20	32.30
最小值	2.00	4.65	5.05	0.30	1.75	17.50	39.10	3.50	18.80	有效磷大于80的比重	0.00	2.20

从表3-7中可以看出，武隆的土壤有效磷含量依次为：土坎乡 > 双河乡 > 巷口镇 > 仙女山镇。其中，土坎乡土壤有效磷含量为39.1 ~ 55.2mg/kg，平均值为47.1mg/kg，标准差为11.4mg/kg；双河乡土壤有效磷含量为17.5 ~ 95.6mg/kg，平均值为37.6mg/kg，标准差为16.7mg/kg；巷口镇土壤有效磷含量为3.50 ~ 81.00mg/kg，平均值为35.82mg/kg，标准差为17.5mg/kg；仙女山镇土壤有效磷含量为18.8 ~ 58.9mg/kg，平均值为32.8mg/kg，标准差为9.89mg/kg。

彭水有效磷含量小于10mg/kg的土壤占29.1%，10 ~ 20mg/kg的土壤占29.9%，有效磷缺乏的土壤占59%，仅有41%的土壤有效磷含量丰富。武隆有效磷含量小于10mg/kg的土壤占1.1%，10 ~ 20 mg/kg的土壤占12.9%，有效磷缺乏的土壤占14%，有86%的土壤有效磷含量丰富。彭水与武隆土壤有效磷丰缺比差别较大。

3. 土壤速效钾含量

从表3-8中可以看出，彭水的土壤速效钾含量依次为：靛水街道 > 润溪乡 > 大垭乡 > 龙塘乡 > 郎溪乡。其中，靛水街道土壤速效钾含量为61.0 ~ 421mg/kg，平均值为282mg/kg，标准差为103mg/kg；润溪乡土壤速效钾含量为39.0 ~ 392mg/kg，平均值为194mg/kg，标准差为92.8mg/kg；大垭乡土壤速效钾含量为85.0 ~ 384mg/kg，平均值为172mg/kg，标准差为83.1mg/kg；龙塘乡土壤速效钾含量为70.0 ~ 275mg/kg，平均值为165mg/kg，标准差为73.4mg/kg；郎溪乡土壤速效钾含量为63.0 ~ 157mg/kg，平均值为101mg/kg，标准差为49.5mg/kg。

表3-8　彭水和武隆不同乡镇的土壤速效钾含量

速效钾（mg/kg）	彭水					武隆					彭水（%）	武隆（%）
	大垭	靛水	郎溪	龙塘	润溪	双河	土坎	巷口	仙女山	速效钾小于80的比重	7.1	2.2
平均值	172	282	101	165	194	257	284	256	329	速效钾80～150的比重	17.3	5.9
标准差	83.1	103	49.5	73.4	92.8	95.3	112	83.8	96.7	速效钾150～220的比重	32.3	16.7
最大值	384	421	157	275	392	479	364	545	484	速效钾220～350的比重	25.2	52.7
最小值	85	61	63	70	39	63	205	91	47	速效钾大于350的比重	18.1	22.6

从表3-8中可以看出，武隆的土壤速效钾含量依次为：仙女山镇 > 土坎乡 > 双河乡 > 巷口镇。其中，仙女山镇土壤速效钾含量为47.0～484mg/kg，平均值为329mg/kg，标准差为96.7mg/kg；土坎乡土壤速效钾含量为205～364mg/kg，平均值为284mg/kg，标准差为112mg/kg；双河乡土壤速效钾含量为63.0～479mg/kg，平均值为257mg/kg，标准差为95.3mg/kg；巷口镇土壤速效钾含量为91.0～545mg/kg，平均值为256mg/kg，标准差为83.8mg/kg。

彭水速效钾含量小于80 mg/kg的土壤占7.1%，80～150 mg/kg的土壤占17.3%，速效钾缺乏的土壤占24.4%。武隆速效钾含量小于80 mg/kg的土壤占2.2%，80～150 mg/kg的土壤占5.9%，速效钾缺乏的土壤占8.1%。彭水与武隆基地单元大部分植烟土壤速效钾含量丰富。

4. 土壤碱解氮含量

从表3-9中可以看出，彭水的土壤碱解氮含量顺序依次为：靛水街道 > 润溪乡 > 龙塘乡 > 大垭乡 > 郎溪乡。其中，靛水街道土壤碱解氮含量为91.7～181mg/kg，平均值为145mg/kg，标准差为27.4 mg/kg；润溪乡土壤碱解氮含量为88.6～213 mg/kg，平均值为139 mg/kg，标准差为31.6 mg/kg；龙塘乡土壤碱解氮含量为84.7～151 mg/kg，平均值为128 mg/kg，标准差为8.79 mg/kg；大垭乡土壤碱解氮含量为69.2～142 mg/kg，平均值为108 mg/kg，标准差为25.0 mg/kg；郎溪乡土壤碱解氮含量为93.2～103 mg/kg，平均值为99.7 mg/kg，标准差为5.62 mg/kg。

表3-9　彭水和武隆不同乡镇的土壤碱解氮含量

碱解氮（mg/kg）	彭水					武隆					彭水（%）	武隆（%）
	大垭	靛水	郎溪	龙塘	润溪	双河	土坎	巷口	仙女山	碱解氮小于65的比重	0	1.1
平均值	108	145	99.7	128	139	126	116	134	151	碱解氮65～100的比重	13.4	3.3
标准差	25	27.4	5.62	8.79	31.6	29.6	20.8	34.3	25.4	碱解氮100～150的比重	54.3	65.8
最大值	142	181	103	151	213	213	130	224	226	碱解氮150～200的比重	30.7	23.9

（续）

碱解氮（mg/kg）	彭水					武隆					彭水（%）	武隆（%）
	大垭	靛水	郎溪	龙塘	润溪	双河	土坎	巷口	仙女山	碱解氮小于65的比重	0	1.1
最小值	69.2	91.7	93.2	84.7	88.6	58.3	101	0	108	碱解氮大于200的比重	1.6	4.9

从表3-9中可以看出，武隆的土壤碱解氮含量顺序依次为：仙女山镇 > 巷口镇 > 双河乡 > 土坎乡。其中，仙女山镇土壤碱解氮含量为108 ~ 226mg/kg，平均值为151mg/kg，标准差为25.4mg/kg；巷口镇土壤碱解氮含量为0 ~ 224mg/kg，平均值为134mg/kg，标准差为34.3mg/kg；双河乡土壤碱解氮含量为58.3 ~ 213mg/kg，平均值为126mg/kg，标准差为29.6mg/kg；土坎乡土壤碱解氮含量为101 ~ 130mg/kg，平均值为116mg/kg，标准差为20.8mg/kg。

彭水没有碱解氮含量小于65mg/kg的土壤，65 ~ 100mg/kg的土壤占13.4%，大于100mg/kg的土壤占86.6%。武隆碱解氮含量小于65mg/kg的土壤占1.1%，65 ~ 100mg/kg的土壤占3.3%，大于100mg/kg的土壤占95.6%。彭水与武隆基地单元大部分植烟土壤碱解氮含量极其丰富。

5. 土壤氯含量

从表3-10中可以看出，彭水的土壤氯含量顺序依次为：郎溪乡>润溪乡>靛水街道>龙塘乡>大垭乡。其中，郎溪乡土壤氯含量为3.29 ~ 13.2mg/kg，平均值为9.14mg/kg，标准差为5.18 mg/kg；润溪乡土壤氯含量为2.19 ~ 13.2mg/kg，平均值为7.55mg/kg，标准差为2.93mg/kg；靛水街道土壤氯含量为2.19 ~ 14.3mg/kg，平均值为6.84mg/kg，标准差为3.23mg/kg；龙塘乡土壤氯含量为4.39 ~ 8.23mg/kg，平均值为6.31mg/kg，标准差为1.46mg/kg；大垭乡土壤氯含量为2.19 ~ 9.87mg/kg，平均值为5.98mg/kg，标准差为2.65mg/kg。

表3-10 彭水和武隆不同乡镇的土壤氯含量

土壤氯（mg/kg）	彭水					武隆					彭水（%）	武隆（%）
	大垭	靛水	郎溪	龙塘	润溪	双河	土坎	巷口	仙女山			
平均值	5.98	6.84	9.14	6.31	7.55	12.1	10.8	11.2	10.2	土壤氯小于10的比重	85.0	47.8
标准差	2.65	3.23	5.18	1.46	2.93	6	3.65	8.46	5.27	土壤氯10 ~ 30的比重	15.0	50.5
最大值	9.87	14.3	13.2	8.23	13.2	29.1	13.4	42.2	29.1	土壤氯大于30的比重	0.0	1.6
最小值	2.19	2.19	3.29	4.39	2.19	2.33	8.21	2.33	2.33			

从表3-10中可以看出，武隆的土壤氯含量顺序依次为：双河乡 > 巷口镇 > 土坎乡 >

仙女山镇。其中，双河乡土壤氯含量为2.33 ~ 29.1mg/kg，平均值为12.1mg/kg，标准差为6.00mg/kg；巷口镇土壤氯含量为2.33 ~ 42.2mg/kg，平均值为11.2mg/kg，标准差为8.46mg/kg；土坎乡土壤氯元素为8.21 ~ 13.4mg/kg，平均值为10.8mg/kg，标准差为3.65mg/kg；仙女山镇土壤氯元素为2.33 ~ 29.1mg/kg，平均值为10.2mg/kg，标准差为5.27mg/kg。

彭水土壤氯含量小于10mg/kg的土壤占85.0%，10 ~ 30mg/kg的土壤占15.0%，没有大于30mg/kg的土壤。武隆土壤氯含量小于10mg/kg的土壤占47.8%，10 ~ 30mg/kg的土壤占50.5%，大于30 mg/kg的土壤占1.6%。彭水与武隆基地单元植烟土壤氯含量均不超标。

6. 土壤交换性钙含量

从表3-11中可以看出，彭水的土壤交换性钙含量顺序依次为：龙塘乡>郎溪乡>靛水街道>大垭乡>润溪乡。其中，龙塘乡土壤交换性钙含量为1.93 ~ 20.9cmol/kg，平均值为8.48 cmol/kg，标准差为1.92cmol/kg；郎溪乡土壤交换性钙含量为3.99 ~ 7.99cmol/kg，平均值为6.59cmol/kg，标准差为2.25cmol/kg；靛水街道土壤交换性钙含量为1.70 ~ 26.5cmol/kg，平均值为5.62cmol/kg，标准差为1.86cmol/kg；大垭乡土壤交换性钙含量为1.97 ~ 10.7cmol/kg，平均值为4.78cmol/kg，标准差为3.23cmol/kg；润溪乡土壤交换性钙含量为0.25 ~ 9.48cmol/kg，平均值为3.44cmol/kg，标准差为2.56cmol/kg。

表3-11　彭水和武隆不同乡镇的土壤交换性钙含量

交换性钙（cmol/kg）	彭水					武隆					彭水（%）	武隆（%）
	大垭	靛水	郎溪	龙塘	润溪	双河	土坎	巷口	仙女山			
平均值	4.78	5.62	6.59	8.48	3.44	8.16	7.35	6.62	3.07	交换性钙小于4的比重	48.8	27.2
标准差	3.23	5.09	2.25	6.57	2.56	4.92	5.77	2.71	2.97	交换性钙4 ~ 6的比重	25.2	23.7
最大值	10.7	26.5	7.99	20.9	9.48	22.1	11.4	12.1	11.08	交换性钙6 ~ 10的比重	18.1	32.9
最小值	1.97	1.7	3.99	1.93	0.25	0.3	3.27	0.9	0	交换性钙大于10的比重	7.9	16.2

从表3-11中可以看出，武隆的土壤交换性钙含量顺序依次为：双河乡 > 土坎乡 > 巷口镇 > 仙女山镇。其中，双河乡土壤交换性钙含量为0.30 ~ 22.1cmol/kg，平均值为8.16cmol/kg，标准差为4.92cmol/kg；土坎乡土壤交换性钙含量为3.27 ~ 11.4cmol/kg，平均值为7.35cmol/kg，标准差为5.77cmol/kg；巷口镇土壤交换性钙含量为0.90 ~ 12.1cmol/kg，平均值为6.62cmol/kg，标准差为2.71cmol/kg；仙女山镇土壤交换性钙含量为0 ~ 11.08cmol/kg，平均值为3.07cmol/kg，标准差为2.97cmol/kg。

彭水交换性钙含量小于4cmol/kg的土壤占48.8%，4 ~ 6cmol/kg的土壤占25.2%，大于6cmol/kg的土壤占26%。武隆交换性钙含量小于4cmol/kg的土壤占27.2%，4 ~ 6cmol/kg的土壤占23.7%，大于6cmol/kg的土壤占49.1%。彭水与武隆基地单元不同地块土壤交换性钙丰缺不一，仅有25%左右的地块土壤交换性钙较适宜。

7. 土壤交换性镁含量

从表3-12中可以看出，彭水的土壤交换性镁含量顺序依次为：郎溪乡 > 润溪乡 > 大垭乡 > 靛水街道 > 龙塘乡。其中，郎溪乡土壤交换性镁含量为0.65 ~ 4.35cmol/kg，平均值为2.90cmol/kg，标准差为1.97cmol/kg；润溪乡土壤交换性镁含量为0.06 ~ 5.11cmol/kg，平均值为1.32cmol/kg，标准差为1.39cmol/kg；大垭乡土壤交换性镁含量为0.25 ~ 2.07cmol/kg，平均值为1.10cmol/kg，标准差为0.59cmol/kg；靛水街道土壤交换性镁含量为0.21 ~ 5.49cmol/kg，平均值为1.04cmol/kg，标准差为1.07cmol/kg；龙塘乡土壤交换性镁含量为0.45 ~ 1.94cmol/kg，平均值为1.02cmol/kg，标准差为0.51cmol/kg。可见，郎溪乡植烟土壤交换性镁含量较高，润溪乡、大垭乡、靛水街道、龙塘乡植烟土壤交换性镁含量适中。

表3-12　彭水和武隆不同乡镇的土壤交换性镁含量

交换性镁（mg/kg）	彭水					武隆					彭水（%）	武隆（%）
	大垭	靛水	郎溪	龙塘	润溪	双河	土坎	巷口	仙女山			
平均值	1.1	1.04	2.9	1.02	1.32	1.78	1.61	1.22	1.74	交换性镁小于0.8的比重	44.1	10.2
标准差	0.59	1.07	1.97	0.51	1.39	0.95	1.05	0.43	0.75	交换性镁0.8 ~ 1.6的比重	36.2	47.8
最大值	2.07	5.49	4.35	1.94	5.11	5.87	2.35	2.32	3.21	交换性镁1.6 ~ 3.2的比重	13.4	39.8
最小值	0.25	0.21	0.65	0.45	0.06	0.33	0.87	0.35	0.58	交换性镁大于3.2的比重	6.3	2.2

从表3-12中可以看出，武隆的土壤交换性镁含量顺序依次为：双河乡 > 仙女山镇 > 土坎乡 > 巷口镇。其中，双河乡土壤交换性镁含量为0.33 ~ 5.87cmol/kg，平均值为1.78cmol/kg，标准差为0.95cmol/kg；仙女山镇土壤交换性镁含量为0.58 ~ 3.21cmol/kg，平均值为1.74cmol/kg，标准差为0.75cmol/kg；土坎乡土壤交换性镁含量为0.87 ~ 2.35cmol/kg，平均值为1.61cmol/kg，标准差为1.05cmol/kg；巷口镇土壤交换性镁含量为0.35 ~ 2.32cmol/kg，平均值为1.22cmol/kg，标准差为0.43cmol/kg。可见，巷口镇植烟土壤交换性镁含量适中，双河乡、仙女山镇和土坎乡植烟土壤交换性镁含量较高。

彭水交换性镁含量小于0.8cmol/kg的土壤占44.1%，0.8 ~ 1.6cmol/kg的土壤占36.2%，大于1.6cmol/kg的土壤占19.7%。武隆交换性镁含量小于0.8cmol/kg的土壤占10.2%，0.8 ~ 1.6cmol/kg的土壤占47.8%，大于1.6cmol/kg的土壤占42%。彭水土壤缺镁的现象较普遍，武隆少数的植烟地块缺镁。

8. 土壤有效硫含量

从表3-13中可以看出，彭水的土壤有效硫含量顺序依次为：润溪乡 > 靛水街道 > 大垭乡 > 龙塘乡 > 郎溪乡。其中，润溪乡土壤有效硫含量为10.7 ~ 140mg/kg，平均值为46.5mg/kg，标准差为33.3mg/kg；靛水街道土壤有效硫含量为8.70 ~ 156mg/kg，平均值为46.1mg/kg，标准差为35.4mg/kg；大垭乡土壤有效硫含量为10.2 ~ 36.7mg/kg，平均值为23.5mg/kg，标准差为8.26mg/kg；龙塘乡土壤有效硫含量为7.20 ~ 28.2mg/kg，平均值为20.4mg/kg，标准差为7.71mg/kg；郎溪乡土壤有效硫含量为4.70 ~ 34.2mg/kg，平均值为17.4mg/kg，标准差为15.2mg/kg。

表3-13　彭水和武隆不同乡镇的土壤有效硫含量

有效硫（mg/kg）	彭水					武隆					彭水（%）	武隆（%）
	大垭	靛水	郎溪	龙塘	润溪	双河	土坎	巷口	仙女山	有效硫小于5的比重	1.1	0
平均值	23.5	46.1	17.4	20.4	46.5	122	36	51.3	100	有效硫5 ~ 10的比重	3.2	1.6
标准差	8.26	35.4	15.2	7.71	33.3	122	2.83	37.7	55.4	有效硫10 ~ 20的比重	17.8	9.1
最大值	36.7	156	34.2	28.2	140	611	38	150	217	有效硫20 ~ 40的比重	22.7	21.5
最小值	10.2	8.7	4.7	7.2	10.7	12.5	34	7.5	9.2	有效硫大于40的比重	23.8	67.7

从表3-13中可以看出，武隆的土壤有效硫含量顺序依次为：双河乡 > 仙女山镇 > 巷口镇 > 土坎乡。其中，双河乡土壤有效硫含量为12.5 ~ 611mg/kg，平均值为122mg/kg，标准差为122mg/kg；仙女山镇土壤有效硫含量为9.20 ~ 217mg/kg，平均值为100mg/kg，标准差为55.4mg/kg；巷口镇土壤有效硫含量为7.50 ~ 150mg/kg，平均值为51.3mg/kg，标准差为37.7mg/kg；土坎乡土壤有效硫含量为34.0 ~ 38.0mg/kg，平均值为36.0mg/kg，标准差为2.83mg/kg。

彭水有效硫含量小于5mg/kg的土壤占1.1%，5 ~ 10mg/kg的土壤占3.2%，10 ~ 20mg/kg的土壤占17.8%，20 ~ 40mg/kg的土壤占22.7%，大于40mg/kg的土壤占23.8%。武隆没有有效硫含量小于5mg/kg的土壤，5 ~ 10mg/kg的土壤占1.6%，10 ~ 20mg/kg的土壤占9.1%，20 ~ 40mg/kg占21.5%，大于40mg/kg的土壤占67.7%。彭水与武隆基地单元植烟土壤有效硫在适宜范围的地块很少，大部分植烟地块的有效硫含量超标。

9. 土壤有机质含量

从表3-14中可以看出，彭水的土壤有机质含量顺序依次为：靛水街道 > 润溪乡 > 龙塘乡 > 大垭乡 > 郎溪乡。其中，靛水街道土壤有机质含量为2.25% ~ 4.84%，平均值为3.17%，标准差为0.60%；润溪乡土壤有机质含量为1.83% ~ 4.85%，平均值为3.01%，标准差为0.95%；龙塘乡土壤有机质含量为1.71% ~ 3.39%，平均值为2.76%，标准差为0.59%；大垭乡土壤有机质含量为1.22% ~ 3.00%，平均值为2.23%，标准差为0.59%；郎溪乡土壤有机质含量为1.99% ~ 2.34%，平均值为2.18%，标准差为0.18%。

从表3-14中可以看出，武隆的土壤有机质含量顺序依次为：仙女山镇 > 双河乡 > 巷口镇 > 土坎乡。其中，仙女山镇土壤有机质含量为1.81% ~ 4.73%，平均值为2.61%，标准差为0.59%；双河乡土壤有机质含量为1.10% ~ 5.04%，平均值为2.60%，标准差为0.93%；巷口镇土壤有机质含量为1.27% ~ 3.84%，平均值为2.44%，标准差为0.57%；土坎乡土壤有机质含量为2.32% ~ 2.37%，平均值为2.34%，标准差为0.03%。

表3-14　彭水和武隆不同乡镇的土壤有机质含量（%）

有机质	彭水					武隆					彭水（%）	武隆（%）
	大垭	靛水	郎溪	龙塘	润溪	双河	土坎	巷口	仙女山			
平均值	2.23	3.17	2.18	2.76	3.01	2.6	2.34	2.44	2.61	有机质小于1.5的比重	3.1	3.3
标准差	0.59	0.6	0.18	0.59	0.95	0.93	0.03	0.57	0.59	有机质1.5 ~ 2.5的比重	31.5	46.4
最大值	3	4.84	2.34	3.39	4.85	5.04	2.37	3.84	4.73	有机质大于2.5的比重	65.4	50.3
最小值	1.22	2.25	1.99	1.71	1.83	1.1	2.32	1.27	1.81			

彭水有机质的含量小于1.5%的土壤占1.5%，1.5% ~ 2.5%的土壤占31.5%，大于2.5%的土壤占65.4%。武隆有机质的含量小于1.5%的土壤占3.4%，1.5% ~ 2.5%的土壤占46.4%，大于2.5%的土壤占50.3%。彭水与武隆基地单元植烟土壤有机质含量极其丰富。

10. 土壤全氮含量

从表3-15中可以看出，彭水的土壤全氮含量顺序依次为：靛水街道 = 龙塘乡 > 润溪乡 > 郎溪乡 > 大垭乡。其中，靛水街道土壤全氮含量为1.48 ~ 2.69g/kg，平均值为1.95g/kg，标准差为0.31g/kg；龙塘乡土壤全氮含量为1.29 ~ 2.31g/kg，平均值为1.95g/kg，标准差为0.38g/kg；润溪乡土壤全氮含量为1.37 ~ 2.90g/kg，平均值为1.90g/kg，标准差为0.47g/kg；郎溪乡土壤全氮含量为1.51 ~ 1.69g/kg，平均值为1.58g/kg，标准差为0.09g/kg；大垭乡土壤全氮含量为0.93 ~ 1.95g/kg，平均值为1.56g/kg，标准差为0.35g/kg。

表3-15　彭水和武隆不同乡镇的土壤全氮含量（g/kg）

全氮	彭水					武隆			
	大垭	靛水	郎溪	龙塘	润溪	双河	土坎	巷口	仙女山
平均值	1.56	1.95	1.58	1.95	1.9	1.78	1.45	1.67	1.73
标准差	0.35	0.31	0.09	0.38	0.47	0.53	0.16	0.38	0.34
最大值	1.95	2.69	1.69	2.31	2.90	3.24	1.56	2.69	2.86
最小值	0.93	1.48	1.51	1.29	1.37	0.99	1.33	0.86	1.03

从表3-15中可以看出，武隆的土壤全氮含量顺序依次为：双河乡 > 仙女山镇 > 巷口镇 > 土坎乡。其中，双河乡土壤全氮含量为0.99 ~ 3.24g/kg，平均值为1.78g/kg，标准差为0.53g/kg；仙女山镇土壤全氮含量为1.03 ~ 2.86g/kg，平均值为1.73g/kg，标准差为0.34g/kg；巷口镇土壤全氮含量为0.86 ~ 2.69g/kg，平均值为1.67g/kg，标准差为0.38g/kg；土坎乡土壤全氮含量为1.33 ~ 1.56g/kg，平均值为1.45g/kg，标准差为0.16g/kg。

11. 土壤全磷含量

从表3-16中可以看出，彭水的土壤全磷含量顺序依次为：靛水街道 > 润溪乡 > 大垭乡 > 龙塘乡 > 郎溪乡。其中，靛水街道土壤全磷含量为0.28 ~ 1.21g/kg，平均值为0.77g/kg，标准差为0.27g/kg；润溪乡土壤全磷含量为0.31 ~ 1.10g/kg，平均值为0.63g/kg，标准差为

0.24g/kg；大垭乡土壤全磷含量为0.23 ~ 1.03g/kg，平均值为0.62g/kg，标准差为0.24g/kg；龙塘乡土壤全磷含量为0.31 ~ 0.68g/kg，平均值为0.54g/kg，标准差为0.14g/kg；郎溪乡土壤全磷含量为0.42 ~ 0.58g/kg，平均值为0.49g/kg，标准差为0.09g/kg。

表3-16　彭水和武隆不同乡镇的土壤全磷含量（g/kg）

全磷	彭水					武隆			
	大垭	靛水	郎溪	龙塘	润溪	双河	土坎	巷口	仙女山
平均值	0.62	0.77	0.49	0.54	0.63	0.99	0.73	0.83	0.97
标准差	0.24	0.27	0.09	0.14	0.24	0.31	0.19	0.23	0.19
最大值	1.03	1.21	0.58	0.68	1.10	1.74	0.87	1.47	1.34
最小值	0.23	0.28	0.42	0.31	0.31	0.62	0.60	0.32	0.57

从表3-16中可以看出，武隆的土壤全磷含量顺序依次为：双河乡 > 仙女山镇 > 巷口镇 > 土坎乡。其中，双河乡土壤全磷含量为0.62 ~ 1.74g/kg，平均值为0.99g/kg，标准差为0.31g/kg；仙女山镇土壤全磷含量为0.57 ~ 1.34g/kg，平均值为0.97g/kg，标准差为0.19g/kg；巷口镇土壤全磷含量为0.32 ~ 1.47g/kg，平均值为0.83g/kg，标准差为0.23g/kg；土坎乡土壤全磷含量为0.60 ~ 0.87g/kg，平均值为0.73g/kg，标准差为0.19g/kg。

12. 土壤全钾含量

从表3-17中可以看出，彭水的土壤全钾含量顺序依次为：郎溪乡 > 龙塘乡 > 靛水街道 > 大垭乡 > 润溪乡。其中，郎溪乡土壤全钾含量为18.8 ~ 26.7g/kg，平均值为23.1g/kg，标准差为4.00g/kg；龙塘乡土壤全钾含量为11.9 ~ 33.8g/kg，平均值为21.7g/kg，标准差为7.88g/kg；靛水街道土壤全钾含量为7.04 ~ 31.9g/kg，平均值为19.3g/kg，标准差为6.49g/kg；大垭乡土壤全钾含量为7.43 ~ 29.9g/kg，平均值为18.3g/kg，标准差为7.00g/kg；润溪乡土壤全钾含量为4.81 ~ 23.8g/kg，平均值为13.1g/kg，标准差为4.93g/kg。

表3-17　彭水和武隆不同乡镇的土壤全钾含量（g/kg）

全钾	彭水					武隆			
	大垭	靛水	郎溪	龙塘	润溪	双河	土坎	巷口	仙女山
平均值	18.3	19.3	23.1	21.7	13.1	12.7	10.8	17.4	13.0
标准差	7.00	6.49	4.00	7.88	4.93	2.58	1.26	5.57	4.15
最大值	29.9	31.9	26.7	33.8	23.8	17.5	11.7	31.4	27.9
最小值	7.43	7.04	18.8	11.9	4.81	7.35	9.95	7.28	7.08

从表3-17中可以看出，武隆的土壤全钾含量顺序依次为：巷口镇 > 仙女山镇 > 双河乡 > 土坎乡。其中，巷口镇土壤全钾含量为7.28 ~ 31.4g/kg，平均值为17.4g/kg，标准差为5.57g/kg；仙女山镇土壤全钾含量为7.08 ~ 27.9g/kg，平均值为13.0g/kg，标准差为4.15g/kg；双河乡土壤全钾含量为7.35 ~ 17.5g/kg，平均值12.7g/kg，标准差为2.58g/kg；土坎乡土壤全钾含量为9.95 ~ 11.7g/kg，平均值为10.8g/kg，标准差为1.26g/kg。

13. 土壤有效铜含量

从表3-18中可以看出，彭水的土壤有效铜含量顺序依次为：靛水街道 > 润溪乡 > 龙塘乡 > 郎溪乡 > 大垭乡。其中，靛水街道土壤有效铜含量为0.82 ~ 3.94 mg/kg，平均值为2.31 mg/kg，标准差为1.08 mg/kg；润溪乡土壤有效铜含量为0.99 ~ 2.82 mg/kg，平均值为1.67 mg/kg，标准差为0.55 mg/kg；龙塘乡土壤有效铜含量为0.95 ~ 2.39 mg/kg，平均值为1.54 mg/kg，标准差为0.55 mg/kg；郎溪乡土壤有效铜含量为1.11 ~ 2.19 mg/kg，平均值为1.50 mg/kg，标准差为0.60 mg/kg；大垭乡土壤有效铜含量为0.59 ~ 2.75 mg/kg，平均值为1.23 mg/kg，标准差为0.67 mg/kg。

表3-18　彭水和武隆不同乡镇的土壤有效铜含量

有效铜（mg/kg）	彭水					武隆					彭水（%）	武隆（%）
	大垭	靛水	郎溪	龙塘	润溪	双河	土坎	巷口	仙女山			
平均值	1.23	2.31	1.5	1.54	1.67	1.61	1.31	2.42	2.16	有效铜小于0.2的比重	0	0
标准差	0.67	1.08	0.60	0.55	0.55	0.50	0.35	0.98	0.66	有效铜0.2 ~ 1.0的比重	22.8	3.7
最大值	2.75	3.94	2.19	2.39	2.82	2.53	1.55	5.30	4.08	有效铜1.0 ~ 1.8的比重	33.3	39.5
最小值	0.59	0.82	1.11	0.95	0.99	0.76	1.06	0.98	1.01	有效铜大于1.8的比重	43.9	56.8

从表3-18中可以看出，武隆的土壤有效铜含量顺序依次为：巷口镇 > 仙女山镇 > 双河乡 > 土坎乡。其中，巷口镇土壤有效铜含量为0.98 ~ 5.30 mg/kg，平均值为2.42 mg/kg，标准差为0.98 mg/kg；仙女山镇土壤有效铜含量为1.01 ~ 4.08 mg/kg，平均值为2.16 mg/kg，标准差为0.66 mg/kg；双河乡土壤有效铜含量为0.76 ~ 2.53 mg/kg，平均值为1.61 mg/kg，标准差为0.50 mg/kg；土坎乡土壤有效铜含量为1.06 ~ 1.55 mg/kg，平均值为1.31 mg/kg，标准差为0.35 mg/kg。

彭水与武隆两个基地单元所有植烟单元的土壤有效铜含量均大于0.2mg/kg，植烟土壤不缺铜。

14. 土壤有效锌含量

从表3-19中可以看出，彭水的土壤有效锌含量顺序依次为：润溪乡 > 靛水街道 > 大垭乡 > 郎溪乡 > 龙塘乡。其中，润溪乡土壤有效锌含量为0.91 ~ 5.58 mg/kg，平均值为2.35 mg/kg，标准差为1.44 mg/kg；靛水街道土壤有效锌含量为0.68 ~ 4.51 mg/kg，平均值为2.22 mg/kg，标准差为1.05 mg/kg；大垭乡土壤有效锌含量为0.61 ~ 5.67 mg/kg，平均值为1.91 mg/kg，标准差为1.48 mg/kg；郎溪乡土壤有效锌含量为0.91 ~ 2.66 mg/kg，平均值为1.54 mg/kg，标准差为0.97 mg/kg；龙塘乡土壤有效锌含量为0.77 ~ 2.94 mg/kg，平均值为1.26mg/kg，标准差为0.83mg/kg。可见，郎溪乡、龙塘乡植烟土壤有效锌含量适中，润溪乡、靛水街道和大垭乡植烟土壤有效锌含量较丰富。

表3-19　彭水和武隆不同乡镇的土壤有效锌含量

有效锌（mg/kg）	彭水					武隆					彭水（%）	武隆（%）
	大垭	靛水	郎溪	龙塘	润溪	双河	土坎	巷口	仙女山	有效锌小于0.3的比重	0	0
平均值	1.91	2.22	1.54	1.26	2.35	1.64	1.43	2.67	2.12	有效锌0.3 ~ 0.5的比重	0	0

（续）

有效锌（mg/kg）	彭水					武隆					彭水（%）	武隆（%）
	大垭	靛水	郎溪	龙塘	润溪	双河	土坎	巷口	仙女山	有效锌小于0.3的比重	0	0
标准差	1.48	1.05	0.97	0.83	1.44	0.78	0.28	0.93	1.21	有效锌0.5 ~ 1.0的比重	17.9	6.8
最大值	5.67	4.51	2.66	2.94	5.58	4.06	1.63	5.24	6.34	有效锌1.0 ~ 3.0的比重	64.2	74.1
最小值	0.61	0.68	0.91	0.77	0.91	0.62	1.23	0.86	1.04	有效锌大于3的比重	17.9	19.1

从表3-19中可以看出，武隆的土壤有效锌含量顺序依次为：巷口镇 > 仙女山镇 > 双河乡 > 土坎乡。其中，巷口镇土壤有效锌含量为0.86 ~ 5.24 mg/kg，平均值为2.67 mg/kg，标准差为0.93 mg/kg；仙女山镇土壤有效锌含量为1.04 ~ 6.34 mg/kg，平均值为2.12 mg/kg，标准差为1.21 mg/kg；双河乡土壤有效锌含量为0.62 ~ 4.06 mg/kg，平均值为1.64 mg/kg，标准差为0.78 mg/kg；土坎乡土壤有效锌含量为1.23 ~ 1.63 mg/kg，平均值为1.43 mg/kg，标准差为0.28 mg/kg。可见，武隆植烟土壤有效锌含量较丰富。

彭水与武隆两个基地单元所有植烟单元的土壤有效锌含量均大于0.5mg/kg，植烟土壤不缺有效锌。

15. 土壤有效铁含量

从表3-20中可以看出，彭水的土壤有效铁含量顺序依次为：润溪乡 > 靛水街道 > 大垭乡 > 龙塘乡 > 郎溪乡。其中，润溪乡土壤有效铁含量为24.4 ~ 195 mg/kg，平均值为120 mg/kg，标准差为58.4 mg/kg；靛水街道土壤有效铁含量为5.58 ~ 196 mg/kg，平均值为103 mg/kg，标准差为63.6 mg/kg；大垭乡土壤有效铁含量为18.7 ~ 161 mg/kg，平均值为68.5 mg/kg，标准差为46.8 mg/kg；龙塘乡土壤有效铁含量为14.5 ~ 144 mg/kg，平均值为53.6 mg/kg，标准差为48.0 mg/kg；郎溪乡土壤有效铁含量为12.8 ~ 121 mg/kg，平均值为49.7 mg/kg，标准差为61.5 mg/kg。

表3-20 彭水和武隆不同乡镇的土壤有效铁含量

有效铁（mg/kg）	彭水					武隆					彭水（%）	武隆（%）
	大垭	靛水	郎溪	龙塘	润溪	双河	土坎	巷口	仙女山	有效铁小于2.5的比重	0	0
平均值	68.5	103	49.7	53.6	120	51.7	14.6	71.6	81.3	有效铁2.5 ~ 4.5的比重	0	0
标准差	46.8	63.6	61.5	48	58.4	28.8	0	36.4	28.1	有效铁4.5 ~ 10.0的比重	1.6	2.5
最大值	161	196	121	144	195	112	14.6	164	143	有效铁10 ~ 20的比重	6.5	4.9
最小值	18.7	5.58	12.8	14.5	24.4	7.17	14.6	22.9	20.2	有效铁大于20的比重	91.9	92.6

从表3-20中可以看出，武隆的土壤有效铁含量顺序依次为：仙女山镇 > 巷口镇 > 双河乡 > 土坎乡。其中，仙女山镇土壤有效铁含量为20.2 ~ 143 mg/kg，平均值为81.3 mg/kg，标准差为28.1 mg/kg；巷口镇土壤有效铁含量为22.9 ~ 164 mg/kg，平均值为71.6 mg/kg，标准差为36.4 mg/kg；双河乡土壤有效铁含量为7.17 ~ 112 mg/kg，平均值为51.7 mg/kg，标准

差为28.8 mg/kg；土坎乡土壤有效铁含量为14.6 mg/kg，标准差为0。

彭水与武隆两个基地单元所有植烟单元的土壤有效铁含量均大于4.5mg/kg，植烟土壤不缺铁。

16. 土壤有效锰含量

从表3–21中可以看出，彭水的土壤有效锰含量顺序依次为：大垭乡 > 润溪乡 > 靛水街道 > 龙塘乡 > 郎溪乡。其中，大垭乡土壤有效锰含量为12.7 ~ 66.9 mg/kg，平均值为39.6 mg/kg，标准差为17.9 mg/kg；润溪乡土壤有效锰含量为10.6 ~ 55.8 mg/kg，平均值为35.7 mg/kg，标准差为12.8 mg/kg；靛水街道土壤有效锰含量为6.89 ~ 54.9 mg/kg，平均值为30.8 mg/kg，标准差为13.6 mg/kg；龙塘乡土壤有效锰含量为12.2 ~ 37.7 mg/kg，平均值为21.6 mg/kg，标准差为11.3 mg/kg；郎溪乡土壤有效锰含量为8.41 ~ 16.4 mg/kg，平均值为12.3 mg/kg，标准差为4.01 mg/kg。

表3–21　彭水和武隆不同乡镇的土壤有效锰含量

有效锰（mg/kg）	彭水					武隆			
	大垭	靛水	郎溪	龙塘	润溪	双河	土坎	巷口	仙女山
平均值	39.6	30.8	12.3	21.6	35.7	73.3	35.5	96.1	80.0
标准差	17.9	13.6	4.01	11.3	12.8	40.9	0	28.9	28.7
最大值	66.9	54.9	16.4	37.7	55.8	174	35.5	142.7	148
最小值	12.7	6.89	8.41	12.2	10.6	23.9	35.5	34.4	33.8

从表3–21中可以看出，武隆的土壤有效锰含量顺序依次为：巷口镇 > 仙女山镇 > 双河乡 > 土坎乡。其中，巷口镇土壤有效锰含量为34.4 ~ 142.7 mg/kg，平均值为96.1 mg/kg，标准差为28.9 mg/kg；仙女山镇土壤有效锰含量为33.8 ~ 148 mg/kg，平均值为80.0 mg/kg，标准差为28.7 mg/kg；双河乡土壤有效锰含量为23.9 ~ 174 mg/kg，平均值为73.3 mg/kg，标准差为40.9 mg/kg；土坎乡土壤有效锰含量为35.5 mg/kg，标准差为0。

17. 土壤有效硼含量

从表3–22中可以看出，彭水的土壤有效硼含量顺序依次为：靛水街道 > 大垭乡 = 润溪乡 > 龙塘乡 > 郎溪乡。其中，靛水街道土壤有效硼含量为0.06 ~ 0.25 mg/kg，平均值为0.13 mg/kg，标准差为0.04 mg/kg；大垭乡土壤有效硼含量为0.07 ~ 0.29 mg/kg，平均值为

表3–22　彭水和武隆不同乡镇的土壤有效硼含量

有效硼（mg/kg）	彭水					武隆					彭水（%）	武隆（%）
	大垭	靛水	郎溪	龙塘	润溪	双河	土坎	巷口	仙女山			
平均值	0.12	0.13	0.09	0.11	0.12	0.22	0.48	0.2	0.24	有效硼小于0.3的比重	100	85.2
标准差	0.07	0.04	0.01	0.03	0.04	0.07	—	0.08	0.06	有效硼0.3 ~ 0.5的比重	0	13.6
最大值	0.29	0.25	0.1	0.16	0.23	0.39	—	0.42	0.37	有效硼0.5 ~ 1.0的比重	0	1.2
最小值	0.07	0.06	0.08	0.07	0.06	0.1	—	0.1	0.14			

0.12 mg/kg，标准差为0.07 mg/kg；润溪乡土壤有效硼含量为0.06 ~ 0.23 mg/kg，平均值为0.12 mg/kg，标准差为0.04 mg/kg；龙塘乡土壤有效硼含量为0.07 ~ 0.16 mg/kg，平均值为0.11 mg/kg，标准差为0.03 mg/kg；郎溪乡土壤有效硼含量为0.08 ~ 0.10 mg/kg，平均值为0.09 mg/kg，标准差为0.01 mg/kg。

从表3-22中可以看出，武隆的土壤有效硼含量顺序依次为：土坎乡 > 仙女山镇 > 双河乡 > 巷口镇。其中，土坎乡土壤有效硼含量为0.48 mg/kg；仙女山镇土壤有效硼含量为0.14 ~ 0.37 mg/kg，平均值为0.24 mg/kg，标准差为0.06 mg/kg；双河乡土壤有效硼含量为0.10 ~ 0.39 mg/kg，平均值为0.22 mg/kg，标准差为0.07 mg/kg；巷口镇土壤有效硼含量为0.10 ~ 0.42 mg/kg，平均值为0.20 mg/kg，标准差为0.08 mg/kg。

彭水基地单元土壤有效硼的含量均小于0.3 mg/mg，有效硼极度缺乏。武隆基地单元有效硼含量小于0.3mg/kg的土壤占85.2%，有效硼含量极度缺乏。

18. 土壤有效钼含量

从表3-23中可以看出，彭水的土壤有效钼含量顺序依次为：大垭乡 > 润溪乡 > 靛水街道 = 龙塘乡 > 郎溪乡。其中，大垭乡土壤有效钼含量为0.02 ~ 0.33 mg/kg，平均值为0.17 mg/kg，标准差为0.11 mg/kg；润溪乡土壤有效钼含量为0.02 ~ 0.34 mg/kg，平均值为0.13 mg/kg，标准差为0.08 mg/kg；靛水街道土壤有效钼含量为0.03 ~ 0.66 mg/kg，平均值为0.12 mg/kg，标准差为0.14 mg/kg；龙塘乡土壤有效钼含量为0.07 ~ 0.22 mg/kg，平均值为0.12 mg/kg，标准差为0.06 mg/kg；郎溪乡土壤有效钼含量为0.06 ~ 0.08 mg/kg，平均值为0.07 mg/kg，标准差为0.01 mg/kg。

表3-23　彭水和武隆不同乡镇的土壤有效钼含量

有效钼（mg/kg）	彭水					武隆					彭水（%）	武隆（%）
	大垭	靛水	郎溪	龙塘	润溪	双河	土坎	巷口	仙女山	有效钼小于0.1的比重	48.8	53.0
平均值	0.17	0.12	0.07	0.12	0.13	0.11	0.11	0.14	0.13	有效钼0.1 ~ 0.15的比重	25.6	22.0
标准差	0.11	0.14	0.01	0.06	0.08	0.06	—	0.14	0.1	有效钼0.15 ~ 0.2的比重	2.4	9.8
最大值	0.33	0.66	0.08	0.22	0.34	0.21	—	0.73	0.41	有效钼0.2 ~ 0.3的比重	16.8	9.1
最小值	0.02	0.03	0.06	0.07	0.02	0.02	—	0.03	0.01	有效钼大于0.3的比重	6.4	6.1

从表3-23中可以看出，武隆的土壤有效钼含量顺序依次为：巷口镇 > 仙女山镇 > 双河乡 = 土坎乡。其中，巷口镇土壤有效钼含量为0.03 ~ 0.73 mg/kg，平均值为0.14 mg/kg，标准差为0.14 mg/kg；仙女山镇土壤有效钼含量为0.01 ~ 0.41 mg/kg，平均值为0.13 mg/kg，标准差为0.10 mg/kg；双河乡土壤有效钼含量为0.02 ~ 0.21 mg/kg，平均值为0.11 mg/kg，标准差为0.06 mg/kg；土坎乡土壤有效钼含量为0.11 mg/kg。

彭水基地单元土壤有效钼含量小于0.1mg/kg的土壤占48.8%，含量0.1 ~ 0.15 mg/kg的土壤占25.6%，缺钼的土壤占74.4%。武隆基地单元土壤有效钼含量小于0.1mg/kg的土壤占53.0%，含量0.1 ~ 0.15 mg/kg的土壤占22.0%，缺钼的土壤占75%。两个基地单元土壤有效钼极度缺乏。

四、小结

1. 气候

武隆和彭水烟草种植区域大多位于800 ~ 1 300m范围内，不同植烟单元差别较大。年均温为17.5℃，4—9月积温分别为4 327℃和4 285℃，整个生育期的积温足以满足烟草生长发育的需求。7—9月均温都在20 ~ 28℃范围内，有利于烟叶营养物质的合成和烟叶成熟。彭水和武隆的年均降水分别为1 212mm和1 036mm；两个基地单元整年降水较充分，但在育苗期往往出现春旱，旺长期往往出现伏旱，这在武陵山区这种农业生产完全靠降水的地区，往往会给烟叶的产质量带来严重的损失。彭水和武隆的年均日照分别为911h和1 083h；从1月到8月月均日照逐渐升高，在8月达到最高，武隆和彭水烟草生育期日照均不足780h，日照时数不足。

2. 土壤

彭水和武隆两个基地单元的9个乡镇中5个乡镇平均pH小于5.5，pH最低的地块为4.24；彭水润溪基地单元有38.58%的土壤pH小于5.0，62.20%的土壤pH小于5.5；武隆巷口基地单元有35.51%的土壤pH小于5.0，55.91%的土壤pH小于5.5；两个基地单元植烟土壤酸化严重。两个基地单元有机质、碱解氮、有效硫含量较丰富，有效磷的含量武隆各乡镇较高（大于30 mg/kg），彭水的郎溪乡和龙塘乡植烟土壤有效磷含量较低（小于9mg/kg ）。两个基地所在的乡镇速效钾含量除了彭水的郎溪为101mg/kg，其他的乡镇均大于150 mg/kg。两个基地土壤氯的含量为6.00 ~ 12.00 mg/kg，土壤氯含量不高。彭水基地单元土壤有效硼的含量均小于0.3mg/kg，武隆基地单元有效硼含量小于0.3mg/kg的土壤占85.2%，有效硼含量极度缺乏。彭水基地单元土壤有效钼含量小于0.1mg/kg的土壤占48.8%，含量0.1 ~ 0.15 mg/kg的土壤占25.6%，缺钼的土壤占74.4%；武隆基地单元土壤有效钼含量小于0.1mg/kg的土壤占53.0%，含量0.1 ~ 0.15 mg/kg的土壤占22.0%，缺钼的土壤占75%；两个基地单元土壤有效钼极度缺乏。总之，彭水和武隆两个基地单元土壤有机质、氮、磷、钾的含量较丰富，植烟土壤最大的问题为土壤酸化和硼、钼元素的缺乏。

>>> 第二节　重庆烟区烤烟质量风格特点分析及其烟叶评价模型的建立

一、重庆烤烟感官品质特点分析

本节应用描述性分析，阐述了重庆烟区典型性产烟县彭水、武隆烤烟外观质量、物理特性、化学成分、感官质量风格基本特征；并应用方差分析，比较了彭水、武隆两产烟县不同乡镇间烤烟外观特性、物理指标、化学成分、感官风格之间的差异。

（一）外观质量

1. 总体特征

由表3-24看出，重庆烤烟成熟度较差，中部叶颜色以浅橘为主，上部叶颜色以橘黄为主，中部叶身份主要为稍薄-中等，上部叶身份以稍厚为主，中部叶结构以疏松为主，上部叶结构尚疏-稍密，中部叶油分主要为稍有-有，上部叶油分以有为主，上部叶叶片色度主要为中等-强。

表3-24　重庆烟区烟叶外观质量指标频数分布（%）

部位	成熟度			颜色			身份		
	成熟	成熟-	尚熟	橘	橘-	柠	稍薄	稍厚	中等
中部	18.2	61.4	20.5	26.1	58.0	15.9	49.4	7.4	43.2
上部	24.6	66.9	8.6	67.4	32.6	—	—	80.0	20.0

部位	结构			油分		色度		
	尚疏	疏松	稍密	稍有	有	强	中等	弱
中部	26.7	73.3	—	40.4	59.6	—	—	—
上部	52.6	3.4	44.0	2.9	97.1	35.4	60.6	4.0

2. 不同产烟县烤烟外观特性比较

由表3-25看出，相比较而言，彭水中部叶烤烟成熟度好于武隆中部叶烤烟，武隆柠檬黄烤烟比例较高，达20.7%，彭水烤烟叶片偏薄，结构疏松度好，但彭水烟叶油分较武隆烤烟差。

由表3-26看出，相比较而言，武隆烤烟上部叶厚度明显偏厚，彭水与武隆烤烟其他外观质量指标差异不大。

表3-25　彭水、武隆中部烟叶外观质量指标频数分布（%）

县	成熟度			颜色		
	成熟	成熟-	尚熟	橘	橘-	柠
彭水	25.0	64.3	10.7	25.0	64.3	10.7
武隆	12.0	58.7	29.3	27.2	52.2	20.7

县	身份			结构		油分	
	稍薄	稍厚	中等	尚疏	疏松	稍有	有
彭水	69.0	11.9	19.0	16.7	83.3	72.6	27.4
武隆	31.5	3.3	65.2	34.8	65.2	10.9	89.1

表3-26　彭水、武隆上部烟叶外观质量指标频数分布（%）

县	成熟度			颜色		身份	
	成熟	成熟-	尚熟	橘	橘-	稍厚	中等
彭水	29.4	63.5	7.1	68.2	31.8	67.1	32.9
武隆	20.0	70.0	10.0	66.7	33.3	92.2	7.8

县	结构			油分		色度		
	尚疏	稍密	疏松	稍有	有	强	弱	中等
彭水	55.3	40.0	4.7	5.9	94.1	28.2	4.7	67.1
武隆	50.0	47.8	2.2	0	100.0	42.2	3.3	54.4

3. 不同乡镇烤烟外观质量差异

由表3-27看出，彭水、武隆不同乡镇烤烟中部叶外观质量均存在较大差异。润溪乡、巷口镇烤烟成熟度相对较差；靛水街道、润溪乡、巷口镇烤烟柠檬黄比例较大，尤其是巷口镇柠檬黄烤烟比例达34.2%；润溪乡烤烟身份偏薄，其“稍薄”比例达95.0%，大垭乡烤烟身份变异较大，其中，稍薄、稍厚比例分别为53.8%、46.2%；大垭乡、润溪乡、仙女山镇、巷口镇烤烟叶片结构疏松度较差；仙女山镇、巷口镇烤烟叶片油分较好。

表3-27　不同乡镇之间中部烟叶外观质量指标频数分布（%）

乡镇	成熟度			颜色		
	成熟度	成熟-	尚熟	橘	橘-	柠
大垭	30.8	61.5	7.7	38.5	61.5	0.0
靛水	21.4	67.9	10.7	25.0	57.1	17.9
龙塘	19.0	81.0	0.0	23.8	52.4	4.8
润溪	25.0	50.0	25.0	15.0	70.0	15.0
双河	19.2	73.1	7.7	38.5	50.0	11.5
仙女山	19.2	61.5	19.2	34.6	53.8	11.5
巷口	2.6	44.7	52.6	10.5	55.3	34.2

（续）

乡镇	身份			结构		油分	
	稍薄	稍厚	中等	尚疏	疏松	稍有	有
大垭	53.8	46.2	0.0	30.8	69.2	84.6	15.4
靛水	64.3	7.1	28.6	10.7	89.3	64.3	35.7
龙塘	57.1	9.5	33.3	4.8	95.2	76.2	23.8
润溪	95.0	0.0	5.0	30.0	70.0	70.0	30.0
双河	23.1	3.8	73.1	11.5	88.5	84.6	15.4
仙女山	15.4	7.7	76.9	34.6	65.4	7.7	92.3
巷口	47.4	0.0	52.6	52.6	47.4	10.5	89.5

由表3-28看出，彭水、武隆不同乡镇烤烟上部叶外观质量均存在较大差异。大垭乡、巷口镇上部烤烟成熟度较差，结构较密；靛水街道、仙女山镇上部烤烟颜色橘黄比例较高，浅橘比例较低；润溪乡相对其他乡镇烤烟身份偏厚，武隆各乡镇上部烤烟身份差异不大；大垭乡、巷口镇上部烤烟叶片结构疏松度较差；龙塘乡上部烤烟油分相对较差，武隆各乡镇上部烤烟油分均较好。

表3-28　不同乡镇之间上部烟叶外观质量指标频数分布（%）

乡镇	成熟度			颜色		身份	
	成熟	成熟-	尚熟	橘	橘-	稍厚	中等
大垭	7.7	69.2	23.1	69.2	30.8	61.5	38.5
靛水	37.0	59.3	3.7	81.5	18.5	66.7	33.3
龙塘	28.6	61.9	9.5	52.4	47.6	61.9	38.1
润溪	38.1	61.9	0.0	66.7	33.3	76.2	23.8
双河	28.0	72.0	0.0	72.0	28.0	92.0	8.0
仙女山	34.6	61.5	3.8	80.8	19.2	92.3	7.7
巷口	5.4	73.0	21.6	54.1	45.9	91.9	8.1

乡镇	结构			油分		色度		
	尚疏	疏松	稍密	稍有	有	强	中等	弱
大垭	46.2	0.0	53.8	0.0	100.0	0.0	84.6	15.4
靛水	55.6	11.1	33.3	3.7	96.3	48.1	51.9	0.0
龙塘	57.1	0.0	42.9	14.3	85.7	28.6	71.4	0.0
润溪	57.1	4.8	38.1	4.8	95.2	23.8	71.4	4.8
双河	68.0	8.0	24.0	0.0	100.0	64.0	36.0	0.0
仙女山	65.4	0.0	34.6	0.0	100.0	61.5	38.5	0.0
巷口	24.3	0.0	75.7	0.0	100.0	13.5	78.4	8.1

4. 小结

重庆烤烟成熟度较差，中部叶颜色以浅橘为主，上部叶颜色以橘黄为主，中部叶身份主要为稍薄–中等，上部叶身份以稍厚为主，中部叶结构以疏松为主，上部叶结构尚疏–稍密，中部叶油分主要为稍有–有，上部叶油分以有为主，上部叶叶片色度主要为中等–强。

相比较而言，彭水中部叶烤烟成熟度好于武隆中部叶烤烟，武隆柠檬黄烤烟比例较高，达20.7%，彭水烤烟叶片偏薄，结构疏松度好，但彭水烟叶油分较武隆烤烟差；武隆烤烟上部叶厚度明显偏厚，彭水与武隆烤烟其他外观质量指标差异不大。

彭水、武隆不同乡镇烤烟中部叶外观质量均存在较大差异。润溪、巷口镇烤烟成熟度相对较差；靛水街道、润溪乡、巷口镇烤烟柠檬黄比例较大，尤其是巷口镇柠檬黄烤烟比例达34.2%；润溪乡烤烟身份偏薄，其“稍薄”比例达95.0%，大垭乡烤烟身份变异较大，其中，稍薄、稍厚比例分别为53.8%、46.2%；大垭乡、润溪乡、仙女山镇、巷口镇烤烟叶片结构疏松度较差；仙女山镇、巷口镇烤烟叶片油分较好。

彭水、武隆不同乡镇烤烟上部叶外观质量均存在较大差异。大垭乡、巷口镇上部烤烟成熟度较差，结构较密；靛水街道、仙女山镇上部烤烟颜色橘黄比例较高，浅橘比例较低；润溪乡相对其他乡镇烤烟身份偏厚，武隆各乡镇上部烤烟身份差异不大；大垭乡、巷口镇上部烤烟叶片结构疏松度较差；龙塘乡上部烤烟油分相对较差，武隆各乡镇上部烤烟油分均较好。

（二）物理特性

1. 基本数据特征

由表3–29看出，重庆中部叶烤烟填充值、平衡水分、叶长、叶宽、含梗率、叶面密度范围分别为：2.26 ~ 5.64cm^3/g、10.8% ~ 14.5%、52.60 ~ 78.43cm、16.25 ~ 27.70cm、21.30% ~ 39.85%、3.06 ~ 7.03mg/cm^2，平均值分别为2.95cm^3/g、13.15%、63.24cm、22.26cm、32.80%、4.60mg/cm^2。

由表3–30看出，重庆上部叶烤烟填充值、平衡水分、叶长、叶宽、含梗率、叶面密度范围分别为：2.34 ~ 4.98 cm^3/g、11.02% ~ 14.56%、55.80 ~ 74.00cm、13.38 ~ 25.95cm、19.53% ~ 43.19%、3.79 ~ 8.19mg/cm^2，平均值分别为3.13cm^3/g、12.76%、63.20cm、19.87cm、30.46%、6.09mg/cm^2。

重庆烤烟物理指标均存在较大变异，除填充值外，各指标均接近正态分布。

表3–29 重庆中部烟叶（C_3F）主要物理指标特性

指标	平均值	最小值	最大值	变异系数（%）	偏度系数	峰度系数
填充值（cm^3/g）	2.95	2.26	5.64	11.94	3.25	19.80
平衡水分（%）	13.15	10.8	14.5	8.47	-0.70	1.37
叶长（cm）	63.24	52.60	78.43	7.98	0.62	0.28
叶宽（cm）	22.26	16.25	27.70	10.08	0.15	0.03
含梗率（%）	32.80	21.30	39.85	8.64	-0.40	0.93
叶面密度（mg/cm^2）	4.60	3.06	7.03	15.45	0.79	0.77

表3-30　重庆上部烟叶（B_2F）主要物理指标特性

指标	平均值	最小值	最大值	变异系数（%）	偏度系数	峰度系数
填充值（cm^3/g）	3.13	2.34	4.98	13.31	1.49	4.06
平衡水分（%）	12.76	11.02	14.56	4.88	–0.18	0.00
叶长（cm）	63.20	55.80	74.00	6.90	0.26	–0.84
叶宽（cm）	19.87	13.38	25.95	13.44	–0.09	–0.39
含梗率（%）	30.46	19.53	43.19	9.55	0.33	2.88
叶面密度（mg/cm^2）	6.09	3.79	8.19	11.23	0.07	0.59

2. 不同产烟县烤烟物理指标差异

由表3-31看出，彭水、武隆中部叶烤烟填充值、叶长、叶宽、叶面密度差异极显著，彭水中部叶烤烟填充值、叶长、叶宽、叶面密度显著较低。彭水、武隆上部叶烤烟填充值、平衡水分、叶长、叶宽、叶面密度差异极显著，含梗率差异显著，彭水上部叶烤烟填充值、叶长、叶宽、叶面密度显著较低，平衡水分含水率较高。

总体分析，彭水烤烟叶片较小，叶面密度较低，平衡含水率相对较高，填充值相对较低。

表3-31　彭水、武隆两县烟叶物理指标差异分析（平均值 ± 标准差）

部位	指标	彭水	武隆	t–值	P
中部烟叶	填充值（cm^3/g）	2.87 ± 0.21	3.03 ± 0.43	3.04	0.00
	平衡水分（%）	13.27 ± 0.55	13.04 ± 1.44	1.38	0.17
	叶长（cm）	60.09 ± 2.88	66.02 ± 4.92	9.68	0.00
	叶宽（cm）	21.42 ± 2.06	23.01 ± 2.14	5.06	0.00
	含梗率（%）	32.48 ± 2.30	33.09 ± 3.22	1.42	0.16
	叶面密度（mg/cm^2）	4.25 ± 0.55	4.92 ± 0.69	7.09	0.00
上部烟叶	填充值（cm^3/g）	3.00 ± 0.24	3.25 ± 0.50	4.13	0.00
	平衡水分（%）	12.92 ± 0.54	12.62 ± 0.66	3.25	0.00
	叶长（cm）	60.99 ± 2.88	65.20 ± 4.52	7.35	0.00
	叶宽（cm）	18.22 ± 2.11	21.37 ± 2.21	9.72	0.00
	含梗率（%）	30.21 ± 3.02	30.69 ± 2.81	1.09	0.28
	叶面密度（mg/cm^2）	5.98 ± 0.63	6.20 ± 0.72	2.21	0.03

3. 不同乡镇烤烟物理指标差异

由表3-32看出，不同乡镇中部叶烤烟叶长、叶宽、含梗率、叶面密度差异极显著，填充值差异显著。武隆各乡镇烤烟叶长显著较长、叶片较宽，龙塘乡、双河乡、巷口镇烤烟含梗率显著偏高，除巷口镇外，武隆烤烟叶面密度显著偏高。

表3-32　不同乡镇中部烟叶物理指标差异分析（平均值 ± 标准差）

指标	大垭	靛水	郎溪	龙塘	润溪	双河	土坎	仙女山	巷口	F–值	P
填充值（cm^3/g）	2.85 ± 0.28	2.83 ± 0.20	2.79 ± 0.18	2.82 ± 0.18	3.00 ± 0.19	3.11 ± 0.47	2.64 ± 0.00	3.09 ± 0.59	2.95 ± 0.20	2.58	0.01

（续）

指标	大垭	靛水	郎溪	龙塘	润溪	双河	土坎	仙女山	巷口	F-值	P
平衡水分（%）	13.02 ± 0.89	13.33 ± 0.43	12.93 ± 0.62	13.20 ± 0.44	13.49 ± 0.43	12.99 ± 0.76	14.18 ± 0.41	12.64 ± 1.19	13.32 ± 1.85	1.54	0.15
叶长（cm）	59.35 ± 3.26	60.94 ± 2.99	59.88 ± 2.18	60.38 ± 2.40	59.16 ± 2.89	65.96 ± 3.64	66.44 ± 0.20	68.65 ± 4.29	64.16 ± 5.42	15.94	0.00
叶宽（cm）	21.40 ± 0.54	21.63 ± 2.02	18.11 ± 0.72	20.49 ± 2.17	22.60 ± 1.88	22.83 ± 1.99	23.23 ± 0.67	22.85 ± 2.03	23.23 ± 2.38	5.99	0.00
含梗率（%）	31.27 ± 2.14	32.55 ± 2.27	31.02 ± 1.40	33.34 ± 2.48	32.51 ± 2.08	33.01 ± 3.74	31.32 ± 0.62	31.51 ± 3.08	34.36 ± 2.46	3.38	0.00
叶面密度（mg/cm^2）	4.44 ± 0.26	4.23 ± 0.69	4.62 ± 0.36	4.29 ± 0.63	4.04 ± 0.30	5.06 ± 0.60	5.27 ± 0.30	5.19 ± 0.75	4.60 ± 0.61	9.80	0.00

不同乡镇上部叶烤烟填充值、叶长、叶宽、叶面密度、平衡水分差异极显著，含梗率差异显著。靛水街道、郎溪乡烤烟填充值显著较低，武隆各乡镇烤烟叶长显著较长、叶片较宽，土坎乡烤烟含梗率显著偏高，靛水街道、双河乡、巷口镇烤烟叶面密度显著偏高。

表3-33　不同乡镇上部烟叶物理指标差异分析（平均值 ± 标准差）

指标	大垭	靛水	郎溪	龙塘	润溪	双河	土坎	仙女山	巷口	F-值	P
填充值（cm^3/g）	3.19 ± 0.29	2.89 ± 0.23	2.84 ± 0.18	3.06 ± 0.14	3.00 ± 0.24	3.20 ± 0.33	3.53 ± 0.42	3.59 ± 0.62	3.02 ± 0.34	9.18	0.00
平衡水分（%）	12.90 ± 0.38	13.00 ± 0.57	13.12 ± 0.26	12.69 ± 0.44	13.01 ± 0.66	12.80 ± 0.66	12.44 ± 1.37	12.32 ± 0.66	12.74 ± 0.58	3.39	0.00
叶长（cm）	62.93 ± 2.78	60.43 ± 3.09	60.43 ± 3.11	60.63 ± 2.70	60.96 ± 2.52	66.50 ± 3.92	66.70 ± 1.13	67.54 ± 3.37	62.62 ± 4.49	13.44	0.00
叶宽（cm）	18.85 ± 0.95	18.15 ± 2.11	17.25 ± 1.96	17.72 ± 3.03	18.61 ± 1.43	20.52 ± 2.35	20.29 ± 0.44	21.60 ± 1.84	21.80 ± 2.29	13.28	0.00
含梗率（%）	30.86 ± 2.75	29.43 ± 2.88	30.51 ± 4.32	31.69 ± 3.37	29.24 ± 2.19	31.08 ± 2.61	32.82 ± 0.01	31.32 ± 3.29	29.86 ± 2.43	2.32	0.02
叶面密度（mg/cm^2）	5.49 ± 0.65	6.17 ± 0.74	5.78 ± 0.49	6.08 ± 0.48	5.96 ± 0.49	6.25 ± 0.50	5.93 ± 0.21	5.91 ± 0.82	6.39 ± 0.72	3.08	0.00

4. 小结

重庆中部叶烤烟填充值、平衡水分、叶长、叶宽、含梗率、叶面密度范围分别为：2.26 ~ 5.64cm^3/g、10.8% ~ 14.5%、52.60 ~ 78.43cm、16.25 ~ 27.70cm、21.30% ~ 39.85%、3.06 ~ 7.03mg/cm^2，平均值分别为2.95cm^3/g、13.15%、63.24cm、22.26cm、32.80%、4.60mg/cm^2。重庆上部叶烤烟填充值、平衡水分、叶长、叶宽、含梗率、叶面密度范围分别为：2.34 ~ 4.98cm^3/g、11.02% ~ 14.56%、55.80 ~ 74.00cm、13.38 ~ 25.95cm、19.53% ~ 43.19%、3.79 ~ 8.19mg/cm^2，平均值分别为3.13cm^3/g、12.76%、63.20cm、19.87cm、30.46%、6.09mg/cm^2。重庆烤烟物理指标均存在较大变异，除填充值外，各指标均接近正态分布。总体分析，彭水烤烟叶片较小，叶面密度较低，平衡含水率相对较高，填充值相对较低。

不同乡镇中部叶烤烟叶长、叶宽、含梗率、叶面密度差异极显著，填充值差异显著。武隆各乡镇烤烟叶长显著较长、叶片较宽，龙塘乡、双河乡、巷口镇烤烟含梗率显著偏高，除巷口镇外，武隆烤烟叶面密度显著偏高。不同乡镇上部叶烤烟填充值、叶长、叶宽、叶面密度、平衡水分差异极显著，含梗率差异显著。靛水街道、郎溪乡烤烟填充值显著较低，武隆各乡镇烤烟叶长显著较长、叶片较宽，土坎乡烤烟含梗率显著偏高，靛水街道、双河乡、巷口镇烤烟叶面密度显著偏高。

（三）化学成分

1. 基本数据特征

重庆产区烤烟中部叶主要化学指标特征如表3–34所示。重庆中部叶烤烟烟碱含量及糖碱比中等，氮碱比适宜，两糖比较高，烟叶钾含量较高，氯平均含量较低。各指标均存在较大的变异，相对其他化学指标，烟叶糖含量及两糖比、pH变异相对较低。

表3–34　重庆中部烟叶（C_3F）主要化学成分指标特性

指标	最小值	最大值	均值	变异系数（%）	偏度系数	峰度系数
烟碱（%）	1.29	4.80	2.49	25.96	0.93	0.54
总糖（%）	12.11	37.79	28.59	13.16	–1.03	2.96
还原糖（%）	2.37	35.56	26.07	13.44	–1.90	11.43
总氮（%）	1.22	4.35	1.92	20.64	1.97	7.75
总钾（%）	0.89	3.32	2.01	20.04	0.48	0.50
总氯（%）	0.07	0.74	0.26	44.14	1.45	2.71
pH	5.05	5.59	5.40	2.02	–0.77	0.48
两糖比	0.20	1.05	0.91	8.56	–4.55	39.03
糖碱比	0.62	20.20	11.27	29.66	–0.19	-0.13
氮碱比	0.49	1.23	0.79	17.86	0.47	0.06
硼（mg/kg）	13.98	46.82	25.02	26.73	0.88	0.51
锰（mg/kg）	75.00	1 115.00	337.00	49.73	1.08	2.41
镍（mg/kg）	0.84	2.21	1.23	18.62	0.85	1.35
铜（mg/kg）	2.82	24.54	8.50	47.39	1.34	2.34
锌（mg/kg）	24.11	111.39	48.83	28.38	1.69	4.64
砷（mg/kg）	0.05	15.70	0.90	313.06	3.95	14.51
钼（mg/kg）	0.05	1.81	0.26	80.88	3.08	17.52
镉（mg/kg）	1.75	22.25	6.18	66.37	2.55	6.22
汞（mg/kg）	0.02	0.12	0.05	25.17	1.24	3.46
铅（mg/kg）	1.15	6.40	2.08	31.52	2.27	10.73
铬（mg/kg）	0.13	0.90	0.36	40.05	1.15	1.20
铁（mg/kg）	148 .00	486.00	222.00	28.43	2.27	5.25
磷（%）	0.09	0.25	0.16	15.28	0.62	0.72
硫（%）	0.18	0.77	0.35	31.24	1.17	1.05
钙（mg/kg）	13 880.00	31 861.00	22 516.00	16.25	0.08	-0.50
镁（mg/kg）	787.00	5 850.00	1 774.00	40.37	2.14	7.95

（续）

指标	最小值	最大值	均值	变异系数（%）	偏度系数	峰度系数
淀粉（%）	1.06	10.58	5.15	30.79	0.18	0.71
总挥发碱（%）	0.17	0.53	0.28	23.58	1.08	1.26
醚提物（%）	4.58	8.65	6.30	13.07	0.65	0.08

重庆产区烤烟上部叶主要化学指标特征如表3-35所示。重庆上部叶烤烟烟碱含量较高，糖碱比、氮碱比较低，两糖比较高。各指标均存在较大的变异，相对其他化学指标，烟叶pH及两糖比变异相对较低。

表3-35　重庆上部烟叶（B_2F）主要化学成分指标特性

指标	最小值	最大值	均值	变异系数（%）	偏度系数	峰度系数
烟碱（%）	1.77	4.89	3.46	15.79	-0.36	0.64
总糖（%）	6.89	35.26	23.52	22.60	-0.69	0.91
还原糖（%）	6.83	33.94	22.59	21.49	-0.86	1.29
总氮（%）	1.40	3.83	2.40	20.76	0.66	0.15
总钾（%）	1.03	2.69	1.74	17.46	0.50	0.80
总氯（%）	0.06	0.85	0.35	38.34	0.95	1.16
pH	5.02	5.53	5.24	1.70	0.42	0.87
两糖比	0.74	1.08	0.96	4.96	-1.83	5.32
糖碱比	1.55	19.18	6.92	38.43	1.29	3.76
氮碱比	0.49	1.09	0.70	16.07	0.86	0.62

2. 不同县烤烟化学指标差异

彭水与武隆烤烟主要化学成分差异如表3-36所示。除水溶性糖、氯、两糖比、铜、钙、淀粉、醚提物外，两县烤烟其他主要化学成分均存在显著极显著差异。彭水烤烟烟碱、总氮、硼、钼、硫、镁、挥发碱含量显著低于武隆烤烟，彭水烟叶糖碱比及钾、锰、铁含量显著高于武隆烤烟。

表3-36　彭水、武隆中部烟叶化学成分指标差异分析（平均值 ± 标准差）

指标	彭水	武隆	t-值	P
烟碱（%）	2.13 ± 0.44	2.80 ± 0.64	8.16	0.00
总糖（%）	28.85 ± 2.71	28.36 ± 4.49	0.87	0.39
还原糖（%）	26.51 ± 2.44	25.69 ± 4.20	1.59	0.11
总氮（%）	1.79 ± 0.26	2.04 ± 0.45	4.45	0.00
总钾（%）	2.21 ± 0.42	1.83 ± 0.28	7.24	0.00
总氯（%）	0.26 ± 0.12	0.25 ± 0.11	0.56	0.58
pH	5.43 ± 0.08	5.37 ± 0.12	4.16	0.00
两糖比	0.92 ± 0.05	0.91 ± 0.10	1.22	0.22
糖碱比	12.92 ± 2.63	9.82 ± 3.24	6.97	0.00
氮碱比	0.86 ± 0.14	0.74 ± 0.12	6.14	0.00

（续）

指标	彭水	武隆	t-值	P
硼（mg/kg）	21.28 ± 4.98	28.29 ± 6.28	8.22	0.00
锰（mg/kg）	383.00 ± 144.00	296.00 ± 176 .00	3.57	0.00
镍（mg/kg）	1.28 ± 0.24	1.19 ± 0.21	2.75	0.01
铜（mg/kg）	8.19 ± 3.44	8.77 ± 4.48	0.96	0.34
锌（mg/kg）	54.59 ± 14.95	43.78 ± 10.55	5.66	0.00
砷（mg/kg）	0.91 ± 2.80	0.90 ± 2.86	0.02	0.99
钼（mg/kg）	0.20 ± 0.21	0.31 ± 0.19	3.73	0.00
镉（mg/kg）	7.71 ± 5.01	4.84 ± 2.43	4.98	0.00
汞（mg/kg）	0.05 ± 0.01	0.05 ± 0.02	3.39	0.00
铅（mg/kg）	2.19 ± 0.38	1.99 ± 0.82	2.08	0.04
铬（mg/kg）	0.38 ± 0.15	0.33 ± 0.13	2.21	0.03
铁（mg/kg）	239.00 ± 75.00	206.00 ± 44.00	3.67	0.00
全磷（%）	0.15 ± 0.02	0.16 ± 0.03	1.67	0.10
全硫（%）	0.31 ± 0.08	0.38 ± 0.12	4.64	0.00
全钙（mg/kg）	22 428.00 ± 3 936.00	22 592.00 ± 3 418.00	0.30	0.77
全镁（mg/kg）	1 602.00 ± 681.00	1 924.00 ± 714.00	3.08	0.00
淀粉（%）	5.24 ± 1.48	5.08 ± 1.68	0.70	0.49
总挥发碱（%）	0.25 ± 0.05	0 31 ± 0.07	6.88	0.00
醚提物（%）	6.19 ± 0.68	6.40 ± 0.92	1.64	0.10

3. 不同乡镇烤烟化学指标差异

彭水、武隆不同乡镇烤烟主要化学成分差异如表3-37所示。彭水、武隆不同乡镇烤烟主要化学成分均存在显著极显著差异。

表3-37　不同乡镇间中部烟叶化学成分指标差异分析（平均值 ± 标准差）

指标	大垭	靛水	郎溪	龙塘	润溪	双河	土坎	仙女山	巷口	P
烟碱（%）	2.21 ± 0.20	2.20 ± 0.55	1.92 ± 0.26	2.10 ± 0.49	2.05 ± 0.32	2.54 ± 0.56	2.53 ± 0.10	3.20 ± 0.71	2.72 ± 0.52	0.00
总糖（%）	28.14 ± 1.70	29.04 ± 3.69	30.67 ± 2.13	28.65 ± 2.58	28.99 ± 1.77	29.74 ± 4.81	32.08 ± 1.97	26.15 ± 5.41	28.81 ± 2.79	0.02
还原糖（%）	26.76 ± 1.74	26.82 ± 3.01	28.35 ± 1.82	26.58 ± 2.19	25.60 ± 2.18	27.47 ± 3.94	30.16 ± 1.94	24.75 ± 5.76	24.90 ± 2.26	0.01
总氮（%）	1.80 ± 0.33	1.87 ± 0.28	1.64 ± 0.37	1.76 ± 0.18	1.70 ± 0.21	2.08 ± 0.39	1.98 ± 0.14	2.27 ± 0.61	1.84 ± 0.26	0.00
总钾（%）	2.03 ± 0.66	2.24 ± 0.26	1.96 ± 0.46	2.34 ± 0.33	2.20 ± 0.48	1.74 ± 0.19	1.76 ± 0.12	1.96 ± 0.33	1.81 ± 0.28	0.00
总氯（%）	0.29 ± 0.20	0.24 ± 0.09	0.25 ± 0.10	0.28 ± 0.14	0.26 ± 0.06	0.27 ± 0.13	0.22 ± 0.02	0.30 ± 0.12	0.20 ± 0.05	0.03

（续）

指标	大垭	靛水	郎溪	龙塘	润溪	双河	土坎	仙女山	巷口	*P*
pH	5.37 ± 0.04	5.44 ± 0.09	5.45 ± 0.12	5.42 ± 0.07	5.46 ± 0.07	5.36 ± 0.14	5.39 ± 0.01	5.30 ± 0.12	5.41 ± 0.08	0.00
两糖比	0.95 ± 0.02	0.93 ± 0.05	0.92 ± 0.01	0.93 ± 0.03	0.88 ± 0.06	0.93 ± 0.04	0.94 ± 0.00	0.94 ± 0.15	0.87 ± 0.05	0.00
糖碱比	12.21 ± 1.38	12.77 ± 2.81	15.07 ± 3.14	13.39 ± 3.38	12.76 ± 1.95	11.55 ± 3.52	11.95 ± 1.24	8.41 ± 3.38	9.54 ± 2.37	0.00
氮碱比	0.83 ± 0.22	0.87 ± 0.09	0.85 ± 0.09	0.87 ± 0.15	0.84 ± 0.13	0.83 ± 0.07	0.79 ± 0.09	0.71 ± 0.12	0.69 ± 0.11	0.00
硼（mg/kg）	25.63 ± 4.77	20.20 ± 5.05	17.83 ± 3.25	21.57 ± 5.29	20.11 ± 3.23	26.33 ± 5.54	25.75 ± 0.49	31.38 ± 6.47	27.57 ± 6.10	0.00
锰（mg/kg）	292.00 ± 61.00	388.00 ± 138.00	414.00 ± 279.00	358.00 ± 109.00	455.00 ± 171.00	249.00 ± 147.00	254.00 ± 103.00	424.00 ± 200.00	239.00 ± 130.00	0.00
镍（mg/kg）	1.35 ± 0.11	1.28 ± 0.31	1.03 ± 0.15	1.14 ± 0.18	1.43 ± 0.16	1.11 ± 0.17	1.13 ± 0.04	1.34 ± 0.23	1.15 ± 0.17	0.00
铜（mg/kg）	7.22 ± 2.90	9.08 ± 4.13	8.09 ± 1.86	9.06 ± 3.51	6.73 ± 2.18	7.20 ± 3.61	7.25 ± 1.58	12.41 ± 5.45	7.33 ± 2.51	0.00
锌（mg/kg）	67.32 ± 23.40	53.29 ± 12.18	47.97 ± 6.47	48.77 ± 7.07	55.19 ± 14.59	36.17 ± 7.62	37.25 ± 5.02	52.17 ± 11.17	43.37 ± 7.34	0.00
砷（mg/kg）	0.24 ± 0.07	0.17 ± 0.09	0.12 ± 0.06	3.03 ± 5.13	0.22 ± 0.07	0.18 ± 0.05	0.26 ± 0.11	0.15 ± 0.05	1.97 ± 4.30	0.00
钼（mg/kg）	0.32 ± 0.08	0.16 ± 0.06	0.24 ± 0.30	0.22 ± 0.39	0.14 ± 0.07	0.32 ± 0.21	0.27 ± 0.06	0.24 ± 0.14	0.35 ± 0.19	0.00
镉（mg/kg）	15.29 ± 5.67	5.48 ± 1.29	5.23 ± 1.72	5.81 ± 1.49	8.17 ± 5.75	4.08 ± 1.11	4.44 ± 0.40	5.94 ± 2.95	4.61 ± 2.53	0.00
汞（mg/kg）	0.06 ± 0.01	0.06 ± 0.01	0.05 ± 0.01	0.06 ± 0.01	0.05 ± 0.01	0.05 ± 0.02	0.06 ± 0.00	0.05 ± 0.01	0.05 ± 0.02	0.01
铅（mg/kg）	2.42 ± 0.46	2.09 ± 0.38	2.07 ± 0.66	2.21 ± 0.29	2.17 ± 0.32	1.77 ± 0.50	1.57 ± 0.20	2.42 ± 0.87	1.84 ± 0.86	0.00
铬（mg/kg）	0.40 ± 0.12	0.35 ± 0.16	0.26 ± 0.02	0.33 ± 0.10	0.49 ± 0.16	0.31 ± 0.08	0.32 ± 0.02	0.31 ± 0.11	0.38 ± 0.17	0.00
铁（mg/kg）	208 ± 23	234 ± 81	186 ± 13	215 ± 35	301 ± 91	200 ± 25	189 ± 7	199 ± 27	216 ± 62	0.00
全磷（%）	0.17 ± 0.02	0.16 ± 0.02	0.16 ± 0.02	0.14 ± 0.01	0.14 ± 0.02	0.18 ± 0.02	0.17 ± 0.01	0.15 ± 0.03	0.15 ± 0.02	0.00
全硫（%）	0.37 ± 0.13	0.31 ± 0.05	0.28 ± 0.04	0.31 ± 0.08	0.27 ± 0.07	0.37 ± 0.12	0.29 ± 0.04	0.46 ± 0.13	0.34 ± 0.07	0.00
全钙（mg/kg）	22 674.00 ± 5 620.00	21 641.00 ± 2 892.00	18 550.00 ± 318.00	20 775.00 ± 1 961.00	25 649.00 ± 3 871.00	23 482.00 ± 2 811.00	22 743.00 ± 2 045.00	21 685.00 ± 3 809.00	22 619.00 ± 3 495.00	0.00

（续）

指标	大垭	靛水	郎溪	龙塘	润溪	双河	土坎	仙女山	巷口	*P*
全镁（mg/kg）	1 747.00 ± 282.00	1 487.00 ± 796.00	2 284.00 ± 2 359.00	1 326.00 ± 449.00	1 850.00 ± 241.00	1 690.00 ± 534.00	1 850.00 ± 245.00	2 009.00 ± 684.00	2 028.00 ± 832.00	0.00
淀粉（%）	6.30 ± 2.08	5.27 ± 1.03	6.43 ± 2.44	5.34 ± 1.06	4.24 ± 1.23	4.68 ± 1.19	5.03 ± 0.92	4.59 ± 2.19	5.70 ± 1.40	0.00
总挥发碱（%）	0.27 ± 0.03	0.25 ± 0.05	0.23 ± 0.03	0.26 ± 0.05	0.24 ± 0.03	0.30 ± 0.07	0.25 ± 0.01	0.34 ± 0.08	0.30 ± 0.05	0.00
醚提物（%）	6.07 ± 0.39	5.98 ± 0.65	6.70 ± 1.03	6.58 ± 0.67	6.08 ± 0.69	5.73 ± 0.58	5.34 ± 0.01	6.95 ± 0.96	6.52 ± 0.80	0.00

4. 小结

重庆中部叶烤烟烟碱含量及糖碱比中等，氮碱比适宜，两糖比较高，烟叶钾含量较高，氯平均含量较低。重庆上部叶烤烟烟碱含量较高，糖碱比、氮碱比较低，两糖比较高。各部位不同化学指标均存在较大的变异，相对其他化学指标，烟叶pH及两糖比变异相对较低。除水溶性糖、氯、两糖比、铜、钙、淀粉、醚提物外，两县烤烟其他主要化学成分均存在显著极显著差异。彭水烤烟烟碱、总氮、硼、钼、硫、镁、挥发碱含量显著低于武隆烤烟，彭水烟叶糖碱比及钾、锰、铁含量显著高于武隆烤烟。彭水、武隆不同乡镇烤烟主要化学成分均存在显著极显著差异。

（四）感官品质

1. 基本数据特征

由表3-38看出，重庆烤烟中部叶劲头中等，浓度为“中等-较浓”，香气质“较好”，香气量“较足”，余味“较舒适-舒适”，杂气“有-较轻”，刺激性“有-微有”。由表3-39可进一步看出，重庆中部叶烤烟感官质量档次主要分布在“较好-好”范围内，彭水烤烟“较好”以上质量档次烤烟比例明显高于武隆烟叶。不同乡镇烤烟感官质量档次的分布频率也存在较大差异。

表3-38　重庆中部叶（C_3F）主要感官指标特性

因子	最小值	最大值	均值	偏度系数	峰度系数	变异系数（%）
劲头	2.85	3.75	3.02	3.047	3.05	12.44
浓度	2.83	3.63	3.32	−0.34	−0.34	1.81
香气质	10.25	12.10	11.47	−0.93	−0.93	1.59
香气量	15.60	16.67	16.29	−0.739	−0.74	1.43
余味	17.75	20.50	19.78	−1.058	−1.06	1.85
杂气	10.90	13.60	12.90	−1.322	−1.32	3.40
刺激性	8.13	9.20	8.95	−1.591	−1.59	3.74
得分	69.38	77.83	75.40	−1.192	−1.19	2.34
质量档次	1.95	5.00	3.93	−0.927	−0.93	1.49

表3-39　重庆中部叶（C_3F）不同质量档次所占比例（%）

县、乡（镇）	份数	好	较好	中等	较差	差
大垭乡	13	0.00	84.62	15.38	0.00	0.00
靛水街道	26	26.92	69.23	0.00	0.00	3.85
龙塘乡	20	5.00	80.00	15.00	0.00	0.00
润溪乡	19	26.32	63.16	10.53	0.00	0.00
双河乡	24	8.33	70.83	12.50	4.17	4.17
仙女山镇	27	7.41	51.85	25.93	3.70	11.11
巷口镇	38	10.53	73.68	15.79	0.00	0.00
彭水苗族土家族自治县	80	16.25	73.75	8.75	0.00	1.25
武隆县	91	9.89	65.93	17.58	2.20	4.40
总体	171	12.87	69.59	13.45	1.17	2.92

2. 不同县烤烟感官品质差异

由表3-40看出，武隆烤烟劲头显著高于彭水烤烟，彭水烤烟香气质好于武隆烤烟，差异接近5%显著水平，彭水烤烟余味、刺激性、评吸总分也略高于武隆烤烟，彭水烤烟感官质量档次显著高于武隆烤烟。总体分析，彭水烤烟感官品质好于武隆烤烟。

表3-40　彭水、武隆中部烟叶主要感官指标差异分析（平均值 ± 标准差）

因子	彭水	武隆	*t*–值	*P*
劲头	3.00 ± 0.07	3.05 ± 0.13	3.05	0.00
浓度	3.33 ± 0.08	3.32 ± 0.13	0.25	0.80
香气质	11.52 ± 0.29	11.42 ± 0.36	1.96	0.05
香气量	16.31 ± 0.17	16.28 ± 0.20	1.20	0.23
余味	19.85 ± 0.40	19.72 ± 0.51	1.84	0.07
杂气	12.94 ± 0.43	12.88 ± 0.44	0.84	0.40
刺激性	8.97 ± 0.13	8.93 ± 0.19	1.72	0.09
得分	75.59 ± 1.23	75.23 ± 1.58	1.67	0.10
质量档次	4.02 ± 0.44	3.85 ± 0.62	2.09	0.04

3. 不同乡镇烤烟感官品质差异

由表3-41看出，不同乡镇烤烟感官劲头、浓度、香气质、香气量、刺激性、评吸总分及质量档次得分差异显著或极显著。郎溪乡、润溪乡、土坎乡烤烟香气质较好，土坎乡烤烟香气量得分较高，郎溪乡、土坎乡烤烟刺激性相对较小，土坎乡烤烟评吸总分及质量档次得分显著较高，仙女山镇烤烟评吸总分及质量档次得分显著较低。总体分析，郎溪乡、润溪乡、土坎乡、靛水街道烤烟感官品质较好，仙女山镇烤烟感官品质相对较差。

表3-41　不同乡镇间中部烟叶主要感官指标差异分析（平均值 ± 标准差）

因子	大垭	靛水	郎溪	龙塘	润溪	双河	土坎	仙女山	巷口	*P*
劲头	2.98 ± 0.03	3.00 ± 0.07	2.97 ± 0.01	3.01 ± 0.09	2.99 ± 0.06	3.03 ± 0.11	2.99 ± 0.01	3.11 ± 0.18	3.02 ± 0.09	0.00

（续）

因子	大垭	靛水	郎溪	龙塘	润溪	双河	土坎	仙女山	巷口	*P*
浓度	3.32 ± 0.06	3.33 ± 0.08	3.32 ± 0.00	3.33 ± 0.11	3.33 ± 0.08	3.29 ± 0.16	3.21 ± 0.06	3.39 ± 0.10	3.31 ± 0.11	0.05
香气质	11.33 ± 0.17	11.56 ± 0.34	11.60 ± 0.14	11.48 ± 0.26	11.63 ± 0.26	11.45 ± 0.30	11.71 ± 0.06	11.24 ± 0.45	11.51 ± 0.27	0.00
香气量	16.29 ± 0.12	16.33 ± 0.21	16.25 ± 0.07	16.28 ± 0.18	16.34 ± 0.16	16.32 ± 0.16	16.59 ± 0.12	16.18 ± 0.23	16.31 ± 0.17	0.02
余味	19.68 ± 0.29	19.89 ± 0.49	19.90 ± 0.28	19.83 ± 0.39	19.95 ± 0.33	19.71 ± 0.47	20.29 ± 0.06	19.56 ± 0.63	19.82 ± 0.41	0.07
杂气	12.76 ± 0.27	13.05 ± 0.44	12.90 ± 0.14	12.80 ± 0.57	13.04 ± 0.27	12.94 ± 0.46	13.23 ± 0.14	12.72 ± 0.51	12.94 ± 0.34	0.08
刺激性	8.97 ± 0.06	8.96 ± 0.13	9.05 ± 0.07	8.97 ± 0.14	8.99 ± 0.15	8.96 ± 0.17	9.09 ± 0.12	8.83 ± 0.23	8.97 ± 0.16	0.02
得分	75.03 ± 0.79	75.80 ± 1.52	75.70 ± 0.57	75.36 ± 1.20	75.95 ± 1.01	75.38 ± 1.42	76.90 ± 0.42	74.53 ± 1.96	75.55 ± 1.21	0.02
质量档次	3.78 ± 0.24	4.11 ± 0.54	4.07 ± 0.07	3.93 ± 0.39	4.16 ± 0.42	3.89 ± 0.58	4.46 ± 0.30	3.58 ± 0.75	3.98 ± 0.49	0.01

4. 小结

重庆烤烟中部叶劲头“中等”，浓度为“中等－较浓”，香气质“较好”，香气量“较足”，余味“较舒适－舒适”，杂气“有－较轻”，刺激性“有－微有”。重庆中部叶烤烟感官质量档次主要分布在“较好－好”范围内，彭水烤烟“较好”以上质量档次烤烟比例明显高于武隆烟叶。不同乡镇烤烟感官质量档次的分布频率也存在较大差异。武隆烤烟劲头显著高于彭水烤烟，彭水烤烟香气质好于武隆烤烟，差异接近5%显著水平，彭水烤烟余味、刺激性、评吸总分也略高于武隆烤烟，彭水烤烟感官质量档次显著高于武隆烤烟。总体分析，彭水烤烟感官品质好于武隆烤烟。

不同乡镇烤烟感官劲头、浓度、香气质、香气量、刺激性、评吸总分及质量档次得分差异显著或极显著。郎溪乡、润溪乡、土坎乡烤烟香气质较好，土坎乡烤烟香气量得分较高，郎溪乡、土坎乡烤烟刺激性相对较小，土坎乡烤烟评吸总分及质量档次得分显著较高，仙女山镇烤烟评吸总分及质量档次得分显著较低。总体分析，郎溪乡、润溪乡、土坎乡、靛水街道烤烟感官品质较好，仙女山镇烤烟感官品质相对较差。

二、影响重庆烤烟感官品质的主要外观、物理、化学指标分析

（一）影响烤烟感官品质的外观质量指标分析

1. 烟叶成熟度与其感官品质

不同成熟度烤烟主要感官品质指标差异如表3–42所示，不同成熟度烤烟主要感官品质指标差异不显著。

表3-42　不同成熟度特征中部烟叶感官质量指标差异分析

因子	成熟	成熟度-	尚熟	F-值	P
劲头	3.04 ± 0.11	3.02 ± 0.10	3.01 ± 0.07	1.14	0.32
浓度	3.33 ± 0.14	3.32 ± 0.10	3.32 ± 0.09	0.12	0.89
香气质	11.46 ± 0.28	11.47 ± 0.31	11.48 ± 0.34	0.02	0.98
香气量	16.32 ± 0.15	16.30 ± 0.19	16.26 ± 0.17	1.08	0.34
余味	19.76 ± 0.44	19.79 ± 0.45	19.85 ± 0.39	0.39	0.68
杂气	12.93 ± 0.37	12.88 ± 0.46	12.98 ± 0.36	0.75	0.47
刺激性	8.91 ± 0.17	8.96 ± 0.15	8.98 ± 0.14	1.96	0.14
得分	75.39 ± 1.24	75.41 ± 1.40	75.54 ± 1.30	0.14	0.87
质量档次	3.90 ± 0.50	3.94 ± 0.53	3.96 ± 0.52	0.14	0.87

2. 烟叶颜色与其感官品质

不同颜色烤烟主要感官品质指标差异如表3-43所示，颜色深的烤烟劲头偏高，橘黄烤烟余味、刺激性得分显著低于柠檬黄和浅橘烟叶。总体分析，浅橘烤烟感官品质好于橘黄和柠檬黄烟叶。

表3-43　不同颜色特征中部烟叶感官质量指标差异分析

因子	橘	橘-	柠	F-值	P
劲头	3.05 ± 0.11	3.01 ± 0.09	3.00 ± 0.06	4.51	0.01
浓度	3.34 ± 0.13	3.32 ± 0.10	3.31 ± 0.09	0.65	0.52
香气质	11.40 ± 0.28	11.50 ± 0.30	11.49 ± 0.37	1.83	0.16
香气量	16.32 ± 0.19	16.30 ± 0.17	16.25 ± 0.18	1.05	0.35
余味	19.65 ± 0.44	19.85 ± 0.43	19.85 ± 0.42	3.54	0.03
杂气	12.85 ± 0.41	12.94 ± 0.39	12.90 ± 0.54	0.82	0.44
刺激性	8.91 ± 0.18	8.97 ± 0.14	8.99 ± 0.14	3.12	0.05
得分	75.12 ± 1.34	75.56 ± 1.31	75.48 ± 1.44	1.69	0.19
质量档次	3.79 ± 0.53	4.00 ± 0.50	3.98 ± 0.54	2.63	0.08

3. 烟叶身份与其感官品质

不同身份烤烟主要感官品质指标差异如表3-44所示，身份稍薄烤烟香气质显著较好，烟气余味、刺激性及评吸总分和质量档次得分显著较高。总体分析，身份稍薄的烤烟感官品质较好。

表3-44　不同身份特征中部烟叶感官质量指标差异分析

因子	稍薄	稍厚	中等	F-值	P
劲头	3.00 ± 0.07	2.97 ± 0.05	3.05 ± 0.11	9.50	0.00
浓度	3.33 ± 0.08	3.28 ± 0.16	3.33 ± 0.12	0.85	0.43
香气质	11.54 ± 0.32	11.40 ± 0.21	11.41 ± 0.31	4.16	0.02
香气量	16.30 ± 0.18	16.28 ± 0.16	16.29 ± 0.18	0.09	0.91
余味	19.90 ± 0.41	19.74 ± 0.34	19.69 ± 0.46	4.76	0.01

（续）

因子	稍薄	稍厚	中等	F-值	P
杂气	12.97 ± 0.42	12.85 ± 0.42	12.85 ± 0.42	1.78	0.17
刺激性	8.99 ± 0.11	8.98 ± 0.09	8.91 ± 0.19	5.97	0.00
得分	75.70 ± 1.28	75.25 ± 1.09	75.15 ± 1.42	3.46	0.03
质量档次	4.05 ± 0.48	3.89 ± 0.38	3.82 ± 0.57	3.89	0.02

4. 烤烟叶片结构与其感官品质

不同叶片结构烤烟主要感官品质指标差异如表3-45所示，叶片结构对主要感官品质指标影响不显著。

表3-45　不同结构特征中部烟叶感官质量指标差异分析

因子	尚疏	疏松	t-值	P
劲头	3.01 ± 0.09	3.02 ± 0.10	0.56	0.58
浓度	3.31 ± 0.11	3.33 ± 0.10	1.00	0.32
香气质	11.45 ± 0.33	11.48 ± 0.31	0.52	0.60
香气量	16.27 ± 0.18	16.31 ± 0.18	1.31	0.19
余味	19.82 ± 0.40	19.79 ± 0.45	0.42	0.67
杂气	12.95 ± 0.39	12.90 ± 0.44	0.70	0.49
刺激性	8.97 ± 0.15	8.95 ± 0.15	0.52	0.60
得分	75.45 ± 1.31	75.43 ± 1.37	0.11	0.91
质量档次	3.92 ± 0.52	3.95 ± 0.52	0.23	0.82

5. 叶片油分与其感官品质

不同油分烤烟主要感官品质指标差异如表3-46所示，烟叶油分主要影响烟气浓度，油分好的烟叶烟气浓度较低。

表3-46　不同油分特征中部烟叶感官质量指标差异分析

因子	稍有	有	t-值	P
劲头	3.00 ± 0.09	3.03 ± 0.10	1.58	0.12
浓度	3.34 ± 0.08	3.31 ± 0.12	2.09	0.04
香气质	11.50 ± 0.31	11.46 ± 0.32	0.76	0.45
香气量	16.32 ± 0.18	16.28 ± 0.18	1.12	0.27
余味	19.84 ± 0.42	19.77 ± 0.44	1.09	0.28
杂气	12.90 ± 0.47	12.92 ± 0.39	0.37	0.71
刺激性	8.97 ± 0.13	8.95 ± 0.17	0.93	0.35
得分	75.52 ± 1.33	75.38 ± 1.36	0.66	0.51
质量档次	3.98 ± 0.49	3.91 ± 0.54	0.88	0.38

6. 小结

综合以上分析，代表样品范围内，重庆烤烟成熟度、叶片结构对感官品质影响较小，叶片颜色、身份对感官品质的影响较大。颜色深的烤烟劲头偏高，橘黄烤烟余味、刺激性得分显著低于柠檬黄和浅橘烟叶。总体分析，浅橘烤烟感官品质好于橘黄和柠檬黄烟叶。身份稍薄烤烟香气质显著较好，烟气余味、刺激性及评吸总分和质量档次得分显著较高。总体分析，身份稍薄的烤烟感官品质较好。烟叶油分主要影响烟气浓度，油分好的烟叶烟气浓度较低。

（二）影响烤烟感官品质的主要物理指标分析

1. 主要物理指标与感官评价指标之间的相关分析

主要物理指标与感官品质指标的简单相关系数如表3-47所示，烟叶填充值、平衡水分、叶长、叶面密度与感官品质指标相关密切。烟叶填充值、叶长、叶面密度与主要感官香吃味品质指标呈显著或极显著负相关。平衡水分含量与主要感官香吃味品质指标呈极显著正相关。

表3-47　中部烟叶主要物理指标与感官质量指标简单相关分析

指标	香气质	香气量	余味	杂气	刺激性	得分	质量档次
填充值（cm^3/g）	-0.35^{**}	-0.36^{**}	-0.37^{**}	-0.25^{**}	-0.32^{**}	-0.36^{**}	-0.36^{**}
平衡水分（%）	0.33^{**}	0.28^{**}	0.31^{**}	0.24^{**}	0.24^{**}	0.31^{**}	0.33^{**}
叶长（cm）	-0.26^{**}	-0.21^{**}	-0.24^{**}	−0.1	-0.22^{**}	-0.22^{**}	-0.24^{**}
叶宽（cm）	0.04	0.02	0.04	0.14	0.15^{*}	0.08	0.03
含梗率（%）	0.1	0.08	0.04	0.04	0.03	0.06	0.07
叶面密度（mg/cm^2）	-0.32^{**}	-0.17^{*}	-0.27^{**}	-0.18^{*}	-0.21^{**}	-0.26^{**}	-0.28^{**}

2. 不同质量档次烤烟主要物理指标差异分析

不同质量档次烤烟主要物理指标差异分析如表3-48所示，不同感官质量档次烤烟填充值、平衡水分、叶长、叶面密度差异显著或极显著，随感官质量档次的降低，填充值、叶长、叶面密度呈升高趋势，平衡水分含量呈降低趋势。这与相关分析结果一致。

表3-48　2012年不同质量档次中部烟叶主要物理指标差异分析

指标	好	较好	中等	较差	差	F-值	P
填充值（cm^3/g）	2.85 ± 0.20	2.92 ± 0.29	2.96 ± 0.24	3.02 ± 0.18	3.82 ± 1.05	10.55	0.00
平衡水分（%）	13.96 ± 0.56	13.13 ± 0.64	13.05 ± 0.57	12.14 ± 0.83	11.74 ± 0.62	5.91	0.00
叶长（cm）	61.53 ± 3.67	62.94 ± 4.93	65.72 ± 6.20	65.67 ± 2.81	66.13 ± 7.21	2.65	0.03
叶宽（cm）	21.83 ± 1.38	22.42 ± 2.20	22.48 ± 2.70	21.79 ± 1.64	19.61 ± 3.14	2.24	0.07
含梗率（%）	32.97 ± 2.35	32.73 ± 2.95	33.15 ± 2.57	29.81 ± 3.73	31.85 ± 3.96	0.79	0.53
叶面密度（mg/cm^2）	4.58 ± 0.85	4.50 ± 0.67	4.81 ± 0.46	6.26 ± 0.68	5.58 ± 0.89	6.76	0.00

3. 小结

综合相关分析、方差分析结果，在物理指标中，重庆烤烟烟叶填充值、平衡水分、叶长、叶面密度对感官品质的影响较大。随感官质量档次的升高，填充值、叶长、叶面密度呈降低趋势，平衡水分含量呈升高趋势。

（三）影响烤烟感官质量风格的主要化学指标分析

1. 主要化学指标与感官评价指标之间的相关分析

主要化学指标与感官品质指标的简单相关系数如表3–49所示，除钾、铁、磷、钙、镁含量及两糖比、氮碱比外，其他化学指标均与感官香吃味品质指标相关密切。其中，烟碱、总氮、氯、硼、锰、铜、锌、磷、硫、挥发碱、醚提物含量均与主要香吃味品质指标呈显著或极显著负相关，糖碱比值及水溶性糖、淀粉含量与主要香吃味品质指标呈显著或极显著正相关。

表3–49　主要化学指标与感官评价指标之间的相关分析

指标	劲头	浓度	香气质	香气量	余味	杂气	刺激性	得分	质量档次
烟碱（%）	0.66^{**}	0.46^{**}	-0.62^{**}	-0.39^{**}	-0.59^{**}	-0.48^{**}	-0.60^{**}	-0.60^{**}	-0.62^{**}
总糖（%）	-0.63^{**}	-0.57^{**}	0.66^{**}	0.45^{**}	0.66^{**}	0.57^{**}	0.61^{**}	0.67^{**}	0.68^{**}
还原糖（%）	-0.58^{**}	-0.48^{**}	0.53^{**}	0.40^{**}	0.55^{**}	0.46^{**}	0.52^{**}	0.55^{**}	0.54^{**}
总氮（%）	0.68^{**}	0.42^{**}	-0.67^{**}	-0.46^{**}	-0.68^{**}	-0.52^{**}	-0.62^{**}	-0.66^{**}	-0.67^{**}
总钾（%）	0	−0.01	−0.01	−0.09	−0.05	−0.08	−0.04	−0.06	−0.01
总氯（%）	0.22^{**}	0.15^{*}	-0.30^{**}	-0.30^{**}	-0.24^{**}	-0.23^{**}	-0.20^{**}	-0.28^{**}	-0.28^{**}
pH	-0.49^{**}	-0.37^{**}	0.58^{**}	0.35^{**}	0.55^{**}	0.45^{**}	0.46^{**}	0.55^{**}	0.60^{**}
两糖比	−0.13	0.05	−0.1	0.03	−0.04	−0.09	0	−0.06	−0.11
糖碱比	-0.62^{**}	-0.50^{**}	0.57^{**}	0.33^{**}	0.56^{**}	0.42^{**}	0.57^{**}	0.55^{**}	0.58^{**}
氮碱比	-0.17^{*}	-0.19^{*}	0.11	0.02	0.06	0.05	0.15^{*}	0.08	0.11
硼（mg/kg）	0.52^{**}	0.34^{**}	-0.50^{**}	-0.30^{**}	-0.46^{**}	-0.41^{**}	-0.41^{**}	-0.48^{**}	-0.49^{**}
锰（mg/kg）	0.08	0.16^{*}	-0.20^{**}	-0.23^{**}	-0.19^{*}	−0.13	-0.22^{**}	-0.20^{**}	-0.19^{*}
铜（mg/kg）	0.49^{**}	0.27^{**}	-0.46^{**}	-0.38^{**}	-0.47^{**}	-0.39^{**}	-0.42^{**}	-0.48^{**}	-0.45^{**}
锌（mg/kg）	0.1	0.14	-0.22^{**}	-0.18^{*}	-0.22^{**}	-0.20^{**}	-0.16^{*}	-0.22^{**}	-0.20^{**}
铁（mg/kg）	-0.16^{*}	−0.06	0.22^{**}	0.13	0.14	0.14	0.19^{*}	0.18^{*}	0.19^{*}
全磷（%）	0.24^{**}	0.08	-0.18^{*}	−0.09	-0.20^{*}	−0.12	-0.15^{*}	-0.17^{*}	-0.17^{*}
全硫（%）	0.50^{**}	0.36^{**}	-0.52^{**}	-0.34^{**}	-0.50^{**}	-0.43^{**}	-0.41^{**}	-0.51^{**}	-0.53^{**}
全钙（mg/kg）	0.12	0.11	−0.07	−0.06	−0.11	−0.06	−0.07	−0.09	−0.1
全镁（mg/kg）	0.16^{*}	0.12	-0.18^{*}	-0.16^{*}	-0.16^{*}	−0.12	−0.13	-0.17^{*}	-0.18^{*}
淀粉（%）	-0.39^{**}	-0.28^{**}	0.36^{**}	0.26^{**}	0.38^{**}	0.26^{**}	0.35^{**}	0.36^{**}	0.36^{**}
总挥发碱（%）	0.69^{**}	0.46^{**}	-0.64^{**}	-0.43^{**}	-0.62^{**}	-0.50^{**}	-0.60^{**}	-0.63^{**}	-0.65^{**}
醚提物（%）	0.48^{**}	0.41^{**}	-0.52^{**}	-0.37^{**}	-0.48^{**}	-0.45^{**}	-0.46^{**}	-0.51^{**}	-0.52^{**}

2. 不同质量档次烤烟主要化学指标差异分析

不同质量档次烤烟主要化学指标差异分析如表3–50所示，不同质量档次烤烟烟碱、总糖、还原糖、总氮、氯、pH、硼、铜、硫、淀粉、挥发碱、醚提物含量及糖碱比差异极显著，且这些指标随烤烟质量档次变化的规律与相关分析的结果一致。不同质量档次烤烟两糖比差异极显著，但两糖比随质量档次变化趋势并没有规律性。根据相关分析结果，烤烟锌含量与感官香吃味品质指标呈显著负相关，但不同感官质量档次的烤烟锌含量差异达不到显著水平。

表3-50 2012年不同质量档次中部烟叶主要化学指标差异分析

指标	好	较好	中等	较差	差	F-值	P
烟碱（%）	2.22 ± 0.31	2.33 ± 0.50	3.12 ± 0.60	3.50 ± 0.13	4.19 ± 0.48	30.54	0.00
总糖（%）	30.32 ± 2.48	29.46 ± 2.74	24.99 ± 2.81	24.61 ± 4.29	18.09 ± 5.09	32.80	0.00
还原糖（%）	27.01 ± 2.31	26.76 ± 2.66	23.87 ± 2.78	23.76 ± 2.77	16.09 ± 8.24	20.65	0.00
总氮（%）	1.76 ± 0.19	1.82 ± 0.27	2.23 ± 0.32	2.43 ± 0.38	3.22 ± 0.67	39.13	0.00
总钾（%）	2.09 ± 0.33	2.00 ± 0.38	1.95 ± 0.50	1.76 ± 0.12	2.19 ± 0.67	0.82	0.51
总氯（%）	0.25 ± 0.11	0.25 ± 0.11	0.27 ± 0.09	0.39 ± 0.13	0.46 ± 0.03	5.71	0.00
pH	5.45 ± 0.06	5.42 ± 0.09	5.31 ± 0.07	5.16 ± 0.11	5.17 ± 0.11	22.25	0.00
两糖比	0.89 ± 0.05	0.91 ± 0.06	0.96 ± 0.04	0.97 ± 0.06	0.84 ± 0.36	3.54	0.01
糖碱比	12.39 ± 1.95	12.05 ± 2.92	8.09 ± 2.55	6.82 ± 1.05	3.88 ± 2.19	21.41	0.00
氮碱比	0.81 ± 0.12	0.80 ± 0.14	0.74 ± 0.15	0.70 ± 0.08	0.78 ± 0.21	1.36	0.25
硼（mg/kg）	23.30 ± 4.70	23.41 ± 5.64	30.59 ± 6.04	36.85 ± 2.05	36.56 ± 6.91	16.16	0.00
锰（mg/kg）	350.9 ± 145.2	316.9 ± 155.3	392.2 ± 206.6	334.0 ± 190.9	434.4 ± 280.9	1.53	0.19
铜（mg/kg）	7.65 ± 2.87	7.86 ± 3.41	11.26 ± 4.84	11.09 ± 1.86	15.88 ± 7.68	9.46	0.00
锌（mg/kg）	50.35 ± 13.09	47.05 ± 11.72	54.64 ± 17.81	42.70 ± 0.28	56.40 ± 14.73	2.35	0.06
铁（mg/kg）	253.7 ± 98.9	224.2 ± 60.9	198.9 ± 30.8	178.0 ± 17.0	210.0 ± 8.4	2.44	0.05
全磷（%）	0.15 ± 0.02	0.16 ± 0.02	0.16 ± 0.03	0.15 ± 0.04	0.19 ± 0.05	2.56	0.04
全硫（%）	0.31 ± 0.07	0.33 ± 0.09	0.43 ± 0.12	0.52 ± 0.04	0.61 ± 0.11	19.08	0.00
全钙（mg/kg）	21 843 ± 3 564	22 766 ± 3 561	22 497 ± 3 749	18 530 ± 2 717	25 364 ± 4 433	1.68	0.16
全镁（mg/kg）	1 564 ± 515	1 772 ± 710	2 021 ± 943	1413 ± 147	2 224 ± 650	1.74	0.14
淀粉（%）	5.42 ± 1.75	5.43 ± 1.43	4.17 ± 1.60	4.42 ± 0.72	2.54 ± 1.29	7.62	0.00
总挥发碱（%）	0.26 ± 0.03	0.27 ± 0.05	0.35 ± 0.05	0.34 ± 0.02	0.48 ± 0.05	35.33	0.00
醚提物（%）	5.98 ± 0.56	6.15 ± 0.71	6.96 ± 0.88	7.05 ± 0.71	7.60 ± 0.81	11.88	0.00

3. 小结

综合相关分析和方差分析结果，与烤烟感官品质相关性较密切的主要化学指标为：烟碱、总糖、还原糖、总氮、氯、pH、硼、铜、硫、磷、淀粉、挥发碱、醚提物含量及糖碱比。随感官品质提高，总糖、还原糖、pH、淀粉含量及糖碱比值呈升高趋势，烟碱、总氮、氯、硼、铜、硫、磷、挥发碱、醚提物含量呈降低趋势。

三、主要外观、理化指标适宜区间研究

根据重庆烤烟感官质量特征，根据评吸总分、感官质量档次差异，将代表样品分为最优样品、优选样品、一般样品。其中，最优代表样品为评吸总分在77分以上、感官质量档次为“好”的样品，占代表样品总量的12%；优选代表样品为评吸总分在74.5分以上、感官质量档次在“较好”以上的样品；一般样品为评吸总分在74.5分以下、质量档次在“中等”以下的样品。综合考虑最优样品、优选样品、一般样品主要理化指标数据特征以及不同理化指标范围烤烟感官香吃味品质差异，可以得出重庆烤烟主要理化指标适宜区间。

（一）主要物理指标适宜区间

1. 填充值

如表3-51所示，重庆烤烟最优样品、优选样品、一般样品烤烟填充值呈依次升高趋势。进一步通过方差分析看出，不同填充值范围烤烟香吃味品质指标差异极显著或显著。随烤烟填充值提高，主要香吃味品质指标呈先升高后降低趋势，烤烟填充值大于3.2cm³/g，烤烟香吃味品质及感官质量档次得分显著降低（表3-52）。结合优选样品填充值数据特征，重庆烤烟填充值适宜范围为2.6 ~ 3.2 cm³/g，最优范围为2.6 ~ 3.0 cm³/g。

表3-51　代表样品填充值差异分析

因子	一般样品	优选样品	最优样品	*F*值	*P*
填充值（cm³/g）	3.06 ± 0.52	2.92 ± 0.28	2.85 ± 0.21	3.60	0.03

表3-52　不同填充值范围烤烟感官质量指标差异分析

指标	填充值（cm³/g）					*F*-值	*P*
	≤2.6	2.6 ~ 2.8	2.8 ~ 3.0	3.0 ~ 3.2	>3.2		
香气质	11.47 ± 0.29	11.58 ± 0.26	11.47 ± 0.28	11.44 ± 0.34	11.23 ± 0.45	4.49	0.00
香气量	16.31 ± 0.18	16.35 ± 0.15	16.29 ± 0.17	16.30 ± 0.19	16.15 ± 0.23	4.65	0.00
余味	19.75 ± 0.47	19.96 ± 0.35	19.79 ± 0.37	19.74 ± 0.49	19.46 ± 0.65	4.95	0.00
杂气	12.96 ± 0.47	13.05 ± 0.34	12.87 ± 0.43	12.87 ± 0.41	12.68 ± 0.58	3.19	0.01
刺激性	8.96 ± 0.14	8.99 ± 0.11	8.95 ± 0.15	8.95 ± 0.17	8.85 ± 0.25	2.92	0.02
得分	75.43 ± 1.38	75.94 ± 1.08	75.36 ± 1.15	75.30 ± 1.49	74.38 ± 2.04	4.94	0.00
质量档次	3.94 ± 0.51	4.14 ± 0.43	3.93 ± 0.48	3.88 ± 0.55	3.51 ± 0.76	5.37	0.00

表3-53　不同填充值范围烤烟感官质量指标两两差异比较

F（9，158）		填充值（cm³/g）			
		2.6 ~ 2.8	2.8 ~ 3.0	3.0 ~ 3.2	>3.2
填充值（cm³/g）	≤2.6	0.91	0.65	0.69	1.65
	2.6 ~ 2.8		1.19	1.18	2.93**
	2.8 ~ 3.0			0.49	2.13
	3.0 ~ 3.2				1.57

2. 平衡水分

由表3-54所示，重庆烤烟最优样品、优选样品、一般样品烤烟平衡水分呈依次降低趋势，平衡水分含量较高的样品，感官品质较好。进一步通过方差分析看出，不同平衡水分范围烤烟香吃味品质指标差异极显著或显著（表3-55、表3-56）。随烤烟平衡水分提高，主要香吃味品质指标呈升高趋势，平衡水分对感官品质影响的拐点在13.0%左右，平衡水分含量大于13.0%，烤烟感官香吃味品质得分显著升高。结合优选样品、最优样品平衡水分数据特征，重庆烤烟平衡水分适宜范围为12.5% ~ 14.5%，最优范围为13.0% ~ 14.5%。

表3-54　代表样品平衡水分差异分析

因子	一般样品	优选样品	最优样品	*F*值	*P*
平衡水分（%）	12.97 ± 0.56	13.18 ± 0.65	13.49 ± 0.52	5.27	0.01

表3-55　不同平衡水分范围烤烟感官质量指标差异分析

指标	平衡水分（%）						*F*-值	*P*
	≤ 12.0	12.0 ~ 12.5	12.5 ~ 13.0	13.0 ~ 13.5	13.5 ~ 14.0	>14.0		
香气质	11.25 ± 0.40	11.23 ± 0.44	11.36 ± 0.38	11.52 ± 0.29	11.56 ± 0.22	11.62 ± 0.27	4.46	0.00
香气量	16.19 ± 0.26	16.22 ± 0.24	16.24 ± 0.20	16.33 ± 0.16	16.32 ± 0.17	16.38 ± 0.14	3.04	0.01
余味	19.56 ± 0.70	19.48 ± 0.48	19.63 ± 0.51	19.86 ± 0.41	19.89 ± 0.34	19.99 ± 0.37	3.65	0.00
杂气	12.77 ± 0.46	12.62 ± 0.33	12.77 ± 0.48	12.93 ± 0.46	13.07 ± 0.27	13.05 ± 0.30	3.17	0.01
刺激性	8.89 ± 0.29	8.86 ± 0.19	8.88 ± 0.19	8.98 ± 0.14	9.01 ± 0.12	8.97 ± 0.09	3.44	0.01
得分	74.65 ± 1.97	74.40 ± 1.59	74.87 ± 1.64	75.62 ± 1.27	75.85 ± 0.97	76.00 ± 1.04	4.25	0.00
质量档次	3.58 ± 0.67	3.56 ± 0.64	3.73 ± 0.64	4.02 ± 0.48	4.10 ± 0.39	4.18 ± 0.46	4.58	0.00

表3-56　不同平衡水分范围感官质量指标两两差异比较

F（9，157）		平衡水分（%）				
		12.0 ~ 12.5	12.5 ~ 13.0	13.0 ~ 13.5	13.5 ~ 14.0	>14.0
平衡水分（%）	≤ 12.0	0.65	1.75	2.67*	3.14**	2.68*
	12.0 ~ 12.5		0.35	1.08	1.37	1.08
	12.5 ~ 13.0			1.82	1.84	1.31
	13.0 ~ 13.5				1.52	1.77
	13.5 ~ 14.0					1.28

3. 叶长

如表3-57所示，重庆烤烟最优样品、优选样品、一般样品烤烟叶片长度呈依次降低趋势，叶片长度过长的样品，感官品质较差。进一步通过方差分析看出，不同叶片长度范围烤烟主要香吃味品质指标差异显著（表3-58、表3-59）。叶片长度对感官品质影响的拐点在70cm左右，叶片长度大于70cm，烤烟感官香吃味品质得分显著降低。结合优选样品、最优样品叶片长度数据特征，重庆烤烟叶片长度适宜范围为58 ~ 68cm。

表3-57　代表样品叶片长度差异分析

因子	一般样品	优选样品	最优样品	*F*值	*P*
叶长（cm）	65.08 ± 5.78	62.77 ± 4.89	61.56 ± 3.85	3.95	0.02

表3-58　不同叶长范围烤烟感官质量指标差异分析

指标	叶长（cm）					F-值	p
	≤55	55 ~ 60	60 ~ 65	65 ~ 70	>70		
香气质	11.58 ± 0.22	11.52 ± 0.34	11.51 ± 0.26	11.41 ± 0.39	11.28 ± 0.35	2.62	0.04
香气量	16.42 ± 0.08	16.31 ± 0.19	16.32 ± 0.17	16.26 ± 0.22	16.22 ± 0.20	1.85	0.12
余味	19.84 ± 0.36	19.86 ± 0.46	19.86 ± 0.38	19.70 ± 0.55	19.52 ± 0.48	2.57	0.04
杂气	12.92 ± 0.27	12.89 ± 0.53	12.98 ± 0.33	12.87 ± 0.47	12.75 ± 0.44	1.09	0.37
刺激性	8.92 ± 0.13	9.00 ± 0.11	8.97 ± 0.14	8.89 ± 0.22	8.89 ± 0.19	3.02	0.02
得分	75.68 ± 0.95	75.57 ± 1.46	75.63 ± 1.13	75.14 ± 1.73	74.65 ± 1.56	2.25	0.07
质量档次	4.01 ± 0.41	4.00 ± 0.53	4.02 ± 0.44	3.81 ± 0.68	3.64 ± 0.62	2.50	0.04

表3-59　不同叶长范围感官质量指标两两差异比较

F（9，158）		叶长（cm）			
		55 ~ 60	60 ~ 65	65 ~ 70	>70
叶长（cm）	≤55	1.01	1.18	1.48	1.91
	55 ~ 60		1.17	2.34*	2.31*
	60 ~ 65			1.74	2.42*
	65 ~ 70				1.19

4. 叶面密度

如表3-60所示，重庆烤烟最优样品、优选样品烤烟叶面密度显著低于一般样品。进一步通过方差分析看出，不同叶面密度范围烤烟香气质、余味、评吸总分极质量档次得分差异显著或极显著（表3-61、表3-62）。随烤烟叶面密度提高，主要香吃味品质指标得分呈降低趋势，叶面密度对感官品质影响的拐点在5.5mg/cm^{2}左右，叶面密度大于5.5mg/cm^2，烤烟感官香吃味品质得分显著降低。结合优选样品、最优样品叶面密度数据特征，重庆烤烟叶面密度适宜范围为3.5 ~ 5.5mg/cm^2。

表3-60　代表样品叶面密度差异分析

因子	一般样品	优选样品	最优样品	F值	P
叶面密度（mg/cm^2）	5.02 ± 0.69	4.51 ± 0.70	4.62 ± 0.88	7.08	0.01

表3-61　不同叶面密度范围烤烟感官质量指标差异分析

指标	叶面密度（mg/cm^2）						F-值	P
	≤4.0	4.0 ~ 4.5	4.5 ~ 5.0	5.0 ~ 5.5	5.5 ~ 6.0	>6		
香气质	11.60 ± 0.19	11.54 ± 0.30	11.42 ± 0.32	11.40 ± 0.34	11.29 ± 0.36	11.19 ± 0.54	4.18	0.00
香气量	16.34 ± 0.14	16.31 ± 0.19	16.29 ± 0.18	16.29 ± 0.17	16.20 ± 0.22	16.21 ± 0.33	1.31	0.26
余味	19.92 ± 0.29	19.90 ± 0.45	19.74 ± 0.44	19.69 ± 0.46	19.50 ± 0.54	19.46 ± 0.71	3.35	0.01
杂气	12.95 ± 0.46	13.00 ± 0.35	12.86 ± 0.39	12.89 ± 0.37	12.73 ± 0.58	12.67 ± 0.81	1.51	0.19

（续）

指标	叶面密度（mg/cm²）						F-值	P
	≤4.0	4.0 ~ 4.5	4.5 ~ 5.0	5.0 ~ 5.5	5.5 ~ 6.0	>6		
刺激性	9.01 ± 0.07	8.97 ± 0.16	8.92 ± 0.17	8.93 ± 0.19	8.91 ± 0.20	8.87 ± 0.25	1.90	0.10
得分	75.83 ± 0.88	75.71 ± 1.33	75.24 ± 1.39	75.20 ± 1.39	74.63 ± 1.73	74.40 ± 2.55	2.90	0.02
质量档次	4.10 ± 0.28	4.06 ± 0.49	3.86 ± 0.56	3.85 ± 0.56	3.58 ± 0.68	3.53 ± 0.96	3.56	0.00

表3-62　不同叶面密度范围感官质量指标两两差异比较

F（9，157）		叶面密度（mg/cm²）				
		4.0 ~ 4.5	4.5 ~ 5.0	5.0 ~ 5.5	5.5 ~ 6.0	>6
叶面密度（mg/cm²）	≤4.0	1.45	1.91	2.88**	2.44*	2.49*
	4.0 ~ 4.5		0.64	1.49	1.94	1.83
	4.5 ~ 5.0			0.9	1.21	1.09
	5.0 ~ 5.5				0.53	0.62
	5.5 ~ 6.0					0.5

（二）主要化学指标适宜区间

1. 烟碱

如表3-63所示，重庆烤烟最优样品、优选样品烤烟烟碱含量显著高于一般样品。进一步通过方差分析看出，不同烟碱范围烤烟香吃味品质指标差异极显著或显著（表3-64、表3-65）。烟碱含量对感官品质影响的拐点在3.0%左右，烟碱含量大于3.0%，烤烟感官香吃味品质得分显著降低。结合优选样品、最优样品烟碱含量数据特征，重庆烤烟烟碱含量适宜范围为1.6% ~ 2.8%。

表3-63　代表样品烟碱含量差异分析

因子	一般样品	优选样品	最优样品	F值	P
烟碱（%）	3.08 ± 0.77	2.31 ± 0.48	2.23 ± 0.31	34.0	0.00

表3-64　不同烟碱含量范围烤烟感官质量指标差异分析

指标	烟碱（%）						F-值	P
	≤1.8	1.8 ~ 2.2	2.2 ~ 2.6	2.6 ~ 3.0	3.0 ~ 3.4	>3.4		
香气质	11.64 ± 0.18	11.56 ± 0.24	11.59 ± 0.22	11.47 ± 0.27	11.30 ± 0.24	10.90 ± 0.33	26.03	0.00
香气量	16.32 ± 0.13	16.31 ± 0.17	16.40 ± 0.14	16.31 ± 0.13	16.24 ± 0.15	16.05 ± 0.25	11.81	0.00
余味	19.97 ± 0.25	19.93 ± 0.36	19.99 ± 0.29	19.78 ± 0.37	19.55 ± 0.40	19.00 ± 0.47	24.84	0.00
杂气	12.96 ± 0.59	13.04 ± 0.34	13.04 ± 0.24	12.93 ± 0.35	12.83 ± 0.30	12.23 ± 0.43	16.42	0.00
刺激性	9.05 ± 0.07	9.00 ± 0.11	9.00 ± 0.10	8.96 ± 0.12	8.86 ± 0.20	8.67 ± 0.20	23.96	0.00
得分	75.94 ± 0.93	75.84 ± 1.07	76.02 ± 0.82	75.45 ± 1.09	74.79 ± 1.06	72.84 ± 1.53	27.77	0.00
质量档次	4.16 ± 0.25	4.11 ± 0.40	4.18 ± 0.36	3.92 ± 0.41	3.65 ± 0.45	2.94 ± 0.55	30.06	0.00

表3-65　不同烟碱含量范围感官质量指标两两差异比较

F（9，157）		烟碱（%）				
		1.8 ~ 2.2	2.2 ~ 2.6	2.6 ~ 3.0	3.0 ~ 3.4	>3.4
烟碱（%）	≤1.8	1.09	1.31	1.59	3.73**	16.25**
	1.8 ~ 2.2		1.2	1.22	2.99**	22.78**
	2.2 ~ 2.6			1.41	3.35**	20.72**
	2.6 ~ 3.0				1.13	13.28**
	3.0 ~ 3.4					5.93**

2. 总糖

由表3-66看出，重庆烤烟最优样品、优选样品烤烟总糖含量显著高于一般样品。进一步通过方差分析看出，不同总糖含量范围烤烟香吃味品质指标差异极显著（表3-67、表3-68）。总糖含量对感官品质影响的拐点在24% ~ 27%范围内，总糖含量小于24%，烤烟感官香吃味品质得分显著降低，总糖含量大于27%，烤烟感官香吃味品质得分显著较高。结合优选样品、最优样品总糖含量数据特征，重庆烤烟总糖含量适宜范围为25% ~ 35%，最优范围27% ~ 35%。

表3-66　代表样品总糖含量差异分析

因子	一般样品	优选样品	最优样品	F值	P
总糖（%）	25.17 ± 4.37	29.62 ± 2.77	30.22 ± 2.50	33.4	0.00

表3-67　不同总糖含量范围烤烟感官质量指标差异分析

指标	总糖（%）						F-值	P
	≤21	21 ~ 24	24 ~ 27	27 ~ 30	30 ~ 33	>33		
劲头	3.26 ± 0.31	3.19 ± 0.15	3.08 ± 0.13	3.00 ± 0.05	2.99 ± 0.03	2.96 ± 0.04	21.15	0.00
浓度	3.45 ± 0.14	3.47 ± 0.07	3.39 ± 0.08	3.30 ± 0.09	3.30 ± 0.07	3.20 ± 0.14	17.66	0.00
香气质	10.68 ± 0.47	11.01 ± 0.33	11.30 ± 0.28	11.52 ± 0.24	11.61 ± 0.25	11.68 ± 0.16	23.44	0.00
香气量	15.89 ± 0.27	16.12 ± 0.21	16.29 ± 0.19	16.30 ± 0.16	16.36 ± 0.14	16.35 ± 0.18	9.67	0.00
余味	18.77 ± 0.72	19.11 ± 0.47	19.54 ± 0.38	19.86 ± 0.35	20.00 ± 0.32	20.08 ± 0.20	23.28	0.00
杂气	12.08 ± 0.64	12.43 ± 0.46	12.71 ± 0.38	12.94 ± 0.40	13.08 ± 0.28	13.19 ± 0.26	13.84	0.00
刺激性	8.58 ± 0.31	8.76 ± 0.17	8.86 ± 0.17	9.00 ± 0.11	8.98 ± 0.11	9.08 ± 0.10	19.12	0.00
得分	72.00 ± 2.30	73.43 ± 1.49	74.70 ± 1.26	75.62 ± 1.04	76.03 ± 0.96	76.37 ± 0.66	23.54	0.00
质量档次	2.63 ± 0.79	3.14 ± 0.56	3.66 ± 0.48	4.00 ± 0.39	4.18 ± 0.38	4.32 ± 0.29	24.81	0.00

表3-68　不同总糖含量范围感官质量指标两两差异比较

F（9，157）		总糖（%）				
		21 ~ 24	24 ~ 27	27 ~ 30	30 ~ 33	>33
总糖（%）	≤21	1.46	4.23**	7.69**	8.33**	8.99**
	21 ~ 24		2.34*	7.24**	8.40**	9.27**
	24 ~ 27			3.84**	4.54**	6.34**
	27 ~ 30				1.2	2.44*
	30 ~ 33					1.99

3. 还原糖

如表3-69所示，重庆烤烟最优样品、优选样品还原糖含量显著高于一般样品。进一步通过方差分析看出，不同还原糖含量范围烤烟香吃味品质指标差异极显著（表3-70、表3-71）。还原糖含量对感官品质影响的拐点在24%左右，还原糖含量小于24%，烤烟感官香吃味品质得分显著降低。综合以上分析，结合重庆烤烟还原糖含量数据特征，重庆烤烟还原糖含量适宜范围为24% ~ 32%。

表3-69　代表样品还原糖含量差异分析

因子	一般样品	优选样品	最优样品	F值	P
还原糖（%）	23.60 ± 4.84	26.81 ± 2.58	26.87 ± 2.27	16.5	0.00

表3-70　不同还原糖含量范围烤烟感官质量指标差异分析

指标	还原糖（%）					F-值	P
	≤21	21 ~ 24	24 ~ 27	27 ~ 30	>30		
香气质	10.85 ± 0.42	11.30 ± 0.37	11.48 ± 0.28	11.58 ± 0.24	11.62 ± 0.14	14.78	0.00
香气量	15.97 ± 0.24	16.23 ± 0.20	16.31 ± 0.17	16.34 ± 0.13	16.33 ± 0.20	9.27	0.00
余味	18.88 ± 0.59	19.57 ± 0.51	19.80 ± 0.39	19.95 ± 0.35	20.05 ± 0.21	15.69	0.00
杂气	12.24 ± 0.54	12.76 ± 0.48	12.90 ± 0.42	13.03 ± 0.33	13.16 ± 0.23	9.10	0.00
刺激性	8.65 ± 0.29	8.87 ± 0.19	8.97 ± 0.14	8.97 ± 0.10	9.07 ± 0.10	13.64	0.00
得分	72.60 ± 1.95	74.74 ± 1.65	75.47 ± 1.20	75.87 ± 1.00	76.23 ± 0.66	15.68	0.00
质量档次	2.86 ± 0.70	3.66 ± 0.63	3.95 ± 0.47	4.11 ± 0.38	4.26 ± 0.29	15.97	0.00

表3-71　不同还原糖含量范围感官质量指标两两差异比较

F（9，158）		还原糖（%）			
		21 ~ 24	24 ~ 27	27 ~ 30	>30
还原糖（%）	≤21	2.63*	6.12**	6.78**	7.01**
	21 ~ 24		1.71	2.40*	3.59**
	24 ~ 27			1.05	2.23*
	27 ~ 30				1.99

4. 总氮

如表3–72所示，重庆烤烟最优样品、优选样品总氮含量显著低于一般样品。进一步通过方差分析看出，不同总氮含量范围烤烟香吃味品质指标差异极显著（表3–73、表3–74）。随烤烟总氮含量提高，其香吃味品质得分呈先升高后降低的趋势。总氮含量对感官品质影响的拐点在2.1%左右，总氮含量大于2.1%，烤烟感官香吃味品质得分显著降低。综合以上分析，结合重庆烤烟总氮含量数据特征，重庆烤烟总氮含量适宜范围为1.5% ~ 2.1%，最优范围为1.6% ~ 2.0%。

表3–72 代表样品总氮含量差异分析

因子	一般样品	优选样品	最优样品	*F*值	*P*
总氮（%）	2.28 ± 0.53	1.80 ± 0.26	1.77 ± 0.20	34.2	0.00

表3–73 不同总氮含量范围烤烟感官质量指标差异分析

指标	总氮（%）					*F*–值	*P*
	≤1.5	1.5 ~ 1.8	1.8 ~ 2.1	2.1 ~ 2.4	>2.4		
香气质	11.55 ± 0.20	11.62 ± 0.22	11.49 ± 0.26	11.32 ± 0.28	10.95 ± 0.37	27.22	0.00
香气量	16.37 ± 0.15	16.32 ± 0.15	16.34 ± 0.16	16.24 ± 0.18	16.10 ± 0.27	8.58	0.00
余味	20.00 ± 0.30	19.99 ± 0.31	19.82 ± 0.36	19.54 ± 0.42	19.10 ± 0.55	25.80	0.00
杂气	12.82 ± 0.64	13.08 ± 0.28	12.97 ± 0.35	12.74 ± 0.36	12.36 ± 0.52	16.01	0.00
刺激性	9.00 ± 0.12	9.02 ± 0.10	8.96 ± 0.14	8.86 ± 0.16	8.75 ± 0.24	16.92	0.00
得分	75.74 ± 1.09	76.02 ± 0.92	75.58 ± 1.09	74.70 ± 1.26	73.25 ± 1.82	24.82	0.00
质量档次	4.12 ± 0.38	4.16 ± 0.35	4.00 ± 0.43	3.66 ± 0.50	3.06 ± 0.63	27.80	0.00

表3–74 不同总氮含量范围感官质量指标两两差异比较

F（9，158）		总氮（%）			
		1.5 ~ 1.8	1.8 ~ 2.1	2.1 ~ 2.4	>2.4
总氮（%）	≤1.5	2.08	1.95	3.17**	7.52**
	1.5 ~ 1.8		1.98	3.81**	13.47**
	1.8 ~ 2.1			1.5	7.78**
	2.1 ~ 2.4				3.12**

5. 烟叶氯

如表3–75所示，重庆烤烟最优样品、优选样品、一般样品氯含量差异不显著。但通过方差分析看出，不同氯含量范围烤烟香吃味品质指标差异极显著（表3–76、表3–77）。随烤烟氯含量提高，其香吃味品质指标得分呈降低趋势。氯含量对感官品质影响的拐点在0.4%左右，全氯含量大于0.4%，烤烟感官香吃味品质得分显著降低。综合以上分析，结合重庆烤烟氯含量数据特征，重庆烤烟氯含量适宜范围为0.1% ~ 0.4%。

表 3-75　代表样品总氮含量差异分析

因子	一般样品	优选样品	最优样品	*F*值	*P*
烟叶氯（%）	0.29 ± 0.11	0.25 ± 0.11	0.24 ± 0.11	2.04	0.13

表 3-76　不同氯含量范围烤烟感官质量指标差异分析

指标	全氯（%）				*F*-值	*P*
	≤ 0.20	0.20 ～ 0.30	0.30 ～ 0.40	>0.40		
香气质	11.54 ± 0.25	11.50 ± 0.27	11.41 ± 0.35	11.16 ± 0.52	7.70	0.00
香气量	16.33 ± 0.13	16.31 ± 0.18	16.29 ± 0.19	16.11 ± 0.28	7.99	0.00
余味	19.88 ± 0.36	19.83 ± 0.38	19.69 ± 0.49	19.44 ± 0.79	5.08	0.00
杂气	13.00 ± 0.34	12.93 ± 0.43	12.87 ± 0.36	12.57 ± 0.67	5.05	0.00
刺激性	8.98 ± 0.13	8.96 ± 0.15	8.94 ± 0.15	8.82 ± 0.26	4.50	0.00
得分	75.73 ± 1.08	75.52 ± 1.16	75.20 ± 1.43	74.09 ± 2.43	7.21	0.00
质量档次	4.06 ± 0.41	3.97 ± 0.46	3.86 ± 0.61	3.43 ± 0.89	6.84	0.00

表 3-77　不同氯含量范围感官质量指标两两差异比较

F（9，159）		全氯（%）		
		0.20 ～ 0.30	0.30 ～ 0.40	>0.40
全氯（%）	≤ 0.20	0.44	1.8	3.93**
	0.20 ～ 0.30		1.4	3.09**
	0.30 ～ 0.40			2.15

6. pH

由表3-78所示，重庆烤烟最优样品、优选样品pH显著高于一般样品。进一步通过方差分析看出，不同pH范围烤烟香吃味品质指标差异极显著（表3-79、表3-80）。随烤烟pH提高，其香吃味品质指标得分呈升高趋势。pH对感官品质影响的拐点在5.3左右，pH大于5.3，烤烟感官香吃味品质得分显著升高。综合以上分析，结合重庆烤烟pH数据特征，重庆烤烟PH适宜范围为5.30 ～ 5.55。

表 3-78　代表样品PH差异分析

因子	一般样品	优选样品	最优样品	*F*值	*P*
pH	5.31 ± 0.12	5.42 ± 0.09	5.45 ± 0.06	24.5	0.00

表 3-79　不同pH范围烤烟感官质量指标差异分析

指标	pH					*F*-值	*P*
	≤ 5.20	5.20 ～ 5.30	5.30 ～ 5.40	5.40 ～ 5.50	>5.50		
劲头	3.17 ± 0.14	3.12 ± 0.13	3.03 ± 0.14	2.99 ± 0.04	2.98 ± 0.03	14.72	0.00
浓度	3.45 ± 0.10	3.39 ± 0.09	3.32 ± 0.13	3.32 ± 0.09	3.27 ± 0.06	7.49	0.00

（续）

指标	pH					F-值	P
	≤5.20	5.20 ~ 5.30	5.30 ~ 5.40	5.40 ~ 5.50	>5.50		
香气质	10.88 ± 0.41	11.19 ± 0.24	11.43 ± 0.31	11.59 ± 0.22	11.63 ± 0.23	23.84	0.00
香气量	16.04 ± 0.28	16.20 ± 0.16	16.30 ± 0.20	16.34 ± 0.15	16.33 ± 0.12	8.34	0.00
余味	19.07 ± 0.51	19.36 ± 0.39	19.73 ± 0.47	19.96 ± 0.31	20.00 ± 0.32	19.63	0.00
杂气	12.19 ± 0.55	12.62 ± 0.33	12.92 ± 0.41	13.03 ± 0.27	13.03 ± 0.50	13.67	0.00
刺激性	8.74 ± 0.19	8.85 ± 0.15	8.92 ± 0.20	9.00 ± 0.10	9.02 ± 0.10	10.76	0.00
得分	72.91 ± 1.82	74.21 ± 1.06	75.31 ± 1.45	75.92 ± 0.89	76.00 ± 1.07	20.58	0.00
质量档次	2.92 ± 0.64	3.40 ± 0.44	3.89 ± 0.51	4.13 ± 0.35	4.22 ± 0.37	26.42	0.00

表3-80　不同pH范围感官质量指标两两差异比较

F（9，158）		pH			
		5.20 ~ 5.30	5.30 ~ 5.40	5.40 ~ 5.50	>5.50
pH	≤5.20	1.63	6.57**	8.52**	9.44**
	5.20 ~ 5.30		4.94**	6.94**	8.20**
	5.30 ~ 5.40			2.72*	2.54*
	5.40 ~ 5.50				1.12

7. 糖碱比

如表3-81所示，重庆烤烟最优样品、优选样品糖碱比显著高于一般样品。进一步通过方差分析看出，不同糖碱比范围烤烟香吃味品质指标差异极显著（表3-82、表3-83）。随烤烟糖碱比提高，其香吃味品质指标得分呈升高趋势。糖碱比对感官品质影响的拐点在9.0左右，糖碱比大于9.0，烤烟感官香吃味品质得分显著升高。综合以上分析，结合重庆烤烟糖碱比数据特征，重庆烤烟糖碱比适宜范围为8 ~ 16，最优范围为10 ~ 16。

表3-81　代表样品糖碱比值差异分析

因子	一般样品	优选样品	最优样品	F值	P
糖碱比	8.47 ± 3.68	12.12 ± 2.72	12.23 ± 1.84	25.8	0.00

表3-82　不同糖碱比范围烤烟感官质量指标差异分析

指标	糖碱比					F-值	P
	≤6.0	6.0 ~ 9.0	9.0 ~ 12.0	12.0 ~ 15.0	>15.0		
香气质	10.67 ± 0.43	11.23 ± 0.25	11.56 ± 0.26	11.58 ± 0.23	11.64 ± 0.19	33.40	0.00
香气量	15.89 ± 0.27	16.22 ± 0.15	16.36 ± 0.16	16.34 ± 0.16	16.30 ± 0.15	16.20	0.00
余味	18.72 ± 0.64	19.46 ± 0.40	19.90 ± 0.34	19.94 ± 0.34	20.02 ± 0.28	28.45	0.00
杂气	12.02 ± 0.60	12.68 ± 0.37	13.00 ± 0.29	13.03 ± 0.31	13.04 ± 0.59	16.42	0.00
刺激性	8.57 ± 0.26	8.84 ± 0.19	8.99 ± 0.09	9.01 ± 0.10	9.03 ± 0.10	27.13	0.00
得分	71.87 ± 2.07	74.42 ± 1.18	75.80 ± 1.00	75.89 ± 0.97	76.03 ± 1.02	32.05	0.00
质量档次	2.63 ± 0.71	3.51 ± 0.48	4.09 ± 0.40	4.12 ± 0.38	4.20 ± 0.28	33.21	0.00

表3-83　不同糖碱比范围感官质量指标两两差异比较

F（9，158）		糖碱比			
		6.0 ~ 9.0	9.0 ~ 12.0	12.0 ~ 15.0	>15.0
糖碱比	≤6.0	5.52**	13.62**	14.22**	12.37**
	6.0 ~ 9.0		7.53**	9.27**	6.93**
	9.0 ~ 12.0			0.22	0.92
	12.0 ~ 15.0				0.56

8. 烟叶硼

如表3-84所示，重庆烤烟最优样品、优选样品硼含量显著低于一般样品。进一步通过方差分析看出，不同硼范围烤烟香吃味品质指标差异极显著（表3-85、表3-86）。随烤烟硼含量提高，其香吃味品质指标得分呈降低趋势。硼对感官品质影响的拐点在30mg/kg左右，硼含量大于30mg/kg，烤烟感官香吃味品质得分显著降低。综合以上分析，结合重庆烤烟硼含量数据特征，重庆烤烟硼含量适宜范围为15 ~ 30mg/kg。

表3-84　代表样品硼含量差异分析

因子	一般样品	优选样品	最优样品	F值	P
硼（mg/kg）	29.72 ± 7.28	23.44 ± 5.52	23.69 ± 4.42	18.2	0.00

表3-85　不同硼含量范围烤烟感官质量指标差异分析

指标	硼（mg/kg）						F-值	P
	≤18	18 ~ 22	22 ~ 26	26 ~ 30	30 ~ 34	>34		
香气质	11.57 ± 0.18	11.58 ± 0.25	11.56 ± 0.20	11.50 ± 0.34	11.25 ± 0.36	11.01 ± 0.36	14.70	0.00
香气量	16.32 ± 0.19	16.31 ± 0.15	16.36 ± 0.15	16.34 ± 0.19	16.18 ± 0.19	16.15 ± 0.25	5.25	0.00
余味	19.94 ± 0.27	19.93 ± 0.35	19.90 ± 0.32	19.86 ± 0.45	19.47 ± 0.58	19.19 ± 0.48	12.87	0.00
杂气	13.04 ± 0.22	13.00 ± 0.42	13.03 ± 0.26	12.96 ± 0.42	12.66 ± 0.42	12.40 ± 0.53	9.39	0.00
刺激性	8.99 ± 0.12	9.00 ± 0.10	8.99 ± 0.12	8.95 ± 0.17	8.87 ± 0.23	8.76 ± 0.20	9.00	0.00
得分	75.86 ± 0.80	75.82 ± 1.06	75.84 ± 0.88	75.60 ± 1.44	74.43 ± 1.67	73.49 ± 1.70	13.64	0.00
质量档次	4.11 ± 0.26	4.10 ± 0.39	4.09 ± 0.34	4.00 ± 0.60	3.55 ± 0.60	3.18 ± 0.67	14.36	0.00

表3-86　不同硼含量范围感官质量指标两两差异比较

F（9，157）		硼（mg/kg）				
		18 ~ 22	22 ~ 26	26 ~ 30	30 ~ 34	>34
硼（mg/kg）	≤18	0.33	0.35	0.69	1.85	6.08**
	18 ~ 22		0.82	1.92	2.86**	8.99**
	22 ~ 26			1.18	2.26*	7.50**
	26 ~ 30				1.57	4.52**
	30 ~ 34					1.82

9. 烟叶铜

如表3-87所示，重庆烤烟最优样品、优选样品铜含量显著低于一般样品。进一步通过方差分析看出，不同铜含量范围烤烟香吃味品质指标差异极显著或显著（表3-88、表3-89）。随烤烟铜含量提高，其香吃味品质指标得分呈降低趋势。铜含量对感官品质影响的拐点在12mg/kg左右，铜含量大于12mg/kg，烤烟感官香吃味品质得分显著降低。综合以上分析，结合重庆烤烟铜含量数据特征，重庆烤烟铜含量适宜范围为3.0 ~ 12mg/kg。

表3-87 代表样品铜含量差异分析

因子	一般样品	优选样品	最优样品	*F*值	*P*
铜（mg/kg）	11.78 ± 4.95	7.58 ± 3.19	7.69 ± 2.93	21.4	0.00

表3-88 不同铜含量范围烤烟感官质量指标差异分析

指标	铜（mg/kg）						*F*-值	*P*
	≤4	4 ~ 6	6 ~ 8	8 ~ 10	10 ~ 12	>12		
香气质	11.57 ± 0.21	11.60 ± 0.19	11.53 ± 0.32	11.47 ± 0.30	11.40 ± 0.27	11.17 ± 0.43	6.73	0.00
香气量	16.36 ± 0.13	16.33 ± 0.13	16.34 ± 0.18	16.28 ± 0.18	16.23 ± 0.16	16.20 ± 0.27	3.34	0.01
余味	19.97 ± 0.27	19.93 ± 0.27	19.91 ± 0.44	19.80 ± 0.42	19.67 ± 0.42	19.35 ± 0.60	7.66	0.00
杂气	13.03 ± 0.29	13.04 ± 0.22	12.95 ± 0.47	12.94 ± 0.41	12.88 ± 0.38	12.54 ± 0.52	5.03	0.00
刺激性	8.97 ± 0.17	9.03 ± 0.08	8.97 ± 0.12	8.96 ± 0.16	8.96 ± 0.15	8.79 ± 0.23	6.94	0.00
得分	75.91 ± 0.93	75.93 ± 0.71	75.70 ± 1.33	75.44 ± 1.34	75.15 ± 1.16	74.04 ± 1.94	7.36	0.00
质量档次	4.11 ± 0.42	4.15 ± 0.30	4.03 ± 0.49	3.92 ± 0.53	3.82 ± 0.47	3.45 ± 0.74	6.45	0.00

表3-89 不同铜含量范围感官质量指标两两差异比较

F（9，157）		铜（mg/kg）				
		4 ~ 6	6 ~ 8	8 ~ 10	10 ~ 12	>12
铜（mg/kg）	≤4	1.28	0.42	0.56	1.35	4.59**
	4 ~ 6		1.13	1.1	1.47	5.80**
	6 ~ 8			0.67	2.06	6.01**
	8 ~ 10				1.15	4.53**
	10 ~ 12					4.90**

10. 烟叶磷

如表3-90所示，重庆烤烟最优样品、优选样品、一般样品磷含量差异不显著。但通过方差分析看出，不同磷含量范围烤烟香吃味品质指标差异极显著或显著（表3-91、表3-92）。磷含量对感官品质影响的拐点在0.19%左右，磷含量大于0.19%，烤烟感官香吃味品质得分显著降低。综合以上分析，结合重庆烤烟磷含量数据特征，重庆烤烟磷含量适宜范围为0.12% ~ 0.19%。

表3-90　代表样品磷含量差异分析

因子	一般样品	优选样品	最优样品	F值	P
全磷（%）	0.16 ± 0.03	0.16 ± 0.02	0.15 ± 0.02	1.15	0.32

表3-91　不同磷含量范围烤烟感官质量指标差异分析

指标	全磷（%）					F-值	P
	≤0.13	0.13 ~ 0.15	0.15 ~ 0.17	0.17 ~ 0.19	>0.19		
香气质	11.44 ± 0.33	11.48 ± 0.32	11.53 ± 0.28	11.48 ± 0.28	11.07 ± 0.45	4.90	0.00
香气量	16.31 ± 0.17	16.28 ± 0.17	16.34 ± 0.19	16.33 ± 0.15	16.11 ± 0.28	4.17	0.00
余味	19.76 ± 0.39	19.80 ± 0.45	19.93 ± 0.34	19.77 ± 0.43	19.20 ± 0.71	6.07	0.00
杂气	12.76 ± 0.72	12.92 ± 0.40	13.01 ± 0.31	12.95 ± 0.36	12.40 ± 0.56	5.23	0.00
刺激性	8.97 ± 0.19	8.95 ± 0.16	8.96 ± 0.15	8.97 ± 0.13	8.81 ± 0.29	2.16	0.08
得分	75.25 ± 1.48	75.44 ± 1.36	75.78 ± 1.13	75.51 ± 1.21	73.59 ± 2.19	5.75	0.00
质量档次	3.88 ± 0.61	3.94 ± 0.54	4.07 ± 0.45	3.97 ± 0.44	3.23 ± 0.72	5.80	0.00

表3-92　不同磷含量范围感官质量指标两两差异比较

F（9，158）		全磷（%）			
		0.13 ~ 0.15	0.15 ~ 0.17	0.17 ~ 0.19	>0.19
全磷（%）	≤0.13	0.69	1.03	0.73	1.78
	0.13 ~ 0.15		1.45	1.06	2.94**
	0.15 ~ 0.17			1.05	4.14**
	0.17 ~ 0.19				2.95**

11. 烟叶硫

如表3-93所示，重庆烤烟最优样品、优选样品硫含量显著低于一般样品。进一步通过方差分析看出，不同硫含量范围烤烟香吃味品质指标差异极显著（表3-94、表3-95）。随烤烟硫含量提高，其香吃味品质指标得分呈降低趋势。硫含量对感官品质影响的拐点在0.5%左右，硫含量大于0.5%，烤烟感官香吃味品质得分显著降低。综合以上分析，结合重庆烤烟硫含量数据特征，重庆烤烟硫含量适宜范围为小于0.5%。

表3-93　代表样品硫含量差异分析

因子	一般样品	优选样品	最优样品	F值	P
全硫（%）	0.43 ± 0.13	0.32 ± 0.09	0.31 ± 0.07	19.7	0.00

表3-94　不同全硫含量范围烤烟感官质量指标差异分析

指标	全硫（%）					F-值	P
	≤0.30	0.30 ~ 0.40	0.40 ~ 0.50	0.50 ~ 0.60	>0.60		
香气质	11.57 ± 0.23	11.51 ± 0.28	11.40 ± 0.38	11.12 ± 0.23	10.73 ± 0.50	17.18	0.00

（续）

指标	全硫（%）					F-值	P
	≤0.30	0.30 ~ 0.40	0.40 ~ 0.50	0.50 ~ 0.60	>0.60		
香气量	16.33 ± 0.15	16.32 ± 0.18	16.25 ± 0.22	16.19 ± 0.16	15.95 ± 0.34	7.45	0.00
余味	19.94 ± 0.32	19.83 ± 0.40	19.69 ± 0.54	19.30 ± 0.34	18.83 ± 0.79	15.45	0.00
杂气	13.00 ± 0.37	12.98 ± 0.37	12.87 ± 0.46	12.48 ± 0.32	12.08 ± 0.62	11.56	0.00
刺激性	9.00 ± 0.10	8.95 ± 0.18	8.92 ± 0.17	8.85 ± 0.17	8.63 ± 0.34	9.34	0.00
得分	75.83 ± 0.96	75.59 ± 1.25	75.12 ± 1.65	73.94 ± 1.07	72.22 ± 2.46	16.35	0.00
质量档次	4.10 ± 0.38	4.00 ± 0.47	3.83 ± 0.62	3.29 ± 0.42	2.74 ± 0.86	17.92	0.00

表3-95　不同全硫含量范围感官质量指标两两差异比较

F（9，158）		全硫（%）			
		0.30 ~ 0.40	0.40 ~ 0.50	0.50 ~ 0.60	>0.60
全硫（%）	≤0.30	0.79	2.06	4.94**	7.08**
	0.30 ~ 0.40		0.75	3.70**	5.74**
	0.40 ~ 0.50			2.61*	3.94**
	0.50 ~ 0.60				3.45**

12. 淀粉

如表3-96所示，重庆烤烟最优样品、优选样品淀粉含量显著高于一般样品。进一步通过方差分析看出，不同淀粉含量范围烤烟香吃味品质指标差异极显著（表3-97、表3-98）。随烤烟淀粉含量提高，其香吃味品质指标得分呈先升高后减低趋势。淀粉含量对感官品质影响的拐点在3.0%左右，淀粉含量大于3.0%，烤烟感官香吃味品质得分显著升高。综合以上分析，结合重庆烤烟淀粉含量数据特征，重庆烤烟淀粉含量适宜范围为3.0% ~ 7.0%。

表3-96　代表样品淀粉含量差异分析

因子	一般样品	优选样品	最优样品	F值	P
淀粉（%）	4.36 ± 1.75	5.41 ± 1.48	5.39 ± 1.79	7.08	0.00

表3-97　不同淀粉含量范围烤烟感官质量指标差异分析

指标	淀粉（%）						F-值	P
	≤3.0	3.0 ~ 4.0	4.0 ~ 5.0	5.0 ~ 6.0	6.0 ~ 7.0	>7.0		
香气质	11.03 ± 0.43	11.36 ± 0.38	11.46 ± 0.31	11.55 ± 0.26	11.59 ± 0.21	11.53 ± 0.26	8.11	0.00
香气量	16.08 ± 0.24	16.29 ± 0.22	16.32 ± 0.20	16.31 ± 0.15	16.30 ± 0.12	16.36 ± 0.17	4.27	0.00
余味	19.16 ± 0.63	19.60 ± 0.48	19.77 ± 0.48	19.92 ± 0.35	19.96 ± 0.30	19.89 ± 0.32	9.00	0.00
杂气	12.43 ± 0.52	12.78 ± 0.45	12.90 ± 0.44	13.03 ± 0.31	13.08 ± 0.24	12.85 ± 0.54	6.09	0.00
刺激性	8.76 ± 0.27	8.88 ± 0.15	8.97 ± 0.15	8.98 ± 0.15	8.99 ± 0.13	9.01 ± 0.09	6.32	0.00
得分	73.47 ± 1.98	74.91 ± 1.59	75.44 ± 1.43	75.78 ± 1.07	75.93 ± 0.83	75.63 ± 1.12	8.30	0.00
质量档次	3.16 ± 0.71	3.75 ± 0.62	3.95 ± 0.57	4.06 ± 0.40	4.11 ± 0.35	4.06 ± 0.41	8.53	0.00

表3-98 不同淀粉含量范围感官质量指标两两差异比较

F（9，157）		淀粉（%）				
		3.0 ~ 4.0	4.0 ~ 5.0	5.0 ~ 6.0	6.0 ~ 7.0	>7.0
淀粉（%）	≤3.0	1.75	3.47**	3.92**	3.93**	4.46**
	3.0 ~ 4.0		1.23	1.84	2.03	1.92
	4.0 ~ 5.0			2.61*	1.74	1.72
	5.0 ~ 6.0				0.64	2.12
	6.0 ~ 7.0					1.97

13. 挥发碱

如表3-99所示，重庆烤烟最优样品、优选样品挥发碱含量显著低于一般样品。进一步通过方差分析看出，不同挥发碱含量范围烤烟香吃味品质指标差异极显著或显著（表3-100、表3-101）。随烤烟挥发碱含量提高，其香吃味品质指标得分呈降低趋势。挥发碱含量对感官品质影响的拐点在0.35%左右，挥发碱含量大于0.35%，烤烟感官香吃味品质得分显著降低。综合以上分析，结合重庆烤烟挥发碱含量数据特征，重庆烤烟挥发碱含量适宜范围为0.20% ~ 0.35%。

表3-99 代表样品挥发碱含量差异分析

因子	一般样品	优选样品	最优样品	F值	P
挥发碱（%）	0.34 ± 0.08	0.26 ± 0.05	0.26 ± 0.03	34.7	0.00

表3-100 不同挥发碱含量范围烤烟感官质量指标差异分析

指标	挥发碱（%）					F-值	P
	≤0.20	0.20 ~ 0.25	0.25 ~ 0.30	0.30 ~ 0.35	>0.35		
香气质	11.62 ± 0.24	11.59 ± 0.21	11.59 ± 0.26	11.40 ± 0.26	11.00 ± 0.34	28.07	0.00
香气量	16.28 ± 0.14	16.33 ± 0.16	16.38 ± 0.14	16.28 ± 0.15	16.10 ± 0.24	11.97	0.00
余味	19.92 ± 0.30	19.96 ± 0.31	19.96 ± 0.36	19.70 ± 0.36	19.14 ± 0.50	26.57	0.00
杂气	12.89 ± 0.76	13.05 ± 0.28	13.05 ± 0.33	12.86 ± 0.32	12.39 ± 0.46	16.23	0.00
刺激性	9.06 ± 0.10	9.00 ± 0.10	9.00 ± 0.09	8.92 ± 0.14	8.73 ± 0.22	23.93	0.00
得分	75.77 ± 1.20	75.93 ± 0.90	75.97 ± 1.06	75.15 ± 1.06	73.37 ± 1.60	28.26	0.00
质量档次	4.14 ± 0.32	4.14 ± 0.35	4.15 ± 0.41	3.80 ± 0.45	3.14 ± 0.59	30.21	0.00

表3-101 不同挥发碱含量范围感官质量指标两两差异比较

F（9，158）		挥发碱（%）			
		0.20 ~ 0.25	0.25 ~ 0.30	0.30 ~ 0.35	>0.35
挥发碱（%）	≤0.20	1.35	1.53	2.65*	9.20**
	0.20 ~ 0.25		0.59	2.20*	18.34**
	0.25 ~ 0.30			1.72	15.68**
	0.30 ~ 0.35				7.53**

14. 醚提物

如表3-102所示，重庆烤烟最优样品、优选样品醚提物含量显著低于一般样品。进一步通过方差分析看出，不同醚提物含量范围烤烟香吃味品质指标差异极显著（表3-103、表3-104）。随烤烟醚提物含量提高，其香吃味品质指标得分呈降低趋势。醚提物含量对感官品质影响的拐点在7%左右，醚提物含量大于7%，烤烟感官香吃味品质得分显著降低。综合以上分析，结合重庆烤烟醚提物含量数据特征，重庆烤烟醚提物含量适宜范围为5% ~ 7%。

表3-102　代表样品醚提物含量差异分析

因子	一般样品	优选样品	最优样品	*F*值	*P*
醚提物（%）	11.78 ± 4.95	7.58 ± 3.19	7.69 ± 2.93	21.4	0.00

表3-103　不同醚提物含量范围烤烟感官质量指标差异分析

指标	醚提物（%）					*F*-值	*P*
	≤5	5 ~ 6	6 ~ 7	7 ~ 8	>8		
劲头	2.97 ± 0.08	2.99 ± 0.05	3.02 ± 0.09	3.12 ± 0.19	3.18 ± 0.15	12.37	0.00
浓度	3.19 ± 0.22	3.29 ± 0.08	3.33 ± 0.10	3.40 ± 0.12	3.43 ± 0.09	8.99	0.00
香气质	11.56 ± 0.17	11.60 ± 0.23	11.48 ± 0.30	11.20 ± 0.33	10.90 ± 0.33	16.43	0.00
香气量	16.30 ± 0.20	16.35 ± 0.13	16.30 ± 0.19	16.17 ± 0.20	16.07 ± 0.24	7.30	0.00
余味	19.87 ± 0.37	19.97 ± 0.32	19.80 ± 0.44	19.41 ± 0.52	19.07 ± 0.40	13.65	0.00
杂气	13.06 ± 0.38	13.06 ± 0.27	12.90 ± 0.46	12.67 ± 0.41	12.21 ± 0.42	11.04	0.00
刺激性	9.03 ± 0.11	9.00 ± 0.11	8.96 ± 0.13	8.80 ± 0.26	8.74 ± 0.21	11.77	0.00
得分	75.82 ± 0.90	75.99 ± 0.91	75.45 ± 1.35	74.24 ± 1.59	72.98 ± 1.44	15.82	0.00
质量档次	4.07 ± 0.32	4.16 ± 0.36	3.95 ± 0.51	3.48 ± 0.58	2.97 ± 0.58	16.76	0.00

表3-104　不同醚提物含量范围感官质量指标两两差异比较

F（9，158）		醚提物（%）			
		5 ~ 6	6 ~ 7	7 ~ 8	>8
醚提物（%）	≤5	1.12	1.66	3.13**	3.59**
	5 ~ 6		1.19	5.38**	5.63**
	6 ~ 7			3.48**	3.93**
	7 ~ 8				1.2

四、烟叶化学成分协调性综合评价模型

1. 指标筛选

根据3年的研究结果，烟叶总糖、还原糖、烟碱、总氮、淀粉、挥发碱、总氯、烟叶硼、烟叶硫、烟叶磷、醚提物以及糖碱比是影响质量差异的因子。通过相关分析和聚类分析确定相关指标并对指标进行简化，最后确定烟碱、总糖、糖碱比、烟叶硼、烟叶硫、烟

叶磷为影响重庆烟叶的主要因子。

表3-105　烟叶化学指标与评吸质量相关分析结果

	烟碱	总糖	还原糖	总氮	总氯	pH	糖碱比	硼	全磷	全硫	淀粉	挥发碱	醚提物
总糖	−0.64**												
还原糖	−0.50**	0.8**											
总氮	0.72**	−0.76**	−0.66**										
总氯	0.27**	−0.38**	−0.26**	0.32**									
pH	−0.77**	0.63**	0.35**	−0.71**	−0.42**								
糖碱比	−0.92**	0.74**	0.69**	−0.72**	−0.24**	0.69**							
硼	0.69**	−0.44**	−0.37**	0.55**	0.09	−0.58**	−0.62**						
全磷	0.11	−0.06	0.06	0.13	−0.03	−0.17*	−0.05	0.19**					
全硫	0.27**	−0.18*	−0.09	0.26**	−0.09	−0.32**	−0.28**	0.46**	0.39**				
淀粉	−0.31**	0.48**	0.42**	−0.60**	−0.21**	0.35**	0.33**	−0.25**	−0.01	−0.04			
挥发碱	0.89**	−0.66**	−0.55**	0.75**	0.33**	−0.74**	−0.85**	0.66**	0.14	0.24**	−0.37**		
醚提物	0.62**	−0.56**	−0.49**	0.47**	0.23**	−0.54**	−0.61**	0.50**	−0.10	0.16*	−0.26**	0.61**	
得分	−0.14	0.11	0.06	−0.13	−0.03	0.14	0.11	−0.19*	−0.16*	−0.49**	−0.09	−0.15	−0.049

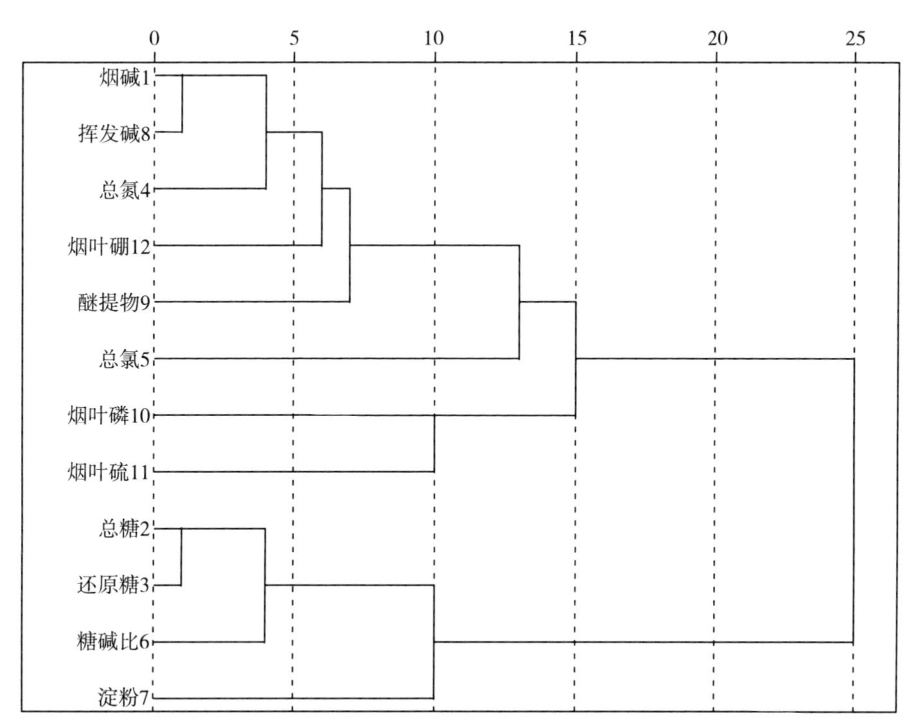

图3-1　各化学指标聚类分析树状图

2. 指标权重确定

根据3年感官评价和烟叶化学成分测定结果，应用DPS统计软件中主导分析对指标的综合评价权重，计算过程和结果如表3-106、表3-107所示。可以看出，烟叶硫的权重最高达到0.42，说明烟叶硫是影响重庆烟叶质量的最要影响因子，其次为烟叶硼和烟叶磷，权重分别为0.11、0.101，最后为烟碱、总糖、总氯、糖碱比，权重均达到0.09左右。

表3-106　各指标各阶次回归模型中决定系数的贡献

模型子集	烟碱	总糖	总氯	糖碱比	烟叶磷	烟叶硫	烟叶硼
单因子	0.02	0.01	0.00	0.02	0.02	0.26	0.04
1阶互作	0.02	0.01	0.01	0.02	0.02	0.25	0.03
2阶互作	0.02	0.02	0.03	0.02	0.03	0.21	0.03
3阶互作	0.03	0.03	0.04	0.03	0.04	0.17	0.04
4阶互作	0.05	0.05	0.05	0.05	0.05	0.14	0.05
5阶互作	0.06	0.06	0.06	0.06	0.06	0.11	0.06
6阶互作	0.07	0.07	0.07	0.07	0.07	0.07	0.07
总的平均	0.04	0.04	0.04	0.04	0.04	0.17	0.05

表3-107　各指标权重

变量	含x的r方	去掉x后	x的贡献	指标权重
烟碱	0.15	0.11	0.04	0.09
总糖	0.15	0.11	0.04	0.09
总氯	0.15	0.11	0.04	0.09
糖碱比	0.15	0.11	0.04	0.09
烟叶磷	0.15	0.11	0.04	0.10
烟叶硫	0.27	0.10	0.17	0.42
烟叶硼	0.16	0.11	0.05	0.11

3. 不同指标隶属函数模型和区间确定

根据近3年重庆优质烤烟主要化学指标及其适宜区间的研究结果，总糖含量及糖碱比与评吸总分均呈正相关关系，但糖含量及其糖碱比过高，也会降低其香吃味品质，总糖含量适宜范围为25% ~ 35%，最优范围27% ~ 35%，糖碱比适宜区间为9 ~ 25，最优区间为15 ~ 25。烟碱与评吸总分呈负相关，但烟碱的含量过低会影响工业的可用性，过高会影响烟叶品质，因此重庆烤烟烟碱含量适宜范围为1.6% ~ 2.8%。烟叶硼含量过低会影响烟叶生长，过高会对烟叶品质产生影响。最终将总糖、糖碱比、烟碱、烟叶硼定为区间型指标。烟叶氯、烟叶硫、烟叶磷含量与评吸总分呈负相关，烟叶氯含量大于0.4%，烟叶硫大于0.5%，烟叶磷大于0.19%，烤烟感官香吃味品质得分显著降低。因此，将重庆烟叶氯、烟叶硫、烟叶磷定为成本型。

区间型公式：

$$P_{ij}=x_{ij}/a \qquad (x_{ij}<a)$$

$$P_{ij}=1 \quad (x_{ij} \in [a, b]) \qquad (3-1)$$
$$P_{ij}=b/x_{ij} \quad (x_{ij}>b)$$

其中，P_{ij}为第i个指标第j个样品符合中华原料目标需求的匹配度隶属函数值，x_{ij}为第j个样品第i个指标测定值，a、b分别为第i个指标适宜值的下限、上限。

成本型指标（含梗率）计算方法：

$$\begin{cases} P_{ij}=1 \ (x_{ij} \leqslant b) \\ P_{ij}=b/x_{ij} \ (x_{ij}>b) \end{cases} \qquad (3-2)$$

其中，P_{ij}为第i个指标第j个样品符合中华原料目标需求的匹配度隶属函数值，x_{ij}为第j个样品第i个指标测定值，b为第i个指标适宜值的下限值。

表3-108　烤烟质量评价指标、权重及适宜区间

变量	权重	类型	适宜区间下限（a）	适宜区间上限（b）
烟碱	0.09	区间型	1.60	2.80
总糖	0.09	区间型	25.00	35.00
总氯	0.09	成本型		0.40
糖碱比	0.09	区间型	9.00	25.00
烟叶磷	0.10	成本型		0.19
烟叶硫	0.42	成本型		0.50
烟叶硼	0.11	区间型	15.00	30.00

4. 模型验证

根据3年烟叶样品化学指标的测定结果，应用该综合评价模型，计算各样品的化学指标协调性综合评价指数，并根据感官评价结果，对不同质量档次烤烟进行化学指标协调性综合评价指数差异比较，如表3-109所示，模型综合评价结果较好地反映了烤烟质量风格特征。

表3-109　所有样品评价质量分级

评价得分	百分比	评吸得分	评价
小于0.90	5.40	73.69 ± 2.91	较差
0.90 ～ 0.99	31.10	74.98 ± 1.48	中等
1.00	63.50	75.75 ± 1.04	较好以上

第四章　提高重庆烟叶原料保障能力试验研究

[提高重庆烟叶原料保障能力研究]

>>> 第一节 提高重庆烟叶成熟度的综合技术研究

一、促早生快发的关键技术试验

（一）材料与方法

1. 试验地点

重庆市彭水苗族土家族自治县润溪基地单元、武隆县巷口基地单元

2. 试验材料

植烟品种：云烟97

供试材料：营养物质、磷酸二铵、台龙宝

3. 实验设计

处理1　移栽后10d，每亩用5kg的营养物质灌根

处理2　移栽后10d喷施磷酸二铵（0.5%），每隔10d一次，共3次

处理3　移栽后10d用磷酸二铵（1%）灌根，每隔10d一次，共3次

处理4　移栽前用100倍台龙宝溶液灌根，移栽后15d内，叶面喷施300倍台龙宝溶液3次

对照组　当地正常烟叶生长

（二）结果分析

1. 不同处理对各生育期农艺性状影响

团棵期处理1较对照组各项农艺性状指标较差；处理2株高最高，叶宽较宽；处理3的最大叶宽较大，株高较高、有效叶数较少；处理4的各项指标较处理1稍好，较对照组稍差（表4–1）。现蕾期处理1的各项农艺性状指标较差，其长势为所有处理中最差；处理2的各项农艺指标较好，其长势较其他组强；处理3长势较对照组强；处理4与对照组相当，有效叶片数较对照组少1片，茎围稍粗（表4–2）。平顶期处理3在有效留叶数与其他组别相差不大的情况下，其叶长、叶宽、茎围均为最大，与对照组差异显著，农艺性状最好；处理2在有效留叶数多1片的情况下，农艺性状与对照组相当；处理1有效留叶数最多，较对照组多1.7片，其叶长和茎围较对照组小，差异显著，其他指标相差不大；处理4有效留叶数与对照组相当，其叶长和叶宽均较对照小（表4–3）。

表4-1 团棵期农艺性状对比

处理	最大叶长（cm）	最大叶宽（cm）	株高（cm）	有效叶数（cm）	茎围（cm）	节距（cm）
处理1	46.57aA	22.19cB	26.65abA	10.70abA	6.46aA	2.41cA
处理2	48.25aA	24.55abAB	28.88aA	10.60abA	6.53aA	2.55bcAB
处理3	48.52aA	25.31aA	25.30bA	9.90bA	6.30abA	2.53bcAB
处理4	47.25aA	24.50abAB	27.40abA	10.70abA	6.34aA	3.01aAB
对照组	48.99aA	23.05bcAB	28.30abA	11.00aA	5.77bA	2.86abB

注：同列小写字母不同表示5%显著差异，大写字母不同表示1%极显著差异。

表4-2 现蕾期农艺性状对比

处理	最大叶长（cm）	最大叶宽（cm）	株高（cm）	有效叶数（cm）	茎围（cm）	节距（cm）
处理1	65.05bAB	27.97bA	74.33bC	17.0bAB	7.43bcB	4.03bA
处理2	69.16aA	31.39aA	87.67aAB	17.9aA	8.11aA	4.29abA
处理3	67.18abAB	28.39abA	78.10bBc	16.4bB	7.84aAB	4.23abA
处理4	63.75bB	28.51abA	89.90aA	17.0bAB	7.78abAB	4.66aA
对照组	63.62bB	28.28abA	89.90aA	17.9aA	7.31cB	4.71aA

注：同列小写字母不同表示5%显著差异，大写字母不同表示1%极显著差异。

表4-3 平顶期农艺性状对比

处理	最大叶长（cm）	最大叶宽（cm）	株高（cm）	有效叶数（cm）	茎围（cm）	节距（cm）
处理1	72.76dB	28.99abA	101.40cBC	19.80aA	7.82cB	4.73bB
处理2	75.46bcB	28.85bA	96.86cC	19.20abA	8.80aA	4.66bB
处理3	81.86aA	31.44aA	111.63abA	18.20abA	8.85aA	5.49aA
处理4	73.23cdB	28.75bA	115.96aA	18.80abA	8.42bA	5.91aA
对照组	75.97bB	29.55abA	108.72bAB	18.10bA	8.74abA	4.76bB

注：同列小写字母不同表示5%显著差异，大写字母不同表示1%极显著差异。

2. 不同处理对烟株长势影响

处理2对烟株长势的影响主要是在旺长阶段，其时效较短，在现蕾期以前效果明显，在平顶期后处理2的长势较弱，最终与对照组相当。处理3对烟株长势的影响时效性较长，一直持续到平顶期后，其平顶后各项农艺性状指标较高。处理1和处理4与对照组相比没有表现出明显的效果。

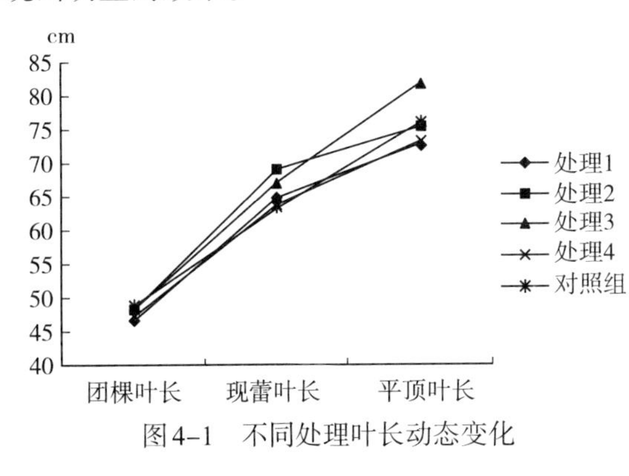

图4-1 不同处理叶长动态变化

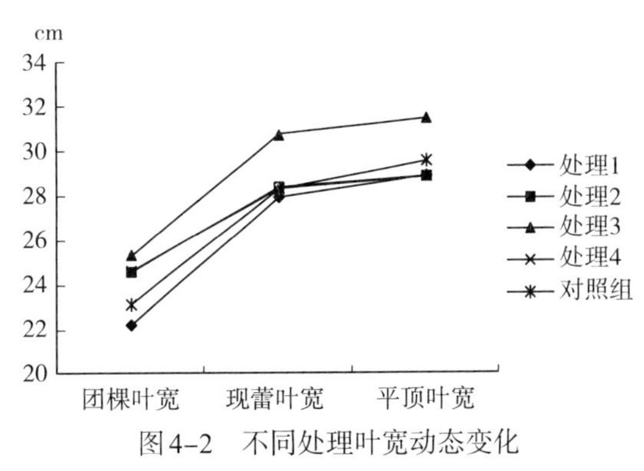

图4-2 不同处理叶宽动态变化

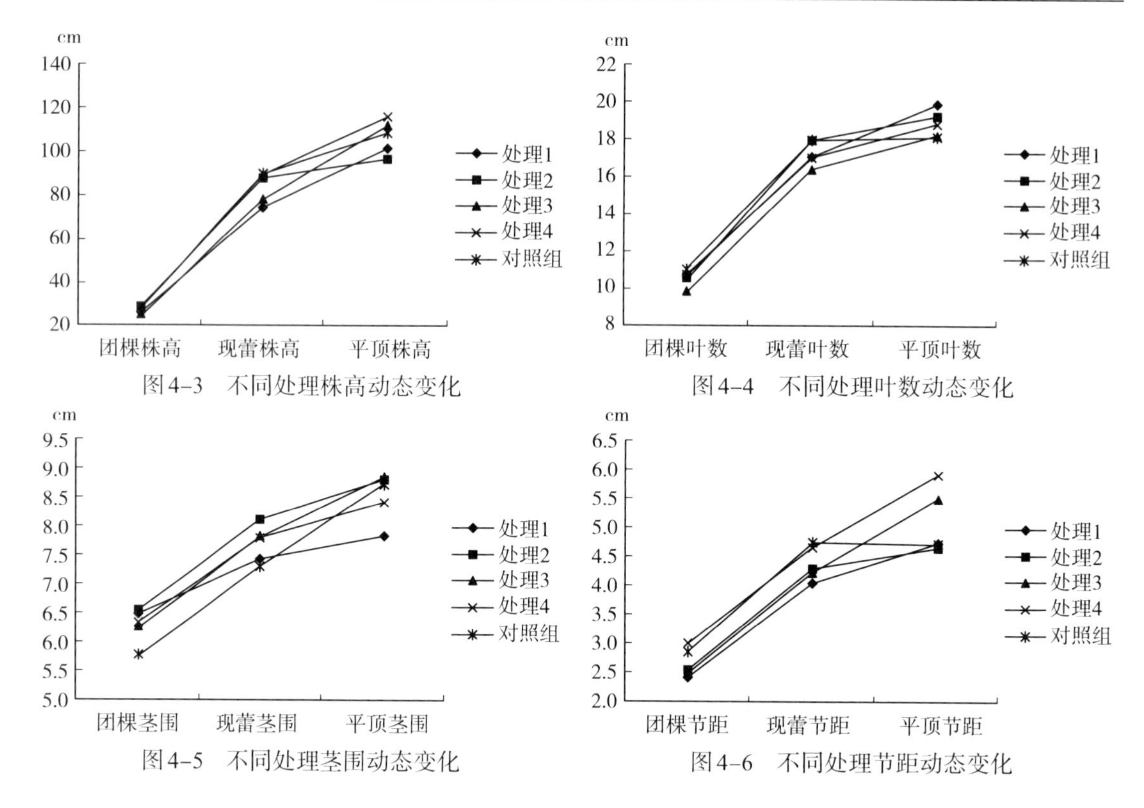

图4-3　不同处理株高动态变化

图4-4　不同处理叶数动态变化

图4-5　不同处理茎围动态变化

图4-6　不同处理节距动态变化

3. 不同处理对烟叶主要物理指标影响

（1）上部叶

上部叶各项物理指标：彭水苗族土家族自治县的各处理组与对照组相比，填充值、叶长、叶宽、含梗率四项指标有所增大，而叶面密度相对减小；处理1和处理3的平衡水分增加，处理2和处理4的平衡水分减少。武隆县的各处理组与对照组相比，平衡水分、叶长和叶宽三项指标都有提高；除处理4的填充值和含梗率略有减小外，其他三个处理均有所增加；处理2和处理3的叶面密度增大，处理1和处理4的叶面密度减小。

表4-4　不同处理上部叶主要物理指标比较（彭水）

处理	填充值（cm^3/g）	平衡水分（%）	叶长（cm）	叶宽（cm）	含梗率（%）	叶面密度（mg/cm^2）
处理1	3.62	13.91	71.90	21.60	34.00	5.56
处理2	3.54	12.41	66.90	18.48	33.00	5.58
处理3	3.59	12.71	69.20	20.20	32.00	5.50
处理4	3.38	12.18	67.80	19.28	36.00	5.42
对照组	3.17	12.65	60.98	16.65	31.05	6.69

表4-5　不同处理上部叶主要物理指标比较（武隆）

处理	填充值（cm^3/g）	平衡水分（%）	叶长（cm）	叶宽（cm）	含梗率（%）	叶面密度（mg/cm^2）
处理1	3.20	12.73	69.15	22.85	32.00	5.84

（续）

处理	填充值（cm^3/g）	平衡水分（%）	叶长（cm）	叶宽（cm）	含梗率（%）	叶面密度（mg/cm^2）
处理2	2.92	13.12	64.03	21.28	31.00	6.41
处理3	3.06	12.99	67.98	21.43	30.00	6.74
处理4	2.87	13.18	66.20	21.75	29.00	6.24
对照组	2.90	12.66	65.98	20.25	31.00	6.31

（2）中部叶

中部叶的各项物理指标：彭水苗族土家族自治县的各处理组与对照组相比，填充值和叶长两项指标有所提高，平衡水分和叶面密度两项指标有所下降；除处理2的叶宽减小外，其他三个处理组的叶宽有所增加；处理1和处理2的含梗率略有提高，处理3和处理4的含梗率略有降低，但变化不大。武隆县的各处理组与对照组相比，叶宽和叶面密度两项指标有所提高，填充值和含梗率有所下降；处理1的平衡水分增加，其他三个处理组的平衡水分减少；处理4的叶长增加，其他三个处理组的叶长减小。

表4-6　不同处理中部叶主要物理指标比较（彭水）

处理	填充值（cm^3/g）	平衡水分（%）	叶长（cm）	叶宽（cm）	含梗率（%）	叶面密度（mg/cm^2）
处理1	2.96	13.21	67.20	19.10	36.00	5.29
处理2	3.17	12.87	63.48	18.08	34.00	5.35
处理3	2.92	12.38	65.10	19.85	32.00	5.00
处理4	3.14	12.68	67.00	21.80	30.00	5.63
对照组	2.82	13.43	59.95	18.30	32.65	5.72

表4-7　不同处理中部叶主要物理指标比较（武隆）

处理	填充值（cm^3/g）	平衡水分（%）	叶长（cm）	叶宽（cm）	含梗率（%）	叶面密度（mg/cm^2）
处理1	2.91	13.41	61.13	22.18	33.00	4.21
处理2	3.55	12.31	62.10	21.80	35.00	4.81
处理3	2.99	12.70	62.78	21.98	32.00	5.00
处理4	2.73	13.19	65.05	22.85	33.00	5.01
对照组	3.27	12.96	63.93	20.73	36.00	4.03

4. 不同处理对烟叶外观质量影响

（1）上部叶

彭水苗族土家族自治县上部叶各处理组与对照组的外观质量比较发现：处理1各项外观

质量指标变化不大；处理2有利于烟叶成熟和色度积累，优化烟叶结构，提高烟叶身份；处理3有利于色度积累，优化烟叶结构，提高烟叶身份；处理4有利于提高油分和色度积累，优化烟叶结构。武隆县上部叶各处理组与对照组的外观质量比较发现：处理1身份有所提高；处理2的油分含量有所提高，身份得到优化。

表4-8 不同处理上部叶外观质量比较（彭水）

处理	成熟度	颜色	身份	结构	油分	色度
处理1	成-	橘	稍厚	稍密-	有-	中
处理2	成	橘-	稍厚-	尚疏	有-	中+
处理3	成-	橘	稍厚-	尚疏	有-	中+
处理4	成-	橘	稍厚	尚疏+	有	中+
对照组	成-	橘	稍厚	稍密-	有-	中

表4-9 不同处理上部叶外观质量比较（武隆）

处理	成熟度	颜色	身份	结构	油分	色度
处理1	成-	橘-	中+	尚疏	有-	中-
处理2	成-	橘-	中+	尚疏-	有	中
处理3	成-	橘	稍厚-	尚疏	有-	中
处理4	成-	橘	稍厚	尚疏+	有-	中
对照组	成-	橘	稍厚-	尚疏+	有-	中

（2）中部叶

彭水苗族土家族自治县中部叶各处理组与对照组的外观质量比较发现：处理2和处理4有利于色度积累，优化烟叶身份。武隆县中部叶各处理组与对照组的外观质量比较发现：处理1有利于色度积累，提高烟叶油分含量；处理2有利于烟叶颜色加深，增加油分含量和色度积累；处理3有利于烟叶颜色加深，利于色度积累和提高油分含量；处理4有利于烟叶色度积累和颜色加深。

表4-10 不同处理中部叶外观质量比较（彭水）

处理	成熟度	颜色	身份	结构	油分	色度
处理1	尚熟+	橘-	稍厚-	尚疏	有	中
处理2	成-	橘	中++	尚疏-	有	中+
处理3	成-	橘	中	尚疏	有-	中-
处理4	成	橘	中+	疏松	有	中+
对照组	成	橘	中	疏松+	有	中

表4-11 不同处理中部叶外观质量比较（武隆）

处理	成熟度	颜色	身份	结构	油分	色度
处理1	尚熟+	橘--	中-	尚疏-	有	中--
处理2	尚熟	橘-	中-	尚疏	有--	中--

（续）

处理	成熟度	颜色	身份	结构	油分	色度
处理3	成–	橘–	中–	疏松+	有–	中–
处理4	成–	橘–	中–	疏松+	稍有++	中––
对照组	成–	橘––	稍薄+	疏松+	稍有+	弱++

5. 不同处理对烟叶主要化学指标影响

（1）上部叶

上部叶各项化学指标：彭水苗族土家族自治县各处理组与对照组相比，烟碱含量、总氮含量、总氯含量和氮碱比有所增加；总糖量、还原糖含量、总钾含量、两糖比及糖碱比降低。武隆县各处理组与对照组相比，总氯含量增加；除处理2还原糖含量增加外，其余三个处理均有所减少，两糖比降低；处理4的总糖量降低；处理1和处理4的总氮含量增加，处理2和处理3的总氮含量减少；处理1的总钾含量有所减少，其他三个处理均有提高；除处理2糖碱比增大外，其他三个处理均减少；处理2和处理4氮碱比有所提高，处理1和处理3氮碱比有所降低。

表4–12　不同处理上部叶主要化学指标比较（彭水）

处理	烟碱（%）	总糖（%）	还原糖（%）	总氮（%）	总钾（%）	总氯（%）	两糖比	糖碱比	氮碱比
处理1	3.39	20.43	18.06	3.15	1.77	0.30	0.88	5.33	0.93
处理2	3.44	21.13	18.97	2.97	1.41	0.42	0.90	5.51	0.86
处理3	3.41	20.29	18.76	3.15	1.57	0.29	0.92	5.50	0.92
处理4	3.48	21.70	19.57	3.15	1.58	0.31	0.90	5.62	0.91
对照组	3.23	25.95	24.00	2.69	1.77	0.14	0.92	7.43	0.83

表4–13　不同处理上部叶主要化学指标比较（武隆）

处理	烟碱（%）	总糖（%）	还原糖（%）	总氮（%）	总钾（%）	总氯（%）	两糖比	糖碱比	氮碱比
处理1	3.99	23.20	23.23	2.58	1.11	0.31	1.00	5.82	0.65
处理2	3.45	26.69	26.47	2.32	1.24	0.17	0.99	7.67	0.67
处理3	3.75	23.88	23.11	2.45	1.51	0.20	0.97	6.16	0.65
处理4	3.71	22.76	22.04	2.69	1.42	0.12	0.97	5.94	0.73
对照组	3.86	23.09	24.21	2.53	1.16	0.10	1.05	6.27	0.66

（2）中部叶

中部叶各项化学指标：彭水苗族土家族自治县各处理组与对照组相比，总氮含量、总氯含量、总钾含量和氮碱比四项指标提高，烟碱含量降低；处理1和处理3总糖量增加，处理2和处理4总糖量降低；除处理3还原糖含量增加外，其他三个处理均减少；两糖比变化不大；处理4的糖碱比增大，其他三个处理的糖碱比降低。武隆县各处理组与对照组相比，总糖量增加，烟碱含量、总氮量、总钾量、总氯量、两糖比及氮碱比下降；处理1、处理3和处理4还原糖含量增加，处理2下降；处理2糖碱比降低，其他三个处理均提高。

表4-14 不同处理中部叶主要化学指标比较（彭水）

处理	烟碱（%）	总糖（%）	还原糖（%）	总氮（%）	总钾（%）	总氯（%）	两糖比	糖碱比	氮碱比
处理1	3.11	26.01	23.75	2.47	1.53	0.25	0.91	7.64	0.79
处理2	3.07	24.15	21.83	2.74	1.59	0.29	0.90	7.11	0.89
处理3	2.81	26.68	24.84	2.56	1.63	0.26	0.93	8.84	0.91
处理4	3.01	22.46	21.44	2.70	1.78	0.26	0.95	7.12	0.90
对照组	3.18	26.45	24.70	2.13	1.52	0.01	0.93	7.77	0.67

表4-15 不同处理中部叶主要化学指标比较（武隆）

处理	烟碱（%）	总糖（%）	还原糖（%）	总氮（%）	总钾（%）	总氯（%）	两糖比	糖碱比	氮碱比
处理1	2.57	29.37	26.28	1.82	1.35	0.11	0.89	10.23	0.71
处理2	3.00	27.82	24.72	1.98	1.33	0.07	0.89	8.24	0.66
处理3	2.73	28.76	26.23	1.92	1.54	0.01	0.91	9.61	0.70
处理4	2.62	29.10	27.25	1.84	1.40	0.04	0.94	10.40	0.70
对照组	2.82	26.72	25.10	2.12	1.68	0.17	0.94	8.90	0.75

6. 不同处理经济性状比较分析

处理3的产值和产量、中上等烟比例最高；处理2与对照组的各项农艺性状相当，较高；处理1和处理4的产量、产值较对照组低；处理1中上等烟的比例最低，处理4上等烟的比例最高。

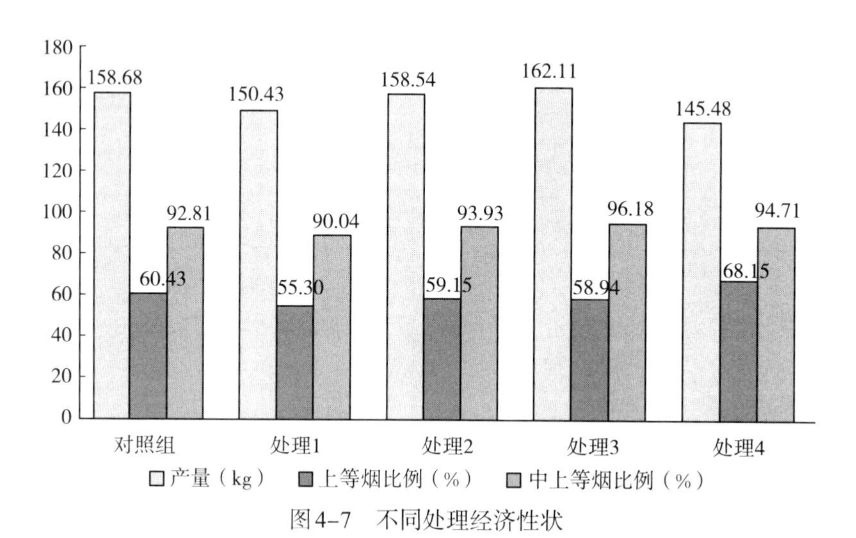

图4-7 不同处理经济性状

（三）小结

移栽后10d喷施磷酸二铵（0.5%）（每隔10d一次，共3次）对烟株长势的影响主要是在旺长阶段，其时效较短，在现蕾期以前效果明显，在平顶期后长势较弱，最终与对照组相当。移栽后10d用磷酸二铵（1%）灌根（每隔10d一次，共3次）对烟株长势的影响时效性较长，一直持续到平顶期后，其平顶后各项农艺性状指标较高，烤后烟叶产量达到每亩162.11kg、中上等烟比例达到96.18%，均居最高。用营养液灌根和用台龙宝灌根与对照组相比没有表现出明显的效果。采用的促早生快发技术对烟叶品质有一定的影响，且以中部叶影响较为明显。喷施磷酸二铵、台龙宝等可以降低烟碱含量，提高总糖、还原糖含量，进而有利于烟叶品质形成，且不同产烟县之间具有差异性。

二、漂浮育苗技术改进措施对烤烟前期生长调控的影响

（一）材料与方法

1. 地点及品种

试验点位于重庆市彭水苗族土家族自治县靛水街道新田村3组。土壤质地为壤土，土层深厚，肥力均匀适中，地势平坦。烤烟品种为云烟97。株行距：117cm×60cm。3月14日进行播种，5月11日成苗，而后进行大田移栽。试验过程中，除采用不同素质的烟苗外，其他栽培管理措施同一般大田。

表4-16　试验地点的经纬度及海拔（Ⅰ）

区县	乡镇	村名	经度	纬度	海拔（m）
彭水苗族土家族自治县	靛水街道	新田村	107°59′58.6″	29°14′3.1″	1 106.27

表4-17　试验地点理化性质（Ⅱ）

地点	有机质（g/kg）	全氮(g/kg)	全磷(g/kg)	全钾（g/kg）	有效磷（mg/kg）	速效钾（mg/kg）	pH
彭水	32.38	1.51	0.42	4.90	35.11	213.36	5.11

2. 试验设计

本试验采用大田小区对比试验，设5个处理，3次重复，随机区组排列，小区面积0.1亩（具体小区面积请以实际地块为准）。试验设计为：

处理1　常规措施（对照）

处理2　双棚增温措施

处理3　增氧+双棚增温措施

处理4　增氧+双棚增温措施+干湿交替炼苗

处理5　半砂培基质漂浮育苗

（二）结果与分析

1. 不同漂浮育苗技术改进措施对重庆烤烟前期各部位干物质累积的影响

由图4-8可知，对于烤烟前期各部位和整株干物质累积而言，均表现为处理4（增氧+双棚+干湿交替）>处理3（增氧+双棚）>处理2（双棚）>处理1（对照）>处理5（半砂培基质），这种趋势在移栽后30d开始迅速增加。此外，所有处理各部位干物质累积量均随生育时期推进而增加。

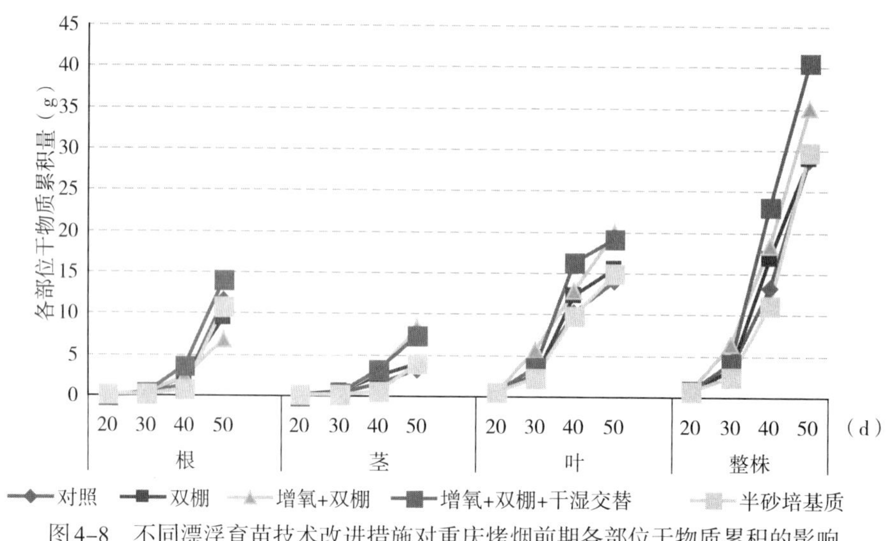

图4-8　不同漂浮育苗技术改进措施对重庆烤烟前期各部位干物质累积的影响

2. 不同漂浮育苗技术改进措施对重庆烤烟前期氮磷钾吸收量的影响

由图4-9可知，对于烤烟前期各部位和整株氮素吸收量而言，均表现为处理4（增氧+双棚+干湿交替）和处理3（增氧+双棚）是5个处理中最高的，这种趋势在移栽后30d开始迅速增加。此外，所有处理各部位氮素吸收量均随生育时期推进而增加。

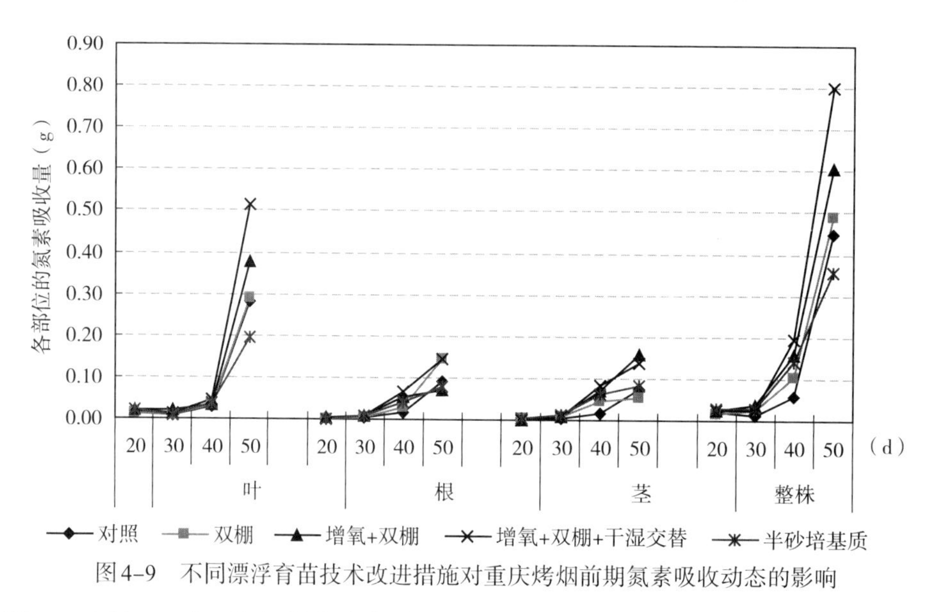

图4-9　不同漂浮育苗技术改进措施对重庆烤烟前期氮素吸收动态的影响

由图4-10可知，对于烤烟前期各部位和整株磷素吸收量而言，处理4（增氧+双棚+干湿交替）>处理3（增氧+双棚）>处理2（双棚）>处理1（对照）>处理5（半砂培基质），这种趋势在移栽后30d开始迅速增加。此外，所有处理各部位磷素吸收量均随生育时期推进而增加。

由图4-11可知，对于烤烟前期各部位和整株钾素吸收量而言，只有在移栽后50d才表现为处理4（增氧+双棚+干湿交替）和处理3（增氧+双棚）是最高的，这种趋势在移栽后40d开始迅速增加。此外，所有处理各部位钾素吸收量均随生育时期推进而增加。

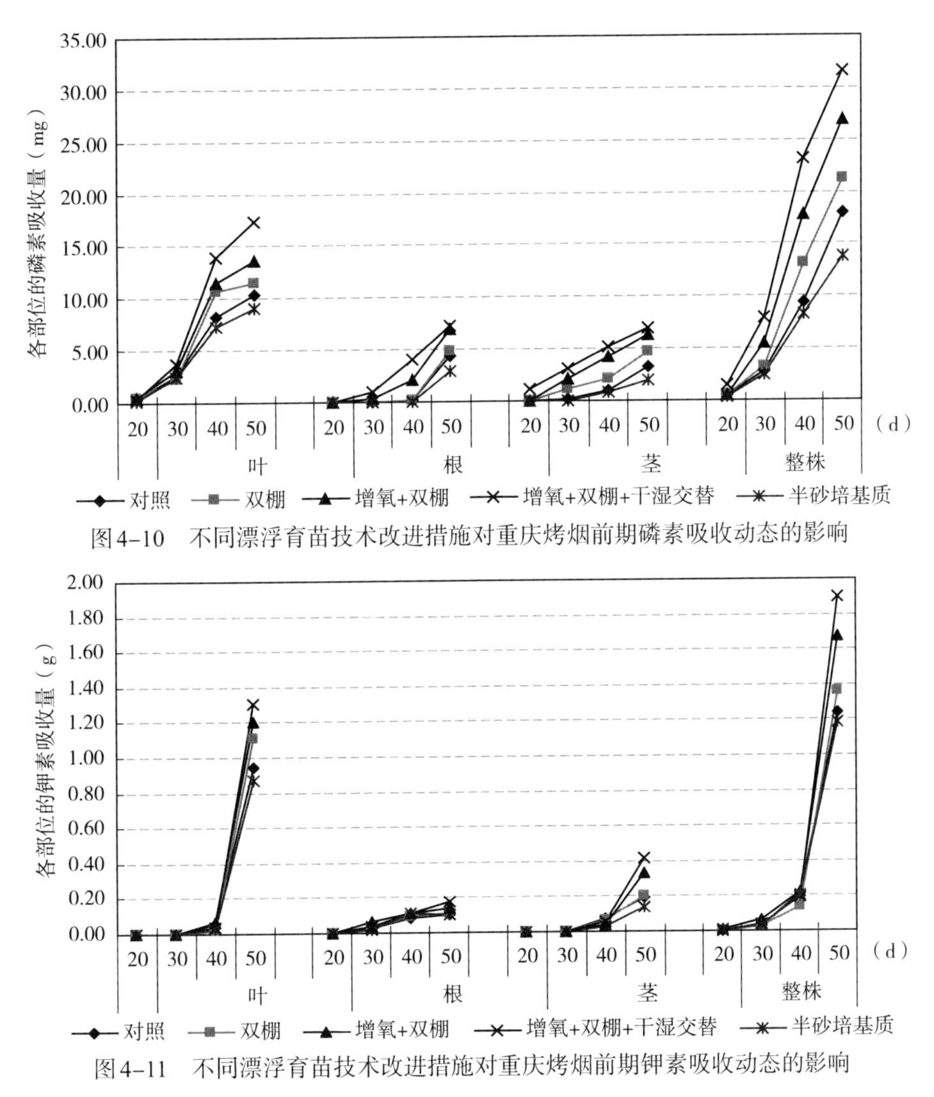

图4-10 不同漂浮育苗技术改进措施对重庆烤烟前期磷素吸收动态的影响

图4-11 不同漂浮育苗技术改进措施对重庆烤烟前期钾素吸收动态的影响

3. 不同漂浮育苗技术改进措施对重庆烤烟前期农艺性状指标的影响

由图4-12可知，对于烤烟前期株高的影响而言，表现为处理4（增氧+双棚+干湿交替）>

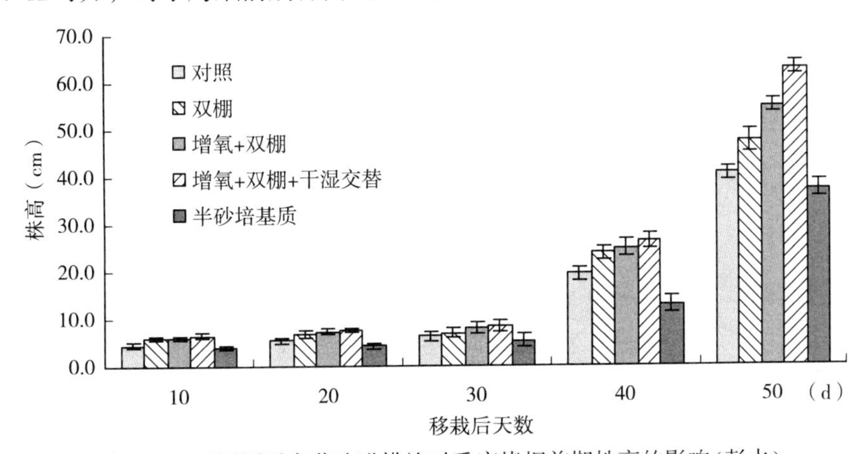

图4-12 不同漂浮育苗改进措施对重庆烤烟前期株高的影响(彭水)

处理3（增氧+双棚）>处理2（双棚）>处理1（对照）>处理5（半砂培基质），这种趋势是在移栽后40d和50d时才出现的。此外，所有处理株高均随生育时期推进而增加。

由图4-13可知，对于烤烟前期茎围的影响而言，表现为处理4（增氧+双棚+干湿交替）>处理3（增氧+双棚）>处理2（双棚）>处理1（对照）>处理5（半砂培基质），这种趋势是在移栽后40d和50d时才出现的。此外，所有处理茎围均随生育时期推进而增加。

由图4-14可知，对于烤烟前期叶片数的影响而言，表现为处理4（增氧+双棚+干湿交替）>处理3（增氧+双棚）>处理2（双棚）>处理1（对照）>处理5（半砂培基质），这种趋势是在移栽后40d和50d时才出现的。此外，所有处理叶片数均随生育时期推进而增加。

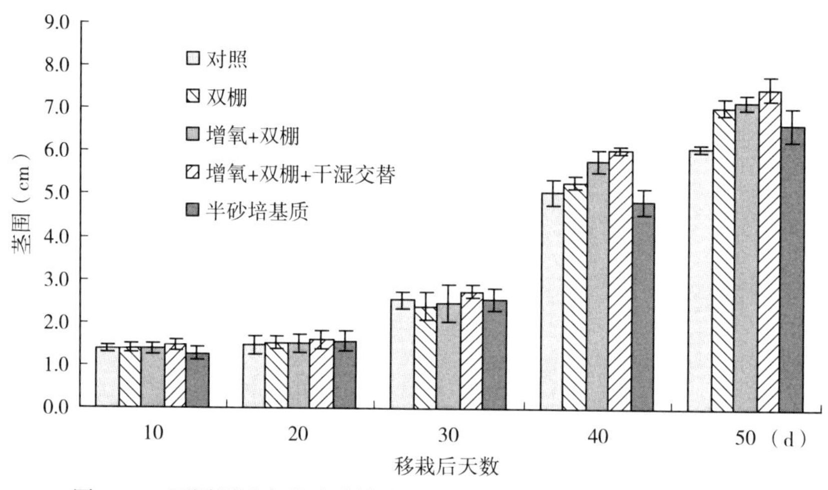

图4-13　不同漂浮育苗改进措施对重庆烤烟前期茎围的影响(彭水)

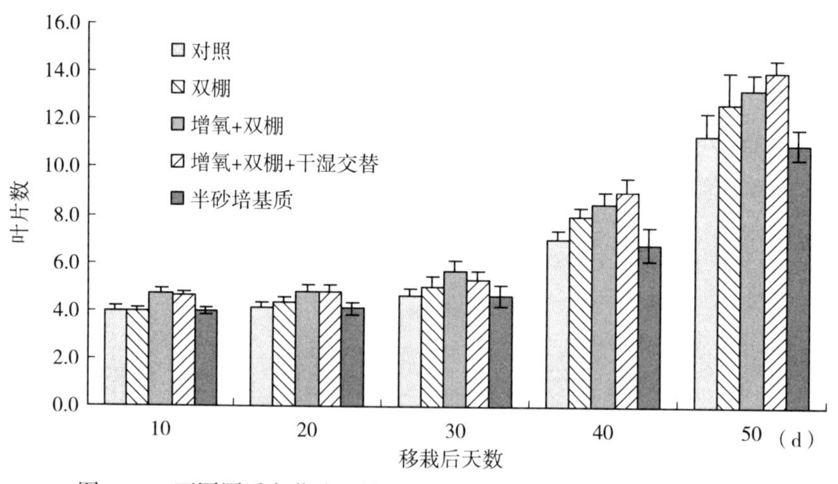

图4-14　不同漂浮育苗改进措施对重庆烤烟前期叶片数的影响(彭水)

4. 不同漂浮育苗技术改进措施对重庆烤烟前期抗逆生理指标的影响

根据表4-18可知，对于根系活力和过氧化氢酶活性的影响，表现为处理4（增氧+双棚+干湿交替）、处理3（增氧+双棚）>处理2（双棚）、处理1（对照）>处理5（半砂培基质）；

对于MDA的影响而言，表现为处理4（增氧+双棚+干湿交替）、处理3（增氧+双棚）>处理2（双棚）、处理1（对照）、处理5（半砂培基质）；对于过氧化物酶活性的影响而言，表现为处理4（增氧+双棚+干湿交替）、处理3（增氧+双棚）、处理2（双棚）>处理1（对照）、处理5（半砂培基质）；对于可溶性糖的影响而言，表现为处理4（增氧+双棚+干湿交替）>处理3（增氧+双棚）>处理2（双棚）、处理1（对照）、处理5（半砂培基质）。对于膜透性的影响而言，各处理之间没有显著性差异。根据表4-19可看出，除了膜透性外，其他生理指标均表现为处理4（增氧+双棚+干湿交替）>处理3（增氧+双棚）>处理2（双棚）>处理1（对照）>处理5（半砂培基质）。

表4-18 不同漂浮育苗技术改进措施对重庆烤烟抗逆生理指标的影响（成苗）

试验处理	根系活力（μg·g^{-1}·h^{-1}）	MDA（μmol/L）	过氧化氢酶（mg·g^{-1}·min^{-1}）	过氧化物酶（U·g^{-1}·min^{-1}）	膜透性	可溶性糖（%）
对照	735.59 b	0.41 b	4.75 b	22.96 b	0.99 a	1.53 c
双棚	803.05 b	0.47 b	4.85 b	97.22 a	1.00 a	1.58 c
增氧+双棚	1 064.48 a	0.57 a	5.45 a	105.83 a	1.01a	2.47 b
增氧+双棚+干湿交替	1 097.62 a	0.66 a	6.01 a	112.00 a	1.02 a	5.35 a
半砂培基质	535.65 c	0.48 b	3.83 c	16.84 b	0.99 a	0.97 c

表4-19 不同漂浮育苗技术改进措施对重庆烤烟抗逆生理指标的影响（移栽后10d）

试验处理	根系活力（μg·g^{-1}·h^{-1}）	MDA（μmol/L）	过氧化氢酶（mg·g^{-1}·min^{-1}）	过氧化物酶（U·g^{-1}·min^{-1}）	膜透性	可溶性糖（%）
对照	468.18 c	0.06 c	5.68 b	79.98 c	0.99 a	4.23 c
双棚	603.51 b	0.13 b	6.31 a	87.06 c	0.91 a	4.75 c
增氧+双棚	652.73 b	0.17 b	6.46 a	120.64 b	1.00 a	5.48 b
增氧+双棚+干湿交替	1020.68 a	0.63 a	6.67 a	135.40 a	1.01 a	6.34 a
半砂培基质	445.29 c	0.04 c	4.58 c	76.73 c	0.99 a	2.96 d

5. 不同漂浮育苗技术改进措施对重庆烤烟前期根系形态特征的影响

不同漂浮育苗技术改进措施对重庆烤烟前期根系形态特征的影响，从表4–20可看出，对于移栽后30d和50d的根数、总根长、总根表面积而言，具体均表现为处理4（增氧+双棚+干湿交替）>处理3（增氧+双棚）>处理2（双棚）>处理1（对照）>处理5（半砂培基质）。与对照组相比，移栽后30d，处理4（增氧+双棚+干湿交替）的根数、总根长、总根表面积和根体积是其1.39倍、1.33倍、1.25倍、1.17倍；移栽后50d，处理4（增氧+双棚+干湿交替）的根数、总根长、总根表面积和根体积是其2.00倍、2.04倍、1.97倍、2.07倍；因此，移栽后50d处理4（增氧+双棚+干湿交替）的根系形态指标增加倍数均高于移栽后30d。此外，各处理的所有根系形态指标均随生育时间的推进迅速增加。

表4-20　不同漂浮育苗技术改进措施对重庆烤烟前期根系形态特征的影响

试验处理	30 d				50 d			
	根数	总根长（cm）	总根表面积（cm^2）	根体积（cm^3）	根数	总根长（cm）	总根表面积（cm^2）	根体积（cm^3）
对照	140 c	103.1bc	23.6 c	0.4 b	2 895 c	1 260.7 b	290.5 c	5.3 b
双棚	171 b	110.0 b	22.0 c	0.4 b	2 460 c	1 180.7 b	293.5 c	5.8 b
增氧+双棚	178 b	135.0 a	26.4 ab	0.4 b	3 743 b	1 507.6 b	351.5 b	6.5 b
增氧+双棚+干湿交替	194 a	137.4 a	29.5 a	0.5 a	5 793 a	2 575.9 a	573.2 a	11.0 a
半砂培基质	116 d	95.8 bc	18.5 cd	0.3 c	1 307 d	581.0 c	183.8 d	4.6 b

6. 不同漂浮育苗技术改进措施对重庆烤烟经济性状的影响

根据表4-21可知，处理4（增氧+双棚+干湿交替）和处理3（增氧+双棚）的亩产值、亩产量、上等烟比例均明显高于其他处理。

表4-21　不同漂浮育苗技术改进措施试验产量及产值（彭水）

处理	亩产值（元）	亩产量（kg）	均价（元/kg）	上等烟比例（%）	中上等烟比例（%）
对照	2 318.4 c	133.7 bc	17.3 a	38.8 bc	79.5 b
双棚	2 520.3 b	141.6 b	17.8 a	39.0 b	85.4 a
增氧+双棚	2 949.1 a	179.9 a	16.4 b	43.8 a	87.3 a
增氧+双棚+干湿交替	3 198.8 a	191.0 a	16.7 b	46.3 a	84.6 a
半砂培基质	1 820.3 d	112.3 d	16.2 b	39.6 b	65.6 c

7. 不同漂浮育苗技术改进措施对重庆烤烟化学成分及其协调性的影响

一般认为优质烤烟化学成分如下：总氮1.5% ~ 3%，还原糖16% ~ 18%，蛋白质8% ~ 10%，烟碱1.5% ~ 3.5%，钾3%以上，氯1%以下。

从表4–22可知，所有处理的总氮和中下部烟叶烟碱均在适宜范围内，大部分还原糖和总糖含量在适宜范围内，钾含量和氯含量较低。从表4–22还可看出，处理4（增氧+双棚+干湿交替）和处理3（增氧+双棚）的三个部位还原糖比较适宜，中上部烟叶总糖比较适宜。此外，处理4（增氧+双棚+干湿交替）和处理3（增氧+双棚）能明显提高各部位烟叶的钾含量。

表4–22　不同漂浮育苗技术改进措施试验化学成分（彭水）

等级	处理	总氮（%）	烟碱（%）	还原糖（%）	总糖（%）	钾（g/kg）	氯（%）
B_2F	对照	1.53	3.15	12.10	18.08	18.86	0.18
	双棚	1.58	3.18	22.83	24.67	20.86	0.20
	增氧+双棚	1.77	3.67	17.10	18.06	20.86	0.27
	增氧+双棚+干湿交替	1.77	3.81	17.58	20.18	24.36	0.28
	半砂培基质	1.60	3.52	12.11	20.25	17.86	0.22

（续）

等级	处理	总氮（%）	烟碱（%）	还原糖（%）	总糖（%）	钾（g/kg）	氯（%）
C_3F	对照	1.43	2.48	22.14	27.75	19.98	0.15
	双棚	1.52	2.07	17.82	23.29	20.47	0.19
	增氧+双棚	1.60	2.28	16.33	21.95	20.47	0.21
	增氧+双棚+干湿交替	1.60	2.35	18.13	22.26	21.95	0.23
	半砂培基质	1.26	2.62	26.25	29.03	17.03	0.17
X_2F	对照	1.28	1.86	11.47	22.17	21.48	0.10
	双棚	1.32	1.66	11.47	20.02	25.11	0.10
	增氧+双棚	1.36	1.46	18.56	35.87	25.72	0.12
	增氧+双棚+干湿交替	1.40	1.96	19.40	30.13	30.12	0.10
	半砂培基质	1.13	1.72	15.10	26.88	18.90	0.10

一般认为优质烤烟化学成分协调性如下：总糖与蛋白质之比以2 ~ 2.5 : 1为宜，总糖与烟碱之比以10 : 1为宜，总氮与烟碱之比以1 : 1为宜，钾与氯之比大于4 : 1为宜。

从表4-23可知，所有处理的钾氯比都远大于4，变动范围在7.72 ~ 31.64，总氮与烟碱比值都小于1，变动范围在0.48 ~ 0.93，其中下部叶和中部叶的氮碱比和糖碱比比较协调。对于糖氮比而言，上部叶和中部叶比较协调。此外，处理4（增氧+双棚+干湿交替）、处理3（增氧+双棚）和处理2（双棚）对下部叶钾氯比有提高作用，而且氮碱比比较适宜；处理4（增氧+双棚+干湿交替）和处理3（增氧+双棚）的中部叶糖碱比、中上部叶糖氮比比较适宜。

表4-23　不同漂浮育苗技术改进措施化学成分协调性（彭水）

等级	处理	钾/氯	总氮/烟碱	总糖/烟碱	总糖/总氮
B_2F	对照	10.54	0.49	5.75	11.80
	双棚	10.50	0.50	7.76	15.62
	增氧+双棚	7.72	0.48	4.92	10.21
	增氧+双棚+干湿交替	8.70	0.46	5.30	11.41
	半砂培基质	8.18	0.45	5.75	12.65
C_3F	对照	12.92	0.58	11.19	19.38
	双棚	10.98	0.73	11.22	15.36
	增氧+双棚	9.93	0.70	9.62	13.72
	增氧+双棚+干湿交替	9.72	0.68	9.47	13.91
	半砂培基质	10.25	0.48	11.08	22.98
X_2F	对照	22.60	0.69	11.94	17.26
	双棚	26.39	0.80	12.10	15.22
	增氧+双棚	22.35	0.93	24.54	26.31
	增氧+双棚+干湿交替	31.64	0.71	15.33	21.52
	半砂培基质	18.33	0.66	15.64	23.75

（三）结论

处理4（增氧+双棚+干湿交替）和处理3（增氧+双棚）明显提高了移栽后20d的烤烟各器官和整株的干物质积累量，提高了烤烟前期氮磷钾吸收量，其中对磷素吸收量提高效应最强，明显促进了烤烟前期株高的增加和烟株抗逆能力的增强，促进前期根系形态建成。与对照组相比，处理4（增氧+双棚+干湿交替）和处理3（增氧+双棚）的亩产值和亩产量分别增加了880.4元和630.7元、57.3kg和46.2kg。处理4（增氧+双棚+干湿交替）和处理3（增氧+双棚）的烤烟中部叶糖碱比、中上部叶糖氮比比较适宜。

三、不同移栽方式对重庆烤烟前期生长调控的影响

（一）材料与方法

1. 地点及品种

试验点位于重庆市彭水苗族土家族自治县靛水街道新田村3组。土壤质地为壤土，土层深厚，肥力均匀适中，地势平坦。烤烟品种为云烟97。株行距：120cm × 50cm和117cm × 60cm。试验过程中，除移栽方式不同外，其他栽培管理措施同一般大田。

表4–24 试验地点的经纬度及海拔（Ⅰ）

区县	乡镇	村名	经度	纬度	海拔（m）
彭水苗族土家族自治县	靛水街道	新田村	108°0′33.2″	29°13′52.8″	1 008.27

表4–25 试验地点理化性质（Ⅱ）

地点	有机质（g/kg）	全氮(g/kg)	全磷(g/kg)	全钾（g/kg）	速效磷（mg/kg)	速效钾（mg/kg）	pH
彭水	37.70	1.61	0.42	4.72	32.05	199.36	4.75

2. 试验设计

本试验采用大田小区对比试验，设4个处理，3次重复，随机区组排列，小区面积0.2亩。试验设计为：

处理1　双垄膜上移栽，即等行距双垄覆膜

处理2　壮苗膜上移栽

处理3　小苗膜下移栽

处理4　小苗膜下深凹型移栽

（二）结果与分析

1. 不同移栽方式对重庆烤烟前期各部位干物质累积的影响

由图4–15可知，对于烤烟前期的各部位和整株干物质累积而言，处理4（小苗膜下深凹型移栽）、处理3（小苗膜下移栽）、处理1（双垄膜上移栽）均高于处理2（壮苗膜上移栽），其中前两者的各部位和整株远高于处理2（壮苗膜上移栽）；与处理2（壮苗膜上移栽）相比，

对于烤烟整株而言，处理4（小苗膜下深凹型移栽）、处理3（小苗膜下移栽）和处理1（双垄膜上移栽）分别是其2.09倍、1.97倍和1.40倍。此外，所有处理的各部位和整株干物质累积量均随生育时间推进而急剧增加，尤其是在移栽后15d后。

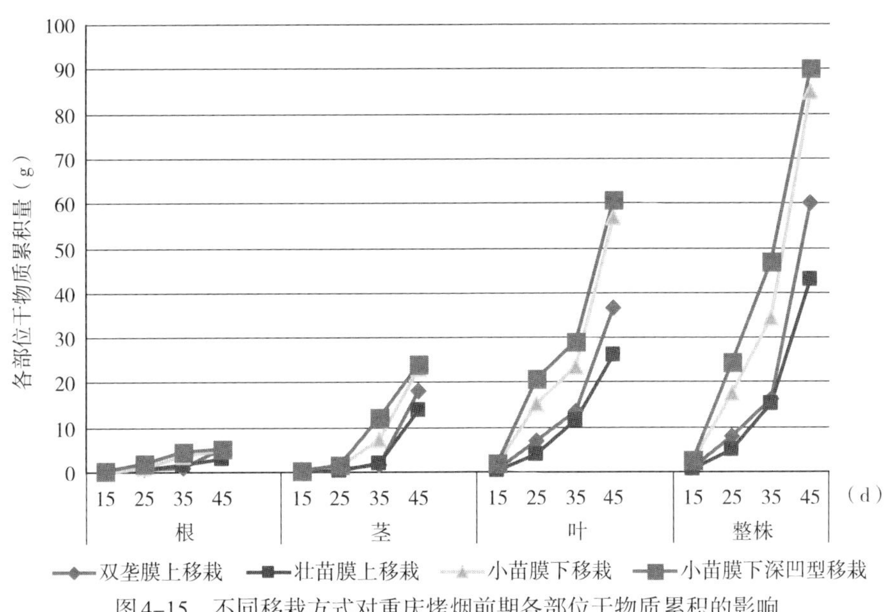

图4-15　不同移栽方式对重庆烤烟前期各部位干物质累积的影响

2. 不同移栽方式对重庆烤烟产量及产值的影响

从表4-26可知，对于烤烟亩产值和亩产量而言，处理4（小苗膜下深凹型移栽）、处理3（小苗膜下移栽）、处理1（双垄膜上移栽）均高于处理2（壮苗膜上移栽），其中以处理1（双垄膜上移栽）最高，其次为处理4（小苗膜下深凹型移栽），再次为处理3（小苗膜下移栽）；与对照组相比，处理1（双垄膜上移栽）的亩产值增加了1 162.3元，亩产量增加了77.8kg，处理4（小苗膜下深凹型移栽）的亩产值和亩产量分别增加了783.3元和38.2kg，处理3（小苗膜下移栽）的亩产值和亩产量分别增加了278.5元和15.7kg。此外，从均价、上等烟比例和中上等烟比例来看，处理4（小苗膜下深凹型移栽）最高，可以高达17.9元/ kg、42.4%和88.8%。

表4-26　不同移栽方式试验产量及产值（彭水）

处理	亩产值（元）	亩产量（kg）	均价（元/kg）	上等烟比例（%）	中上等烟比例（%）
双垄膜上移栽	3 956.2 a	239.3 a	16.5 b	41.7 a	80.4 c
壮苗膜上移栽	2 793.9 d	161.5 d	17.3 a	40.1 ab	77.7 d
小苗膜下移栽	3 072.4 c	177.2 c	17.3 a	40.4 ab	83.7 b
小苗膜下深凹型移栽	3 577.2 b	199.7 b	17.9 a	42.4 a	88.8 a

3. 不同移栽方式对重庆烤烟化学成分及协调性的影响

一般认为优质烤烟化学成分如下：总氮1.5% ~ 3%，还原糖16% ~ 18%，蛋白质8% ~ 10%，烟碱1.5% ~ 3.5%，钾3%以上，氯1%以下。

从表4-27可知，所有处理的烟碱含量均在适宜范围内，还原糖和总糖含量较高，总氮、钾含量和氯含量较低。从表4–27还可看出，不同移栽方式之间的总氮、烟碱和还原糖没有明显差异。处理1（双垄膜上移栽）能提高上部叶总糖含量；处理4（小苗膜下深凹型移栽）、处理3（小苗膜下移栽）和处理1（双垄膜上移栽）能明显提高各部位烟叶的钾含量。

表4–27 不同移栽方式试验化学成分（彭水）

等级	处理	总氮（%）	烟碱（%）	还原糖（%）	总糖（%）	钾（g/kg）	氯（%）
B_2F	双垄膜上移栽	1.68	2.73	22.83	30.06	19.11	0.14
	壮苗膜上移栽	1.45	3.23	21.73	25.30	16.86	0.19
	小苗膜下移栽	1.52	2.90	19.62	25.10	22.61	0.21
	小苗深凹型膜下移栽	1.60	3.57	17.03	23.17	20.86	0.22
C_3F	双垄膜上移栽	1.43	2.10	20.09	23.35	18.52	0.17
	壮苗膜上移栽	1.43	2.55	18.03	19.95	17.52	0.18
	小苗膜下移栽	1.35	2.10	19.16	24.82	18.54	0.16
	小苗深凹型膜下移栽	1.52	2.44	18.81	22.71	19.00	0.17
X_2F	双垄膜上移栽	1.26	2.39	21.51	33.82	27.84	0.10
	壮苗膜上移栽	1.18	2.20	19.00	34.49	19.96	0.13
	小苗膜下移栽	1.43	2.06	17.89	30.85	22.54	0.11
	小苗深凹型膜下移栽	1.43	1.89	19.28	31.79	22.23	0.19

一般认为优质烤烟化学成分协调性如下：总糖与蛋白质之比以2 ~ 2.5 ：1为宜，总糖与烟碱之比以10 ：1为宜，总氮与烟碱之比以1 ：1为宜，钾与氯之比大于4 ：1为宜。

从表4–28可知，所有处理的钾氯比都远大于4，变动范围在8.66 ~ 19.61，总氮与烟碱比值都小于1，变动范围在0.45 ~ 0.76，其中上部叶和中部叶的总糖与烟碱和总糖与总氮比较协调。此外，从表4–28还可看出，处理4（小苗膜下深凹型移栽）、处理3（小苗膜下移栽）和处理1（双垄膜上移栽）能明显提高各部位烟叶的钾氯比和中上部叶的氮碱比和中部叶的糖碱比。

表4–28 不同移栽方式试验化学成分协调性（彭水）

等级	处理	钾/氯	总氮/烟碱	总糖/烟碱	总糖/总氮
B_2F	双垄膜上移栽	14.14	0.62	11.01	17.84
	壮苗膜上移栽	8.66	0.45	7.83	17.48
	小苗膜下移栽	10.94	0.52	8.66	16.56
	小苗深凹型膜下移栽	9.54	0.45	6.49	14.48
C_3F	双垄膜上移栽	10.87	0.68	11.10	16.31
	壮苗膜上移栽	9.83	0.56	7.81	13.93
	小苗膜下移栽	11.71	0.64	11.84	18.42
	小苗深凹型膜下移栽	11.13	0.62	9.29	14.98
X_2F	双垄膜上移栽	27.02	0.53	14.13	26.77
	壮苗膜上移栽	14.80	0.54	15.67	29.25
	小苗膜下移栽	19.61	0.70	15.01	21.55
	小苗深凹型膜下移栽	11.66	0.76	16.82	22.20

4. 不同移栽方式对重庆烤烟前期农艺性状及叶绿素的影响

从图4–16可知，处理4（小苗膜下深凹型移栽）、处理3（小苗膜下移栽）和处理1（双垄膜上移栽）对烤烟株高有明显的促进效应，尤其是35d后效应更为明显，其中前两者对株高的促进效应更明显，其次为处理1（双垄膜上移栽）。从图4–17和图4–18都可以看出类似的规律。

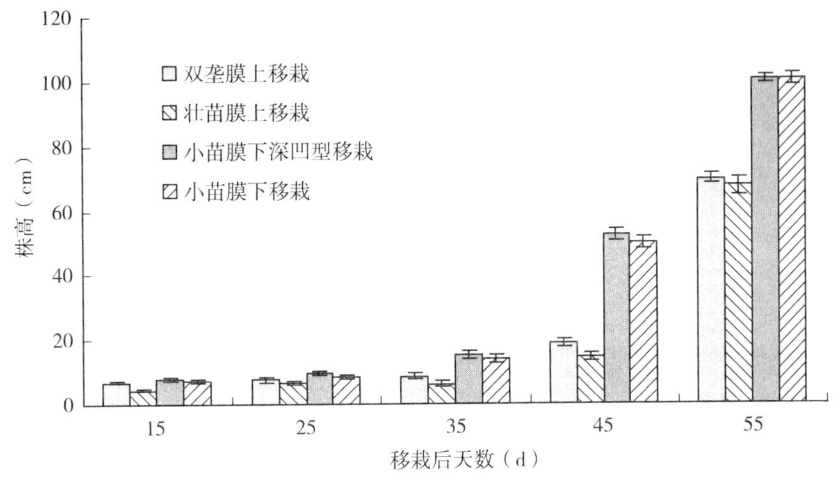

图4–16　不同移栽方式对重庆烤烟前期株高的影响（彭水）

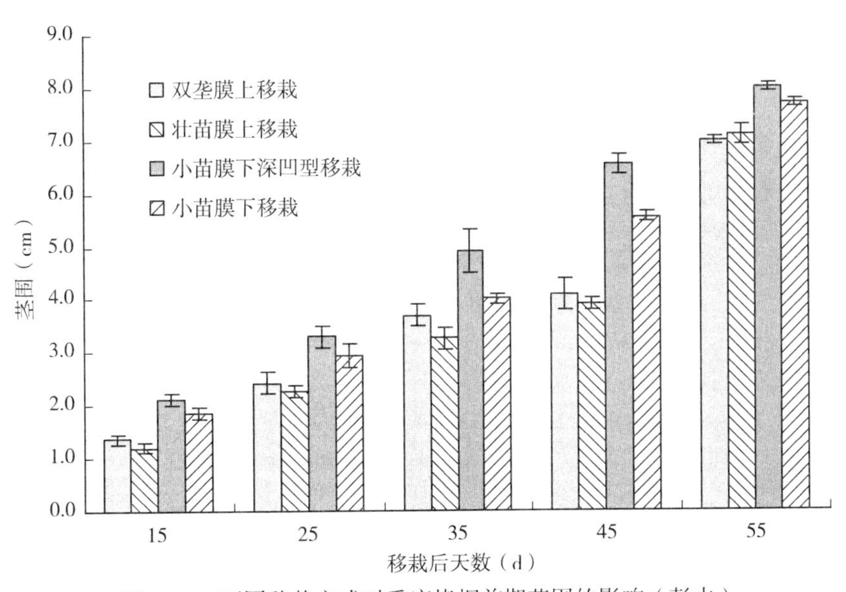

图4–17　不同移栽方式对重庆烤烟前期茎围的影响（彭水）

从图4–19可看出，在15d时，处理4（小苗膜下深凹型移栽）的烤烟叶绿素远高于处理2（壮苗膜上移栽），其次为处理3（小苗膜下移栽）和处理1（双垄膜上移栽）。在45d和55d，处理4（小苗膜下深凹型移栽）和处理3（小苗膜下移栽）的烤烟叶绿素含量远高于处理2（壮苗膜上移栽）。

5. 不同移栽方式对重庆烤烟前期各部位和整株氮磷钾吸收量的影响

根据图4–20可知，处理4（小苗膜下深凹型移栽）和处理3（小苗膜下移栽）对烤烟根、

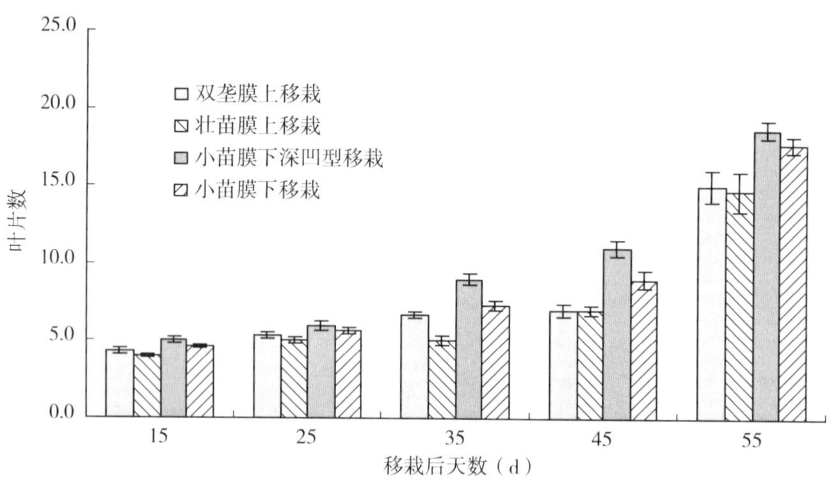

图4-18　不同移栽方式对重庆烤烟前期叶片数的影响（彭水）

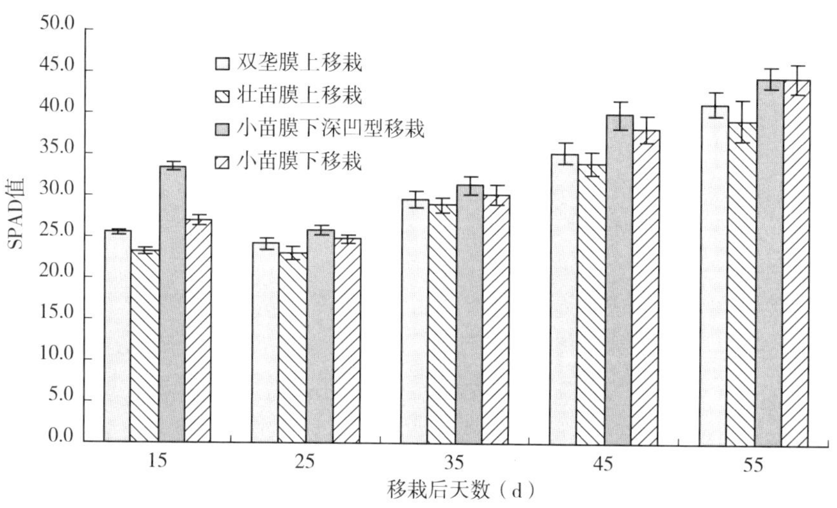

图4-19　不同移栽方式对重庆烤烟前期叶绿素含量的影响（彭水）

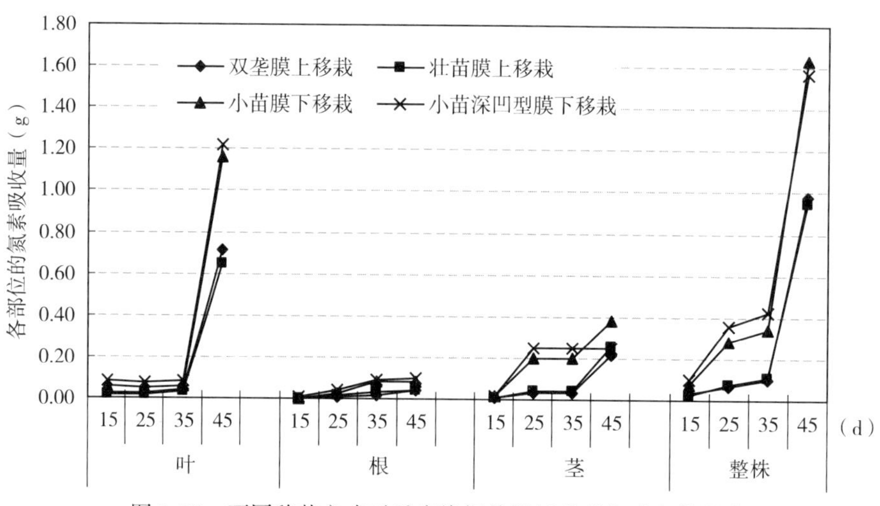

图4-20　不同移栽方式对重庆烤烟前期氮素吸收动态的影响

茎、叶和整株的氮素吸收量均有明显促进的作用，尤其是对叶、茎和整株。此外，所有处理所有烤烟部位氮素吸收量均随生育时期的推进而增加。

根据图4-21可知，处理4（小苗膜下深凹型移栽）和处理3（小苗膜下移栽）对烤烟烟叶磷素吸收量均有明显促进的作用，尤其是前者。从图4-21还可看出，处理1（双垄膜上移栽）能明显增加根和茎中磷素吸收。对于整株磷素吸收量而言，处理1（双垄膜上移栽）、处理4（小苗膜下深凹型移栽）和处理3（小苗膜下移栽）均高于处理2（壮苗膜上移栽），其中前两者增加效应最明显。此外，所有处理所有烤烟部位磷素吸收量均随生育时期的推进而增加。

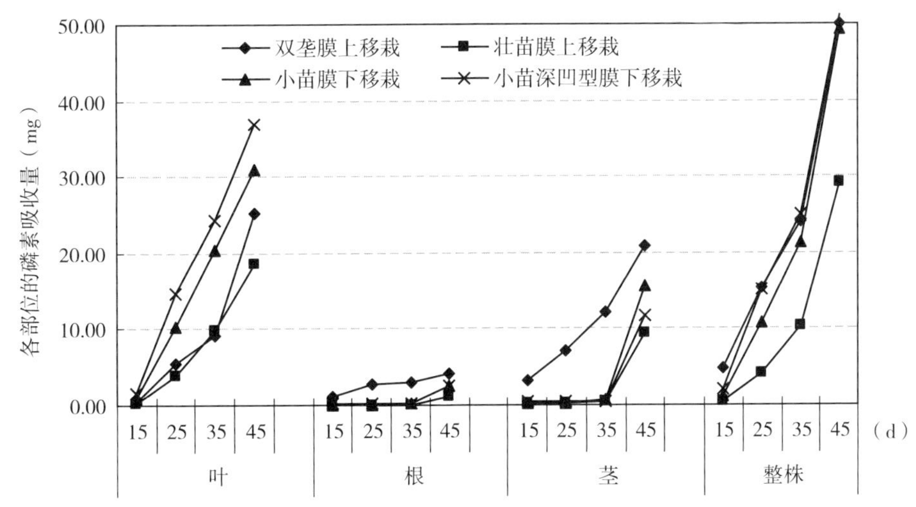

图4-21　不同移栽方式对重庆烤烟前期磷素吸收动态的影响

根据图4-22可知，与处理2(壮苗膜上移栽）相比，处理3(小苗膜下移栽）和处理4(小苗膜下深凹型移栽）对烤烟叶和整株的钾素吸收量均有明显促进的作用，其次为处理1（双垄膜上移栽)。此外，所有处理所有烤烟部位钾素吸收量均随生育时期的推进而增加。

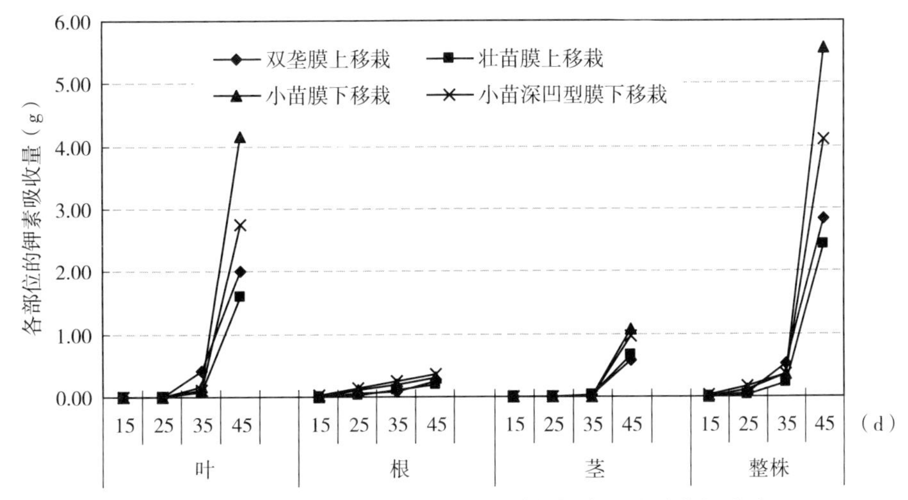

图4-22　不同移栽方式对重庆烤烟前期钾素吸收动态的影响

6. 不同移栽方式对重庆烤烟前期抗逆生理指标的影响

从表4-29可看出，对于根系活力的影响而言，处理4(小苗膜下深凹型移栽）、处理3(小苗膜下移栽）和处理1（双垄膜上移栽）均高于处理2（壮苗膜上移栽）。对于MDA的影响而言，处理1（双垄膜上移栽）能明显提高MDA的含量。不同移栽方式对过氧化物酶的影响与根系活力和可溶性糖类似，均表现为处理4（小苗膜下深凹型移栽）、处理3（小苗膜下移栽）和处理1（双垄膜上移栽）均高于处理2（壮苗膜上移栽）。对于膜透性的影响而言，处理4（小苗膜下深凹型移栽）、处理3（小苗膜下移栽）和处理1（双垄膜上移栽）均小于处理2（壮苗膜上移栽）。

表4-29 不同移栽方式对重庆烤烟抗逆生理指标的影响（移栽后15d）

处理	根系活力（μg · g^{-1} · h^{-1}）	MDA（μmol/L）	过氧化氢酶（mg · g^{-1} · min^{-1}）	过氧化物酶（U · g^{-1} · min^{-1}）	膜透性	可溶性糖（%）
双垄膜上移栽	1 023.84 a	0.208 a	6.50 a	232.02 a	1.00 b	0.65 a
壮苗膜上移栽	786.80 b	0.087 c	6.10 a	145.57 b	1.51 a	0.34 b
小苗膜下移栽	1 172.10 a	0.095 b	6.62 a	246.08 a	1.13 b	0.62 a
小苗深凹型膜下移栽	1 085.95 a	0.093 b	6.96 a	225.20 a	1.21 b	0.65 a

7. 不同移栽方式对重庆烤烟前期根系形态特征的影响

从表4-30可看出，对于移栽后25d和45d的根数而言，均具体表现为处理1（双垄膜上移栽）>处理4（小苗膜下深凹型移栽）、处理3（小苗膜下移栽）>处理2（壮苗膜上移栽）。对于25d的总根长、总根表面积和根体积而言，均表现为处理4（小苗膜下深凹型移栽）、处理3（小苗膜下移栽）>处理1（双垄膜上移栽）>处理2（壮苗膜上移栽）。对于45d的总根长、总根表面积和根体积而言，均表现为处理1（双垄膜上移栽）>处理4（小苗膜下深凹型移栽）、处理3（小苗膜下移栽）>处理2（壮苗膜上移栽）。

表4-30 不同移栽方式对重庆烤烟前期根系形态特征的影响

处理	25 d				45 d			
	根数	总根长（cm）	总根表面积（cm^2）	根体积（cm^3）	根数	总根长（cm）	总根表面积（cm^2）	根体积（cm^3）
双垄膜上移栽	150 a	83.4 b	18.0 b	0.3 b	8 919 a	3 793.2 a	848.6 a	16.0 a
壮苗膜上移栽	64 c	60.9 c	14.6 c	0.2 b	5 728 c	2 352.4 b	527.8 b	13.7 b
小苗膜下移栽	83 b	94.4 ab	28.0 a	0.6 a	6 581 b	2 494.5 b	595.4 ab	13.4 b
小苗深凹型膜下移栽	84 b	105.6 a	26.4 a	0.5 a	6 990 b	2 389.6 b	585.5 ab	13.6 b

8. 不同移栽方式对重庆烤烟前期不同土层日均温度的影响

根据表4-31可知，双垄覆膜和单垄覆膜对5 ~ 25cm的土温均有增加的趋势，而且双垄覆膜对地温增加的影响最为明显，其变化范围在0.48 ~ 1.70℃，其中对10 ~ 25cm的土层增加温度幅度在1.5℃左右，单垄覆膜对10 ~ 25cm的土层增加温度幅度在0.7℃左右。

表4-31 不同移栽方式对烤烟前期不同土层日均温度的影响（℃）

试验处理	5cm	10cm	15cm	20cm	25cm
双垄膜上移栽	27.48 a	25.58 a	26.36 a	24.40 a	23.88 a

（续）

试验处理	5cm	10cm	15cm	20cm	25cm
单垄覆膜移栽	27.31 a	24.70 b	25.92 b	23.44 b	22.98 b
裸栽	27.00 ab	24.04 c	25.40 c	22.72 c	22.18 c
双－无	0.48	1.54	0.96	1.68	1.70
单－无	0.31	0.66	0.52	0.72	0.80

9. 不同移栽方式对重庆烤烟前期土壤物理特性和微生物活性的影响

根据表4–32可知，处理4（小苗膜下深凹型移栽）、处理3（小苗膜下移栽）和处理1（双垄膜上移栽）的固相率均小于处理2（壮苗膜上移栽），而气相率则高于后者。对于土壤容重的影响而言，与其他三个处理相比，处理1（双垄膜上移栽）明显降低了土壤容重。

表4–32　不同移栽方式对烤烟前期土壤物理特性的影响

处理	固相率	液相率	气相率	土壤容重
双垄膜上移栽	0.52 ab	0.20 a	0.28 b	1.03 c
壮苗膜上移栽	0.56 a	0.20 a	0.24 c	1.22 b
小苗膜下移栽	0.48 ab	0.22 a	0.30 a	1.27 a
小苗深凹型膜下移栽	0.51 ab	0.20 a	0.31 a	1.26 a

根据表4–33可知，对于微生物碳氮含量、细菌和放线菌数量的影响而言，处理1（双垄膜上移栽）均显著高于其他三个处理；对于真菌数量的影响而言，表现为处理4（小苗膜下深凹型移栽）和处理3（小苗膜下移栽）略高于处理1（双垄膜上移栽）和处理2（壮苗膜上移栽）。

表3–33　不同移栽方式对烤烟前期土壤微生物活性的影响

处理	微生物量碳（mg/kg）	微生物氮（mg/kg）	细菌（10^5）	真菌（10^5）	放线菌（10^4）
双垄膜上移栽	263.15 a	46.28 a	13.00 a	5.67 b	40.00 a
壮苗膜上移栽	120.59 d	11.93 d	7.00 c	5.67 b	15.00 b
小苗膜下移栽	145.85 c	13.99 c	7.67 c	6.00 ab	16.67 b
小苗深凹型膜下移栽	162.77 b	17.71 b	9.00 b	6.67 a	17.00 b

（三）结论

在彭水试验点，与处理2（壮苗膜上移栽）相比，处理1（双垄膜上移栽）的亩产值增加了1 162.3元，亩产量增加了77.8kg，处理4（小苗膜下深凹型移栽）的亩产值和亩产量分别增加了783.3元和38.2kg，处理3（小苗膜下移栽）的亩产值和亩产量分别增加了278.5元和15.7kg。处理1（双垄膜上移栽）能明显提高烤烟前期根茎和整株磷素的吸收量、叶片MDA的含量，显著增加了移栽后45d的烤烟根数、根长、根表面积和根体积。处理1（双垄膜上移栽）能明显提高各部位烟叶的钾氯比和中上部叶的氮碱比和中部叶的糖碱比。

双垄覆膜和单垄覆膜对5 ~ 25cm的土温均有增加的趋势，而且双垄覆膜对地温增加的影响最为明显，其变化范围在0.48 ~ 1.70℃，其中对10 ~ 25cm的土层增加温度幅度在1.5℃左右，单垄覆膜对10 ~ 25cm的土层增加温度幅度在0.7℃左右。处理1（双垄膜上移栽）显著增加了气相率、显著降低了土壤容重，显著增加了土壤微生物碳氮含量以及细菌、放线菌数量。

四、不同施肥组合对烤烟前期生长调控的影响

（一）材料与方法

1. 试验地点与品种

试验点位于重庆市彭水苗族土家族自治县靛水街道新田村3组。土壤质地为壤土，土层深厚，肥力均匀适中，地势平坦。烤烟品种为云烟97。株行距：120cm × 50cm或117cm × 60cm。试验过程中，除施肥不同外，其他栽培管理措施同一般大田。

表4-34　试验地点的经纬度及海拔（Ⅰ）

区县	乡镇	村名	经度	纬度	海拔（m）
彭水苗族土家族自治县	靛水街道	新田村	108°0′20.9″	29°14′1.1″	1059.01

表4-35　试验地点理化性质（Ⅱ）

地点	有机质（g/kg）	全氮（g/kg）	全磷（g/kg）	全钾（g/kg）	速效磷（mg/kg）	速效钾（mg/kg）	pH
彭水	35.29	1.43	0.53	6.54	40.50	249.96	5.47

2. 试验设计

本试验设4个处理，采用随机区组试验设计，重复3次，小区面积0.1亩（具体小区面积请以实际地块为准）。

处理1　穴肥占20%（固态窝施）+固态提苗肥（自配）+固态追肥，（简写为20%固）

处理2　穴肥占20%（液态浇施）+液态提苗肥（自配）+液态追肥，（简写为20%液）

处理3　穴肥占40%（固态窝施）+固态提苗肥（自配）+固态追肥，（简写为40%固）

处理4　穴肥占40%（液态浇施）+液态提苗肥（自配）+液态追肥，（简写为40%液）

备注：穴肥占20%或40%是占烟草专用肥总量的20%或40%，剩余的烟草专用肥和有机肥均作为基肥条施。

（二）结果与分析

1. 不同施肥组合对重庆烤烟前期叶部和整株干物质累积的影响

根据图4-23可知，对于烤烟前期各部位和整株干物质累积量而言，均表现为处理4（40%液）、处理3（40%固）>处理2（20%液）、处理1（20%固），这种趋势在移栽后20d开始迅速增加。此外，所有处理各部位干物质累积量均随生育时期推进而增加。

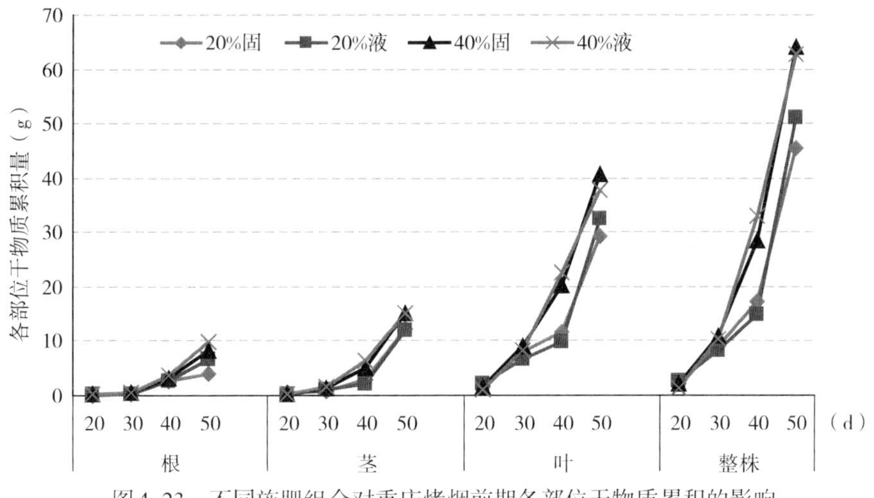

图4-23　不同施肥组合对重庆烤烟前期各部位干物质累积的影响

2. 不同施肥组合对重庆烤烟前期叶部和整株氮磷钾吸收量的影响

根据图4-24可知，对于烤烟前期叶、茎和整株氮素吸收量而言，均表现为处理4（40%液）>处理3（40%固）、处理2（20%液）、处理1（20%固），这种趋势对于烤烟叶和整株而言是在移栽后20d开始迅速增加，这种趋势对于烤烟根和茎而言是在移栽后30d开始迅速增加。此外，所有处理各部位氮素吸收量均随生育时期推进而增加，具体表现为整株>叶>茎>根。

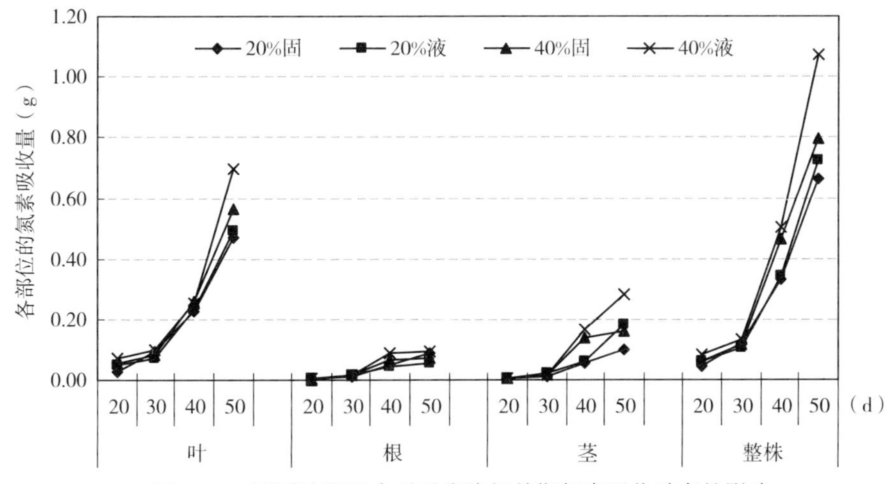

图4-24　不同施肥组合对重庆烤烟前期氮素吸收动态的影响

根据图4-25可知，对于烤烟前期叶、根和整株磷素吸收量而言，均表现为处理4（40%液）>处理3（40%固）>处理2（20%液）>处理1（20%固），这种趋势对于烤烟叶和整株而言是在移栽后20d开始迅速增加，这种趋势对于烤烟根和茎而言是在移栽后40d开始迅速增加。此外，所有处理各部位磷素吸收量均随生育时期推进而增加，具体表现为整株>叶>茎>根。

据图4-26可知，对于烤烟前期各部位和整株钾素吸收量而言，处理之间没有明显差异。

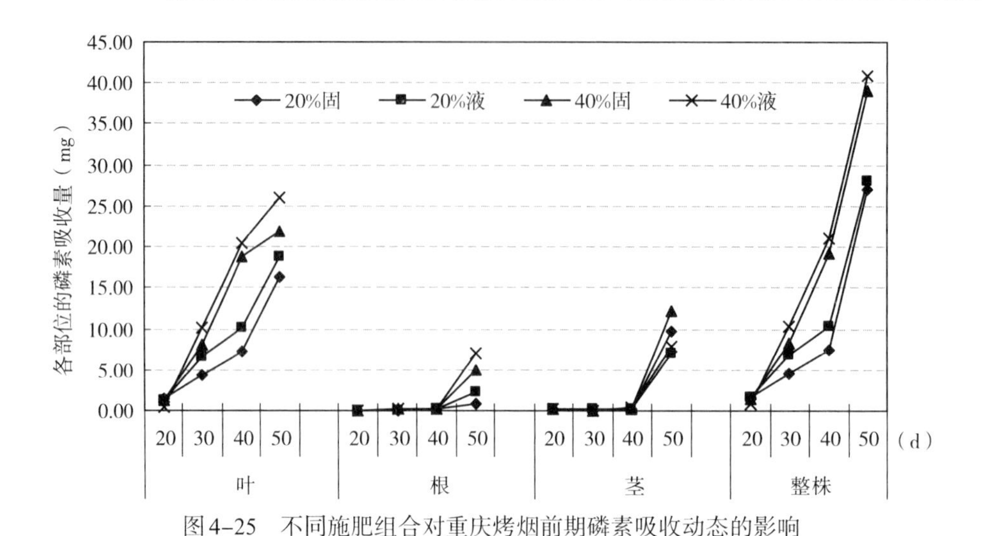

图4-25　不同施肥组合对重庆烤烟前期磷素吸收动态的影响

所有处理的烤烟根系中钾素吸收量是在移栽后20d开始稳步增加，所有处理烤烟叶、茎和整株中钾素吸收量是在移栽后40d开始迅速增加。此外，所有处理各部位钾素吸收量均随生育时期推进而增加，具体表现为整株>叶>茎>根。

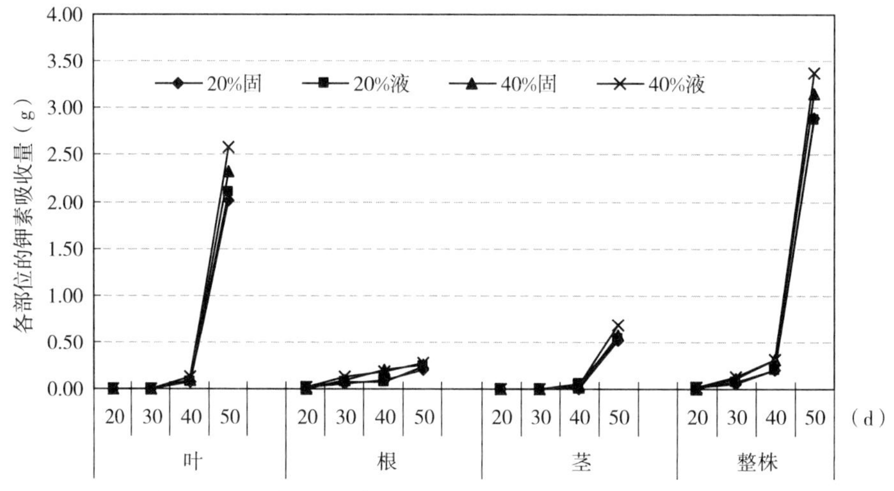

图4-26　不同施肥组合对重庆烤烟前期钾素吸收动态的影响

3. 不同施肥组合对重庆烤烟前期烟抗逆生理指标的影响

根据表4-36可知，对于根系活力而言，处理之间的差异性显著，表现为处理4（40%液）>处理3（40%固）>处理2（20%液）、处理1（20%固）；对于MDA和过氧化氢酶活性而言，处理之间无显著性差异。对于过氧化物酶活性而言，处理之间的差异性显著，表现为处理4（40%液）、处理3（40%固）>处理2（20%液）>处理1（20%固）；对于膜透性而言，处理之间的差异性显著，表现为处理2（20%液）>处理3（40%固）、处理4（40%液）、处理1（20%固）；对于可溶性糖而言，处理之间的差异性显著，表现为处理4（40%液）>处理3（40%固）、处理2（20%液）>处理1（20%固）。因此，可以推断，处理4（40%液）和处理3（40%固）的烟株具有较强的抗逆能力。

表4-36 不同施肥合对重庆烤烟前期抗逆生理指标的影响（移栽后10d）

处理	根系活力（μg·g^{-1}·h^{-1}）	MDA（μmol/L）	过氧化氢酶（mg·g^{-1}·min^{-1}）	过氧化物酶（U·g^{-1}·min^{-1}）	膜透性	可溶性糖（%）
20%固	404.61 cd	0.078 a	5.89 a	60.42 c	1.11 a	0.46 c
20%液	468.28 c	0.097 a	5.72 a	149.11 b	0.87 b	0.68 b
40%固	540.75 b	0.085 a	5.76 a	169.42 a	0.89 b	0.78 b
40%液	689.62 a	0.093 a	5.80 a	167.83 a	0.87 b	1.66 a

4. 不同施肥组合对重庆烤烟前期根系形态特征的影响

从表4-37可看出，对于移栽后30d的根数、总根长而言，均表现为处理4（40%液）>处理3（40%固）>处理2（20%液）>处理1（20%固）；对于移栽后30d的总根面积和50d的根体积而言，均表现为处理4（40%液）>处理3（40%固）、处理2（20%液）、处理1（20%固）；对于移栽后30d的根体积，各处理之间无显著差异；对于移栽后50d的根数，表现为处理4（40%液）、处理3（40%固）>处理2（20%液）、处理1（20%固）；对于移栽后50d的总根长和总根表面积而言，表现为处理4（40%液）>处理3（40%固）、处理2（20%液）>处理1（20%固）。因此，与处理1（20%固）相比，处理4（40%液）在移栽后30d和50d的烤烟根系形态指标均显著高于前者，而且移栽后30d的增加倍数最大，依次为2.8倍、1.8倍、1.6倍和1.5倍。由表4-37还可看出，各处理的所有根系形态指标均随生育时间的推进迅速增加。

表4-37 不同施肥组合对重庆烤烟前期根系形态特征的影响

处理	30 d				50 d			
	根数	总根长（cm）	总根表面积（cm^2）	根体积（cm^3）	根数	总根长（cm）	总根表面积（cm^2）	根体积（cm^3）
20%固	93 d	91.4 d	17.1 c	0.3 ab	6 465 b	2 387.7 c	567.1 c	10.8 bc
20%液	137 c	109.0 c	18.6 bc	0.3 ab	6 781 b	2 926.6 b	625.7 b	11.9 b
40%固	183 b	118.9 b	19.5 b	0.3 ab	8 719 a	2 935.4 b	645.4 b	12.4 b
40%液	269 a	162.1 a	27.8 a	0.4 a	8 764 a	3 893.6 a	843.6 a	15.2 a

5. 不同施肥组合对重庆烤烟经济性状的影响

在彭水试验点，根据表4-38可知，处理4（40%液）和处理3（40%固）的亩产值、均价、上等烟比例和中上等烟比例都明显高于其他两个处理，而且处理4（40%液）明显提高了上等烟比例。

表4-38 不同施肥组合试验产量及产值（彭水）

处理	亩产值（元）	亩产量（kg）	均价（元/kg）	上等烟比例（%）	中上等烟比例（%）
20%固	2 788.00 cd	164.60 b	16.9 c	40.6 d	72.7 c
20%液	2 898.67 c	162.87 b	17.8 b	47.0 bc	81.8 b
40%固	3 348.00 ab	181.20 a	18.5 a	52.7 b	80.3 b
40%液	3 398.00 a	181.87 a	18.7 a	65.1 a	88.0 a

注：表中字母表示5%差异显著。

6. 不同施肥组合对重庆烤烟化学成分含量和协调性的影响

一般认为优质烤烟化学成分如下：总氮1.5% ~ 3%，还原糖16% ~ 18%，总糖20% ~ 22%，蛋白质8% ~ 10%，烟碱1.5% ~ 3.5%，钾3%以上，氯1%以下。

从表4-39可知，所有处理的总氮和烟碱含量均在适宜范围内，大部分还原糖含量在适宜范围内，总糖含量较高，钾含量和氯含量较低。从表4-39还可看出，处理4（40%液）和处理3（40%固）能明显提高各部位烟叶的钾含量。

表4-39 不同施肥组合试验化学成分

等级	处理	总氮（%）	烟碱（%）	还原糖（%）	总糖（%）	钾（g/kg）	氯（%）
B_2F	20%固	1.56	2.35	16.80	25.42	19.61	0.16
	20%液	1.52	2.91	17.82	20.77	17.61	0.20
	40%固	1.72	2.90	15.08	21.40	17.36	0.20
	40%液	1.83	2.73	18.29	25.55	19.36	0.19
C_3F	20%固	1.26	2.17	20.87	23.35	15.55	0.19
	20%液	1.35	2.57	21.22	24.59	17.03	0.18
	40%固	1.45	2.62	20.58	24.77	20.47	0.15
	40%液	1.52	2.16	21.86	26.41	19.00	0.15
X_2F	20%固	1.22	1.89	20.40	32.43	16.02	0.15
	20%液	1.35	1.89	20.12	27.99	19.66	0.12
	40%固	1.35	1.87	18.93	28.21	24.51	0.12
	40%液	1.37	1.72	18.19	20.96	30.57	0.13

一般认为优质烤烟化学成分协调性如下：总糖与蛋白质之比以2 ~ 2.5：1为宜，总糖与烟碱之比以10：1为宜，总氮与烟碱之比以1：1为宜，钾与氯之比大于4：1为宜。

从表4-40可知，所有处理的钾氯比都远大于4，其变动范围为8.36 ~ 23.33，总氮与烟碱比值都小于1，变动范围为0.5 ~ 0.80，中部叶的总糖与烟碱比较协调，所有处理的糖碱比偏高。此外，处理4（40%液）和处理3（40%固）能明显提高各部位烟叶的钾氯比和氮碱比。

表4-40 不同施肥组合试验化学成分协调性

等级	处理	钾/氯	总氮/烟碱	总糖/烟碱	总糖/总氮
B_2F	20%固	10.64	0.64	17.14	26.67
	20%液	17.08	0.71	14.79	20.77
	40%固	19.94	0.72	15.09	20.85
	40%液	23.33	0.80	12.20	15.31
C_3F	20%固	8.36	0.58	10.77	18.48
	20%液	9.32	0.52	9.57	18.25
	40%固	13.97	0.55	9.46	17.11
	40%液	12.29	0.70	12.20	17.42

（续）

等级	处理	钾/氯	总氮/烟碱	总糖/烟碱	总糖/总氮
X_2F	20%固	10.64	0.64	17.14	26.67
	20%液	17.08	0.71	14.79	20.77
	40%固	19.94	0.72	15.09	20.85
	40%液	23.33	0.80	12.20	15.31

7. 不同施肥组合对重庆烤烟前期土壤微生物活性的影响

由表4-41可知，对于土壤微生物碳含量而言，表现为处理4（40%液）>处理3（40%固）、处理2（20%液）>处理1（20%固）；对于土壤微生物氮含量而言，表现为处理4（40%液）>处理3（40%固）>处理2（20%液）>处理1（20%固）；对于细菌和放线菌数量而言，表现为处理4（40%液）>处理3（40%固）>处理2（20%液）、处理1（20%固）；对于真菌数量而言，表现为处理1（20%固）>处理2（20%液）>处理3（40%固）、处理4（40%液）。此外，与处理（20%固）相比，处理（40%液）的土壤微生物碳氮含量是后者的1.50倍和1.97倍，细菌和放线菌数量是后者的3.74倍和3.60倍。因此，采用处理（穴施40%液烟草专用复合肥+自配提苗肥（液）+追肥（液））能显著增加土壤微生物碳氮含量和细菌数量和放线菌数量，可显著提高植烟土壤微生物活性，为烤烟根系提供良好的微生态环境。

表4-41 不同施肥组合对烤烟前期土壤微生物活性的影响（彭水，移栽后30d）

处理	微生物碳（mg/kg）	微生物氮（mg/kg）	细菌（10^5）	真菌（10^5）	放线菌（10^4）
20%固	168.76 c	15.48 d	9.00 c	12.00 a	1.67 cd
20%液	192.89 b	20.40 c	9.33 c	9.33 b	2.00 c
40%固	196.61 b	23.87 b	11.67 b	5.67 c	3.33 b
40%液	253.10 a	30.47 a	33.67 a	4.67 c	6.00 a

（三）结论

处理4（40%液）和处理3（40%固）的烤烟前期各器官和整株干物质积累量明显高于处理2（20%液）和处理1（20%固），而且前两者对烤烟前期氮磷钾吸收量有促进作用，尤其是对磷素吸收量作用最大。处理4（40%液）和处理3（40%固）明显提高烤烟前期根系活力、可溶性糖含量、过氧化物酶活性和降低膜透性，显著提高了移栽后50d时的根系形态建成指标值，增加了土壤微生物活性。在彭水试验点，处理4（40%液）和处理3（40%固）明显提高了烤烟亩产值（610元、560元）和亩产量（17.27kg、16.6kg）和上等烟比例（24.5%、12.1%），但两者没有显著性差异。处理4（40%液）和处理3（40%固）能明显提高各部位烟叶的钾氯比和中上部烟叶氮碱比，而且处理4（40%液）和处理3（40%固）的中上部烟叶糖氮比比较协调。

五、新型提苗肥对烤烟前期生长及营养吸收的影响

（一）材料与方法

1. 试验地点及烤烟品种

采用盆栽试验。所用盆钵为60cm高，直径为40cm，装干土为20kg。移栽时间为6月3日。烤烟品种为云烟97。

试验点土壤基本情况如下：碱解氮（40.62mg/kg）、有效磷（13.98mg/kg）、速效钾（128.34 mg/kg）、pH为6.31、有机质（22.23g/kg）。

2. 试验设计

本试验设5个处理，采用随机区组试验设计，重复5次，即每个处理5株。

处理1　每亩施用硝铵磷5kg（对照）

处理2　每亩施用硝酸铵5kg

处理3　每亩施用挪威雅苒5kg

处理4　每亩施用硝酸铵2kg、挪威雅苒3kg

处理5　每亩施用硝酸铵1kg、挪威雅苒4kg

硝铵磷含氮32%、磷4%；NH_4HCO_3含氮17%左右。

说明：提苗肥的施用时间为烟叶移栽后7 ~ 10d，在距烟苗根系15cm处打孔，将提苗肥先溶解到水中后浇入，最后盖土。

（二）结果与分析

1. 新型提苗肥对重庆烤烟叶绿素和农艺性状的影响

由表4-42可知，不同提苗肥对烤烟叶绿素含量没有明显影响。但是，由表4-42可知，对于茎围，处理2、处理3、处理4和处理5的农艺性状值都明显高于处理1；对于株高，处理3、处理4和处理5的农艺性状值都明显高于处理1和处理2。

表4-42　新型提苗肥对重庆烤烟叶绿素和农艺性状的影响

处理	叶绿素含量		茎围（cm）		株高（cm）	
	平均值	标准差	平均值	标准差	平均值	标准差
处理1	36.34	2.13	3.40	0.40	30.20	3.87
处理2	33.84	1.81	4.70	0.63	31.10	6.71
处理3	34.04	6.33	5.80	1.12	36.80	6.88
处理4	33.94	2.37	5.00	1.10	34.20	5.37
处理5	34.10	2.34	5.00	0.86	31.50	4.87

2. 新型提苗肥对重庆烤烟叶部和整株干物质累积的影响

由图4-27可知，处理3、处理4和处理5的烤烟叶部和整株干物质累积都明显高于处理1和处理2。而且，处理3的烤烟叶部和整株干物质累积量是最多的。

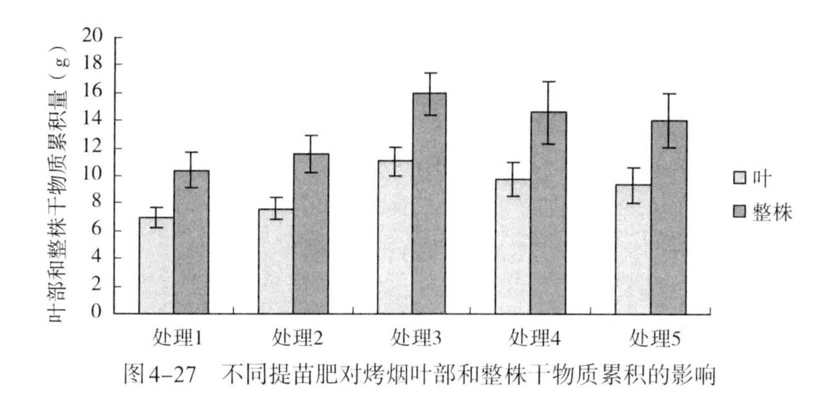

图4-27 不同提苗肥对烤烟叶部和整株干物质累积的影响

3. 新型提苗肥对重庆烤烟叶部和整株氮磷钾吸收量的影响

由表4-43可知，处理3、处理4和处理5的烤烟叶部和整株氮磷钾吸收量都明显高于处理1和处理2。而且，处理3的烤烟叶部和整株氮磷钾吸收量是最大的。

表4-43 新型提苗肥对重庆烤烟叶部和整株氮磷钾吸收量的影响（g）

处理	氮素吸收量		磷素吸收量		钾素吸收量	
	叶	整株	叶	整株	叶	整株
处理1	0.22	0.29	0.018	0.024	0.46	0.61
处理2	0.26	0.35	0.020	0.028	0.50	0.69
处理3	0.36	0.46	0.025	0.035	0.84	1.11
处理4	0.29	0.38	0.032	0.041	0.72	1.00
处理5	0.28	0.38	0.038	0.048	0.68	0.94

4. 新型提苗肥对植烟土壤微生物活性的影响

由表4-44可知，处理3、处理4和处理5的植烟土壤微生物碳氮含量、细菌数量、放线菌数量和真菌数量都明显高于处理1和处理2。而且，处理3的植烟土壤微生物活性最为活跃。

表4-44 新型提苗肥对植烟土壤微生物活性的影响

处理	微生物碳（mg/kg）	微生物氮（mg/kg）	细菌（10^6）	放线菌（10^4）	真菌（10^5）
处理1	91.20	42.5	2.0	16.3	3.0
处理2	108.20	42.9	1.9	16.7	3.3
处理3	324.93	67.4	4.0	48.3	10.7
处理4	213.47	65.3	5.4	45.3	7.3
处理5	226.20	55.1	4.7	41.3	6.3

（三）结论

提苗肥中加入适量挪威雅苒肥料，则有利于烤烟叶部和整株干物质累积量的增加，有利于烤烟对氮磷钾的吸收，增强了植烟土壤微生物活性。盆栽试验结果表明，每亩地加入挪威雅苒5kg，对烤烟前期生长促进作用更为明显。

六、不同土壤调理剂对烟株前期生长调控的影响

（一）材料与方法

1. 试验地点及烤烟品种

试验点位于重庆市彭水苗族土家族自治县靛水街道新田村3组。土壤质地为壤土，土层深厚，肥力均匀适中，地势平坦。烤烟品种为云烟97。株行距：120cm×50cm或117cm×60cm。试验过程中，除了不同土壤调理剂在起垄时条施进去，其他栽培管理措施同一般大田。

表4-45　试验地点的经纬度及海拔（Ⅰ）

区县	乡镇	村名	经度	纬度	海拔（m）
彭水苗族土家族自治县	靛水街道	新田村	108°0′20.9″	29°14′1.1″	1 059.00

表4-46　试验地点理化性质（Ⅱ）

地点	有机质（g/kg）	全氮（g/kg）	全磷（g/kg）	全钾（g/kg）	有效磷（mg/kg）	速效钾（mg/kg）	pH
彭水	32.38	1.51	0.42	4.90	35.11	213.36	5.11

2. 试验设计

本试验采用大田同比试验，共设5个处理，重复3次，采用随机区组试验设计，小区面积0.1亩（具体小区面积请以实际地块为准）。

试验设计为：

处理1　土壤调理剂1-云南（简写为SC云南）

处理2　土壤调理剂2-陕西（简写为SC陕西）

处理3　土壤调理剂3-法国（简写为SC法国）

处理4　土壤调理剂4-唐山（简写为SC河北）

处理5　对照

（二）结果与分析

1. 不同土壤调理剂对烤烟前期各器官和整株干物质累积的影响

由图4-28可知，对于烤烟前期的各器官和整株干物质累积量而言，均表现为SC云南、SC河北＞SC陕西、对照、SC法国，这种趋势对于烤烟根和茎而言是在移栽后30d最为明显，这种趋势对于烤烟叶和整株是在移栽后20d最为明显。此外，SC云南在移栽后40d对烤烟根干物质累积量有最大的增加效应；所有处理各器官和整株干物质累积量均随生育时期推进而增加。

2. 不同土壤调理剂对烤烟前期整株和各部位氮磷钾吸收量的影响

由图4-29可知，对于烤烟前期的烟叶和整株氮素吸收量而言，表现为SC云南、SC河

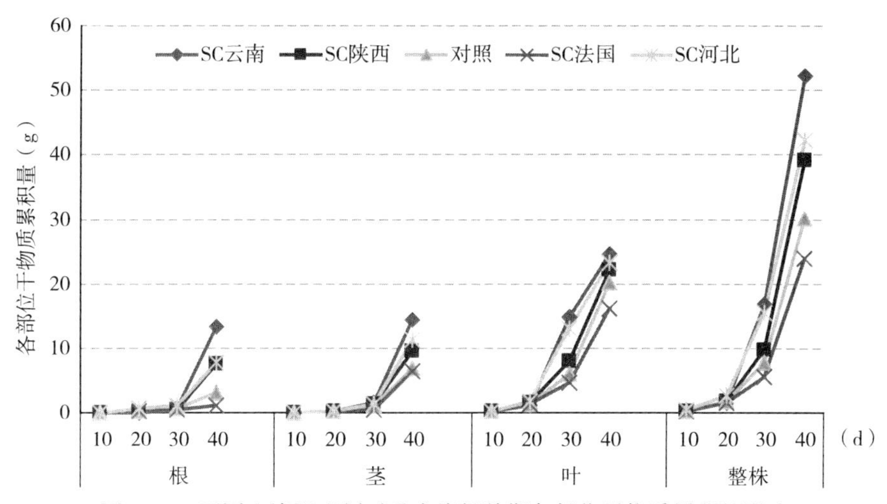

图4-28　不同土壤调理剂对重庆烤烟前期各部位干物质累积的影响

北＞SC陕西＞对照＞SC法国，这种趋势对于烤烟叶和整株是在移栽后40d最为明显。此外，SC云南在移栽后50d对烤烟根中氮素吸收量有明显的增加效应；所有处理各器官和整株氮素吸收量均随生育时期推进而增加。

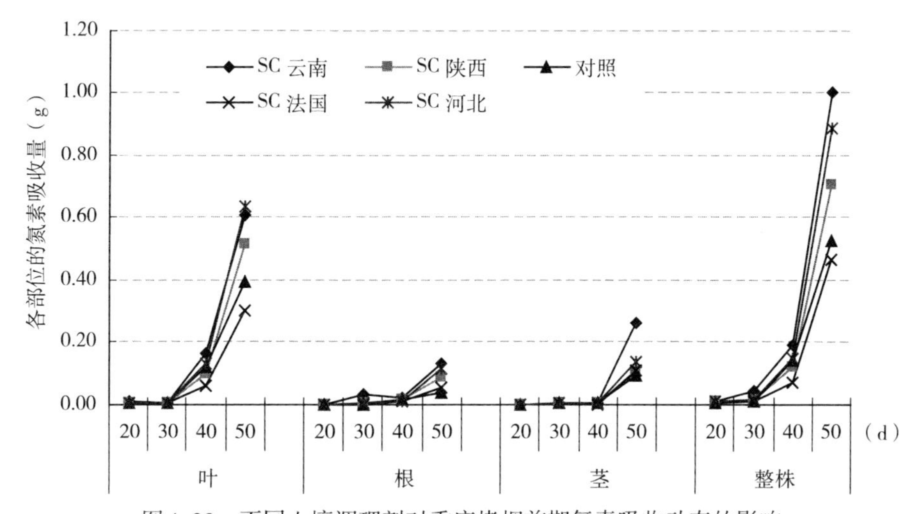

图4-29　不同土壤调理剂对重庆烤烟前期氮素吸收动态的影响

由图4-30可知，对于烤烟前期的烟叶和整株磷素吸收量而言，表现为SC云南>SC河北、SC陕西＞对照>SC法国，这种趋势对于烤烟叶和整株是在移栽后30d最为明显。此外，SC云南在移栽后50d对烤烟根中磷素吸收量有明显的增加效应。从图4-31还可看出，所有处理各器官和整株磷素吸收量均随生育时期推进而增加，对于叶和整株而言，磷素吸收量是在移栽后30d急剧增加的；对于根和茎而言，磷素吸收量是在移栽后40d急剧增加的。

由图4-31可知，对于烤烟前期的烟叶和整株钾素吸收量而言，表现为SC云南>SC河北>SC陕西＞对照>SC法国，这种趋势对于烤烟叶和整株是在移栽后20d最为明显。此外，所有处理各器官和整株钾素吸收量均随生育时期推进而增加，对于叶和整株而言，钾

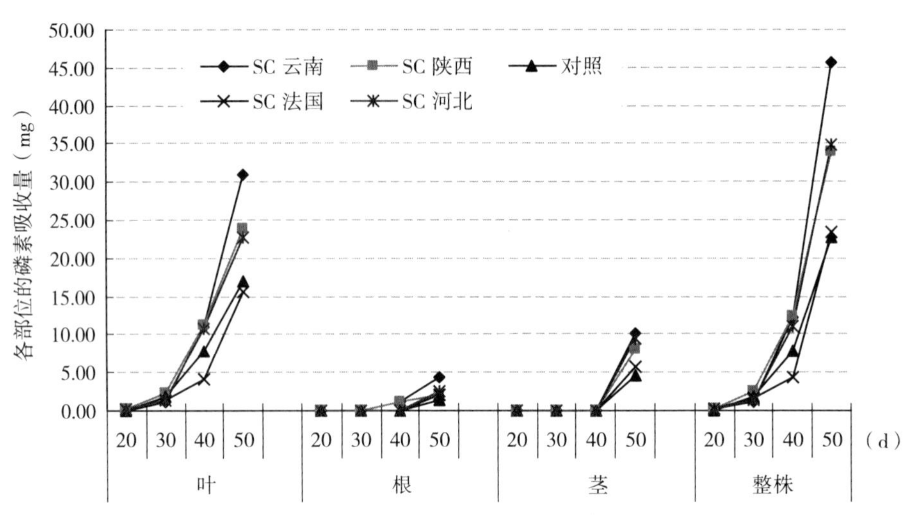

图4-30 不同土壤调理剂对重庆烤烟前期磷素吸收动态的影响

素吸收量是在移栽后20d急剧增加的；对于根和茎而言，钾素吸收量是在移栽后40d急剧增加的。

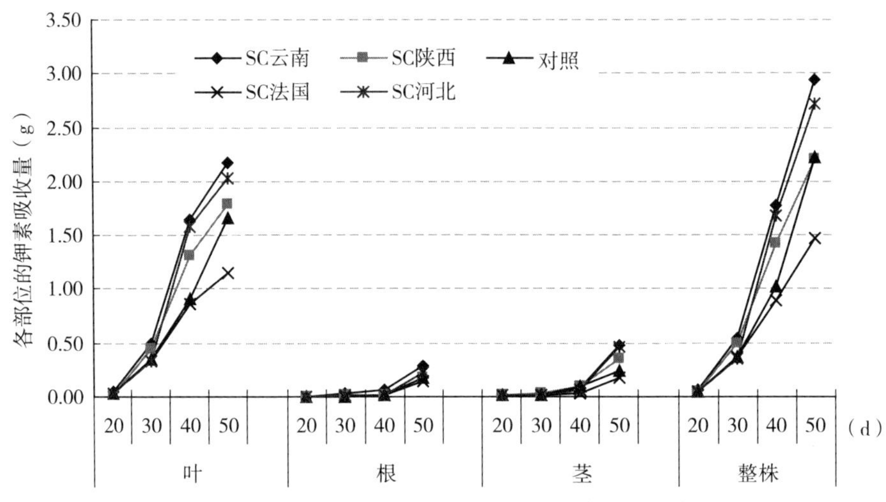

图4-31 不同土壤调理剂对重庆烤烟前期钾素吸收动态的影响

3. 不同土壤调理剂对烤烟经济性状指标的影响

根据表4-47可知，SC云南、SC河北和SC陕西的烤烟亩产值、上等烟比例和中上等烟比例均明显高于对照，尤其是中上等烟比例增加了22%左右。就亩产值和亩产量而言，均表现为SC云南>SC河北>SC陕西。

表4-47 不同土壤调理剂试验产量及产值

处理	亩产值（元）	亩产量（kg）	均价（元/kg）	上等烟比例（%）	中上等烟比例（%）
SC云南	3 148.3 a	174.2 a	18.1 ab	44.2 ab	84.8 a
SC陕西	2 835.0 c	130.2 de	21.8 a	57.8 a	83.8 a

（续）

处理	亩产值（元）	亩产量（kg）	均价（元/kg）	上等烟比例（%）	中上等烟比例（%）
对照	2 565.0 d	163.2 ab	15.7 cd	27.9 cd	62.8 b
SC法国	2 501.7 de	143.5 cd	17.4 bc	31.9 c	60.4 b
SC河北	2 960.0 b	153.3 bc	19.3 ab	41.5 ab	82.6 a

4. 不同土壤调理剂对烤烟各部位烟叶化学成分及协调性的影响

一般认为优质烤烟化学成分如下：总氮1.5% ~ 3%，还原糖16% ~ 18%，蛋白质8% ~ 10%，烟碱1.5% ~ 3.5%，钾3%以上，氯1%以下。

从表4–48可知，所有处理的总氮和中下部烟叶烟碱均在适宜范围内，还原糖含量较低，大部分总糖含量偏高，钾含量比较适宜，氯含量较低。此外，SC云南和SC河北的中上部烤烟还原糖比较适宜，SC云南、SC河北和SC陕西的中上部烤烟总糖比较适宜，且它们的钾含量较高。

表4–48　不同土壤调理剂试验化学成分（彭水）

等级	处理	总氮（%）	烟碱（%）	还原糖（%）	总糖（%）	钾（g/kg）	氯（%）
B_2F	SC云南	2.12	2.47	17.00	23.82	30.61	0.20
	SC陕西	1.77	2.64	11.08	21.93	24.61	0.18
	对照	2.11	2.96	14.01	18.62	22.61	0.33
	SC法国	1.85	2.90	14.95	16.70	19.86	0.29
	SC河北	1.94	2.77	17.20	24.49	28.36	0.26
C_3F	SC云南	1.77	1.75	17.52	19.16	32.44	0.19
	SC陕西	1.77	1.85	17.96	21.19	26.46	0.20
	对照	1.78	2.29	12.22	16.25	24.38	0.16
	SC法国	1.77	2.79	11.08	14.10	20.13	0.23
	SC河北	1.85	2.33	16.80	22.48	30.82	0.32
X_2F	SC云南	1.68	1.51	13.42	22.94	34.39	0.13
	SC陕西	1.43	1.70	10.96	26.35	28.44	0.14
	对照	1.67	1.12	12.56	27.74	27.39	0.11
	SC法国	1.60	1.58	10.64	25.19	22.09	0.13
	SC河北	1.77	1.60	11.52	21.96	34.52	0.13

5. 不同土壤调理剂对烤烟抗逆能力指标的影响

根据表4–49可知，对于根系活力和过氧化氢酶活性，表现为SC云南>SC河北>SC陕西>对照、SC法国；对于MDA而言，表现为SC云南>SC陕西>SC河北>对照>SC法国；对于过氧化物酶活性而言，表现为SC云南>SC河北、SC陕西>对照、SC法国；对于可溶性糖而言，表现为SC云南高于其他三个处理。对于膜透性而言，表现为对照>SC法国>SC云南、SC河北、SC陕西。因此，根据以上数据可推断，SC云南、SC河北、SC陕西可显著提高烟株的抗逆性，其中以SC云南效果最为显著。

表4-49 不同土壤调理剂对重庆烤烟抗逆生理指标的影响（彭水，20d）

处理	根系活力（μg·g⁻¹·h⁻¹）	MDA（μmol/L）	过氧化氢酶（mg·g⁻¹·min⁻¹）	过氧化物酶（U·g⁻¹·min⁻¹）	膜透性	可溶性糖（%）
SC云南	2 562.82 a	0.16 a	6.59 a	226.49 a	0.02 c	0.51 a
SC陕西	729.86 c	0.12 b	4.72 c	56.72 b	0.23 c	0.33 b
对照	511.36 ed	0.09 c	3.63 d	14.28 c	5.52 a	0.30 b
SC法国	449.28 e	0.04 d	3.55 d	14.62 c	2.72 b	0.26 b
SC河北	1 306.48 b	0.09 c	5.16 b	51.82 b	0.59 c	0.36 b

6. 不同土壤调理剂对重庆烤烟前期根系形态特征的影响

从表4-50可看出，对于移栽后30d和50d的根数而言，具体表现为SC云南>SC河北、SC陕西>对照>SC法国；对于移栽后30d的总根长和根体积而言，表现为SC云南>SC河北、SC陕西>对照、SC法国；对于移栽后30d和50d的总根表面积而言，表现为SC云南、SC河北>SC陕西>对照、SC法国；对于移栽后50d的总根长而言，具体表现为SC云南>SC河北>SC陕西>对照>SC法国；对于移栽后50d的根体积而言，表现为SC云南>SC河北、C陕西、对照>SC法国。与对照相比，移栽后30d SC云南的根数、总根长、总根表面积和根体积是其2.10倍、3.32倍、2.33倍、1.80倍，移栽后50d SC云南的根数、总根长、总根表面积和根体积是其1.94倍、1.96倍、1.72倍、1.17倍；因此，移栽后30d SC云南的根系形态指标增加倍数均高于移栽后50d。由表4-50还可看出，各处理的所有根系形态指标均随生育时间的推进迅速增加。

表4-50 不同土壤调理剂对重庆烤烟前期根系形态特征的影响

处理	30 d				50 d			
	根数	总根长（cm）	总根表面积（cm^2）	根体积（cm^3）	根数	总根长（cm）	总根表面积（cm^2）	根体积（cm^3）
SC云南	505 a	302.7 a	36.3 a	0.4 a	1150 a	461.3 a	176.2 a	6.5 a
SC陕西	439 b	255.7 b	23.6 b	0.3 b	870 b	324.4 bc	135.2 b	5.5 b
对照	241 c	91.2 d	15.5 c	0.2 c	594 c	234.9 d	102.4 c	5.6 b
SC法国	208 d	98.1 d	15.2 c	0.2 c	451 d	144.4 e	100.5 c	3.6 c
SC河北	419 b	233.3 bc	33.4 a	0.3 b	887 b	380.3 b	176.1 a	5.4 b

7. 不同土壤调理剂对植烟土壤物理特性的影响

根据表4-51可知，SC云南、SC河北、SC陕西可明显降低土壤的固相率，提高土壤气相率和明显降低土壤容重，其中以SC云南最为明显。

表4-51 不同土壤调理剂对烤烟前期土壤物理特性的影响

处理	固相率	液相率	气相率	土壤容重
SC云南	0.43 b	0.22 a	0.35 a	1.13 d

（续）

处理	固相率	液相率	气相率	土壤容重
SC陕西	0.44 b	0.24 a	0.32 ab	1.26 c
对照	0.53 a	0.23 a	0.23 cd	1.41 a
SC法国	0.51 a	0.22 a	0.27 c	1.35 b
SC河北	0.43 b	0.23 a	0.34 a	1.29 c

（三）结论

不同土壤调理剂在移栽20d后对烤烟叶和整株干物质累积有明显促进作用，具体表现为SC云南 > SC河北 > SC陕西 > 对照 > SC法国。与对照相比，SC云南、SC河北和SC陕西能明显促进烤烟前期氮磷钾吸收，明显提高了亩产值（483元、395元、297元）和增加了中上等烟比例（22%、21%、19.8%），其中以SC云南经济效益最为显著。SC云南和SC河北的烤烟还原糖比较适宜，SC云南、SC河北和SC陕西的总糖比较适宜，且它们的钾含量较高；SC云南、SC河北和SC陕西的中下部烟叶以及SC云南的上部叶的氮碱比较为适宜；SC云南、SC河北和SC陕西的中上部烟叶的糖碱比和糖氮比较为适宜。SC云南、SC河北和SC陕西能显著提高烤烟前期抗逆能力和促进烤烟前期根系形态建成，显著降低了烤烟前期土壤容重，其中以SC云南效果最好。

七、不同根系促根剂对烤烟前期生长和营养吸收的影响

（一）材料与方法

1. 试验地点及烤烟品种

采用盆栽试验。所用盆钵为60cm高，直径为40cm，装干土为20kg。移栽时间为6月3日。烤烟品种为云烟97。

试验点土壤基本情况如下：碱解氮（40.62mg/kg）、有效磷（13.98mg/kg）、速效钾（128.34 mg/kg）、pH为6.31、有机质（22.23 mg/kg）。

2. 试验设计

本试验设6个处理，采用随机区组试验设计，重复5次，即每个处理5株。

处理1　活性促根剂–特根优

处理2　强力生根壮苗剂–寿光沃野

处理3　生根壮苗双效起死回生丹–诺诚金北京

处理4　2–4–D+甲壳素(3%壳聚糖)+国光氨基酸

处理5　2–4–D+真绿色+吉百利含氨基酸叶面肥料

对照　喷施同样量的清水

（二）结果与分析

1. 不同根系促根剂对重庆烤烟叶绿素和农艺性状的影响

由表4–52可知，不同根系促根剂对烤烟叶绿素含量没有明显影响。但是，对于茎围，

处理1和处理2的农艺性状值都明显高于对照，而处理4、处理5的农艺性状值都明显低于对照；对于株高，处理1、处理2和处理3的农艺性状值都明显高于对照，而处理4、处理5的农艺性状值都明显低于对照。

表4-52　不同根系促根剂对重庆烤烟叶绿素和农艺性状的影响

处理	叶绿素含量		茎围（cm）		株高（cm）	
	平均值	标准差	平均值	标准差	平均值	标准差
处理1	35.5	4.2	5.8	1.0	39.0	4.9
处理2	36.2	1.7	5.2	0.5	34.2	3.2
处理3	35.3	3.4	4.3	0.7	31.4	2.7
处理4	37.3	1.8	2.0	0.3	17.2	5.0
处理5	35.5	2.8	2.2	0.3	13.3	2.3
对照	32.3	3.7	4.0	0.0	27.3	2.5

2. 不同根系促根剂对重庆烤烟叶部和整株干物质累积的影响

由图4-32可知，处理1和处理3的烤烟叶部和整株干物质累积都明显高于对照，且处理1处理最佳。而处理4、处理5的烤烟叶部和整株干物质累积都明显低于对照。

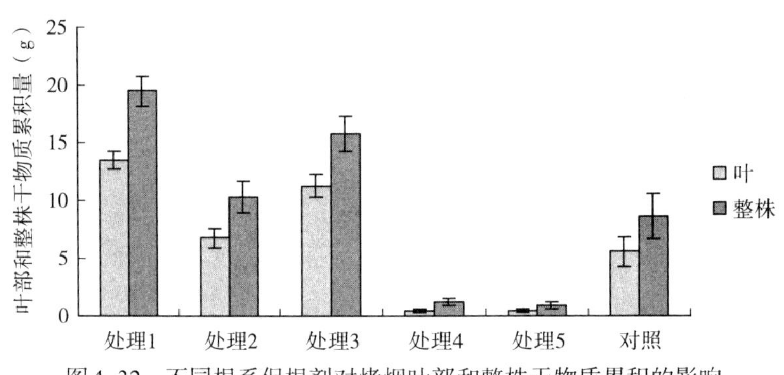

图4-32　不同根系促根剂对烤烟叶部和整株干物质累积的影响

3. 不同根系促根剂对重庆烤烟叶部和整株氮磷钾吸收量的影响

由表4-53可知，所有处理的烤烟叶部和整株氮吸收量没有明显差异。处理1和处理3的烤烟叶部和整株磷钾吸收量都明显高于对照，且处理1处理最佳；而处理4、处理5处理的烤烟叶部和整株磷钾吸收量都明显低于对照。

表4-53　不同根系促根剂对重庆烤烟叶部和整株氮磷钾吸收量的影响

处理	氮素吸收量（g）		磷素吸收量（g）		钾素吸收量（g）	
	叶	整株	叶	整株	叶	整株
处理1	0.030	0.072	0.038	0.050	0.962	1.300
处理2	0.033	0.070	0.021	0.031	0.474	0.669

（续）

处理	氮素吸收量（g）		磷素吸收量（g）		钾素吸收量（g）	
	叶	整株	叶	整株	叶	整株
处理3	0.030	0.064	0.030	0.040	0.805	1.050
处理4	0.031	0.070	0.001	0.002	0.024	0.057
处理5	0.028	0.072	0.001	0.002	0.022	0.039
对照	0.031	0.071	0.017	0.026	0.412	0.586

4. 不同根系促根剂对植烟土壤微生物活性的影响

由表4–54可知，处理1、处理2和处理3的植烟土壤微生物碳含量、细菌数量和放线菌数量明显高于对照。不同根系促根剂对微生物氮含量和真菌数量影响不大。由表4–54还可知，处理1的微生物活性最活跃。

表4–54　不同根系促根剂对植烟土壤微生物活性的影响

处理	微生物碳（mg/kg）	微生物氮（mg/kg）	细菌（10^6）	放线菌（10^4）	真菌（10^5）
处理1	411.57	74.6	5.5	23.3	7.7
处理2	321.80	59.9	3.2	17.3	6.0
处理3	333.47	70.4	3.9	15.3	5.7
处理4	159.83	64.6	2.2	6.3	5.7
处理5	161.97	51.3	1.6	8.7	4.7
对照	114.83	77.5	1.0	11.3	5.0

（三）结论

在进行烟苗移栽时，使用处理1、处理3根系促根剂有利于烤烟叶部和整株干物质累积的增加，有利于烤烟对氮磷钾的吸收，而且还增强了根系周围的土壤微生物活性。试验结果表明，使用处理1根系促根剂–特根优对烤烟前期生长促进作用更为明显。

八、综合调控技术措施对烟株前期生长调控的影响

（一）材料与方法

1. 试验地点及烤烟品种

试验点位于重庆市彭水苗族土家族自治县靛水街道新田村3组。土壤质地为壤土，土层深厚，肥力均匀适中，地势平坦。烤烟品种为云烟97。株行距：120cm×50cm或117cm×60cm。试验过程中，除移栽方式不同外，其他栽培管理措施同一般大田。

表4-55 试验地点的经纬度及海拔（I）

区县	乡镇	村名	经度	纬度	海拔（m）
彭水苗族土家族自治县	靛水街道	新田村	108°0′20.9″	29°14′1.1″	1 059.00

表4-56 试验地点理化性质（Ⅱ）

地点	有机质（g/kg）	全氮(g/kg)	全磷(g/kg)	全钾（g/kg）	有效磷（mg/kg)	速效钾（mg/kg）	pH
彭水	31.09	1.36	0.47	6.85	37.34	250.98	5.29

2. 试验设计

示范：地膜覆盖+追肥分次施用+促根剂+提苗肥（自配）+生物炭

对照（常规措施）:地膜覆盖+追肥一次施用+无促根剂+提苗肥（常规）

每个处理约1亩地，试验地块至少2亩。

（二）结果与分析

1. 综合调控技术措施对烤烟前期农艺性状的影响

由图4-33可知，对于株高而言，在移栽后30d示范田烤烟株高明显高于对照田块的。尤其是在移栽后55d时，示范田烤烟株高是对照田的1.27倍。由此可见，综合调控技术措施有利于烤烟前期株高的增加，这与烟田施用生物炭以及自配提苗肥和改变追肥方式有密切关系。

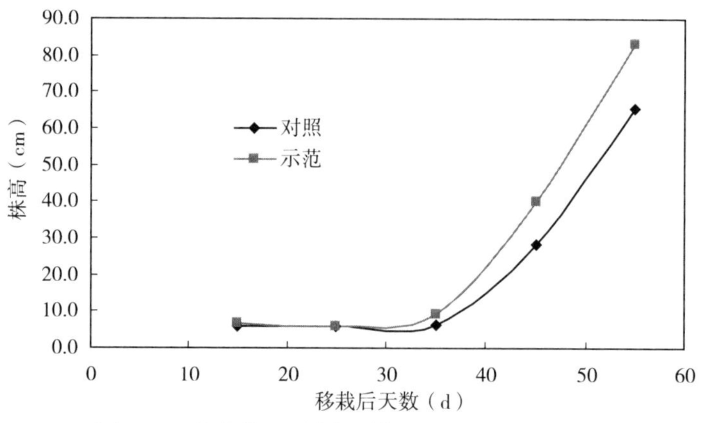

图4-33 综合措施对烤烟前期株高的影响（彭水）

由图4-34可知，对于茎围而言，在移栽后35d示范田烤烟茎围明显高于对照田块的烤烟茎围。尤其是在移栽后45d时，示范田烤烟株高是对照田的1.46倍。由此可见，综合调控技术措施有利于烤烟前期茎围的增加，这与烟田施用生物炭以及自配提苗肥和改变追肥方式有密切关系。

由图4-35可知，对于叶片数而言，在移栽后15d示范田烤烟叶片数明显高于对照田块的烤烟叶片数，而且这种趋势随生育时期推进而变得更加明显。尤其是在移栽后45d时，示范田烤烟叶片数是对照田的1.53倍。由此可见，综合调控技术措施有利于烤烟前期叶片数的增加，这与烟田施用生物炭以及自配提苗肥和改变追肥方式有密切关系。

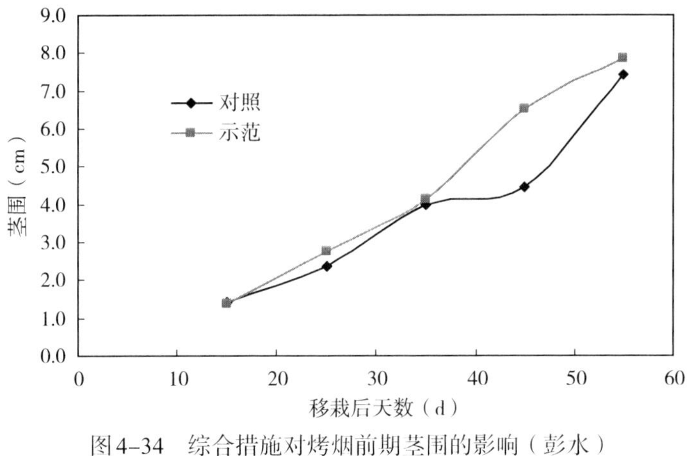

图4-34　综合措施对烤烟前期茎围的影响（彭水）

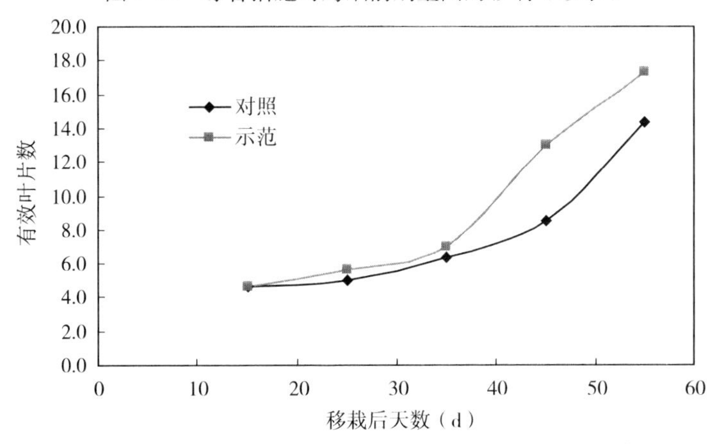

图4-35　综合措施对烤烟前期有效叶片数的影响（彭水）

2. 综合调控技术措施对重庆前期烤烟各器官和整株干物质累积的影响

由图4-36可知，对于烤烟前期的各部位和整株干物质累积而言，均表现为示范田高于

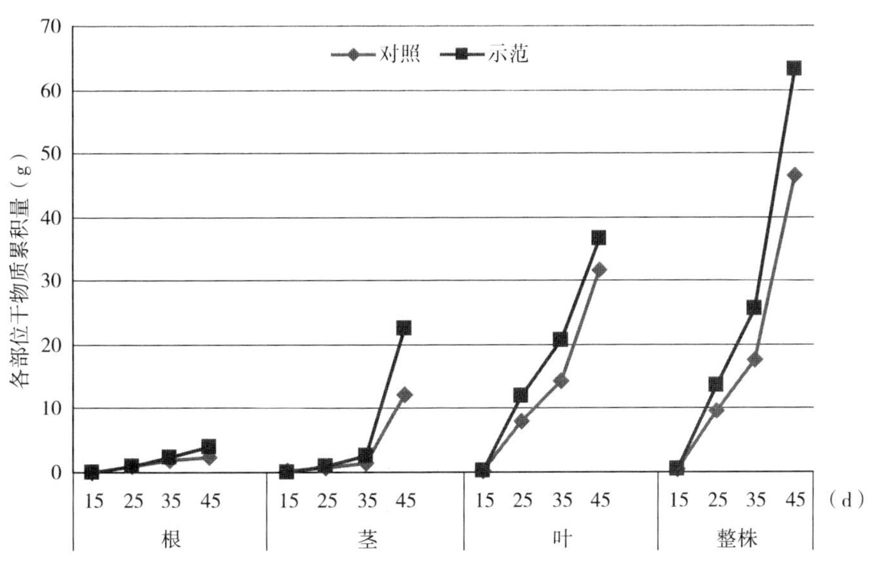

图4-36　综合调控技术对重庆烤烟前期各部分干物质累积的影响

对照田，而且这种趋势随生育时期推进而变得更明显。尤其是在移栽后45d时，与对照田相比，示范田烤烟根、茎、叶和整株依次增加了1.73g、10.15g、4.92g和16.8g。由此可见，综合调控技术措施有利于烤烟前期干物质累积量的增加，这与烟田施用生物炭以及自配提苗肥和改变追肥方式有密切关系。

3. 综合调控技术措施对重庆烤烟经济性状的影响

由表4-57可知，示范田取得了比较好的经济效益。在彭水试验点，亩产值增加了249.37元，亩产量增加了5.02kg，均价提高了0.9元/kg，上等烟比例提高了14.3个百分点，中上等烟比例增加了13个百分点。

表4-57　彭水综合调控技术措施产量及产值

处理	亩产值（元）	亩产量（kg）	均价（元/kg）	上等烟比例（%）	中上等烟比例（%）
对照	3 006.83 b	158.48 b	19.0 b	32.2 b	77.6 b
示范	3 256.20 a	163.50 a	19.9 a	46.5 a	90.6 a

4. 综合调控技术措施对重庆化学成分及其协调性的影响

一般认为优质烤烟化学成分如下：总氮1.5% ~ 3%，还原糖16% ~ 18%，蛋白质8% ~ 10%，烟碱1.5% ~ 3.5%，总糖在18% ~ 22%，钾3%以上，氯1%以下。

从表4-58可知，所有处理的总氮和中下部烟叶烟碱均在适宜范围内，还原糖含量较低，大部分总糖含量偏高，钾含量和氯含量较低。从表4-58还可看出，示范田的三个部位烟叶化学成分含量较为适宜，而且总氮、还原糖、总糖和钾含量较对照高，烟碱略低于对照。

表4-58　综合调控技术措施对重庆化学成分的影响

等级	处理	总氮（%）	烟碱（%）	还原糖（%）	总糖（%）	钾（g/kg）	氯（%）
B_2F	对照	1.85	3.33	15.70	16.17	19.86	0.18
	示范	2.38	2.66	16.41	24.62	26.86	0.21
C_3F	对照	1.43	2.55	15.97	16.87	24.74	0.22
	示范	2.09	2.30	17.18	21.48	25.06	0.21
X_2F	对照	1.52	2.12	14.49	14.14	20.72	0.17
	示范	1.60	1.54	16.10	17.05	25.93	0.15

5. 综合调控技术措施对重庆烤烟前期各器官和整株氮磷钾吸收量的影响

由图4-37可知，对于烤烟叶、茎和整株氮素吸收量而言，在移栽25d后，示范田明显高于对照田，而且这种趋势随着生育时期推进而更加明显。对于烤烟根系氮素吸收量而言，在移栽35d后，示范田明显高于对照田，尤其是移栽后45d，前者是后者的2.45倍。此外，所有处理的烤烟各器官和整株氮素吸收量均随生育时期推进而逐步增加。

由图4-38可知，对于烤烟叶、根和整株磷素吸收量而言，在移栽15d后，示范田明显

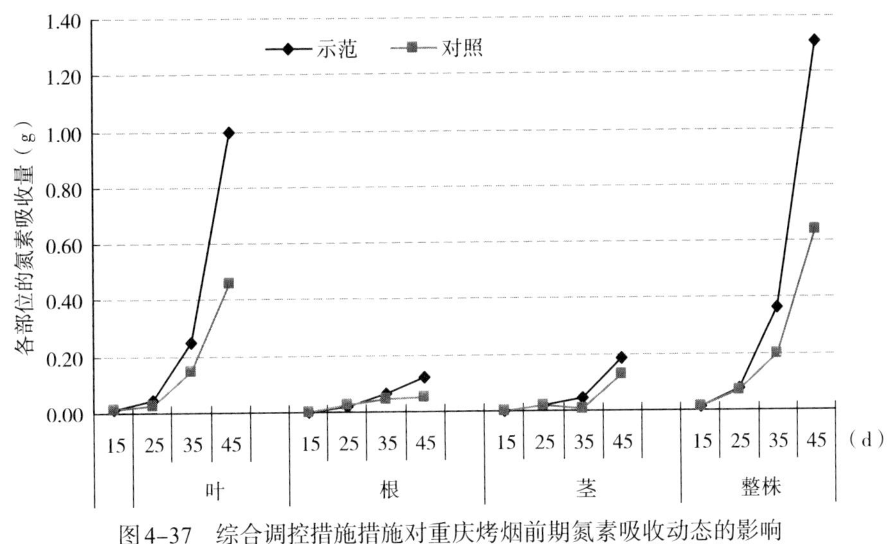

图4-37　综合调控措施措施对重庆烤烟前期氮素吸收动态的影响

高于对照田，而且这种趋势随着生育时期推进而更加明显。对于烤烟茎中磷素吸收量而言，在移栽35d后，示范田明显高于对照田，尤其是移栽后45d，前者是后者的1.40倍。此外，所有处理的烤烟叶和整株的磷素吸收量，先是在移栽后15d到移栽后25d迅速增加，而后在移栽后25d到移栽后35d稳步增加，最后在移栽后35d到移栽后45d又迅速增加；所有处理的烤烟根中磷素吸收量，均随生育时期推进逐步增加；所有处理的烤烟茎中磷素吸收量，在移栽35d后迅速增加。

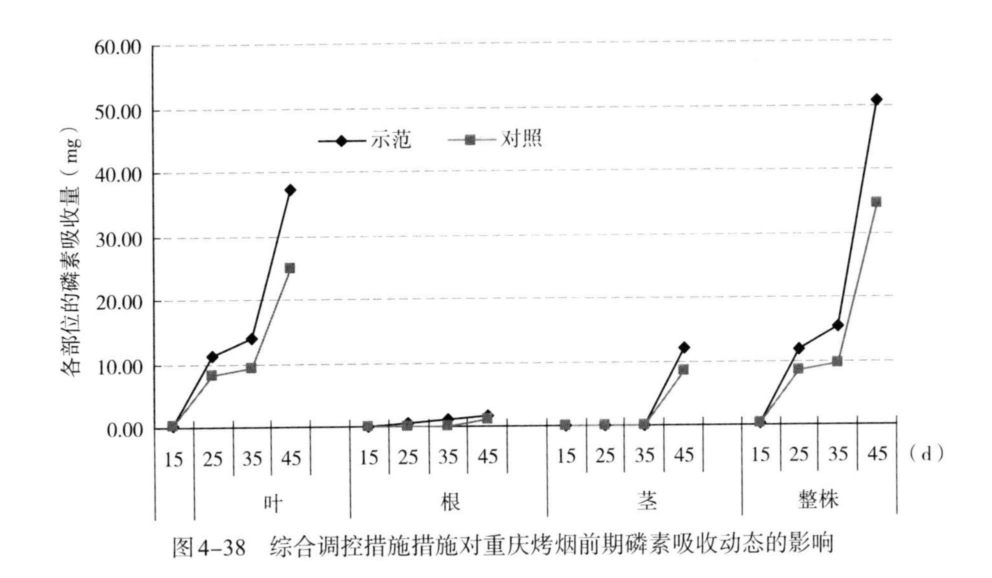

图4-38　综合调控措施措施对重庆烤烟前期磷素吸收动态的影响

由图4-39可知，对于烤烟叶和整株钾素吸收量而言，在移栽15d后，示范田明显高于对照田，而且这种趋势随着生育时期推进而更加明显。对于烤烟根茎中钾素吸收量而言，在移栽25d后，示范田明显高于对照田。此外，所有处理的烤烟叶、根、茎和整株的磷素吸收量，均随生育时期推进逐步增加。

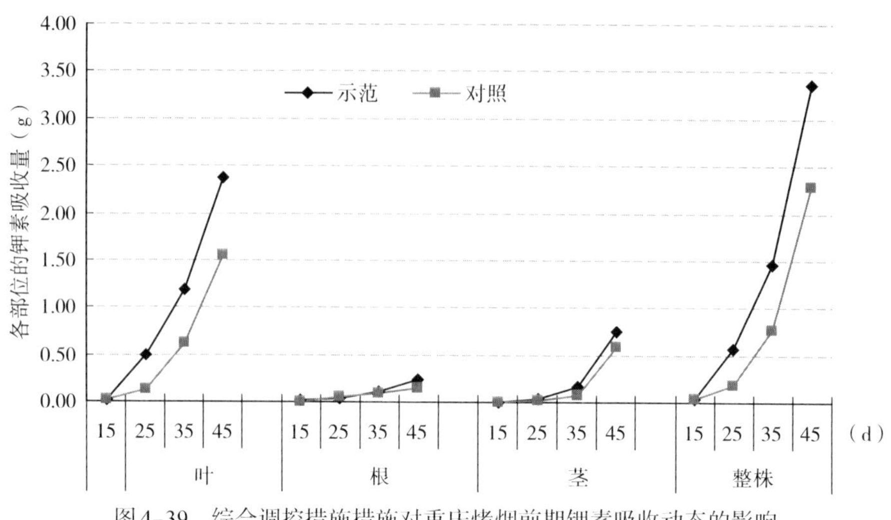

图4-39 综合调控措施措施对重庆烤烟前期钾素吸收动态的影响

6. 综合调控技术措施对重庆烤烟前期抗逆能力的影响

由表4-59可知，示范田的根系活力、MDA、过氧化氢酶活性、过氧化物酶活性、可溶性糖显著高于对照田，示范田的膜透性显著低于对照田的。因此，综合调控技术措施可以提高重庆烤烟前期抗逆能力，能更好地早生快发。

表4-59 综合调控技术措施对重庆烤烟前期抗逆能力的影响

地点	处理	根系活力（$\mu g \cdot g^{-1} \cdot h^{-1}$）	MDA（μmol/L）	过氧化氢酶（$mg \cdot g^{-1} \cdot min^{-1}$）	过氧化物酶（$U \cdot g^{-1} \cdot min^{-1}$）	膜透性	可溶性糖（%）
彭水	示范	576.55 a	0.12 a	5.76 a	126.99 a	1.86 b	0.32 a
	对照	435.16 b	0.03 b	2.89 b	48.96 b	1.07 a	0.06 b

7. 综合调控技术措施对重庆烤烟前期根系形态特征的影响

由表4-60可知，对于烤烟前期的根数、总根长、总根表面积而言，示范田的显著高于对照田的。因此，综合调控技术措施可以促进烤烟根系形态建成，为烤烟烟株地上部分良好生长奠定物质基础。

表4-60 综合调控技术措施对重庆烤烟前期根系形态特征的影响

处理	25 d				45 d			
	根数	总根长（cm）	总根表面积（cm^2）	根体积（cm^3）	根数	总根长（cm）	总根表面积（cm_2）	根体积（cm^3）
示范	357 a	243.6 a	45.0 a	0.71 a	8 738 a	4 244.5 a	1 020.8a	20.41 a
对照	133 b	71.0 b	13.2 b	0.22 b	4 340 b	1 815.6 b	518.5 b	13.72 b
处理	30 d				50 d			
	根数	总根长（cm）	总根表面积（cm^2）	根体积（cm^3）	根数	总根长（cm）	总根表面积（cm^2）	根体积（cm^3）
示范	412 a	312.6 a	64.8 a	0.72 a	9 291 a	4 441.9 a	1 167.5 a	22.04 a
对照	185 b	90.5 b	25.9 b	0.34 b	4 809 b	2268.2 b	545.1 b	14.76 b

8. 综合调控技术措施对植烟土壤物理特性和土壤微生物活性的影响

由表4-61可知，对于植烟土壤前期土壤固相率和土壤容重而言，示范田明显低于对照田，而气相率明显高于对照田。因此，综合调控技术措施可降低土壤固相率和土壤容重，提高气相率，为烤烟早生快发提供良好的土壤保肥透气性能。

表4-61 综合调控技术措施对烤烟前期土壤物理特性的影响

地点	处理	固相率	液相率	气相率	土壤容重
彭水	示范	0.46 b	0.24 a	0.30 a	1.23 b
	对照	0.52 a	0.23 ab	0.25 b	1.38 a

由表4-62可知，在彭水试验点，对于烤烟前期土壤微生物碳氮含量、细菌数量和放线菌数量而言，示范田显著高于对照田；对于土壤真菌而言，对照田显著高于示范田。因此，综合调控技术措施可有效地提高烤烟前期土壤微生物碳氮含量、细菌数量和放线菌数量，依次是对照的1.48倍、3.51倍、1.56倍和2.43倍，同时大大降低了土壤微生物真菌数量至原来的72%。

表4-62 综合调控技术措施对烤烟前期土壤微生物活性的影响（彭水，移栽后25d）

地点	处理	微生物碳（mg/kg）	微生物氮（mg/kg）	细菌（10^5）	真菌（10^5）	放线菌（10^4）
彭水	示范	105.94 a	53.67 a	21.33 a	7.00 b	5.67 a
	对照	71.82 b	15.30 b	13.67 b	9.67 a	2.33 b

（三）结论

综合调控技术措施明显增加了移栽35d后的烤烟株高、茎围和叶片数，有效提高了烤烟前期叶和整株的干物质累积，到移栽后45d时，叶和整株干物质累积增加了4.92g和16.8g，同时明显增加了烤烟前期氮磷钾的吸收，也提高了烤烟前期抗逆能力，促进了烤烟前期根系形态建成，显著降低了固相率、土壤容重，提高了气相率，显著提高了烤烟前期土壤微生物活性。在彭水试验点，综合调控技术措施都取得了比较好的经济效益，具体表现为亩产值增加了249.37元，亩产量增加了5.02kg。综合调控技术措施各部位烟叶的钾氯比都高于对照，而且示范田的氮碱比接近1，糖碱比和糖氮比接近于10，因此烟叶化学成分比较协调。

九、研究成果

移栽后10d喷施磷酸二铵（0.5%）（每隔10d一次，共3次）对烟株长势的影响主要是在旺长阶段，其时效较短，在现蕾期以前效果明显，在平顶期后长势较弱，最终与对照组相当。移栽后10d用磷酸二铵（1%）灌根（每隔10d一次，共3次）对烟株长势影响的时效性较长，一直持续到平顶期后，其平顶后各项农艺性状指标较高，烤后烟叶产量达到每亩162.11kg、中上等烟比例达到96.18%，均居最高。用营养液灌根和用台龙宝灌根与对照组相比没有表现出明显的效果。采用的促早生快发技术对烟叶品质有一定的影响，且以中部叶影响较为明显。喷施磷酸二铵、台龙宝等可以降低烟碱含量，提高总糖、还原糖含量，进而有利于烟叶品质形成。且不同产烟县之间具有差异性。

不同漂浮育苗技术改进措施试验结果表明，处理4(增氧+双棚+干湿交替）和处理3(增氧+双棚）明显提高了移栽后20d的烤烟各器官和整株的干物质积累量，提高了烤烟前期氮磷钾吸收量，其中对磷素吸收量提高效应最强，明显促进了烤烟前期株高的增加和烟株抗逆能力的增强，促进前期根系形态建成。与对照组相比，处理4（增氧+双棚+干湿交替）和处理3（增氧+双棚）的亩产值和亩产量分别增加了880.4元和630.7元、57.3kg和46.2kg。处理4（增氧+双棚+干湿交替）和处理3（增氧+双棚）的烤烟中部叶糖碱比、中上部叶糖氮比比较适宜。

双垄膜上移栽处理明显提高了烤烟前期叶茎和整株中氮素的吸收量，以及叶和整株中钾素吸收量。与壮苗裸栽相比，双垄膜上移栽处理亩产值和亩产量分别增加了1 194.8元和45.3kg，上等烟比例增加了5.8%。双垄膜上移栽处理显著提高了烤烟前期的抗逆能力，促进了前期根系形态建成。在彭水试验点，与壮苗膜上移栽处理相比，双垄膜上移栽处理的亩产值增加了1 162.3元，亩产量增加了77.8kg，小苗膜下深凹型移栽处理的亩产值和亩产量分别增加了783.3元和38.2kg，小苗膜下移栽处理的亩产值和亩产量分别增加了278.5元和15.7kg。双垄膜上移栽处理能明显提高烤烟前期根茎和整株磷素的吸收量、叶片MDA的含量，显著增加了移栽后45d的烤烟根数、根长、根表面积和根体积。双垄膜上移栽处理能明显提高各部位烟叶的钾氯比和中上部叶的氮碱比和中部叶的糖碱比。双垄覆膜和单垄覆膜对5 ~ 25cm的土温均有增加的趋势，而且双垄覆膜对地温增加的影响最为明显，其变化范围在0.48 ~ 1.70℃，其中对10 ~ 25cm的土层增加温度幅度在1.5℃左右，单垄覆膜对10 ~ 25cm的土层增加温度幅度在0.7℃左右。双垄膜上移栽处理显著增加了气相率、显著降低了土壤容重，显著增加了土壤微生物碳氮含量以及细菌、放线菌数量。双垄覆膜大大增加了叶片正反面的光强，更有利于光合作用。

在烟草专用肥使用过程中，增加穴肥比例（40%）的烤烟前期各器官和整株干物质积累量明显高于穴施20%，而且前期对烤烟前期氮磷钾吸收量有促进作用，尤其是对磷素吸收量作用最大。增加穴肥比例（40%）明显提高烤烟前期根系活力、可溶性糖含量、过氧化物酶活性和降低膜透性，显著提高了移栽后50d时的根系形态建成指标值，增加了土壤微生物活性。增加穴肥比例（40%）能明显提高各部位烟叶的钾氯比和中上部烟叶氮碱比，其中上部烟叶糖氮比比较协调。在氮钾肥分次使用过程中，均匀追肥2次和追肥3次的烤烟叶部和整株干物质累积、叶绿素及农艺性状、氮磷钾养分吸收量、产量及产值、化学成分及协调性以及植烟土壤微生物活性都明显高于追肥1次的和不均匀追肥2次的。因此，建议氮钾肥要均匀分2次和追肥3次追施效果较佳，为了省工，均匀追施2次最佳。提苗肥中加入适量挪威雅苒肥料，则有利于烤烟叶部和整株干物质累积的增加，有利于烤烟对氮磷钾的吸收，增强了植烟土壤微生物活性。试验结果表明，每亩地加入挪威雅苒5kg，对烤烟前期生长促进作用更为明显。

不同土壤调理剂在移栽20d后对烤烟叶和整株干物质累积有明显促进作用，具体表现为SC云南>SC河北> SC陕西>对照>SC法国。与对照相比，SC云南、SC河北和SC陕西能明显促进烤烟前期氮磷钾吸收，明显提高了亩产值（483元、395元、297元）和增加了中上等烟比例（22%、21%、19.8%），其中以SC云南经济效益最为显著。SC云南和SC河北的烤烟还原糖比较适宜，SC云南、SC河北和SC陕西的总糖比较适宜，且它们的钾含量较高；SC云南、SC河北和SC陕西的中下部烟叶以及SC云南的上部叶的氮碱比较为适宜；SC云南、SC河北和SC陕西的中上部烟叶的糖碱比和糖氮比较为适宜。SC云南、SC河北和SC陕西能显著提高烤烟前期抗逆能力和促进烤烟前期根系形态建成，显著降低了烤烟前期土壤容重，其中以SC云南效果最好。在进行烟苗移栽时，使用活性促根剂–特根优1、强力生根壮苗剂–寿光沃野有利于烤烟叶部和整株干重的增加，有利于烤烟对氮磷钾的吸收，而且还增强了根系周围的土壤微生物活性。盆栽试验结果表明，使用活性促根剂–特根优对烤烟前期生长促进作用更为明显。

综合调控技术措施明显增加了移栽35d后的烤烟株高、茎围和叶片数，有效提高了烤烟前期叶和整株的干物质累积，到移栽后45d时，叶和整株干物质累积增加了4.92g和16.8g，同时明显增加了烤烟前期氮磷钾的吸收，也提高了烤烟前期抗逆能力，促进了烤烟前期根系形态建成，显著降低了固相率、土壤容重，提高了气相率，显著提高了烤烟前期土壤微生物活性。在彭水试验点，综合调控技术措施都取得了比较好的经济效益，具体表现为亩产值增加了249.37元，亩产量增加了5.02kg。综合调控技术措施各部位烟叶的钾氯比都高于对照，而且示范田的氮碱比接近1，糖碱比和糖氮比接近于10，因此烟叶化学成分比较协调。

>>> 第二节 提高重庆烤烟保障能力的土壤综合改良及施肥技术研究

一、有机无机生态肥代替常规复合肥和功能型生物有机肥代替常规有机肥试验研究

（一）材料与方法

1. 试验地点及烤烟品种

试验地点：重庆市彭水苗族土家族自治县润溪基地单元

土壤类型：黄壤

植烟品种：云烟97

表4-63　试验地点的经纬度及海拔（Ⅰ）

乡（镇）	村名	经度	纬度	海拔（m）
润溪	白果	107°56′30.2″	29°08′04.9″	1 205

表4-64　试验地点理化性质（Ⅱ）

有机质（%）	pH	有效磷（mg/kg）	速效钾（mg/kg）	碱解氮（mg/kg）	缓效钾（mg/kg）	有效硫（mg/kg）
2.43	5.21	34.00	198	128.21	154	54.70

2. 试验设计

供试肥料：有机无机生态肥、功能型生物有机肥

本试验设有3个试验点（较高海拔、中等海拔、较低海拔），每个试验点设有2个处理和1个对照。处理如下：

表4-65　每亩烟田供试肥料处理设计（kg）

处理	常规有机肥	常规复合肥	有机无机生态肥	功能型生物有机肥
处理1	40	0	50	0
处理2	0	50	0	40k
对照	40	50	0	0

（二）结果分析

1. 肥料替代对重庆烤烟主要农艺性状的影响

功能型生物有机肥代替常规有机肥（处理2）的总体长势最好，其烟株、有效叶数、茎围、节距的指标数值较高；有机无机生态肥代替常规复合肥（处理1）长势较好；而对照组烟株长势较各处理组差。

表4-66　不同处理主要农艺性状比较

处理	株高(cm)	长（cm）	宽(cm)	叶数（片）	茎围（cm）	节距
对照	101.26aA	75.89aA	33.96aA	17.4cC	9.29bB	5.99aA
处理1	105.78bB	82.58cC	35.09aAB	19.5aA	10.17aA	6.15aA
处理2	111.1cC	79.32bB	36.26bB	18.2bB	9.83abA	5.98aA

注：小写字母不同表示5%显著差异，大写字母不同表示1%极显著差异。

2. 肥料替代对重庆烤烟病害发生率的影响

田间烟株病害发生率较低，主要是花叶病、赤纹环斑病、赤星病、气候病和野火病等病害，相比较而言，气候病、赤星病和花叶病较为严重；而各处理之间病害发生率并无较大差异。

3. 肥料替代对重庆烤烟主要物理指标的影响

（1）上部叶

功能型生物有机肥代替常规有机肥（处理2），有机无机生态肥代替常规有机肥（处理1）较对照组均可以有效地提高烤烟上部烟叶填充值、叶长、叶宽等物理指标，有效降低平衡水分、叶面密度等物理指标，进而有利于优质烟叶形成。

表4-67　不同处理上部叶主要物理指标比较

处理	填充值（cm^3/g）	平衡水分（%）	叶长（cm）	叶宽（cm）	含梗率（%）	叶面密度（mg/cm^2）
处理1	3.35	12.43	69.30	21.50	35.92	5.42
处理2	3.51	12.17	67.80	19.88	36.63	5.29
对照	3.17	12.65	60.98	16.65	31.05	6.69

（2）中部叶

就烤烟中部烟叶而言，处理组（处理1、处理2）较对照组在填充值、叶长、叶宽等物理指标上有一定程度的提高，叶面密度有一定程度的降低，且平衡水分在适宜范围之内。因此，在一定程度上提高了中部烟叶质量。

表4-68　不同处理中部叶主要物理指标比较

处理	填充值（cm^3/g）	平衡水分（%）	叶长（cm）	叶宽（cm）	含梗率（%）	叶面密度（mg/cm^2）
处理1	2.98	14.53	65.40	19.55	33.53	4.95

（续）

处理	填充值（cm^3/g）	平衡水分（%）	叶长（cm）	叶宽（cm）	含梗率（%）	叶面密度（mg/cm^2）
处理2	2.66	13.58	68.43	23.10	33.67	5.27
对照	2.82	13.43	59.95	18.30	32.65	5.72

4. 肥料替代对重庆烤烟烟叶外观质量的影响

（1）上部叶

功能型生物有机肥代替常规有机肥（处理2）有利于烤烟上部烟叶颜色积累、提高烟叶色度；有机无机生态肥替代常规有机肥（处理1）有利于烤后上部烟叶颜色积累，优化烟叶结构，提高烟叶色度。

表4-69　不同处理上部叶外观质量比较

处理	成熟度	颜色	身份	结构	油分	色度
处理1	成-	橘+	稍厚	尚疏+	有-	中+
处理2	成-	橘+	稍厚	稍密-	有-	中+
对照	成-	橘	稍厚	稍密-	有-	中

（2）中部叶

处理组较对照组对烤烟中部烟叶外观质量影响程度较小，主要表现在提高中部烟叶身份，优化烟叶结构，积累烟叶色度。处理组中以有机无机生态肥替代常规有机肥（处理1）影响较大，功能型生物有机肥代替常规有机肥（处理2）次之。

表4-70　不同处理中部叶外观质量比较

处理	成熟度	颜色	身份	结构	油分	色度
处理1	成	橘	中+	尚疏-	有	强-
处理2	成	橘	中	疏松	有	中
对照	成	橘	中	疏松+	有	中

5. 肥料替代对重庆烤烟主要化学指标的影响

（1）上部叶

就烤烟上部烟叶主要化学指标而言，处理组（处理1、处理2）较对照组在烟碱、总氮、总氯、氮碱比等化学指标上有一定程度的提高，在总糖、还原糖、两糖比、氮碱比等化学指标上有一定程度的降低。

表4-71　不同处理上部叶主要化学指标比较

处理	烟碱（%）	总糖（%）	还原糖（%）	总氮（%）	总钾（%）	总氯（%）	两糖比	糖碱比	氮碱比
处理1	3.62	19.70	16.77	3.25	1.38	0.45	0.85	4.63	0.90
处理2	3.42	19.58	16.11	3.08	1.63	0.44	0.82	4.71	0.90
对照	3.23	25.95	24.00	2.69	1.77	0.14	0.92	7.43	0.83

（2）中部叶

就烤烟中部烟叶化学指标而言，处理组（处理1、处理2）较对照组在一定程度上降低了烟碱的含量，提高了总糖、还原糖、总氮、总钾、糖碱比、氮碱比等化学指标含量。

表4-72　不同处理中部叶主要化学指标比较

处理	烟碱（%）	总糖（%）	还原糖（%）	总氮（%）	总钾（%）	总氯（%）	两糖比	糖碱比	氮碱比
处理1	2.88	25.88	24.68	2.69	1.23	0.19	0.95	8.57	0.93
处理2	2.89	30.05	26.81	2.27	2.10	0.47	0.89	9.28	0.79
对照	3.18	26.45	24.70	2.13	1.52	0.01	0.93	7.77	0.67

6. 肥料替代对重庆烤烟经济性状的影响

处理2烟叶亩产量最高，上等烟比例最高，中上等烟比例远高于对照。处理1亩产量上等烟比例、中上等烟比例高于对照。三组经济性状呈现出处理2>处理1>对照。

表4-73　肥料替代对重庆烤烟经济性状影响

处理	上等烟比例（%）	中上等烟比例（%）	亩产量（kg）
处理1	42.16	94.06	165.50
处理2	54.09	93.29	171.63
对照	39.22	88.96	160.85

（三）结论

功能型生物有机肥代替常规有机肥组（处理2）烟株长势最好，烤烟亩产量达到171.63kg，中上等烟比例达到93.29%；有机无机生态肥代替常规复合肥组（处理1）长势较好，烤烟亩产量达到165.50kg，中上等烟比例达到94.06%；常规施肥组亩产量仅为160.85kg，中上等烟比例为88.96%。两种肥料的施用比常规施肥更有利于烟草的生长发育及有效叶数的积累，可以提高烟草亩产量，有利于提高烟叶颜色，积累烟叶色度；且在一定程度上可以降低中部叶烟碱含量，提高总糖、还原糖、总钾、氮碱比等化学指标，进而有利于优质烟叶的形成。

二、减量化施肥提高香气质的研究

（一）材料与方法

1. 试验地点及烤烟品种

试验地点：重庆市彭水苗族土家族自治县润溪基地单元、武隆县巷口基地单元

植烟品种：云烟97

供试肥料：生物有机肥

2. 试验设计

表4-74 试验设计

处理	生物有机肥用量	复合肥用量（常规）
对照	0	100%
处理1 等产量目标直接减量模式	*x*（重量与30%复合肥相等）	70%
处理2 优质丰产间接减量模式	*y*（重量与50%复合肥相等）	100%

（二）结果分析

1. 减量化施肥对重庆烤烟各个生育期主要农艺性状的影响

团棵期直接减量模式（处理1）各项农艺性状指标最差，间接减量模式（处理2）较差。现蕾期处理2烟叶株高、有效留叶数、茎围、节距与对照组差别不大，最大叶长和叶宽明显较长，处理1组株高和节距较对照组低，叶长和叶宽与对照组相当。平顶期处理1和处理2各项农艺性状指标较对照组较好，处理1和处理2之间差别不明显。

表4-75 团棵期农艺性状对比

处理	最大叶长（cm）	最大叶宽（cm）	株高（cm）	有效叶数（片）	茎围（cm）	节距
处理1	43.12cC	21.12cB	20.70cB	9.40aA	5.81bB	1.78cC
处理2	45.77bB	24.70aA	25.25bA	9.70aA	6.36aA	2.37bB
对照	48.99aA	23.05bAB	28.30aA	11.00aA	5.77bB	2.86aA

注：小写字母不同表示5%显著差异，大写字母不同表示1%极显著差异。

表4-76 现蕾期农艺性状对比

处理	最大叶长（cm）	最大叶宽（cm）	株高（cm）	有效叶数（片）	茎围（cm）	节距
处理1	63.31bB	30.47abA	78.17bA	17.10bA	7.48aA	3.75bB
处理2	69.38aA	31.07aA	84.60abA	17.20abA	7.80aA	4.53aAB
对照	63.62bB	28.28bA	89.90aA	17.90aA	7.31aA	4.76aA

注：小写字母不同表示5%显著差异，大写字母不同表示1%极显著差异。

表4-77 平顶期农艺性状对比

处理	最大叶长（cm）	最大叶宽（cm）	株高（cm）	有效叶数（片）	茎围（cm）	节距
处理1	78.43abA	36.77aA	115.82aA	18.60aA	9.22aAB	6.48aA
处理2	83.18aA	35.71aA	111.62abA	17.60aA	9.59aA	5.69bA
对照	75.97bA	29.55bB	108.72bA	18.10aA	8.74bB	4.71cB

注：小写字母不同表示5%显著差异，大写字母不同表示1%极显著差异。

2. 减量化施肥对重庆烤烟烟株长势的影响

在伸根期到团棵期，对照组全量施用复合肥烟叶长势最好，各项农艺性状指标最好，间接减量模式（处理2）与对照组相当差别不大，直接减量模式（处理1）最差；从大田进入旺长到平顶期，处理2和处理1烟株生长速度较对照快，在现蕾期处理2的长势已超过对照组，处理1各项农艺性状指标与对照组相当；平顶期2个处理组的农艺性状指标已超过了对照组。

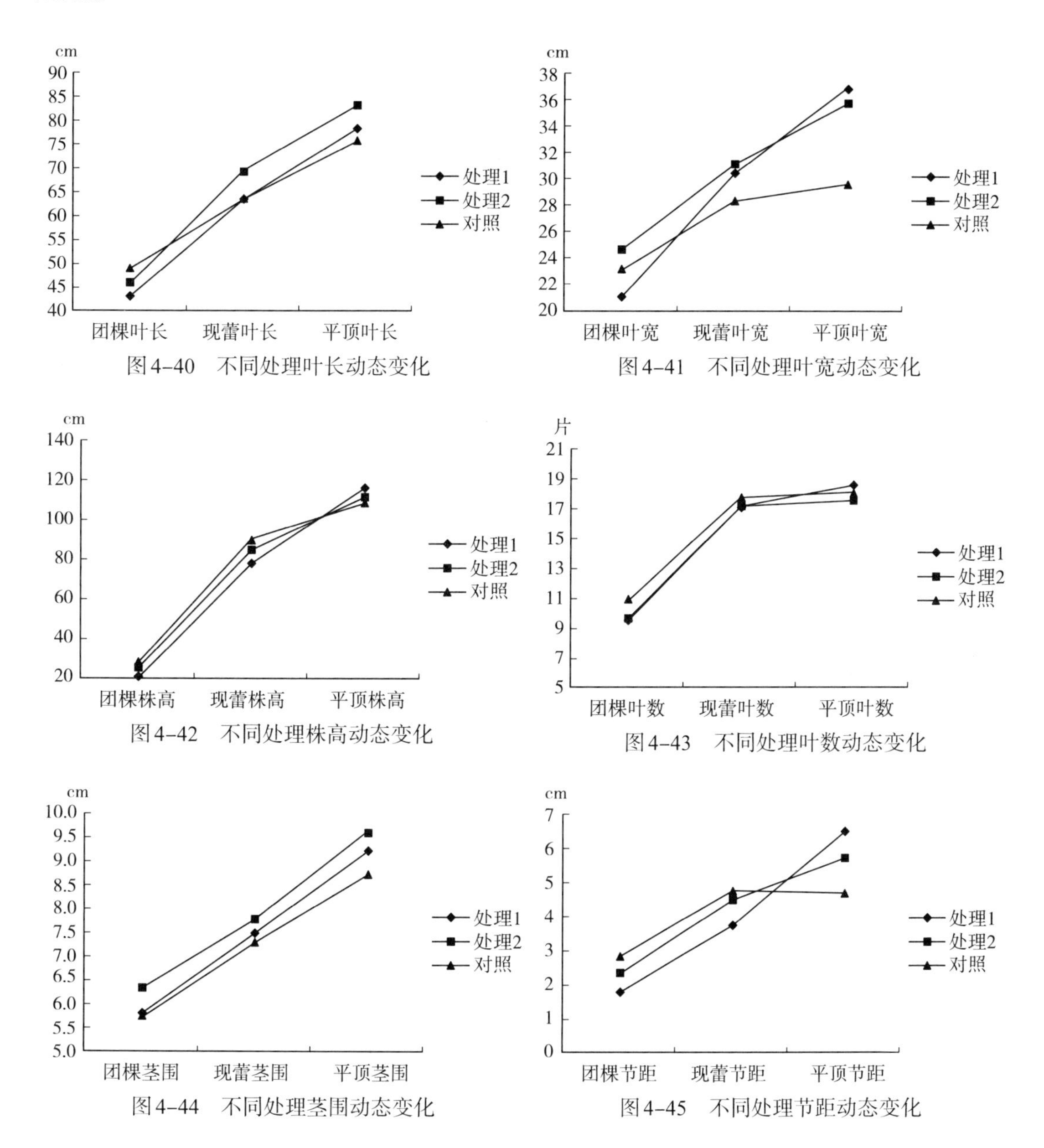

图4-40　不同处理叶长动态变化

图4-41　不同处理叶宽动态变化

图4-42　不同处理株高动态变化

图4-43　不同处理叶数动态变化

图4-44　不同处理茎围动态变化

图4-45　不同处理节距动态变化

3. 减量化施肥对重庆烤烟烟叶主要物理指标的影响

（1）上部叶

就彭水上部叶主要物理指标而言，处理组较对照组在叶长、叶宽、平衡水分等物理指标上具有较为明显的提高，而在填充值、叶面密度等指标上则有所降低。武隆烟区处理组较对照组在物理指标方面优势不大，在一定程度上甚至降低了烟叶物理性质。

表4-78　不同处理上部叶主要物理指标比较（彭水）

处理	填充值（cm^3/g）	平衡水分（%）	叶长（cm）	叶宽（cm）	含梗率（%）	叶面密度（mg/cm^2）
处理1	2.61	13.48	62.60	19.05	29.45	5.65
处理2	2.82	13.39	66.60	20.45	30.90	5.83
对照	2.97	13.25	65.85	18.95	30.00	5.93

表4-79　不同处理上部叶主要物理指标比较（武隆）

处理	填充值（cm^3/g）	平衡水分（%）	叶长（cm）	叶宽（cm）	含梗率（%）	叶面密度（mg/cm^2）
处理1	3.49	11.90	63.33	17.90	33.53	6.02
处理2	3.28	12.32	60.88	17.58	30.09	6.51
对照	2.90	12.66	65.98	20.25	31.00	6.31

（2）中部叶

就处理组与对照组之间烤烟中部叶物理指标差异而言，产烟县彭水、武隆表现具有一致性：处理组在叶长、叶宽、含梗率等物理指标上较对照组均有所提高；直接减量模式（处理1）对平衡水分有所降低，而间接减量模式（处理2）对烟叶填充值有所降低。

表4-80　不同处理中部叶主要物理指标比较（彭水）

处理	填充值（cm^3/g）	平衡水分（%）	叶长（cm）	叶宽（cm）	含梗率（%）	叶面密度（mg/cm^2）
处理1	3.18	12.20	65.35	23.20	33.84	4.63
处理2	2.84	13.76	62.20	22.80	32.80	4.51
对照	2.95	12.81	62.03	21.80	31.28	4.52

表4-81　不同处理中部叶主要物理指标比较（武隆）

处理	填充值（cm^3/g）	平衡水分（%）	叶长（cm）	叶宽（cm）	含梗率（%）	叶面密度（mg/cm^2）
处理1	3.01	12.98	66.20	25.30	38.94	4.22
处理2	2.87	13.44	67.30	26.95	36.65	4.38
对照	3.27	12.96	63.93	20.73	36.00	4.03

4. 减量化施肥对重庆烤烟烟叶外观质量的影响

（1）上部叶

间接减量模式（处理2）对烤烟上部烟叶外观质量影响较大，有利于提高烟叶成熟度，烟叶颜色积累，优化烟叶结构，加强烟叶色度；直接减量模式（处理1）较对照组对烤后上部烟叶外观质量影响不大。

表4-82　不同处理上部叶外观质量比较（彭水）

处理	成熟度	颜色	身份	结构	油分	色度
处理1	成-	橘	中+	尚疏-	有	强-
处理2	成-	橘	稍厚-	尚疏-	有	中+
对照	成	橘	中+	疏松+	有	强-

表4-83　不同处理上部叶外观质量比较（武隆）

处理	成熟度	颜色	身份	结构	油分	色度
处理1	成--	橘	稍厚	稍密-	有-	中
处理2	成	橘+	稍厚	尚疏+	有-	中+
对照	成-	橘	稍厚-	尚疏+	有-	中

（2）中部叶

处理组较之对照组对烤烟中部烟叶外观质量的影响，两县表现具有差异性：彭水苗族土家族自治县处理组对烤烟中部烟叶外观质量指标影响不大；武隆县，间接减量模式（处理2）烟叶外观质量较好，直接减量模式（处理1）次之。

表4-84　不同处理中部叶外观质量比较（彭水）

处理	成熟度	颜色	身份	结构	油分	色度
处理1	成-	柠+	中-	尚疏-	有-	中-
处理2	尚熟	橘--	稍薄+	尚疏-	稍有+	弱+
对照	成-	橘-	中-	疏松	有	中

表4-85　不同处理中部叶外观质量比较（武隆）

处理	成熟度	颜色	身份	结构	油分	色度
处理1	尚熟	柠++	稍薄	尚疏-	有-	中-
处理2	尚熟+	柠+	稍薄+	疏松+	有-	中-
对照	成-	橘--	稍薄+	疏松+	稍有+	弱++

5. 减量化施肥对重庆烤烟烟叶主要化学指标的影响

（1）上部叶

对于彭水苗族土家族自治县烤烟上部烟叶主要化学指标而言，处理组较对照组在一定程度上降低了烟碱、总氮、总氯等化学指标含量，而在总糖、还原糖、糖碱比、氮碱比等化学指标含量上有所提高；对于武隆县烤烟上部烟叶主要化学指标而言，处理组较对照组在一定程度上降低了烟碱、总糖、还原糖、两糖比等化学指标含量，提高了总钾、总氯、糖碱比、氮碱比等化学指标含量。

表4-86　不同处理上部叶主要化学指标比较（彭水）

处理	烟碱（%）	总糖（%）	还原糖（%）	总氮（%）	总钾（%）	总氯（%）	两糖比	糖碱比	氮碱比
处理1	2.56	33.26	29.28	1.84	1.39	0.13	0.88	11.44	0.72

（续）

处理	烟碱（%）	总糖（%）	还原糖（%）	总氮（%）	总钾（%）	总氯（%）	两糖比	糖碱比	氮碱比
处理2	2.68	32.67	27.21	1.93	1.45	0.17	0.83	10.15	0.72
对照	2.85	30.60	28.34	1.99	1.51	0.18	0.93	9.94	0.70

表4–87　不同处理上部叶主要化学指标比较（武隆）

处理	烟碱（%）	总糖（%）	还原糖（%）	总氮（%）	总钾（%）	总氯（%）	两糖比	糖碱比	氮碱比
处理1	2.79	20.55	18.05	3.30	1.36	0.35	0.88	6.47	1.18
处理2	2.72	21.87	19.86	3.20	1.62	0.38	0.91	7.30	1.18
对照	3.86	23.09	24.21	2.53	1.16	0.10	1.05	6.27	0.66

（2）中部叶

对于两县（彭水、武隆）烤烟中部烟叶主要化学指标而言，间接减量模式（处理2）对烟叶烟碱、总氮、总氯、氮碱比等化学指标含量有所降低，对还原糖、总钾、两糖比、糖碱比等化学指标含量有所提高；直接减量模式（处理1）对烟叶总氯、糖碱比、氮碱比有所提高，对总氮、总钾等化学指标含量有所降低。

表4–88　不同处理中部叶主要化学指标比较（彭水）

处理	烟碱（%）	总糖（%）	还原糖（%）	总氮（%）	总钾（%）	总氯（%）	两糖比	糖碱比	氮碱比
处理1	2.45	30.14	26.05	1.67	1.66	0.18	0.86	10.63	0.68
处理2	2.21	29.95	28.45	1.55	1.93	0.11	0.95	12.87	0.70
对照	2.28	31.09	28.00	1.79	1.83	0.07	0.90	12.28	0.79

表4–89　不同处理中部叶主要化学指标比较（武隆）

处理	烟碱（%）	总糖（%）	还原糖（%）	总氮（%）	总钾（%）	总氯（%）	两糖比	糖碱比	氮碱比
处理1	1.91	28.62	22.47	1.82	1.61	0.24	0.79	11.76	0.95
处理2	1.65	33.22	26.27	1.67	1.77	0.09	0.79	15.92	1.01
对照	2.82	26.72	25.10	2.12	1.68	0.17	0.94	8.90	0.75

6. 减量化施肥对重庆烤烟经济性状的影响

直接减量模式的产量、产值较对照组低，中上等烟比例较对照组高。间接减量模式的产量、产值最高，中上等烟比例与对照相当。

表4–90　减量化施肥对重庆烤烟经济性状影响

处理	上等烟比例（%）	中上等烟比例（%）	亩产量（kg）
处理1	55.50	92.81	156.06
处理2	58.05	92.71	162.25
对照	60.49	94.27	158.68

（三）结论

常规施肥（对照组）烟株缓苗时间较短，进入团棵期时间较短，各项农艺性状指标最好，均优于直接和间接减量模式；进入团棵期后，直接和间接减量模式烟株长势更好，当达到旺长期时与对照组农艺性状已没有差别；在现蕾期间接减量模式烟株的长势已超过对照组；平顶期两处理组的农艺性状均已超过了对照组。间接减量模式对烤烟烟叶产量影响较大，亩产量达到162.25kg，中上等烟比例达到92.71%，烟叶的内在质量也有提高，烟碱含量降低，总糖、还原糖的含量稍有提高。直接减量模式对烤烟烟叶的质量影响较大，上等烟比例达到55.50%，直接减量降低烟叶密度，积累烟叶色度，降低烟碱，提高烟叶总钾含量。

三、白云石粉对酸化土壤改良及提高烟草产质量研究

（一）材料与方法

1. 试验地点及烤烟品种

试验地点：重庆市彭水苗族土家族自治县润溪基地单元

土壤类型：黄壤

植烟品种：云烟97

供试材料：白云石粉

2. 试验设计

试验设有4个处理、重复2次。采用小区试验，每个处理作为一个小区，其中每个小区4行，每行30株。试验处理如下：

表4-91　试验设计

处理	白云石粉每亩烟田施用量（kg）
处理1	75
处理2	100
处理3	125
对照	0

移栽前2个月施用白云石粉，撒施，翻耕后耙匀，使其与土壤充分反应。试验过程中，施肥、育苗、移栽、大田管理和采收烘烤等环节严格按照当地优质烟生产技术规范执行。

（二）结果分析

1. 白云石粉对重庆烤烟农艺性状的影响

（1）团棵期农艺性状分析

不同处理之间为处理2长势最好、处理3长势较好，处理1长势最差，主要表现在株高、茎围、下部叶长、下部叶宽等农艺指标上。处理组与对照组在株高、茎围等农艺指标上具有显著差异；不同处理之间处理2较处理1、处理3在株高、有效叶数、茎围、下部叶长、下部叶宽等农艺指标上具有显著差异。

表4–92 团棵期不同处理间农艺性状数据分析

处理	株高（cm）	叶数（片）	茎围（cm）	下长（cm）	下宽（cm）
对照	26.24 ± 1.83aA	9.40 ± 0.52aA	5.41 ± 0.43aA	44.94 ± 1.87aA	22.10 ± 1.55aA
处理1	29.58 ± 1.14bB	9.40 ± 0.52aA	5.86 ± 0.46bAB	43.76 ± 2.23aA	22.23 ± 1.66aA
处理2	36.13 ± 1.56cC	11.00 ± 0.00bB	6.28 ± 0.28cB	48.38 ± 0.81bB	24.56 ± 2.78bA
处理3	29.91 ± 0.92bB	9.40 ± 0.84aA	5.66 ± 0.35abA	44.60 ± 1.95aA	22.79 ± 1.63abA
p	0.000	0.000	0.000	0.000	0.031

注：小写字母不同表示差异显著，大写字母不同表示差异极显著。

（2）旺长期农艺性状分析

处理组较对照组间长势好，主要表现在株高、有效叶数、茎围、中部叶长、下部叶长等农艺指标上；不同处理之间表现为处理2长势最好、处理3长势较好、处理1长势最差。

表4–93 旺长期不同处理间农艺性状数据分析

处理	株高（cm）	叶数（片）	茎围（cm）	中长（cm）	中宽（cm）	下长（cm）	下宽（cm）
对照	56.92 ± 1.61aA	14.80 ± 0.42aA	5.85 ± 0.35aA	56.26 ± 2.72aA	25.54 ± 1.57aA	54.90 ± 2.71aA	27.60 ± 1.46abA
处理1	60.88 ± 0.95bB	15.20 ± 0.42abA	6.25 ± 0.34aA	59.37 ± 2.7abAB	25.25 ± 2.15aA	59.51 ± 3.01bAB	27.06 ± 1.88aA
处理2	68.61 ± 1.32dD	16.10 ± 0.57cB	7.13 ± 0.48aA	59.72 ± 4.55abAB	27.17 ± 2.11aA	60.84 ± 5.61bB	29.65 ± 3.49bA
处理3	63.76 ± 1.48cC	15.40 ± 0.52bA	6.86 ± 0.62aA	61.66 ± 4.52bB	26.80 ± 2.75aA	61.25 ± 3.11bB	29.50 ± 1.41bA
p	0	0	0	0.02	0.16	0.00	0.02

注：小写字母不同表示差异显著，大写字母不同表示差异极显著。

（3）平顶期农艺性状分析

处理组较对照组长势好，主要表现在株高、有效叶数、茎围、上部叶宽、下部叶宽等农艺指标上；不同处理间表现为处理2长势最好、处理3长势较好、处理1长势最差，主要表现在株高、节距等农艺指标上。

表4–94 平顶期不同处理间农艺性状数据分析

处理	株高（cm）	叶数（片）	茎围（cm）	节距	上长（cm）	上宽（cm）	中长（cm）	中宽（cm）	下长（cm）	下宽（cm）
对照	98.12 ± 0.87aA	18.00 ± 0.00aA	7.50 ± 0.15aA	5.45 ± 1.15bB	54.42 ± 2.27aA	18.02 ± 0.50aA	71.56 ± 6.78aA	29.88 ± 2.43aA	68.22 ± 2.64aA	29.46 ± 1.99aA
处理1	103.30 ± 0.83bB	19.50 ± 0.53bBC	8.28 ± 0.42bB	5.29 ± 9.19aA	55.54 ± 3.77abA	19.56 ± 2.13bAB	76.06 ± 6.10abA	30.41 ± 3.54abA	73.10 ± 9.22aA	33.54 ± 3.19bB
处理2	108.78 ± 1.34dD	19.90 ± 0.32cC	8.77 ± 0.31cB	5.46 ± 7.30bB	56.93 ± 3.64abA	20.90 ± 1.56bB	77.49 ± 3.17bA	31.87 ± 1.95abA	71.97 ± 2.87aA	33.19 ± 3.05bB
处理3	104.70 ± 0.76cC	19.20 ± 0.63bB	8.47 ± 0.56bcB	5.45 ± 8.17bB	58.16 ± 2.40bA	20.17 ± 1.30bB	78.08 ± 3.36bA	32.33 ± 0.94bA	73.48 ± 4.07aA	33.69 ± 1.71bB
p	0	0	0	0.004	0.056	0.001	0.03	0.089	0.135	0.002

注：小写字母不同表示差异显著，大写字母不同表示差异极显著。

2. 白云石粉对重庆烤烟病害发生率的影响

整个试验从移栽到平顶期处理组与对照组的病害发病率不高，只是气候病有零星散发，到成熟期时田间病害开始发生，主要是黑胫病，处理组与对照组间规律性不强；黑胫病在不同处理间发病率以处理2最高，气候病在不同处理间发病率以处理2最低、处理3最高。

表4-95　成熟期不同处理间病害发生率（%）

处理		黑胫病	野火病	青枯病	赤星病	气候病	花叶病
试验田Ⅰ	处理1	2.50	0.00	0.00	0.00	5.83	0.00
	处理2	5.83	0.00	0.00	0.00	4.17	0.00
	处理3	3.33	0.00	0.00	0.00	7.50	0.00
对照		4.17	0.00	0.00	0.00	4.17	0.00
试验田Ⅱ	处理1	3.33	0.00	0.00	0.00	5.00	0.00
	处理2	4.17	0.00	0.00	0.00	4.17	0.00
	处理3	0.83	0.00	0.00	0.00	5.83	0.00

3. 白云石粉对重庆烤烟经济性状的影响

对于中部烟叶主要化学指标而言，处理组较对照组在一定程度上降低了烟碱含量，增加了总糖、还原糖和糖碱比。其中每亩施用75kg白云石粉（处理1）烟碱下降最明显为2.65%，糖碱比达到10.95。每亩施用100kg白云石粉（处理2）总糖、还原糖、烟叶钾的含量最高分别达到35.17%、31.51%、1.90%。

表4-96　白云石粉对中部叶主要化学指标影响

处理	烟碱（%）	总糖（%）	还原糖（%）	总氮（%）	总钾（%）	总氯（%）	两糖比	糖碱比	钾氯比
对照	4.00	22.02	21.17	1.89	1.43	0.16	0.96	5.29	8.94
处理1	2.65	32.07	28.96	1.93	1.58	0.24	0.90	10.95	6.70
处理2	3.18	35.17	31.51	2.20	1.90	0.32	0.90	9.91	6.02
处理3	3.70	27.21	25.44	2.59	1.71	0.40	0.93	6.87	4.28

对于上部烟叶主要化学指标而言，处理组较对照组在一定程度上降低了烟碱含量，增加了总糖、还原糖和糖碱比。其中，每亩施用125kg白云石粉（处理3）烟碱下降最明显为3.87%，糖碱比达到5.00。每亩施用125kg白云石粉（处理3）总糖、还原糖、烟叶钾的含量最高，分别达到19.58%、19.35%、2.18%。

表4-97　白云石粉对上部叶主要化学指标影响

处理	烟碱（%）	总糖（%）	还原糖（%）	总氮（%）	总钾（%）	总氯（%）	两糖比	糖碱比	钾氯比
对照	4.85	16.79	16.30	2.78	1.70	0.41	0.97	3.36	4.15
处理1	4.15	18.32	17.50	3.19	2.33	0.52	0.96	4.22	4.48
处理2	4.32	18.56	17.17	3.15	2.02	0.54	0.93	3.97	3.77
处理3	3.87	19.58	19.35	3.05	2.18	0.46	0.99	5.00	4.74

4. 白云石粉对重庆烤烟评吸质量的影响

处理组施用白云石粉后，烟叶评吸质量提升明显，香气质、香气量均有一定的提升，杂气量降低。特别是每亩施用75kg、100kg的两组烟叶评吸质量提升明显。

表4-98 白云石粉对中部叶评吸质量影响

试验	劲	浓	香气质	香气量	余味	杂气	刺激性	燃烧性	灰分	得分	质量
对照	适中+	中等+	10.75	15.88	18.88	11.75	8.50	3.00	3.00	71.75	2.60
处理1	适中	中等	11.50	16.13	20.00	12.88	9.13	3.00	3.00	75.63	4.00
处理2	适中	中等+	11.50	16.50	20.00	13.50	9.13	3.00	3.00	76.63	4.38
处理3	适中	中等+	11.38	16.38	19.38	12.75	8.88	3.00	3.00	74.75	3.53

5. 白云石粉对重庆烤烟经济性状的影响

对试验地不同处理，分别单独采收、单独烘烤、单独分级、称重，推算亩产量，处理组较对照组亩产量均有提高；不同处理间处理2产量最高、处理3次之、处理1最低。处理组较对照组上等烟比例、中上等烟比例以及亩产量均有较大幅度的提高；不同处理间，处理2上等烟比例、中上等烟比例、亩产值最高，处理3次之，处理1最差。

表4-99 不同处理间经济性状数据分析

处理	上等烟比例（%）	中上等烟比例（%）	亩产量（kg）
处理1	33.90	68.44	144.31
处理2	45.62	77.96	193.31
处理3	35.48	68.70	172.92
对照	21.97	57.55	129.72

（三）结论

处理组较对照组长势好，不同处理间表现为每亩施用白云石粉100kg组（处理2）长势最好，每亩施用125kg白云石粉组（处理3）次之，每亩施用75kg白云石粉组（处理1）最差。处理组较对照组病害发生率差异性不明显，规律性不强。处理组较对照组在一定程度上降低了烟碱含量，增加了总糖、还原糖和糖碱比；每亩施用白云石粉75kg组（处理1）中部叶烟碱下降最明显为2.65%，糖碱比差异最明显，达到10.95。每亩施用125kg白云石粉组（处理3）烟碱下降最明显为3.87%，糖碱比差异最明显，达到5.00。处理组施用白云石粉后，烟叶评吸质量提升明显，香气质、香气量均有一定的提升，杂气量降低。特别是每亩施用75kg、100kg白云石粉两组的烟叶评吸质量提升明显。处理组较对照组上等烟比例、中上等烟比例以及亩产值均有较大幅度提高，不同处理之间，每亩施用白云石粉100kg组较每亩施用白云石粉75kg组、每亩施用白云石粉125kg组好。说明利用白云石粉改善当地土壤酸化现状，有利于烟株生长发育，为当地酸化土壤改良提供可行性依据。

四、草木灰施用量对酸化土壤改良及提高烟草产质量研究

（一）材料与方法

1. 试验地点及烤烟品种

试验地点：重庆市彭水苗族土家族自治县润溪基地单元

土壤类型：黄壤
种植类型：地烟
前茬作物：烤烟
植烟品种：云烟97
供试材料：草木灰

2. 试验设计

试验设有4个处理、重复2次。采用小区试验，每个处理作为一个小区，其中每个小区4行，每行30株。试验处理如下：

表4-100　试验设计

处理	草木灰每亩烟田施用量（kg）
处理1	40
处理2	50
处理3	60
对照	0

草木灰垄侧条施，深度为10cm左右，施后立即覆土，草木灰使用过程中应避免与铵态氮肥、尿素、农家肥等肥料混用。试验过程中施肥、育苗、移栽、大田管理和采收烘烤等环节严格按照当地优质烟生产技术规范执行。

（二）结果分析

1. 施用草木灰对重庆烤烟农艺性状的影响

（1）团棵期农艺性状分析

处理组较对照组长势好，主要表现在株高、有效叶数、下部叶长等农艺指标上；不同处理间以每亩施用50kg草木灰组（处理2）长势最好、每亩施用60kg草木灰组（处理3）长势较好、每亩施用40kg草木灰组（处理1）长势最差，主要表现在株高、有效叶数等农艺指标上。

表4-101　团棵期不同处理间农艺性状数据分析

处理	株高(cm)	叶数（片）	茎围(cm)	下长(cm)	下宽(cm)
对照	33.48 ± 1.25aA	10.80 ± 0.42aA	5.51 ± 0.26aA	45.56 ± 1.48aA	23.14 ± 0.94aA
处理1	35.61 ± 1.05bB	11.90 ± 0.74bB	5.51 ± 0.29aA	46.25 ± 1.00aA	23.31 ± 1.04aA
处理2	40.83 ± 1.08dD	12.40 ± 0.52bB	6.04 ± 0.49bB	50.97 ± 1.77bB	24.69 ± 1.42bAB
处理3	37.79 ± 0.96cC	12.10 ± 0.74bB	6.21 ± 0.15bB	50.74 ± 2.64bB	26.02 ± 1.71cB
p	0.000	0.000	0.000	0.000	0.000

注：小写字母不同表示差异显著，大写字母不同表示差异极显著。

（2）旺长期农艺性状分析

处理组较对照组长势好，主要表现在株高、有效叶数、茎围、中部叶长宽、下部叶长宽等农艺指标上；不同处理间以每亩施用50kg草木灰组（处理2）长势最好、每亩施用

60kg草木灰组（处理3）次之、每亩施用40kg草木灰组（处理1）最差，主要表现在株高、有效叶数、茎围、中部叶长宽、下部叶长宽等农艺指标上。

表4-102　旺长期不同处理间农艺性状数据分析

处理	株高（cm）	叶数（片）	茎围（cm）	中长（cm）	中宽（cm）	下长（cm）	下宽（cm）
对照	63.00 ± 2.30aA	14.20 ± 0.42aA	6.15 ± 0.17aA	56.12 ± 2.28aA	20.62 ± 0.72aA	53.70 ± 2.35aA	23.06 ± 1.18aA
处理1	67.67 ± 0.82bB	14.60 ± 0.52aA	6.44 ± 0.44bAB	59.17 ± 2.20bB	23.83 ± 2.26bB	57.20 ± 2.54bB	25.31 ± 1.40aAB
处理2	73.30 ± 1.41dC	16.40 ± 0.52cB	6.88 ± 0.37cC	62.10 ± 1.95cC	30.83 ± 1.90cC	60.84 ± 2.30cC	29.10 ± 3.75bC
处理3	71.85 ± 1.49cC	15.90 ± 0.57bB	6.71 ± 0.22bcBC	60.78 ± 1.87bcBC	29.70 ± 2.08cC	59.18 ± 1.98bcBC	28.06 ± 3.55bBC
p	0.00	0.00	0.00	0.00	0.00	0.00	0.00

注：小写字母不同表示差异显著，大写字母不同表示差异极显著。

（3）平顶期农艺性状分析

处理组较对照组长势好，主要表现在上部叶长、上部叶宽、中部叶长、中部叶宽、下部叶长、下部叶宽等农艺指标上；不同处理间以每亩施用60kg草木灰组（处理3）长势最好，每亩施用50kg草木灰组（处理2）次之，每亩施用40kg草木灰组（处理1）最差，主要表现在株高、茎围、节距、上部叶宽、下部叶长等农艺指标上。

表4-103　平顶期不同处理间农艺性状数据分析

处理	株高（cm）	叶数（片）	茎围（cm）	节距	上长（cm）	上宽（cm）	中长（cm）	中宽（cm）	下长（cm）	下宽（cm）
对照	96.80 ± 1.12aA	18.60 ± 0.52bB	7.88 ± 0.24aA	5.21 ± 0.19aA	48.94 ± 4.22aA	17.38 ± 0.74aA	73.34 ± 0.81aA	30.78 ± 0.80abA	69.02 ± 1.23aA	31.30 ± 0.53aA
处理1	96.27 ± 0.77aA	18.00 ± 0.00aA	7.76 ± 0.28aA	5.35 ± 0.04aA	61.03 ± 0.51cC	20.38 ± 0.51bB	75.81 ± 3.23bAB	29.49 ± 1.61aA	73.27 ± 1.35bcBC	32.34 ± 1.33abAB
处理2	102.08 ± 1.69bB	19.50 ± 0.53cC	8.21 ± 0.26bB	5.24 ± 0.15aA	55.56 ± 0.93bB	20.67 ± 1.74bB	77.56 ± 2.15bB	31.23 ± 2.15bA	72.01 ± 1.42bB	33.58 ± 1.69cC
处理3	107.86 ± 0.80cC	18.10 ± 0.57aA	8.52 ± 0.16cC	5.96 ± 0.21bB	61.53 ± 0.38cC	22.25 ± 2.70cB	76.80 ± 1.29bB	30.45 ± 1.64abA	74.05 ± 2.22cC	33.08 ± 0.98bcC
p	0	0	0	0	0	0	0	0.122	0	0.001

注：小写字母不同表示差异显著，大写字母不同表示差异极显著。

2. 施用草木灰对重庆烤烟病害发生率的影响

据统计，从移栽到平顶期试验地发病率很低，主要是气候病散发，成熟期田间病害主要是黑胫病与气候病，发病率较高，处理组与对照组间规律性不强；不同处理间，气候病以每亩施用50kg草木灰组（处理2）发病率最低，黑胫病发病率与试验地选择关联性较大。

表4-104 成熟期不同处理间病害发生率（%）

处理		黑胫病	野火病	青枯病	赤星病	气候病	花叶病
试验田Ⅰ	处理1	16.67	0.00	0.00	0.00	5.83	0.00
	处理2	14.17	0.00	0.00	0.00	4.17	0.00
	处理3	12.50	0.00	0.00	0.00	7.50	0.00
对照		2.50	0.00	0.00	0.00	5.00	0.00
试验田Ⅱ	处理1	0.83	0.00	0.00	0.00	5.00	0.00
	处理2	4.17	0.00	0.00	0.00	3.33	0.00
	处理3	2.50	0.00	0.00	0.00	5.00	0.00

3. 施用草木灰对重庆烤烟主要化学成分的影响

对于中部烟叶主要化学指标而言，3个处理组较对照组在烟碱含量明显降低，总糖、还原糖、烟叶钾、糖碱比、总氮、烟叶氯的含量明显增加。3个处理组间之间差别不明显。

表4-105 草木灰对中部叶主要化学成分影响

处理	烟碱（%）	总糖（%）	还原糖（%）	总氮（%）	总钾（%）	总氯（%）	两糖比	糖碱比	钾氯比
对照	4.21	21.35	19.48	1.89	2.00	0.28	0.91	4.63	7.14
处理1	3.48	24.37	23.50	2.39	2.43	0.40	0.96	6.75	6.06
处理2	3.37	23.72	23.10	2.39	2.53	0.45	0.97	6.86	5.67
处理3	3.35	24.58	23.42	2.39	2.12	0.40	0.95	6.99	5.30

对于上部烟叶主要化学指标而言，3个处理组较对照组在烟碱含量稍有降低，总糖、还原糖、烟叶钾、糖碱比、总氮、烟叶氯的含量明显增加。3个处理组间之间差别不明显。

表4-106 草木灰对上部叶主要化学成分影响

处理	烟碱（%）	总糖（%）	还原糖（%）	总氮（%）	总钾（%）	总氯（%）	两糖比	糖碱比	钾氯比
对照	4.29	18.22	17.19	2.72	1.96	0.49	0.94	4.01	4.00
处理1	4.04	20.12	19.35	2.88	2.10	0.49	0.96	4.80	4.28
处理2	4.09	19.22	18.83	3.06	2.31	0.53	0.98	4.60	4.40
处理3	3.87	19.93	19.28	2.90	2.02	0.51	0.97	4.99	3.96

4. 施用草木灰对重庆烤烟评吸质量的影响

施用草木灰烟叶感官评吸质量较对照组稍有提高，香气质、香气量和总得分稍有升高。

表4-107 施用草木灰对中部叶评吸质量影响

处理	劲	浓	香气质	香气量	余味	杂气	刺激性	燃烧性	灰分	得分	质量
对照	适中	中等+	11.20	16.30	19.20	12.50	8.90	3.00	3.00	74.10	3.46
处理1	适中	中等+	11.13	16.50	19.25	12.75	8.88	3.00	3.00	74.50	3.65
处理2	适中	中等+	11.00	16.25	19.25	12.50	8.75	3.00	3.00	74.80	3.58
处理3	适中	中等	11.50	16.50	19.63	13.00	8.88	3.00	3.00	75.50	3.95

5. 施用草木灰对重庆烤烟经济性状的影响

对试验地不同处理间经济性状数据进行比较分析，得到表4-108，如下所示：不同处理间以每亩施用50kg草木灰组（处理2）产量最高、每亩施用60kg草木灰组（处理3）次之、每亩施用40kg草木灰组（处理1）最低。处理组较对照组上等烟比例、亩产量均有提高；不同处理间表现为每亩施用50kg草木灰组（处理2）上等烟、亩产量最高，每亩施用40kg草木灰组（处理1）中上等烟比例最高。

表4-108 不同处理间经济性状数据分析

处理	上等烟比例（%）	中上等烟比例（%）	亩产量（kg）
处理1	42.73	81.42	151.29
处理2	43.62	80.42	176.69
处理3	39.03	80.50	165.70
对照	37.30	81.62	128.93

（三）结论

处理组较对照组长势好，不同处理间表现为前期每亩施用50kg草木灰组（处理2）长势最好，每亩施用60kg草木灰组（处理3）次之，每亩施用40kg草木灰组（处理1）最差。后期表现为每亩施用60kg草木灰组（处理3）长势最好，每亩施用50kg草木灰组（处理2）次之，每亩施用40kg草木灰组（处理1）最差。处理组与对照组之间病害发生率差异性不大，规律性不强；不同处理间，气候病发病率表现为每亩施用50kg草木灰组（处理2）发病率最低，其他病害发病率与试验地选择关联性较大，与处理关联性不大。3个处理组较对照组在烟碱含量有所降低，总糖、还原糖、烟叶钾、糖碱比、总氮、烟叶氯的含量有所增加，但差别不明显。施用草木灰烟叶感官评吸质量较对照组稍有提高，香气质、香气量和总得分稍有升高。处理组较对照组中上等烟比例、亩产量均有提高，不同处理间表现为每亩施用50kg草木灰组（处理2）上等烟、亩产量最高，亩产量达到176.69kg，各处理组中上等烟比例与对照组相当。

五、生石灰+白云石粉对酸化土壤改良及提高烟草产质量研究

（一）材料与方法

1. 试验地点及烤烟品种

试验地点：重庆市彭水苗族土家族自治县润溪基地单元

土壤类型：黄壤

种植类型：地烟

前茬作物：烤烟

植烟品种：云烟97

2. 试验设计

试验设有6个处理、重复2次。采用小区试验，每个处理作为一个小区，其中每个小区

4行，每行30株。试验处理如下：

表4-109　试验设计

处理	生石灰每亩烟田施用量（kg）	白云石粉每亩烟田施用量（kg）
处理1	25	75
处理2	25	100
处理3	50	100
处理4	50	125
处理5	75	125
对照	0	0

生石灰、白云石粉与土壤反应缓慢，因此生石灰和白云石粉施用时期在移栽前2个月进行，撒施，翻耕后耙匀。试验过程中施肥、育苗、移栽、大田管理和采收烘烤等环节严格按照当地优质烟生产技术规范执行。

（二）结果分析

1. 生石灰+白云石粉对烤烟农艺性状的影响

（1）团棵期农艺性状分析

处理组较对照组长势好，主要表现在株高、有效叶数，下部叶长、下部叶宽等农艺指标上；不同处理间表现为处理3长势最好，其他处理与试验地选择关联性较大。

表4-110　团棵期不同处理间农艺性状数据分析

处理	株高（cm）	叶数(片)	茎围（cm）	下长（cm）	下宽（cm）
对照	26.46 ± 0.97aA	9.60 ± 0.52aA	4.90 ± 0.19aA	39.62 ± 2.02aA	20.00 ± 0.75aA
处理1	28.01 ± 1.54bAB	9.90 ± 0.57abAB	5.39 ± 0.37bcB	41.88 ± 2.57bAB	20.03 ± 1.73aA
处理2	28.72 ± 1.02bB	10.40 ± 0.70bcAB	5.44 ± 0.27bcB	43.79 ± 2.16bB	20.75 ± 1.14abA
处理3	31.32 ± 0.76cC	10.70 ± 0.67cB	5.64 ± 0.26cB	43.29 ± 2.43bB	20.85 ± 1.38abA
处理4	28.44 ± 2.27bB	10.00 ± 0.67bB	5.32 ± 0.29bB	43.10 ± 1.67bB	21.73 ± 1.64bcAB
处理5	28.22 ± 0.95bB	10.00 ± 0.82bcB	5.36 ± 0.41bcB	42.09 ± 2.10bAB	22.83 ± 1.88cB
p	0.000	0.009	0.000	0.001	0.000

注：小写字母不同表示差异显著，大写字母不同表示差异极显著。

（2）旺长期农艺性状分析

处理组较对照组长势好，主要表现在株高、有效叶数、茎围、中部叶长、下部叶长等农艺指标上；不同处理间表现为处理3长势最好，处理2与处理4长势较好，处理1与处理5长势最差。

表4-111　旺长期不同处理间农艺性状数据分析

处理	株高（cm）	叶数（片）	茎围（cm）	中长（cm）	中宽（cm）	下长（cm）	下宽（cm）
对照	67.50 ± 0.66aA	14.00 ± 0.00aA	5.45 ± 0.10aA	52.64 ± 0.67aA	25.22 ± 0.42abcAB	54.20 ± 0.21aA	24.62 ± 1.07aA

（续）

处理	株高（cm）	叶数（片）	茎围（cm）	中长（cm）	中宽（cm）	下长（cm）	下宽（cm）
处理1	73.11 ± 0.92bcB	15.00 ± 0.47bB	6.05 ± 0.32bcB	60.20 ± 2.86bB	25.82 ± 2.47abcAB	57.66 ± 2.50bcBC	25.47 ± 3.00abAB
处理2	75.69 ± 3.27dC	15.50 ± 0.53cBC	6.26 ± 0.51cBC	60.01 ± 4.78bB	24.33 ± 2.00aA	61.32 ± 2.82dD	27.88 ± 0.91abBC
处理3	80.06 ± 1.42eD	15.90 ± 0.32dC	6.63 ± 0.43dC	59.73 ± 2.88bB	26.97 ± 0.94cB	59.45 ± 3.29cdCD	28.27 ± 3.17bcC
处理4	74.39 ± 1.03cdBC	15.50 ± 0.53cBC	6.33 ± 0.17cdBC	59.17 ± 3.19bB	25.10 ± 2.74abAB	56.61 ± 0.65bABC	26.66 ± 0.97cABC
处理5	72.70 ± 1.11bB	15.20 ± 0.42bcB	5.93 ± 0.31bB	54.80 ± 2.67aA	26.35 ± 1.46bcAB	55.93 ± 2.53abAB	25.83 ± 1.54cABC
p	0	0	0	0	0.037	0	0.001

注：小写字母不同表示差异显著，大写字母不同表示差异极显著。

（3）平顶期农艺性状分析

处理组较对照组长势好，主要表现在株高，上部叶长、上部叶宽等农艺指标上；不同处理间处理3长势最好，处理2、处理4长势较好，处理1、处理5长势较差。

表4-112　平顶期不同处理间农艺性状数据分析

	株高（cm）	叶数（片）	茎围（cm）	节距	上长（cm）	上宽（cm）	中长（cm）	中宽（cm）	下长（cm）	下宽（cm）
对照	90.72 ± 0.52aA	18.00 ± 0.00abA	7.58 ± 0.29aAB	5.04 ± 0.03aA	47.12 ± 1.64aA	15.06 ± 0.67aA	67.08 ± 4.66aA	29.88 ± 1.39bA	68.44 ± 3.31bcB	32.58 ± 1.24bC
处理1	92.82 ± 0.98bB	18.10 ± 0.88abA	7.93 ± 0.22bcBC	5.14 ± 0.22abA	51.47 ± 0.69bBC	17.44 ± 0.49bB	72.20 ± 1.65bBC	28.57 ± 3.87abA	68.66 ± 1.14bcB	29.86 ± 1.72aA
处理2	95.46 ± 1.72cC	18.90 ± 0.32cdB	8.20 ± 0.22cC	5.05 ± 0.09aA	50.16 ± 1.27bAB	17.42 ± 1.71bB	72.27 ± 4.85bBC	27.70 ± 2.24abA	69.60 ± 2.81cB	29.49 ± 1.36aA
处理3	98.89 ± 1.14dD	19.10 ± 0.99dB	8.24 ± 0.44cC	5.19 ± 0.31abA	54.19 ± 0.79cC	18.05 ± 0.78bB	73.59 ± 1.47bC	28.17 ± 1.21abA	69.44 ± 2.14cB	30.66 ± 1.92aAB
处理4	95.17 ± 2.08cC	18.40 ± 0.52bcAB	7.39 ± 0.33aA	5.18 ± 0.16abA	49.04 ± 3.97abAB	17.30 ± 1.69bB	69.01 ± 1.13aAB	26.89 ± 3.10aA	66.96 ± 1.77bB	30.61 ± 2.35aAB
处理5	92.53 ± 0.77bB	17.60 ± 0.52aA	7.70 ± 0.43abAB	5.26 ± 0.17bA	51.62 ± 4.95bBC	17.90 ± 2.62bB	68.28 ± 1.18aA	27.19 ± 1.61aA	63.90 ± 0.89aA	29.31 ± 1.23aA
p	0	0	0	0.075	0	0.001	0	0.098	0	0.001

注：小写字母不同表示差异显著，大写字母不同表示差异极显著。

2. 生石灰+白云石粉对烤烟病害发生率的影响

据调查，从移栽到平顶期试验田的发病率很低，主要是气候病。成熟期田间病害主要是黑胫病、气候病，发病率较高。处理组与对照组间规律性不强；不同处理间田间病害发生率无明显差异，与试验地选择关联性较大。

表4-113　成熟期不同处理间田间病害发生率（%）

处理		黑胫病	青枯病	野火病	赤星病	气候斑	花叶病
试验田Ⅰ	处理1	0.83	0.00	0.00	0.00	4.17	0.00
	处理2	16.67	3.33	0.00	0.00	3.33	0.00
	处理3	15.00	2.50	0.00	0.00	3.33	0.00
	处理4	1.67	0.00	0.00	0.00	2.50	0.00
	处理5	0.83	0.00	0.00	0.00	3.33	0.00
对照		0.00	0.00	0.00	0.00	2.50	0.00
试验田Ⅱ	处理1	30.00	0.00	0.00	0.00	2.50	0.00
	处理2	35.83	0.00	0.00	0.00	2.50	0.00
	处理3	9.17	0.00	0.00	0.00	4.17	0.00
	处理4	12.50	0.00	0.00	0.00	3.33	0.00
	处理5	2.50	0.00	0.00	0.00	4.17	0.00

3. 生石灰+白云石粉对烤烟化学成分的影响

对于中部叶化学成分而言，处理组与对照组比较烟碱含量没有明显变化，总糖、还原糖、总氮、烟叶钾、烟叶氯的含量均有所增加，其中亩施50kg生石灰+125kg白云石粉组（处理4）烟叶总糖、还原糖、糖碱比提升最明显，分别达到27.47%、25.35%和6.54。

表4-114　生石灰+白云石粉对烤烟中部叶化学成分影响

处理	烟碱（%）	总糖（%）	还原糖（%）	总氮（%）	总钾（%）	总氯（%）	两糖比	糖碱比	钾氯比
对照	4.17	22.56	20.38	1.88	1.89	0.20	0.90	4.89	9.45
处理1	3.88	22.80	21.69	2.57	2.30	0.37	0.95	5.59	6.22
处理2	3.77	26.56	23.47	2.26	2.29	0.29	0.88	6.23	7.90
处理3	4.05	22.95	21.87	2.68	2.25	0.46	0.95	5.40	4.93
处理4	3.88	27.47	25.35	2.30	2.33	0.27	0.92	6.54	8.79
处理5	4.16	24.76	22.04	2.50	2.40	0.35	0.89	5.30	6.94

对于上部叶化学成分而言，处理组与对照组比较烟碱含量稍有降低，没有明显变化。总糖、还原糖、总氮、烟叶钾、烟叶氯的含量均有所增加，其中亩施25kg生石灰+ 75kg白云石粉组（处理1）、亩施50kg生石灰+125kg白云石粉组（处理4）烟叶总糖、还原糖、糖碱比均较高，其糖碱比分别达到4.93和4.81，较对照组的3.63提升明显。

表4-115　生石灰+白云石粉对烤烟上部叶化学成分影响

处理	烟碱（%）	总糖（%）	还原糖（%）	总氮（%）	总钾（%）	总氯（%）	两糖比	糖碱比	钾氯比
对照	4.57	17.61	16.59	2.85	2.04	0.39	0.94	3.63	5.23

（续）

处理	烟碱（%）	总糖（%）	还原糖（%）	总氮（%）	总钾（%）	总氯（%）	两糖比	糖碱比	钾氯比
处理1	4.22	21.11	20.80	3.00	2.08	0.49	0.99	4.93	4.29
处理2	4.38	18.10	17.60	3.09	2.48	0.55	0.97	4.02	4.51
处理3	4.25	19.54	18.95	3.18	2.43	0.48	0.97	4.46	5.12
处理4	4.20	20.45	20.20	2.93	2.52	0.46	0.99	4.81	5.48
处理5	4.17	19.30	19.07	3.00	2.24	0.46	0.99	4.58	4.87

4. 生石灰+白云石粉对烤烟感官评吸的影响

中部叶感官评吸结果如表4-116所示，处理组比对照组感官评吸结果稍好，差异不大，主要体现在余味稍好。

表4-116　生石灰+白云石粉对烤烟中部叶感官评吸的影响

处理	劲	浓	香气质	香气量	余味	杂气	刺激性	燃烧性	灰分	得分	质量
对照	适中	较浓−	11.17	16.17	18.83	12.50	9.00	3.00	3.00	73.67	3.00
处理1	适中	中等+	11.30	16.40	19.40	12.80	8.70	3.00	3.00	74.60	3.46
处理2	适中	中等+	11.50	16.25	19.63	12.63	8.88	3.00	3.00	74.88	3.70
处理3	适中	中等+	11.50	16.25	19.88	12.88	9.00	3.00	3.00	75.50	4.00
处理4	适中	中等+	11.33	16.17	19.83	13.00	9.00	3.00	3.00	75.33	3.77
处理5	适中	中等+	11.17	16.17	19.33	12.83	9.00	3.00	3.00	74.50	3.33

5. 生石灰+白云石粉对烤烟经济性状的影响

对试验地不同处理间经济产量数据进行比较分析，不同处理间表现为处理3亩产量最高，处理2与处理4亩产量较高，处理1与处理5亩产量较低。处理组较对照组上等烟比例、中上等烟比例、亩产量均有提高；不同处理间表现为处理3亩产量、上等烟比例、中上等烟比例最高，处理2与处理4次之，处理1与处理5最差。

表4-117　不同处理间经济性状数据分析

处理	上等烟比例（%）	中上等烟比例（%）	亩产量（kg）
处理1	32.01	66.44	121.675
处理2	35.90	74.41	131.217
处理3	38.02	79.64	137.900
处理4	37.41	74.59	132.133
处理5	26.54	68.35	127.671
对照	25.15	60.61	123.747

（三）结论

处理组烟株长势均较对照组长势好，不同处理间表现为亩施50kg生石灰+100kg白云石粉组（处理3）长势最好，亩施25kg生石灰+100kg白云石粉组（处理2）与亩施50kg生石灰+125kg白云石粉组（处理4）长势较好。处理组与对照组之间病害发生规律性不强，不同处理间田间病害发生率无明显差异。处理组中部叶、上部叶烟叶总糖、还原糖、烟叶钾、糖碱比均较对照组有所提高，其中亩施50kg生石灰+125白云石粉组（处理4）最为明显，总糖、还原糖、糖碱比提升明显。处理组较对照组上等烟比例、中上等烟比例、亩产量均有提高，其中亩施25kg生石灰+100kg白云石粉组（处理2）、亩施50kg生石灰+100kg白云石粉组（处理3）、亩施50kg生石灰+125kg白云石粉组（处理4）亩产量均达到130kg以上，中上等烟比例达到74%以上。

六、生石灰对酸化土壤改良及提高烟草产质量研究

（一）材料与方法

1. 试验地点及烤烟品种

试验地点：重庆市彭水苗族土家族自治区县润溪基地单元

土壤类型：黄壤

种植类型：地烟

前茬作物：烤烟

植烟品种：云烟97

供试材料：生石灰

2. 试验设计

试验设有4个处理、重复2次。采用小区试验，每个处理作为一个小区，其中每个小区4行，每行30株。试验处理如下：

表4-118　试验设计

处理	生石灰每亩烟田施用量（kg）
处理1	75
处理2	100
处理3	125
对照	0

移栽前2个月施用生石灰，撒施，翻耕后耙匀，使其与土壤充分反应。试验过程中施肥、育苗、移栽、大田管理和采收烘烤等环节严格按照当地优质烟生产技术规范执行。

（二）结果分析

1. 生石灰对重庆烤烟农艺性状的影响

（1）团棵期农艺性分析

处理组较对照组长势好，主要表现在株高、有效叶数、茎围、下部叶长、下部叶宽等农艺指标上；不同处理间表现为处理2长势最好、处理1较好，而处理3相对较差，主要表现在株高、有效叶数、茎围、下部叶长、下部叶宽等农艺指标上。

表4-119　团棵期不同处理间农艺性状数据分析

处理	株高（cm）	叶数（片）	茎围（cm）	下长（cm）	下宽（cm）
对照	25.86 ± 0.61aA	8.20 ± 0.42aA	4.91 ± 0.09aA	39.82 ± 0.89aA	19.92 ± 1.09aAB
处理1	25.93 ± 1.58aA	8.80 ± 0.62bcAB	4.97 ± 0.43abA	40.41 ± 1.36aA	19.44 ± 1.08aA
处理2	29.00 ± 1.23bB	9.10 ± 0.32cB	5.21 ± 0.28bA	43.26 ± 2.36bB	21.37 ± 1.66bAB
处理3	26.14 ± 0.86aA	8.50 ± 0.71abAB	4.99 ± 0.27abA	39.93 ± 1.43aA	20.05 ± 1.78aB
p	0.000	0.005	0.135	0.000	0.032

注：小写字母不同表示差异显著，大写字母不同表示差异极显著。

（2）旺长期农艺性状分析

处理组较对照组在株高、有效叶数、下部叶宽等农艺指标上生长优势明显；不同处理间表现为处理2长势最好、处理3长势较好、处理1长势较差，表现在株高、叶数、叶长、叶宽等农艺指标上。

表4-120　旺长期不同处理间农艺性状数据分析

处理	株高（cm）	叶数（片）	茎围（cm）	中长（cm）	中宽（cm）	下长（cm）	下宽（cm）
对照	47.40 ± 0.67aA	13.00 ± 0.00aA	6.84 ± 0.33bB	56.46 ± 1.82aA	23.98 ± 1.09aA	58.52 ± 2.28bB	21.26 ± 0.71aA
处理1	52.13 ± 1.24bB	13.90 ± 0.57bB	5.92 ± 0.30aA	55.32 ± 3.12aA	23.03 ± 2.59aA	53.98 ± 3.56aA	27.58 ± 4.02bB
处理2	60.21 ± 2.29dD	15.20 ± 0.42dD	6.53 ± 0.46bB	56.47 ± 4.84aA	23.28 ± 1.90aA	57.83 ± 3.33bAB	27.33 ± 2.60bB
处理3	56.13 ± 2.35cC	14.50 ± 0.53cC	6.45 ± 0.51bB	55.40 ± 3.22aA	23.19 ± 1.84aA	57.43 ± 3.23bAB	25.47 ± 2.75bB
p	0	0	0	0.79	0.703	0.013	0

注：小写字母不同表示差异显著，大写字母不同表示差异极显著。

（3）平顶期农艺性状分析

处理组较对照组长势好，表现在株高、有效叶数、茎围、节距、上部叶长、上部叶宽、中部叶长、中部叶宽、下部叶长、下部叶宽等农艺指标上；不同处理间表现为处理2长势最好、处理1较好、处理3较差，表现在株高、有效叶数、茎围、节距、中下部叶长、叶宽等指标上。

表4-121　平顶期不同处理间农艺性状数据分析

处理	株高（cm）	叶数（片）	茎围（cm）	节距	上长（cm）	上宽（cm）	中长（cm）	中宽（cm）	下长（cm）	下宽（cm）
对照	83.82 ± 1.29aA	16.60 ± 0.52aA	6.68 ± 0.29aA	5.59 ± 0.11bBC	48.96 ± 0.92aA	16.04 ± 1.43aA	62.61 ± 4.17aA	23.54 ± 1.60aA	60.38 ± 1.60aA	26.24 ± 2.70aA
处理1	94.54 ± 1.63cC	19.70 ± 0.48cC	7.45 ± 0.44bB	5.42 ± 0.22aAB	49.00 ± 3.20aA	16.21 ± 0.93aA	65.24 ± 3.69bB	27.21 ± 2.57bB	64.18 ± 2.14bBC	27.30 ± 1.56abA
处理2	100.94 ± 1.33dD	19.70 ± 0.48cC	8.24 ± 0.37cC	5.63 ± 0.11bC	51.57 ± 1.88bB	18.80 ± 1.77bB	70.81 ± 2.25aA	29.66 ± 2.27aA	66.13 ± 2.92cC	30.28 ± 1.51cB
处理3	89.57 ± 1.34bB	18.80 ± 0.63bB	7.49 ± 0.23bB	5.35 ± 0.09aA	48.51 ± 1.45aA	18.41 ± 1.42bB	63.74 ± 2.54aA	27.76 ± 1.85aA	62.87 ± 1.36bAB	28.21 ± 1.30bAB
p	0	0	0	0	0.008	0	0	0	0	0

注：小写字母不同表示差异显著，大写字母不同表示差异极显著。

2. 生石灰对重庆烤烟田间病害发生率的影响

通过调查分析，从移栽到平顶期试验地发病率很低，成熟期试验地病害发生主要以气候病为主，发病率不高，处理组与对照组之间病害发生差异不明显；不同处理间病害发生率也无明显差异。

表4-122　成熟期不同处理间田间病害发生率（%）

处理		黑胫病	赤星病	青枯病	气候病	野火病	花叶病
试验田Ⅰ	处理1	0.00	0.00	0.00	5.19	0.00	0.00
	处理2	0.00	0.00	0.00	3.70	0.00	0.00
	处理3	0.00	0.00	0.00	4.44	0.00	0.00
对照		0.00	0.00	0.00	3.70	0.00	0.00
试验田Ⅱ	处理1	1.48	0.00	0.00	5.19	0.00	0.00
	处理2	3.70	0.00	0.00	5.19	0.00	0.00
	处理3	0.00	0.00	0.00	2.22	0.00	0.00

3. 生石灰对重庆烤烟烟叶化学成分的影响

对于中部叶化学成分而言，3个处理组较对照组烟碱的含量明显降低，总糖、还原糖、总氮、烟叶钾、总氯的含量均明显升高。其中亩施100kg生石灰组（处理2）亩施125kg生石灰组（处理3）糖碱比分别达到6.26和7.64，远高于对照组的5.20。

表4-123　生石灰对中部叶化学成分的影响

处理	烟碱（%）	总糖（%）	还原糖（%）	总氮（%）	总钾（%）	总氯（%）	两糖比	糖碱比	钾氯比
处理1	3.67	23.75	22.88	2.60	2.06	0.41	0.96	6.23	5.09
处理2	3.96	26.88	24.79	2.50	2.41	0.36	0.92	6.26	6.79
处理3	3.33	26.83	25.40	2.32	2.16	0.24	0.95	7.64	9.19
对照	4.15	22.26	21.56	2.17	1.99	0.20	0.97	5.20	9.95

对于上部叶化学成分而言，处理组较对照组烟碱的含量明显降低，总糖、还原糖、总氮、烟叶钾、总氯的含量均明显升高。其中亩施100kg生石灰组（处理2）烟碱含量明显降低，3个处理组较对照总糖、还原糖、总氮、烟叶钾、糖碱比含量均有所升高，其中亩施100kg生石灰组（处理2）、施用125kg生石灰组（处理3）糖碱比达到4.34、4.03，远高于对照组的3.49。

表4-124　生石灰对上部叶化学成分的影响

处理	烟碱（%）	总糖（%）	还原糖（%）	总氮（%）	总钾（%）	总氯（%）	两糖比	糖碱比	钾氯比
处理1	4.27	18.73	17.00	3.01	2.05	0.48	0.91	3.99	4.27
处理2	3.95	18.92	17.16	3.06	2.06	0.47	0.91	4.34	4.37
处理3	4.12	19.56	16.59	3.47	2.39	0.43	0.85	4.03	5.61
对照	4.35	16.59	15.20	2.82	1.65	0.46	0.92	3.49	3.59

4. 生石灰对重庆烤烟烟叶感官质量的影响

中部叶烟叶感官评吸结果如表4-125所示，处理组与对照组各项评价指标基本没有差别。可见，施用生石灰对烟叶感官质量没有影响。

表4-125 生石灰对烟叶感官质量的影响

处理	劲	浓	香气质	香气量	余味	杂气	刺激性	燃烧性	灰分	得分	质量
处理1	适中	中等+	11.00	16.10	19.00	12.10	8.80	3.00	3.00	73.50	3.20
处理2	适中	中等	11.50	16.00	19.75	13.50	9.13	3.00	3.00	75.88	3.95
处理3	适中+	较浓-	10.88	16.13	19.13	12.63	8.63	3.00	3.00	73.38	2.75
对照	适中	较浓-	11.00	16.25	18.88	12.25	8.63	3.00	3.00	73.00	2.75

5. 生石灰对重庆烤烟经济性状的影响

对试验地不同处理间经济性状数据进行比较分析，处理组较对照组亩产量均有较大提高；不同处理间表现为处理2产量最高，处理1较高，处理3较低。处理组中上等烟比例较对照组有所提高；处理1、处理3上等烟比例较对照组有所提高，而处理2则有所下降，但下降幅度不大。

表4-126 不同处理间经济性状数据分析

处理	上等烟比例（%）	中上等烟比例（%）	亩产量（kg）
处理1	39.73	72.25	136.52
处理2	30.28	73.10	166.795
处理3	39.57	76.58	119.53
对照	31.88	60.66	104.49

（三）结论

处理组较对照组烟株长势好，不同处理间具体表现为亩施100kg生石灰组（处理2）最好，亩施75kg生石灰组（处理1）长势较好。处理组与对照组间病害发生规律性不强，与试验地选地关联性较强。处理组较对照组的中部叶、上部叶烟碱含量降低，总糖、还原糖、总氮、烟叶钾、糖碱比含量升高，特别是亩施100kg生石灰组（处理2）和亩施125kg生石灰组（处理3）总糖和还原糖提升更加明显。处理组较对照组亩产量、中上等烟比例均有较大幅度提高，亩施100kg生石灰组（处理2）和亩施125kg生石灰组（处理3）中上等烟比例分别达到73.10%和76.58%，远高于对照组的60.66%。

七、研究成果

功能肥料试验结果表明功能型生物有机肥代替常规有机肥组烟株田间长势最好，各项农艺性状指标均超过了常规施肥组，烤烟亩产量达到171.63kg，中上等烟比例达到93.29%；有机无机生态肥代替常规复合肥组长势较好，烤烟亩产量达到165.50kg，中上等烟比例达到94.06%；常规施肥组亩产量仅为160.85kg，中上等烟比例为88.96%。两种肥料的施用比常规施肥更有利于烟草的生长发育及有效叶数的积累，可以提高烟草亩产量，有利于提高烟叶颜色，积累烟叶色度；且在一定程度上可以降低中部叶烟碱含量，提高总糖、还原糖、总钾、氮碱比等化学指标，进而有利于优质烟叶的形成。

减量化施肥试验结果表明常规施肥（对照组）烟株缓苗时间较短，进入团棵期时间较短，各项农艺性状指标最好，均优于直接和间接减量模式；进入团棵期后，直接和间接减量模式烟株长势更好，当达到旺长期时与对照组农艺性状已没有差别；在现蕾期间接减量模式烟株的长势已超过对照组；平顶期两处理组的农艺性状均已超过了对照组。间接减量模式对烤烟烟叶产量影响较大，亩产量达到162.25kg，中上等烟比例达到92.71%，烟叶的内在质量也有提高，烟碱含量降低，总糖、还原糖的含量稍有提高。直接减量模式对烤烟烟叶的质量影响较大，上等烟比例达到50.50%，直接减量降低烟叶密度，积累烟叶色度，降低烟碱，提高烟叶总钾含量。

白云石粉改良土壤试验结果表明施用白云石粉组较对照组长势好，不同处理间表现为亩施白云石粉100kg组长势最好，亩施125kg白云石粉组次之，亩施75kg白云石粉组最差。处理组较对照组病害发生率差异性不明显，规律性不强。处理组较对照组在一定程度上降低了烟碱含量，增加了总糖、还原糖和糖碱比；亩施75kg白云石粉组中部叶糖碱比差异最明显，达到10.95，亩施125kg白云石粉组上部叶糖碱比差异最明显，达到5.00。处理组施用白云石粉后，烟叶评吸质量提升明显，香气质、香气量均有一定的提升，杂气量降低，特别是亩施75kg、100kg白云石粉两组的烟叶评吸质量提升明显。处理组较对照组上等烟比例、中上等烟比例以及亩产值均有较大幅度提高，不同处理之间亩施100kg白云石粉组较亩施75kg白云石粉组、亩施125kg白云石粉组好。

草木灰改良土壤试验结果表明施用草木灰较对照组长势好，不同处理间表现为前期每亩施用50kg草木灰组长势最好，每亩施用60kg草木灰组次之，每亩施用40kg草木灰组最差。后期表现为每亩施用60kg草木灰组长势最好，每亩施用50kg草木灰组次之，每亩施用40kg草木灰组最差。处理组与对照组之间病害发生率差异性不大，规律性不强；不同处理间气候病发病率表现为每亩施用50kg草木灰组发病率最低，其他病害发病率与试验地选择关联性较大，与处理关联性不大。3个施用草木灰组较对照组在烟碱含量有所降低，总糖、还原糖、烟叶钾、糖碱比、总氮、烟叶氯的含量有所增加，但差别不明显。施用草木灰烟叶感官评吸质量较对照组稍有提高，香气质、香气量和总得分稍有升高。处理组较对照组中上等烟比例、亩产量均有提高，不同处理间表现为每亩施用50kg草木灰组上等烟、亩产量最高，亩产量达到176.69kg。

生石灰+白云石粉改良土壤试验结果表明生石灰+白云石粉处理组烟株长势均较对照组长势好，不同处理间表现为亩施50kg生石灰+100kg白云石粉组长势最好，亩施25kg生石灰+100kg白云石粉组与亩施50kg生石灰+125kg白云石粉组长势较好。处理组与对照组之间病害发生规律性不强，不同处理间田间病害发生率无明显差异。处理组中部叶、上部叶烟叶总糖、还原糖、烟叶钾、糖碱比均较对照组有所提高，其中亩施50kg生石灰+125白云石粉组最为明显，总糖、还原糖、糖碱比提升明显。处理组较对照组上等烟比例、中上等烟比例、亩产量均有提高，其中亩施25kg生石灰+100kg白云石粉组、亩施50kg生石灰+100kg白云石粉组、亩施50kg生石灰+125kg白云石粉组亩产量均达到130kg以上，中上等烟比例达到74%以上。

生石灰改良土壤试验结果表明生石灰组较对照组之间烟株长势好，不同处理间具体表现为亩施100kg生石灰组长势最好，亩施75kg生石灰组长势较好。处理组与对照组间病害发生规律性不强，与试验地选地关联性较强。处理组较对照组的中部叶、上部叶烟碱含量降低，总糖、还原糖、总氮、烟叶钾、糖碱比含量升高，特别是亩施100kg生石灰组和亩施125kg生石灰组总糖和还原糖提升更加明显。处理组较对照组亩产量、中上等烟比例均有较大幅度提高，亩施100kg生石灰组和亩施125kg生石灰组中上等烟比例分别达到73.10%和76.58%，远高于对照组的60.66%。

>>> 第三节 提高重庆烟叶原料保障能力的根茎病害防治技术研究

一、有机无机活性肥料对烟草生长及病害的影响

（一）材料和方法

1. 试验地点及试验材料

试验地点：彭水苗族土家族自治县润溪乡白果坪。海拔：1 145m 纬度：北纬29º13″ 经度：东经107º94″

烤烟品种：云烟97

栽培措施：栽培技术按照当地生产技术方案执行

2. 试验处理

处理1 贝思特有机活性肥处理

底肥：贝思特烟草专用肥80 ~ 85kg，移栽前15 ~ 20d，配合起垄前垄底条施

口肥：移栽前15 ~ 20d，贝思特烟草专用肥15 ~ 20kg和本土15倍以上混合均匀堆放，移栽前作上层挨身肥“101”施肥方法

追肥：7.5kg $N : P_2O_5 : K_2O$ 为1 ∶ 1 ∶ 2.5

方法：追肥在烟苗移栽后45d内全部完成

处理2 常规肥处理

底肥：复合肥50kg，有机肥40kg，硝酸钾5kg

第一次追肥：硝铵磷（30-6-0）兑水灌根5kg

第二次追肥：硝酸钾（13.5-0-44.5）追施15kg

（二）结果分析

1. 两种不同肥料处理对烟草青枯病发病率的影响

贝思特有机无机肥处理在每次调查中发病率都比常规肥处理的发病率低，尤其是在最后一次调查时表现最为明显，发病率分别为10.35%、23.90%。在第一次调查中，不管是贝思特有机无机肥处理还是常规肥处理在前期青枯病的病情指数较为一致，两者的发病指数分别为0.55、0.78。第三次调查病情指数较前两次都有大幅度升高，其中常规肥处理的病情指数最高达到4.94，与贝思特有机无机肥处理之间有显著差异性（$p > 0.05$）。

表4-127　两种不同肥料处理对烟草青枯病发生情况

处理	7月6日		7月18日		8月1日	
	病株率（%）	病情指数	病株率（%）	病情指数	病株率（%）	病情指数
处理1	2.50	0.55a	8.30	2.11a	10.35	2.50b
处理2	5.00	0.78a	10.65	2.37a	23.90	4.94a

注：小写字母不同表示差异显著。

2. 不同肥料处理对烤烟农艺性状的影响

在烟草团棵后期，贝思特有机无机肥在株高、叶长、茎围、叶数、最大叶面积方面要高于当地常规肥料，分别高出6.54cm、2.1cm、0.49cm、0.67片、11.39cm^2。在叶宽方面低于当地常规肥处理。从旺长期两处理的农艺性状结果可以看出，在烟草打顶期贝思特有机无机肥料可以明显提高烟株的株高、最大叶面积，其数值分别为104.33cm、1 701.52cm^2，比常规处理高出12.70cm、360.68cm^2，且与常规处理之间存在显著性差异。

表4-128　两种不同肥料对烟草团棵后期农艺性状影响

处理	株高（cm）	叶长（cm）	叶宽（cm）	茎围（cm）	叶数（片）	最大叶面积（cm^2）
处理1	31.11a	46.37a	24.73a	7.33a	10.00a	768.38a
处理2	24.57a	44.27a	25.30a	6.84a	9.33a	756.99a

注：小写字母不同表示差异显著。

表4-129　两种不同肥料对烟草打顶期农艺性状影响

处理	株高（cm）	叶长（cm）	叶宽（cm）	茎围（cm）	叶数（片）	最大叶面积（cm^2）
处理1	104.33a	76.63a	33.77a	8.05a	17.00a	1 701.52a
处理2	91.63b	68.18a	29.88a	7.25a	15.33a	1 340.84b

注：小写字母不同表示差异显著。

（三）小结

通过大田示范试验结果表明，施用贝思特有机无机活性肥可以对烟草青枯病有一定的防效，其发病率及病情指数分别为10.35%、2.50，比常规肥处理低13.55%、2.44；在农艺性状方面，施用贝思特有机无机活性肥对烟株的株高、最大叶面积都有明显的促进作用，分别为104.33cm、1 701.52cm^2。

二、沃益多菌肥对烟草黑胫病的控制效果研究

（一）材料和方法

1. 试验材料

供试材料：沃益多①、沃益多②、沃益多③（阿坤纳斯生物技术有限公司提供）

供试品种：云烟97

2. 试验设计

处理1　亩施沃益多①150mL+沃益多②300 mL，施用方法为灌根

处理2　亩施沃益多①150 mL+沃益多②300 mL+沃益多③100g，整个生育期使用2次，施用方法为灌根

处理3　亩施沃益多①150 mL+沃益多②300 mL+沃益多③100g，整个生育期使用3次，施用方法为灌根

处理4　清水对照，施用方法为灌根

3. 调查方法

记录调查总株数及各级病株数，计算烟草黑胫病的发病率和病情指数，分别计算第二次施药后10d、第三次施药后10 d的防效。

（二）结果分析

1. 黑胫病发生情况

调查于6月24日开始，9月4日结束，各处理黑胫病的发病率和病情指数，在团棵期后刚开始的几天内，所有小区均未发生黑胫病，当进入7月初时，各小区开始发病。7月4日调查结果显示，处理3发病率最高，处理1、处理4发病率相对较低；处理4病情指数最高。7月29日以后，由于持续的雨天，黑胫病发病率与病情指数持续上升，其中，处理4的发病率与病情指数皆为最高，处理3的发病率最低，处理1、处理2的病情指数较低。

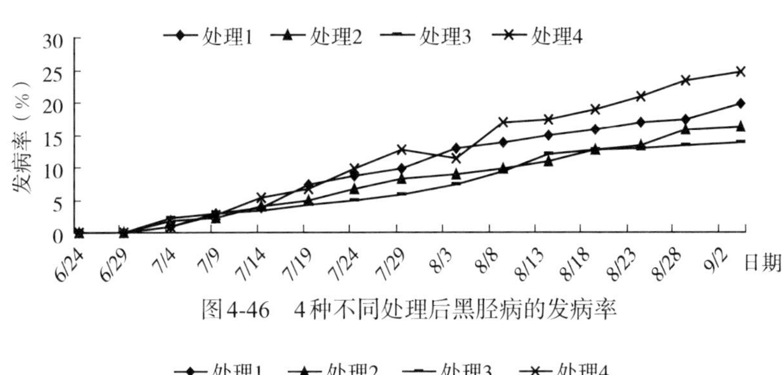

图4-46　4种不同处理后黑胫病的发病率

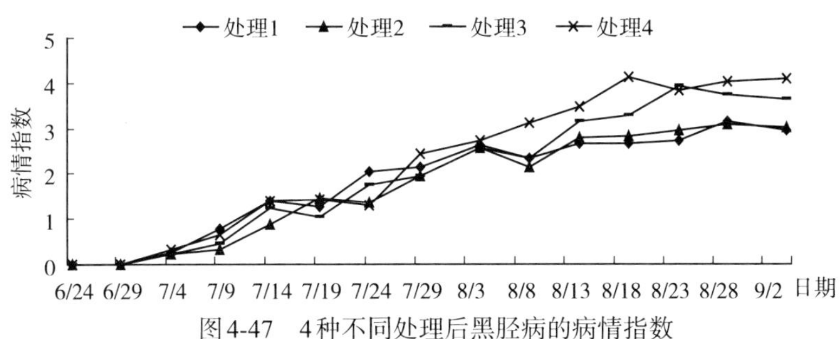

图4-47　4种不同处理后黑胫病的病情指数

2. 沃益多生物菌剂对黑胫病的防效

第二次施药后，沃益多①+沃益多②+沃益多③分三次施药（处理3）的防效最好，为33.89%；其次是沃益多①+沃益多②+沃益多③分两次施药（处理2），防效为28.17%；防效最差的为沃益多①+沃益多②分两次施药（处理1），其防效为20.82%。其中处理1与处理

3在5%显著水平下存在显著差异性。第三次施药10 d后，沃益多①+沃益多②分两次施药的（处理1）防效最差，为4.92%；沃益多①+沃益多②+沃益多③分两次施药（处理2）的效果最好，为9.08%；沃益多①+沃益多②+沃益多③分三次施药（处理3）的防效介于两者之间，为8.35%。3种处理间在5%显著差异水平下，均不存在显著性差异。

表4-130　沃益多不同组合第二次施药10 d后对黑胫病的防效

处理	施药次数	病情指数	防效（%）	5%差异显著性
沃①+沃②	2	0.25	20.82 ± 3.85	b
沃①+沃②+沃③	2	0.23	28.17 ± 3.23	ab
沃①+沃②+沃③	3	0.21	33.89 ± 3.77	a
清水对照	3	0.32		

表4-131　沃益多不同组合第三次施药10d后对黑胫病的防效

处理	施药次数	病情指数	防效（%）	5%差异显著性
沃①+沃②	2	2.60	4.92 ± 0.76	a
沃①+沃②+沃③	2	2.48	9.08 ± 1.94	a
沃①+沃②+沃③	3	2.50	8.35 ± 1.69	a
清水对照	3	2.73		

（三）结论

各个小区的发病率和病情指数从总体趋势上皆呈上升趋势，随时间的增加而病情加重，其中，以3种沃益多微生物菌剂为基础，组合的3种处理方式与清水对照相比较，黑胫病的发病率和病情指数在大部分时间段内均低于清水对照。试验地块为往年黑胫病发生比较严重地块，但由于调查当年气候因素，该地块黑胫病发生轻微，3种处理之间发病率和病情指数均较低。在使用几种药剂后，3种处理的防效均不是很高，在第二次施药后，烟草处于旺长期，加入沃益多③的两种处理防效高于仅使用沃益多①+沃益多②的处理，且其中一种处理与仅使用沃益多①+沃益多②的处理之间在5%显著水平下存在显著性差异。第三次施药后，烟草打顶已结束，3种处理之间的防效均非常低，且差异性不大，说明在烟草旺长期结束后，药剂对黑胫病几乎无控制作用。

三、不同药剂对烟草黑胫病的控制技术研究

（一）材料与方法

1. 试验地点及试验材料

试验地点：烟草黑胫病历年发病严重、发病均匀的地块

供试品种：云烟97

2. 试验处理

试验设50%烯酰吗啉可湿性粉剂800倍液、72%甲霜·锰锌可湿性粉剂600倍液、48%

霜霉络氨铜水剂1 200倍液、60%百泰WG可湿性粉剂800倍液、18.7%烯酰·吡唑酯400倍液、50%甲硫·百菌清600倍液、722g/L霜霉威盐酸盐水剂600倍液以及清水对照共8个处理。

各处理分别于6月13日、6月23日和7月2日下午各喷淋1次，共施药3次。

3. 调查方法

记录各烟株的病级、病情，计算发病率、病情指数和相对防效。并用邓肯新复极差（DMRT）测验法对防治效果进行差异显著性检验。

（二）结果分析

1. 防治效果

7药剂防治烟草黑胫病均有一定的效果，最高达75.0%，最低有28.5%，相对防效为50%烯酰吗啉可湿性粉剂>72%甲霜·锰锌可湿性粉剂>50%甲硫·百菌清>18.7%烯酰·吡唑酯>722g/L霜霉威盐酸盐水剂>48%霜霉络氨铜水剂>60%百泰WG可湿性粉剂。

第一次调查时，50%烯酰吗啉可湿性粉剂、72%甲霜·锰锌可湿性粉剂、18.7%烯酰·吡唑酯、50%甲硫·百菌清之间防效没有显著性差异，与其他3种药剂有显著性差异；第二次调查时，50%烯酰吗啉可湿性粉剂、72%甲霜·锰锌可湿性粉剂、50%甲硫·百菌清、722g/L霜霉威盐酸盐水剂之间防效没有显著性差异，与其他3种药剂有显著性差异；第三次调查时，50%烯酰吗啉可湿性粉剂、72%甲霜·锰锌可湿性粉剂、50%甲硫·百菌清之间防效没有显著性差异，与其他4种药剂存在显著性差异。

表4-132　几种药剂处理对烟草黑胫病的田间防效

处理	第一次药后10d			第二次药后10d			第三次药后10d		
	发病率（%）	病情指数	相对防效（%）	发病率（%）	病情指数	相对防效（%）	发病率（%）	病情指数	相对防效（%）
50%烯酰吗啉WP	1.33	0.74	73.5a	2.67	0.89	74.4a	2.67	1.34	73.4a
72%甲霜·锰锌WP	4.0	1.78	40.6a	3.33	0.89	74.4a	2.0	1.26	75.0a
48%霜霉络氨铜AS	4.67	2.0	28.5b	2.0	1.11	60.1b	3.33	1.43	51.6b
60%百泰WDG	2.67	1.3	53.6b	3.33	1.93	44.5b	3.33	1.85	63.5b
18.7%烯酰·吡唑酯WDG	3.33	1.26	55.0a	2.67	1.09	68.7b	4.0	1.93	61.7b
50%甲硫·百菌清SC	2.0	1.26	55.0a	2.67	0.89	74.4a	3.33	1.56	69.0a
722g/L霜霉威盐酸盐AS	3.33	1.56	44.3b	2.67	0.9	74.1a	4.0	2.37	53.0b
CK（清水）	9.33	2.8		8.0	3.48		9.3	5.04	

注：同一列数字后所附不同字母表示显著水平差异达5%，表示经SPSS方差分析差异显著。

2. 对烟草的安全性

药后1d、3d、6d观察，每个处理区烟株生长正常，无要害现象出现。

3. 农艺性状调查

所测农艺性状最好者为处理1，最小茎围是处理6，其他最小者为处理3，但其各自没有明显差异。各处理在烟株的株高、最大叶片长、最大叶片宽、茎围和有效叶片数上没有显著性差异，但最大叶片宽处理1、处理2、处理5、处理6、处理7、对照组和处理3、处理4存在显著性差异，处理3和处理4也存在显著性差异。

表4-133　几种药剂处理对烟株农艺性状的影响

处理	株高（cm）	最大叶片长（cm）	最大叶片宽（cm）	茎围（cm）	有效叶片数（片）
50%烯酰吗啉WP	105.5a	80.8a	35.9ab	14.2a	10.74a
72%甲霜・锰锌WP	101.3a	80.5a	34.5ab	13.6a	10.32a
48%霜霉络氨铜AS	100.7a	80.3a	32.9b	13.9a	10.17a
60%百泰WDG	103.7a	84.2a	38.0a	13.3a	10.68a
18.7%烯酰・吡唑酯WDG	106.6a	87.2a	35.9ab	13.3a	10.39a
50%甲硫・百菌清SC	101.3a	80.8a	34.2ab	13.2a	10.26a
722g/L霜霉威盐酸盐AS	10.1.3a	80.3a	33.4ab	13.3a	10.46a
清水对照	10.3.2a	81.3a	33.6ab	13.3a	10.55a

（三）小结

从试验结果看，试验地烟株长势茁壮且较均匀，50%烯酰吗啉可湿性粉剂防治效果最好，3次调查相对防效都超过73.0%，抑制黑胫病菌迅速、药效时间长；而72%甲霜・锰锌可湿性粉剂则相对较差，药效时间缓慢；50%甲硫・百菌清药效稳定，但相对50%烯酰吗啉可湿性粉剂防效较低且生产成本较高。综合考虑，在相近的防效情况下，建议在烟叶生产中示范推广使用50%烯酰吗啉可湿性粉剂。

四、抗烟草青枯病药剂筛选与控制技术研究

（一）材料与方法

1. 室内抑菌试验

（1）供试材料

烟草青枯病原菌（*R. solanacearum*）。

（2）供试药剂

表4-134　供试药剂

药剂	推荐浓度（mg/L）	药剂来源
90%乙蒜素EC	150	开封石秀才集团股份有限公司
72%农用硫酸链霉素SP	144	石家庄通泰生化有限公司
70%代森锰锌WP	3 516	四川国光农化有限公司
20%噻菌酮SC	400	浙江龙湾化工有限公司
1%诺尔多抗霉素AS	1 000	上海艾科思生物药业有限公司

（3）试验方法

烟草青枯病菌菌株的分离、纯化与致病力的测定。

2. 田间药效试验

（1）试验地点及试验材料

试验地点：重庆市彭水苗族土家族自治县润溪基地单元，试验示范面积约600m^2，该试验地历年种植烟草，青枯病发生严重

供试品种为：云烟97

（2）供试药剂

乙蒜素、代森锰锌、农用硫酸链霉素、诺尔霉素

（3）试验处理

试验共设置以下5个处理，其中处理5为对照。

处理1　90%乙蒜素150mg/L

处理2　90%乙蒜素150mg/L与70%代森锰锌3 516mg/L 1 ∶ 1混合

处理3　90%乙蒜素150mg/L与1%诺尔霉素1 000mg/L 1 ∶ 1混合

处理4　90%乙蒜素150mg/L与72%农用硫酸链霉素144mg/L 1 ∶ 1混合

处理5　清水对照

以上处理1、处理2、处理3、处理4药剂均采用250mL药液灌根处理，共施用3次，时间分别为7月6日、7月13日、7月21日。

（4）调查方法

按照施药时间调查各小区青枯病的发病情况，并计算发病率、病情指数、相对防效

（二）结果分析

1. 室内抑菌试验

由牛津杯测得的药剂对烟草青枯病菌的抑制效果，各单剂存在显著性差异，其中乙蒜素对烟草青枯病菌的抑菌效果最佳，平均抑菌圈直径达4.16cm；代森锰锌次之，平均抑菌圈直径达3.02cm；而常规施用药剂农用硫酸链霉素抑菌直径仅为1.67cm；噻菌酮的效果最差，抑菌圈直径只有1.12cm。在10种复配剂中，乙蒜素+代森锰锌、乙蒜素+农用硫酸链霉素、乙蒜素+诺尔多抗霉素三种复配剂抑菌效果较好，其中乙蒜素+农用硫酸链霉素复配剂的抑菌圈直径最大，为3.18cm，乙蒜素+代森锰锌复配剂的抑菌圈直径为3.05cm，与其他7种复配组合存在显著性差异。因此，通过药剂的初步筛选，最终确定复配的药剂为乙蒜素+农用硫酸链霉素、乙蒜素+代森锰锌、乙蒜素+诺尔多抗霉素。

表4–135　不同药剂对烟草青枯病菌的抑菌活性

药剂	浓度（mg/L）	抑菌圈直径（cm）			平均抑菌圈直径（cm）	透明度
		1	2	3		
乙蒜素	150	4.20	4.17	4.12	4.16a	A
代森锰锌	3 516	3.07	2.97	3.02	3.02c	B
农用硫酸链霉素	144	1.73	1.65	1.62	1.67g	A
噻菌酮	400	1.16	1.08	1.11	1.12k	D

（续）

药剂	浓度（mg/L）	抑菌圈直径（cm）			平均抑菌圈直径（cm）	透明度
		1	2	3		
诺尔多抗霉素	1 000	1.62	1.53	1.55	1.56h	A
乙蒜素+代森锰锌	1 833	3.10	3.05	3.01	3.05c	A
乙蒜素+农用硫酸链霉素	147	3.22	3.13	3.19	3.18b	A
乙蒜素+噻菌酮	275	1.52	1.47	1.57	1.52h	A
乙蒜素+诺尔多抗霉素	575	2.21	2.24	2.18	2.21e	A
代森锰锌+农用硫酸链霉素	1 830	2.40	2.39	2.45	2.41d	A
代森锰锌+噻菌酮	1 958	2.01	1.89	1.92	1.94f	B
代森锰锌+诺尔多抗霉素	2 258	2.13	2.22	2.21	2.19e	B
农用链霉素+噻菌酮	272	1.27	1.35	1.29	1.30j	D
农用硫酸链霉素+诺尔多抗霉素	572	1.33	1.45	1.42	1.40i	A
噻菌酮+诺尔多抗霉素	700	1.41	1.38	1.39	1.39i	B

注：同一列数字后所附不同字母表示显著水平差异达5%。A表示透明，B表示半透明，C表示浑浊，D表示不透明。

2. 田间药效试验

（1）不同处理对烟草青枯病防治效果的影响

试验地烟草青枯病发生严重，处理前调查显示，各处理病情指数达到4左右，各处理病情指数不存在显著性差异，其中处理3病情指数最高为5.45，清水对照为3.88；药剂处理后7d调查发现，各药剂处理病情指数与清水对照不存在显著性差异，处理3病情指数最高为7.68，清水对照病情指数为7.59，处理2乙蒜素+代森锰锌病情指数最低为5.39，相对防效最高为31.63%；药剂处理后14d调查发现，各药剂处理病情指数均低于对照，处理1、处理2的病情指数与清水对照存在显著性差异，其中处理2乙蒜素+代森锰锌病情指数最低为6.43，防效最高为39.34%，处理1乙蒜素灌根处理防效最低为30.38%；药剂处理后21d调查发现，各药剂处理（处理3除外）病情指数与清水对照病情指数存在显著性差异，处理4乙蒜素+农用硫酸链霉素防效最好为43.57%，处理2乙蒜素+代森锰锌防效次之为42.98%，病情指数最低为7.33，处理1乙蒜素灌根防效最低为36.48%，各药剂处理防效不存在显著性差异，复配剂增效作用不显著。

表4-136　不同处理对烟草青枯病的防治效果

处理	处理前		处理后7d		处理后14d		处理后21d	
	病情指数	相对防效（%）	病情指数	相对防效（%）	病情指数	相对防效（%）	病情指数	相对防效（%）
处理1	3.99a	—	5.73a	25.85a	7.33b	30.38a	8.11b	36.48a
处理2	4.15a	—	5.39a	31.63a	6.43b	39.34a	7.33b	42.98a
处理3	5.45a	—	7.68a	28.72a	9.11ab	39.31a	10.92ab	39.80a
处理4	4.71a	—	6.34a	30.98a	7.88ab	37.64a	8.72b	43.57a
处理5	3.88a	—	7.59a	—	10.70a	—	12.81a	—

注：同一列数字后所附不同字母表示显著水平差异达5%。

（2）不同处理对烟草成熟期农艺性状的影响

由表4-137可知，处理2株高与对照组存在显著性差异，处理2株高最高达104.33cm，清水对照株高最低为93.80cm；处理1、处理2、处理3茎围与对照组存在显著性差异，其中处理1茎围最粗达11.89cm；处理2最大叶长与对照组的最大叶长存在显著性差异，处理2最大叶长为77.09cm；各药剂处理最大叶宽、最大叶面积与对照组不存在显著性差异，其中处理2乙蒜素+代森锰锌的最大叶宽达36.43cm、最大叶面积为1 781.92cm^2；各药剂处理有效叶片数与对照组不存在显著性差异，其中处理4乙蒜素+农用硫酸链霉素有效叶片数最多为19.87。从生育后期的农艺性状指标来看，药剂处理对烟株的生长有一定的促进作用。

表4-137　不同处理对烟草成熟期农艺性状的影响

处理	株高（cm）	茎围（cm）	最大叶长（cm）	最大叶宽（cm）	最大叶面积（cm^2）	有效叶片数（片）
处理1	99.45ab	11.89a	73.75ab	34.51a	1 614.87a	19.07a
处理2	104.33a	11.80a	77.09a	36.43a	1 781.92a	19.27a
处理3	97.88ab	11.82a	72.63ab	33.33a	1 535.97a	18.6a
处理4	100.27ab	11.69ab	75.09ab	35.21a	1 677.57a	19.87a
处理5	93.80b	11.47b	70.69b	33.28a	1 492.70a	18.20a

注：同一列数字后所附不同字母表示显著水平差异达5%。

（三）小结

1. 室内抑菌试验

通过室内抑菌试验筛选，单剂中乙蒜素、代森锰锌、农用硫酸链霉素抑菌效果较好且稳定，噻菌酮、诺尔多抗霉素抑菌效果差。复配剂中乙蒜素：农用硫酸链霉素=1：1抑菌效果最好，平均抑菌圈直径达3.18cm；乙蒜素：代森锰锌=1：1次之，平均抑菌圈直径可达3.05cm，抑菌效果好。

2. 田间药效试验

药剂处理前，试验地烟草青枯病发病较重，各处理发病率都达到30%以上，病情指数在4左右。药剂处理后调查表明，各药剂处理对烟草青枯病都有一定的防效，乙蒜素：代森锰锌=1：1、乙蒜素：农用硫酸链霉素=1：1防治效果相对较好，其中处理后21d调查发现，其防效分别达到42.98%、43.57%；处理后7d、处理后14d调查显示，处理2乙蒜素：代森锰锌=1：1防效最高，分别为31.63%、39.34%。

五、水杨酸与杀菌剂联合作用控制烟草青枯病研究

（一）材料与方法

1. 试验地点及试验材料

试验地点：重庆市彭水苗族土家族自治县润溪乡白果坪村，海拔为1 145m，北纬29º13″，东经107º94″，选取青枯病发病严重地块进行

供试药剂：水杨酸；噻菌酮；乙蒜素；福福锌；代森锰锌

供试品种：云烟97

2. 试验设计

处理1　水杨酸1 000倍液，施用前需提前用少量酒精溶解

处理2　噻菌酮1 000倍液

处理3　乙蒜素1 000倍液

处理4　福福锌1 000倍液

处理5　代森锰锌800倍液

处理6　水杨酸与噻菌酮（1 ∶ 1）进行复配1 000倍液

处理7　水杨酸与乙蒜素（1 ∶ 1）进行复配1 000倍液

处理8　水杨酸与福福锌（1 ∶ 1）进行复配1 000倍液

处理9　水杨酸与代森锰锌（1 ∶ 1）进行复配1 000倍液

处理10　清水对照处理

每个处理设置3次重复，每个小区45 ～ 50m^2（约70株烟），随机排列，设置保护行。第一次处理于烟苗移栽后7 ～ 10d进行，处理方式为灌根处理。第二次处理时间在团棵期（6月27日左右）进行，处理方式主要采用对烟叶喷雾处理，同时对根部进行重点喷雾覆盖。第三次处理在旺长中期（7月中旬）进行，处理方式为喷雾处理。

3. 调查

病情、农艺性状。

（二）结果分析

1. 水杨酸及其复配对烟草青枯病发病率的影响

处理9发病率上升的速度最慢，在6月26日第一次调查结果显示对照组病株率最高，其中以处理5和处理8这两组处理的发病率最低（1.25%），比对照组发病率低8.75%。7月6日调查结果显示，处理8的发病率（2.50%）仍为最低，其中处理5的发病率为3.75%，两者之间不存在显著性差异。第三次调查结果显示，对照组发病率最高，达到了21.25%，而发病率最低的为处理5、处理8、处理9，均为7.50%；末次调查结果显示，处理9的发病率最低，为10.00%，比对照组低25个百分点，而处理8的发病率为12.50%，处理8与处理9之间差异不显著（$p>0.05$），其余各处理病株率都有上升且均小于对照组。

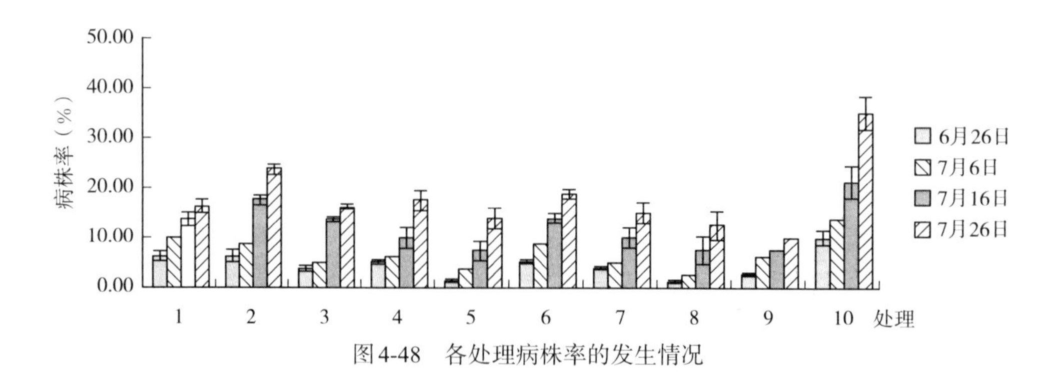

图4-48　各处理病株率的发生情况

2. 水杨酸及其复配对烟草青枯病的防效

不同处理对烟草青枯病都有一定的控制效果。在第一次施药前调查，各处理发病指数几乎一致；在第一次调查中，其中处理8（水杨酸与福福锌复配）的防效达到84.53%；在第二次调查中，各处理的防效有所下降，其中处理9（水杨酸与代森锰锌复配）的防效达到最高（73.98%）；在第三次调查中，各处理防效略微有所上升，其中处理9的防效最高为73.67%，其病情指数最低为1.39，对照组比处理9的病情指数高出3.89，说明处理9对于烟草抗青枯病的防治效果较好。

表4-138　不同药剂处理对烟草青枯病的防治效果

处理	6月26日	7月6日		7月16日		7月26日	
	病情指数	病情指数	防效（%）	病情指数	防效（%）	病情指数	防效（%）
处理1	0.69a	1.11cd	38.67b	1.81c	43.26cd	2.08b	60.61ab
处理2	0.69a	1.25a	30.94b	2.22ab	30.41c	3.47ab	34.28b
处理3	0.42a	0.56d	69.06ab	2.08ab	34.80c	2.08b	60.61ab
处理4	0.56a	0.69d	61.88ab	1.11d	65.20ab	2.22b	57.95ab
处理5	0.14a	0.42d	76.8a	1.11d	65.20ab	1.81b	65.72ab
处理6	0.56a	1.25cd	30.94b	2.64b	17.24d	2.92b	44.70b
处理7	0.42a	0.56d	69.06ab	1.39cd	56.43b	2.22b	57.95ab
处理8	0.14a	0.28d	84.53a	1.11d	65.20ab	2.22b	57.95ab
处理9	0.28a	0.69d	61.88ab	0.83d	73.98a	1.39b	73.67a
处理10	1.11b	1.81bc	—	3.19a	—	5.28a	—

3. 水杨酸及其复配对烟株生物学性状的影响

通过对烟株旺长期、打顶期烤烟农艺性状的调查可以看出，各处理后烟株的农艺性状都比清水对照有所提高，其中以处理9（水杨酸与代森锰锌复配）对烟株的叶面积影响最大，其数值分别为982.31cm²、2 040.06cm²，且与其他处理在叶面积上存在显著性差异，处理9（水杨酸与代森锰锌复配）在株高方面可以达到112.57cm，比对照组在两个调查时期多出14.00cm；处理8（水杨酸与福福锌复配）与处理9（水杨酸与代森锰锌复配）对提高烟株茎围作用明显，两个处理分别达到9.68cm、9.88cm。

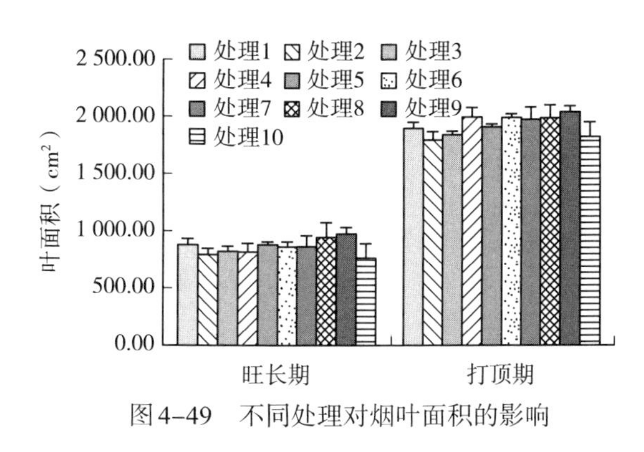

图4-49　不同处理对烟叶面积的影响

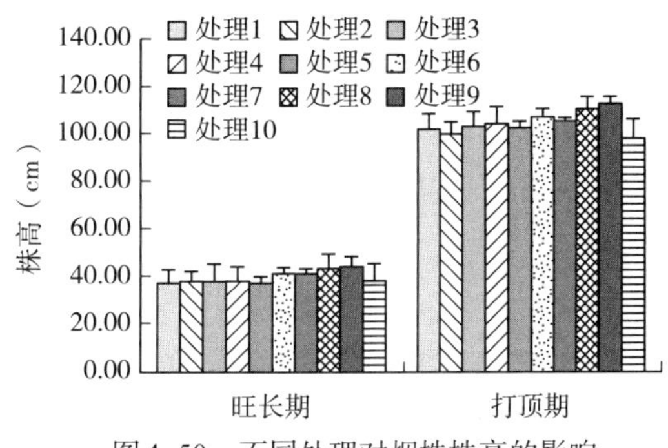

图4-50　不同处理对烟株株高的影响

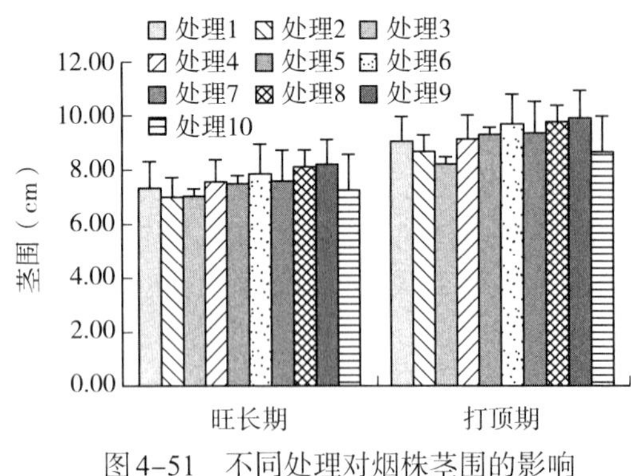

图4-51　不同处理对烟株茎围的影响

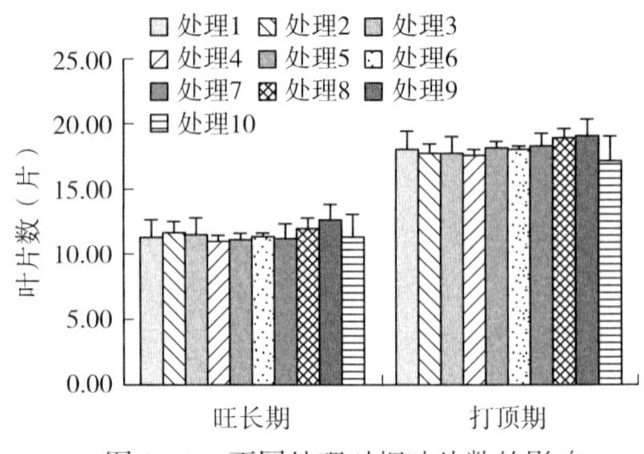

图4-52　不同处理对烟叶片数的影响

（三）小结

从本试验的结果来看，水杨酸与所选用的杀菌剂复配能一定程度上增加防治烟草青枯病的效果，优于单独使用杀菌剂的防治效果，这与两种药剂在防病机理上的互补密不可分，在这方面尤其以处理8水杨酸与福福锌在前期的发病率最低为1.25%，以处理9（水杨酸与代森锰锌）在后期的防效最好，其防效为73.98%，水杨酸与代森锰锌在促进烟株株高、最大叶面积、叶片数、茎围上分别达到了112.57cm、2 040.06cm^2、9.88cm、19.17片。从农艺性状调查结果来看，水杨酸处理对烟草农艺性状有一定的促进作用，但是始终达不到没有感染青枯病烟草的各项农艺指标水平。

六、氨基酸叶面肥的保健作用及对病毒病的调控研究

（一）材料与方法

1. 试验地点及试验材料

试验药剂：氨基酸叶面肥（0.5%水剂）；农抗9510（20%可湿性粉剂）

试验地点：重庆市彭水苗族土家族自治县润溪乡樱桃井，海拔为1 065m，北纬28º13″，东经105º34″

2. 试验方法

处理1　农抗9510，返苗后（移栽后15d左右）、烟草团棵期（移栽后30d左右）、打顶期（移栽后55d左右）三个时期分别用600倍液（25g兑水15L），每亩喷施30kg药液处理

处理2　常规药剂处理（按照当地常规的植保处理方式处理，当地常规药剂为病毒必克、金叶宝、吗呱乙酸酮），每次处理30亩

处理3　氨基酸叶面肥，返苗后（移栽后15d左右）、烟草团棵期（移栽后30d左右）、打顶期（移栽后55d左右）三个时期分别用600倍液（25g兑水15L），每亩喷施30kg药液，叶面喷雾，施药过程中保证药液均匀分布于烟叶的正反两面，以雾滴不下滴为宜，共处理3次，每次处理30亩

处理4　清水对照（共10亩）

3. 调查

生物学性状调查，烟草病毒病调查

（二）结果分析

1. 不同叶面肥处理对病毒病的控制效果

三种不同处理对烟草花叶病都有一定的控制效果，只是不同处理增加的趋势不一样。第一次调查结果显示：处理3氨基酸叶面肥的整体发病率最低为1.77%，且呈显著性差异，常规药剂处理的发病率较高为4.17%，清水对照的发病率最高12.08%。最后一次调查结果显示：处理1农抗9510的发病率最低为5.75%，与处理3氨基酸叶面肥的发病率5.50%之间不存在显著性差异，常规药剂处理的发病率为15.08%，此时清水对照处理组的发病率最高为42.27%。在病情指数与防效方面，在第一次施药10d后不同处理的发病率与病情指数之间有显著差异性，其中以处理3氨基酸叶面肥的防效最高为84.71%，病情指数最低为0.24。在第二次调查中，各处理的防效有所下降，农抗9510的防效为71.95%，其中农抗9510的病情指数在第二次调查时最低为2.09，常规药剂处理的病情指数较高为5.00，防效较低为32.88。最后一次调查结果显示，病情有下降的趋势，其中氨基酸叶面肥处理的病情指数最低为0.83，防效为85.86%。说明氨基酸叶面肥在提高烟株抗病毒病方面与农抗9510相当，但以氨基酸叶面肥的效果较好。

表4-139　不同叶面肥处理对烟草病毒病的防治效果

处理	7月14日			7月26日			8月14日		
	发病率（%）	病情指数	防效（%）	发病率（%）	病情指数	防效（%）	发病率（%）	病情指数	防效（%）
处理1	2.83	0.35c	77.71b	8.67	2.09c	71.95a	5.75	0.86c	85.35a
处理2	4.17	0.70b	55.41c	21.92	5.00b	32.88b	15.08	2.35b	59.98b
处理3	1.77	0.24d	84.71a	6.33	2.48c	66.71b	5.50	0.83c	85.86a
处理4	12.08	1.57a	—	52.16	7.45a	—	41.27	5.87a	—

2. 不同叶面肥处理对烤烟旺长期、打顶期农艺性状的影响

对烟株旺长期、打顶期烤烟农艺性状的调查结果显示：在旺长期（7月12日）整个烟株的叶片数为10 ~ 15片叶，整个处理的叶片数都较清水对照的叶片数多，其中处理3（氨基酸叶面肥处理）的叶片数最多为13.50片。在打顶期（8月4日），处理3（氨基酸叶面肥处理）的叶片数为19.33，比农抗9510处理的烟株多出了1.08片叶；在株高方面，农抗9510

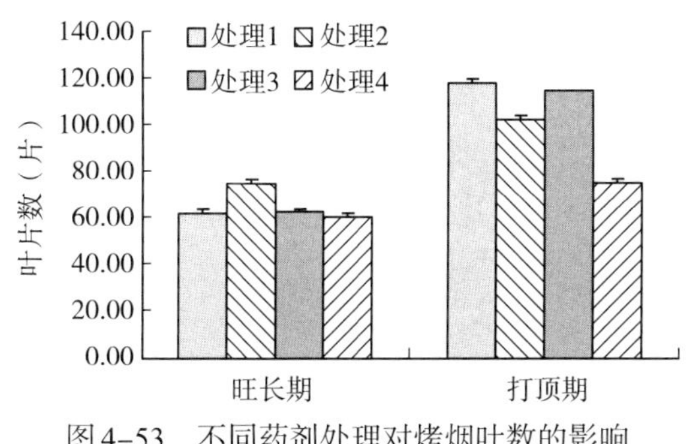

图4-53　不同药剂处理对烤烟叶数的影响

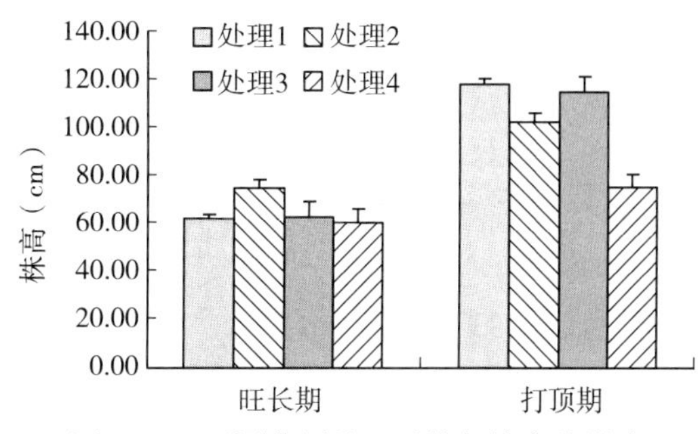

图4-54　不同药剂处理对烤烟株高的影响

处理的烟株株高最高达到了117.47cm，与处理3株高（113.92cm）并不存在显著性差异，与处理4清水对照组的株高（最低，74.63cm）存在显著性差异；在叶面积方面，农抗9510处理的叶面积1 729.01cm²，较对照组多出了396.46cm²。

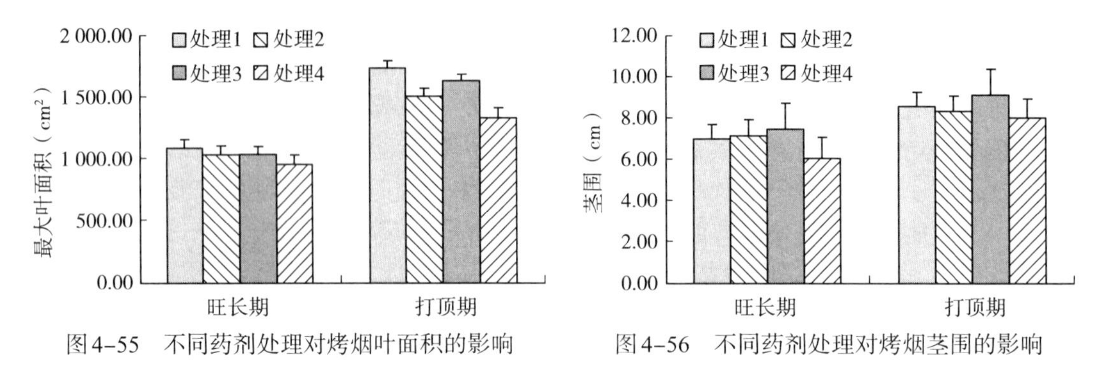

图4-55　不同药剂处理对烤烟叶面积的影响　　图4-56　不同药剂处理对烤烟茎围的影响

（三）结论

本试验结果表明，氨基酸叶面肥对烟草普通花叶病有一定的抑制作用，可以看出其易于被作物吸收的特点，亦有提高对象抗病性、改善施肥作物品质的功能，与常规药剂相比，氨基酸叶面肥的防效可达到85.86%；在促进烟株农艺性状方面，提高烟株叶数、茎围，分别达到19.33片、9.08cm。农抗9510对烟株的作用也比常规药剂（病毒必克、金叶宝、吗呱乙酸酮）的防效高，在促进烟株的株高、叶面积方面影响明显，分别达到117.47cm、1 729.01cm²。

七、烟草根茎病害综合防控技术研究

本研究结合病害系统控制的指导思想以及"预防为主、综合防治"的植保方针，充分发挥保健、预警与综合防控的植保体系作用，将病虫害造成的损失降至最低，并提高基地单元植保专业化生产和管理水平，示范根据各基地单元生产的实际情况，以"四大平衡"为指导思想（生石灰改良，平衡酸碱度；施用有机无机活性肥、种植油菜做绿肥，平衡土壤营养；增施微生物菌剂，平衡土壤微生态；化学药剂、重点防治）进行技术集成，旨在对烟草青枯病和黑胫病等烟草根茎病害进行系统的控制，探索出一套控制烟草根茎病害的系统防治手段。

（一）材料与方法

1. 试验地点

严格按照试验要求，本着交通方便、集中布置、易于操作的原则，选择平地，易于排涝，连续多年种植烤烟，土壤为黄砂壤土，肥力中等，海拔1 100m；灌溉、光照条件好;冬耕冬炕深耕细耙，土壤均匀疏松，垄高30cm，垄面宽40cm，垄体饱满，行株距12cm × 55cm的地块。试验地连续多年为烟草根茎病害发生严重地块。

2. 试验材料

（1）栽培情况

试验所用烟苗均采用漂浮育苗，各小区均按相关技术标准进行统一大田管理，中心花开放打顶，用12.5％氟节胺E C抑芽剂控制腋芽。移栽时间为2014年5月2日。

（2）供试烤烟品种

云烟87。

（3）供试材料

贝思特有机无机全营养多功能肥料（镇江贝思特有机活性肥料有限公司提供）质量指标：6–8–12–Ca–Si–Mg–B–Zn–M_{15}；其中氮肥中NO_3^{-N}≥40%，有机态N≥15%；Ca、Mg、B、Zn、Si等中微量元素≥5kg

3. 试验设计

（1）试验示范区域规划

科研项目试验及示范地点：重庆市彭水苗族土家族自治县润溪基地单元

（2）试验设计

试验采用大田示范模式，在重庆市彭水苗族土家族自治县建立15亩烟草根茎病害综合防控示范区，通过增施有机肥、平衡营养，后期药剂防治等综合控制技术，达到有效控制烟草根茎病害的目的。同时在润溪基地单元随机选择一块往年发病地块作为非示范区，作对照处理。

（3）示范区实施的有效防控技术

针对目前烟草根茎病害发病比例逐年上升的趋势，通过对烟草根茎病害的发生、发展规律、发病因子进行深入的调查和研究，坚持“预防为主，综合防治”的植保方针，烟草科研组提出了“三提高、四平衡、五加强、八措施”对烟草根茎病害进行有效防控。

◎**三提高**　一是提高对烤烟根茎病害进行有效防治的认识；二是提高从根本上防治烤烟根茎病害的能力，标本兼治；三是提高烤烟根茎病害有效防治体系，技术集成。

◎**四平衡**　一是土壤酸碱度的平衡；二是土壤营养元素之间的平衡；三是植烟土壤微生态平衡；四是烟株抗病性与环境、病原菌之间的平衡。

◎**五加强**　一是加强宣传，广发材料，深入农户讲解，提升农户对烤烟根茎病害的认识，提出堆肥、培肥的重要性；二是加强对烤烟根茎病害防治的技术研究，提高科技含量；三是加强对根茎病害的早期预警监测；四是加大对根茎病害保健栽培技术、重点防控；五是加大科技投入。

◎**八措施**

①种植冬季油菜，活化土壤

针对烟地营养过剩、冬季土壤板结逐渐加重的情况，建议在9月底10月初种植冬季油菜，实现吸收、转化过剩的营养，活化土壤的目的。

②深翻冬季油菜，沤肥增殖有益菌

3月3—5日，在示范区施用沃克线虫，使用剂量为每亩10L，均匀撒施，再将冬季油菜用旋耕机器打碎，深翻入土，深翻土层深度标准为25 ~ 30cm，沤肥增殖有益菌，平衡土壤微生态。

③施用生石灰，平衡酸碱度；翻地起高垄，挖深排水沟

3月27—30日，移栽前20 ~ 30d，针对根茎病害发生严重的区域，土壤pH < 5.0等实际问题，目前示范区土壤酸碱度有所改善，pH为5.5 ~ 7.0，为保证土壤酸碱度平衡，建议在示范区翻地起垄前撒施生石灰，每亩撒施生石灰50kg，撒施生石灰后，进行深翻，深翻土

层深度标准为25 ～ 30cm。

4月3—5日，在移栽前15 ～ 20d采用机器进行起垄，起垄规格按115 ～ 120开厢，垄面宽30cm，起高垄，垄高30 ～ 40cm或更高，做到垄土细碎、垄面平整，垄体饱满，垄距、垄高、宽窄一致。排水沟需合理布局，深挖，及时排水，避免涝灾。

④施用有机无机活性肥，平衡土壤营养；增施微生物菌剂，平衡土壤微生态（起垄期）

在覆膜起垄前每亩施用贝思特有机无机活性肥料120kg底肥；在底肥中直接加入枯草芽孢杆菌，混匀后为基肥，建议每亩使用剂量0.25kg，使枯草芽孢杆菌大量繁殖，充分活化有益菌，平衡土壤微生态。

⑤苗期抗性诱导，提高抗病性（移栽期）

在移栽环节，针对小苗深孔移栽烟苗弱小，采用核黄素1 000倍液，水杨酸1 500倍液，灌根处理100mL/株，烟苗移栽成活后5 ～ 7d每亩采用5kg硝铵磷兑水浇施；并在移栽后10d，结合施用提苗肥，每亩施用沃益多①150mL+沃益多②300mL菌肥进行灌根处理一次。

⑥增施微生物菌剂，平衡土壤微生态（移栽期至团棵期）

烟苗移栽后15 ～ 20d，用硝酸钾（13.5-0-44.5）7kg距烟株10 ～ 15cm穴施或沟施。

在移栽后25 ～ 30d，叶面喷施核黄素1 000倍液与水杨酸1 500倍液，每亩25kg水。结合小培土，根据田间病害发生情况，基本没有发病或是零星发病者，每亩可施用沃益多①150mL+沃益多②300mL菌肥进行灌根处理一次；发病较为普遍者，90%乙蒜素（稀释6 000倍）与80%代森锰锌（稀释1 000倍）混匀后灌根处理，200mL/株。

⑦抗性诱导，叶面微量元素补充（团棵期至旺长期）

烟苗移栽后30 ～ 35d，用硫酸钾（0-0-50）7kg距烟株10 ～ 15cm穴施或沟施。

移栽后40d左右，在团棵期进行烟草调控处理，叶面喷施0.02%钼酸铵500倍液，每亩斯德考普5g，亩用水量30kg；每隔7 ～ 10d，叶面喷施0.02%钼酸铵500倍液2 ～ 3次。

⑧化学药剂，后期防治（旺长期至打顶期）

移栽后45d左右，根据田间发病情况，发病较为普遍者，施用绿亨6号（氯溴异氰尿酸）800倍液灌根处理，250mL/株，7 ～ 10d，交替使用90%乙蒜素（稀释6 000倍）与80%代森锰锌（稀释1 000倍）混匀后灌根处理，250mL/株。示范区零星发病者，叶面喷施维果7号，每亩3袋、兑水45kg。

4. 调查内容及方法

（1）烟草青枯病和黑胫病发病情况调查

采用5点取样方法，每点固定调查30株，在烟草青枯病零星发生时（团棵期初期），调查各处理青枯病和黑胫病的发病情况，以后每隔5d调查一次，并根据式4-1、式4-2分别计算各处理病情指数和发病率。

$$\text{发病率（\%）}=\frac{\text{病株数}}{\text{调查株数}}\times 100 \quad (4-1)$$

$$\text{病情指数}=\frac{\Sigma\text{（发病株数}\times\text{该病级代表值）}}{\text{调查总株数}\times\text{最高级代表值}}\times 100 \quad (4-2)$$

（2）烟草生育期调查

包括移栽期、团棵期、旺长期、打顶期、采收期，进行调查记录。

（3）烟株农艺性状调查

按YC/T 142—1998《烟草农艺性状调查方法》标准，分别在团棵期、打顶后7d，每个小区取5点，每点调查3株，测量各处理烟株株高、有效叶数、最大叶长、最大叶宽、茎围等农艺性状，并利用式4-3计算最大叶面积。

$$叶面积指数 = 0.724\,4 - 0.029\,7 \times 叶长（cm）/叶宽（cm） \qquad (4-3)$$

（二）结果与分析

1. 药剂处理对烟草生育期的影响

表4-140　药剂处理对烟草生育期的影响

处理组	移栽期	团棵期	现蕾期	打顶期
示范区	5月1日	6月3日	6月18日	6月27日
非示范区	5月1日	6月6日	6月20日	6月30日

注：移栽期为烟草种植大田的日期。伸根期为烟草达到适栽标准的日期。团棵期时叶片数12 ~ 13片，叶片横向生长的宽度与纵向生长的高度比例约为2 ∶ 1。现蕾期为大田10%的植株现蕾期的日期。打顶期为植株可以打顶的日期。

通过对试验地烤烟的生育期记录，由表3-140可知，示范区的烤烟进入团棵期、现蕾期、打顶期的时间分别比非示范区提前3d、2d、3d，表明示范区的药剂处理和农艺措施可以促进烟草的早生快发。

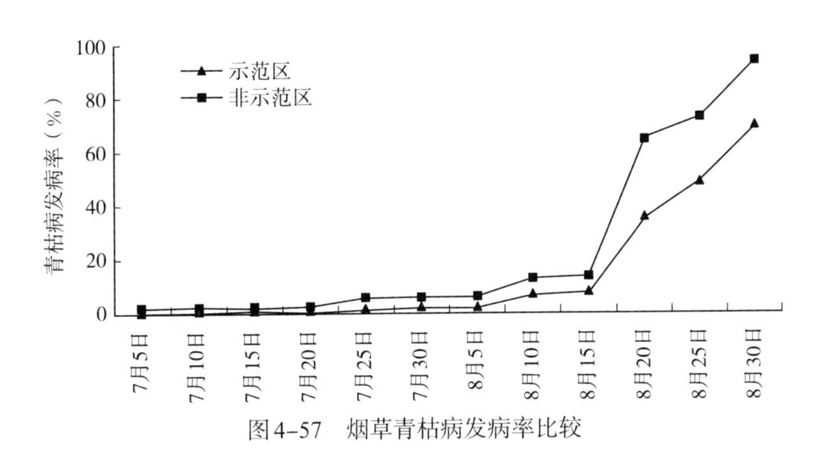

图4-57　烟草青枯病发病率比较

2. 烟草青枯病发生情况

由图4-57可知，示范区、非示范区的烟草青枯病前期发病率都较低，这与彭水地区前期温度较低、降水较多的气候有关。非示范区在7月5日开始发现青枯病，青枯病的发病率为2%，7月10日示范区烟草青枯病开始发生，发病率为0.8%；7月5—20日这一段时间内示范区和非示范区的青枯病发病率均较低；7月20日以后，随着天气放晴、气温升高，示范区与非示范区烟草青枯病发病率逐渐升高，非示范区烟草青枯病发病率上升趋势明显高于示范区，7月20—25日调查结果显示，7月20—25日、8月5—10日、8月15—20日三个时间段内，非示范区烟草青枯病发病率上升趋势明显，示范区在8月5—10日青枯病发病率开始有明显的上升趋势；进入8月中旬，由于当地连续的高温、干旱天气，并于7月27日降水，示范区药效减弱，故在8月20日调查中发现，烟草青枯病发病率急剧上升，非示范区烟草青枯病发病率达到35.6%，示范区烟草青枯病发病率为64.4%。

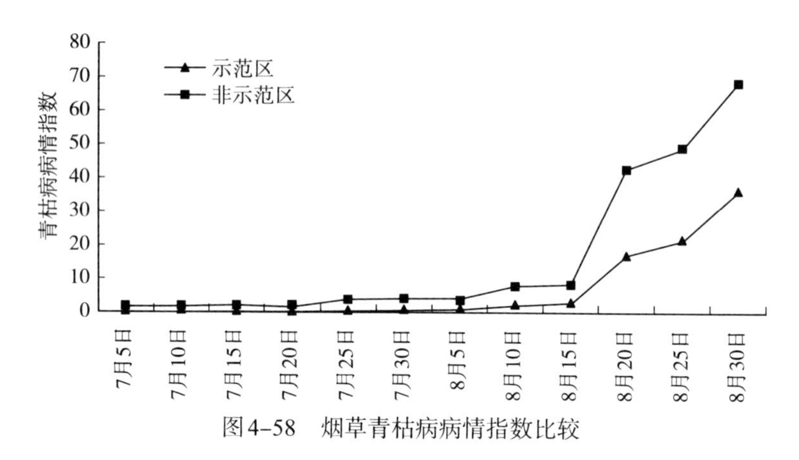

图4-58　烟草青枯病病情指数比较

由图4-58可知，8月中旬以前，示范区和非示范区前期烟草青枯病病情指数较低，调查结果显示，两者的病情指数差不多，示范区前期烟草青枯病发病较轻，同时药剂对烟草青枯病的发生具有一定的延缓作用；随后烟草青枯病病情指数逐渐升高。8月中旬后，由于当地连续的高温、干旱天气，同时外界环境有利于烟草青枯病的大面积爆发，烟草青枯病病情指数急剧上升，8月20日调查显示，示范区和非示范区烟草青枯病均大面积爆发，病情指数上升明显，但非示范区的青枯病病情指数高于示范区，非示范区烟草青枯病病情指数上升明显达到42.80，而示范区基本处于平稳增长，病情指数为17.02。病害综合防控示范区对烟草青枯病的防控具有较好的效果，病情指数能够基本保持稳定增长，并能起到一定的预防青枯雷尔式菌侵染的作用。

3. 烟草黑胫病发生情况

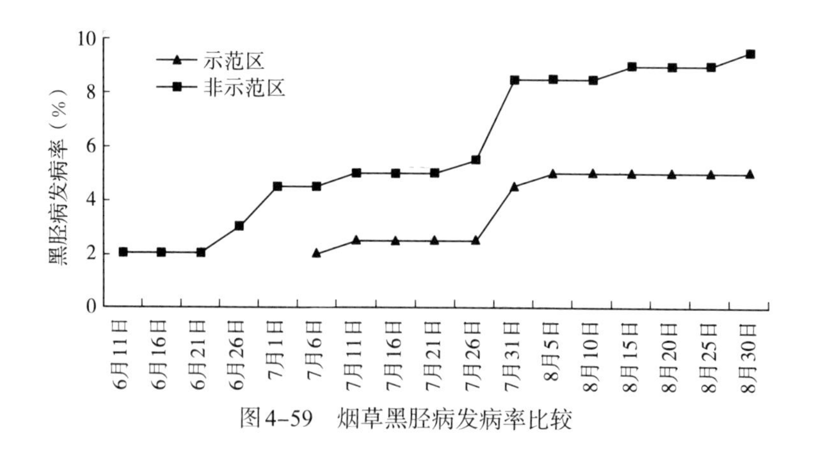

图4-59　烟草黑胫病发病率比较

由图4-59和图4-60可知，示范区和非示范区的黑胫病发病率和病情指数均较低，且示范区烟草黑胫病发病率和病情指数均低于非示范区。调查结果显示，非示范区6月11日开始发病，示范区7月6日开始发病，比非示范区发病延迟了25天；6月21日—7月1日这段时间内，非示范区烟草黑胫病的发病率和病情指数有一个较为明显的增长，在7月26—

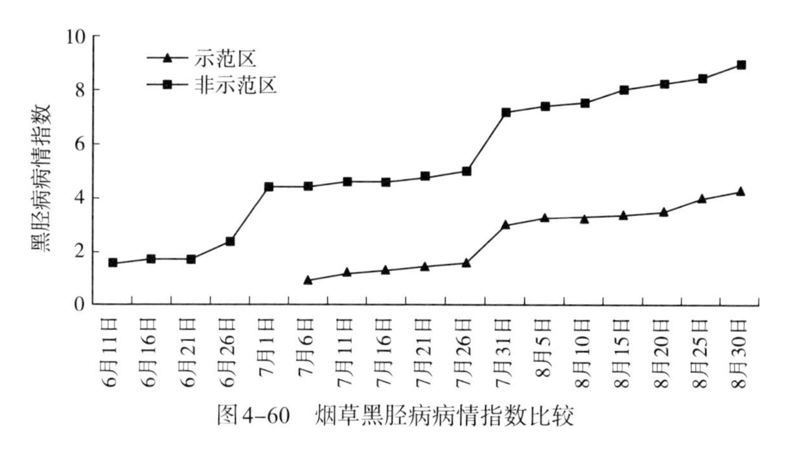

图4-60　烟草黑胫病病情指数比较

31日，非示范区和示范区烟草黑胫病的发病率和病情指数均有一个较为明显的增长，但非示范区黑胫病的发病率和病情指数均明显高于示范区，在7月31日，非示范区烟草黑胫病的发病率和病情指数分别为8.50%和7.17，示范区烟草黑胫病的发病率和病情指数分别为4.90%和2.94；随后烟草黑胫病的发病率和病情指数升高较为平稳。病害综合防控示范区对烟草黑胫病的防控具有较好的效果，黑胫病发病率和病情指数能够基本保持较低的水平，并能起到一定的延迟黑胫病发病的作用。

4. 药剂处理对烤烟农艺性状的影响

表4-141　烟草团棵期农艺性状比较

处理	株高（cm）	叶长（cm）	叶宽（cm）	茎围（cm）	叶数（片）	叶面积（cm^2）
示范区	25.64 ± 0.66a	38.92 ± 1.12a	19.48 ± 0.54a	5.59 ± 0.16a	12.48 ± 0.16a	512.49 ± 27.82a
非示范区	24.88 ± 1.05b	37.84 ± 0.93a	18.52 ± 0.48a	5.38 ± 0.15a	12.20 ± 0.14a	504.17 ± 27.82a

由表4-141分析可知，示范区中前期施用贝思特有机无机复合肥，对烟草的生长发育具有一定的促进作用，对烟草主要农艺性状具有一定的影响。示范区烟株在株高、叶长、叶宽、茎围、叶数、叶面积上均高于非示范区烟株，其中方差分析表明示范区和非示范区的烟株在株高上存在显著性差异，说明贝思特有机无机复合肥在前期对烟株的生长发育具有一定的促进作用。

表4-142　烟草打顶期农艺性状比较

处理	株高（cm）	叶长（cm）	叶宽（cm）	茎围（cm）	叶数（片）	叶面积（cm^2）
示范区	147.53 ± 2.40a	79.27 ± 1.39a	28.40 ± 0.82a	9.55 ± 0.15a	17.27 ± 0.23a	1438.48 ± 44.48a
非示范区	145.27 ± 1.30b	77.67 ± 1.62a	26.93 ± 1.15a	9.09 ± 0.20a	17.07 ± 0.33a	1341.96 ± 75.64b

由表4-142可知，在株高、茎围、最大叶长和最大叶宽以及最大叶面积等主要农艺性状指标上，示范区的数值均大于非示范区的数据，方差分析表明，示范区烟株与非示范区烟株相比，两者在茎围、最大叶长和最大叶宽以及叶片数上没有显著性的差距，在株高和最大叶面积上存在显著性差异。

两个生育期的调查结果基本相当：株高上，前者具有一定的促进作用；在茎围上，两个生育期的调查结果均表明，前者处理后的烟株茎围均大于后者；在最大叶面积上，两个生育期的调查结果均表明，前者明显大于后者。

（三）小结

示范区前期施用贝思特有机无机功能性肥料能够为烟株提供丰富的微量元素，平衡烤烟生长环境，对烟草生长发育具有一定的促进作用；烤烟农艺性状调查结果显示，在整体生育期，示范区各项农艺性状均好于非示范区。烟草根茎病害集成技术措施对烟草青枯病发生具有一定的延缓效果，示范区青枯病发病时间可以明显推迟5天左右，示范区黑胫病发病时间可以明显推迟25天左右，并明显抑制初侵染，降低青枯病和黑胫病等烟草根茎病害的发病率和病情指数，而且示范区烟株长势明显好于常规烟田，故该方法值得继续研究与推广。

八、研究成果

贝思特有机无机活性肥可以对烟草青枯病有一定的防效，其发病率及病情指数分别为10.35%、2.50，比常规肥处理低13.55%、2.44；在农艺性状方面，施用贝思特有机无机活性肥对烟株的株高、最大叶面积都有明显的促进作用，分别为104.33cm、1 701.52cm^2。

沃益多处理的黑胫病的发病率和病情指数在大部分时间段内均低于清水对照，处理区与对照区从7月4日开始发生黑胫病，9月4日最后一次调查调查得处理3的发病率最低，为13.67%，处理1的病情指数最低，为2.96。结果说明，沃益多对烟草黑胫病有一定的控制作用。

对48%霜霉络氨铜水剂、722g/L 霜霉威盐酸盐水剂、50%烯酰吗啉可湿性粉剂、72%甲霜·锰锌可湿性粉剂等7种药剂对黑胫病的防控效果进行对比检测。结果表明：50%烯酰吗啉可湿性粉剂防治效果最好，3次调查结果的防效均在73.0%以上。并且从3次调查结果综合情况来分析，得出50%烯酰吗啉可湿性粉剂、72%甲霜·锰锌可湿性粉剂、50%甲硫·百菌清和其他药剂差异显著，建议在烟叶生产中示范推广使用。

通过室内抑菌试验筛选药剂，单剂中乙蒜素、代森锰锌、农用硫酸链霉素抑菌效果较好且稳定，噻菌酮、诺尔多抗霉素抑菌效果差。复配剂中乙蒜素：农用硫酸链霉素=1：1抑菌效果最好，平均抑菌圈直径达3.18cm；乙蒜素：代森锰锌=1：1次之，平均抑菌圈直径可达3.05cm，抑菌效果好。药剂处理前，试验地烟草青枯病发病较重，各处理发病率都达到30%以上，病情指数在4左右。药剂处理后调查表明，各药剂处理对烟草青枯病都有一定的防效，乙蒜素：代森锰锌=1：1、乙蒜素：农用硫酸链霉素=1：1防治效果相对较好，其中处理后21d调查发现，其防效分别达到42.98%、43.57%；处理后7d、处理后14d调查显示，处理2乙蒜素：代森锰锌=1：1防效最高，分别为31.63%、39.34%。

水杨酸与所选用的杀菌剂复配能一定程度上增加防治烟草青枯病的效果，在这方面尤其以水杨酸与福福锌（福福双与福镁锌复配）在前期的发病率最低为1.25%，及水杨酸与代森锰锌）在后期的防效最好，其防效为73.98%，水杨酸与代森锰锌在促进烟株株高、最大叶面积、叶片数、茎围上分别达到了112.57cm、2040.06cm^2、9.88cm、19.17片。从农艺性状调查结果来看，水杨酸处理对烟草农艺性状有一定的促进作用，但是始终没有感染烟草青枯病的各项农艺指标水平。

探索氨基酸叶面肥及农抗9510对诱导烟草抵抗病毒病的效果及其对烟草生物学性状的影响。调查结果表明：与常规药剂相比，3次处理后氨基酸叶面肥和农抗9510的防效分别可达到85.86%、85.35%，两者之间不存在显著性差异，高于其他常规药剂的防效。在农艺性状方面，农抗9510对烟株株高、叶面积的影响明显，分别达到117.47cm、1 729.01cm^2，而氨基酸叶面肥调控的烟株叶数、茎围分别达到19.33片、9.08cm。

通过预警-保健-综合防控的新植保体系，主要针对根茎病害进行重点监测与防控。对于基地单元病虫害的综合防控建设应在切实做好预测预报的基础上，综合运用各项防治措施，做到以最低的投入达到最好的防治效果，取得最高的收益。根据烟草生育阶段分为育苗环节、移栽至缓苗期、团棵期、旺长期、成熟采收期几个关键性时期，每一环节针对病虫害的发生采取相应的防治措施。该综合防控试验区安排在大规模种植、具有代表性的两罾乡种植区域，开展根茎病害关键调控技术的示范与推广，品种为云烟87，根据天气变化情况、病虫害的发生情况进而采取相应的防控措施。分别选取示范区内和示范区外各5块烟田采用5点取样法进行调查，每点30株，烟草花叶病、根黑腐病和赤星病示范区内较示范区外低13.60%、0.80%、23.60%，病情指数分别低4.07、1.69、6.32，示范区的烟农对示范效果较为满意。

>>> 第四节　重庆烤烟提质增香烘烤工艺研究

一、K326品种烘烤特性、关键调制参数及调控策略研究

（一）试验目的

用K326品种同一成熟度的烟叶，围绕影响烘烤质量的关键因子，进行不同温度、湿度、时间参数组合的烘烤工艺研究，优化工艺参数组合，研制提高K326品种烘烤质量的关键工艺参数。

（二）试验设计

1. 部位处理

部位设下部叶、中部叶、上部叶3个部位。

2. 工艺处理

工艺设4种处理：

处理1　内动力排湿烘烤工艺（表4-143）

处理2　外动力排湿烘烤工艺（表4-144）

处理3　三段式烘烤工艺（表4-145）

处理4　重庆市烘烤工艺（表4-146）

表4-143　内动力排湿烘烤工艺

阶段	干球温度（℃）	湿球温度（℃）	干湿差（℃）	烘烤时间（h）	烟叶变化目标
变黄期	35.0 ~ 37.0	35.0 ~ 36.0	0.0 ~ 1.0	24 ~ 36	高温层烟叶变黄程度达30%以上
	39.0 ~ 40.0	36.0 ~ 37.0	1.0 ~ 2.0	18 ~ 24	高温层烟叶达到青筋黄片
凋萎期	42.0 ~ 44.0	37.0 ~ 38.0	5.0 ~ 6.0	8 ~ 12	高温层烟叶勾尖卷边，轻度凋萎；中下层烟叶达到青筋黄片
	47.0 ~ 48.0	38.0 ~ 39.0	9.0 ~ 10.0	24 ~ 36	高温层烟叶叶干1/2 ~ 2/3；中下层烟叶勾尖卷边，充分凋萎
干叶期	51.0 ~ 53.0	39.0 ~ 40.0	13.0 ~ 14.0	24 ~ 36	高温层烟叶叶片干燥，中下层烟叶叶干1/3 ~ 1/2，全炉烟叶主脉翻白

（续）

阶段	干球温度（℃）	湿球温度（℃）	干湿差（℃）	烘烤时间（h）	烟叶变化目标
干筋期	62.0 ～ 63.0	41.0 ～ 42.0	21.0 ～ 22.0	12 ～ 18	全炉烟叶主脉干燥1/2以上，叶片正反面色泽接近
	67.0 ～ 68.0	42.0 ～ 43.0	25.0 ～ 26.0	24 ～ 36	全炉烟叶干燥

注：①起火升温速度2℃ / h 至34.0 ～ 36.0℃；以后各阶段之间的升温速度1℃ / h。

②高温层，气流下降式烤房指烤房顶层，气流上升式烤房指烤房底层。

表4-144　外动力排湿烘烤工艺

阶段	干球温度（℃）	湿球温度（℃）	干湿差（℃）	烘烤时间（h）	烟叶变化目标
变黄期	35.0 ～ 37.0	35.0 ～ 36.0	0.0 ～ 1.0	24 ～ 36	高温层烟叶变黄程度达30%以上
	39.0 ～ 40.0	36.0 ～ 37.0	1.0 ～ 2.0	18 ～ 24	高温层烟叶达到青筋黄片
凋萎期	42.0 ～ 44.0	35.0 ～ 36.0	7.0 ～ 9.0	8 ～ 12	高温层烟叶勾尖卷边，轻度凋萎；中下层烟叶达到青筋黄片
	47.0 ～ 48.0	36.0 ～ 37.0	11.0 ～ 12.0	24 ～ 36	高温层烟叶叶干1/2 ～ 2/3；中下层烟叶勾尖卷边，充分凋萎
干叶期	51.0 ～ 53.0	37.0 ～ 38.0	14.0 ～ 15.0	24 ～ 36	高温层烟叶叶片干燥，中下层烟叶叶干1/3 ～ 1/2，全炉烟叶主脉翻白
干筋期	62.0 ～ 63.0	37.0 ～ 38.0	25.0 ～ 26.0	12 ～ 18	全炉烟叶主脉干燥1/2以上，叶片正反面色泽接近
	67.0 ～ 68.0	40.0 ～ 41.0	27.0 ～ 28.0	24 ～ 36	全炉烟叶干燥

注：①起火升温速度2℃ / h 至34.0 ～ 36.0℃；以后各阶段之间的升温速度1℃ / h。

②高温层，气流下降式烤房指烤房顶层，气流上升式烤房指烤房底层。

表4-145　三段式烘烤工艺

阶段	干球温度（℃）	湿球温度(℃)	烟叶变化目标
变黄期	38 ～ 39	36 ～ 37	高温层烟叶基本变黄或全黄
定色期	55 ～ 56	38 ～ 39	全炉烟叶叶肉基本干燥
干筋期	67 ～ 68	41 ～ 42	全炉烟筋干燥

注：①起火至要求温度的升温速度1℃ /h；以后各个阶段之间的升温速度1℃ /h。

②高温层，气流上升式烤房指烤房底台，气流下降式烤房指烤房顶台。

表4-146 重庆市烘烤工艺

阶段	干球温度（℃）	湿球温度（℃）	干湿差（℃）	烘烤时间（h）	烟叶变化目标
变黄期	35.0 ~ 36.0	34.0左右	1.0 ~ 2.0	8 ~ 12	高温层烟叶变黄程度达30%以上
	38.0	35.0 ~ 36.0	2.0 ~ 3.0	12 ~ 24	高温层烟叶变黄程度达七至八成黄
	41.0 ~ 43.0	36.0 ~ 37.0	5.0 ~ 6.0	8 ~ 20	高温层烟叶达到青筋黄片，主脉发软，勾尖
定色期	45.0 ~ 47.0	37.0 ~ 38.0	8.0 ~ 9.0	12 ~ 24	全炉黄片黄筋，小卷边
	52.0 ~ 54.0	38.0 ~ 39.0	14.0 ~ 15.0	12 ~ 20	全炉烟叶叶片干燥，主脉1/2干燥
干筋期	65.0 ~ 68.0	40.0 ~ 41.0	27.0 ~ 28.0	24 ~ 36	全炉烟叶干燥

注：①起火升温速度2℃ / h至35.0 ~ 36.0℃；以后各阶段之间的升温速度0.5 ~ 1℃ / h。

②高温层，气流下降式烤房指烤房顶层，气流上升式烤房指烤房底层。

（三）试验取样

试验烟株的栽培技术措施，按优质烟种植要求进行。烟株封顶前，摘去底脚叶2片，留叶数20片 / 株，自下往上数够叶数封顶。

试验过程：按试验设计，各处理精选有代表性的烟株32株，分上、中、下3个部位定叶位，下部第5叶，中部第11叶，上部17叶。

选取“同一试点、同一部位、同一成熟度”的适熟烟叶，作为试验样烟。每种处理，试验过程取样准备250片烟叶；烤后评吸样品取样准备250片烟叶。

烘烤样品，统一装在烤房底台，烤房门口往里50cm附近；试验过程取样，自起火开始每12h，刀切取样1次，直到定色期结束为止，取样时间为0h、12h、24h、36h、48h、60h、72h、84h，共计取样8次，所取样品用置于68℃的烤箱杀青烘干固定保存；剩余样品烤后一次性取样；共计9次样品。

（四）测定项目

1. 水分测定

每次取样用4 ~ 5片烟叶；置于68℃的烤箱中，杀青烘干，测定烟叶失水速度。

2. 淀粉、蛋白质、色素测定

淀粉，采用连续流动分析仪测定；蛋白质，采用凯氏定氮仪测定；色素，叶绿素a、叶绿素b、叶黄素、胡萝卜素、类胡萝卜素，采用液相色谱法进行测定。

3. 叶肉细胞显微及亚显微结构的观察测定

试验过程取样，自起火开始每12h，刀切取样1次，直到定色期结束为止。每次取样时，样品中每片烟叶都必须取到，并做到每片烟叶均匀分布打孔取样，总面积相同。每次取样用FAA和戊二醛溶液固定，并在光学显微镜和电镜下观察每隔12h叶肉细胞的显微及亚显微结构，并拍照。

4. 外观特征

试验过程中，要求详细记录烟叶的外观特征，作定性、定量描述和图片记录。

5. 经济性状

统计每炉初烤烟叶的上中等烟比例、烟叶质量及交售金额。

6. 烟叶化学成分测定及评吸鉴定

（五）研究结果

1. 下部叶各处理研究结果

（1）下部叶各处理烘烤时间及烘烤过程取样情况

由表4–147、表4–148、表4–149可以看出，下部烟叶各处理烘烤时间为处理1 > 处理2 > 处理3。

表4–147　下部叶处理1烘烤时间及烘烤过程取样情况

处理1	时间		取样数
取样情况	2011.8.2	7:30	0
		19:30	1
	2011.8.3	7:30	2
		19:30	3
	2011.8.4	7:30	4
		19:30	5
	2011.8.5	7:30	6
		19:30	7
烤后取样	2011.8.7	13:35	8（停火）
	共用约6天6小时左右		

表4–148　下部叶处理2烘烤时间及烘烤过程取样情况

处理2	时间		取样数
取样情况	2011.8.1	8:30	0
		20:30	1
	2011.8.2	8:30	2
		20:30	3
	2011.8.3	8:30	4
		20:30	5
	2011.8.4	8:30	6
		20:30	7
烤后取样	2011.8.7	7:00	8（停火）
	共用约6天左右		

表4–149　下部叶处理3烘烤时间及烘烤过程取样情况

处理3	时间		取样数
取样情况	2011.7.31	12:00	0
	2011.8.1	0:00	1
		12:00	2
	2011.8.2	0:00	3

（续）

处理3		时间	取样数
		12:00	4
	2011.8.3	0:00	5
		12:00	6
	2011.8.4	0:00	7
烤后取样	2011.8.6	0:00	8（停火）
	共用约5天12小时左右		

（2）下部叶各处理实际烘烤参数组合及各阶段烘烤时长情况

表4-150　下部叶处理1实际烘烤参数组合及各烘烤阶段时长情况

阶段	干球温度（℃）	湿球温度（℃）	干湿差（℃）	烘烤时间（h）	烟叶变化目标
变黄期	36.0	35.5	0.0 ~ 1.0	24	高温层烟叶变黄程度达30%以上
	39.5	37.0	1.0 ~ 2.0	18	高温层烟叶达到青筋黄片
凋萎期	43.0	38.0	5.0 ~ 6.0	8	高温层烟叶勾尖卷边，轻度凋萎；中下层烟叶达到青筋黄片
	47.0	38.0	9.0 ~ 10.0	15	高温层烟叶叶干1/2 ~ 2/3；中下层烟叶勾尖卷边，充分凋萎
干叶期	51.0	39.0	13.0 ~ 14.0	24	高温层烟叶叶片干燥，中下层烟叶叶干1/3 ~ 1/2，全炉烟叶主脉翻白
干筋期	62.0	41.0	21.0 ~ 22.0	8	全炉烟叶主脉干燥1/2以上，叶片正反面色泽接近
	67.0	42.0	25.0 ~ 26.0	5	全炉烟叶干燥

注：起火升温速度2℃ / h至34.0 ~ 36.0℃；以后各阶段之间的升温速度1℃ / h 。

表4-151　下部叶处理2实际烘烤参数组合及各烘烤阶段时长情况

阶 段	干球温度（℃）	湿球温度（℃）	干湿差（℃）	烘烤时间（h）	烟叶变化目标
变黄期	36.0	35.5	0.0 ~ 1.0	24.0	高温层烟叶变黄程度达30%以上
	39.5	37.0	1.0 ~ 2.0	18.0	高温层烟叶达到青筋黄片
凋萎期	44.0	38.0	7.0 ~ 9.0	8.0	高温层烟叶勾尖卷边，轻度凋萎；中下层烟叶达到青筋黄片
	47.0	36.5	11.0 ~ 12.0	20.4	高温层烟叶叶干1/2 ~ 2/3；中下层烟叶勾尖卷边，充分凋萎
干叶期	51.0	38.5	14.0 ~ 15.0	27.0	高温层烟叶叶片干燥，中下层烟叶叶干1/3 ~ 1/2，全炉烟叶主脉翻白

（续）

阶 段	干球温度（℃）	湿球温度（℃）	干湿差（℃）	烘烤时间（h）	烟叶变化目标
干筋期	62.0	39.0	25.0 ～ 26.0	6.2	全炉烟叶主脉干燥1/2以上，叶片正反面色泽接近
	67.0	41.0	27.0 ～ 28.0	10.5	全炉烟叶干燥

注：起火升温速度2℃ / h 至34.0 ～ 36.0℃；以后各阶段之间的升温速度1℃ / h 。

表4-152　下部叶处理3实际烘烤参数组合及各烘烤阶段时长情况

阶段	干球温度（℃）	湿球温度（℃）	烘烤时间（h）	烟叶变化目标
变黄期	38.0	36.0	43	高温层烟叶基本变黄或全黄
定色期	55.0	39.0	24	全炉烟叶叶肉基本干燥
干筋期	67.0	41.0	16	全炉烟筋干燥

注：起火至要求温度的升温速度1℃ /h；各个阶段之间的升温速度1℃ /h。

（3）下部叶每隔12h烟叶的外观特征和图片记录情况

表4-153　下部叶处理1每隔12h烟叶的外观特征

处理1	取样次数	烟叶的外观特征定性、定量描述
	0	黄绿，茸毛稍脱落，1/3 ～ 1/2的主脉变白发亮，支脉部分变白
	1	二至四成黄，叶尖全黄，叶片发软
	2	七至八成黄，叶尖发软
	3	青筋黄片，主脉除叶基部外全变软
	4	青筋黄片，叶基变微黄，主脉发软
	5	青筋黄片，1/2主脉变白，勾尖稍卷边
	6	叶片全黄，主脉1/2变白发亮，勾尖卷边
	7	叶片全黄，主脉2/3变白发亮，勾尖卷边
	8	烤后取样

表4-154　下部叶处理2每隔12h烟叶的外观特征

处理2	取样次数	烟叶的外观特征定性、定量描述
	0	适熟，茸毛部分脱落，主脉1/3 ～ 1/2变白发亮，支脉部分变白
	1	四至五成黄，叶尖发软
	2	五至六成黄，叶尖发软
	3	七至八成黄，主脉变软，韧性增加
	4	青筋黄片，叶尖叶边微卷
	5	青筋黄片，支脉变白，勾尖卷边
	6	青筋黄片，叶基微绿，勾尖卷边
	7	叶片全黄，主脉变白，小卷筒
	8	烤后取样

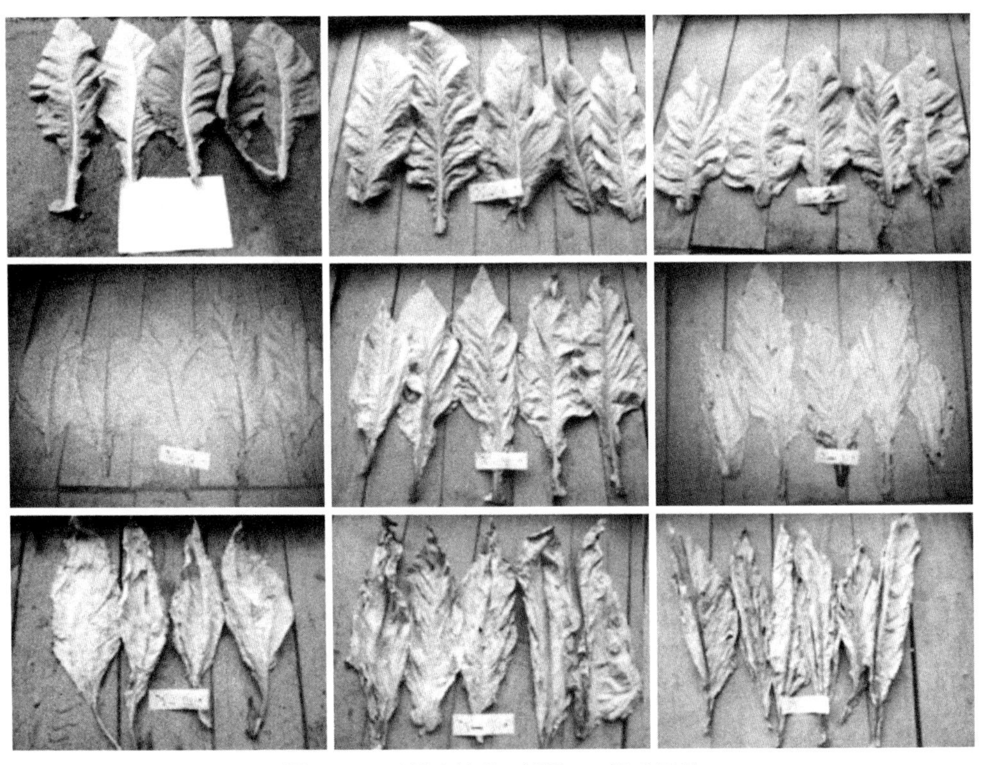

图4-61　下部叶处理1每隔12h烟叶记录

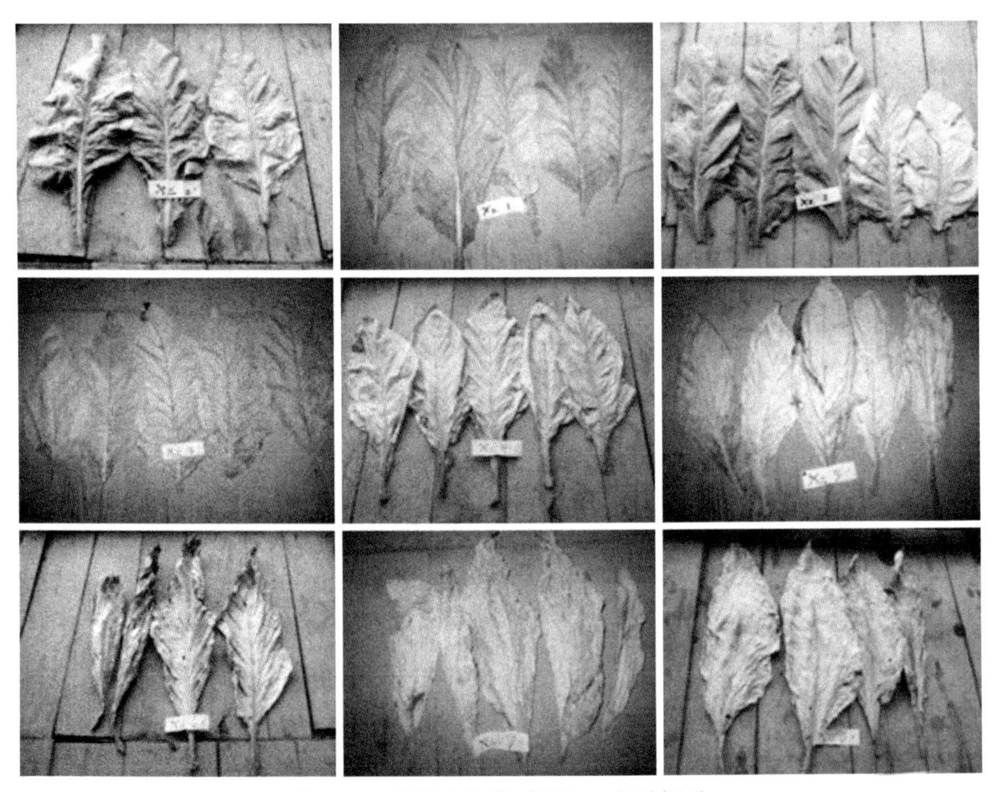

图4-62　下部叶处理2每隔12h烟叶记录

表4-155　下部叶处理3每隔12h烟叶的外观特征

处理3	取样次数	烟叶的外观特征定性、定量描述
	0	适熟，黄绿，叶基微黄，茸毛稍有脱落，主脉微白
	1	叶尖部位变黄明显，整体变黄达到二至三成，叶尖发软
	2	七至八成黄，叶片发软
	3	青筋黄片，主脉微软
	4	青筋黄片，主脉变软
	5	青筋黄片，主脉变软
	6	青筋黄片，勾尖卷边
	7	青筋黄片，支脉变黄，叶片变干，主脉未干
	8	烤后取样

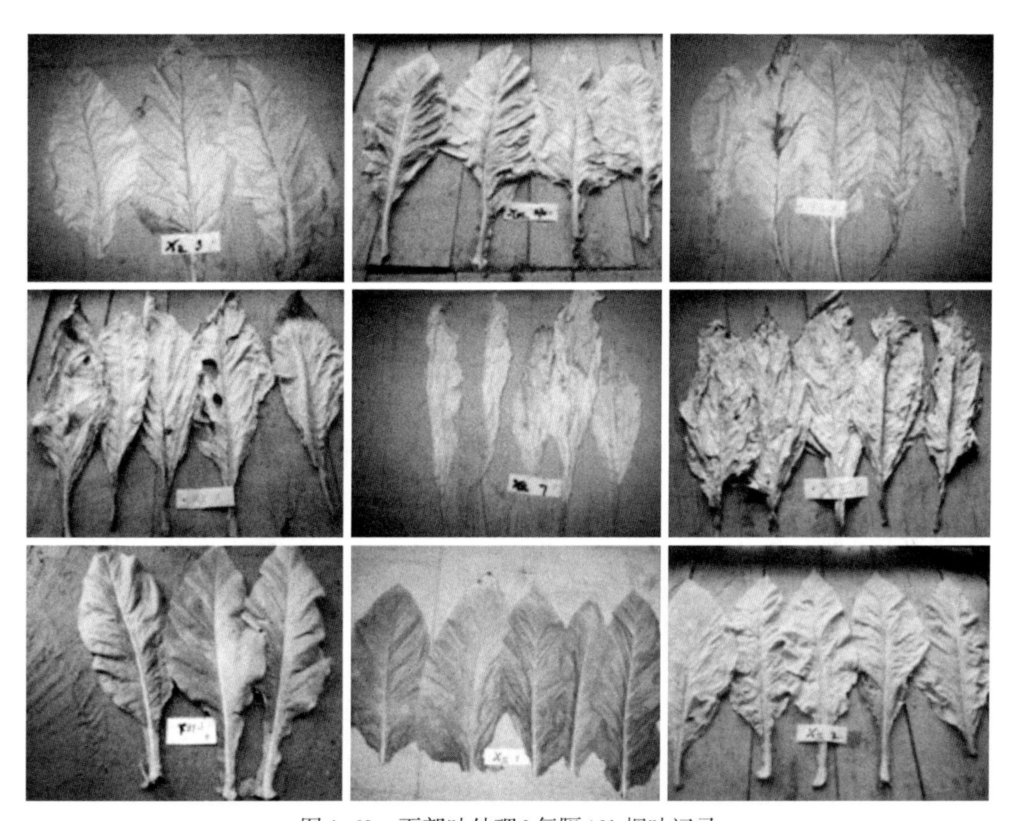

图4-63　下部叶处理3每隔12h烟叶记录

（4）下部叶各处理烟叶烤后外观质量测定

表4-156　下部叶各处理烟叶烤后外观质量测定

处理	成熟度	颜色	光泽	油分	厚度	叶片结构
处理1	成熟	柠檬黄	强	适中	薄	疏松
处理2	成熟	橘黄	强	多	适中	疏松
处理3	成熟	柠檬黄	强	有	薄	疏松

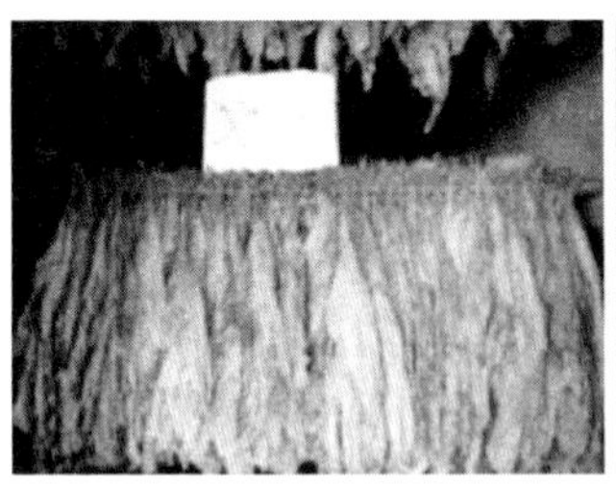
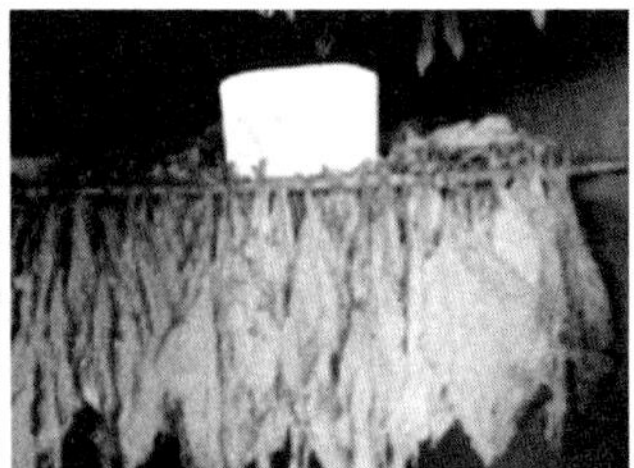

图4-64　下部叶各处理烟叶烤后外观

（5）下部叶各处理初烤烟叶产质量统计

表4-157　下部叶各处理初烤烟叶产质量统计

处理	总重量（kg）	上等烟		中等烟		下等烟		交售金额（元）	均价（元/kg）
		重量（kg）	比例（%）	重量（kg）	比例（%）	重量（kg）	比例（%）		
处理1	164.3	40.1	27.4	62.3	37.9	56.9	34.6	2 022.0	12.3
处理2	270.6	64.1	23.7	108.1	39.9	98.5	36.4	3 398.3	12.6
处理3	273.5	130.8	47.8	46.4	17.0	96.4	35.2	3 871.8	14.2

注：交售金额计算以本年度重庆市烟叶收购价格表为依据。上等烟均价19.8元/kg、中等烟均价13.5元/kg、低次等烟均价6.8元/kg。

从表4-157可知，下部叶处理3的上等烟比例表现为处理3>处理1>处理2，且处理3远比其他两个处理高；下等烟比例表现并无明显差异。

（6）不同处理下部叶烘烤外观特征及初烤烟产质量结果分析

从不同处理下部叶烘烤每隔12h外观特征观测可以看出，下部叶（干旱烟叶）：处理1、处理3在取样次数为3次时烟叶达到青筋黄片，主脉除叶基部外全变软和青筋黄片，主脉微软，且第8次取样时叶片分别达到全黄，主脉2/3变白发亮，勾尖卷边和青筋黄片，支脉变黄，叶片变干，主脉未干；处理2在取样次数为4次时烟叶达到青筋黄片，叶尖叶边微卷，且第8次取样时烟叶达到叶片全黄，主脉变白，小卷筒。因天气干旱，降水少，自移栽到烘烤这一阶段，烟株一直处于缺水状态，烟叶含水较少，结构紧密，干物质积累较为充实，易出现旱黄，烘烤特性变差、不耐烤、烘烤变黄快不易定色等特点。如上可知，处理3烟叶为主脉微软时达到青筋黄片，且后期失水较多，叶片变干，主脉未干的水平，这较符合旱烟烘烤的技术特性：即先拿色，后拿水；大胆变黄，保湿变黄等；而处理1烘烤前期达青筋黄片时，烟叶表现为主脉除叶基部外全变软，适用于正常下部叶而不再适合干旱烟叶的烘烤了，定色后期烟叶失水仅表现为勾尖卷边，说明定色期失水过少过慢，在干筋期阶段较容易出现棕色反应；处理2主要因为定色后期烟叶失水量仅为表现为小卷筒，说明在定色过程中烟叶失水过慢过少、不利于烘烤后期的干筋期，较易出现棕色化反应。各处理的烘烤时间表现为处理1>处理2>处理3，且处理3的时间为5.5d，比处理1的短18h、比处理2短12h，差异十分明显。

从不同处理初烤烟产质量指标分析可以看出，处理3的上等烟比例达到47.8 %、比处理1高20.4个百分点、比处理2高24.1个百分点；处理3的均价达到14.2元/kg、比处理1高1.9元、比处理2高1.6元。由此可知，处理3最适合K326下部烟叶特别是干旱烟叶的烘烤。

2. 中部叶各处理研究结果

（1）中部叶各处理烘烤时间及烘烤过程取样情况

表4-158　中部叶处理1烘烤时间及烘烤过程取样情况

处理1	时间		取样次数
取样情况	2011.8.12	22:35	0
	2011.8.13	10:35	1
		22:35	2
	2011.8.14	10:35	3
		22:35	4
	2011.8.15	10:35	5
		22:35	6
	2011.8.16	10:35	7
烤后取样	2011.8.18	3:00	8（停火）
	共用5天4小时左右		

表4-159　中部叶处理2烘烤时间及烘烤过程取样情况

处理2	时间		取样次数
取样情况	2011.8.11	21:40	0
	2011.8.12	9:40	1
		21:40	2
	2011.8.13	9:40	3
		21:40	4
	2011.8.14	9:40	5
		21:40	6
	2011.8.15	9:40	7
烤后取样	2011.8.17	1:00	8（停火）
	共用5天3小时左右		

表4-160　中部叶处理3烘烤时间及烘烤过程取样情况

处理3	时间		取样次数
取样情况	2011.8.10	22:50	0
	2011.8.11	10:50	1
		22:50	2
	2011.8.12	10:50	3
		22:50	4
	2011.8.13	10:50	5
		22:50	6
	2011.8.14	10:50	7
烤后取样	2011.8.16	3:00	8（停火）
	共用5天4小时左右		

表4-161　中部叶处理4烘烤时间及烘烤过程取样情况

处理4	时间		取样次数
取样情况	2011.8.10	23:00	0
	2011.8.11	11:00	1
		23:00	2
	2011.8.12	11:00	3
		23:00	4
	2011.8.13	11:00	5
		23:00	6
	2011.8.14	11:00	7
烤后取样	2011.8.16	6:15	8（停火）
	共用5天7小时左右		

从表4-158、表4-159、表4-160、表4-161可知，中部叶4个处理的烘烤时间并无明显差异。这与当时烘烤时天气有很大的关系。

（2）中部叶各处理实际烘烤参数组合及各烘烤阶段时长情况

表4-162　中部叶处理1实际烘烤参数组合及各烘烤阶段时长情况

阶段	干球温度（℃）	湿球温度（℃）	干湿差（℃）	烘烤时间（h）	烟叶变化目标
变黄期	36.0	35.5	0.0 ~ 1.0	15.0	高温层烟叶变黄程度达30%以上
	39.0	37.0	1.0 ~ 2.0	24.0	高温层烟叶达到青筋黄片
凋萎期	42.0	37.0	5.0 ~ 6.0	24.0	高温层烟叶勾尖卷边，轻度凋萎；中下层烟叶达到青筋黄片
	47.0	38.0	9.0 ~ 10.0	8.1	高温层烟叶叶干1/2 ~ 2/3；中下层烟叶勾尖卷边，充分凋萎
干叶期	52.0	39.0	13.0 ~ 14.0	7.4	高温层烟叶叶片干燥，中下层烟叶叶干1/3 ~ 1/2，全炉烟叶主脉翻白
干筋期	62.0	41.0	21.0 ~ 22.0	7.0	全炉烟叶主脉干燥1/2以上，叶片正反面色泽接近
	67.0	42.0	25.0 ~ 26.0	6.7	全炉烟叶干燥

注：起火升温速度2℃ / h至34.0 ~ 36.0℃；以后各阶段之间的升温速度1℃ / h。

表4-163　中部叶处理2实际烘烤参数组合及各烘烤阶段时长情况

阶段	干球温度（℃）	湿球温度（℃）	干湿差（℃）	烘烤时间（h）	烟叶变化目标
变黄期	36.0	35.5	0.0 ~ 1.0	10.5	高温层烟叶变黄程度达30%以上
	39.5	37.0	1.0 ~ 2.0	23.0	高温层烟叶达到青筋黄片

（续）

阶段	干球温度（℃）	湿球温度（℃）	干湿差（℃）	烘烤时间（h）	烟叶变化目标
凋萎期	42.0	36	7.0 ～ 9.0	12.0	高温层烟叶勾尖卷边，轻度凋萎；中下层烟叶达到青筋黄片
	47.0	36.0	11.0 ～ 12.0	14.7	高温层烟叶叶干1/2 ～ 2/3；中下层烟叶勾尖卷边，充分凋萎
干叶期	51.0	37.0	14.0 ～ 15.0	8.4	高温层烟叶叶片干燥，中下层烟叶叶干1/3 ～ 1/2，全炉烟叶主脉翻白
干筋期	62.0	37.0	25.0 ～ 26.0	15.8	全炉烟叶主脉干燥1/2以上，叶片正反面色泽接近
	67.0	40.0	27.0 ～ 28.0	6.8	全炉烟叶干燥

注：起火升温速度2℃ / h 至34.0 ～ 36.0℃；以后各阶段之间的升温速度1℃ / h 。

表4–164　中部叶处理3实际烘烤参数组合及各烘烤阶段时长情况

阶段	干球温度（℃）	湿球温度（℃）	烘烤时间（h）	烟叶变化目标
变黄期	38.0	36.0	12.0	高温层烟叶基本变黄或全黄
	38.0	36.5	28.0	
定色期	55.0	38.0	35.6	全炉烟叶叶肉基本干燥
干筋期	67.0	42.0	8.0	全炉烟筋干燥

注：起火至要求温度的升温速度1℃ /h；以后各个阶段之间的升温速度1℃ /h。

表4–165　中部叶处理4实际烘烤参数组合及各烘烤阶段时长情况

阶段	干球温度（℃）	湿球温度（℃）	干湿差（℃）	烘烤时间（h）	烟叶变化目标
变黄期	36.0	35.0	1.0 ～ 2.0	7	高温层烟叶变黄程度达30%以上
	38.0	36.0	2.0 ～ 3.0	15	高温层烟叶变黄程度达七至八成黄
	40.0	37.0		8	
	42.0	37.0	5.0 ～ 6.0	6	高温层烟叶达到青筋黄片，主脉发软，勾尖
定色期	45.0	37.4	8.0 ～ 9.0	10	全炉黄片黄筋，小卷边
	47.0	38.0		5	
	52.0	39.0	14.0 ～ 15.0	5	全炉烟叶叶片干燥，主脉1/2干燥
干筋期	66.0	42.0	27.0 ～ 28.0	7	全炉烟叶干燥

注：起火升温速度2℃ / h 至35.0 ～ 36.0℃；以后各阶段之间的升温速度0.5 ～ 1℃ / h 。

（3）中部叶每隔12h烟叶的外观特征和图片记录情况

表4-166　中部叶处理1每隔12h烟叶的外观特征

处理1	取样次数	烟叶的外观特征定性、定量描述
	0	适熟，绿黄，叶面2/3变黄，叶缘叶尖成黄色，有成熟斑，主脉变白，支脉1/2白，茸毛脱落
	1	一至二成黄，叶尖开始变软
	2	四至五成黄，叶尖变软，叶片开始变软
	3	五至六成黄，叶片变软
	4	七至八成黄，主脉开始变白发亮，叶片变软，主脉开始变软
	5	八至九成黄，主脉变软，并开始勾尖卷边
	6	九成黄，主脉1/2变白发亮，勾尖卷边
	7	九成黄，主脉2/3变白发这，稍达小卷筒
	8	烤后取样

图4-65　中部叶处理1每隔12h烟叶记录

表4-167　中部叶处理2每隔12h烟叶的外观特征

处理2	取样次数	烟叶的外观特征定性、定量描述
	0	适熟，绿黄，2/3变黄，叶尖部最黄，主脉全白，支脉1/3变白，成熟斑明显，叶尖叶缘成黄色，茸毛脱落
	1	六至七成黄，叶尖叶边全变黄，支脉1/2变白，叶片变软，主脉1/2变软
	2	九成黄，叶片全软，主脉2/3变软，主脉变全白发亮
	3	九成黄，主脉变软，除基部，主脉变白发亮

（续）

处理2	取样次数	烟叶的外观特征定性、定量描述
	4	九成黄，主脉变白发亮，主脉变软
	5	九成黄，开始勾尖卷边
	6	九成黄，勾尖卷边
	7	九成黄，快达小卷筒
	8	烤后取样

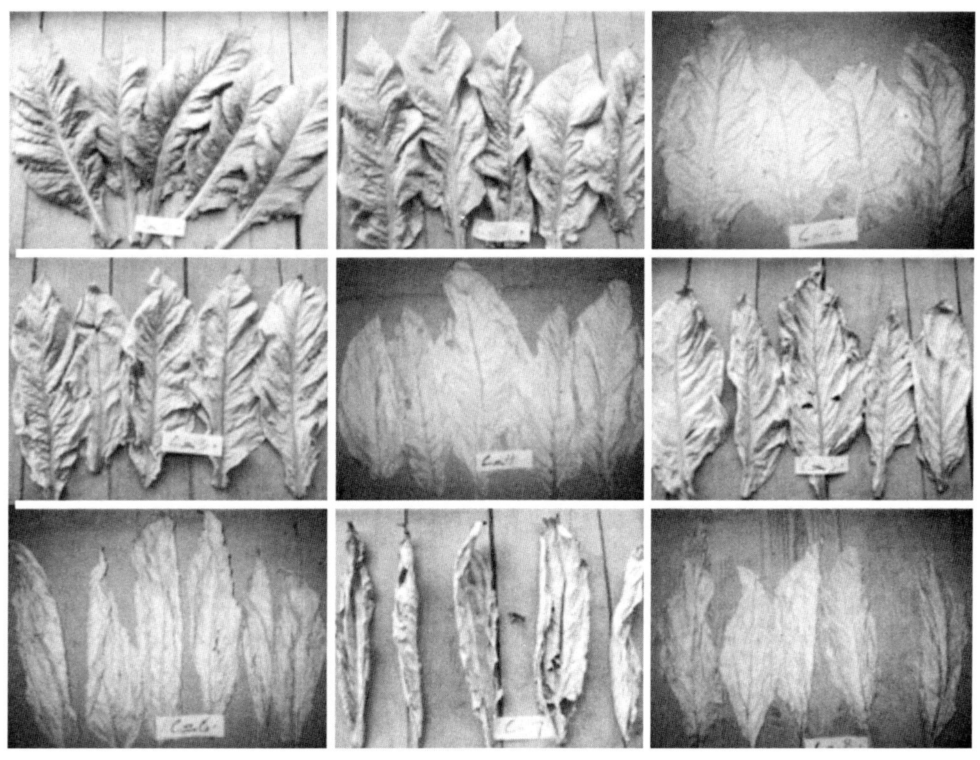

图4-66　中部叶处理2每隔12h烟叶记录

表4-168　中部叶处理3每隔12h烟叶的外观特征

处理3	取样次数	烟叶的外观特征定性、定量描述
	0	适熟，2/3叶面落黄，叶尖叶缘稍黄，主变变白，支脉1/3变白，有成熟斑，茸毛脱落
	1	四至五成黄，叶尖叶缘全黄，叶尖变软
	2	五至六成黄，主脉开始变白，支脉2/3变白，叶尖叶缘全黄，叶片完全变软
	3	六至七成黄，叶片完全变软
	4	七至八成黄，叶片基本全黄，除叶脉附近还稍带青，主脉开始变白发亮，支脉1/3变白，主脉变软
	5	九成黄，开始勾尖卷边
	6	九成黄，快达小卷筒，失水四至五成
	7	叶片，支脉全黄，主脉1/3变黄，叶片从小卷筒到大卷筒之间，主脉叶尖部干燥
	8	烤后取样

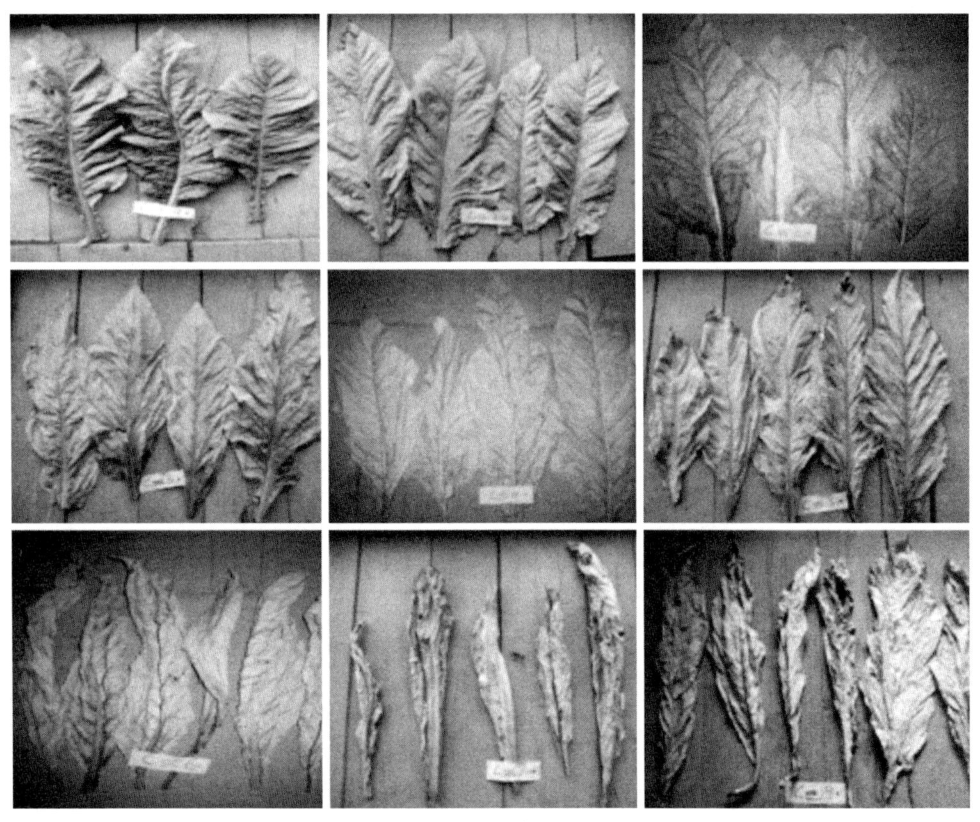

图4-67 中部叶处理3每隔12h烟叶记录

表4-169 中部叶处理4每隔12h烟叶的外观特征

处理4	取样次数	烟叶的外观特征定性、定量描述
	0	适熟，黄绿，叶面2/3变黄，有成熟斑，主脉变白，支脉1/3白，叶尖叶缘成黄色，茸毛脱落
	1	七至八成黄，叶片基本变黄，除叶基，叶脉之间还带绿外，叶片变软
	2	青筋黄片，主脉1/3变软，主脉变白发亮，支脉1/2变白
	3	青筋黄片，主脉1/2变软，韧性明显加强，支脉全白
	4	叶片，支脉基本全黄，除叶基部稍绿外，支脉基本变黄，主脉2/3变软
	5	青筋黄片，支脉全黄，主脉1/3变黄，勾尖卷边
	6	叶片全黄，主脉2/3变白发黄，勾尖卷边
	7	叶片，支脉全黄，主脉基本全黄，大卷筒
	8	烤后取样

（4）中部叶各处理烟叶烤后外观质量测定

表4-170 中部叶各处理烟叶烤后外观质量测定

处理	成熟度	颜色	光泽	油分	厚度	叶片结构
处理1	成熟	橘黄	中	有	适中	疏松
处理2	成熟	橘黄	强	多	适中	疏松

（续）

处理	成熟度	颜色	光泽	油分	厚度	叶片结构
处理3	成熟	橘黄	中	有	适中	疏松
处理4	成熟	橘黄	强	有	适中	疏松

图4-68　中部叶处理4每隔12h烟叶记录

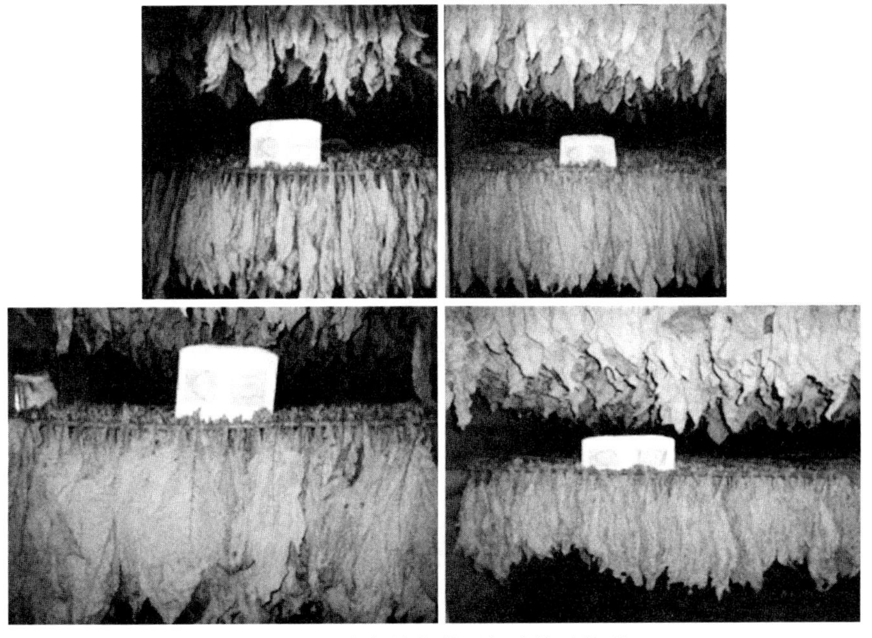

图4-69　中部叶各处理烟叶烤后外观

（5）中部叶各处理初烤烟叶产质量统计

表4-171　中部叶各处理初烤烟叶产质量统计

处理	总重量（kg）	上等烟		中等烟		下等烟		交售金额（元）	均价（元/kg）
		重量（kg）	比例（%）	重量（kg）	比例（%）	重量（kg）	比例（%）		
处理2	227.9	117.1	51.4	50.0	21.9	60.9	26.7	3 407.7	15.0
处理3	277.4	63.5	22.9	43.3	15.6	170.7	61.5	3 002.6	10.8
处理4	320.9	110.7	34.5	123.0	38.3	87.2	27.2	4 445.3	13.9

注：交售金额计算以2012年度重庆市烟叶收购价格表为依据。上等烟均价19.8元/kg，中等烟均价13.5元/kg、低次等烟均价6.8元/kg。

如表4-171所示，中部叶处理的上等烟比例表现为处理2>处理1>处理4>处理3；中等烟比例表现为处理4>处理2>处理3>处理1；下等烟比例表现为处理3>处理1>处理4>处理2。

（6）不同处理中部叶烘烤外观特征及初烤烟产质量结果分析

从不同处理中部叶烘烤每隔12小时外观特征观测可以看出，处理2、处理4在取样次数为2次时烟叶变为青筋黄片且失水分别表现为叶片全软，主脉2/3变软和叶片全软、主脉1/3变软，且第8次取样时，处理4失水表现为大卷筒、处理2失水表现为快达小卷筒；处理3、处理1在取样次数为5、6次时达到青筋黄片，且失水表现为主脉变软、勾尖卷边，且第8次取样时，处理3的失水表现为小卷筒到大卷筒之间，主脉叶尖部干燥，处理1的失水表现为稍达小卷筒。由上可知：处理2烟叶的变黄变化情况和失水速度较为协调统一，符合优质烟叶烘烤过程中烟叶变黄情况和失水速度相配原则，即在烟叶达青筋黄片时，烟叶失水表现为主脉变软，烘烤前期保湿变黄、中期缓慢升温脱水定色、后期缓慢失水干筋等；而处理4的烟叶变黄情况虽较为符合优质烟叶生产的标准，但由于前期变黄失水不够，不利于烟叶定色，后期失水过快，烟叶内部成分并未充分转化，使的烟叶刺激性增强，香气下降；处理1、处理3都表现为前期失水和变黄脱节，前期失水过多，烟叶变黄较少，导致青筋、青片较多，特别是处理3后期失水表现为小卷筒到大卷筒之间，主脉叶尖部干燥，失水过快，而处理1的后期失水量虽正常但由于前期烟叶变黄较少，所以两者都不符合优质烟叶生产的技术规划标准。

从不同处理初烤烟产质量指标分析可以看出，处理2的上等烟比例达51.4%、比处理1高12.4个百分点、比处理3高28.5个百分点、比处理4高16.9个百分点；处理2的均价为15.0元/kg比处理1高2.2元、比处理3高4.2元、比处理4高1.1元，而烘烤时间并无十分明显的差异。因当地天气前期干旱，烟苗自移栽后并无充足降水，但从烤完下部叶至烘烤中部叶在此中间降水增加，使得前期施加的由于缺水未被烟株吸收的肥料此时被充分吸收，烟叶返青较为严重。所以处理2最适合K326中部叶特别是返青烟叶的烘烤。

3. 上部叶各处理研究结果

（1）上部叶各处理烘烤时间、烘烤过程取样情况及烟叶水分含量变化

表4-172　上部叶处理1烘烤时间及烘烤过程取样情况

处理1	时间		取样次数
取样情况	2011.9.19	23:00	0
	2011.9.20	11:00	1
		23:00	2
	2011.9.21	11:00	3
		23:00	4
	2011.9.22	11:00	5
		23:00	6
	2011.9.23	11:00	7
烤后取样	2011.9.26	9:53	8（停火）
	共用约6天11小时		

表4-173　上部叶处理2烘烤时间及烘烤过程取样情况

处理2	时间		取样次数
取样情况	2011.9.19	0:00	0
		12:00	1
	2011.9.20	0:00	2
		12:00	3
	2011.9.21	0:00	4
		12:00	5
	2011.9.22	0:00	6
		12:00	7
烤后取样	2011.9.25	4:00	8（停火）
	共用约6天4小时		

表4-174　上部叶处理3烘烤时间及烘烤过程取样情况

处理3	时间		取样次数
取样情况	2011.9.17	21:45	0
	2011.9.18	9:45	1
		21:45	2
	2011.9.19	9:45	3
		21:45	4
	2011.9.20	9:45	5
		21:45	6
	2011.9.21	9:45	7
烤后取样	2011.9.23	11:45	8（停火）
	共用约5天14小时		

表4-175　上部叶处理4烘烤时间及烘烤过程取样情况

处理4	时间		取样次数
取样情况	2011.9.22	9:00	0
		21:00	1
	2011.9.23	9:00	2
		21:00	3
	2011.9.24	9:00	4
		21:00	5
	2011.9.25	9:00	6
		21:00	7
烤后取样	2011.9.27	0:00	8（停火）
	共用约4天15小时		

从表4-172、表4-173、表4-174、表4-175可知，上部叶各处理烘烤的时间表现为处理1>处理2>处理3>处理4。

表4-176　上部叶处理1每隔12h烟叶水分含量变化情况

处理1	取样次数	鲜叶重（g）	干叶重（g）	水分含量（%）	含水率（%）	含水率变化
	0	203.0	28.8	174.2	85.8	
	1	138.6	20.1	118.5	85.5	0.3
	2	84.7	12.5	72.2	85.2	0.3
	3	150.4	22.8	127.6	84.8	0.4
	4	180.5	32.0	148.5	82.3	2.5
	5	98.4	18.8	79.6	80.9	1.4
	6	168.8	36.5	132.3	78.4	2.5
	7	128.2	35.3	92.9	72.5	5.9

表4-177　上部叶处理2每隔12h烟叶水分含量变化情况

处理2	取样次数	鲜叶重（g）	干叶重（g）	水分含量（%）	含水率（%）	含水率变化
	0	85.0	11.9	73.1	86.0	
	1	130.0	18.8	111.2	85.5	0.5
	2	121.4	18.2	103.2	85.0	0.5
	3	116.4	18.7	97.7	83.9	1.1
	4	124.0	20.6	103.4	83.4	0.5
	5	107.7	20.0	87.7	81.4	2.0
	6	76.9	15.2	61.7	80.2	1.2
	7	81.7	19.9	61.8	75.6	4.6

表4-178　上部叶处理3每隔12h烟叶水分含量变化情况

处理3	取样次数	鲜叶重（g）	干叶重（g）	水分含量（%）	含水率（%）	含水率变化
	0	100.5	16.0	84.5	84.1	
	1	116.5	21.6	94.9	81.5	2.6
	2	61.3	11.5	49.8	81.2	0.3
	3	97.0	18.9	78.1	80.5	0.7
	4	187.2	37.7	149.5	79.9	0.6
	5	129.1	27.8	101.3	78.5	1.4
	6	69.6	15.3	54.3	78.0	0.5
	7	70.0	16.3	53.7	76.7	1.3

表4-179　上部叶处理4每隔12h烟叶水分含量变化情况

处理4	取样次数	鲜叶重（g）	干叶重（g）	水分含量（%）	含水率（%）	含水率变化
	0	232.8	36.9	195.9	84.1	
	1	248.0	39.6	208.4	84.0	0.1
	2	181.9	31.8	150.1	82.5	1.5
	3	163.4	30.6	132.8	81.3	1.2
	4	148.6	30.7	117.9	79.3	1.9
	5	123.5	29.6	93.9	76.0	3.3
	6	88.8	29.2	59.6	67.1	8.9
	7	67.6	27.4	40.2	59.5	7.6

从表4-176、表4-177、表4-178、表4-179可知，上部叶各处理的失水速度随时间的推移而越来越快，其中处理3前期失水较快后期失水较慢，处理4中后期失水速度最快，处理1、处理2在前中后三个时期失水较为平稳、波动较小。

（2）上部叶各处理实际烘烤参数组合及各阶段烘烤时长情况

表4-180　上部叶处理1实际烘烤参数组合及各烘烤阶段时长情况

阶段	干球温度（℃）	湿球温度（℃）	干湿差（℃）	烘烤时间（h）	烟叶变化目标
点火	25.0	23.0		2.0	
变黄期	36.0	35.0	0.0 ~ 1.0	23.3	高温层烟叶变黄程度达30%以上
	39.0	37.0	1.0 ~ 2.0	12.8	高温层烟叶达到青筋黄片
凋萎期	43.0	37.0	5.0 ~ 6.0	19.1	高温层烟叶勾尖卷边，轻度凋萎；中下层烟叶达到青筋黄片
	47.0	37.0	9.0 ~ 10.0	24.0	高温层烟叶叶干1/2 ~ 2/3；中下层烟叶勾尖卷边，充分凋萎
干叶期	52.0	38.0	13.0 ~ 14.0	11.7	高温层烟叶叶片干燥，中下层烟叶叶干1/3 ~ 1/2，全炉烟叶主脉翻白
干筋期	62.0	41.0	21.0 ~ 22.0	11.7	全炉烟叶主脉干燥1/2以上，叶片正反面色泽接近
	67.0	42.0	25.0 ~ 26.0	7.7	全炉烟叶干燥

注：起火升温速度2℃ / h至34.0 ~ 36.0℃；以后各阶段之间的升温速度1℃ / h。

表4-181　上部叶处理2实际烘烤参数组合及各烘烤阶段时长情况

阶段	干球温度（℃）	湿球温度（℃）	干湿差（℃）	烘烤时间（h）	烟叶变化目标
点火	22.0	21.4		0.0	
变黄期	36.0	35.0	0.0 ~ 1.0	26.9	高温层烟叶变黄程度达30%以上
	39.0	37.0	1.0 ~ 2.0	19.1	高温层烟叶达到青筋黄片
凋萎期	43.0	36.0	7.0 ~ 9.0	8.6	高温层烟叶勾尖卷边，轻度凋萎；中下层烟叶达到青筋黄片
	48.0	36.0	11.0 ~ 12.0	18.5	高温层烟叶叶干1/2 ~ 2/3；中下层烟叶勾尖卷边，充分凋萎
干叶期	52.0	37.0	14.0 ~ 15.0	9.0	高温层烟叶叶片干燥，中下层烟叶叶干1/3 ~ 1/2，全炉烟叶主脉翻白
干筋期	63.0	38.0	25.0 ~ 26.0	21.1	全炉烟叶主脉干燥1/2以上，叶片正反面色泽接近
	67.0	40.0	27.0 ~ 28.0	2.2	全炉烟叶干燥

注：起火升温速度2℃ / h 至34.0 ~ 36.0℃；以后各阶段之间的升温速度1℃ / h 。

表4-182　上部叶处理3实际烘烤参数组合及各烘烤阶段时长情况

阶段	干球温度（℃）	湿球温度（℃）	烘烤时间（h）	烟叶变化目标
变黄期	34.0	34.0	0.7	高温层烟叶基本变黄或全黄
	35.0	34.0	4.0	
	38.0	36.0	52.0	
定色期	54.0	37.0	5.2	全炉烟叶叶肉基本干燥
	54.0	38.0	1.5	
	54.0	37.0	23.4	
干筋期	67.0	39.0	13.8	全炉烟筋干燥

注：起火至要求温度的升温速度1℃ /h；以后各个阶段之间的升温速度1℃ /h。

表4-183　上部叶处理4实际烘烤参数组合及各烘烤阶段时长情况

阶段	干球温度（℃）	湿球温度（℃）	干湿差（℃）	烘烤时间（h）	烟叶变化目标
变黄期	17.3	17.5			
	32.0	31.1			
	36.0	34.0	1.0 ~ 2.0		高温层烟叶变黄程度达30%以上
	38.0	36.0	2.0 ~ 3.0		高温层烟叶，变黄程度达七至八成黄
	40.0	36.6			
	42.0	37.0	5.0 ~ 6.0		高温层烟叶达到青筋黄片，主脉发软，勾尖
	43.0	36.5			
	44.0	36.5			
定色期	44.0	37.0	8.0 ~ 9.0		全炉黄片黄筋，小卷边
	46.0	37.0			
	48.0	37.0			

（续）

阶段	干球温度（℃）	湿球温度（℃）	干湿差（℃）	烘烤时间（h）	烟叶变化目标
定色期	50.0	37.5		14.0 ~ 15.0	全炉烟叶叶片干燥，主脉1/2干燥
	54.0	40.0			
	54.0	38.5			
	60.0	40.0			
干筋期	67.0	42.0		27.0 ~ 28.0	全炉烟叶干燥

注：①起火升温速度2℃/h至35.0 ~ 36.0℃；以后各阶段之间的升温速度0.5 ~ 1℃/h。

②由于农户负责烘烤，各阶段有的烟叶变化情况不可观察，且各顿火时间无法跟踪。

（3）上部叶每隔12h烟叶的外观特征和图片记录情况

表4-184 上部叶处理1每隔12h烟叶的外观特征

处理1	取样次数	烟叶的外观特征定性、定量描述
	0	成熟，基本色为黄色，有明显成熟斑，主脉全白，有点枯尖
	1	颜色同上，失水0
	2	颜色同上，失水0
	3	八至九成黄，失水0，支脉1/3变白
	4	九成黄，叶尖变软，支脉1/2变白，主脉开始变白
	5	九成黄，叶片变软，支脉1/2变白
	6	九成黄，叶片全软，主脉开始变软，支脉1/2变白
	7	九成黄以上，勾尖卷边，支脉变白，开始出现棕色反应
	8	烤后取样

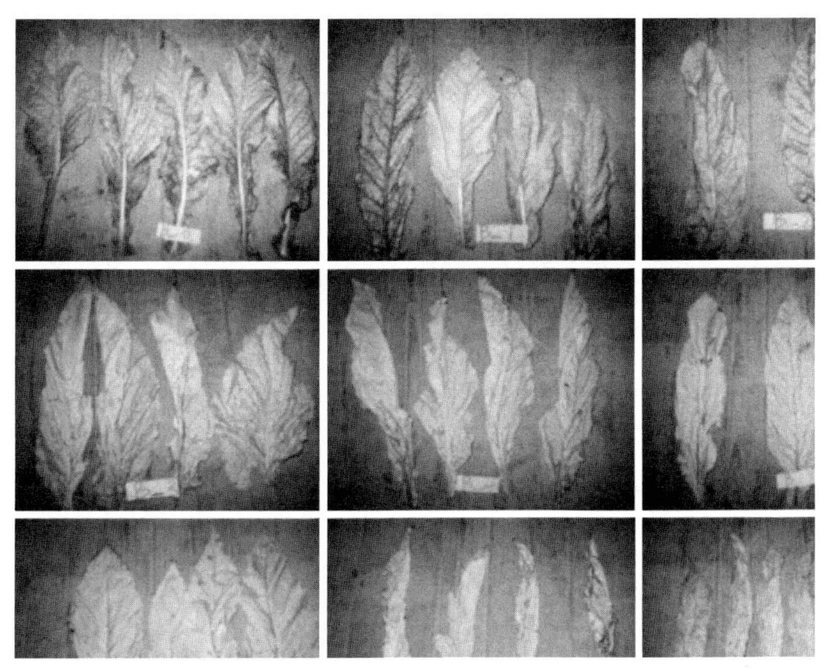

图4-70 上部叶处理1每隔12h烟叶记录

表4-185 上部叶处理2每隔12h烟叶的外观特征

处理2	取样次数	烟叶的外观特征定性、定量描述
	0	叶面基本色为黄色，有明显成熟斑，主脉全白，支脉1/2变白
	1	颜色外观同上，失水0
	2	颜色外观同上，失水0
	3	八成黄，失水0
	4	八至九成黄，失水约为5%
	5	九成黄，支脉1/2 ~ 2/3变白，主脉开始变白，失水约为5%
	6	九成黄，支脉全变白，主脉除基部稍带青外，也全部变白，失水约为5%
	7	九成黄以上，支脉全黄，主脉除基部外，大部分变白，叶片变软，主脉1/2变软
	8	烤后取样

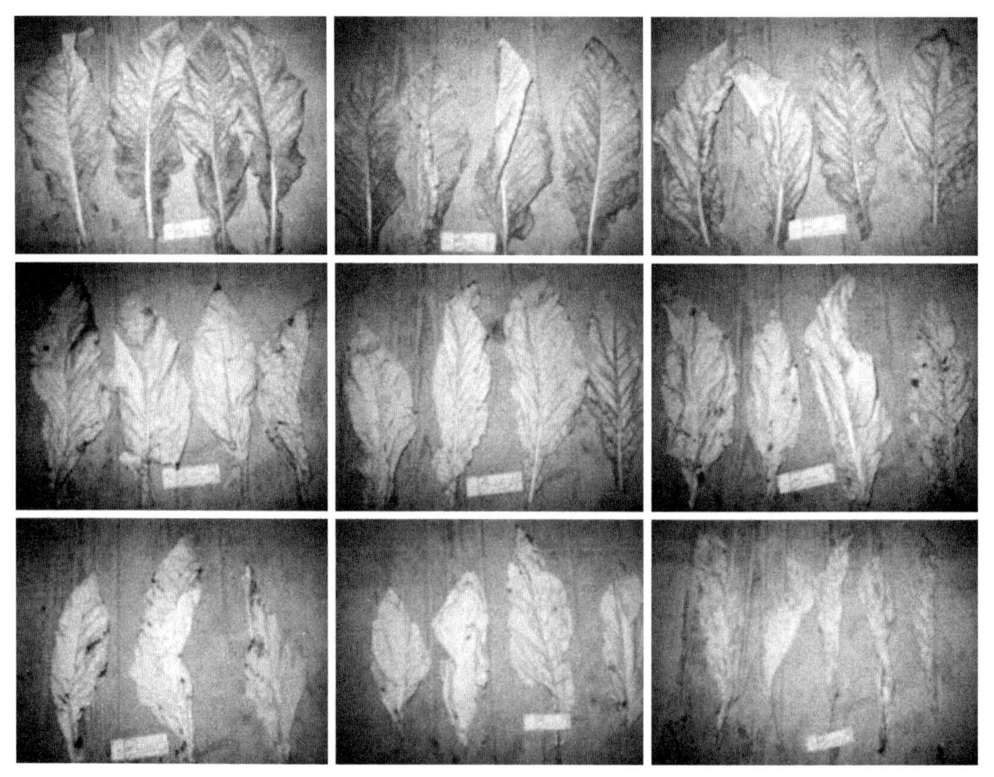

图4-71 上部叶处理2每隔12h烟叶记录

表4-186 上部叶处理3每隔12h烟叶的外观特征

处理3	取样次数	烟叶的外观特征定性、定量描述
	0	主脉变白发亮，叶面色为黄色，除叶基部带青外，有明显的成熟斑，叶耳微黄
	1	颜色同上，叶片变软，主脉1/5发软
	2	九成黄，1/3支脉变白，叶片变软，主脉1/4 ~ 1/3变软
	3	九成黄，1/2支脉变白，主脉1/3变软，叶片变软
	4	九成黄，支脉1/4变白，叶片变软，主脉1/2变软
	5	九成黄，叶片变软，主脉2/3变软

（续）

处理3	取样次数	烟叶的外观特征定性、定量描述
	6	九成黄，支脉1/2变白，主脉变软
	7	九成黄，支脉变白，主脉1/3 ~ 1/2变白，主脉变软
	8	烤后取样

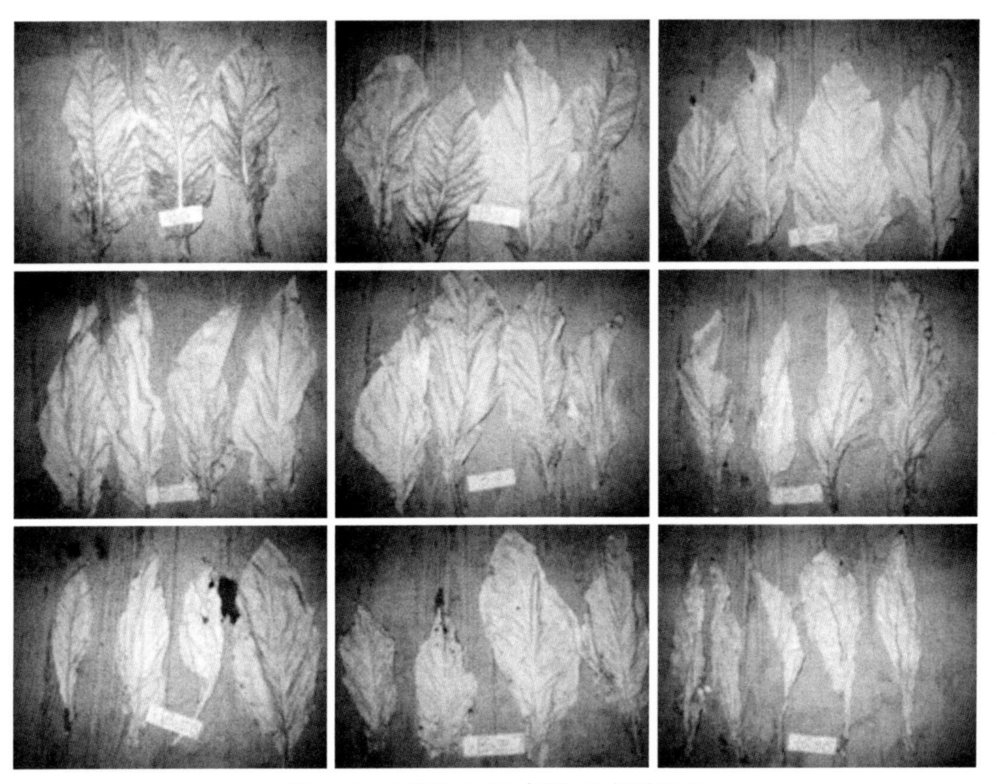

图4-72　上部叶处理3每隔12h烟叶记录

表4-187　上部叶处理4每隔12h烟叶的外观特征

处理4	取样次数	烟叶的外观特征定性、定量描述
	0	叶面基本色为黄色，主脉发白，有明显成熟斑
	1	颜色同上，失水为0
	2	七至八成黄，叶尖变软
	3	九成黄，叶片变软，支脉1/3变白
	4	九成黄，叶片变软，支脉1/2变白
	5	九成黄以上，叶片变软、主脉1/3变软，支脉全白，主脉除基部外，也基本变白
	6	九成黄以上，勾尖卷边，支脉变黄，主脉1/3变白，出现棕色反应
	7	九成黄以上，稍达小卷筒，支脉变黄，主脉1/2变白，棕色反应明显
	8	烤后取样

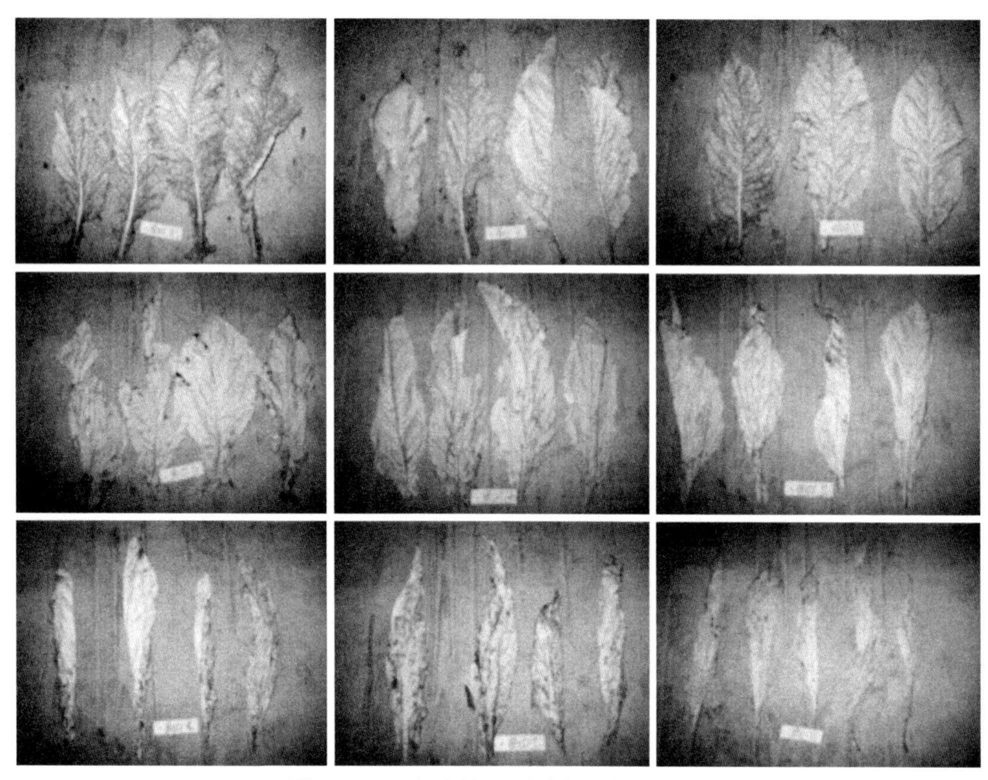

图4-73　上部叶处理4每隔12h烟叶记录

（4）上部叶各处理烟叶烤后外观质量测定

表4-188　上部叶各处理烟叶烤后外观质量测定

处理	成熟度	颜色	光泽	油分	厚度	叶片结构
处理1	成熟	橘黄	强	有	适中	疏松
处理2	成熟	橘黄	强	有	偏厚	疏松
处理3	成熟	橘黄	强	有	适中	疏松
处理4	成熟	橘黄	强	有	偏厚	疏松

（5）上部叶各处理初烤烟叶产质量统计

表4-189　上部叶各处理初烤烟叶产质量统计

处理	总重量（kg）	上等烟		中等烟		下等烟		交售金额（元）	均价（元/kg）
		重量（kg）	比例（%）	重量（kg）	比例（%）	重量（kg）	比例（%）		
处理1	502.4	132.0	26.3	212.0	42.2	158.4	31.5	6 552.7	13.0
处理2	455.3	63.5	13.9	172.3	37.8	219.5	48.2	5 076.0	11.1
处理3	465.8	89.7	19.2	84.1	18.0	292.1	62.7	4 896.0	10.5
处理4	408.4	99.6	24.4	118.8	29.1	190.0	46.5	4 867.2	11.9

注：交售金额计算以2012年度重庆市烟叶收购价格表为依据。上等烟均价19.8元/kg、中等烟均价13.5元/kg、低次等烟均价6.8元/kg。

图4-74　上部叶各处理烟叶烤后外观

从表4-189可知，上部叶各处理初烤的上等烟比例表现为处理1>处理4>处理3>处理2；中等烟比例表现为处理1>处理2>处理4>处理3；下等烟比例表现为处理3>处理2>处理4>处理1。

（6）不同处理上部叶烘烤外观特征及初烤烟产质量结果分析

从不同处理上部叶烘烤每隔12小时外观特征观测可以看出，处理3在取样次数为2次时烟叶变为青筋黄片且失水量为2.9%，且第8次取样时失水量为7.4%；处理2在取样次数为4次时烟叶变为青筋黄片、失水量为2.6%，且第8次取样时失水量为10.4%；处理1、处理4在取样次数为3次时烟叶变为青筋黄片、失水量分别为1%和2.8%，且第8次取样时失水量分别为13.3%、24.6%。因前期天气干旱，烟株缺水，导制烟叶发育、成熟时间后移，此时最早的处理烘烤时间为2011年9月17日，立秋时间为2011年8月8日，所以此时的烟叶为秋后烟叶，上部烟叶含水量特别是自由水含量少，叶片厚实，叶组织细胞排列致密，内含物质充实，所以在烘烤过程中，相对正常生长的上部烟叶，变黄阶段应当尽可能地少失水充分变黄，后期稍快失水利于定色。由上可知：处理1达到青筋黄片时失水量为1%，后期失水量为13.3%，较为符合烟叶的实质质量和提高烘烤上部烟叶质量的基本原则，即前期保湿变黄，充分变黄定色，中后期相较正常生长上部烟叶稍快排湿定色，干筋，以防烤青、挂灰，尽管定色后期可能出现棕色反应；处理2烟叶虽前期失水较少、变黄充足，但是中后期失水量较少，只有2.1%，不利于秋后烟叶定色后的干筋期，容易后期干燥出现棕色反应；处理3变黄期失水较多，为2.6%，而后期失水量较少，只有7.4%，这既不利于前期上部烟叶的充分变黄，更不利于后期的定色，容易出现青筋、青片及棕色反应；处理4烟叶烘烤前期失水量为2.8%，不利于秋后烟叶的充分变黄，容易出现青片、青筋而影响上部烟叶烘烤的质量。各处理所用的时间表现为处理1>处理2>处理3>处理4，且各处理间的烘烤时间差异显著，时间差大约为10h。

从不同处理初烤烟产质量指标分析可以看出，处理1的上等烟比例为26.3%，比处理2高12.4个百分点、比处理3高7.1%、比处理4高1.9个百分点；处理1的均价为13.0元/kg，比处理2高1.9元、比处理3高2.5元、比处理4高1.1元。由上可知，处理1最适合K326上部烟叶特别是秋后烟叶的烘烤。

二、不同烘烤工艺对烟叶挥发性香气物质影响的研究

（一）料与方法

1. 试验材料

供试品种为K326，试验于2011年7— 10月在重庆市彭水苗族土家族自治县梅子垭乡村民试验烟地内进行。土壤质地为砂壤土，前茬作物为小麦。烟田栽培措施按照重庆优质烟叶生产技术方案进行。试验用烤房为符合国家密集烤房技术规范的气流下降式密集型烤房，装烟室大小为8 m × 2.7 m × 3.5m（装烟3台）。

2. 试验方法

试验烟株分3个部位，定叶位取样，下部第5叶，中部第11叶，上部17叶。所选鲜烟叶为同一部位、同一成熟度，编杆均匀。

试验根据烟叶烘烤变黄期、凋萎期、干叶期和干筋期的温湿度，设4种烘烤工艺参数组合模式，分别为：

处理1　内动力排湿烘烤工艺（表4–190）

处理2　外动力排湿烘烤工艺（表4–191）

处理3　三段式烘烤工艺（表4–192）

处理4　重庆市常规烘烤工艺（表4–193）

表4–190　内动力排湿烘烤工艺

阶段	干球温度（℃）	湿球温度（℃）	干湿差（℃）	烘烤时间（h）
变黄期	35.0 ~ 37.0	35.0 ~ 36.0	0.0 ~ 1.0	24 ~ 36
	39.0 ~ 40.0	36.0 ~ 37.0	1.0 ~ 2.0	18 ~ 24
凋萎期	42.0 ~ 44.0	37.0 ~ 38.0	5.0 ~ 6.0	8 ~ 12
	47.0 ~ 48.0	38.0 ~ 39.0	9.0 ~ 10.0	24 ~ 36
干叶期	51.0 ~ 53.0	39.0 ~ 40.0	13.0 ~ 14.0	24 ~ 36
干筋期	62.0 ~ 63.0	41.0 ~ 42.0	21.0 ~ 22.0	12 ~ 18
	67.0 ~ 68.0	42.0 ~ 43.0	25.0 ~ 26.0	24 ~ 36

注：①起火升温速度2℃ / h 至34.0 ~ 36.0℃；以后各阶段之间的升温速度1℃ / h 。

②高温层，气流下降式烤房指烤房顶层，气流上升式烤房指烤房底层。

表4-191　外动力排湿烘烤工艺

阶段	干球温度（℃）	湿球温度（℃）	干湿差（℃）	烘烤时间（h）
变黄期	35.0 ~ 37.0	35.0 ~ 36.0	0.0 ~ 1.0	24 ~ 36
	39.0 ~ 40.0	36.0 ~ 37.0	1.0 ~ 2.0	18 ~ 24
凋萎期	42.0 ~ 44.0	35.0 ~ 36.0	7.0 ~ 9.0	8 ~ 12
	47.0 ~ 48.0	36.0 ~ 37.0	11.0 ~ 12.0	24 ~ 36
干叶期	51.0 ~ 53.0	37.0 ~ 38.0	14.0 ~ 15.0	24 ~ 36
干筋期	62.0 ~ 63.0	37.0 ~ 38.0	25.0 ~ 26.0	12 ~ 18
	67.0 ~ 68.0	40.0 ~ 41.0	27.0 ~ 28.0	24 ~ 36

注：①起火升温速度2℃ / h 至34.0 ~ 36.0℃；以后各阶段之间的升温速度1℃ / h 。

②高温层，气流下降式烤房指烤房顶层，气流上升式烤房指烤房底层。

表4-192　三段式烘烤工艺

阶段	干球温度（℃）	湿球温度（℃）
变黄期	38 ~ 39	36 ~ 37
定色期	55 ~ 56	38 ~ 39
干筋期	67 ~ 68	41 ~ 42

注：①起火至要求温度的升温速度1℃ /h，以后各个阶段之间的升温速度1℃ /h。

②高温层，气流上升烤房指烤房底台，气流下降式烤房指烤房顶台。

表4-193　重庆市常规烘烤工艺

阶段	干球温度（℃）	湿球温度（℃）	干湿差（℃）	烘烤时间（h）
变黄期	35.0 ~ 36.0	34.0左右	1.0 ~ 2.0	8 ~ 12
	38.0	35.0 ~ 36.0	2.0 ~ 3.0	12 ~ 24
	41.0 ~ 43.0	36.0 ~ 37.0	5.0 ~ 6.0	8 ~ 20
定色期	45.0 ~ 47.0	37.0 ~ 38.0	8.0 ~ 9.0	12 ~ 24
	52.0 ~ 54.0	38.0 ~ 39.0	14.0 ~ 15.0	12 ~ 20
干筋期	65.0 ~ 68.0	40.0 ~ 41.0	27.0 ~ 28.0	24 ~ 36

注：①起火升温速度2℃ / h 至35.0 ~ 36.0℃；以后各阶段之间的升温速度0.5 ~ 1℃ / h 。

②高温层，气流下降式烤房指烤房顶层，气流上升式烤房指烤房底层。

3. 取样方法

每种处理，试验过程取样准备250片成熟度一致、素质相同的烟叶，统一编杆，并装在烤房底台，烤房门口往里50cm附近。烘烤结束后，取初烤烟叶B_2F（处理1.5kg）作为检测样品。

4. 指标测定方法

本试验所用各项指标均委托云南省烟草农业科学研究院分析测试中心检验。采用PE Clarus 680气质联用仪，同时用蒸馏萃取 GC/MS内标半定量法。

5. 数据处理

采用Excel处理软件进行数据处理。

（二）结果与分析

1. 各处理上部烟叶烤后烟中类胡萝卜素降解产物含量

从表4-194可以看出，处理2的6-甲基2-庚酮、β-环柠檬醛、芳樟醇、氧化异佛尔酮高于其他处理；处理1的二氢猕猴桃内酯、β-大马酮最高；处理3的香叶基丙酮、金合欢基丙酮A最高；处理4的β-二氢大马酮、5，6-环氧-β-紫罗兰酮最高。类胡萝卜素降解产物总量最高的是处理2，其次是处理4，最低的是处理3。

表4-194　类胡萝卜素降解产物（μg/g）

处理	6-甲基2-庚酮	β-环柠檬醛	巨豆三烯酮	二氢猕猴桃内酯	香叶基丙酮	β-大马酮	β-二氢大马酮	金合欢基丙酮A	芳樟醇	氧化异佛尔酮	5，6-环氧-β-紫罗兰酮	总计
处理1	0.07	0.21	10.83	0.98	1.43	2.86	0.28	4.42	0.20	0.08	0.25	21.61
处理2	0.09	0.35	12.25	0.83	1.39	2.84	0.31	4.12	0.24	0.10	0.28	22.80
处理3	0.07	0.25	9.20	0.93	1.46	2.62	0.27	4.65	0.19	0.08	0.27	19.99
处理4	0.06	0.26	12.47	0.94	1.41	2.72	0.37	3.50	0.24	0.09	0.30	22.35

2. 各处理上部烟叶烤后烟中棕色化反应物含量

从表4-195可以看出，处理1的糠醇、2-乙酰基吡咯高于其他处理；处理4的糠醛、2，3-二氢苯并呋喃高于其他处理，而2-乙酰吡啶、2-环戊烯-1，4-二酮、2，3-戊二酮、2-乙酰基吡咯低于其他处理；处理1、处理2、处理4的2，3-二氢苯并呋喃、1-戊烯-3-酮、2，3-戊二酮差异小。处理1、处理2、处理3的2-环戊烯-1，4-二酮、2-乙酰吡啶差异很小，但都高于处理4。处理3的2，6-壬二烯醛、6-甲基-5-庚烯-2-酮、1-戊烯-3-酮、2，3-戊二酮含量最高。棕色化反应物总量最多的是处理1，处理3次之，最少的是处理4。

表4-195　棕色化反应产物（μg/g）

处理	糠醛	糠醇	5-甲基糠醇	2，6-壬二烯醛	2-乙酰基吡咯	2，3-二氢苯并呋喃	6-甲基-5-庚烯-2-酮	2-乙酰吡啶	1-戊烯-3-酮	2，3-戊二酮	2-环戊烯-1，4-二酮	总计
处理1	2.17	0.56	0.06	0.09	0.64	0.32	0.16	0.07	0.19	0.22	0.31	4.79
处理2	2.17	0.49	0.07	0.04	0.49	0.33	0.16	0.07	0.17	0.21	0.30	4.50
处理3	2.15	0.49	0.07	0.11	0.47	0.29	0.18	0.07	0.24	0.28	0.31	4.65
处理4	2.18	0.42	0.06	0.07	0.40	0.34	0.16	0.05	0.19	0.20	0.25	4.30

3. 各处理上部烟叶烤后烟中芳香族氨基酸类降解产物含量

如表4-196所示：芳香族氨基酸类降解产物总量最多的是处理2，最少的是处理1。其中，处理2的苯甲醇、苯乙醇最高；处理1的苯乙醛最高；处理3的苯甲醛最高，吲哚最低。

表4-196 芳香族氨基酸类降解产物（μg/g）

处理	苯甲醇	苯乙醛	苯乙醇	苯甲醛	吲哚	总计
处理1	4.56	0.88	2.22	0.15	0.40	8.21
处理2	8.58	0.50	3.95	0.19	0.40	13.62
处理3	5.88	0.62	1.92	0.20	0.38	9.01
处理4	6.71	0.70	3.10	0.14	0.40	11.05

4. 各处理上部烟叶烤后烟中西柏烷类降解产物含量

从表4-197可以看出：西柏烷类降解产物总量最高的是处理2，其次是处理1，最低的是处理3。其中，处理2的丁内酯、西柏三烯二醇、降茄二酮、茄酮含量最高；处理4的寸拜醇含量最高。综合而言，处理3的西柏烷类降解产物相对其他处理而言较低。

表4-197 西柏烷类降解产物（μg/g）

处理	丁内酯	西柏三烯二醇	降茄二酮	寸拜醇	茄酮	茄那士酮	总计
处理1	0.14	28.53	8.05	7.37	18.73	0.40	63.23
处理2	0.20	29.45	9.25	7.55	21.23	0.28	67.96
处理3	0.18	21.45	7.78	4.89	18.69	0.49	53.47
处理4	0.14	26.61	6.60	9.44	17.89	0.30	60.98

5. 各处理上部烟叶烤后烟中其他挥发性香气前体物含量

如表4-198所示：处理1的正戊醛、新植二烯含量最高；处理2的3-甲基-2-丁烯醛、2-异丙基-5氧-己醛含量最高；处理3的正己醛、面包酮、3-羟基-2-丁酮、3-甲基-1-丁醇含量最高；总体上看，其他挥发性香气前体物质含量最高的是处理1，其次是处理2，最低的是处理4。

表4-198 其他挥发性香气前体物质（μg/g）

处理	正戊醛	3-甲基-2-丁烯醛	正己醛	面包酮	3-羟基-2-丁酮	3-甲基-1-丁醇	2-异丙基-5氧-己醛	新植二烯	总计
处理1	0.29	0.13	0.10	0.10	0.19	0.20	0.11	243.82	244.95
处理2	0.16	0.16	0.11	0.09	0.21	0.25	0.14	242.03	243.15
处理3	0.28	0.14	0.12	0.12	0.23	0.31	0.11	222.17	223.49
处理4	0.22	0.13	0.09	0.06	0.13	0.26	0.10	213.56	214.56

（三）结论

在烟草中，类胡萝卜素是最重要的萜烯类化合物之一，对类胡萝卜素类色素的降解及相关因素的研究一直是热点。在烟叶香味成分中，很大一批化合物是类胡萝卜素的降解产物，其中不少化合物是烟草中关键的致香成分。作为六氢番茄红素的降解产物的香叶基丙酮及金合欢基丙酮A具有蜜甜而持久的花香，能增进烟叶香气、醇和吸味、增加烟气丰满度，而该物质在低温低湿的烘烤工艺中含量高于中温中湿及中温高湿。中温中湿处理的6-甲基2-庚酮、β-环柠檬醛、芳樟醇、氧化异佛尔酮、二氢猕猴桃内酯、β-大马酮最高，其中芳樟醇可以增进烟气中的木香，与烟气自然风格相协调，增进烟香的透发性，巨豆三烯酮、6-甲基2-庚酮、β-大马酮、β-环柠檬醛、二氢猕猴桃内酯、氧化异佛尔酮可以协调烟气中的杂气，增进香气，丰富香气类型。中温高湿的处理β-二氢大马酮、5，6-环氧-β-紫罗兰酮最高，此两种物质类似于β-大马酮，可以增加烟气丰富性。因此，就类胡萝卜素降解产物而言，低温低湿有利于香叶基丙酮及金合欢基丙酮A的形成，而中温中湿有利于6-甲基2-庚酮、β-环柠檬醛、巨豆三烯酮、芳樟醇、氧化异佛尔酮、二氢猕猴桃内酯、β-大马酮的生成，而中温高湿有利于形成具有紫罗兰花香的β-二氢大马酮、5，6-环氧-β-紫罗兰酮。总体而言，中温中湿的处理有利于类胡萝卜素降解产物的形成。

棕色化反应产物中含有不少优质烟草的致香成分，因而棕色化反应程度较高的烟草，其烟气质量也较好，青烟叶中一般都含有大量的糖和氨基酸，在烟草的调制、醇化、加工直至燃吸过程中，Maillard反应都一直在进行，形成多种对烟气香吃味有良好贡献的化合物，包括吡嗪类、吡咯类、呋喃类、吡喃类等。醇化后烟草的坚果香、甜香、爆米花香等优质香气与这些化合物有很大关系。中温中（高）湿的糠醛、2，3-二氢苯并呋喃高于低温处理，表明中温有利于糠醛、2，3-二氢苯并呋喃的转化，而其中糠醛、2，3-二氢苯并呋喃含量中温高湿的处理最高，说明在中温的条件下，湿度适当增加有利于糠醛、2，3-二氢苯并呋喃含量的增加；1-戊烯-3-酮、2, 3-戊二酮低温低湿的处理最高，则说明低温有利于形成该物质。

烤烟中含有大量的挥发性芳香族成分，大部分是单取代的产物，可能与木质素降解产物B-氨基苯丙酸的代谢有关，苯丙氨酸的代谢产物如苯甲醇、苯乙醇是烟草中含量较丰富的香味成分之一。Wahlberg等的研究表明，在烤烟调制及醇化过程中，苯甲醛、苯乙醛一直是微量成分，变化不大，但苯甲醇、苯甲酸、苯乙醇、苯乙酸和苯丙酸含量在调制过程中显著增加。而苯乙醇可以增加烟气浓度和丰满度，苯乙酮可以增加烟气花香和豆香韵，调和烟香，苯甲醛具有飘逸的坚果香，增加烟气的香气及粗糙感。本研究中，中温中湿的处理苯甲醇、苯乙醇、苯乙醛含量最高，说明中温中湿有利于此三种物质的转化形成；而能增加烟气丰富度及甜润感的吲哚则是低温低湿的处理含量最低，说明适当增加烘烤时的温度及湿度能增加其含量。

西柏烷类化合物是烟草中一类重要的二萜类物质，最初是无味的表皮蜡质存在，经过调制，西柏烷类降解产物的降解产物茄尼酮及其转化产物茄酮、茄那士酮、降茄二酮等也是重要的烟草香气物质，能使烟气更加醇和、丰满、细腻，增加口感的润度，掩盖杂气，改善余味，对于提高改善烟气香气质量有着重要的作用。中温中湿的处理西柏烷类降解产物总量最高，最低的是低温低湿的处理，其中中温中湿的处理的丁内酯、西柏三烯二醇、降茄二酮、茄酮最高，说明中温中湿有利于提高此四种物质的形成；而低温低湿的处理寸拜醇最低，最高的是中温高湿的处理，说明在中温的条件下适当增加湿度有利于该物质的转化形成。

新植二烯具有淡木香，与烟香协调，能提高烟香的自然风味，对清甜香韵的形成意义重大。面包酮具有烤面包的味道，能增加烟气丰满度，提高烟气的丰富性。3-羟基-2-丁酮、2-异丙基-5氧-己醛、3-甲基-1-丁醇、3-甲基-2-丁烯醛、正戊醛、正己醛也是烟草中重要的致香物质，对烟气香气质量的改善有着重要的作用。本试验中，中温中湿的处理正戊醛、新植二烯、3-甲基-2-丁烯醛、2-异丙基-5氧-己醛含量高于其他处理，说明中温中湿为此四种物质转化形成的最佳条件；低温低湿的处理正己醛、面包酮、3-羟基-2-丁酮、3-甲基-1-丁醇含量最高，说明低温低湿的烘烤环境有利于此四种物质的形成。

所有香气前体物质总量最高的是处理2，即外动力排湿中温中湿的处理，352.04μg/g，其次为内动力排湿中温中湿的处理，为342.8μg/g，最低的为低温低湿的处理，为310.61μg/g。说明中温中湿有利于提高重庆烟区K326上部叶的香气前体物质的转化形成，有利于提高和改善上部叶香气质量。

（四）讨论

研究中同为中温中湿的处理1和处理2，其苯甲醇含量、苯乙醛、苯乙醇、苯甲醛及芳香族氨基酸类降解产物总量差值较大，其差异为排湿动力的差异，而其反应机理还有待进一步研究。

由于气候原因，供试上部烟叶叶片较平常烟叶叶片较厚实，叶组织细胞排列紧实，内含物充实，烘烤性变差，表现为变黄困难、脱水困难。中温中湿的烘烤工艺处理降低了烟叶烘烤前期的失水率，促进了烟叶保湿变黄，促进了烟叶香气前体物质的形成和积累，定色期是烟叶香气物质形成的关键时期，其分别以改变烟叶细胞结构、扩大干湿差等方式来促进烟叶失水定色；与此同时，在保证定色顺利完成的前提下保持适当的湿度，促进香气物质在此阶段的大量形成，在干筋期设定62 ~ 63℃，稳定一段时间，再升温至68℃，从而降低干筋期的平均干筋温度，减少香气物质的挥发，使得最后的香气物质大量积累，提高改善烟气的香气质量。

香气物质不仅仅表现在香气物质积累量上，更体现在各种香气物质的比例方面，而何种比例才最为协调平衡，则需要进一步的研究。

三、不同烘烤工艺对烤烟上部烟叶类胡萝卜素含量影响的研究

（一）材料与方法

1. 试验材料

（1）供试材料

供试品种为K326，部位为上部叶，同一成熟度，编杆均匀。

试验用烤房为符合国家密集烤房技术规范的气流下降式密集型烤房，装烟室大小为8m×2.7m×3.5m（装烟3台）。烟叶杀青用电热烘箱（产于浙江大东电热烘箱有限公司）。分析天平（产于上海瑞仪器厂）。

（2）试验地点及烟叶田间管理措施

田间试验于2011年在重庆彭水苗族土家族自治县梅子垭乡进行，烟用内在化学成分检测在云南省烟草农业科学研究院农艺研究中心进行。田间试验地为海拔约1 000.00 m、肥力中等、便于排灌的砂壤田块，前茬作物为小麦，种植面积为5.4ha。

施肥方法：每公顷施纯氮112.5kg，N ∶ P_2O_5 ∶ K_2O=1 ∶ 1 ∶ 2.5。总施肥量的50%作底肥，25%作提苗肥，25%作追肥，全部肥料在移栽后25d全部施完。

株行距为1.2m × 0.55m，当烟株正常生长至22 ~ 23片叶时，及时封顶，封顶时先摘除2 ~ 3片底脚叶，留足单株有效留叶数20 ~ 21片。其他栽培措施按照重庆市优质烤烟生产技术方案进行。

2. 试验方法

（1）试验设计

试验根据烟叶烘烤变黄期、凋萎期、干叶期和干筋期的温湿度，设4种烘烤工艺参数组合模式：

处理1　内动力排湿烘烤工艺（表4–199）

处理2　外动力排湿烘烤工艺（表4–200）

处理3　三段式烘烤工艺（表4–201）

处理4　重庆市常规烘烤工艺（表4–202）

表4–199　内动力排湿烘烤工艺

阶段	干球温度（℃）	湿球温度（℃）	干湿差（℃）	烘烤时间（h）	烟叶变化目标
变黄期	35.0 ~ 37.0	35.0 ~ 36.0	0.0 ~ 1.0	24 ~ 36	高温层烟叶变黄程度达30%以上
	39.0 ~ 40.0	36.0 ~ 37.0	1.0 ~ 2.0	18 ~ 24	高温层烟叶达到青筋黄片
凋萎期	42.0 ~ 44.0	37.0 ~ 38.0	5.0 ~ 6.0	8 ~ 12	高温层烟叶勾尖卷边，轻度凋萎；中下层烟叶达到青筋黄片
	47.0 ~ 48.0	38.0 ~ 39.0	9.0 ~ 10.0	24 ~ 36	高温层烟叶叶干1/2 ~ 2/3；中下层烟叶勾尖卷边，充分凋萎
干叶期	51.0 ~ 53.0	39.0 ~ 40.0	13.0 ~ 14.0	24 ~ 36	高温层烟叶叶片干燥，中下层烟叶叶干1/3 ~ 1/2，全炉烟叶主脉翻白
干筋期	62.0 ~ 63.0	41.0 ~ 42.0	21.0 ~ 22.0	12 ~ 18	全炉烟叶主脉干燥1/2以上，叶片正反面色泽接近
	67.0 ~ 68.0	42.0 ~ 43.0	25.0 ~ 26.0	24 ~ 36	全炉烟叶干燥

注：①起火升温速度2℃ / h 至34.0 ~ 36.0℃；以后各阶段之间的升温速度1℃ / h 。

②高温层，气流下降式烤房指烤房顶层，气流上升式烤房指烤房底层。

表4–200　外动力排湿烘烤工艺

阶段	干球温度（℃）	湿球温度（℃）	干湿差（℃）	烘烤时间（h）	烟叶变化目标
变黄期	35.0 ~ 37.0	35.0 ~ 36.0	0.0 ~ 1.0	24 ~ 36	高温层烟叶变黄程度达30%以上
	39.0 ~ 40.0	36.0 ~ 37.0	1.0 ~ 2.0	18 ~ 24	高温层烟叶达到青筋黄片

（续）

阶段	干球温度（℃）	湿球温度（℃）	干湿差（℃）	烘烤时间（h）	烟叶变化目标
凋萎期	42.0 ~ 44.0	35.0 ~ 36.0	7.0 ~ 9.0	8 ~ 12	高温层烟叶勾尖卷边，轻度凋萎；中下层烟叶达到青筋黄片
	47.0 ~ 48.0	36.0 ~ 37.0	11.0 ~ 12.0	24 ~ 36	高温层烟叶叶干1/2 ~ 2/3；中下层烟叶勾尖卷边，充分凋萎
干叶期	51.0 ~ 53.0	37.0 ~ 38.0	14.0 ~ 15.0	24 ~ 36	高温层烟叶叶片干燥，中下层烟叶叶干1/3 ~ 1/2，全炉烟叶主脉翻白
干筋期	62.0 ~ 63.0	37.0 ~ 38.0	25.0 ~ 26.0	12 ~ 18	全炉烟叶主脉干燥1/2以上，叶片正反面色泽接近
	67.0 ~ 68.0	40.0 ~ 41.0	27.0 ~ 28.0	24 ~ 36	全炉烟叶干燥

注：①起火升温速度2℃/h至34.0 ~ 36.0℃；以后各阶段之间的升温速度1℃/h。

②高温层，气流下降式烤房指烤房顶层，气流上升式烤房指烤房底层。

表4-201　三段式烘烤工艺

阶段	干球温度（℃）	湿球温度（℃）	烟叶变化目标
变黄期	38 ~ 39	36 ~ 37	高温层烟叶基本变黄或全黄
定色期	55 ~ 56	38 ~ 39	全炉烟叶叶肉基本干燥
干筋期	67 ~ 68	41 ~ 42	全炉烟筋干燥

注：①起火至要求温度的升温速度1℃/h；以后各个阶段之间的升温速度1℃/h。

②高温层，气流上升式烤房指烤房底台，气流下降式烤房指烤房顶台。

表4-202　重庆市常规烘烤工艺

阶段	干球温度（℃）	湿球温度（℃）	干湿差（℃）	烘烤时间（h）	烟叶变化目标
变黄期	35.0 ~ 36.0	34.0左右	1.0 ~ 2.0	8 ~ 12	高温层烟叶变黄程度达30%以上
	38.0	35.0 ~ 36.0	2.0 ~ 3.0	12 ~ 24	高温层烟叶变黄程度达七至八成黄
	41.0 ~ 43.0	36.0 ~ 37.0	5.0 ~ 6.0	8 ~ 20	高温层烟叶达到青筋黄片，主脉发软，勾尖
定色期	45.0 ~ 47.0	37.0 ~ 38.0	8.0 ~ 9.0	12 ~ 24	全炉黄片黄筋，小卷边
	52.0 ~ 54.0	38.0 ~ 39.0	14.0 ~ 15.0	12 ~ 20	全炉烟叶叶片干燥，主脉1/2干燥
干筋期	65.0 ~ 68.0	40.0 ~ 41.0	27.0 ~ 28.0	24 ~ 36	全炉烟叶干燥

注：①起火升温速度2℃/h至35.0 ~ 36.0℃；以后各阶段之间的升温速度0.5 ~ 1℃/h。

②高温层，气流下降式烤房指烤房顶层，气流上升式烤房指烤房底层。

（2）取样方法

试验鲜烟取样方法：烘烤过程中试验用鲜烟采用田间挂牌取样，按照不同叶位取样；

每种处理，试验过程取样250片烟叶，统一编杆，并装在烤房底台，烤房门口往里50cm附近；试验过程取样，自点火开始后，每12h用小刀切取样烟4 ～ 5片进行取样，直到定色期结束为止，取样时间为0h、12h、24h、36h、48h、60h、72h、84h，共计取样8次，所取样品置于68℃的烤箱杀青烘干固定保存；剩余样品烤后一次性取样；共计9次取样。

3. 测定项目及方法

烟叶色素含量测定：从样品取200g烟叶样品，放入烘箱内，在不高于40℃的条件下干燥5h，然后粉碎过60目筛，按YC/T 382-2010方法测定色素含量。

4. 数据处理与分析

采用Excel对数据进行处理与分析及作图。

（二）结果与分析

烟叶中的类胡萝卜素主要有两种：一种是含氧衍生物叶黄素；另一种是β-胡萝卜素。不同烘烤工艺烘烤过程对类胡萝卜素含量变化的影响如表4-203和图4-75、图4-76、图4-77所示。

表4-203 不同烘烤工艺K326上部叶类胡萝卜素含量变化（μg/g）

时间（h）	处理1			处理2		
	叶黄素	β-胡萝卜素	总量	叶黄素	β-胡萝卜素	总量
0	46.76	24.35	71.11	33.59	16.76	50.35
12	36.61	24.17	60.78	64.36	39.42	103.78
24	34.29	22.89	57.18	45.50	28.10	73.60
36	24.89	16.75	41.64	33.09	20.51	53.60
48	21.27	13.56	34.83	31.04	18.90	49.94
60	32.67	25.49	58.16	23.85	14.97	38.82
72	26.17	21.68	47.85	20.09	14.15	34.24
84	26.59	23.08	49.67	28.88	21.65	50.53
时间（h）	处理3			处理4		
	叶黄素	β-胡萝卜素	总量	叶黄素	β-胡萝卜素	总量
0	25.04	12.80	37.84	35.83	18.40	54.23
12	33.30	15.66	48.96	35.83	22.83	58.66
24	40.29	24.63	64.92	40.30	27.69	67.99
36	23.94	16.52	40.46	20.38	16.64	37.02
48	28.69	21.17	49.86	38.32	28.80	67.12
60	31.02	26.06	57.08	28.69	20.91	49.60
72	20.65	19.09	39.74	21.33	16.26	37.59
84	18.10	15.35	33.45	23.62	16.67	40.29

1. 类胡萝卜素含量变化

（1）叶黄素的变化

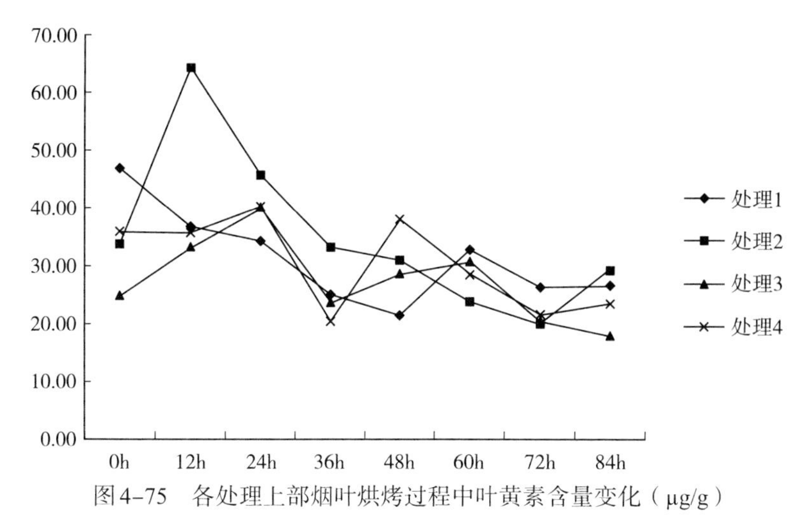

图4-75　各处理上部烟叶烘烤过程中叶黄素含量变化（μg/g）

由表4-203和图4-75可知，相同生态条件下，同一成熟度烟叶的叶黄素含量存在很大差异。在变黄期（0 ~ 48h），处理1、处理3、处理4的叶黄素含量在烘烤过程中随时间的推移总体呈波浪下降的趋势；处理2变黄初期（0 ~ 12h）叶黄素含量明显升高，这种现象可能是由烘烤中烟叶的呼吸消耗、干物质减少所造成的。在定色期（48 ~ 84h），各处理叶黄素含量变化趋于平稳。定色期结束（84h）时，各处理叶黄素含量从大到小依次为：处理2 > 处理1 > 处理4 > 处理3。

（2）β-胡萝卜素的变化

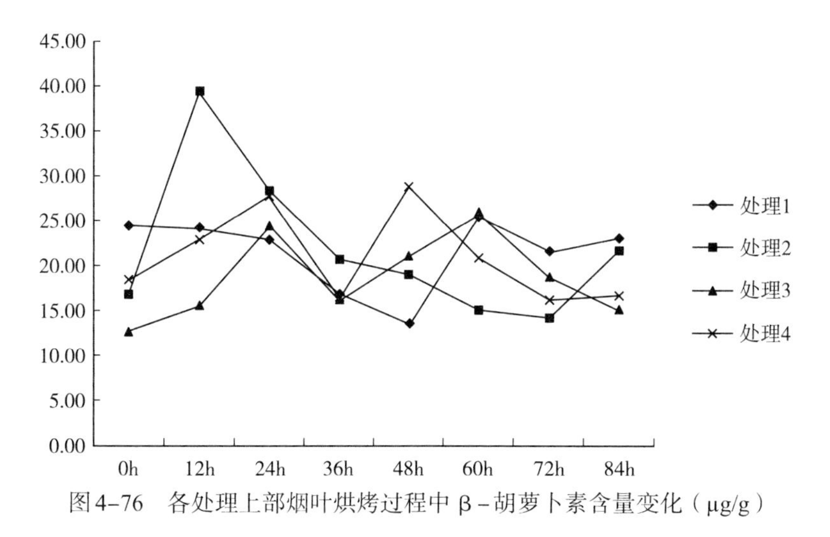

图4-76　各处理上部烟叶烘烤过程中β-胡萝卜素含量变化（μg/g）

由表4-203和图4-76可知，与叶黄素相似，即使相同生态条件下，同一成熟度烟叶的β-胡萝卜素含量也存在很大差异，但可以看出同一片烟叶中，β-胡萝卜素含量的含量明显低于叶黄素的含量。在变黄期（0 ~ 48h），处理1、处理3、处理4的β-胡萝卜素含量在烘烤过程中随时间的推移同样也呈现波浪下降的趋势；处理2变黄初期（0 ~ 12h）β-胡萝卜素含量明显升高，这种现象与同处理的叶黄素含量变化表现一致，说明处理2的烘烤工艺在变黄初期有提高类胡萝卜素含量的效果。在定色期（48 ~ 84h），各处理β-胡萝卜素含量变化趋于平稳。定色期结束（84h）时，各处理β-胡萝卜素含量从大到小依次为：处理1 >

处理2 > 处理4 > 处理3。

（3）类胡萝卜素的变化

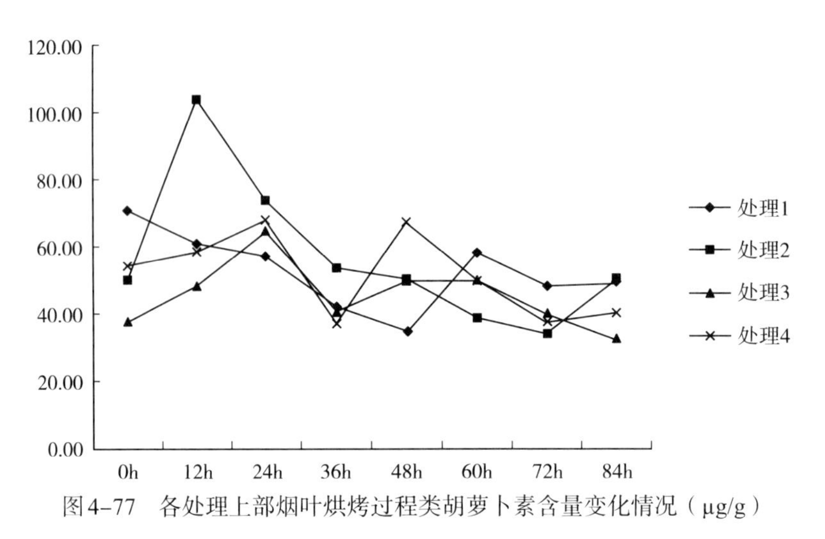

图4-77　各处理上部烟叶烘烤过程类胡萝卜素含量变化情况（μg/g）

由表4-203和图4-77可知，类胡萝卜素含量为叶黄素与β-胡萝卜素含量之和，烘烤前各处理类胡萝卜素含量大小不一。在变黄期（0 ~ 48h），各处理类胡萝卜素含量在烘烤过程中随时间的推移呈现波浪下降的趋势。在定色期（48 ~ 84h），各处理类胡萝卜素含量变化趋于平稳。定色期结束（84h）时，各处理类胡萝卜素含量受叶黄素含量影响较大，结果从大到小依次与叶黄素含量一致：处理2 > 处理1 > 处理4 > 处理3。

2. 色素降解

（1）叶黄素降解比例

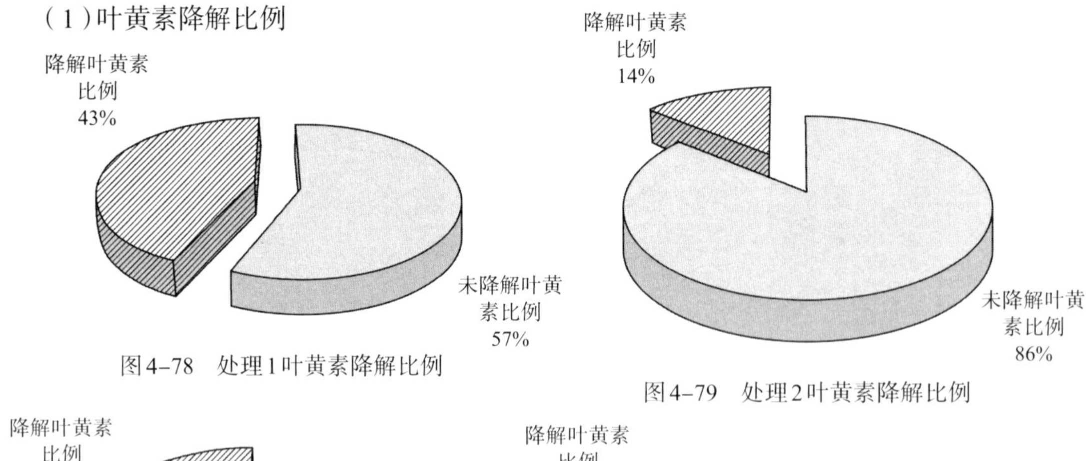

图4-78　处理1叶黄素降解比例

图4-79　处理2叶黄素降解比例

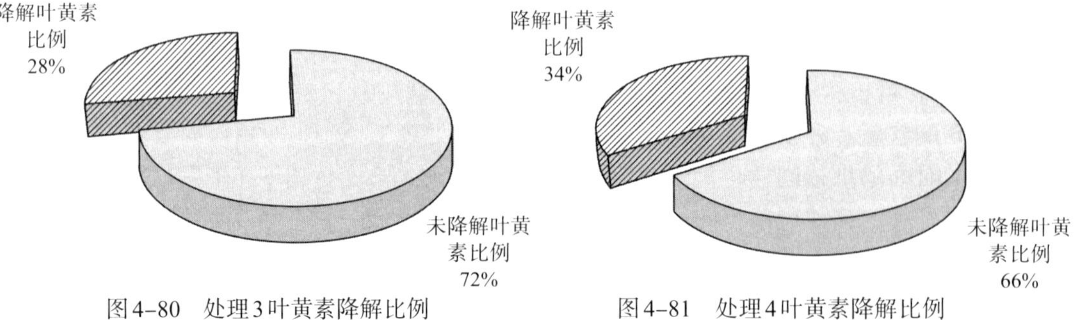

图4-80　处理3叶黄素降解比例

图4-81　处理4叶黄素降解比例

由图4-78、图4-79、图4-80、图4-81可知，不同烘烤工艺叶黄素降解量不同，降解叶黄素比例从大到小依次是处理1 > 处理4 > 处理3 > 处理2，分别为43% > 34% > 28% > 14%。

（2）β-胡萝卜素降解比例

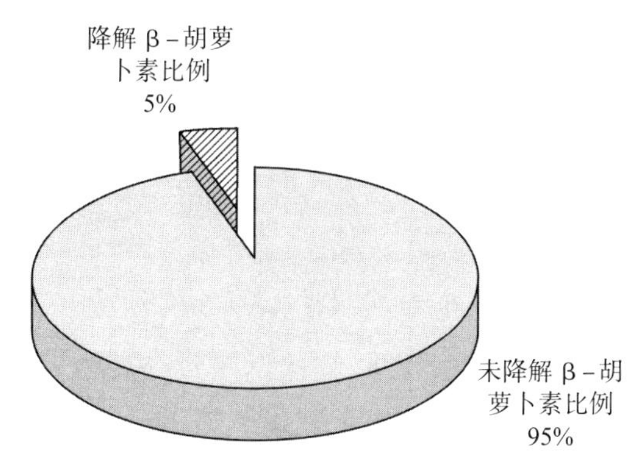

图4-82　处理1 β-胡萝卜素降解比例

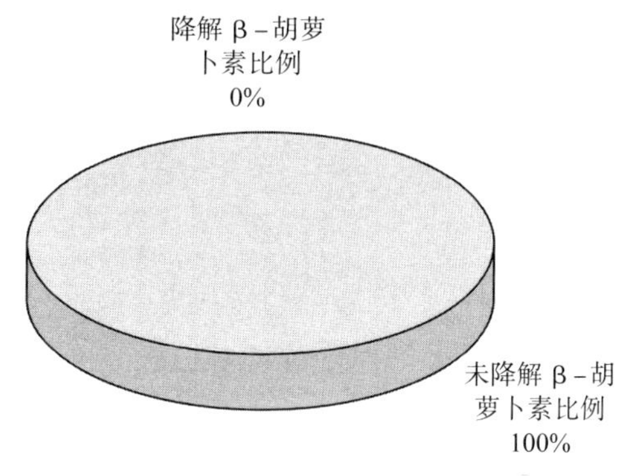

图4-83　处理2 β-胡萝卜素降解比例

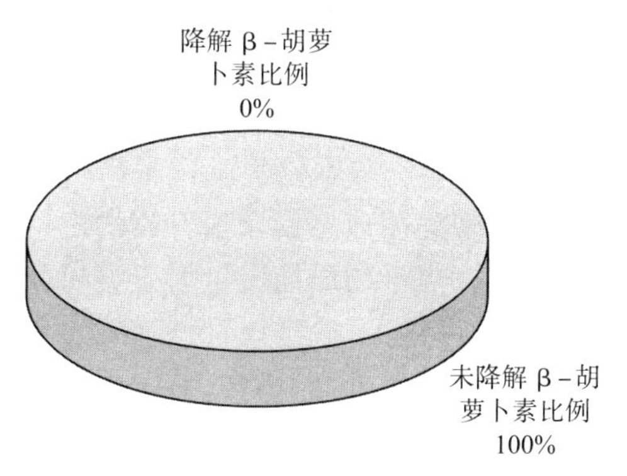

图4-84　处理3 β-胡萝卜素降解比例

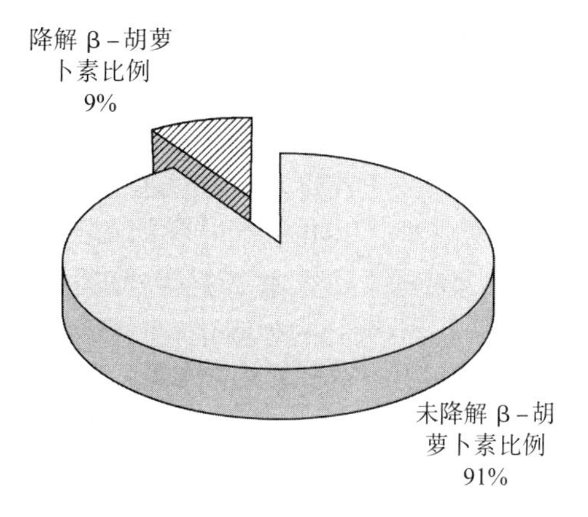

图4-85　处理4 β-胡萝卜素降解比例

由图4-82、图4-83、图4-84、图4-85可知，β-胡萝卜素降解比例整体低于叶黄素降解比例，其顺序由大到小依次为处理4 > 处理1 > 处理3 > 处理2，分别为9% > 5% > -17% > -22%。

（3）类胡萝卜素降解比例

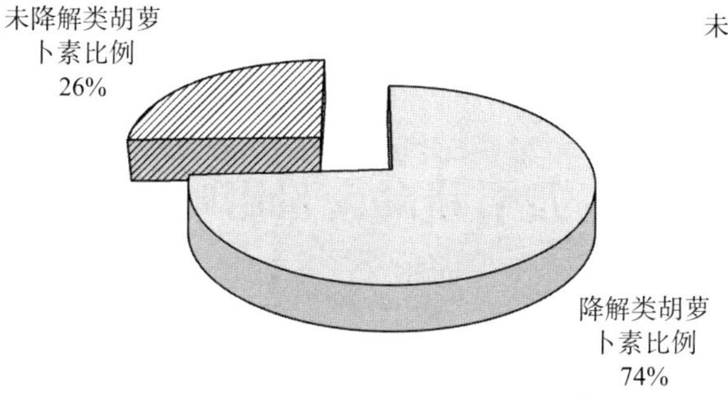

图4-86　处理1类胡萝卜素降解比例

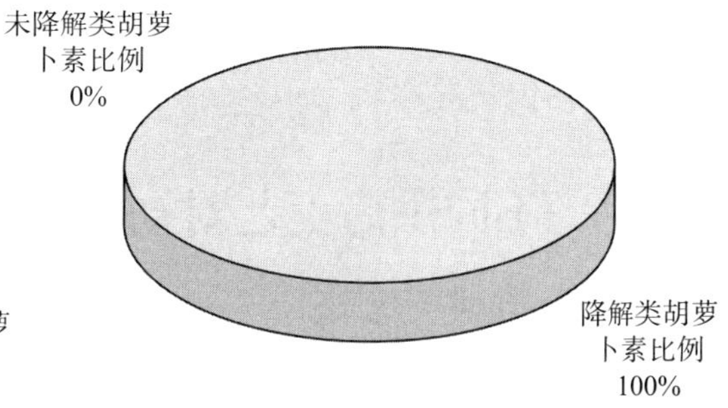

图4-87　处理2类胡萝卜素降解比例

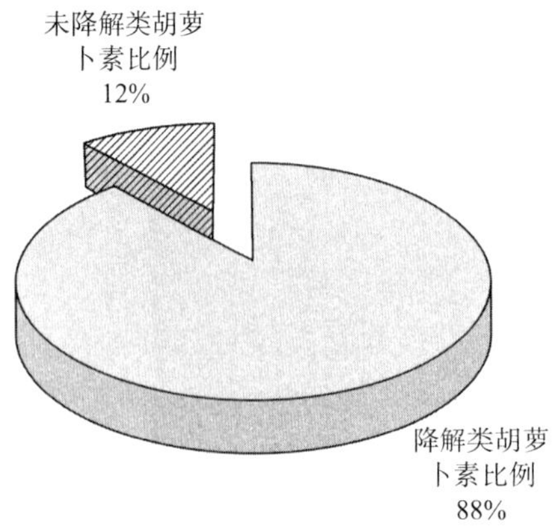

图4-88　处理3类胡萝卜素降解比例

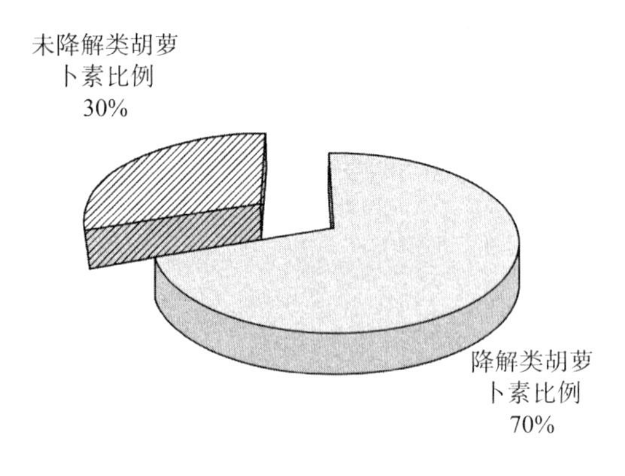

图4-89　处理4类胡萝卜素降解比例

由图4-86、图4-87、图4-88、图4-89可知，类胡萝卜素降解比例一致，其顺序由大到小依次为处理1 > 处理4 > 处理3 > 处理2，分别为30% > 26% > 12% > 0%。

（三）结论与讨论

烘烤过程是类胡萝卜素进一步降解形成中性香气物质的过程。研究结果表明，不同烘烤工艺中类胡萝卜素降解速度不同，但均以开始烘烤到变黄后期（0 ~ 48h）降解幅度最大。因此，控制好变黄期温湿度和时间，促使类胡萝卜较好分解为挥发性的小分子香气物质，可能是既烤黄又烤香的关键因素之一。

定色期（48 ~ 84h）烟叶类胡萝卜素含量变化趋于平稳，基本已经决定了烤后烟叶类胡萝卜素含量的大小。本试验各处理在烘烤过程中会出现类胡萝卜素含量升高的现象，这可能是由烘烤中烟叶的呼吸消耗、干物质有所减少所致，当干物质损失量大于类胡萝卜素的分解量时，以干重为基础的类胡萝卜素含量就有增加的趋势。

从定色期结束（84h）时类胡萝卜素剩余量来看，处理2 > 处理1 > 处理4 > 处理3，但又因为各处理初烤原烟类胡萝卜素含量大小不同，所以需要通过烤前与定色期结束类胡萝卜素降解比例大小来分析。通过分析发现，降解叶黄素比例从大到小依次是处理1 > 处理4 > 处理3 > 处理2，而β-胡萝卜素降解比例与类胡萝卜素降解比例一致，为处理4 > 处理1 > 处理3 > 处理2。说明不同烘烤工艺烘烤过程对重庆烟区K326上部烟叶类胡萝卜素含量的变化以处理4降解比例最大，处理1次之，其后为处理3和处理2。

根据近几年来众多工业企业对烤烟的喜好和“中式卷烟”配方对烟叶原料固有香气的需求，以及类胡萝卜素及其降解产物与烤烟香气质和香气量的关系，我们认为应适时采摘，最大限度地保有烟叶中类胡萝卜素的含量，因地制宜地采用烘烤工艺来保持烟叶中类胡萝卜素含量，以减少在干筋期致香成分的分解损失。

四、不同烘烤工艺对初烤烟叶多酚及有机酸含量影响的研究

（一）材料与方法

1. 试验材料

供试品种为K326，试验于2011年7—10月在重庆市彭水苗族土家族自治县梅子垭乡气

流下降式密集型烤房进行。试验用烟栽培土壤质地为砂壤土，前茬作物为小麦。烟田栽培措施按照重庆市优质烟叶生产技术方案进行。试验用烤房为符合国家密集烤房技术规范的气流下降式密集型烤房，装烟室大小为8 m×2.7 m×3.5m（装烟3台）。

2. 试验方法

试验烟株分三个部位，定叶位取样，取中部叶（第11片）。选取成熟度一致的烟叶，均匀编杆。本试验设4种烘烤工艺参数组合：

处理1 内动力排湿烘烤工艺（表4-204）

处理2 外动力排湿烘烤工艺（表4-205）

处理3 三段式烘烤工艺（表4-206）

处理4 重庆市常规烘烤工艺（表4-207）

表4-204 内动力排湿烘烤工艺

阶段	干球温度（℃）	湿球温度（℃）	干湿差（℃）	烘烤时间（h）	烟叶变化目标
变黄期	35.0 ~ 37.0	35.0 ~ 36.0	0.0 ~ 1.0	24 ~ 36	高温层烟叶变黄程度达30%以上
	39.0 ~ 40.0	36.0 ~ 37.0	1.0 ~ 2.0	18 ~ 24	高温层烟叶达到青筋黄片
凋萎期	42.0 ~ 44.0	37.0 ~ 38.0	5.0 ~ 6.0	8 ~ 12	高温层烟叶勾尖卷边，轻度凋萎；中下层烟叶达到青筋黄片
	47.0 ~ 48.0	38.0 ~ 39.0	9.0 ~ 10.0	24 ~ 36	高温层烟叶叶干1/2 ~ 2/3；中下层烟叶勾尖卷边，充分凋萎
干叶期	51.0 ~ 53.0	39.0 ~ 40.0	13.0 ~ 14.0	24 ~ 36	高温层烟叶叶片干燥，中下层烟叶叶干1/3 ~ 1/2，全炉烟叶主脉翻白
干筋期	62.0 ~ 63.0	41.0 ~ 42.0	21.0 ~ 22.0	12 ~ 18	全炉烟叶主脉干燥1/2以上，叶片正反面色泽接近
	67.0 ~ 68.0	42.0 ~ 43.0	25.0 ~ 26.0	24 ~ 36	全炉烟叶干燥

注：①起火升温速度2℃ / h 至34.0 ~ 36.0℃；以后各阶段之间的升温速度1℃ / h 。

②高温层，气流下降式烤房指烤房顶层，气流上升式烤房指烤房底层。

表4-205 外动力排湿烘烤工艺

阶段	干球温度（℃）	湿球温度（℃）	干湿差（℃）	烘烤时间（h）	烟叶变化目标
变黄期	35.0 ~ 37.0	35.0 ~ 36.0	0.0 ~ 1.0	24 ~ 36	高温层烟叶变黄程度达30%以上
	39.0 ~ 40.0	36.0 ~ 37.0	1.0 ~ 2.0	18 ~ 24	高温层烟叶达到青筋黄片
凋萎期	42.0 ~ 44.0	35.0 ~ 36.0	7.0 ~ 9.0	8 ~ 12	高温层烟叶勾尖卷边，轻度凋萎；中下层烟叶达到青筋黄片
	47.0 ~ 48.0	36.0 ~ 37.0	11.0 ~ 12.0	24 ~ 36	高温层烟叶叶干1/2 ~ 2/3；中下层烟叶勾尖卷边，充分凋萎
干叶期	51.0 ~ 53.0	37.0 ~ 38.0	14.0 ~ 15.0	24 ~ 36	高温层烟叶叶片干燥，中下层烟叶叶干1/3 ~ 1/2，全炉烟叶主脉翻白

（续）

阶段	干球温度（℃）	湿球温度（℃）	干湿差（℃）	烘烤时间（h）	烟叶变化目标
干筋期	62.0 ~ 63.0	37.0 ~ 38.0	25.0 ~ 26.0	12 ~ 18	全炉烟叶主脉干燥1/2以上，叶片正反面色泽接近
	67.0 ~ 68.0	40.0 ~ 41.0	27.0 ~ 28.0	24 ~ 36	全炉烟叶干燥

注：①起火升温速度2℃ / h至34.0 ~ 36.0℃；以后各阶段之间的升温速度1℃ / h。

②高温层，气流下降式烤房指烤房顶层，气流上升式烤房指烤房底层。

表4-206　三段式烘烤工艺

阶段	干球温度（℃）	湿球温度（℃）	烟叶变化目标
变黄期	38 ~ 39	36 ~ 37	高温层烟叶基本变黄或全黄
定色期	55 ~ 56	38 ~ 39	全炉烟叶叶肉基本干燥
干筋期	67 ~ 68	41 ~ 42	全炉烟筋干燥

注：①起火至要求温度的升温速度1℃ /h；以后各个阶段之间的升温速度1℃ /h。

②高温层，气流上升烤房指烤房底台，气流下降式烤房指烤房顶台。

表4-207　重庆市常规烘烤工艺

阶段	干球温度（℃）	湿球温度（℃）	干湿差（℃）	烘烤时间（h）	烟叶变化目标
变黄期	35.0 ~ 36.0	34.0左右	1.0 ~ 2.0	8 ~ 12	高温层烟叶变黄程度达30%以上
	38.0	35.0 ~ 36.0	2.0 ~ 3.0	12 ~ 24	高温层烟叶变黄程度达七至八成黄
	41.0 ~ 43.0	36.0 ~ 37.0	5.0 ~ 6.0	8 ~ 20	高温层烟叶达到青筋黄片，主脉发软，勾尖
定色期	45.0 ~ 47.0	37.0 ~ 38.0	8.0 ~ 9.0	12 ~ 24	全炉黄片黄筋，小卷边
	52.0 ~ 54.0	38.0 ~ 39.0	14.0 ~ 15.0	12 ~ 20	全炉烟叶叶片干燥，主脉1/2干燥
干筋期	65.0 ~ 68.0	40.0 ~ 41.0	27.0 ~ 28.0	24 ~ 36	全炉烟叶干燥

注：①起火升温速度2℃ / h至35.0 ~ 36.0℃；以后各阶段之间的升温速度0.5 ~ 1℃ / h。

②高温层，气流下降式烤房指烤房顶层，气流上升式烤房指烤房底层。

3. 取样方法

试验用鲜烟取样方法：烘烤过程中试验用鲜烟采用田间挂牌取样，按照第11片叶位取样；每种处理统一编杆，并装在烤房底台，烤房门口往里50cm附近；烤后烟一次性取样80片用于化学成分分析。

4. 分析方法

化学成分检测分析委托云南省烟草农业科学研究院分析测试中心检验。

5. 数据处理与分析

采用Excel对数据进行处理与分析及作图。

（二）结果分析

1. 不同烘烤工艺对中部初烤烟叶多酚类物质含量的影响

由表4-208、图4-90、图4-91可知，4个处理原烟总绿原酸含量为处理4最高，为20.62 mg/g，处理2次之，为18.67 mg/g，处理1和处理3总绿原酸含量差异不明显，分别为17.50mg/g和16.80 mg/g；其中绿原酸含量为处理4最大，达14.77 mg/g，处理2次之，为12.94 mg/g，处理1居中，为12.07 mg/g，处理3最低，为11.26 mg/g；新绿原酸和4-O-咖啡酰基奎宁酸含量则为4个处理差异不大。芸香苷含量表现为，处理4最大，为9.18 mg/g，其

表4-208　各处理中部烟叶烤后烟多酚类物质含量（mg/g）

处理	总绿原酸				莨菪亭	芸香苷	莰菲醇基-3-芸香糖苷	总计
	新绿原酸	绿原酸	4-O-咖啡酰基奎宁酸	合计				
处理1	2.48	12.07	2.95	17.50	0.13	7.82	1.16	26.61
处理2	2.60	12.94	3.13	18.67	0.11	7.55	1.15	27.48
处理3	2.51	11.26	3.03	16.80	0.12	7.19	1.10	25.21
处理4	2.55	14.77	3.30	20.62	0.11	9.18	1.20	31.11

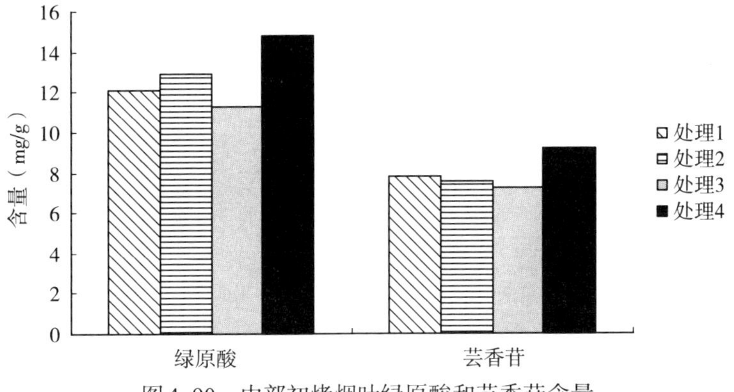

图4-90　中部初烤烟叶绿原酸和芸香苷含量

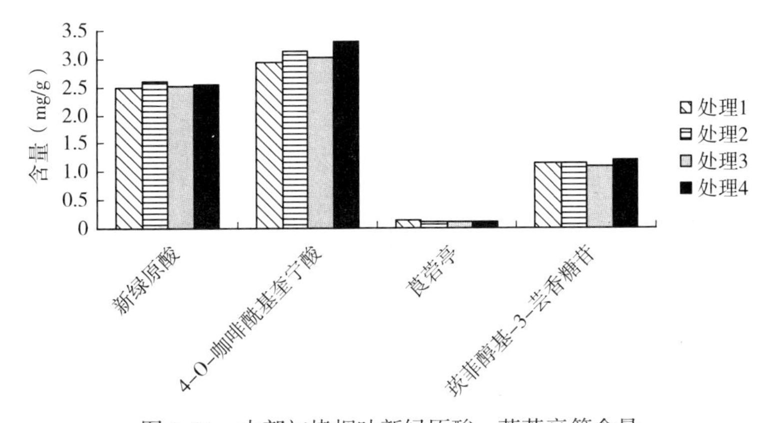

图4-91　中部初烤烟叶新绿原酸、莨菪亭等含量

余三个处理差异不大，处理1含量7.82 mg/g，处理2含量7.55 mg/g，处理3含量7.19 mg/g。4个处理的莨菪亭和莰菲醇基-3-芸香糖苷含量差异不大。各处理中部烟叶烤后烟多酚类物质总含量表现为，处理4最大，为31.11 mg/g，处理2次之，为27.48 mg/g，处理1居中，为26.61 mg/g，处理3最低，为25.21 mg/g。

据此分析可知，由于中部烟叶原烟总绿原酸含量、绿原酸含量、多酚类物质总含量均表现为处理4 > 处理2 > 处理1 > 处理3。说明处理4和处理2的香气质和香气量优于处理1和处理3。

2. 不同烘烤工艺对中部初烤烟叶有机酸含量的影响

各处理对中部烟叶烤后烟非挥发性有机酸及高级脂肪酸含量的影响，如表4-209。

表4-209　各处理中部烟叶烤后烟非挥发性有机酸及高级脂肪酸含量（mg/g）

处理	苹果酸	柠檬酸	草酸	丙二酸	丁二酸	棕榈酸	油酸	亚油酸	亚麻酸	十四酸	十八酸	总计
处理1	10.77	67.49	5.90	2.52	0.19	3.31	0.85	1.89	4.96	0.08	1.32	99.28
处理2	10.46	51.01	4.88	2.44	0.17	3.38	0.84	1.96	5.41	0.08	1.33	81.96
处理3	10.81	76.95	7.93	2.51	0.18	3.18	0.82	1.90	4.89	0.09	1.31	110.57
处理4	11.70	53.16	5.45	2.06	0.18	3.38	0.93	1.93	5.22	0.08	1.32	85.41

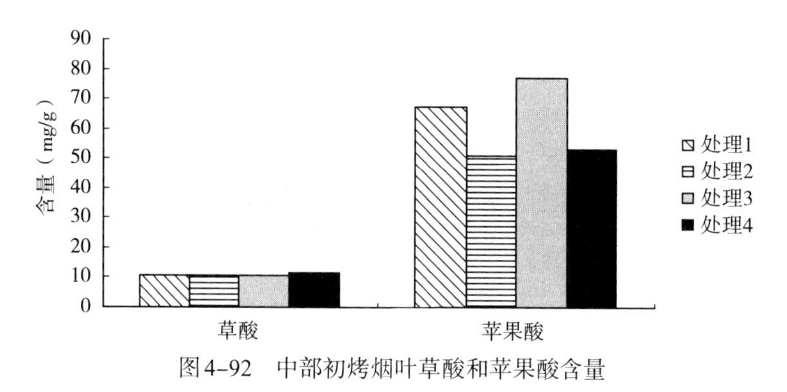

图4-92　中部初烤烟叶草酸和苹果酸含量

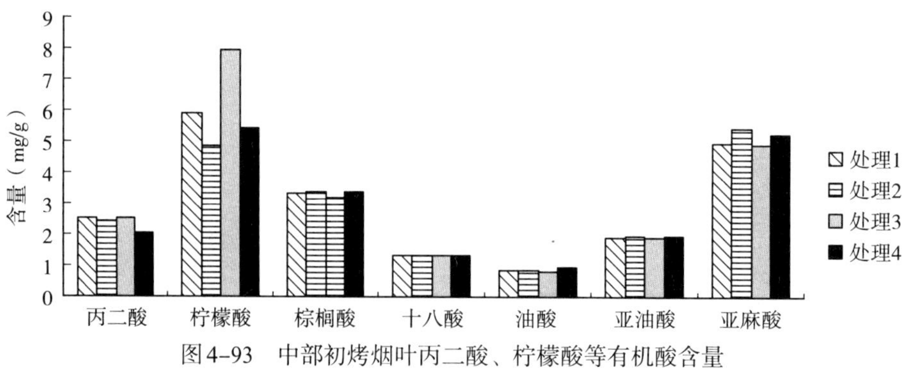

图4-93　中部初烤烟叶丙二酸、柠檬酸等有机酸含量

从表4-209、图4-92、图4-93可知，不同烘烤工艺对重庆市烟区中部叶中非挥发性有机酸苹果酸含量的影响为，处理4最高达11.70mg/g，处理1、处理2、处理3苹果酸含量差异不明显，分别为10.77mg/g、10.46mg/g、10.81mg/g；非挥发性有机酸柠檬酸含量为处理

3最高，为76.95mg/g，处理1次之，为67.49mg/g，处理4再次之，为53.16mg/g，处理2最低，为51.10mg/g；非挥发性有机酸草酸含量为处理3最高，为7.93 mg/g，处理1次之，为5.90mg/g，处理4再次之，为5.45mg/g，处理2最低，为4.88mg/g；4个处理中部烟叶中丙二酸和丁二酸含量差异不明显。从4个处理的中部初烤烟叶中非挥发有机酸的含量分析可知，处理2中部初烤烟叶原料有利于其卷烟制品烟气燃吸时的酸碱平衡。

高级脂肪酸中棕榈酸、油酸、亚油酸、十四酸和十八酸含量4个处理差异不明显；亚麻酸含量则为处理2最高，为5.41 mg/g，处理4次之，为5. 22 mg/g，处理1再次之，为4.96 mg/g，处理3最低，为4.89 mg/g。说明处理2的刺激性略高于其他3个处理。

各处理中部烟叶烤后烟非挥发性有机酸及高级脂肪酸总含量表现为，处理3最高，为110.57mg/g，处理1次之，为99.28mg/g，处理4居中，为85.41mg/g，处理2最低，为81.96mg/g。

（三）结论与讨论

高档次的卷烟要求色香味俱全，对芳香吃味和烟气香味有正作用的是多酚、石油醚提取物、丹宁、苹果酸。改善烟叶等级作用大的两个多酚物质是绿原酸和芸香苷。烟草中多酚的糖苷对烟叶颜色有直接作用，对香气质量有间接作用。本试验结果表明，处理4绿原酸和芸香苷含量最高，多酚类物质总含量同样表现为处理4最高，达31.11mg/g，处理2次之，为27.48 mg/g，而处理3最低，仅为25.21mg/g。说明处理4和处理2的香气质和香气量优于处理1和处理3。

非挥发性有机酸占烟叶重量的7%左右，主要有苹果酸、柠檬酸、草酸、琥珀酸、丙二酸、乳酸等，它们不仅在烟草生长过程中起着重要的作用，而且对卷烟感官质量有重要的作用，可以调节烟气的劲头和吃味，可以判定烟气是否醇和，对于评定烟叶的品质有重要作用。亚油酸和亚麻酸可增加烟叶的刺激性。本研究表明，处理2的亚麻酸含量略高于其他处理，导致其刺激性比其他处理略高，但处理2中部初烤烟叶原料中柠檬酸、草酸含量最低，而其他非挥发性有机酸含量与其他处理相比差异不明显，因此处理2烘烤工艺所烘烤调制的中部烟叶原料有利于其卷烟制品烟气燃吸时的酸碱平衡。

各处理中部烟叶烤后烟非挥发性有机酸及高级脂肪酸总含量表现为，处理3最高，为110.57mg/g，处理1次之，为99.28mg/g，处理4再次之，为85.41mg/g，处理2最低，为81.96mg/g。

五、不同烘烤工艺对烟叶两糖差及主要糖类化合物变化影响的研究

（一）材料与方法

1. 试验材料

供试品种为K326上部叶，试验于2011年7—10月在重庆市彭水苗族土家族自治县梅子垭乡村民试验烟地内进行。

试验用烤房为符合国家密集烤房技术规范的气流下降式密集型烤房，装烟室大小为8m × 2.7m × 3.5m（装烟3台）。

2. 试验处理

处理1　内动力排湿烘烤工艺（表4-210）

处理2　外动力排湿烘烤工艺（表4-211）

处理3　三段式烘烤工艺（表4-212）

处理4　重庆市常规烘烤工艺（表4-213）

表4-210　内动力排湿烘烤工艺

阶段	干球温度（℃）	湿球温度（℃）	干湿差（℃）	烘烤时间（h）	烟叶变化目标
变黄期	35.0 ~ 37.0	35.0 ~ 36.0	0.0 ~ 1.0	24 ~ 36	高温层烟叶变黄程度达30%以上
	39.0 ~ 40.0	36.0 ~ 37.0	1.0 ~ 2.0	18 ~ 24	高温层烟叶达到青筋黄片
凋萎期	42.0 ~ 44.0	37.0 ~ 38.0	5.0 ~ 6.0	8 ~ 12	高温层烟叶勾尖卷边，轻度凋萎；中下层烟叶达到青筋黄片
	47.0 ~ 48.0	38.0 ~ 39.0	9.0 ~ 10.0	24 ~ 36	高温层烟叶叶干1/2 ~ 2/3；中下层烟叶勾尖卷边，充分凋萎
干叶期	51.0 ~ 53.0	39.0 ~ 40.0	13.0 ~ 14.0	24 ~ 36	高温层烟叶叶片干燥，中下层烟叶叶干1/3 ~ 1/2，全炉烟叶主脉翻白
干筋期	62.0 ~ 63.0	41.0 ~ 42.0	21.0 ~ 22.0	12 ~ 18	全炉烟叶主脉干燥1/2以上，叶片正反面色泽接近
	67.0 ~ 68.0	42.0 ~ 43.0	25.0 ~ 26.0	24 ~ 36	全炉烟叶干燥

注：①起火升温速度2℃ / h至34.0 ~ 36.0℃；以后各阶段之间的升温速度1℃ / h。

②高温层，气流下降式烤房指烤房顶层，气流上升式烤房指烤房底层。

表4-211　外动力排湿烘烤工艺

阶段	干球温度（℃）	湿球温度（℃）	干湿差（℃）	烘烤时间（h）	烟叶变化目标
变黄期	35.0 ~ 37.0	35.0 ~ 36.0	0.0 ~ 1.0	24 ~ 36	高温层烟叶变黄程度达30%以上
	39.0 ~ 40.0	36.0 ~ 37.0	1.0 ~ 2.0	18 ~ 24	高温层烟叶达到青筋黄片
凋萎期	42.0 ~ 44.0	35.0 ~ 36.0	7.0 ~ 9.0	8 ~ 12	高温层烟叶勾尖卷边，轻度凋萎；中下层烟叶达到青筋黄片
	47.0 ~ 48.0	36.0 ~ 37.0	11.0 ~ 12.0	24 ~ 36	高温层烟叶叶干1/2 ~ 2/3；中下层烟叶勾尖卷边，充分凋萎
干叶期	51.0 ~ 53.0	37.0 ~ 38.0	14.0 ~ 15.0	24 ~ 36	高温层烟叶叶片干燥，中下层烟叶叶干1/3 ~ 1/2，全炉烟叶主脉翻白
干筋期	62.0 ~ 63.0	37.0 ~ 38.0	25.0 ~ 26.0	12 ~ 18	全炉烟叶主脉干燥1/2以上，叶片正反面色泽接近
	67.0 ~ 68.0	40.0 ~ 41.0	27.0 ~ 28.0	24 ~ 36	全炉烟叶干燥

注：①起火升温速度2℃ / h至34.0 ~ 36.0℃；以后各阶段之间的升温速度1℃ / h。

②高温层，气流下降式烤房指烤房顶层，气流上升式烤房指烤房底层。

表4-212　三段式烘烤工艺

阶段	干球温度（℃）	湿球温度（℃）	烟叶变化目标
变黄期	38.0 ~ 39.0	36.0 ~ 37.0	高温层烟叶基本变黄或全黄
定色期	55.0 ~ 56.0	38.0 ~ 39.0	全炉烟叶叶肉基本干燥
干筋期	67.0 ~ 68.0	41.0 ~ 42.0	全炉烟筋干燥

注：①起火至要求温度的升温速度1℃ /h；以后各个阶段之间的升温速度1℃ /h。

②高温层，气流上升式烤房指烤房底台，气流下降式烤房指烤房顶台。

表4-213　重庆市常规烘烤工艺

阶段	干球温（℃）	湿球温度（℃）	干湿差（℃）	烘烤时间（h）	烟叶变化目标
变黄期	35.0 ~ 36.0	34.0左右	1.0 ~ 2.0	8 ~ 12	高温层烟叶变黄程度达30%以上
	38.0	35.0 ~ 36.0	2.0 ~ 3.0	12 ~ 24	高温层烟叶变黄程度达七至八成黄
	41.0 ~ 43.0	36.0 ~ 37.0	5.0 ~ 6.0	8 ~ 20	高温层烟叶达到青筋黄片，主脉发软，勾尖
定色期	45.0 ~ 47.0	37.0 ~ 38.0	8.0 ~ 9.0	12 ~ 24	全炉黄片黄筋，小卷边
	52.0 ~ 54.0	38.0 ~ 39.0	14.0 ~ 15.0	12 ~ 20	全炉烟叶叶片干燥，主脉1/2干燥
干筋期	65.0 ~ 68.0	40.0 ~ 41.0	27.0 ~ 28.0	24 ~ 36	全炉烟叶干燥

注：①起火升温速度2℃ / h至35.0 ~ 36.0℃；以后各阶段之间的升温速度0.5 ~ 1℃ / h 。

②高温层，气流下降式烤房指烤房顶层，气流上升式烤房指烤房底层。

3. 试验取样

实验烟株的栽培技术措施，按重庆市优质烟种植规范进行。烟株封顶前，摘去底脚叶2片，留叶数20片/株，自下往上数够叶数封顶。

选取“同一试点、同一部位、同一成熟度”的适熟上部烟叶，作为试验样烟。每种处理，试验过程取样准备同质同杆同部位烟叶250片；烤后评吸及内在化学成分测定样品取样250片烟叶。

烘烤过程取样烟叶，统一装在烤房底台，烤房门口往里50cm附近；试验过程取样，自起火开始每12h，刀切取样1次，直到定色期结束为止，取样时间为0h、12h、24h、36h、48h、60h、72h、84h，共计取样8次，所取样品置于68℃的烤箱杀青烘干固定保存；其余样品烘烤结束后一次性取样；共计9次取样。

4. 测定项目

采用YC/T 159-2002测定总糖、还原糖含量，并计算得出两糖差值；使用YC/T 216-2007测定淀粉，以及用YC/T 251-2008测定葡萄糖、果糖、蔗糖含量，各检测数据均换算成百分率。

5. 数据处理

采用Excel处理软件进行数据处理与作图。

（二）结果与分析

1. 各处理对上部烟叶烘烤过程中烟叶总糖含量的影响

如表4-214和图4-94所示，在0 ~ 84h，随着烘烤时间的增加，各处理总糖含量呈现总体上升的趋势，并且变化的波动性为处理1>处理3>处理4>处理2。处理1在48h（变黄后期或定色前期）时出现峰值（24.25%），高于处理1原烟总糖含量；处理2、处理3、处理4在84h（定色中后期）出现峰值，原烟总糖含量均有所增加。原烟总糖含量：处理3（29.08%）>处理2（27.85%）>处理4（26.03%）>处理1（23.27%），差异不大。根据在适宜范围内（20% ~ 28%）烟叶中总糖含量越高烟叶品质越好的试验结论，可知处理2（外动力排湿烘烤工艺）更适合重庆烟区烤烟生产。

表4-214　各处理上部烟叶烘烤过程中总糖含量变化情况（%）

处理	0h（0）	12h（1）	24h（2）	36h（3）	48h（4）	60h（5）	72h（6）	84h（7）	原烟
处理1	10.75	16.40	17.62	22.81	24.25	17.24	21.36	23.27	23.27
处理2	9.35	8.95	13.26	16.23	18.11	21.17	25.25	26.68	27.85
处理3	8.92	17.69	15.56	24.20	20.09	20.07	23.82	25.77	29.08
处理4	8.16	13.62	18.21	15.11	15.72	20.40	19.98	22.52	26.03

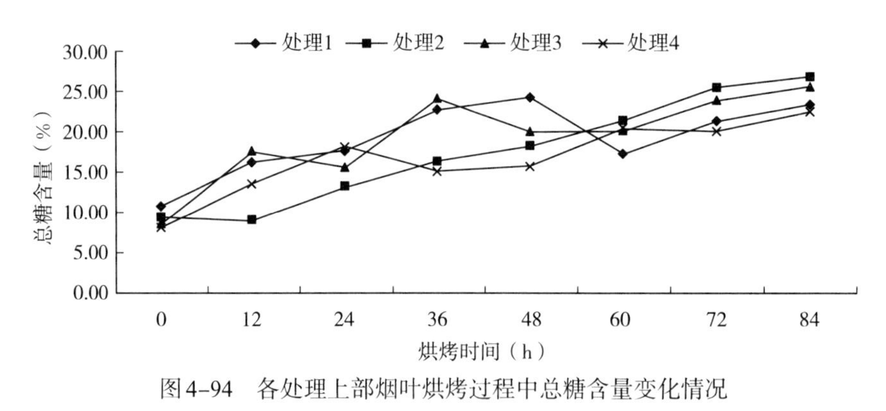

图4-94　各处理上部烟叶烘烤过程中总糖含量变化情况

2. 各处理对上部烟叶烘烤过程中烟叶还原糖含量的影响

据表4-215和图4-95可知，在0 ~ 84h，处理1（内动力排湿烘烤工艺）在48h（变黄后期）还原糖含量出现峰值，处理2（外动力排湿烘烤工艺）在72h（定色中期）出现峰值，处理3（三段式烘烤工艺）在36h达峰值，而处理4（重庆市常规烘烤工艺）则是在24h出现峰值，4个处理整体呈现还原糖含量先增加后减小的变化规律。对84h时烟叶还原糖含量进行比较：处理3>处理2>处理1>处理4；而原烟还原糖含量：处理2（25.25%）>处理3（23.47%）≈处理4（23.22%）>处理1（20.24%），各处理差异不明显。在适宜范围内，烟叶中还原糖含量越高，烟叶品质越好，处理2更接近于还原糖含量适宜范围（18% ~ 25%）的最大值，所以处理2（外动力排湿烘烤工艺）相对更好。

表4-215 各处理上部烟叶烘烤过程中还原糖含量变化情况（%）

	0h（0）	12h（1）	24h（2）	36h（3）	48h（4）	60h（5）	72h（6）	84h（7）	原烟
处理1	8.45	13.23	14.27	17.69	19.36	12.87	16.59	16.42	20.24
处理2	7.44	7.43	10.26	12.88	15.62	19.68	23.01	18.55	25.25
处理3	8.65	12.30	15.20	23.12	17.14	17.62	20.46	19.87	23.47
处理4	6.30	11.45	16.16	12.77	12.53	14.47	12.49	12.97	23.22

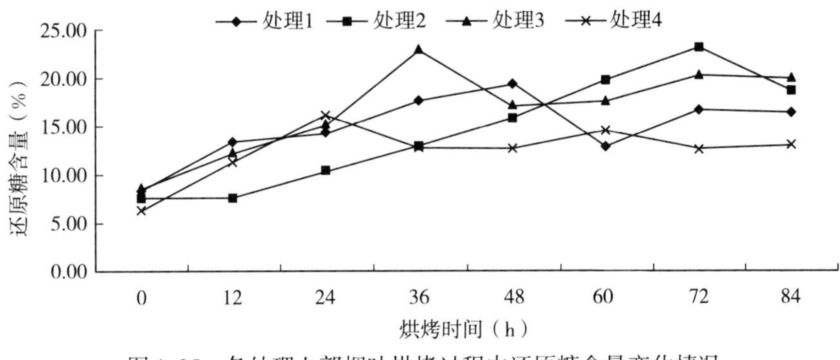

图4-95 各处理上部烟叶烘烤过程中还原糖含量变化情况

3. 各处理对上部烟叶烘烤过程中烟叶两糖差的影响

由表4-216和图4-96可知，在0 ~ 84h时间段内，处理1（内动力排湿烘烤工艺）和处

表4-216 各处理上部烟叶烘烤过程中两糖差变化情况（%）

	0h（0）	12h（1）	24h（2）	36h（3）	48h（4）	60h（5）	72h（6）	84h（7）	原烟
处理1	2.30	3.17	3.35	5.12	4.89	4.37	4.78	6.85	3.03
处理2	1.91	1.52	3.00	3.36	2.49	1.49	2.24	8.13	2.61
处理3	0.27	5.39	0.37	1.08	2.95	2.45	3.36	5.90	5.61
处理4	1.86	2.17	2.05	2.34	3.19	5.93	7.48	9.55	2.81

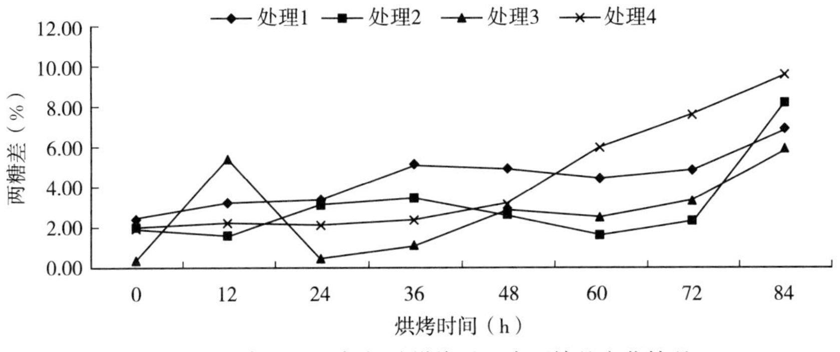

图4-96 各处理上部烟叶烘烤过程中两糖差变化情况

理4（重庆市常规烘烤工艺）总体呈上升趋势，在84h均达到最大值；而处理2（外动力排湿烘烤工艺）和处理3（三段式烘烤工艺）波动性较大，总体呈现先升高再降低后升高的趋势。原烟两糖差（总糖-还原糖=两糖差）比较：处理3>处理1>处理4>处理2，优质烤烟要求烟叶两糖差在适宜范围内越小越好，所以处理2相对更适用于重庆烟区烤烟上部叶烘烤。

由表4–214、表4–215、表4–216和图4–94、图4–95、图4–96可知，处理2的烤后烟叶总糖和还原糖含量适宜，两糖差最小。在本试验条件下，处理2（外动力排湿烘烤工艺）烘烤工艺参数最优。

4. 各处理对上部烟叶烘烤过程中烟叶淀粉（多糖）含量的影响

根据表4–217和图4–97可知，在0 ~ 84h期间，随烘烤时间的增加，淀粉含量呈总体下降的趋势。处理1在84h出现最小值，波动性不大；处理2在84h出现最小值，为3.42 %；处理3在24h、48h、84h淀粉含量较小，分别为4.70 %、5.01 %、4.18%；处理4在0 ~ 36h时快速下降，在36h ~ 84h时下降减慢，在72h出现最小值，为1.30 %。原烟淀粉含量比较：处理1（1.95%）<处理4（2.56%）<处理2（2.91%）<处理3（3.63%），根据初烤烟叶的淀粉含量在2% ~ 8%，以2%左右最佳，含量超过5%时，则认为对烟叶的品质不利可知，处理1最优，处理4和处理2次之，处理3最差，但4个处理原烟差异不大且都处于优质烟适宜范围内。

表4–217　各处理上部烟叶烘烤过程中淀粉含量变化情况（%）

	0h（0）	12h（1）	24h（2）	36h（3）	48h（4）	60h（5）	72h（6）	84h（7）	原烟
处理1	21.33	22.12	17.70	15.11	9.42	3.97	5.78	2.34	1.95
处理2	29.12	14.78	16.91	15.09	8.33	15.44	9.56	3.42	2.91
处理3	30.03	14.97	4.70	11.10	5.01	6.81	6.47	4.18	3.63
处理4	28.99	15.05	9.79	2.65	3.29	2.78	1.30	2.43	2.56

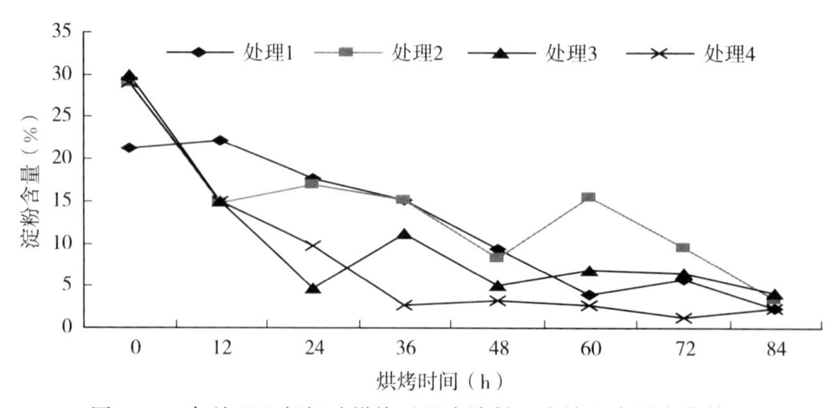

图4–97　各处理上部烟叶烘烤过程中淀粉（多糖）含量变化情况

5. 各处理对上部烟叶烘烤过程中烟叶葡萄糖、果糖、蔗糖的影响

表4-218　各处理上部烟叶烘烤过程中葡萄糖、果糖、蔗糖含量变化情况（%）

	葡萄糖				果糖				蔗糖			
	处理1	处理2	处理3	处理4	处理1	处理2	处理3	处理4	处理1	处理2	处理3	处理4
0h（0）	3.56	3.38	3.59	3.15	3.26	2.67	2.72	2.18	1.09	1.23	0.91	1.46
12h（1）	3.96	2.72	4.29	2.93	5.99	2.45	4.42	4.82	1.28	0.96	5.40	1.84
24h（2）	4.70	3.91	4.92	5.98	6.52	3.68	6.04	6.75	1.07	1.70	1.59	1.65
36h（3）	6.92	4.24	9.98	3.53	8.23	5.77	9.78	5.95	1.37	1.97	1.74	1.31
48h（4）	6.97	6.22	7.00	3.74	8.68	6.29	7.84	5.32	2.18	1.05	1.80	2.06
60h（5）	4.48	7.00	6.57	4.56	5.21	6.99	6.81	6.00	2.30	1.06	1.03	4.13
72h（6）	5.60	8.26	7.90	3.65	7.82	8.46	7.78	5.39	2.33	1.62	1.60	5.36
84h（7）	5.73	6.26	8.23	4.10	7.32	6.21	7.30	4.99	4.72	5.98	3.40	6.96
原烟	7.69	9.98	10.50	8.77	8.79	9.87	10.77	9.89	1.11	1.16	4.65	0.86

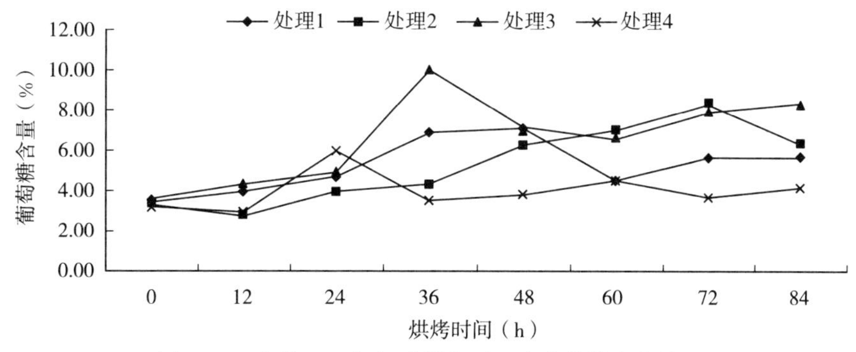

图4-98　各处理上部烟叶烘烤过程中葡萄糖变化情况

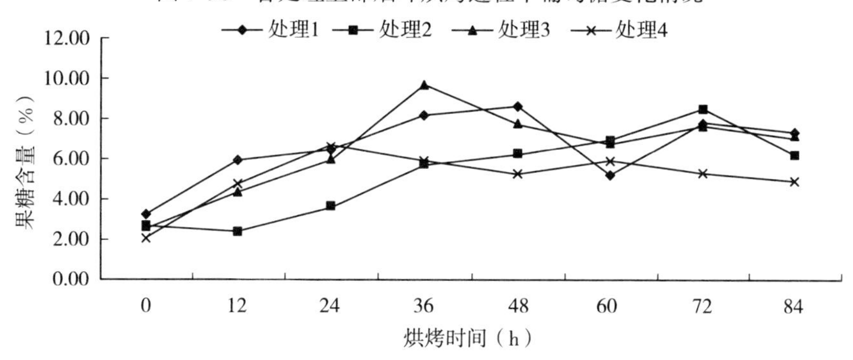

图4-99　各处理上部烟叶烘烤过程中果糖变化情况

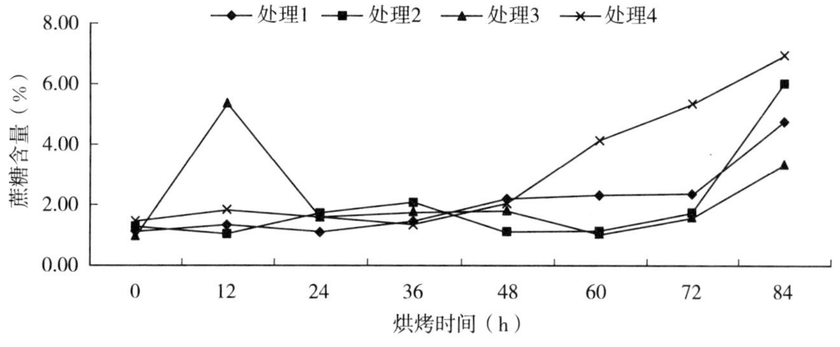

图4-100　各处理上部烟叶烘烤过程中蔗糖变化情况

从表4-218和图4-98、图4-99、图4-100综合分析三种主要糖类的变化规律。葡萄糖和果糖是主要的还原糖，蔗糖则是具有代表性的非还原糖。0 ~ 84h时，葡萄糖的变化情况是：4个处理呈总体上升的波动性变化，处理1在48h时出现最大值，为6.97%，处理2在72h时出现最大值，为8.26%，处理3在36h时出现最大值，为9.98%，处理4在24h时出现最大值，为5.98%。分析果糖的变化：果糖含量整体呈现上升趋势，具有较大的波动性，处理1、处理2、处理3、处理4分别在48h、72h、36h、24h出现最大值，数值分别为8.68%、8.46%、9.78%、6.75%。蔗糖总体变化情况为处理1、处理2、处理3在72h前变化不大，72 ~ 84h时剧烈上升，处理4则是在48h前基本无变化，48 ~ 84h时增长迅速。

对原烟的葡萄糖、果糖、蔗糖含量进一步分析可知，葡萄糖含量：处理3（10.50%）>处理2（9.98%）>处理4（8.77%）>处理1（7.69%），各处理差异不大；其次是果糖含量：处理3（10.77%）>处理4（9.89%）≈处理2（9.87%）>处理1（8.79%）；最后分析蔗糖含量：处理3蔗糖含量偏大，为4.65%，处理2（1.16%）、处理1（1.11%）、处理4（0.86%）差异不明显。

（三）结论

除淀粉（多糖）在烘烤过程中逐渐降解外，其他主要糖类物质则在烘烤过程中逐渐积累。葡萄糖和果糖等还原糖含量增加明显，蔗糖含量则缓慢上升，至烘烤结束时达到最大值。

调制后水溶性总糖和还原性糖类物质均增加，这可能是由于淀粉在烘烤过程中大量降解转化的结果。其详细机理需作进一步研究。

在本试验条件下，经过对总糖、还原糖、两糖差、葡萄糖、果糖、蔗糖含量在烘烤过程中变化情况的分析可以看出：采用外动力排湿烘烤工艺（处理2）在重庆市烟区烘烤上部烟叶，其原烟总糖和还原糖含量适宜，两糖差最小，淀粉、葡萄糖、果糖、蔗糖含量最优。处理2为重庆市烟区烤烟K326品种上部叶最佳烘烤调制工艺。

六、不同烘烤工艺对烟叶主要化学成分含量影响的研究

（一）材料与方法

1. 试验材料

（1）供试材料

供试品种为K326，部位为上部叶，同一成熟度，编杆均匀。

试验用烤房为符合国家密集烤房技术规范的气流下降式密集型烤房，装烟室大小为8m × 2.7m × 3.5m（装烟3台）。杀青用电热烘箱（产于浙江大东电热烘箱有限公司）。分析天平（产于上海瑞仪器厂）。

（2）试验地点及大田栽培管理措施

烘烤调制试验于2011年在重庆彭水苗族土家族自治县梅子垭乡进行，烟叶内在化学成分测定在云南省烟草农业科学研究院分析测试中心进行。田间试验地为海拔约1 000m，肥力中等、便于排灌的砂壤田块，前茬作物为小麦，种植面积为5.4ha。

施肥方法：每公顷施纯氮112.5kg，N ∶ P_2O_5 ∶ K_2O = 1 ∶ 1 ∶ 2.5。总施肥量的50%作

底肥，25%作提苗肥，25%作追肥，全部肥料在移栽后25d全部施完。

株行距为1.2m×0.55m，当烟株正常生长至22 ~ 23片叶时，及时封顶，封顶时先摘除2 ~ 3片底脚叶，留足单株有效叶数20 ~ 21片。其他栽培措施按照重庆市优质烤烟生产技术方案进行。

2. 试验方法

（1）试验设计

试验根据烟叶烘烤变黄期、凋萎期、干叶期和干筋期的温湿度，设4种烘烤工艺参数组合模式，分别为：

处理1　内动力排湿烘烤工艺（表4–219）

处理2　外动力排湿烘烤工艺（表4–220）

处理3　三段式烘烤工艺（表4–221）

处理4　重庆市常规烘烤工艺（表4–222）

表4–219　内动力排湿烘烤工艺

阶段	干球温度（℃）	湿球温度（℃）	干湿差（℃）	烘烤时间（h）	烟叶变化目标
变黄期	35.0 ~ 37.0	35.0 ~ 36.0	0.0 ~ 1.0	24 ~ 36	高温层烟叶变黄程度达30%以上
	39.0 ~ 40.0	36.0 ~ 37.0	1.0 ~ 2.0	18 ~ 24	高温层烟叶达到青筋黄片
凋萎期	42.0 ~ 44.0	37.0 ~ 38.0	5.0 ~ 6.0	8 ~ 12	高温层烟叶勾尖卷边，轻度凋萎；中下层烟叶达到青筋黄片
	47.0 ~ 48.0	38.0 ~ 39.0	9.0 ~ 10.0	24 ~ 36	高温层烟叶叶干1/2 ~ 2/3；中下层烟叶勾尖卷边，充分凋萎
干叶期	51.0 ~ 53.0	39.0 ~ 40.0	13.0 ~ 14.0	24 ~ 36	高温层烟叶叶片干燥，中下层烟叶叶干1/3 ~ 1/2，全炉烟叶主脉翻白
干筋期	62.0 ~ 63.0	41.0 ~ 42.0	21.0 ~ 22.0	12 ~ 18	全炉烟叶主脉干燥1/2以上，叶片正反面色泽接近
	67.0 ~ 68.0	42.0 ~ 43.0	25.0 ~ 26.0	24 ~ 36	全炉烟叶干燥

注：①起火升温速度2℃ / h至34.0 ~ 36.0℃；以后各阶段之间的升温速度1℃ / h。

②高温层，气流下降式烤房指烤房顶层，气流上升式烤房指烤房底层。

表4–220　外动力排湿烘烤工艺

阶 段	干球温度（℃）	湿球温度（℃）	干湿差（℃）	烘烤时间（h）	烟叶变化目标
变黄期	35.0 ~ 37.0	35.0 ~ 36.0	0.0 ~ 1.0	24 ~ 36	高温层烟叶变黄程度达30%以上
	39.0 ~ 40.0	36.0 ~ 37.0	1.0 ~ 2.0	18 ~ 24	高温层烟叶达到青筋黄片
凋萎期	42.0 ~ 44.0	35.0 ~ 36.0	7.0 ~ 9.0	8 ~ 12	高温层烟叶勾尖卷边，轻度凋萎；中下层烟叶达到青筋黄片
	47.0 ~ 48.0	36.0 ~ 37.0	11.0 ~ 12.0	24 ~ 36	高温层烟叶叶干1/2 ~ 2/3；中下层烟叶勾尖卷边，充分凋萎
干叶期	51.0 ~ 53.0	37.0 ~ 38.0	14.0 ~ 15.0	24 ~ 36	高温层烟叶叶片干燥，中下层烟叶叶干1/3 ~ 1/2，全炉烟叶主脉翻白

（续）

阶 段	干球温度（℃）	湿球温度（℃）	干湿差（℃）	烘烤时间（h）	烟叶变化目标
干筋期	62.0 ~ 63.0	37.0 ~ 38.0	25.0 ~ 26.0	12 ~ 18	全炉烟叶主脉干燥1/2以上，叶片正反面色泽接近
	67.0 ~ 68.0	40.0 ~ 41.0	27.0 ~ 28.0	24 ~ 36	全炉烟叶干燥

注：①起火升温速度2℃ / h 至34.0 ~ 36.0℃；以后各阶段之间的升温速度1℃ / h 。

②高温层，气流下降式烤房指烤房顶层，气流上升式烤房指烤房底层。

表4-221 三段式烘烤工艺

阶段	干球温度（℃）	湿球温度（℃）	烟叶变化目标
变黄期	38 ~ 39	36 ~ 37	高温层烟叶基本变黄或全黄
定色期	55 ~ 56	38 ~ 39	全炉烟叶叶肉基本干燥
干筋期	67 ~ 68	41 ~ 42	全炉烟筋干燥

注：①起火至要求温度的升温速度1℃ /h；以后各个阶段之间的升温速度1℃ /h。

②高温层，气流上升式烤房指烤房底台，气流下降式烤房指烤房顶台。

表4-222 重庆市常规烘烤工艺

阶 段	干球温度（℃）	湿球温度（℃）	干湿差（℃）	烘烤时间（h）	烟叶变化目标
变黄期	35.0 ~ 36.0	34.0左右	1.0 ~ 2.0	8 ~ 12	高温层烟叶变黄程度达30%以上
	38.0	35.0 ~ 36.0	2.0 ~ 3.0	12 ~ 24	高温层烟叶变黄程度达七至八成黄
	41.0 ~ 43.0	36.0 ~ 37.0	5.0 ~ 6.0	8 ~ 20	高温层烟叶达到青筋黄片，主脉发软，勾尖
定色期	45.0 ~ 47.0	37.0 ~ 38.0	8.0 ~ 9.0	12 ~ 24	全炉黄片黄筋，小卷边
	52.0 ~ 54.0	38.0 ~ 39.0	14.0 ~ 15.0	12 ~ 20	全炉烟叶叶片干燥，主脉1/2干燥
干筋期	65.0 ~ 68.0	40.0 ~ 41.0	27.0 ~ 28.0	24 ~ 36	全炉烟叶干燥

注：①起火升温速度2℃ / h 至35.0 ~ 36.0℃；以后各阶段之间的升温速度0.5 ~ 1℃ / h 。

②高温层，气流下降式烤房指烤房顶层，气流上升式烤房指烤房底层。

（2）取样方法

试验用鲜烟取样方法：烘烤过程中试验用鲜烟采用田间挂牌取样，按照不同叶位取样；每种处理，试验过程取样250片烟叶，统一编杆，并装在烤房底台，烤房门口往里50cm附近；试验过程取样，自点火开始后，每12h用小刀切取样烟4 ~ 5片进行取样，直到定色期结束为止，取样时间为0h、12h、24h、36h、48h、60h、72h、84h，共计取样8次，所取样品置于68℃的电热烘箱杀青烘干固定保存；剩余样品烤后一次性取样；共计9次取样。

3. 测定项目及方法

烟叶化学成分：总氮、烟碱，按王瑞新、韩富根编的《烟草化学品质分析》方法测定，淀粉；采用连续流动分析仪测定；蛋白质，采用凯氏定氮仪测定。

4. 数据处理与分析

用EXCEL进行基础数据输入，SPSS17.0进行数据分析。

（二）结果与分析

1. 不同烘烤工艺烘烤过程对上部烤后烟叶主要化学成分的影响

从表4-223可以看出，各处理总氮含量都处于优质烟要求范围内，其中处理4的最高，达到1.99%；而烟碱含量普遍偏高，但处理1、处理2、处理3都在优质烟适宜范围内，只有处理4超出优质烟要求，含量为3.57%；糖碱比只有处理2和处理3较好，在优质烟适宜值范围内，处理1和处理4均低于适宜值，其中处理1糖碱比最低，为7.15；和优质烟要求相比，4个处理的氮碱比均稍微偏低，均为0.55 ~ 0.60；淀粉含量均在优质烟要求范围内，其中处理3>处理2>处理4>处理1，处理3淀粉含量为3.63%、处理1淀粉含量为2.23%，淀粉降解均较充分。

表4-223　各处理上部烤后烟叶主要化学成分含量

处理	总氮（%）	烟碱（%）	糖碱比	氮碱比	淀粉（%）
处理1	1.89	3.45	7.15	0.55	2.23
处理2	1.90	3.43	8.12	0.55	2.91
处理3	1.79	2.96	9.82	0.60	3.63
处理4	1.99	3.57	7.29	0.56	2.56

2. 不同烘烤工艺烘烤过程对上部烟叶总氮含量的影响

从表4-224和图4-101可知，不同烘烤工艺对上部叶片总氮含量的影响基本一致。4个处理烤烟总氮含量随烘烤时间大致呈波浪型趋势上下波动，但总氮含量总体呈上升趋势；处理1总氮含量从烘烤前1.80%升到2.00%，处理2总氮含量从开始的1.51%升到1.71%，处理3总氮含量从烘烤前1.64%升到1.84%，处理4总氮含量从开始的1.56%升到1.75%。

表4-224　各处理上部烟叶烘烤过程中总氮含量变化情况（%）

烘烤时间（h）	0	12	24	36	48	60	72	84
处理1	1.80	1.64	1.81	1.70	1.86	2.24	2.05	2.00
处理2	1.51	2.11	1.98	1.81	1.83	1.57	1.45	1.71
处理3	1.64	1.58	1.70	1.46	1.85	1.85	1.78	1.84
处理4	1.56	1.71	1.97	1.94	2.15	1.80	1.73	1.75

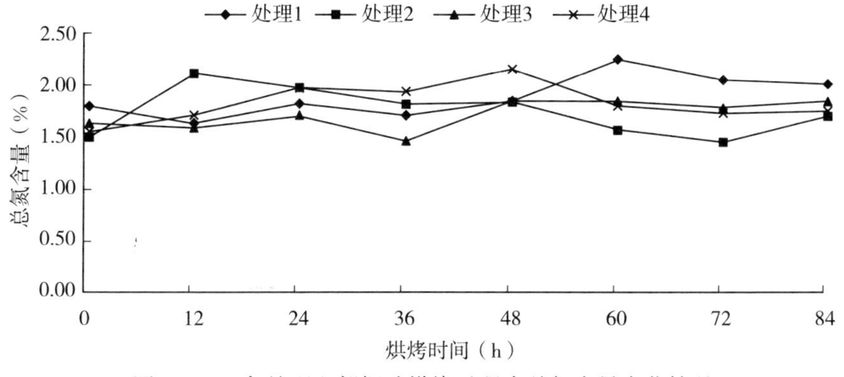

图4-101　各处理上部烟叶烘烤过程中总氮含量变化情况

3. 不同烘烤工艺烘烤过程对上部烟叶烟碱含量的影响

由表4-225和图4-102可知，各处理上部烟叶在烘烤过程中烟叶烟碱含量的变化与总氮含量的变化类似。0 ~ 12h阶段内，各处理烟叶烟碱含量都呈现升高趋势；之后时间段内各处理有升有降，但总体还是呈上升的趋势，烘烤到84h取样烟叶烟碱含量表现为处理1>处理4>处理3>处理2，分别为3.42%、3.25%、3.11%、2.90%。综上可得，从开始烘烤到定色期，处理2上部烟叶烟碱含量较其他处理低。

表4-225　各处理上部烟叶烘烤过程中烟碱含量变化情况（%）

烘烤时间（h）	0	12	24	36	48	60	72	84
处理1	2.98	3.08	3.42	2.98	3.40	4.05	3.36	3.42
处理2	2.42	3.42	3.29	2.93	3.33	2.84	2.67	2.90
处理3	3.00	3.46	4.39	3.45	3.93	3.62	2.77	3.11
处理4	2.59	2.98	3.13	3.96	4.02	3.63	3.75	3.25

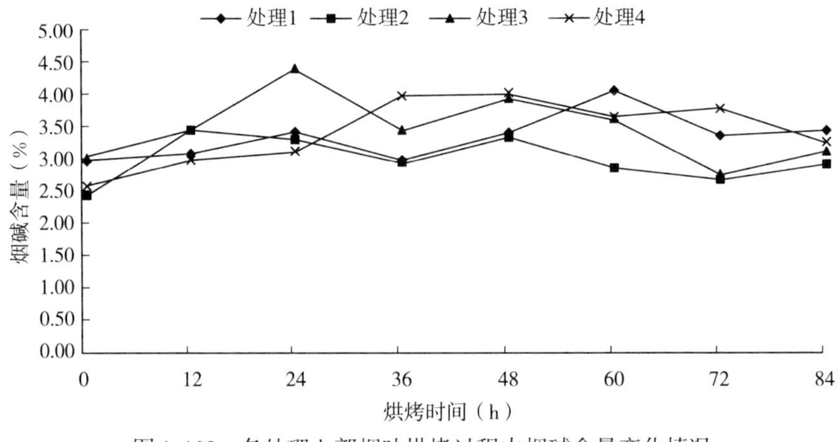

图4-102　各处理上部烟叶烘烤过程中烟碱含量变化情况

4. 不同烘烤工艺烘烤过程对上部烟叶淀粉含量的影响

由表4-226和图4-103可知，在0 ~ 84h期间，随烘烤时间的增加，淀粉含量呈总体下降的趋势。处理1在84h出现最小值，波动性不大；处理2在84h出现最小值，淀粉含量为3.42 %；处理3在24h、48h、84h淀粉含量较小，分别为4.70 %、5.01 %、4.18%；处理4在0 ~ 36h时快速下降，在36 ~ 84h时下降减慢，在72h出现最小值，为1.30 %。原烟淀粉含

表4-226　各处理上部烟叶烘烤过程中淀粉含量变化情况（%）

烘烤时间（h）	0	12	24	36	48	60	72	84
处理1	21.33	22.12	17.70	15.11	9.42	3.97	5.78	2.34
处理2	29.12	14.78	16.91	15.09	8.33	15.44	9.56	3.42
处理3	30.03	14.97	4.70	11.10	5.01	6.81	6.47	4.18
处理4	28.99	15.05	9.79	2.65	3.29	2.78	1.30	2.43

量比较：处理1（1.95%）<处理4（2.56%）<处理2（2.91%）<处理3（3.63%），根据初烤烟叶的淀粉含量在2% ~ 8%，以2%左右最佳，含量超过5%时，则认为对烟叶的品质不利可知，处理1最优，处理4和处理2次之，处理3最差，但4个处理原烟差异不大且都处于优质烟适宜范围内。

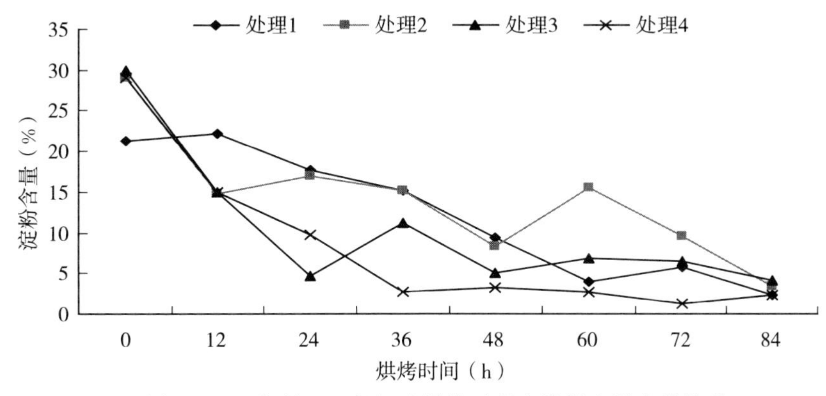

图4-103　各处理上部烟叶烘烤过程中淀粉含量变化情况

5. 不同烘烤工艺烘烤过程对上部烟叶糖碱比的影响

由表4-227和图4-104可知，各处理上部叶糖碱比随烘烤时间增加总体呈上升趋势；0 ~ 12h时间段内，只有处理2随时间增加糖碱比下降，其余3个处理随时间增加糖碱比增大；24 ~ 36h和60 ~ 72h时间段内，处理4糖碱比均呈下降趋势，而另外3个处理糖碱比却增加较快；36 ~ 48h时间段内，处理1、处理2和处理4糖碱比升降趋于平稳；60 ~ 84h时间段，

表4-227　各处理上部烟叶烘烤过程中糖碱比变化情况

烘烤时间（h）	0	12	24	36	48	60	72	84
处理1	3.60	5.32	5.16	7.66	7.14	4.25	6.37	6.81
处理2	3.87	2.62	4.03	5.55	5.44	7.44	9.44	9.21
处理3	2.97	5.11	3.55	7.01	5.11	5.55	8.59	8.29
处理4	3.15	4.56	5.81	3.81	3.91	5.62	5.32	6.92

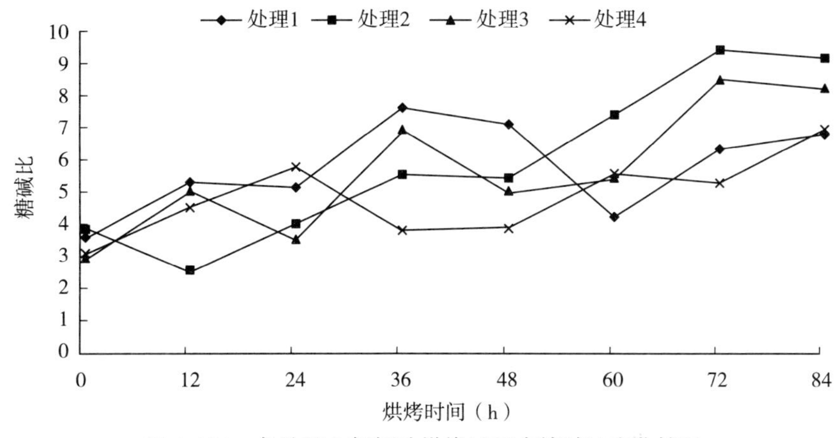

图4-104　各处理上部烟叶烘烤过程中糖碱比变化情况

处理1、处理2和处理3糖碱比均先快速增加然后趋于平稳；烘烤过程中，处理2糖碱比表现出较为规律性的变化，且在第8次取样时糖碱比增大到9.21，在所有处理中比值最大。

6. 不同烘烤工艺烘烤过程对上部烟叶氮碱比的影响

在烘烤过程中，上部叶的氮碱比变化情况如表4-228和图4-106，0 ~ 84h时间段内，处理1和处理2氮碱比变化较为平缓，另外两个处理相对波动较大，但各处理到84h时氮碱比差别不大；从烘烤开始至60h，处理3的氮碱比较其他3个处理差异大，比值普遍较小；84h取样测定时，处理1、处理2和处理3氮碱比一样，均为0.59，处理4略小，为0.54。

表4-228 各处理上部烟叶烘烤过程中氮碱比变化情况

烘烤时间（h）	0	12	24	36	48	60	72	84
处理1	0.60	0.53	0.53	0.57	0.55	0.55	0.61	0.59
处理2	0.62	0.62	0.60	0.62	0.55	0.55	0.54	0.59
处理3	0.55	0.46	0.39	0.42	0.47	0.51	0.64	0.59
处理4	0.60	0.57	0.63	0.49	0.53	0.50	0.46	0.54

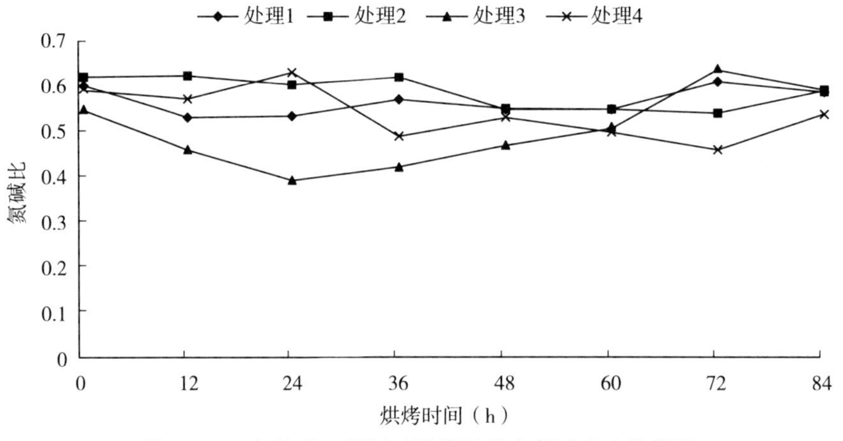

图4-105 各处理上部烟叶烘烤过程中氮碱比变化情况

（三）结论与讨论

烟叶烘烤是一个连续不断的过程，在这一过程的不同时期，烟叶的外观、内在变化经历着由量变到质变的转化。烟叶烘烤过程实质上是烟叶成熟衰老过程中所发生的生理生化变化的延续，只不过是在人为控制温湿度条件下加速进行而已。本试验结果表明：不同的烘烤工艺烘烤过程对重庆烟区K326上部烟叶主要化学成分含量的影响不同。

不同烘烤工艺将导致烟叶总氮含量的差异。本试验结果表明，不同烘烤工艺烘烤过程中上部叶总氮含量变化呈略增加趋势，这与前人研究的结果相似。本试验不同烘烤工艺烘烤处理，烟叶总氮含量变化趋势为处理1>处理3>处理4>处理2。因此可知，处理2上部烟叶总氮分解较其他处理略充分。

烘烤过程中烟碱含量的变化对烟叶品质至关重要。本试验结果表明，各处理烟碱含量在烘烤过程中是增加的，且随烘烤时间的延长呈递增的趋势。这与赵铭钦等研究结果不一致，他们认为烟叶中的烟碱含量随烘烤进程的推移而呈递减的趋势；而Bacon C. W.则认为烟碱含量经烘烤之后是增加的，与本试验研究结果一致。造成烟碱含量增加可能是由烘烤过程中烟叶的呼吸消耗、干物质有所减少所致，当干物质损失量大于烟碱的分解量时，以干重为基础的烟碱含量就有增加的趋势。本试验中处理2烟碱含量随烘烤时间增加量最少，从烘烤24h开始，之后的时间段烟碱含量均处于各处理中最低，处理2烘烤工艺表现最好。

本试验中淀粉的转化与Panthep Chotinuchit等研究一致，随着烘烤时间的延长，烟叶的淀粉含量逐渐减少，且变黄期下降迅速，定色期降解比较缓慢。在调制过程中，烟叶淀粉含量随烘烤的进行而逐步下降，不同的烘烤工艺淀粉的降解速率有差异，烤后原烟淀粉含量也不尽相同，但4个处理淀粉含量均处在优质烟含量范围。本试验中处理4烘烤工艺淀粉转化较充分，略优于其他3个处理。

在烘烤过程中，烟叶糖碱比随烘烤的进行而逐渐上升，逐步向优质烟要求范围靠近，与邓小华等研究结果一致；处理2糖碱比从烘烤12h开始呈递增趋势，波动不大，比值变化最为满意，而其他处理从开始就波动略大，糖碱比上升不稳定。综上可知，处理2糖碱比值变化在烘烤过程中表现最好。

不同烘烤工艺烘烤过程中上部烟叶氮碱比虽呈下降趋势，但变幅很小，与烤前相差不大，说明各处理烟叶总氮在烘烤过程中增加的幅度小于烟碱增加的幅度。各处理烘烤至定色期（84h）及烤后原烟的氮碱比差异不明显。

试验结果表明：不同烘烤工艺烘烤处理对上部叶原烟化学成分含量影响不同，总氮、淀粉、烟碱、糖碱比、氮碱比均达到或者接近优质烟要求范围，说明转化较好；经过综合比较分析可知，处理2的总氮、淀粉含量最适宜，烟碱也适中，糖碱比、氮碱比较为合理，均在优质烟适宜范围，且化学成分协调；而处理4烟碱偏高，糖碱比偏低；处理1、处理3两个处理烤后主要化学成分均没有处理2协调。综上所述，利用处理2烘烤工艺烘烤重庆市烟区K326上部烟叶，其原烟主要化学成分含量协调性最好。

七、烤烟提质增香烘烤工艺关键技术研制

烤烟烘烤工艺涉及烘烤方法、温湿度参数的制定和烘烤技术的探讨。经过大量的试验示范，现归纳总结如下。

（一）烤烟提质增香烘烤工艺关键技术的理论依据

烤烟提质增香烘烤工艺关键技术，根据重庆烟区的生态环境和烤烟烘烤实际，学习吸收美国、津巴布韦、巴西、日本烘烤工艺的精华，在传统烤烟烘烤工艺技术的基础上，改造创新、博采众长，以主攻烟叶香吃味和提高烟叶的工业可用性为目标，从烤烟烘烤外观质量的提高推进到烤烟烘烤内在品质的改善，在烟叶烤黄、烤干的基础上，努力实现烟叶的提质增香。

烤烟提质增香烘烤工艺关键技术，研制的主要依据有三个方面：第一，试验研究的生理生化结论；第二，多年烤烟烘烤实践经验的总结；第三，重庆烟区的生态环境条件。

1. 创造条件，使烟叶内部淀粉、蛋白质、叶绿素、多酚和西柏烷类等大分子物质，深度转化，形成香气前体物质

在传统的烤烟烘烤理论中，特别强调烟叶烘烤过程的“黄干协调”，努力做到烟叶变黄速度与烟叶失水速度相一致，做到烟叶烘烤过程中变黄与干燥同步进行。这个要求，从客观上看，不可能；从烘烤手段上看，无能为力。事实上烟叶变黄的同时，大分子化合物已经分解转化了相当大的部分；剩余的大分子化合物，不可能再与色素同步；此时转火定色干叶，那剩余的大分子化合物就没有完全分解转化了。这就是传统烤烟烘烤工艺技术的缺陷。烟叶在烘烤过程中，涉及一系列酶促的或非酶促的生理生化过程，主要有水分的变化、色素的变化、淀粉的变化、蛋白质的变化，色素、淀粉、蛋白质的代谢产物，是重要的烟叶香气前体物质，是烤烟烘烤提质增香的前提和基础。

2. 烤烟烘烤过程中，各项烘烤操作技术的制定，要切合烤烟烘烤实际

传统烤烟烘烤工艺技术的基本原则，一直倡导“四看四定、四严四灵活”，随着密集型自动化烤房的推广应用，已有较多内容，不再适应于烤烟烘烤实际。

四看四定：看鲜烟叶质量，定烘烤方案；看温度，定烧火大小；看湿度，定排湿大小；看烟叶变化情况，定烘烤时间长短。在密集烤房自动控温、控湿的情况下，“看温度，定烧火大小；看湿度，定排湿大小”就没有必要了。

四严四灵活：对烟叶在烘烤过程中的变化特征要求要严，温湿度的调整要灵活；控制温度要严，烧火大小要灵活；控制湿度要严，排湿大小要灵活；控制烟叶变化程度要严，时间长短要灵活。在密集烤房自动控温、控湿的情况下，“烧火大小要灵活；排湿大小要灵活”就没有必要了。

在密集型自动化烤房烘烤条件下，烤烟密集烘烤的基本原则是“两看两定”“两严两灵活”。

两看两定：看鲜烟叶质量，定烘烤方案；看烟叶变化情况，定温湿度及时间组合。

两严两灵活：对烟叶烘烤过程中的变化特征要求要严，对温湿度及时间的调整要灵活；对温湿度及时间的控制要严，相关控制部件的调整程度要灵活。

还有传统烘烤理论的天窗、地洞开关原则，“先开天窗，后开地洞。天窗开完，再开地洞”。这个原则不完全错，但大部分错了。“先开天窗，后开地洞”基本正确；“天窗开完，再开地洞”，那烤房顶台或二台的烟叶基部就是青色的，烤成浮青烟。还有烟叶装炉的原则和要求，也是如此。烤烟提质增香烘烤工艺关键技术，烘烤操作技术的制定，努力做到集科学性、实用性和可操作性于一体，贯彻现代生物科学原理，体现使用价值，方便烟农操作。

3. 生理生化依据

通过对烤烟烘烤过程中水分变化规律、氧化酶类活性变化规律、色素变化规律、淀粉代谢规律、蛋白质代谢规律研究表明：烤烟烘烤的变黄期，失水30% ~ 40%；氧化酶类活性逐步升高；叶绿素降解85%左右；淀粉分解转化60%左右；蛋白质分解转化25%左右。此时的烟叶尚存较多的大分子化合物，需要一个凋萎期来实现烟叶内部大分子化合物的进一步分解转化，形成更多的香气前体物质。当烟叶经历变黄期、凋萎期之后，所积累的以葡萄糖、果糖和氨基酸为代表的小分子物质以及其他香气前体物质，达到极大值；此时采取通风脱水干叶，完成香气前体物质的缩水、复合、固定与积累，实现烟叶提质增香。干筋期，控制温

度70℃以内，保持湿球温度43℃以内，减少香气物质的挥发损失，实现全炉烟叶干燥。

（二）烤烟提质增香烘烤工艺关键技术

针对烤烟烘烤过程中的提质增香过程，制定每一个烘烤阶段的目标任务和具体的温湿度参数及其烘烤操作技术，形成烤烟提质增香烘烤工艺关键技术：烟叶变黄集中在较高的温湿度条件下完成；稳温排湿确保凋萎期；降温增湿延长干叶期；控温适湿慢干筋。

1. 烟叶变黄集中在较高的温湿度条件下完成，促进香气前体物质大量形成

缩短低温区的升温阶段和烘烤过程，使烟叶在较高的温湿度条件下，大分子物质快速分解，烟叶快速变黄，形成较大量的香气前体物质。

烟叶变黄期烘烤工艺关键参数，如表4-229所示。

表4-229 烤烟提质增香烘烤工艺变黄期关键参数

阶段	干球温度（℃）	湿球温度（℃）	干湿差（℃）	烘烤时间（h）	烟叶变化目标
变黄期	35.0 ~ 37.0	34.0 ~ 36.0	1.0 ~ 2.0	24 ~ 36	高温层烟叶变黄程度达30%以上，叶尖、叶缘必须变黄
	38.0 ~ 39.0	35.0 ~ 36.0	3.0 ~ 4.0	18 ~ 24	高温层烟叶达到青筋黄片

注：①高温层，气流上升式烤房指烤房底台，气流下降式烤房，指烤房顶台。

②低温层，气流上升式烤房指烤房顶台，气流下降式烤房指烤房底台。

③起火温度（自然温度）到第1个烘烤阶段的升温速度2.0℃ /h；以后各阶段的升温速度1.0℃ /h。

④本表适用于K326中下部烟叶以及烘烤特性较好的品种；对K326品种上部烟叶以及烘烤特性较为特殊的品种，表中参数可以稍加调整。

（1）提高起火温度（自然温度）到第1个烘烤阶段的升温速度，缩短低温区的升温过程

烤烟提质增香烘烤工艺关键技术，将起火温度（自然温度）到第1个烘烤阶段的升温速度确定为2.0℃ /h左右，与传统烘烤工艺技术相比，缩短低温区的升温过程8h左右。

（2）降低干球温度37℃以前烟叶的变黄程度要求，缩短低温区烟叶烘烤过程

烤烟提质增香烘烤工艺关键技术，将干球温度37℃以前烟叶的变黄程度，确定为三成黄左右（以高温层烟叶不烤青为限），与传统烘烤工艺技术相比，缩短37℃以前的烟叶烘烤时间12 ~ 18h。

（3）干球温度38 ~ 39℃，保持中湿烘烤，淀粉、蛋白质、叶绿素、多酚和西柏烷类等大分子物质快速分解，烟叶快速变黄，形成较多的香气前体物质

烤烟提质增香烘烤工艺关键技术，38 ~ 39℃烟叶烘烤时间需要18 ~ 24h，与传统烘烤工艺技术相比，延长了烟叶烘烤过程10 ~ 16h，有效地促进了大分子物质的分解转化。

2. 稳温排湿确保凋萎期，形成更多的香气前体物质

烟叶变黄后，失水30% ~ 40%，剩余60% ~ 70%；蛋白质分解25%左右，剩余75%左右；叶绿素降解85%左右，剩余15%左右；淀粉分解60%左右，剩余40%左右。凋萎期的中心任务，就是稳温排湿，将剩余大分子物质分解转化，形成更多的香气前体物质。

凋萎期烘烤工艺关键参数，如表4-230所示。

表4-230 烤烟提质增香烘烤工艺凋萎期关键参数

阶段	干球温度（℃）	湿球温度（℃）	干湿差（℃）	烘烤时间（h）	烟叶变化目标
凋萎期	42.0 ~ 44.0	35.0 ~ 36.0	7.0 ~ 8.0	8 ~ 12	高温层烟叶勾尖卷边，轻度凋萎；低温层烟叶达到青筋黄片
	48.0 ~ 49.0	36.0 ~ 37.0	12.0 ~ 13.0	18 ~ 24	高温层烟叶叶干1/2 ~ 2/3；低温层烟叶勾尖卷边，充分凋萎

注：①高温层，气流上升式烤房指烤房底台，气流下降式烤房指烤房顶台。

②低温层，气流上升式烤房指烤房顶台，气流下降式烤房指烤房底台。

③起火温度（自然温度）到第1个烘烤阶段的升温速度2.0℃/h；以后各阶段的升温速度1.0℃/h。

④本表适用于K326中下部烟叶以及烘烤特性较好的品种；对K326品种上部烟叶以及烘烤特性较为特殊的品种，表中参数可以稍加调整。

（1）空气相对湿度降低为54% ~ 67%，在促进烟叶剩余大分子物质分解转化的同时，保证烟叶黄色性质相对稳定

烤烟提质增香烘烤工艺关键技术，采用“黄色临界值67%”。烟叶变黄后，空气相对湿度降低在54% ~ 67%，淀粉、蛋白质、叶绿素、多酚和西柏烷类等大分子物质快速分解，叶黄素和胡萝卜素分解量相对大幅度减少，在一定程度上保证了烟叶黄色性质相对稳定，保证了烟叶外观质量。

（2）凋萎期分凋萎前期和凋萎后期，两个过程必不可少

干球温度42 ~ 44℃，湿球温度达到35 ~ 36℃，相对湿度控制在54% ~ 65%。稳定这种干湿球温度，烤到高温层烟叶勾尖卷边，轻度凋萎；低温层烟叶达到青筋黄片为止。这一阶段称为凋萎前期，通常需要8 ~ 12h。

干球温度48 ~ 49℃，湿球温度保持在36 ~ 37℃，持续18 ~ 24h，烤到高温层烟叶叶干1/2 ~ 2/3；低温层烟叶勾尖卷边，充分凋萎。这一阶段称为凋萎后期，通常需要26 ~ 36h。

稳温排湿凋萎，要注意湿度的严格控制，空气相对湿度必须控制在67%以下。

3. 降温增湿延长干叶期，形成较大量的致香物质

干叶期的中心任务是将烟叶变黄期、凋萎期，所积累的以葡萄糖、果糖和氨基酸为代表的小分子物质复合、固定，合成烟叶致香物质。

干叶期烘烤工艺关键参数，如表4-231所示。

（1）降低温度：从传统烘烤工艺技术干叶期的干球温度55 ~ 56℃，降至51 ~ 53℃，延长烟叶水分蒸发散失过程，延长烟叶细胞生命活动过程，促成致香物质大量合成

烤烟提质增香烘烤工艺关键技术明确了干球温度51 ~ 53℃，是烟叶致香物质合成的关键时期，采取降低温度，延长烟叶水分蒸发散失过程，延长烟叶细胞生命活动过程的措施，促成以葡萄糖、果糖和氨基酸为代表的小分子物质复合、固定，形成较大量的烟叶致香物质。

表4-231 烤烟提质增香烘烤工艺干叶期关键参数

阶段	干球温度（℃）	湿球温度（℃）	干湿差（℃）	烘烤时间（h）	烟叶变化目标
干叶期	51.0 ～ 53.0	38.0 ～ 39.0	13.0 ～ 14.0	24 ～ 28	高温层烟叶叶片干燥，低温层烟叶叶干1/3 ～ 1/2，全炉烟叶主脉翻白

注：①高温层，气流上升式烤房指烤房底台，气流下降式烤房指烤房顶台。

②低温层，气流上升式烤房指烤房顶台，气流下降式烤房指烤房底台。

③起火温度（自然温度）到第1个烘烤阶段的升温速度2.0℃/h；以后各阶段的升温速度1.0℃/h。

④本表适用于K326中下部烟叶以及烘烤特性较好的品种；对K326品种上部烟叶以及烘烤特性较为特殊的品种，表中参数可以稍加调整。

（2）增加湿度：从传统烘烤工艺技术干叶期的湿球温度37 ～ 38℃，增加到38 ～ 39℃，延长烟叶水分蒸发散失过程，延长烟叶细胞生命活动过程，促成致香物质大量合成

烤烟提质增香烘烤工艺关键技术明确了湿球温度38 ～ 39℃，是烟叶致香物质合成的关键时期，采取增加湿度，延长烟叶水分蒸发散失过程，延长烟叶细胞生命活动过程的措施，促成以葡萄糖、果糖和氨基酸为代表的小分子物质复合、固定，形成较大量的烟叶致香物质。

（3）延长时间：从传统烘烤工艺技术干叶期的烘烤时间16h左右，延长到24 ～ 28h，延长了烟叶细胞生命活动过程，延长了烟叶致香物质的合成过程，合成大量致香物质

烤烟提质增香烘烤工艺关键技术，明确了干叶期是烟叶致香物质合成的关键时期，采取延长烘烤时间8 ～ 12h，延长烟叶细胞生命活动过程，延长烟叶致香物质的合成过程，合成大量致香物质。

（4）稳步升温排湿：干球温度51 ～ 53℃之间，升温速度1℃/h，51℃、52℃、53℃，每个温度点保持7 ～ 8h，并逐步排湿

干叶期，需要注意升温速度的平稳和通风脱水速度适当。在保证烟叶外观质量的前提下，稍大的空气湿度，有利于烟叶油分和致香物质的形成与累积。

4. 控温适湿慢干筋，减小烟叶正反面色差，减少油分及香气物质的挥发损失

干筋期的中心任务是排尽主脉水分，实现全炉烟叶干燥。提质增香烘烤工艺关键技术：改低湿为中湿，适当延长干筋期时间，使烟叶正反面色差变小，减少油分及香气物质的挥发损失。

干筋期烘烤工艺关键参数，如表4-232所示。

表4-232 烤烟提质增香烘烤工艺干筋期关键参数

阶段	干球温度（℃）	湿球温度（℃）	干湿差（℃）	烘烤时间（h）	烟叶变化目标
干筋期	62.0 ～ 63.0	39.0 ～ 40.0	23.0 ～ 24.0	8 ～ 12	全炉烟叶主脉干燥1/2以上，叶片正反面色泽接近
	67.0 ～ 68.0	41.0 ～ 43.0	26.0 ～ 27.0	24 ～ 36	全炉烟叶干燥

注：①高温层，气流上升式烤房指烤房底台，气流下降式烤房指烤房顶台。

②低温层，气流上升式烤房指烤房顶台，气流下降式烤房指烤房底台。

③起火温度（自然温度）到第1个烘烤阶段的升温速度2.0℃/h；以后各阶段的升温速度1.0℃/h。

④本表适用于K326中下部烟叶以及烘烤特性较好的品种；对K326品种上部烟叶以及烘烤特性较为特殊的品种，表中参数可以稍加调整。

（1）改低湿干筋为中湿干筋：从传统烘烤工艺技术干筋期的湿球温度38 ~ 39℃，提高到40 ~ 43℃，空气湿度的提高，有利于橘黄色烟叶的形成，有利于烟叶正反面色差变小，减少油分及香气物质的挥发损失

烤烟提质增香烘烤工艺关键技术，明确了干筋期改低湿干筋为中湿干筋的技术路线。空气湿度的提高，有利于烟叶正面色素向叶背面漂移，减小烟叶正反面色差；同时，减少油分（液体、半液体物质）及挥发性香气物质（沸点较低的中小分子物质）的挥发损失。

（2）增设62 ~ 63℃烘烤阶段：烤烟提质增香烘烤工艺关键技术，在干筋期，增设62 ~ 63℃烘烤阶段，持续8 ~ 12h，使烟叶正反面色差变小，形成较多的橘黄色烟叶，提高烟叶商品质量

烤烟提质增香烘烤工艺关键技术，在传统烘烤工艺技术干筋期的基础上，增设62 ~ 63℃烘烤阶段，持续8 ~ 12h，烟叶正面色素向叶背面漂移，色差变小，橘黄色烟叶增多，烟叶商品质量提高。

（3）延长时间12h左右：烤烟提质增香烘烤工艺关键技术，改低湿干筋为中湿干筋，并增设62 ~ 63℃烘烤阶段，干筋期总体延长12h左右，烘烤质量明显提高，烟叶香吃味明显改善

烤烟提质增香烘烤工艺关键技术，在干筋期提高空气湿度，并增设62 ~ 63℃烘烤阶段，干筋期烘烤时间有所延长，有利于烟叶烘烤质量的提高及香吃味的改善。

（三）烤烟提质增香烘烤工艺关键技术的具体应用

1. 适用于K326中下部烟叶以及烘烤特性较好品种烟叶的提质增香烘烤工艺关键技术

烟叶烘烤受气候、编烟与装烟稀密程度、烤房供热性能、通风排湿能力、烟叶烘烤特性等因素的影响。其中，以鲜烟叶的烘烤特性影响最大。烟叶烘烤操作必须从严掌握低温调湿变黄、稳温排湿凋萎、通风脱水干叶和控温控湿干筋四个操作过程。其目标是确定鲜烟叶产量、呈现鲜烟叶质量，中心任务和焦点是将烟叶提质增香。

（1）低温调湿变黄

具体措施是：采用较低的温度，较低的湿度，使烟叶受热、失水，发软、塌架，变黄。掌握的原则是“烧火要小而忍”。“失水与变黄相适应，边排湿边变黄”，不可过急。

起火后，以平均2℃ / h 的升温速度，在8 ~ 10h内，将底台干球温度升到35 ~ 37℃，湿球温度调整到34 ~ 36℃。保持这样的干湿球温度，烤到高温层烟叶变黄30%以上，叶尖、叶缘必须变黄。这一阶段，通常需要24 ~ 36h。达到这一烘烤目标后，再以1℃ /h的升温速度，从37℃升到38 ~ 39℃，湿球温度调整在35 ~ 36℃。保持这样的干湿球温度，烤到高温层烟叶青筋黄片为止。这一阶段，通常需要18 ~ 24h。

低温调湿变黄，要注意烟叶变黄程度达不到要求时，不要提前转火。

（2）稳温排湿凋萎

具体措施是：稳定温度，降低湿度，在保证烟叶黄色性质稳定的同时，积极促成烟叶内部一系列大分子化合物的分解转化。掌握的原则是：稳温排湿，温度不宜高，湿度不宜大，“烧成中火”。技术关键是“黄色临界值67%的应用”。与三段式烘烤工艺技术相比，本阶段体现“稳温排湿，确保凋萎期”，有利于香气前体物质的形成与积累。

干球温度，在3 ~ 5h内，以平均1℃ / h 的升温速度，由39℃升到42 ~ 44℃，湿球温度达到35 ~ 36℃，相对湿度控制在65% ~ 54%。稳定这种干湿球温度，烤到高温层烟叶勾尖卷边，轻度凋萎；低温层烟叶达到青筋黄片为止。这一阶段称为凋萎前期，通常需要8 ~ 12h。

干球温度在3 ~ 5h内，以平均1℃ / h 的升温速度，由44℃升到47 ~ 48℃，湿球温度保持在36 ~ 37℃，持续24 ~ 36h。烤到高温层烟叶叶干1/2 ~ 2/3；低温层烟叶勾尖卷边，充分凋萎。这一阶段称为凋萎后期，通常需要24 ~ 36h。

稳温排湿凋萎，要注意湿度严格控制，“无水不变黄，无水不坏烟”。烟叶水分过多或过少，都不能获得理想品质。空气相对湿度必须控制在67%以下。

（3）通风脱水干叶

具体措施是：适量通风排湿，用稍高的温度、稍低的湿度，缓慢脱去烟叶水分，把烟叶变黄期、凋萎期获得的品质因素固定下来。掌握的原则是：“保持一定的升温速度，并做到稳温、恒定、持久，不掉温，不猛升温，延长时间，烤干支脉和叶肉”。烧火“要大而稳”。技术关键是“先排湿，后升温”或“稳步升温排湿”。与三段式烘烤工艺技术相比，本阶段体现“降温、增湿延长干叶期”，有利于致香物质的合成。

干球温度在3 ~ 5h内，以平均1℃ / h 的升温速度，由48℃，升到51 ~ 53℃，湿球温度保持在38 ~ 39℃，持续24 ~ 36h，烤到高温层烟叶叶片干燥，低温层烟叶叶干1/3 ~ 1/2，全炉烟叶主脉翻白为止。

通风脱水干叶，需要注意升温的平稳和通风脱水速度适当，克服热挂灰、冷挂灰和黑糟烟的出现。

（4）控温控湿干筋

干筋期的中心任务是：排尽主脉水分，实现全炉烟叶干燥。具体措施是：用较高温度和较低湿度，加速主脉水分的排除。

烟叶主脉在干叶期已经干燥了1/3 ~ 1/2，残留的水分不多，只是主脉表皮厚，组织紧密，水分蒸发较慢，但不需要大量的通风排湿；同时，烟叶叶片大部分已经干燥，烤房内部烟杆之间空隙变大；如果继续开大通风排湿装置，必然会造成热量的损失和燃料的浪费。因此，在这一阶段，可适当降低通风排湿力度，减少热量损失，缩短烘烤时间，节约能源。掌握的原则是“烧火由大变中而均匀，烧成中火，慢升温、稳温，排尽湿气，烤干主脉”。技术关键是“温度不宜太高，湿度适宜”。

以1℃ /h的升温速度，从53℃升到62 ~ 63℃，湿球温度调整在39 ~ 40℃，保持这样的干湿球温度，持续12 ~ 18h，这段时间为干筋阶段的过渡期，要求全炉烟叶主脉干燥1/2以上，叶片正反面色泽接近时转火。再以1℃ /h的升温速度，升至67 ~ 68℃，湿球温度也随之上升到41 ~ 43℃，稳定干湿球温度，烤到顶台烟叶95%以上的主脉干燥时，停火，利用余热把未干的主脉烤干，通常需要24 ~ 36h。

控温控湿干筋，要求保持中火烘烤。需要注意，干球温度不得超过68℃，湿球温度不得超过43℃，克服烤红烟；烧火不能猛降温，克服阴筋、阴片。

烤烟提质增香烘烤工艺关键技术参数，如表4–233、图4–107、图4–108所示。

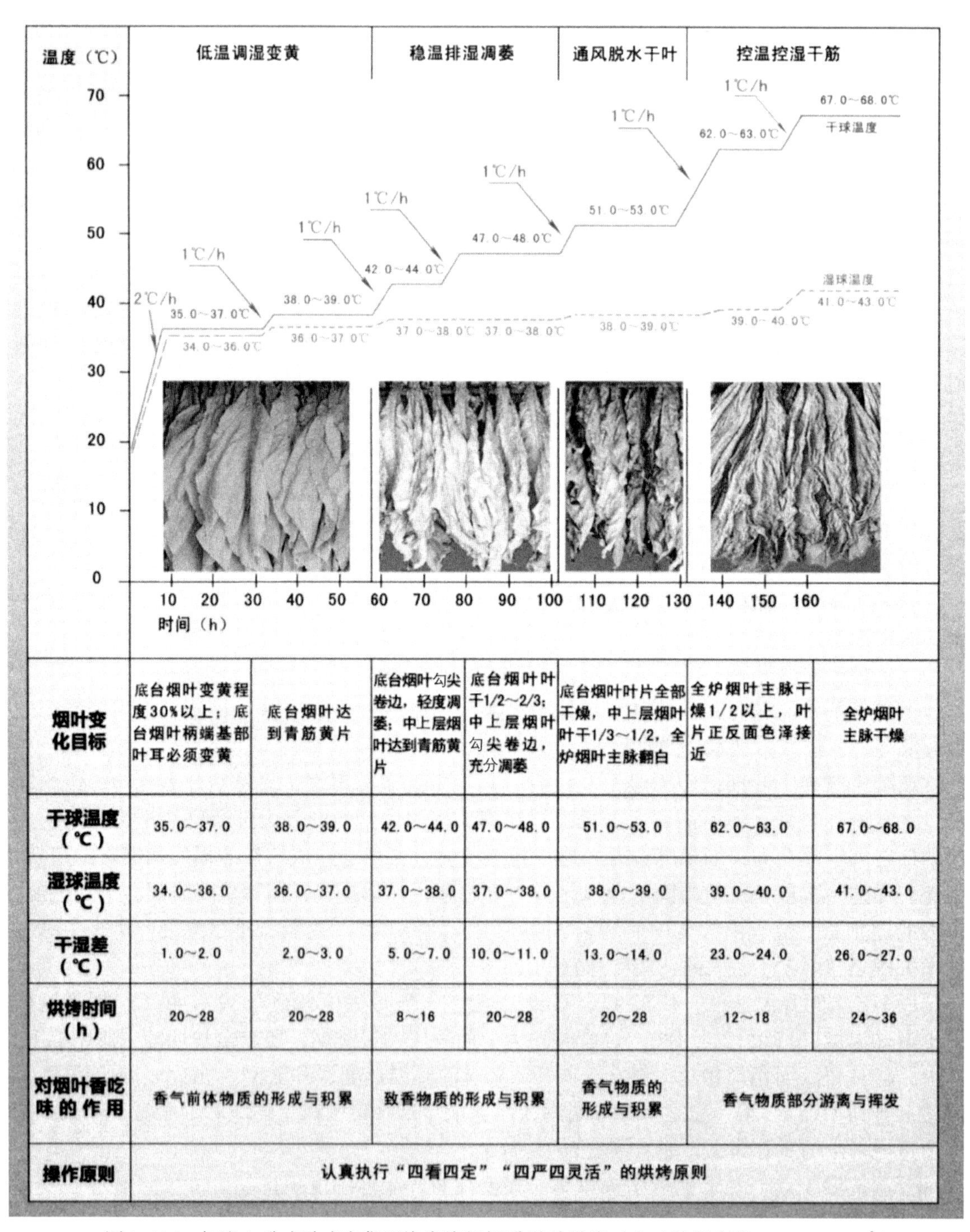

烟叶变化目标	底台烟叶变黄程度30%以上；底台烟叶柄端基部叶耳必须变黄	底台烟叶达到青筋黄片	底台烟叶勾尖卷边，轻度凋萎；中上层烟叶达到青筋黄片	底台烟叶叶干1/2~2/3；中上层烟叶勾尖卷边，充分凋萎	底台烟叶叶片全部干燥，中上层烟叶叶干1/3~1/2，全炉烟叶主脉翻白	全炉烟叶主脉干燥1/2以上，叶片正反面色泽接近	全炉烟叶主脉干燥
干球温度（℃）	35.0~37.0	38.0~39.0	42.0~44.0	47.0~48.0	51.0~53.0	62.0~63.0	67.0~68.0
湿球温度（℃）	34.0~36.0	36.0~37.0	37.0~38.0	37.0~38.0	38.0~39.0	39.0~40.0	41.0~43.0
干湿差（℃）	1.0~2.0	2.0~3.0	5.0~7.0	10.0~11.0	13.0~14.0	23.0~24.0	26.0~27.0
烘烤时间（h）	20~28	20~28	8~16	20~28	20~28	12~18	24~36
对烟叶香吃味的作用	香气前体物质的形成与积累		致香物质的形成与积累		香气物质的形成与积累	香气物质部分游离与挥发	
操作原则	认真执行“四看四定”“四严四灵活”的烘烤原则						

图4-106　气流上升式卧式密集型烤房烤烟提质增香烘烤工艺（装烟密度40 ~ 50kg/m^3）

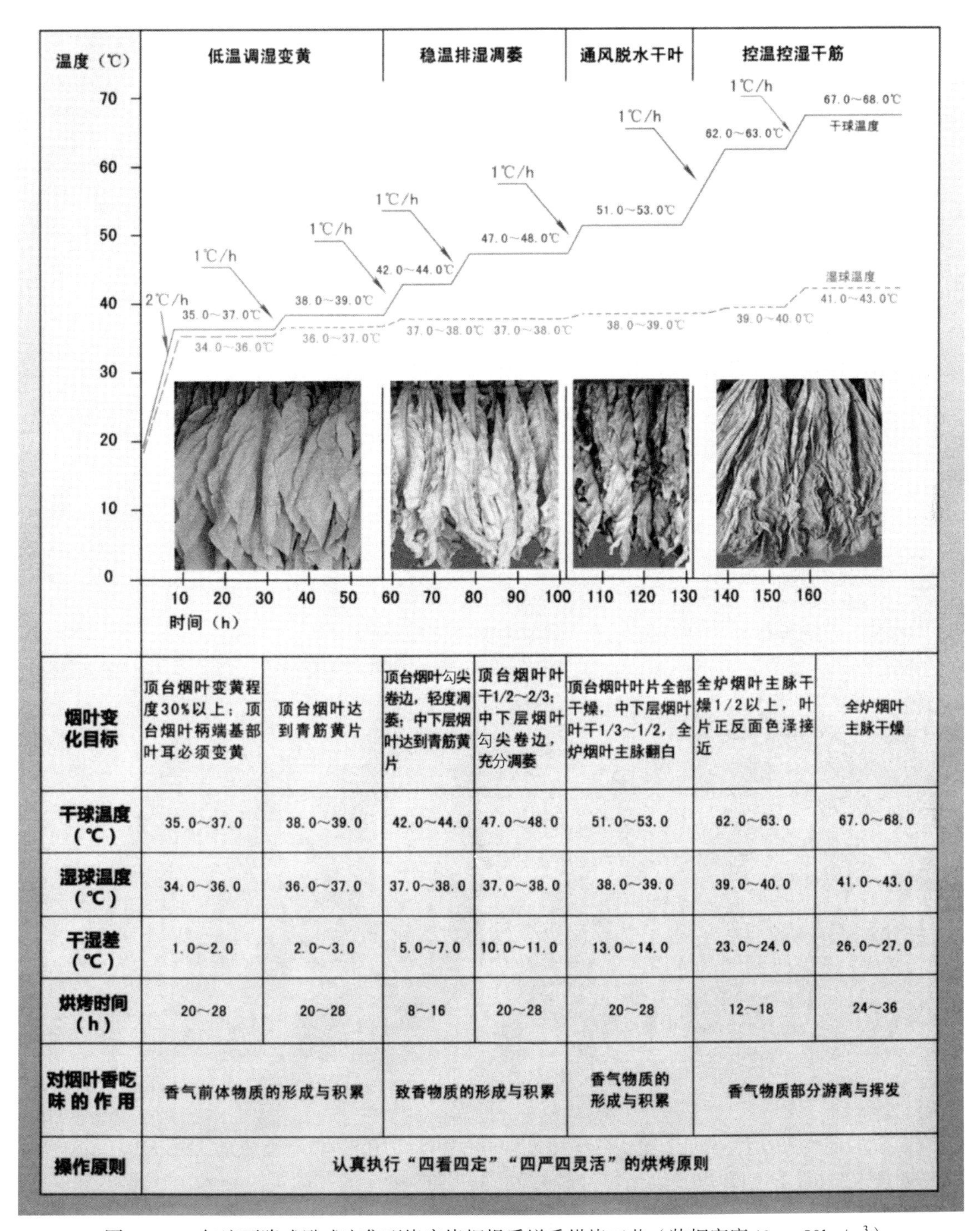

	低温调湿变黄		稳温排湿凋萎		通风脱水干叶	控温控湿干筋	
烟叶变化目标	顶台烟叶变黄程度30%以上；顶台烟叶柄端基部叶耳必须变黄	顶台烟叶达到青筋黄片	顶台烟叶勾尖卷边，轻度凋萎；中下层烟叶达到青筋黄片	顶台烟叶叶干1/2～2/3；中下层烟叶勾尖卷边，充分凋萎	顶台烟叶叶片全部干燥，中下层烟叶叶干1/3～1/2，全炉烟叶主脉翻白	全炉烟叶主脉干燥1/2以上，叶片正反面色泽接近	全炉烟叶主脉干燥
干球温度（℃）	35.0～37.0	38.0～39.0	42.0～44.0	47.0～48.0	51.0～53.0	62.0～63.0	67.0～68.0
湿球温度（℃）	34.0～36.0	36.0～37.0	37.0～38.0	37.0～38.0	38.0～39.0	39.0～40.0	41.0～43.0
干湿差（℃）	1.0～2.0	2.0～3.0	5.0～7.0	10.0～11.0	13.0～14.0	23.0～24.0	26.0～27.0
烘烤时间（h）	20～28	20～28	8～16	20～28	20～28	12～18	24～36
对烟叶香吃味的作用	香气前体物质的形成与积累		致香物质的形成与积累		香气物质的形成与积累	香气物质部分游离与挥发	
操作原则	认真执行“四看四定”“四严四灵活”的烘烤原则						

图4-107　气流下降式卧式密集型烤房烤烟提质增香烘烤工艺（装烟密度40 ～ 50kg/m^3）

表4-233　烤烟提质增香烘烤工艺

（适用于K326中下部烟叶以及烘烤特性较好的品种）

阶段	干球温度（℃）	湿球温度（℃）	干湿差（℃）	烘烤时间（h）	烟叶变化目标
低温调湿变黄	35.0 ~ 37.0	34.0 ~ 36.0	1.0 ~ 2.0	24 ~ 36	高温层烟叶变黄程度达30%以上，叶尖、叶缘必须变黄
	38.0 ~ 39.0	35.0 ~ 36.0	3.0 ~ 4.0	18 ~ 24	高温层烟叶达到青筋黄片
稳温排湿凋萎	42.0 ~ 44.0	35.0 ~ 36.0	7.0 ~ 8.0	8 ~ 12	高温层烟叶勾尖卷边，轻度凋萎；低温层烟叶达到青筋黄片
	47.0 ~ 48.0	36.0 ~ 37.0	11.0 ~ 12.0	24 ~ 36	高温层烟叶叶干1/2 ~ 2/3；低温层烟叶勾尖卷边，充分凋萎
通风脱水干叶	51.0 ~ 53.0	38.0 ~ 39.0	13.0 ~ 14.0	24 ~ 36	高温层烟叶叶片干燥，低温层烟叶叶干1/3 ~ 1/2，全炉烟叶主脉翻白
控温控湿干筋	62.0 ~ 63.0	39.0 ~ 40.0	23.0 ~ 24.0	12 ~ 18	全炉烟叶主脉干燥1/2以上，叶片正反面色泽接近
	67.0 ~ 68.0	41.0 ~ 43.0	26.0 ~ 27.0	24 ~ 36	全炉烟叶干燥

注：①起火至要求温度的升温速度2℃/h，各个阶段之间的升温速度1℃/h。

②高温层，气流上升式烤房指烤房底台，气流下降式烤房指烤房顶台。

③低温层，气流上升式烤房指烤房顶台，气流下降式烤房指烤房底台。

烤烟提质增香烘烤工艺关键技术，烤后烟叶如图4-108所示。

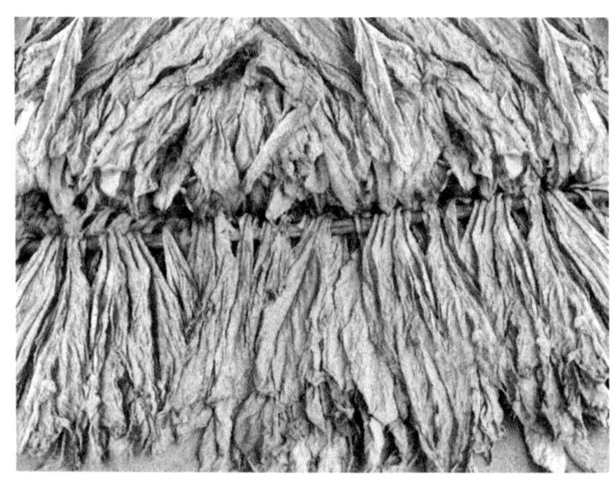

图4-108　烤烟提质增香烘烤工艺烤后烟叶

2. 适用于K326上部烟叶以及烘烤特性较差品种烟叶的提质增香烘烤工艺关键技术

对于K326上部烟叶以及烘烤特性较差品种，烟叶烘烤的三项关键技术：

（1）低温调湿变黄阶段，干球温度43℃以前，全炉烟叶变黄程度必须达到青筋黄片。

（2）低温调湿变黄阶段，干球温度43℃以前，高温层烟叶必须失水拖条，达到勾尖卷边，轻度凋萎。

（3）稳温排湿凋萎及通风脱水干叶阶段，湿球温度最高不超过38℃。

表4-234　烤烟提质增香烘烤工艺

（适用于K326上部烟叶以及烘烤特性较差品种）

阶段	干球温度（℃）	湿球温度（℃）	干湿差（℃）	烘烤时间（h）	烟叶变化目标
低温调湿变黄	35.0 ~ 37.0	33.0 ~ 34.0	2.0 ~ 3.0	24 ~ 36	高温层烟叶叶耳必须变黄，总体变黄程度达30%以上
	39.0 ~ 40.0	34.0 ~ 35.0	4.0 ~ 5.0	18 ~ 24	高温层烟叶达到青筋黄片
稳温排湿凋萎	44.0 ~ 46.0	35.0 ~ 36.0	9.0 ~ 10.0	12 ~ 16	高温层烟叶勾尖卷边，轻度凋萎；低温层烟叶达到青筋黄片
	49.0 ~ 50.0	35.0 ~ 36.0	14.0 ~ 15.0	24 ~ 36	高温层烟叶叶干1/2 ~ 2/3；低温层烟叶勾尖卷边，充分凋萎
通风脱水干叶	54.0 ~ 56.0	36.0 ~ 37.0	18.0 ~ 19.0	24 ~ 36	高温层烟叶叶片干燥，低温层烟叶叶干1/3 ~ 1/2，全炉烟叶主脉翻白
控温控湿干筋	62.0 ~ 63.0	37.0 ~ 38.0	25.0 ~ 26.0	12 ~ 18	全炉烟叶主脉干燥1/2以上
	67.0 ~ 68.0	37.0 ~ 38.0	30.0 ~ 31.0	24 ~ 36	全炉烟叶干燥

3. 黄色临界值67%的发现与应用

（1）发现过程及其意义

1999年8月，本课题组在云南省烟草科学研究所研和试验基地，观察烘烤过程中黑蚂皮烟叶的产生过程时发现，烟叶在变黄期，不同色素的降解，对湿度范围的要求不同。叶绿素降解适宜的相对湿度范围较宽，胡萝卜素和叶黄素降解适宜的相对湿度范围较窄。烟叶变黄后，周围空气的相对湿度降到67%(含67%）以下，其黄色性质在较长时间内保持不变，或者说变化量非常小。烤房空气的相对湿度在58% ~ 67%，叶绿素仍然大量降解，烟叶内部淀粉、多酚、蛋白质等一系列的大分子化合物的分解转化仍在进行。这一黄色临界值67%的发现，就为烟叶的黄色性质保持相对稳定提供了手段，也为叶绿素的降解、淀粉和蛋白质的分解转化赢得了时间。通过黄色临界值67%这一数值的巧妙应用，减少和杜绝了一些烤坏烟叶的产生。根据烘烤实践，从一定程度和一定意义上说，相对湿度67%临界值，是烟叶黄色的保证。验证测定结果，如表4-235所示。

表4-235　烟叶黄色临界值验证测定结果

干球温度（℃）	湿球温度（℃）	相对湿度（%）	叶绿素降解速度（mg/g/h）	淀粉降解速度（%/h）	蛋白质降解速度（%/h）	叶黄素分解速度（%/h）	胡萝卜素分解速度（%/h）
42	35	59	2.502	0.400	0.0478	0.001	0.011
42	36	64	2.662	0.414	0.0509	0.001	0.034
42	37	70	2.990	0.430	0.0567	6.080	1.359
42	37.5	72	3.317	0.488	0.0588	8.710	1.481

（2）不同成熟度档次的烟叶，变黄需要的时间不同

如果烤房内部空气相对湿度过大，烟叶变黄后很快变褐，甚至变黑；通过黄色临界值

67%，可以做到“黄烟等青烟，青烟快变黄，黄烟不过度，烤成全炉黄”。利用黄色临界值67%，可以积极促成淀粉、多酚、蛋白质的分解，降低这些化学成分的含量，形成更多的香气前体物质。黄色临界值67%，成功地减少或杜绝了挂灰烟叶的产生。自然气流上升式烤房中的具体做法是：将烟叶在37℃以前拖黄，底台烟叶青筋黄片。37℃时，要求干湿差在5℃以上（可以等于5℃），此时烤房空气相对湿度正好67%，在此阶段停留8h。之后，以每2h升温1℃的速度，升至39℃、41℃，分别在这两个温度点，同样停留8h，烤房空气相对湿度仍保持在67%以下。42℃开始按正常烟叶进行烘烤。这样做，就可以减少或杜绝挂灰烟叶的产生。

4. 防治挂灰烟叶产生的烤烟烘烤工艺研究

（1）挂灰烟叶防治概述

在烤烟生产中，烟叶烘烤质量提高的最大制约因素是上部烟叶烘烤过程中产生大量的挂灰。据调查，烘烤过程中所产生的挂灰烟通常使烟农损失10% ~ 15%。烟区群众普遍反映：“烟叶烘烤，最头疼的就是上部烟叶烤不好。”这生动地说明了上部烟叶产生挂灰烟问题的严重性。从烟叶烘烤实践看，上部烟叶在烘烤过程中，40℃以前，烟叶变黄非常好；40℃以后烟叶就会变黑，大量的挂灰烟叶产生，严重影响了烟叶的外观质量和内在品质。

挂灰烟叶症状，是指烟叶受品种、栽培、烘烤及气候环境条件诸多因素的影响，原烟上表面呈现针尖状的棕黑色斑点，紧密分布在全叶或局部。挂灰烟叶，通常组织密度较大，内含物质较充实，叶片较厚。

据研究，挂灰烟叶产生过程包括酶促反应和非酶促反应两种途径。烤前、烤中产生的挂灰烟叶大多属于酶促反应的结果，实质是多酚类物质在多酚氧化酶的作用下，氧化成棕色的醌类物质。烤后，尤其在回潮、陈化过程中形成的挂灰烟叶大多属于非酶促反应的结果。在整个烤烟生产过程中，两种反应途径相比，酶促反应产生的挂灰烟叶数量较多，是主要的反应类型；非酶促反应产生的挂灰烟叶数量较少，处于次要地位。

上部烟叶烘烤变黄后，工艺技术上必须采取有效措施，降低多酚氧化酶的活性，减少或阻止挂灰烟叶产生酶促反应过程。传统的烟叶烘烤工艺技术，在烟叶变黄后，往往及时升温定色，使多酚氧化酶活性增强，大量的挂灰烟叶便会产生。

现有的国外烘烤工艺技术中，巴西、津巴布韦、美国、日本的烘烤工艺技术，均没有很好地解决这个问题。

（2）挂灰烟叶烘烤防治的技术思路与理论依据

烟叶变黄后，采取降低湿度，相对湿度58% ~ 67%，多酚氧化酶活性大幅度降低，从0.5 ~ $0.4g^{-1}DW \cdot min^{-1}$降低到小于$0.3g^{-1}DW \cdot min^{-1}$，棕色化反应几乎中止，多酚类物质不再氧化成棕色的醌类物质。

（3）挂灰烟叶烘烤防治的关键技术及防治效果

①技术要点

在烟叶低温调湿变黄阶段、稳温排湿凋萎阶段，即干球温度35 ~ 45℃，空气相对湿度降低到58% ~ 67%，多酚氧化酶活性大幅度降低，棕色化反应减慢或中止，挂灰烟叶减少85%以上。其特征在于利用这一湿度范围进行烘烤操作，将变黄后的烟叶黄色程度稳定下来，达到改善烟叶品质、提高黄烟率的目标。技术关键，有三个要点：必须是烟叶变黄阶段、凋萎阶段使用；温度为35 ~ 45℃；装烟室空气相对湿度为58% ~ 67%。同时满足这三个要点，挂灰烟叶将大幅度减少。

②操作步骤及防治效果

普通气流上升式烤房具体操作步骤　烟叶装炉烘烤后，炉内温度在37℃以前，湿球温度32℃以下，将烤房底台烟叶烤到青筋黄片；按每2h升温1℃的速度，将干球温度升至39～40℃，湿球温度34℃以下，将烤房底台烟叶烤到青筋黄片；再按每2h升温1℃的速度，将干球温度升至41～42℃，湿球温度35℃以下，将烤房底台烟叶烤到勾尖卷边；42℃以后，按正常烟叶烘烤。

普通气流上升式烤房烘烤防治效果　烘烤效果：黄烟率98.5%，挂灰烟叶0.5%，颜色金黄、橘黄，没有烤坏烟叶出现；中上等烟叶比例86%。专家对烟叶的评吸结果：香气质较纯，香气量充足，烟气浓度饱满、丰富，刺激性中偏大，劲头较大，杂气有，口感较好，使用价值较高。

密集型自动化烤房具体操作步骤　烟叶装炉烘烤后，炉内温度在39℃以前，湿球温度33℃以下，将烤房底台烟叶烤到青筋黄片；按每2h升温1℃的速度，将干球温度升至41～42℃，湿球温度35℃以下，烤到烤房底台烟叶勾尖卷边、小打筒，中上部烟叶达到青筋黄片为止；再按每2h升温1℃的速度，将干球温度升至44～45℃，湿球温度35℃以下，烤到烤房二、三台烟叶勾尖卷边、小打筒为止；45℃以后，按正常烟叶烘烤。

密集型自动化烤房烤房烘烤防治效果　烘烤效果：黄烟率99.0%，挂灰烟叶0.3%，颜色金黄、橘黄，没有烤坏烟叶出现；中上等烟叶比例88%。专家对烟叶的评吸结果：香气质较纯，香气量充足，烟气浓度饱满、丰富，刺激性中偏大，劲头较大，杂气有，口感较好，使用价值较高。

八、研究成果

针对烤烟烘烤过程中的提质增香过程，制定了每一个烘烤阶段的目标任务和具体的温湿度参数及烘烤操作技术，形成了重庆烤烟提质增香烘烤工艺关键技术：烟叶变黄集中在较高的温湿度条件下完成；稳温排湿确保凋萎期；降温增湿延长干叶期；控温适湿慢干筋。

1. 烟叶变黄集中在较高的温湿度条件下完成，促进香气前体物质大量形成

缩短低温区的升温阶段和烘烤过程，使烟叶在较高的温湿度条件下，大分子物质快速分解，烟叶快速变黄，形成较大量的香气前体物质。

（1）提高起火温度（自然温度）到第1个烘烤阶段的升温速度，缩短低温区的升温过程

烤烟提质增香烘烤工艺技术关键，将起火温度（自然温度）到第1个烘烤阶段的升温速度确定为2.0℃/h左右，与传统烘烤工艺技术相比，缩短低温区的升温过程8h左右。

（2）降低干球温度37℃以前烟叶的变黄程度要求，缩短低温区烟叶烘烤过程

烤烟提质增香烘烤工艺技术关键，将干球温度37℃以前烟叶的变黄程度，确定为三成黄左右（以高温层烟叶不烤青为限），与传统烘烤工艺技术相比，缩短37℃以前的烟叶烘烤时间12～18h。

（3）干球温度38～39℃，保持中湿烘烤，淀粉、蛋白质、叶绿素、多酚和西柏烷类等大分子物质快速分解，烟叶快速变黄，形成较多的香气前体物质烤烟提质增香烘烤工艺关

键技术，38 ~ 39℃烟叶烘烤时间需要18 ~ 24h，与传统烘烤工艺技术相比，延长了烟叶烘烤过程10 ~ 16h，有效地促进了大分子物质的分解转化。

2. 稳温排湿确保凋萎期，形成更多的香气前体物质

烟叶变黄后，失水30% ~ 40%，剩余60% ~ 70%；蛋白质分解25%左右，剩余75%左右；叶绿素降解85%左右，剩余15%左右；淀粉分解60%左右，剩余40%左右。凋萎期的中心任务，就是稳温排湿，将剩余大分子物质分解转化，形成更多的香气前体物质。

（1）空气相对湿度降低为54% ~ 67%，在促进烟叶剩余大分子物质分解转化的同时，保证烟叶黄色性质相对稳定

烤烟提质增香烘烤工艺关键技术，采用“黄色临界值67%”。烟叶变黄后，空气相对湿度降低在54% ~ 67%，淀粉、蛋白质、叶绿素、多酚和西柏烷类等大分子物质快速分解，叶黄素和胡萝卜素分解量相对大幅度减少，在一定程度上保证了烟叶黄色性质相对稳定，保证了烟叶外观质量。

（2）凋萎期分凋萎前期和凋萎后期，两个过程必不可少

干球温度42 ~ 44℃，湿球温度达到35 ~ 36℃，相对湿度控制在54% ~ 65%。稳定这种干湿球温度，烤到高温层烟叶勾尖卷边，轻度凋萎；低温层烟叶达到青筋黄片为止。这一阶段称为凋萎前期，通常需要8 ~ 12h。

干球温度48 ~ 49℃，湿球温度保持在36 ~ 37℃，持续18 ~ 24h，烤到高温层烟叶叶干1/2 ~ 2/3；低温层烟叶勾尖卷边，充分凋萎。这一阶段称为凋萎后期，通常需要26 ~ 36h。

稳温排湿凋萎，要注意湿度的严格控制，空气相对湿度必须控制在67%以下。

3. 降温增湿延长干叶期，形成较大量的致香物质

干叶期的中心任务是将烟叶变黄期、凋萎期，所积累的以葡萄糖、果糖和氨基酸为代表的小分子物质复合、固定，合成烟叶致香物质。

（1）降低温度：从传统烘烤工艺技术干叶期的干球温度55 ~ 56℃，降至51 ~ 53℃，延长烟叶水分蒸发散失过程，延长烟叶细胞生命活动过程，促成致香物质大量合成

烤烟提质增香烘烤工艺关键技术明确了干球温度51 ~ 53℃，是烟叶致香物质合成的关键时期，采取降低温度，延长烟叶水分蒸发散失过程，延长烟叶细胞生命活动过程的措施，促成以葡萄糖、果糖和氨基酸为代表的小分子物质复合、固定，形成较大量的烟叶致香物质。

（2）增加湿度：从传统烘烤工艺技术干叶期的湿球温度37 ~ 38℃，增加到38 ~ 39℃，延长烟叶水分蒸发散失过程，延长烟叶细胞生命活动过程，促成致香物质大量合成

烤烟提质增香烘烤工艺关键技术明确了湿球温度38 ~ 39℃，是烟叶致香物质合成的关键时期，采取增加湿度，延长烟叶水分蒸发散失过程，延长烟叶细胞生命活动过程的措施，促成以葡萄糖、果糖和氨基酸为代表的小分子物质复合、固定，形成较大量的烟叶致香物质。

（3）延长时间：从传统烘烤工艺技术干叶期的烘烤时间16h左右，延长到24 ~ 28h，延长了烟叶细胞生命活动过程，延长了烟叶致香物质的合成过程，合成大量致香物质

烤烟提质增香烘烤工艺关键技术，明确了干叶期是烟叶致香物质合成的关键时期，采取延长烘烤时间8 ~ 12h，延长烟叶细胞生命活动过程，延长烟叶致香物质的合成过程，合成大量致香物质。

（4）稳步升温排湿：干球温度51 ～ 53℃，升温速度1℃ /h，51℃、52℃、53℃，每个温度点保持7 ～ 8h，并逐步排湿

干叶期，需要注意升温速度的平稳和通风脱水速度适当。在保证烟叶外观质量的前提下，稍大的空气湿度，有利于烟叶油分和致香物质的形成与累积。

4. 控温适湿慢干筋，减小烟叶正反面色差，减少油分及香气物质的挥发损失

干筋期的中心任务是排尽主脉水分，实现全炉烟叶干燥。提质增香烘烤工艺关键技术：改低湿为中湿，适当延长干筋期时间，使烟叶正反面色差变小，减少油分及香气物质的挥发损失。

（1）改低湿干筋为中湿干筋：从传统烘烤工艺技术干筋期的湿球温度38 ～ 39℃，提高到40 ～ 43℃，空气湿度的提高，有利于橘黄色烟叶的形成，有利于烟叶正反面色差变小，减少油分及香气物质的挥发损失

烤烟提质增香烘烤工艺关键技术，明确了干筋期改低湿干筋为中湿干筋的技术路线。空气湿度的提高，有利于烟叶正面色素向叶背面漂移，减小烟叶正反面色差；同时，减少油分（液体、半液体物质）及挥发性香气物质（沸点较低的中小分子物质）的挥发损失。

（2）增设62 ～ 63℃烘烤阶段：烤烟提质增香烘烤工艺关键技术，在干筋期，增设62 ～ 63℃烘烤阶段，持续8 ～ 12h，使烟叶正反面色差变小，形成较多的橘黄色烟叶，提高烟叶商品质量

烤烟提质增香烘烤工艺技术关键，在传统烘烤工艺技术干筋期的基础上，增设62 ～ 63℃烘烤阶段，持续8 ～ 12h，烟叶正面色素向叶背面漂移，色差变小，橘黄色烟叶增多，烟叶商品质量提高。

（3）延长时间12h左右：烤烟提质增香烘烤工艺关键技术，改低湿干筋为中湿干筋，并增设62 ～ 63℃烘烤阶段，干筋期总体延长12h左右，烘烤质量明显提高，烟叶香吃味明显改善

烤烟提质增香烘烤工艺关键技术，在干筋期提高空气湿度，并增设62 ～ 63℃烘烤阶段，干筋期烘烤时间有所延长，有利于烟叶烘烤质量的提高及香吃味的改善。

第五章　生产技术规范

[提高重庆烟叶原料保障能力研究]

5

>>> 第一节　烟田土壤改良技术规程

一、土壤改良目标

通过采取稻草还田、种植绿肥、增施有机肥、生石灰溶田及减少酸性肥料的施用等方法，使植烟土壤得到根本改良。冬季在烟田种植绿肥可降低土壤容重、疏松土壤、增强土壤通透性，从而有利于土壤微生物的生长繁殖，次年翻耕腐熟可提高土壤有机质含量；耕作时配合施用有机肥，加厚土壤熟化层，达到用地与养地相结合的目的；生石灰溶田对酸性田有中和作用，有利于改善土壤酸碱环境。

二、土壤改良方式

1. 烟田深耕

冬闲地深耕在当年秋收结束后进行，耕而不耙，以利于更好地积蓄雨雪，熟化土层，促进土壤矿化。各基地单元根据当地实际情况确定深耕深度，逐年加深，要求深耕深度在30cm以上。耕地要做到深浅一致，不漏耕、不重耕，促进土壤肥力均匀。深耕时施适量的有机肥料，使土肥相融，提高土壤肥力，改善土壤结构。冬耕前后应认真处理田间杂质，拾净田间残留的根茎、茎秆以及废旧地膜等杂物，并将杂草全部翻埋。

2. 烟田轮作管理

基地单元全面推行3年轮作制度，实行区域化连片轮作。基地单元根据地区实际情况选择合理的轮作作物，前作杜绝对烟草质量有影响的葫芦科（黄瓜、南瓜、丝瓜、西瓜）、茄科（辣椒、马铃薯、番茄）等作物。田烟实行水旱轮作，水浇地实行旱作间轮作。

3. 烟田秸秆还田

基地单元提倡实行秸秆还田。作物秸秆还田干草每亩施用量约为200 ~ 300kg。秸秆还田应采用深耕重耙。一般耕深20cm以上，保证秸秆翻入地下并盖严，防止跑墒。还田后应保持田间持水量的60% ~ 80%。对土壤墒情差的，耕翻后应灌水，而墒情好的则应镇压保墒，促使土壤密实，以利于秸秆吸水腐解。带有水稻白叶枯病、小麦霉病和根腐病、玉米黑穗病、油菜菌核病等的秸秆，均不宜直接还田。

4. 绿肥种植与翻压

（1）适宜的绿肥种类。推荐黑麦、燕麦、光叶紫花苕或油菜。

（2）播种时间。9月中旬—10月下旬。

（3）播前烟田整理与施肥。种植绿肥时土壤墒情要好，并进行土壤的平整和旋耕。对于肥力差的地块也可施用一定量的有机肥，如腐熟的鸡粪堆肥或秸秆堆肥等，施用量要控制在每亩2m^3以下。

（4）播种量。黑麦草播种量为每亩3kg，燕麦草播种量为每亩5kg。依地力不同，播种量可适当增减。

（5）播种方式。宜采用条播方式播种，便于控制播种量。

（6）播后管理。在绿肥生长期间要注意土壤的水分管理，切不可“一播了之”。

（7）绿肥的翻压时间。绿肥宜于3月中下旬进行翻压，结合各地的具体烟苗移栽时期，可在移栽前30d左右翻压。绿肥翻压一周后起垄。

（8）绿肥翻压量。绿肥鲜草翻压量宜控制在每亩1 500 ~ 2 000kg。如果翻压前绿肥鲜草产量大，可将过多的绿肥均匀拔除后用于其他地块翻压或用于饲养牲畜。

（9）翻压方式。翻压前先用旋耕机将绿肥打碎，再进行耕翻，有利于绿肥在土壤中分布均匀和分解。

（10）种植绿肥条件下烟草施肥量的确定。由于绿肥的翻压可带入土壤一定的养分，尤其是氮素。为防止烟草施用氮素过多，应在总施氮量中扣除由绿肥带入的部分有效氮素（忽略带入的磷、钾）。扣除方法：扣除氮素量 = 翻压绿肥重（干）× 绿肥含氮量（干）× 当季绿肥氮素有效率。种植绿肥时，不施肥的情况下，黑麦草含氮量为1.5%，燕麦草含氮量为0.65%，当季氮素有效率按25%计算，绿肥鲜草含水率按80%计算。

5. 增施有机肥

（1）根据烟草测土配方要求，若需要即增施有机肥。

（2）每亩烟田施20 ~ 30 kg的饼肥。移栽时每亩施600 ~ 800 kg腐熟的厩粪。

6. 土壤pH调节

（1）根据烟草测土配方要求，若需要即调节土壤pH。

（2）基地单元根据烟田土壤的酸碱性，选择合理的土壤pH调控方法。

（3）施用石灰。石灰施用量根据烟田土壤酸度而定，土壤pH4.0以下，石灰施用量每亩150 kg左右；土壤pH4.0 ~ 5.0，石灰施用量每亩130kg左右；土壤pH5.0 ~ 5.5，石灰施用量每亩60 kg左右；土壤pH5.5以上，不施。

（4）施用白云石粉。白云石粉施用量每亩100kg左右，采用撒施的办法，在耕地前撒施50%，耕地后、耙地整畦前再撒施50%。

（5）烟田施用石灰、白云石粉后不宜当年种烟。

7. 改善水利条件

高岸田改善灌水条件，加速土壤熟化。冷浸田、高地下水位的田要开沟排水，降低地下水位。

基地单元应按照烟草需水规律，充分利用水资源进行合理灌溉。移栽时必须浇足定根水，还苗期要注意保持壅根土的湿润，伸根期和成熟期保持适量的土壤持水量，旺长期要保持充足土壤持水量。

烟田灌水应注意水肥结合，提高水肥利用率。推行节水灌溉技术和精准灌溉技术，节约用水。雨季时做好田间清沟沥水，防止田间积水。烤烟栽种季节，坝区必须有水可供灌溉烤烟，山区必须有水可供浇灌烤烟。

8. 合理施肥，因缺补缺

（1）根据烟草测土配方要求，若需要即增施相应肥料。

（2）根据土壤情况，有针对性地增施镁肥、锌肥、硼肥和钼肥等微量元素肥。

9. 深耕客土

红壤土的耕层浅薄，土质黏重，通气透水性能不良。采用深耕技术，不但可以加厚耕层，而且可以改善土壤的理化性状。3 ~ 5年没有进行深耕的烤烟烟田起垄前进行深耕（深度0.3 ~ 0.4m）。黏土掺沙对烤烟产量品质具有良好作用。

10. 保护田间生态

按烤烟生产要求选择烤烟生产的环境条件，减少土壤污染、土壤酸化、土壤板结，保持地力。

清除土壤中的废旧塑料膜及农药瓶（袋）。禁止使用高毒高残留农药。不灌溉污染水。在栽烟管理过程中，把烟花烟杈、废烟叶及烟秆清除田外，集中妥善处理。

>>> 第二节　烟地冬耕操作规程

一、冬耕烟地选择

利用冬耕冻土、晒垡，加深耕层，增加活土层厚度，促进土壤熟化，保证土层疏松肥软，提高土壤有效肥力；减少越冬病源，特别是土传病害，通过冬耕冻土、晒垡，杀死土壤中的病菌，减少土壤中的病源数量，以达到防病的目的。

冬耕烟地宜选择在地势平坦、通风向阳、排水良好，前茬非茄科（辣椒、洋芋）、蔬菜等农作物，肥力中等或中等偏上、通透性好的砂壤或壤质土。坚持净土、好土种烟，尽量不搞套作，杜绝瘦薄地、陡坡地、石窖地、背阴地、低洼地、菜园地、洋芋地、坡度大于20度的坡地等土地种烟。坚持轮作，实行以乡或村为单位，统一规划，相对集中连片种烟，以便于管理，提高生产水平。

二、冬耕操作

1. 烟地清理

当年种烟烟地与轮作烟地，应在烟叶采收结束后，立即清除田间杂草、烟株、烟叶以及残膜、烟用包装等杂物，集中连片的烟地应设置废弃收集处理池，保证田间环境的清洁卫生。

2. 冬耕标准

秋收后及时灭茬，适时冬耕冻土、晒垡，加速残留在田间的根系及其他残体腐烂，消灭虫卵及杂草种子。耕作深度以打破犁底层（30cm）为宜。烟田深耕致使土层加厚，会在一定程度上造成土壤养分缺乏，最好配施有机肥，配套种植绿肥。

3. 种植绿肥

在9月中旬—10月下旬撒播黑麦草、燕麦等绿肥种子，进一步降低土壤容重，提高通透性，增加有机质含量。

4. 农家肥堆沤

应选择离肥源较近，且地势平坦、背风向阳、运输方便的地方作为堆沤场所。粪堆高度要求在1.5m以上，形状最好是圆形，粪堆外围再用干燥秸秆覆盖，然后抹泥盖膜封闭，以利于升温、保温。粪堆过小，不易升温，影响堆肥质量。在堆沤的农家肥中，增加牛粪等热性肥料比重，对发酵升温有利。

将各种堆沤材料混合均匀，同时调整好湿度，以手握成团、落地即散为度，防止湿度过高，上堆后透气性差，升温发酵困难。

温度过低时，可在粪堆中刨一个坑，内填干草等易燃物，粪堆建好后点燃，通过缓慢烟熏提高肥堆温度，促进堆肥快速升温、发酵腐熟。

HM腐熟剂中含有HM菌种，可用于处理畜禽粪便及废弃的固体有机物，能促进发酵物快速除臭、迅速升温、恒控温度达15d左右，彻底杀灭病毒、病菌、虫卵、杂草种子，实现无害化处理。

>>> 第三节　烟草漂浮育苗操作规程

一、苗前准备

1. 方案制定和任务下达

区县烟草分公司烟叶科于每年1月底前，对当年烟叶育苗工作进行策划，形成《育苗工作方案》，内容应包括育苗面积、育苗技术、育苗管理办法、商品化育苗面积、商品化供苗方案等内容，同时方案还应明确工作目标、工作要求、过程检查、考核细则等具体内容，下发各烟草站，作为当年烟叶育苗指令。并对其进行安排部署。

基地单元站应根据烟叶科烟叶育苗工作安排部署，及时将烟叶育苗工作任务分解到烟草点执行。

烟技员、烟叶生产合作社社长召开烟农户会议，落实烟农户烟叶育苗阶段工作任务。

2. 烟叶育苗管理阶段技术培训

区县烟草分公司烟叶科于每年2月底前，采取层层培训的方式对《育苗工作方案》进行理论和现场培训。区县烟草分公司烟叶科负责培训烟草站站长、副站长；烟草站负责培训烟草点点长、技术员和育苗业主。并保持注意育苗培训的工作记录。

3. 育苗队伍组建

集约化育苗队伍由专业户、专业队、合作社（依法注册）等类型业主承担。

4. 育苗设施消毒

育苗前15d左右，应对育苗棚进行消毒处理，可用35%的威百亩溶液喷洒，盖膜熏蒸一周左右，不使用有害的熏蒸剂，如溴甲烷等。也可用1% ~ 2%的福尔马林或0.05% ~ 0.1%的高锰酸钾溶液喷洒，盖膜熏蒸1 ~ 2d，然后揭膜通风1 ~ 2d即可投入使用。

使用1年以上的育苗盘，在育苗前必须消毒，首先冲刷掉粘附在漂浮盘上的基质和烟苗残体，将10%二氧化氯500 ~ 800倍液均匀洒在漂浮盘上，或将漂浮盘在消毒液中浸湿后堆码，用塑料布覆盖，在太阳下密闭7 ~ 10d。利用高温高湿和消毒药剂，加快漂浮盘上烟草残体的腐烂和病原菌的死亡，消毒后用清水洗干净。

5. 育苗设施建设

避风向阳，地垫平坦；靠近洁净水源（井水、自来水）；交通方便；禁止在茄子、辣椒等茄科、小白菜等十字花科菜地以及村庄、烤房附近建棚。

钢筋、水泥结构，长48m，宽32m，育苗池内空尺寸为46.8m长、3.5m宽，苗池深25cm，其中平整面以上15cm。棚膜选用聚氯乙烯无滴膜（厚度为0.1 ± 0.02mm）。棚内密封性好，可容纳8个苗池，一般每个大棚可供约920亩大田用苗。

播种前7 ~ 10d，把苗池铺底薄膜垫好，放100mm深自来水或井水，每吨水用15 ~ 20g粉末状漂白粉直接干撒入池水中消毒，适当搅拌池水让氯气溢出，密封大棚，池水预热升温，也便于检查苗池是否漏水。

在光热不足的地区，育苗队应采取增温补光措施，提高水温、棚温，保证种苗质量，培育壮苗。

二、苗期管理

1. 基质的装填

先将基质倒在洁净的塑料布上，用净水洒湿，湿度以基质握之成团，触之即散为宜（含水量约为40%），再将基质填满已消毒的育苗盘的孔穴；基质装盘后，200mm高度自由落体1 ~ 2次，刮去表层多余基质，同时检查有无漏装。使基质的装填充分均匀，松紧适宜，不得用手压。或者采用自动装盘播种机完成。不应在烟草常发病的田间装盘。

2. 播种

通常情况下，包衣种的播种时间可用移栽期倒推55 ~ 60d予以确定。但必须充分考虑有效积温对种子萌发的影响，育苗点日均温度连续7d达到10℃以上，此时催芽包衣种子才可快速萌发生长。

使用压穴板在每个基质孔中央按压出7mm深的小穴，保证播种深浅适宜、一致。

除漂盘边行孔穴播放2粒种子以外，其余孔穴均只播放1粒种子，然后覆盖基质2mm左右。

播种装盘结束必须立即放入育苗水池。

3. 盖膜

大棚膜采用无滴膜，小棚膜采用透明农膜；播种结束后，当天迅速密封大、小棚膜，及时提高和确保育苗棚内温度；大棚两侧安装600 ~ 800mm高、40目的防虫网，并装好裙膜；大棚两边安装宽500 ~ 600mm、高1.5m的门，门口用防虫网隔离。

4. 间苗和定苗

在小十字期进行，拔去穴中多余的苗，空穴补一苗，以保证每穴一苗。间苗做到去大去小、去病去弱，使整盘烟苗均匀一致。

5. 营养液管理

配制营养液的水严格要求采用洁净水源。在出苗率达70%左右时，将前期的育苗专用肥用温水溶解后加入池中混均匀；第一次剪叶前1 ~ 2d和第三次剪叶前1 ~ 2d分别添加一次营养液，在烟苗生长过程中，苗池中的水位低于70mm时，应补充水分至100mm，水位不应超过100mm。育苗专用肥使用方法具体见每年的使用说明。为防止基质表面盐渍化，注意适当淋水。

营养液的pH要求为5.8 ~ 6.5，如果pH与要求不符，需进行pH校正。如果营养液pH偏高，可加入适量的0.1N的H_2SO_4校正。如果pH偏低，可加放适量的0.1N的NaOH校正。每添加一次营养液，校正一次pH，使用“精密pH试纸”或pH计进行测定。

6. 温湿度管理

通过棚膜的揭盖进行温湿度管理。育苗中棚的温度计应放置于育苗棚中央的漂浮盘上，并同步开展池内水温观察；育苗大棚的温度计应分别放置于育苗棚四角和中央的漂浮盘上方，并同步开展池内水温观察。

从播种到出苗期间，以保温为主，应使育苗盘表面的温度保持在20 ~ 25℃，以获得最大的出苗率，并保证出苗整齐一致。

从出苗到十字期，以保温为主，但在晴天中午气温高的情况下，要通风降温排湿，控制棚温不超过30℃。下午注意盖膜，以防止温度下降太大。

从大十字期成苗，应避免极端高温，随着气温的回升，要特别注意通风控湿，棚内温度最高不能超过30℃，防止烧苗。

成苗期，将四周的棚膜卷起，加大通风量，使烟苗适应外界的温度和湿度条件。

注意：在育苗的中后期，棚内温度相对稳定在20 ~ 25℃时，大棚要经常通风排湿，相对湿度大于90%的持续日数不得超过3天。

判断温度管理水平的简便方法：出苗前在苗池水深100mm左右的情况下，晴天17:00，营养池水温低于16℃，说明温度偏低；出苗后在苗池水深100mm的情况下，晴天17:00时，营养池水温低于18℃，说明温度偏低。

7. 剪叶

坚持“前促、中稳、后控”的原则，第一次剪叶在烟苗封盘遮阴时实施，剪叶不超过最大叶面积的50%，修剪高度距生长点上30 ~ 40mm，切忌剪除生长点（叶心）。每隔6 ~ 7d修剪一次，一般剪叶3 ~ 4次，直到成苗。剪叶应在上午露水干后烟苗叶片不带水时进行。应注意操作人员和剪叶工具的卫生消毒，每剪完一个育苗池，剪叶工具应消毒一次（或采用剪叶机进行剪叶）。

8. 炼苗

当烟苗达到葱式苗标准，即茎高80 ~ 120mm左右时，苗池断肥、断水进行炼苗，同时，在棚两侧昼夜通风。炼苗的程度以烟苗中午发生萎蔫，早晚能恢复为宜。炼苗时间一周以上；供苗前必须采用病毒试纸条检测合格后方可供苗。移栽前一个晚上，把苗盘放入苗池内，并且叶面施肥（药），使烟苗带肥带药移栽。

9. 病害控制

（1）育苗棚门口和所有通风口须加盖40目白色防虫网，防止蚜虫进入棚内。

（2）禁止非工作人员进入育苗棚，育苗棚只允许1 ~ 2名操作人员进入。

（3）育苗棚的具体负责人应对进出育苗棚的人员进行登记，记录进入时间、事由、离开时间等。

（4）保持棚内环境卫生，操作人员不得在棚内抽烟、吃东西，不得在营养液中洗手、洗物件等。

（5）修剪的叶片应及时带出销毁，不得留在育苗区域内。

（6）出现病株，应及时清理，在远离育苗棚的地方处理掉，并及时对症施药，揭膜通风，切忌延误。

（7）剪叶前剪刀应用消毒剂消毒，操作人员应用肥皂液洗手并鞋底消毒。

（8）发病烟苗要销毁，有疑似病状的烟苗不剪叶，留待观察。

10. 控制绿藻

苗床空气湿度过高，或采用腐熟不充分的秸秆为基质材料，水面直接受光时易产生绿藻。绿藻对成苗期的烟苗影响不大。控制绿藻的具体做法如下：

（1）在建造苗池时，依照漂盘的数量和尺寸确定苗池的大小，使漂盘摆放后不暴露水面，若有露出地方，宜用其他遮光材料将其覆盖。

（2）采用黑色塑料薄膜铺池。

（3）加强通风，降低棚内湿度。

（4）盘面喷施0.025%的硫酸铜溶液，进行杀藻。

11. 日常管理

育苗业主负责育苗工场的日常管理工作，烟草站和村委会负责对育苗工场的日常管理进行监督、检查、指导。

（1）育苗过程管理。育苗业主要加强对育苗工场内作业人员的培训教育，严格控制进出棚人数，如实填写工作记录备查，内容应包括播种日期、出苗日期、剪叶次数及日期、育苗棚内的温湿度记录，进入育苗棚及剪叶过程中有无消毒、消毒剂种类、苗床发病情况及日期、统防统治的日期、药品种类及防治对象、炼苗时间、供苗日期、供苗数量以及供苗村组。育苗工场内禁止吸烟，禁止随地吐痰，禁止乱扔乱倒污物、污水；定期进行清扫；对于过期或不再使用的物资、药品以及匀苗、间苗、剪叶等环节产生的废弃物，不得随意倾倒，应到指定地点进行相应处理。

（2）育苗物资管理。育苗物资应定点定位、整齐堆放；对使用后回收的育苗物资（如漂盘）应先清洗干净，整齐堆放到指定区域，确保部分物资的再次利用，如漂浮盘的回收利用率应达80%以上；区县分公司要制定有效的育苗物资管理考核办法，加强对育苗业主的管理考核。

12. 自然灾害防范管理

区县分公司要结合本地实际制定灾害性天气应急预案，明确责任，落实人员。育苗业主在获得灾害性天气预报通知后，要及时对育苗大棚进行检查，防止大棚贯风，防洪排涝，防雪防雹。

自然灾害发生后，育苗业主应在十分钟内向区县烟草分公司烟草站报告，并按照“应急预案”有针对性地开展防灾减灾工作，有效降低灾害性损失。

三、成苗管理

1. 成苗检验

育苗结束后，基层站按壮苗标准对烟苗进行全面检验，剔除弱苗、病苗并集中销毁。

2. 维护与养护管理

育苗业主负责育苗工场内设施设备的管护养护工作。必须做到以下几点：

（1）有规范的标识标记。

（2）处于整齐清洁状态，使用状态良好。

（3）设施设备摆放应合理，便于操作，并有合理的工作空间。

（4）定期对育苗工场的设施设备进行维护和保养。

（5）认真填写工场化育苗设施设备养护情况登记记录表。

>>> 第四节　烤烟移栽操作规程

一、移栽前准备

1. 移栽工作方案策划和任务下达

区县烟草分公司烟叶科于每年4月中旬前，对当年烟叶移栽工作进行策划，形成《移栽工作方案》，内容应包括施用农家肥、翻耕、耙地、排灌沟渠、牵绳定距、施基肥起垄、起垄规格、浇水覆膜、移栽时间、移栽方法、移栽密度和栽后管理等技术要求，同时方案还应明确工作目标、工作要求、过程检查、考核细则等具体内容，下发到各烟叶工作站，作为当年烟叶移栽指令。并对其进行安排部署。烟草站据烟叶科烟叶移栽工作安排部署，及时将烟叶移栽工作任务分解到烟草点执行。烟技员、烟叶生产合作社社长召开烟农户会议，落实烟农户烟叶移栽阶段工作任务。

2. 移栽技术培训

区县烟草分公司烟叶科于每年4月底前，采取层层培训的方式对《移栽工作方案》进行理论和现场培训。区县烟草分公司烟叶科负责培训烟草站站长、副站长；烟草站负责培训烟草点点长、技术员，并保持相应的培训记录；烟叶技术员负责培训烟农。

3. 备栽

（1）施用农家肥。烟地翻耕前每亩撒施农家肥2 ~ 3m^3，通过耕翻，与土壤混合均匀。

（2）翻耕。翻耕在4月下旬开始，由于烤烟的根系密集层大多在地表下30cm范围内，翻耕深度应达到30cm，做到深浅一致，除去杂草和残根，保持良好的田间卫生。翻耕要尽早进行，争取有一段晒垡时间，这样土壤经过日晒夜露和夜晚低温的作用，使还未清除的少量杂草和残根腐烂，提高土壤肥力，减轻病虫害的发生。

（3）耙地。翻耕后要进行耙地，要做到平整、不漏耙、无土块、虚松适宜，以减少水分蒸发，利于保温保墒。

（4）排灌沟渠。平地烟田在翻耕和耙地后要在四周开挖排灌沟渠，山地烟田也要合理规划排水沟走向，防止雨水对地墒的冲刷。

（5）牵绳定距。牵绳定距能保证垄体规范、移栽孔穴准确，严格按照110cm × 50cm和120cm × 50cm两种规格牵绳定距。

（6）施基肥。翻耕耙地、清理完田间杂物后，起垄前沿划定的起垄中心线两侧10 ~ 15cm处各开15cm深的沟，将80%或全部的基肥和有机肥均匀施入沟内。

（7）起垄。移栽前30d必须彻底清除田间的废弃薄膜、杂草、作物残体、石块等杂物，依照牵绳定距110cm和120cm两种规格开厢起垄，地烟垄高要在25cm以上，垄面宽

35 ～ 40cm，垄低宽80 ～ 90cm；田烟垄高要在30cm以上，垄面宽40 ～ 50cm，垄低宽80 ～ 90cm，做到垄土细碎、垄面平整，垄体饱满，垄距、垄高、宽窄一致。

（8）浇水。深挖移栽孔穴，浇足水分，保证移栽后烟苗不缺水，并可促进土壤微生物的活动和土壤养分的提前转化。

（9）覆膜。地膜烟起垄、喷洒完防虫农药后，立即覆膜，将膜两边用细土压严实。

二、移栽

1. 移栽时间

日平均气温稳定通过15℃开始移栽。一般膜下烟在4月下旬开始移栽，露地烟和膜上烟在5月上旬开始移栽，一个基本种植单元移栽期不超过3d，同一海拔区域5d内移栽结束，同一区县15d内完成移栽。

（1）膜下烟在4月25日—5月10日移栽。

（2）膜上烟在5月中旬移栽。

（3）露地烟在5月5—20日移栽。

2. 移栽方法

（1）烟苗选用：选用集约化育苗培育的托盘苗，运输时轻装轻放，避免压伤烟苗，遮阴运输，随运随栽;大田撒苗要沿孔穴撒苗，随撒随栽，尽量减少日晒时间。

（2）移栽要求：移栽前统一放线定穴，采用三角定苗，确保行距、株距均匀一致，有利于烟株通风透光，获得较均匀的光照和土壤养分，也便于田间管理。移栽时实行“三带”（带水、带药、带肥）下田，以提高移栽成活率。

（3）壮苗深栽：为了减少烟株倒状，促进烟株不定根的良好生长，要适当提高烟苗成苗的高度（烟苗茎高以8 ～ 10cm为宜），加大移栽的深度，以烟苗生长点（心叶）高出地面2 ～ 3cm（半指）为准，做到烟苗整齐一致，杜绝浅栽苗而形成的高脚苗现象。

（4）栽后覆土：移栽时浇足水，用土壤混合药物肥料覆土后保温保墒，以利还苗。

3. 移栽密度

（1）土壤肥力较好、土层深厚的地块（包括田烟），实行“120cm × 50cm（行距 × 株距）”的栽烟规格，亩植1 100株。

（2）土壤肥力较差、土层较浅的地块，实行“110cm × 50cm（行距 × 株距）”的栽烟规格，亩植1 200株。

三、栽后管理

1. 查苗补苗

移栽后3 ～ 5d要进行查苗补苗，对死苗缺苗的要及时补栽同一品种的预备苗，并加施偏心肥促进发苗。

2. 薄施提苗肥

膜下烟烟苗出穴后，露地烟和膜上烟移栽后7 ～ 10d，每亩用2.5 kg硝酸磷铵兑水淋施。

>>> 第五节　田间管理操作规程

一、田间管理前准备

1. 田间管理工作方案策划和任务下达

区县烟草分公司烟叶科于每年5月中旬，对当年烟叶田管工作进行策划，形成《田间管理工作方案》，内容应包括追肥、病虫害综合防治、中耕除草、揭膜浇水、提沟培土、不适用烟叶处理、打顶抑芽、清理烟花烟杈、大田药剂防治等技术要求，同时方案应包括工作目标、工作要求、过程检查、考核细则等具体内容，并下发各烟草站，作为当年烟叶田管指令。并对其进行安排部署。烟草站据烟叶科田间管理工作安排部署，及时将烟叶田间管理工作任务分解到烟草点执行。烟技员、烟叶生产合作社社长召开烟农户会议，落实烟农户烟叶田间管理阶段工作任务。

2. 烟叶大田管理阶段技术培训

区县烟草分公司烟叶科于每年5月底前，采取层层培训的方式对《田间管理工作方案》进行理论和现场培训。区县烟草分公司烟叶科负责培训烟草站站长、副站长；烟草站负责培训烟草点点长、技术员；烟叶技术员负责培训烟农。并保持相应培训工作记录。

二、大田前期管理

1. 追肥

膜下烟、膜上烟进入小团棵期（最大叶片长度20cm），在两株烟中间打孔施入追肥。露地烟进入小团棵期在最大叶尖处环形施入追肥。

2. 病虫害综合防治

（1）搞好田间卫生：保证大田的清洁卫生，彻底清除田间杂物，集中到远离烟田的地方。

（2）肥水管理：平衡施肥，在施足基肥的基础上，合理施用追肥，并根据田间营养状况合理喷施微量元素肥，协调烟株营养，提高烟株抗病性。

（3）合理规划排灌系统：干旱时及时灌水，雨后及时排水，做到干旱垄体不发白，雨后田间不积水。烟田间要防止串灌。

三、大田中期管理

1. 中耕除草

中耕主要应在烟株旺盛生长期以前进行，旺盛生长期以后应在雨后、灌溉后或有杂草时进行。中耕深度要掌握不能损伤烟株根系的原则。中耕宜浅，一般5cm左右，株间浅锄，行间深锄，疏松表土，除杂草。干湿交替频繁的条件下，可进行两次中耕。进行中耕操作时还应结合烟草田间施肥和化学除草等农事操作进行。

2. 揭膜

要求地表温度晴天稳定在25℃以上，烟株由团棵开始进入旺长期（具体指标为10个叶片左右，株高20 ~ 25厘米），在雨季来临前揭膜。

3. 浇水

中耕除草和揭膜后，要根据土壤墒情及时补充水分。团棵至旺长期需水量大，有条件的烟区要保证有充足的水分供应，不受干旱天气的影响，土壤相对含水量应保持在70% ~ 80%。大雨过后应做好清沟排水工作，防止田间积水，减少肥料流失及垄体板结。

4. 提沟培土

提沟培土高度要根据烟株的高矮、土壤结构、当地气候灵活掌握。一般降水量多或地下水位高的烟地（田）要高培土，培土高度25 ~ 35cm；降水量少或地下水位低的烟地，培土要适当低一点，培土高度25cm左右。培土时要做到垄体充实饱满，垄面平整，垄面的松土要细碎，并要与茎基部紧密结合，以利于不定根生长。培土后做到沟直、沟平，沟、垄面无杂草，垄面呈版瓦型。

5. 不适用烟叶处理

及时去除1 ~ 2片无用底脚叶及结构僵硬、不具备烘烤价值的1 ~ 2片顶部叶片，以增强烟株的通风透光，防止底烘和病害流行。

四、大田后期管理

（1）打顶时间：对土壤肥力一般、烟株营养正常、发育良好的烟田，整块烟地50%现蕾时打顶。

（2）打顶原则：看苗打顶，合理留叶，整块烟地50%中心花开放时一次性打顶，一般留叶18 ~ 20片。对土壤肥力较好、烟株营养过剩的烟田，盛花期打顶，可留叶20 ~ 22片。

（3）抑芽：打顶后2 ~ 3d用抑芽剂进行抑芽。用药一周后检查抑芽效果，对漏滴或抑芽效果不理想的应在抹杈后补滴一次。

（4）及时清理烟花烟杈：田间去除的烟花烟杈及时清理出烟田，集中妥善处理，避免传播病害。

五、大田管理药剂防治

1. 病毒病

施用金叶宝、0.1% ~ 0.2%$CuSO_4$+$ZnSO_4$溶液或菌克毒克等药剂，在伸根期、团棵期、旺长期、打顶期各喷一次进行防治。

2. 青枯病

在烤烟生长中后期，施用农用链霉素等药剂每隔7 ~ 10d灌根或喷施茎秆，连续2 ~ 3次。

3. 黑胫病

施用25%甲霜灵可湿性粉剂、58%甲霜灵锰锌可湿性粉剂、96%敌克松可溶性粉剂等药剂在发病初期喷淋茎基部，每隔7 ~ 10d喷一次，连续2 ~ 3次。

4. 根黑腐病

每亩可用50%福美双可湿性粉剂0.5kg与500kg湿细土混合均匀，移栽时进行土壤处理；或用36%甲基硫菌灵悬浮剂400 ~ 500倍喷淋烟株茎部，每亩50 ~ 75kg。

5. 赤星病

在烟草赤星病发病初期，结合采摘底脚叶，用40%菌核净100 ~ 125g（有效成分40 ~ 50g）喷雾，每亩用药50g。

6. 虫害

（1）烟蚜：田间蚜虫密度达到100头/株时即应开始防治。施用50%抗蚜威、40%氧化乐果乳油等药剂喷雾防治。喷雾时应保证烟叶正反面喷洒均匀。

（2）烟青虫：三龄幼虫以前为防治适期，选用90%万灵粉剂、2.5%敌杀死乳油等药剂喷雾防治。

>>> 第六节 烤烟平衡施肥操作规程

一、土壤采集

1. 确定取样数

取样前进行现场勘察和有关资料的收集，根据土壤类型、前作、肥力等级和地形等因素将取样范围分为若干个采样区，每个采样区的土壤须均匀一致。

2. 取样原则

随机、等量和多点混合。

3. 采样时间

统一采样时间。在施肥前取样（有特殊要求的按取土要求采集）；生态条件相近区域在同一时间段内完成全部样品的采集。

4. 采样方法

选点：在所采集的区域内，按照随机、等量和多点混合的原则进行采样；一般采用“S”形布点采样，以较好克服耕作、施肥等农技措施造成的误差；地形变化小、肥力均匀、采样区面积小的地块，采用“十字交叉”或“梅花形”布点采样法；布点时要避开沟边、田边地脚、堆肥等特殊位置。

深度：以耕作层（土表面至犁底层）的深度为准，每个采样点的取土深度、上下土体和采样量要均匀一致，一般为0 ~ 25cm，深的可为30cm以上。

采样：使用土钻，采样器垂直地面，入土至规定深度，预先1 ~ 2次钻土弃去，最后将所需深度土条（约1kg）置于取样袋中；使用铁锹，预先挖成未受破坏、深15 ~ 20cm的垂直剖面，再垂直向下挖去2cm厚的垂直土片，平放锹和土片，切削后，留取宽2cm、厚2cm、长15 ~ 20cm的土条，把中间的土（约1kg）装入土样袋中。

取舍：可用“四分法”去除多余土壤，将混合土样置于盘子或塑料布上，碾碎、混匀、铺成四方形。画对角线将土样分成4份。将两对角的土样分别合并成1份，保留其中1份。每个取样点土壤样品及时用样品袋包装好，内、外都挂标签。

送样：土样取好后要送到有资质的分析单位进行化验分析，按照取样的目的，由送样人员负责填写送样单，确定分析项目。

5. 结果分析

根据化验分析结果和烟草需肥规律，结合前茬作物，进行综合分析，以确定具体的测土配方施肥方案。

二、施肥原则

基地单元所使用的肥料应在基地技术员的指导下进行施用，技术员有相应的资格证书。

遵循“定株定量”的原则，可采用固体施肥枪、施肥杯、施肥机等定量施肥器具，提高施肥精度，促进烟株营养平衡。

坚持用地与养地相结合的原则，根据土壤养分分析结果，结合经验施肥，确定测土配方方案，委托定点复合肥厂生产烤烟专用配方肥。

坚持有机肥与无机肥相结合的原则，大量元素与微量元素相结合，适量施用氮肥、配施磷肥、增施钾肥、补施微肥。

坚持基肥与追肥相结合的原则，以基肥为主，适时追肥，在最合适的时间、最佳位置，用最恰当的施肥技术为烟株提供充足的营养。

三、施肥方案

重庆市烤烟用复合肥配方施肥方案（kg/亩）

土壤肥力	专用配方	专用复合肥	硝酸钾	专用有机肥	硝铵磷
高N旱地土壤	8:12:25+Mg+Zn	50	15	25	2.5
中N旱地土壤	9:12:25+ Mg +Zn	50	15	30	2.5 ~ 5.0
低N旱地土壤	10:10:20+ Mg +Zn	50	15	50	5.0
高N稻田土壤	7:12:25+ Mg +Zn	40	15	25	2.5
中N稻田土壤	8:12:25+ Mg +Zn	40	15	30	2.5 ~ 5.0
低N稻田土壤	9:12:25 +Mg+Zn	40	15	40	5.0

重庆市烤烟不同栽培方式配方施肥方案（kg/亩）

栽培方式	基肥		穴肥	提苗肥	追肥	
	复合肥	火土灰	复合肥	硝酸铵磷	复合肥	硝酸钾
地膜烟	40	700	10	5		15
露地烟	25	700		5	25	15
田 烟	60	700		5	20	15

注：①每亩烤烟常规施氮总量为7 ~ 8kg，N ：P_2O_5 ：K_2O=1 ：1 ~ 2.0 ：2.0 ~ 3.0。

②根据田间肥力差异，田烟施肥采用看苗施肥，施肥底线为每亩50kg。

1. 肥料种类

（1）无机肥：烤烟专用复合肥、硝酸钾肥、硫酸钾肥、磷酸二氢钾肥、磷肥、硼肥、锌肥等。

（2）有机肥：充分腐熟的厩肥、饼肥、绿肥、秸秆等。

（3）禁止施用的肥料：谨慎使用氯化钾等肥料，禁止施用非烟草专用复合肥、人粪尿、碳酸氢铵、尿素、磷矿渣等肥料，不得使用重金属超标的肥料。

（4）氮素形态及比例：硝态氮、氨态氮各占50%。

（5）氮源比例：有机肥（占总施氮量）≥25%，无机肥（占总施氮量）≤75%。

2. 施肥量

（1）有机肥：每亩施优质有机肥500 ~ 1 000kg，或饼肥20 ~ 30kg。

（2）无机肥：根据品种需肥特性及土样化验结果，结合经验施肥，选择最佳配方，确定合适用量，进行平衡施肥，多年未栽烟、土壤肥力高的地块，根据地力酌情减少氮肥施用量。

3. 施肥方法

（1）基肥：氮肥和钾肥作基肥的比例占总用量的50%左右，磷肥、有机肥料应全部作为基肥施用。

撒施：耕地前，或耕地后、耙地前，将苕子、秸秆等绿肥均匀撒在地中，然后进行耕地、耙地和理墒。

条施：在整地理墒时，在墒面开一条或两条平行的深10cm左右的沟，把堆肥均匀地撒于沟里，然后理墒。

窝施：将有机肥与无机肥充分拌匀施入窝里，再与窝土混匀后栽烟，栽烟前在肥料上再盖一小层土以防止烟苗根系与肥料直接接触。

环状施肥法：在理墒打窝后，以窝心为中心，把无机肥均匀地撒于塘心周围，然后与土拌匀。

（2）追肥：全部采用分次施的方法，第一次在移栽后10 ~ 15d，5kg硝酸钾兑水浇施；第二次在移栽后20 ~ 25d，离烟株10 ~ 15cm处打孔穴施，深10cm以上，施入肥料后覆土，天气干旱时兑水浇施。

穴施：在离烟株10 ~ 15cm左右处（墒面、墒侧均可）打一小洞，把追肥施入洞穴内盖土即可，天气干旱时盖土后要浇水。

环状追肥法：在离烟株20cm左右的周围挖一环形小沟，把追肥施入，盖土浇水即可。

浇施：在追肥的前一天晚上，把追肥兑水充分溶化成高浓度的液肥，均匀施入烟株周围，然后再浇施清水，使肥料充分渗透于土壤里。

叶面喷施：多用于微量元素肥料的施用，团棵至现蕾期，若烟株出现微量元素缺乏症时，根据缺乏种类，选择适宜的微量元素肥，按所喷微量元素肥的浓度要求，将肥料溶于喷雾器中，摇匀后喷雾于烟叶正反面。

（3）施肥注意事项：烤烟平衡施肥操作过程中，要及时清除烟田及周边的所有化纤、塑料、化肥袋等废弃物及粪堆等散发异味的物质，保持烟田清洁卫生。

>>> 第七节　烤烟成熟采收操作规程

一、采收前准备

1. 采收烘烤工作方案策划和任务下达

区县烟草分公司烟叶科应于每年7月中旬，对当年成熟采收与科学烘烤工作一同进行策划，形成《采收烘烤工作方案》，内容应包括成熟标准、采收时间与方法、采收要求、编烟装坑、烤房检修、自控仪使用、特殊烟叶烘烤、下杆回潮等技术要求，同时方案应包括工作目标、工作要求、过程检查、考核细则等具体内容，下发到各烟叶工作站，作为当年采收烘烤工作指令。并对其进行安排部署。烟草站据烟叶科采收烘烤工作安排部署，及时将采收烘烤工作任务分解到烟草点执行。烟技员、烟叶生产合作社社长召开烟农户会议，落实烟农户采收烘烤阶段工作任务。

2. 技术培训

烟叶科根据《人员培训管理程序》要求，结合年初制定的培训计划，采取层层培训的方式对成熟采收技术进行理论和现场培训，并保持相应的培训记录。市烟叶分公司培训各区县烟草分公司烟叶科相关人员；区县烟草分公司烟叶科负责培训烟草站站长、副站长；基地单元站负责培训烟草点点长、技术员、基地单元烘烤主管、烘烤工场烘烤调制工和烟农。

3. 采收计划

烟叶采收前，由基地单元烘烤主管和烘烤工场烘烤调制工、烟农共同调研烟田烟叶成熟情况，根据烟叶成熟情况和烤房烤能，制定烟叶采收计划，明确采收时间，将片区内各烟农的鲜烟叶采收与烘烤工场每座烤房相对应，统筹规划采收、编（装）烟、烘烤、出炉各环节时间。

二、烟叶采收

1. 推行准采制度

根据鲜烟叶采收计划，由烘烤调制工对达到采收标准的烟田下发准采证，烟农专业合作社（烘烤合作社、服务队或烟农）组织编（采）烟工按准采证通知要求采收。对擅自采收的烟叶烘烤工场原则上不予接受烘烤。

2. 采收标准

采收时应根据品种、部位、栽培水平和气候情况，正确识别烟叶成熟情况，确保采收烟叶成熟度的一致性。

下部叶采收：烟叶呈现黄绿，叶尖茸毛部分脱落，主脉一半变白，茎叶夹角接近90°，采摘时响声清脆，叶柄不带茎皮。

中部叶采收：叶片绿色减退，叶面浅黄，主脉和侧脉变白发亮，叶尖和叶缘下垂，茸毛多数脱落，茎叶夹角增大，近90°，采收时有清脆响声，叶柄不带茎皮。

上部叶采收：叶片淡黄显现黄斑，叶尖、叶缘下垂，主、支脉全白发亮，茎叶夹角大于90°，采摘时响声清脆，叶柄不带茎皮。

3. 采收时间

为有利于烟叶保湿变黄，采烟时间一般在早晨或上午进行，多云、阴天整天均可采收，晴天采露水烟。烟叶成熟后，若遇阵雨，在雨后应立即采收，以防返青。若降雨时间过长出现返青烟，则等其重新落黄后再采收。

4. 采收方法

按照“多熟多采，少熟少采，不熟不采”的原则，做到不漏采，不漏株，不漏叶，成熟一片采一片，不采生叶，不丢熟叶。采收时用食指和中指托住叶基部，大拇指在叶基上捏紧，向下压，并向两边一拧。采下的烟叶叶柄对齐，整齐堆放。

5. 灾害抢救

对于成熟或接近成熟的病叶及遭冰雹危害的烟叶，应及时抢收，并清理病残叶以防危害整片烟田。

三、采收烟叶应注意的事项

采收数量应与烤房容量相配套。

采收和运输时轻拿轻放，避免挤压、摩擦、日晒损伤烟叶。

采收后烟叶应摆放在遮阴地方，避免暴晒。

>>> 第八节 烤烟密集烘烤操作规程

一、烤前准备

1. 烘烤工作方案策划和任务下达

区县烟草分公司烟叶科应于每年7月中旬，对当年成熟采收与科学烘烤工作一同进行策划，形成《采收烘烤工作方案》，内容应包括成熟标准、采收时间与方法、采收要求、编烟装坑、烤房检修、自控仪使用、特殊烟叶烘烤、下杆回潮等技术要求，同时方案应包括工作目标、工作要求、过程检查、考核细则等具体内容，下发到各烟叶工作站，作为当年采收烘烤工作指令。并对其进行安排部署。烟草站据烟叶科采收烘烤工作安排部署，及时将采收烘烤工作任务分解到烟草点执行。烟技员、烟叶生产合作社社长召开烟农户会议，落实烟农户采收烘烤阶段工作任务。

2. 技术培训

烟叶科根据《人员培训管理程序》要求，结合年初制订的培训计划，采取层层培训的方式对科学烘烤技术进行理论和现场培训，并注意保持相应的培训工作记录。市烟科所培训各区县烟草分公司烟叶科相关人员；区县烟草分公司烟叶科培训烟草站站长、副站长；烟草站培训烟草点点长、包片技术员、烘烤工场主管和烘烤工场烘烤调制工。

3. 烤房检修

烟技员应在投入烘烤前，按照烤房基本性能要求，对基本种植单元内的烤房设施进行全面的检查和维修，如实填写《烤房设施设备检查表》，确保烤房设施正常投入使用。

二、绑烟方法

1. 分类绑杆

先绑正常成熟烟叶，并随手挑出未熟、有病虫害的烟叶然后分别编杆，做到同质同杆。

2. 稀密适当，距离均匀

编烟数量根据烟叶部位、大小、含水量而定，烟杆长约1.4m，每杆绑鲜烟叶质量10 ~ 15kg，一般下部叶和含水量大的烟叶适当稀些，上部叶和含水量小的烟叶适当密些。旱天应密些，雨天应稀些。编烟两片一束，每束之间距离应均匀一致。

叶柄对齐、叶背相靠。每束烟叶基部应对齐，基部露出烟杆3 ~ 4 cm。

三、装烤原则与方法

当天采收当天上坑。

同一烤房烟叶应品种相同、部位相同、鲜烟叶质量相近，才能保证烘烤质量。

同一层烟叶应保证鲜烟叶质量相同，做到同层同质。

把成熟度差、叶片厚的烟叶装上层，适熟叶装中层，含水量多、过熟叶、病叶装在下层。烟叶观察窗处装几杆有代表性的烟叶以便观察。

挂杆应稀密一致，定距挂杆。烟杆中心距12 ~ 13.3cm，每房总装烟量360 ~ 400杆，下部或含水量大的烟叶应装稀些，叶片小、天气旱及上部叶编烟宜密。

四、烟叶烘烤技术

1. 变黄阶段

（1）第一步：自控仪设置

温度设置：干球温度38℃　湿球温度36 ~ 37℃

升温速度：1℃ 保持时间：48h左右

烧火操作：烧小火，加煤量占炉底面积1/2

烟叶变化目标：顶棚叶片大部分八至九成黄，底棚叶片达八成黄，叶片发软

注意事项：点火后，KH-3烤房封住风机冷却管口。烟叶变黄程度，下部叶和水分多的烟叶宜低，中上部水分少的烟叶宜高；湿球温度控制含水分少的烟叶宜高，反之宜低。

（2）第二步: 自控仪设置

温度设置：干球温度40 ~ 42℃　湿球温度37 ~ 38℃

升温速度：10.5℃ 保持时间：12h左右

烧火操作：烧中火，加煤量占炉底面积2/3

烟叶变化目标：顶楼叶片十成黄，底楼叶片九成黄，全炉烟叶充分塌架，顶楼烟叶稍卷边

注意事项：确保烟叶充分变黄，并发软塌架，上部及水分少的烟叶全炉达九成黄以上。

2. 定色阶段

（1）第三步：自控仪设置

温度设置：干球温度46 ~ 48℃　湿球温度38 ~ 39℃

升温速度：0.3℃ 保持时间：24h左右

烧火操作：烧大火，加煤量占炉底面积全部

烟叶变化目标：全炉叶片、烟筋全黄，上棚烟叶大卷筒，下棚烟叶小卷筒

注意事项：在48℃阶段要延长时间，促使烟筋充分变黄，烧火切忌猛升猛降；当温度达到45℃时，KH-3烤房要接开风机冷却管胶盖，否则，风机电机易因温度过高而烧坏。

（2）第四步：自控仪设置

温度设置：干球温度54℃　湿球温度39 ~ 40℃

升温速度：0.5℃ 保持时间：16h左右

烧火操作：烧中大火，火要升得起，稳得住，加煤适量

烟叶变化目标：叶背变黄，叶片全干，全炉烟叶大卷筒

注意事项：在干球温度54℃阶段要延长时间，缩小烟叶正反面色差，增加烟叶香气，严防掉火降温。

3. 干筋阶段

（1）第五步：自控仪设置

温度设置：干球温度60 ℃　湿球温度41℃

升温速度：1℃　保持时间：4h

烧火操作：烧中火

烟叶变化目标：主筋1/2变干

注意事项：稳升温，不掉温。

（2）第六步：自控仪设置

温度设置：干球温度68 ℃　湿球温度42℃

升温速度：1℃　保持时间：24h

烧火操作：烧中大火，急火杀筋

烟叶变化目标：烟筋全干

注意事项：稳升温，忌掉温洇筋，防温湿度过高烟叶烤红。

烘烤季节结束后，应及时检修、保养烤房设备。

参 考 文 献

鲍士旦. 2000. 土壤农化分析[M]. 北京：中国农业出版社.

蔡健荣，方如明，张世庆，等. 2000. 利用计算机视觉技术的烟叶质量分级系统研究[J]. 农业工程学报，16（3）：118-122.

陈朝阳. 2011. 南平市植烟土壤pH状况及其与土壤有效养分的关系[J]. 中国农学通报，27（5）：149-153.

陈发荣，崔永和，张立猛，等. 2011. 基于OLAP的玉溪植烟土壤养分含量数据分析[J]. 农业图书情报学刊，23（8）：48-51.

陈建军. 1999. 提高烟叶含钾量技术途径的探讨[J]. 中国烟草科学（4）：14.

陈江华. 2008. 中国植烟土壤及烟草养分综合管理[M]. 北京：科学出版社.

成杭新，严光生，沈夏初，等. 1999. 化学定时炸弹：中国陆地环境面临的新问题[J]. 长春科技大学学报，29（1）：68-73.

崔红标，田超，周静，等. 2011. 纳米羟基磷灰石对重金属污染土壤Cu/Cd形态分布及土壤酶活性影响[J]. 农业环境科学学报，30（5）：874-880.

崔兴国. 2010. 小麦、玉米种子萌发对酸雨胁迫的响应[J]. 安徽农业科学（14）：7677-7678.

邓小华，周冀衡，陈新联，等. 2007. 湘南烟区烤烟内在质量量化分析与评价[J]. 烟草科技（8）：12-16.

邓小华，周冀衡，陈新联，等. 2008. 烟叶质量评价指标间的相关性研究[J]. 中国烟草学报，14（2）：1-8.

邓玉龙，张乃明. 2006. 设施土壤pH与有机质演变特征研究[J]. 生态环境，15（2）：367-370.

丁玉梅，李宏光，何金祥，等. 2011. 有机肥与复合肥配施对烟株根际土壤pH值的影响[J]. 西南农业学报，24（2）：635-638.

董昭皆，肖忠义，等. 2009. 荣成市土壤酸化现状及改良措施[J]. 山东农业科学（2）：67-68.

杜咏梅，刘新民，王平，等. 2010. 宣威产区烤烟香型风格及其主要化学指标适宜区间的研究[J]. 中国烟草学报，16（5）：13-17.

范庆锋，张玉龙，陈重. 2009. 保护地蔬菜栽培对土壤盐分积累及pH的影响[J]. 水土保持学报，23（1）：103-106.

高旭，孙曙光，许自成，解燕，刘腾飞，潘超虎，刘加红. 2011. 曲靖烟区土壤pH与烟叶重金属含量的分布特点及关系分析[J]. 江西农业学报，23（12）：116-120.

郭培平，陈建国，李荣华，等. 2000. pH对烤烟根系活力及烤后化学成分的影响[J]. 中国农业科学，33（1）：39-45.

郭秀珠，黄品湖，冯惠英，等. 2004. 微生物菌肥在芹菜上应用试验初报[J]. 蔬菜（11）：33-34.

龚金龙，石拴成. 2010. 烟叶重金属的形成及其预防措施研究[J]. 安徽农学通报，18（13）：79-80.

韩富根. 2010. 烟草化学[M]. 北京：中国农业出版社.

韩锦峰，汪耀富. 2002. 烟草栽培生理[M]. 北京：中国农业出版社：128-129.

何琴，高建华，刘伟. 2005. 广义回归神经网络在烤烟内在质量分析中的应用[J]. 安徽农业大学学报，32（3）：406-410.

胡国松，郑伟，王震东，等. 2000. 烤烟营养原理[M]. 北京：科学出版社：45–252.

胡建军. 1998. 模糊综合评定法在卷烟感官评吸中的应用[J]. 烟草科技（5）：29–31.

郇恒福. 2004. 不同土壤改良剂对酸性土壤化学性质影响的研究[D]. 儋州：华南热带农业大学.

江泽普，韦广泼，蒙炎成，黄玉溢. 2003. 广西红壤果园土壤酸化与调控研究[J]. 西南农业学报，16（4）：90–94.

姜勇，张玉革，梁文举，等. 2005. 温室蔬菜栽培对土壤交换性盐基离子组成的影响[J]. 水土保持学报，19（6）：78–81.

寇洪萍. 1999. 土壤 pH 对烟草生长发育及内在品质的影响[D]. 长春：吉林农业大学.

雷波，赵会纳，陈懿，王茂盛，潘文杰，等. 2011. 不同土壤改良剂对烤烟生长及产质量的影响[J]. 贵州农业科学，39（4）：110–113.

黎妍妍，许自成，肖汉乾，等. 2006. 湖南主要植烟土壤肥力状况综合评价[J]. 西北农林科技大学学报：自然科学版，34（11）：179–183.

李霁，刘征涛，舒俭民，高吉喜，汤大钢，等. 2005. 中国中南部典型酸雨区森林土壤酸化现状分析[J]. 中国环境科学，25（S）：77–80.

李东亮，胡军，许自成，等. 2007. 单料烟感官质量的层次模糊综合评价[J]. 郑州轻工业学院学报：自然科学版，22（1）：27–30.

李金成，蔺中，林和明，等. 2013. 华南地区土壤退化现状与预防措施研究[J]. 安徽农业科学，41（1）：329 – 331，418.

李娟，刘国顺，宋晓华. 2009. 重庆烟区土壤养分状况分析及综合评价[J]. 江西农业学报，21（7）：94–96.

李念胜，王树声. 1992. 土壤 pH 与烤烟质量[J]. 中国烟草科学（2）：12–14.

李庆军，林英，李俊良，等. 2010. 土壤 pH 和不同酸化土壤改良剂对苹果果实品质的影响[J]. 中国农学通报，26（14）：209 – 213.

李潇潇，夏强，任立，等. 2011. 我国土壤的酸化及改良[J]. 现代园艺（9）：156.

李晓宁，高明，慈恩. 2007. 重庆市植烟土壤有效态微量元素含量评价[J]. 中国生态农业学报，15（3）：25–28.

李昱，何春梅，林新坚. 2006. 施用沸石、白云石对植烟土壤及烟叶品质的影响[J]. 烟草科技（4）：50–54.

李志勇，王彦辉，于彭涛，张治军，等. 2007. 马尾松和香樟的抗土壤酸化能力及细根生长的差异[J]. 生态学报（12）：5245–5253.

林毅，梁颁捷，朱其清. 2003. 三明烟区土壤pH值与土壤有效养分的相关性[J]. 烟草科技（6）：35–37.

林跃平，周清明，王业建，等. 2006. 影响烟草生长、产量和品质的因子的研究进展[J]. 作物研究（5）：490–493.

刘国顺. 2003. 烟草栽培学[M]. 北京：中国农业出版社.

吕彩云. 2008. 重金属检测方法研究综述[J]. 资源开发与市场，24（10）：887–890，898.

罗玲，余君山，秦铁伟，等. 2010. 绿肥不同翻压年限对植烟土壤理化性状及烤烟品质的影响[J]. 安徽农业科学（24）：13217–13219.

倪霞，鲁韦坤，查宏波，等. 2012. 生态因子对烟叶化学成分影响的研究进展[J]. 安徽农业科学，40（6）：19–22.

聂新柏，靳志丽. 2003. 烤烟中微量元素对烤烟生长及产量的影响[J]. 中国烟草科学（4）：30–34.

蒲玉琳，龙高飞，苟文平，等. 2010. 西藏土壤有效锰含量及其影响因子分析[J]. 西南师范大学学报：自然科学版, 35（6）：163–168.
蒲玉琳，龙高飞，刘世全，等. 2009. 西藏土壤有效锌含量及其影响因子分析[J]. 安徽农业科学，37（30）：14781–14783.
普匡. 2010. 新平县旱地植烟土壤养分状况分析及施肥水平建议[J]. 西南农业学报，23（4）：1160–1165.
邵丽，周冀衡，陶文芳，等. 2012. 植烟土壤pH值与土壤养分的相关性研究[J]. 湖南农业科学（3）：52–54.
师刚强，赵艺，施泽明，等. 2009. 土壤pH值与土壤有效养分关系探讨[J]. 现代农业科学（5）：93–94，88.
宋文峰，刘国顺，罗定棋，等. 2010. 泸州烟区土壤pH分布特点及其与土壤养分的关系[J]. 江西农业学报，22（3）：47–51.
孙冰玉，于方玲，元野，等. 2010. 烤烟连作对耕层土壤理化性质和土壤脲酶的影响[J]. 安徽农业科学（4）：1826–1827.
唐远驹. 2008. 烟叶风格特色的定位[J]. 中国烟草科学，29（3）：1–5.
田仁生，刘厚田. 1990. 酸性土壤中铝及其植物毒性[J]. 环境科学，11（6）：41–45.
汪邓民，周骥衡，朱显军，等. 1999. 磷钙锌对烟草生长及抗逆性影响的研究[J]. 中国烟草学报，5（3）：23–27.
王富国，宋琳，冯艳，等. 2011. 不同种植年限酸化果园土壤微生物学性状的研究[J]. 土壤通报（1）：46 – 50.
王辉，董元华，李德成，等. 2005. 不同种植年限大棚蔬菜土壤养分状况研究[J]. 土壤，37（4）：460–464.
王宁，李九玉，徐仁扣，等. 2007. 土壤酸化及酸性土壤的改良和管理[J]. 安徽农学通报，13（23）：48–51.
王瑞新. 2003. 烟草化学[M]. 北京：中国农业出版社：207–243.
魏国胜，周恒，朱杰，等. 2011. 土壤pH对烟草根茎部病害的影响[J]. 江苏农业科学（1）：140–143.
文星，李明德，涂先德，等. 2013. 湖南省耕地土壤酸化问题及改良对策[J]. 湖南农业科学（1）：56–60.
肖协忠，李德臣，郭承芳，等. 1997. 烟草化学[M]. 北京：中国农业科学技术出版社：47–58.
谢喜珍，熊德中，曾文龙，等. 2010. 福建龙岩烟区土壤主要物理化学性状的研究[J]. 安徽农业科学（27）：14972–14974，14999.
熊德中，李春英，黄光伟，等. 1999. 施用石灰对福建低pH植烟土壤的效应[J]. 中国烟草学报（1）：25–29.
熊建军，董长勋. 2008. pH值对水稻土Cu^{2+}静电吸附与专性吸附的影响[J]. 哈尔滨商业大学学报：自然科学版，24（3）：309 – 312.
徐莉，骆永明，滕应，等. 2009. 长江三角洲地区土壤环境质量与修复研究Ⅳ. 废旧电子产品拆解场地周边农田土壤酸化和重金属污染特征[J]. 土壤学报（5）：833 – 839.
徐晓燕，孙五三，李章海，等. 2004. 烤烟根系合成烟碱的能力及pH对其根系和品质的影响[J]. 安徽农业大学学报，31（3）：315–319.
许中坚，刘广深，俞佳栋. 2002. 氮循环的人为干扰与土壤酸化[J]. 地质地球化学，30（2）：74 – 78.
许自成，刘国顺，刘金海，等. 2005. 铜山烟区生态因素和烟叶质量特点[J]. 生态学报，25（7）：1784–1753.
许自成，王林肖，汉乾. 2008. 湖南烟区土壤pH分布特点及其与土壤养分的关系[J]. 中国生态农业学报，16（4）：830–834.
闫洪洋，闫洪喜，吉松毅，等. 2012. 河南烤烟外观质量与感官质量的相关性[J]. 烟草科技（7）：17–23.
杨海儒，宫伟光. 2008. 不同土壤改良剂对松嫩平原盐碱土理化性质的影响[J]. 安徽农业科学，36（20）：8715–8716.
杨宇虹，冯柱安，晋艳，等. 2004. 烟株生长发育及烟叶品质与土壤pH的关系[J]. 中国农业科学，37（S）：

87-91.

尹永强，何明雄，邓明军，等．2008. 土壤酸化对土壤养分及烟叶品质的影响及改良措施[J]. 中国烟草科学，29（1）：51-54.

尹永强，韦峥宇，何明雄，等. 2010. 广西南丹烟区植烟土壤主要养分特征分析[J]. 广西农业科学，41（2）：147-152.

尤开勋，秦拥政，赵一博，等. 2011. 宜昌市植烟土壤酸化特点与成因分析[J]. 安徽农业科学，39（5）：2737-2739.

余涛，杨忠芳，唐金荣，等. 2006. 湖南洞庭湖区土壤酸化及其对土壤质量的影响[J]. 地学前缘，13（1）：98-104.

詹立峰，何跃兴，叶想青，等. 2009. 白云石粉不同施用量对烤烟产量与质量的影响[J]. 现代农业科学（11）：145-147.

张国见，周忠浩，杜树汉，等．2010. 拉萨市不同种植类型对土壤酸化的影响[J]. 安徽农业科学，38（25）：13784 － 13785.

张虹，闫新甫. 2001. 谈名优特烟叶产品开发[J]. 烟草科技（4）：24-26.

张建平，吴守一，方如明，等. 1996. 农产品质量的计算机辅助检验与分级（Ⅰ）：烟叶外观品质特征的定量检验 [J]. 农业工程学报，12（3）：158-162.

张建平，吴守一，方如明，等. 1997. 农产品质量的计算机辅助检验与分级（Ⅱ）：烟叶自动分级模型的建立与训练[J]. 农业工程学报，13（4）：179-183.

张喜林，周宝库，孙磊，高中超，袁恒翼，等. 2008. 黑龙江省耕地黑土酸化的治理措施研究[J]. 东北农业大学学报，39（5）：48-52.

张永春，汪吉东，陈明星，等. 2010. 长期不同施肥对太湖地区典型土壤酸化的影响[J]. 土壤学报，47（3）：465-472.

赵美微，塔莉，李萍. 2007. 土壤重金属污染及其防治、修复研究[J]. 北方环境（6）：21.

郑福丽，谭德水，林海涛，等. 2011. 酸化土壤化学改良剂的筛选[J]. 山东农业科学（4）：56-58.

中国农业科学院烟草研究所. 2005. 中国烟草栽培学[M]. 上海：上海科学技术出版社.

中华人民共和国国家统计局. 2009. 中国统计年鉴　2008[M]. 北京：中国统计出版社.

钟武云. 2009. 湖南耕地质量存在的主要问题及管理立法创新[J]. 土壤（3）：356-359.

周俊. 2002. 关于降低烟叶焦油含量的技术性探索[J]. 广西烟草（4）：41-42.

邹长明，高菊生，王伯仁，等．2004. 长期施用含硫化肥对水稻土化学性质和水稻吸收微量元素的影响[J]. 安徽技术师范学院学报，18（1）：19 － 25.

左天觉. 1991. 烟草的生产、生理和生物化学[M]. 上海：上海远东出版社：223，281.

Guo J H，Liu X J，Zhang Y，et al. 2010. Significant acidification in major Chinese croplands[J]. Science，327：1008-1010.

Lecompte S B. 1944. Studies on black tobacco：Ⅲ：statistical analysis of a field crop [J]. Conn Sta Bull，448：114-117.

Liu K H，Fang Y T，Yu F M，et al. 2010. Soil acidification in response to acid deposition in three subtropical forests of subtropical China [J]. Pedosphere（3）：399-408.

Miele S，OlivieriO，Bargiacchi E. 2001. Monitoring and minimizing heavy metal contents in tobacco：first results of a survey on Verona’s Virginia bright tobacco in Italy[C]. Agro. Phyto. Groups，Coresta Congress.

Morgenstern P, Bruggemanm L, Meissner R. 2010. Capability of a XRF method for monitoring the content of the macronutrients Mg, P, S, K and Ca in agricultural crops [J]. Water, Air, and Soil Pollution, 209: 315-322.

Sun Y Q, Qian H, Duan L, et al. 2010. Effects of land use patterns on soil heavy metal contents [J]. Agricultural Science & Technology, 11 (1): 159-162.

Yang Y L, Yang C R, Hu Q F, et al. 2004. Studies of solid phase extraction followed by HPLG for determination of heavy metal ions in four Chinese herb medicines [J]. Chin J Pharm Anal, 24 (4): 441-443.